U0351824

溶液,4℃保存);六偶氮对品红溶液[取4%对品红溶液(4g 对品红溶于 2mol/L 盐酸 100ml)和 4% 亚硝酸钠水溶液(临时配制)各 0.125ml 等量混合 1 分钟];底物溶液(取底物氯乙酸 ASD 萘酚 5mg,溶于 2.5ml N,N 二甲基甲酰胺溶剂);0.067mol/L(pH 6.7)磷酸盐缓冲液;基质液(先将临时配制的 2.5ml 底物溶液加到 47.5ml 磷酸盐缓冲液中,而后加入临时配制的 0.25ml 六偶氮对品红溶液);复染液(10g/L 甲基绿溶液)。③染色:将涂片入固定液固定 30 秒,或蒸汽固定 5 分钟,流水冲洗,晾干;入基质液于染色湿盒 37℃温育 1 小时,流水冲洗;入复染液 5 分钟,流水冲洗,晾干。④结果判定:阳性产物为红色颗粒或弥散性沉淀,定位于胞质酶活性处。根据阳性产物强弱,参考 NAE 阳性产物分级标准进行分级。⑤质控对照:阳性和阴性标本对照和自身标本中的细胞对照。阳性阴性标本对照,为受检标本染色中,同时选择前 1~2 天骨髓检查而无明显改变和无临床可疑血液病的标本或前几天检查而保存的阳性白血病标本作为质控对照,监测对照标本中应该存在的阳性细胞与阴性细胞是否失控。自身标本对照,为受检标本染色后,观察非白血病细胞的反应特性(自身质量监控的重要手段),如残余的应该阳性反应的正常细胞(对照的背景细胞)出现阴性(除非白血病细胞阳性),或阴性的正常细胞出现阳性,首先应考虑技术原因或试剂因素造成的失控。⑥方法评价:染色在染色盒内进行比基质液直接滴加于涂片上的效果为佳。标本新鲜和对品红溶液新鲜配制是染色结果良好的前提。⑦结果解释与临床应用:正常细胞,粒系细胞阳性。原始粒细胞多呈不同程度的阳性反应(常位于高尔基体区域呈弱阳性),早期阶段原始粒细胞可呈阴性反应,早幼粒细胞至成熟中性全呈阳性反应,但酶活性不随细胞的成熟而增强。与中性粒细胞相比较,嗜酸性粒细胞的酶活性较弱。

CE 为粒系细胞特异性强、阳性产物较为清晰的酯酶,与 POX、SBB 一起为粒细胞阳性反应的染色项目,是鉴别 ALL 与 AML,急性粒单细胞白血病与急性原始单核细胞/单核细胞白血病的辅助性诊断指标,也是辅助诊断急性髓系与淋系双系列白血病的重要参考指标(图 17-7)。CE,AML 不伴成熟型和伴成熟型原始细胞呈阳性反应,阳性常在 30% 以上,APL 颗粒过多早幼粒细胞强阳性,急性原始单核细胞/单核细胞白血病和 ALL 阴性,急性粒单细胞白血病的粒系细胞阳性,单核系细胞阴性。CE 也是肥大细胞的特异酯酶,有助于肥大细胞疾病的诊断和鉴别。CE 染色可以帮助鉴别嗜碱性粒细胞与肥大细胞,前者阳性或阴性,后者强阳性。

(5) 丁酸萘酯酶(NBE)染色:①原理:血细胞内的 NBE 在碱性条件下,将基质液中的 α-丁酸萘酯水解,释出 α-萘酚,再与六偶氮对品红偶联,形成不溶性红色沉淀,定位于胞质酶活性处。NBE 主要位于单核系细胞,可被氟化钠抑制,宜同时做氟化钠抑制试验。②试剂:固定液(甲醛);基质液[0.1mol/L(pH 8.0)磷酸盐缓冲液 95ml,加入溶于 5ml 乙二醇-甲醚的 α-丁酸萘酚 100mg 的底物溶液,而后加入六偶氮对品红溶液 0.5ml(配制同 CE),混合液充分混匀,过滤后均分于两个染色缸(各 50ml)中,其中一缸加氟化钠 75mg];复染液(10g/L 甲基绿溶液)。③染色:涂片甲醛逸散固定 5 分钟,水冲洗,晾干;入染色基质液,37℃温育 45 分钟,流水冲洗;入 10g/L 甲基绿复染液复染 10 分钟,水洗,晾干。④结果判定:阳性产物为定位于胞质的不溶性棕红色或棕红色沉淀。NBE 属于碱性非特异性酯酶,阳性产物的色泽还视重氮盐而不同,若用坚牢蓝 BB 盐为蓝色。⑤质控对照:阳性和阴性标本对照和自身标本中的细胞对照。阳性阴性标本对照,为受检标本染色中,同时选择前 1~2 天骨髓检查而无明显改变和无临床可疑血液病的标本或前几天检查而保存的阳性白血病标本作为质控对照,监测对照标本中应该存在的阳性细胞与阴性细胞是否失控。自身标本对照,为受检标本染色后,观察非白血病细胞的反应特性(自身质量监控的重要手段),如残余的应该阳性反应的正常细胞(对照的背景细胞)出现阴性(除非白血病细胞阳性),或阴性的正常细胞出现阳性,首先应考虑技术原因或试剂因素造成的失控。⑥方法评价:涂片新鲜和基质液配制即时应用,是保证染色良好的前提。基质液含酯量高,37℃水浴后要连缸冲洗 3 分钟左右,保持涂片背景干净。当前的商品试剂盒染色效果多为欠佳。⑦结果解释与临床应用:正常细胞中,单核系细胞的幼核细胞和单核细胞阳性,原始单核细胞部分阳性,巨噬细胞阳性。单核系细胞阳性反应可被氟化钠抑制。粒系细胞阴性,可见细小点状阳性。单核系细胞 NBE 可呈弥散性阳性,被认为是鉴定急性原始单核细胞/单核细胞白血病、急性粒单细胞白血病和慢性粒单细胞白血病(chronic myelomonocytic leukemia,CMML)中单核细胞增多的有效指标。急性原始单核细胞/单核细胞白血病阳性,急性粒单细胞白血病的单核系细胞阳性,其阳性反应被氟化钠抑制。AML-M1 与 M2 和 APL 常为阴性,但可见点状阳性反应(图 17-8),并不被氟化钠抑制。

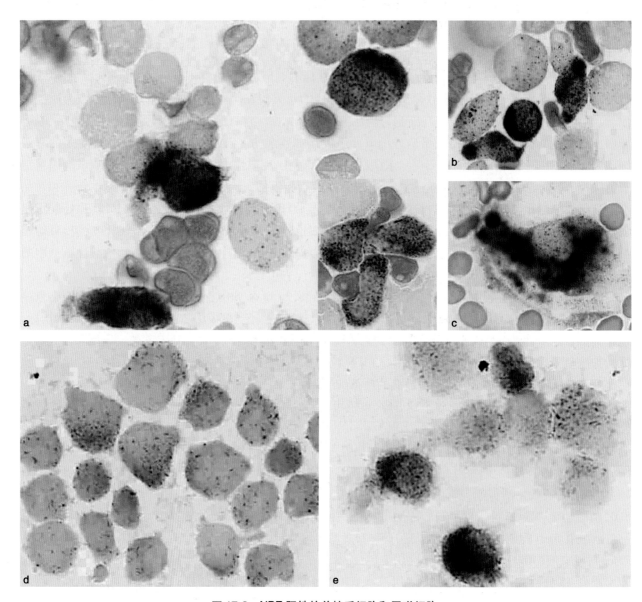

图 17-8　NBE 阳性的单核系细胞和巨噬细胞

a、b 为急性粒单细胞白血病,包括插图的原幼单核细胞 NBE 呈弥散性或较为密集的粗颗粒阳性反应,粒细胞呈松散颗粒状阳性或阴性;c 为阳性反应的巨噬细胞;d、e 为 APL 颗粒过多早幼粒细胞呈松散而较粗的颗粒状阳性

　　(6) 甲苯胺蓝染色:①原理:甲苯胺蓝(toluidine blue)具有强异染色性,在酸性黏多糖存在时,特别是含硫酸性黏液物质存在时,颜色从蓝色变为红色。②试剂:甲苯胺蓝染液(100mg 甲苯胺蓝溶于 70%乙醇 50ml)。③染色:涂片标本用甲醇固定 5 分钟,甲苯胺蓝染液染色 10~20 分钟,水洗,晾干后镜检。④结果判定:阳性产物为胞质中出现紫色、红色或粉红色沉淀,不同的色泽反应与异染性物质的类型有关,如 γ 型常显示红色或粉红色,β 型常显示紫色。⑤方法评价:甲苯胺蓝是一种阳离子染料,在一定条件下染酸性糖共轭物时,染色结果与染料固有的染色不同,如原呈蓝色的染料染色结果变成了紫红色,这种现象称为异染性(metachromasia)。这些染料染其他组织或细胞时,染色结果不会改变,称为正染性(orthochromsia)。异染性染料有多种,最常用的是甲苯胺蓝,是用于显示嗜碱性粒细胞和肥大细胞(图 17-2)的较佳试剂,其

染色的阳性细胞百分比和细胞形态学的多彩性均比 Wright-Giemsa 染色为显著。故在 AML 中,经甲苯胺蓝染色常见嗜碱性粒细胞增多,在 APL 中也可见明显阳性的异常早幼粒细胞及后期阶段的阳性粒细胞(与嗜碱性粒细胞白血病的关系尚不明了)。涂片可不经固定,直接染色,但时间较长时需注意染液过少而造成沉淀。配制甲苯胺蓝染液的溶剂和溶剂的溶度不同,对嗜碱性粒细胞和肥大细胞的反应性有影响,作者实验室的体会乙醇浓度以 70%且试剂配制时间长者为佳。⑥结果解释与临床应用:正常细胞中,阳性反应见于嗜碱性粒细胞和肥大细胞,其他造血细胞阴性。临床上,主要用于鉴定嗜碱性粒细胞白血病,包括慢性粒细胞白血病(chronic myelogenous leukemia,CML)嗜碱性急变,以及肥大细胞白血病(图 17-2),以及相似造血系疾病的鉴别诊断(如早幼粒细胞白血病与嗜碱性粒细胞白血病)。也可辅助诊断伴嗜碱性粒细胞和肥大细胞增多的造血肿瘤,经甲苯胺蓝染色后,在光镜下难以辨别的小如淋巴的嗜碱性粒细胞均可清晰显示。

（7）其他:过碘酸 Schiff(糖原)染色、酸性非特异性酯酶染色、酸性磷酸酶染色、改良 Phi 小体染色、5′-核苷酸酶(5′-nucleotidase,5′-ND)染色等,都有一定的临床意义或特定情况下的参考价值。详见卢兴国主编人民卫生出版社 2013 年出版的《白血病诊断学》。

2. 贫血与其他疾病 贫血的常规细胞化学染色,一是铁染色,二是 NAP。铁染色是必检项目,是评估铁缺乏的金标准。NAP 既是贫血的常规项目,有助于再生障碍性贫血(aplastic anemia,AA)与阵发性睡眠性血红蛋白尿(paroxysmal nocturnal hemoglobinuria,PNH)的鉴别,又是有助于感染和骨髓增殖性肿瘤(myeloproliferative neoplasms,MPN)诊断与鉴别诊断的辅助项目。

（1）铁染色:通过铁染色可以发现早期 IDA 和无贫血的隐性缺铁,明确是缺铁性、非缺铁性还是铁利用障碍性、铁代谢反常性的贫血。①原理:骨髓内含铁血黄素的铁离子和幼红细胞内的铁,在盐酸环境下与亚铁氰化钾作用,生成蓝色的亚铁氰化铁沉淀(普鲁士蓝反应),定位于含铁粒的部位。②试剂:铁染色液(临用时配制):200g/L 亚铁氰化钾溶液 5 份加浓盐酸 1 份混合;复染液:1g/L 沙黄溶液。③操作:取新鲜含骨髓小粒的骨髓涂片,于铁染色架上,滴满铁染色液;室温下染色 30 分钟,流水冲洗,复染液复染 30s;流水冲洗,晾干后镜检。④结果判定:细胞外铁至少观察 3 个小粒。细胞外铁呈蓝色的颗粒状、小珠状或团块状,细胞外铁主要存在巨噬细胞胞质内,有时也见于巨噬细胞外。"−"为涂片骨髓小粒全无蓝色反应;"+"为骨髓小粒呈浅蓝色反应或偶见少许蓝的铁小珠;"++"为骨髓小粒有许多蓝染的铁粒、小珠和蓝色的片状或弥散性阳性物;"+++"为骨髓小粒有许多蓝染的铁粒、小珠和蓝色的密集小块或成片状;"++++"为骨髓小粒铁粒极多,密集成片。铁粒幼细胞为幼红细胞胞质内出现蓝色细小颗粒。含有 1~2 颗铁粒称为Ⅰ型铁粒幼细胞,含有 3~5 颗称为Ⅱ型,含有 6~10 颗为Ⅲ型,Ⅳ型含有铁粒 10 颗以上。Ⅱ型为常见于正常的铁粒幼细胞,Ⅰ型多见于 IDA 等缺铁时,Ⅲ型和Ⅳ型为铁粒增加的病理性铁粒幼细胞(见于铁负荷或利用障碍时),当铁颗粒环绕周排列时则称为环形铁粒幼细胞。铁粒红细胞为红细胞内出现蓝色细小颗粒。环形铁粒幼细胞的一般标准为胞质中含有铁粒≥6 颗,围绕核周排列成 1/3 圈以上者;WHO 标准(2017)为沉积于胞质铁粒≥5 颗,环核周排列≥1/3 者;MDS 形态学国际工作组(International working group on morphology of myelodsplastic syndrome,IWGM-MDS)标准(2008)为铁粒≥5 颗,围绕核周排列成≥1/3 或以任何形式比较有规则环绕胞核排列者(见图 8-23),并还将铁粒幼细胞简分为 3 个类型:Ⅰ型为胞质铁粒<5 颗;Ⅱ型为胞质铁粒≥5 颗,但无环绕核周排列;Ⅲ型即为环形铁粒幼细胞。⑤方法评价:操作中,需要排除一些干扰因素,如标本不能污染铁质。铁染色液配制,组成的亚铁氰化钾溶液和盐酸的比例取决于后者的实际浓度,当久用的浓盐酸浓度下降时,需要适当增加浓盐酸溶液的量,两者的最适比例是盐酸稍过量,而后用亚铁氰化钾溶液缓慢回滴至盐酸过量产生的雾状瞬间澄清为最佳。新鲜配制的亚铁氰化钾溶液为淡黄色,放置后亚铁被氧化成三价铁离子而变成绿色时,不宜使用。陈旧骨髓涂片染色或染色后放置数日(尤其在炎热天气)观察都可造成细胞外铁假阳性或阳性强度增加。复染液(核显色剂)中,习惯上用沙黄溶液,但其容易在标本上产生沉渣(用低浓度可以减少沉渣);也可用中性红和碱性复红溶液复染,常有较好效果。复染涂片(横向 1/2)数秒内完成,若染料沉积时以细小流水冲洗;用骨髓切片标本作铁染色宜用 5μm 的厚片。全程操作应避免含铁物质的接触或污染。铁染色后标本还含酸性,在染色过程和晾干时应有专用的染色盒和晾干盒。染色盒宜用小规格(如 11cm×30cm,中间一排,可放置

8张涂片或切片进行铁染色),端边有流水小孔。⑥结果解释与临床应用:参考区间为细胞外铁染色阳性(+~++),细胞内铁阳性率为25%~90%(上限有异议),铁粒≤5颗,不见Ⅲ型和Ⅳ型铁粒幼细胞。铁染色主要用于协助以下疾病的诊断和鉴别:缺铁性贫血(外铁消失内铁减少)与铁利用障碍性贫血(铁粒幼细胞性贫血、AA、巨幼细胞性贫血、MDS、红血病等)的细胞外铁增加(部分正常),细胞内铁增加(Ⅲ型、Ⅳ型增多,并可见较多的环形铁粒幼红细胞);铁代谢反常性慢性贫血的细胞外铁增加(也可正常)而细胞内铁减少者。此外,了解体内铁的贮存和利用情况,细胞外铁减少或消失表示骨髓贮存铁已将用完。若患者为小细胞性贫血,而骨髓细胞内、外铁正常至增多,则提示有铁利用障碍。骨髓可染铁染色除了作为评判铁负荷和缺铁的指标外,在MDS分类中则是类型诊断指标。MDS伴环形铁粒幼细胞是铁负荷性贫血的典范,诊断时需要可染铁增加,环形铁粒幼细胞增加(≥15%)。

(2)中性粒细胞碱性磷酸酶(NAP)染色(Kaplow偶氮偶联法):①原理:NAP在pH 9.5条件下能水解磷酸萘酚钠,释放出萘酚,后者与重氮盐偶联形成不溶性的有色沉淀定位于胞质酶活性处。②试剂:10%甲醛-甲醇固定液(甲醛10ml,甲醇90ml,混合后置4℃冰箱);0.05mol/L缓冲液(二氨基二甲基-1,3丙二醇2.625g,蒸馏水500ml,溶解混合后置4℃冰箱);基质液(α-磷酸萘酚35mg溶于0.05mol/L缓冲液35ml,而后加入重氮盐坚固蓝B 35mg溶解;复染液(1%苏木精溶液)。③操作:将新鲜涂片浸于4℃固定液中30秒,水洗后晾干;入基质液中温育30分钟,水洗5分钟后晾干;复染液复染2分钟,水洗后,晾干镜检。④结果判定:中性粒细胞胞质内出现灰褐色至深黑色颗粒状或片状沉淀为阳性反应。"-"为胞质内无阳性产物(0分);"+"为胞质内显现灰褐色阳性产物(1分);"++"为胞质内显现灰黑色至棕黑色沉淀(2分);"+++"为胞质内基本充满至棕黑色至黑色颗粒状沉淀色(3分);"++++"为胞质内全为深黑色阳性沉淀产物,甚至遮盖胞核(4分)。计数100个中性分叶核粒细胞,计算阳性率和积分。⑤质控对照:染色质控对照,可以选择前1~2天骨髓检查而无明显改变和无临床可疑血液病的标本作为对照。也可选择骨髓网状细胞、网状纤维及骨髓小粒内支架成分作为自身标本的监控对象,若这些细胞或反应物呈阴性反应或阳性反应强度明显减弱时,可考虑失控现象,也可在整批染色(10份标本以上)时,分析染色后的整体结果积分是否全高或均低,若有此现象应考虑偏倚结果。⑥方法评价:显示NAP的古老方法是Gomori钙钴法,但其最大欠缺是温育染色时间过长,近年来已被偶氮偶联法所替代。但偶氮偶联法基质液配制后需要即刻使用,且显示阳性的色泽因重氮盐的种类而不同。观察中,注意涂片厚薄对结果的影响,通常涂片薄阳性细胞及其积分低于涂片厚的区域。⑦结果解释与临床应用:参考区间阳性率为30%~70%,阳性细胞积分为35~100分。积分为各阳性细胞分值百分比的乘积之和。临床上,NAP主要用于鉴别诊断或诊断参考,如AA(常见增高)与PNH(常见降低)、CML(降低)与类白血病反应(常见增高)、间变性大细胞淋巴瘤骨髓浸润(降低)与反应性组织细胞增多症(常见增高)。

三、细胞免疫化学染色与质控

对形态学检查疑似的病例(如原始巨核细胞白血病),以及经细胞化学检查分析还不能确定白血病细胞系列者,还有不能明确细胞属性者(如微小巨核细胞、原始粒细胞),应继续进一步检查(如细胞免疫化学染色)。一般,细胞免疫化学染色(如抗MPO、CD41)与有针对性的细胞化学染色同步进行。推荐骨髓涂片用APAAP法和SAP法。其中尤以APAAP法最常用。

1. APAAP染色前准备 ①标本处理:涂片标本放置24小时后仍可检测。若标本采集后不能及时染色,可用干净的吸水纸包好。②标本区域选择:选用血膜较薄的涂片,血膜过厚可引起脱膜。③标本保存条件:标本采集后至结果观察完毕前,应避免接触与实验无关的化学物品,特别是苯、二甲苯、醚、乙醇、过氧化氢等,以免破坏细胞表面抗原造成假阴性。

2. 标本分隔和固定 在血膜尾部先用镊子划好若个小块,再用DAKO笔分隔,并做相应标记,留1~2个小块做质控对照(阴性对照和自身对照)。分隔小快(也可画圈)直径应达到0.6~1cm。置纯丙酮固定液固定5~10分钟后,再置于洗涤液内浸洗3分钟/次,三次。

3. **单抗的选取** 单抗按其检测的特异性,分为系列特异和系列相关。系列特异有 B 系的 CyCD22 和 CD79a,T 系的 CyCD3,髓系的 MPO。系列特异是细胞免疫化学染色的首先选择,对 ALL 分型以及细胞化学 MPO 和/或酯酶染色结果尚不能明确 AML 的分型诊断,可提供重要证据。巨核细胞的 CD41 和 CD61,有核红细胞的血型糖蛋白 A 和 B,为小系列特异,用于少见急性白血病类型诊断的补充。TdT 和 HLA-DR 虽非系列特异者,但前者多见于 ALL(AML 阳性少见),后者在 APL 中缺乏,仍有参考价值。

4. **染色** ①吸水和洗涤:取出涂片,用吸水纸吸干分割线周围水分,但注意勿使血膜干涸。依次小心滴加按需的一抗,避免混淆,置湿盒内反应 30 分钟(室温 20~25℃)后,置洗涤液内浸洗 3 分钟/次,三次。②加二抗:滴加二抗(反应聚合物)无须分开。置湿盒内反应 30 分钟,后置洗涤液内浸洗 3 分钟/次,三次。质控阴性对照不加二抗。③显色:显色剂需临时配置,将显色剂 A 40μl 溶解显色剂 B,混匀。显色 3~5 分钟,流水冲洗。④复染:苏木精液复染 3 秒钟,流水冲洗,待干,甘油明胶封片,镜检。

5. **质控对照** 细胞免疫化学染色比细胞化学染色更需要仔细和规范。细胞免疫化学染色的质控对照有三种:①阴性对照为患者标本中留有一孔不加二抗。②选择前 1~2 天骨髓检查而无明显改变和无临床可疑血液病的标本或前几天检查而保存的阳性白血病标本作为质控对照,监测对照标本中应该存在的阳性细胞与阴性细胞是否失控。③自身标本对照,为受检标本染色后,观察非白血病细胞的反应特性(自身质量监控的重要手段),如残余的应该阳性反应的正常细胞(对照的背景细胞)出现阴性(除非白血病细胞阳性),或阴性的正常细胞出现阳性,首先应考虑技术原因或试剂因素造成的失控。

6. **结果判定** 定位于细胞质的(棕)红色沉淀为阳性,胞质不显(棕)红色为阴性。观察的对象视要求所加某一抗与某针对性细胞的反应性。显色剂用 3,3-二氨基联苯胺(DAB)时,胞质呈褐黄色或棕黄色沉淀为阳性;用 AEC 时,胞质出现(棕)红色沉淀为阳性。阴性质控标本为所有细胞不显色,阳性质控标本显色。

7. **方法评价** APAAP 法是最适宜用于血液和骨髓涂片标本进行细胞免疫表型分析的染色方法,也是临床应用于识别一些白血病细胞和微小巨核细胞和测定 T 细胞亚群最多的细胞免疫化学染色。在染色操作中,加入第一抗体时需要注意抗体溢出,若第一抗体溢出与其他第一抗体混合便失去检测意义;加入第一抗体和第二抗体温育时必须在湿盒内进行,不能出现圈内片膜干涸现象。

保证 APAAP 染色尤其需要加强以下几个环节:一是标本规范固定,时间过长可影响细胞表面抗原活性,不同固定液会发生不同的染色反应,除非经实验证实,否则不能更改;二是抗体效价要适当,效价稀释过高过低都影响结果反应,一抗和二抗保存不当也影响结果,因此每次染色不但要注意抗体效价问题,还需要作质控标本对照;三是用笔画圈或用锐器在涂片上划痕的内面积不应<0.6cm×0.6cm,面积小不利于化学反应和镜检;四是在染色操作中,重复加二抗、漂洗、加 APAAP 复合液,可提高阳性的色泽反应;五是用坚牢红或坚牢蓝盐染色后,避免酒精接触(酒精可使阳性色泽褪色)。此外,在 AP 底物中,可加左旋咪唑(24mg/ml)以抑制内源性碱性磷酸酶,对于仍能干扰染色的内源性酸性磷酸酶,可用 50mmol/L 的酒石酸抑制;六为 APAAP 法所用显色液试剂对骨髓基质类细胞也能显示阳性的色泽反应,在 CD41 染色中极易将这类细胞误判为微小巨核细胞。

采用偶氮染料固红或固蓝作为底物,替代可能有致癌性的 DAB,显色的阳性产物(鲜红色或蓝色)也佳。染色反应良好与否的条件是:阳性产物定位是否明确(胞膜、胞质还是胞核阳性);背景有无着色;质控对照是否符合要求。

8. **临床应用** 在一般的形态学诊断中,细胞免疫化学染色使用最多的单抗(一抗)工作液是(抗)MPO、(抗)溶菌酶(图 17-9)、CD41(鉴定髓系肿瘤中形态学不易被识别的微小巨核细胞和原始巨核细胞)、CD68(用于鉴定巨噬细胞、组织细胞或单核细胞)、CD38(用于鉴定浆细胞)、CD22、CD38 和 CD3 等。细胞免疫化学染色的价值主要在以下两个方面。

其一是用于急性白血病类型的鉴定和鉴别(如前述,图 17-3);其二是辅助鉴定 Wright-Giemsa 染色一般标本中不易识别的细胞类型,如无形态学特征的原始巨核细胞和微小巨核细胞、吞噬性血小板与病原微生物(图 17-10)、浆细胞与幼红细胞(见图 11-32)。

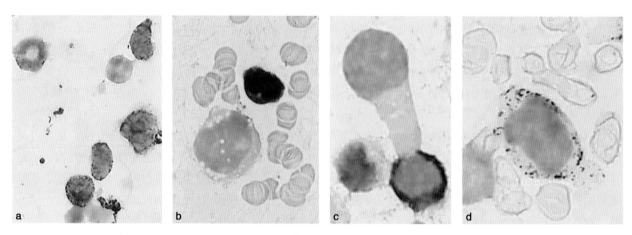

图 17-9　抗溶菌酶、MPO 与 CD68 染色

a 为抗溶菌酶染色,单核细胞明显阳性,粒细胞弱阳性或阴性;b 为抗 MPO 阳性中性粒细胞和阴性淋巴瘤细胞;c 为 CD68 阴性组织样淋巴瘤细胞;d 为 CD68 染色单核细胞阳性

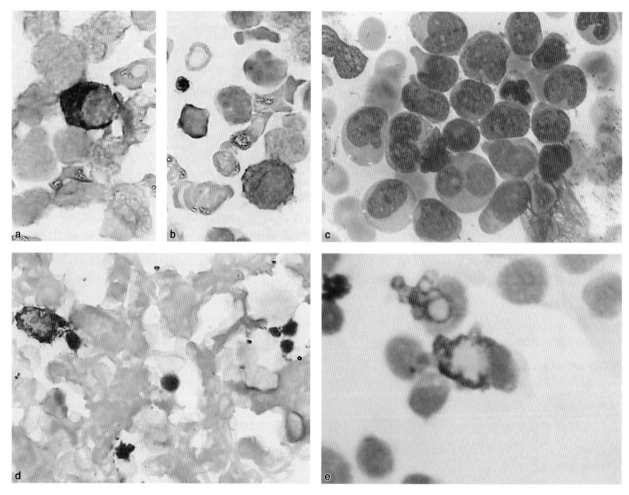

图 17-10　细胞免疫化学 CD41 染色

a、b 为 CML-AP 标本见较多的 CD41 染色阳性微小型巨核细胞;c 为 a、b 病人 Wright-Giemsa 染色,观察不到可辨认的
微小型巨核细胞;d 为 ITP 患者 CD41 染色后易见阳性血小板簇;e 为 CD41 染色被吞噬的阳性血小板

　　微小或原始巨核细胞多见于髓系肿瘤,尤其是 CML 加速期和急变期(图 17-10),以及部分 MDS、MDS-MPN、AML 和特发性骨髓纤维化(见图 9-15)。CD41 或 CD42 染色后观察血小板,血小板染为鲜红色醒目,极容易观察,甚至在特发性血小板减少性紫癜标本中,亦能观察到比 Wright-Giemsa 染色标本更多的散在

和小簇状血小板(图 17-10)。CD68 染色单核细胞、巨噬细胞阳性,组织样异常淋巴细胞阴性,可借此鉴别相关的肿瘤性细胞(图 17-9)。此外 CD68 和 CD14 染色后所观察到的阳性反应单核细胞也要比 Wright-Giemsa 染色涂片为多。证明 Wright-Giemsa 染色标本中的微小型巨核细胞、血小板、单核细胞都存在不典型形态和不易被辨别者。

四、控制试剂批间误差和染色记录

在试剂产业化商品化的时代,细胞化学染色和细胞免疫化学染色等商品试剂盒,在不同生产厂家和不同批号之间可以存在偏差,甚至有不起反应的无效试剂盒,已成为当前影响形态学诊断可靠性的一个因素。因此,在使用前应严格进行批间对照(质量评价),试剂批间染色对照结果都需要记录在表中。

每一个工作日和每一次进行的细胞化学和免疫化学染色,对有无技术(包括试剂)问题、观察的结果(阳性率与反应性)和质控对照细胞,以及失控时的处理等,都需要记录在工作本上或日志表或专用表格上。

第十八章

骨髓涂片检查

骨髓涂片显微镜检查(简称镜检)是细胞形态学检查的最主要项目。它虽是传统的检验诊断,但也有许多新的内容添加。在一些髓系肿瘤中,除了(一般)有核细胞分类外,增加了单系细胞分类、病态造血细胞分类等。在细胞形态学与疾病类型方面的新内容更多,诸如巨核细胞方面,细胞大小和核叶多少与骨髓增殖性肿瘤(myeloproliferative neoplasms,MPN)和骨髓增生异常综合征(myelodysplastic syndroms,MDS)的类型、胞核小圆化与 MDS 和 MPN 向 MDS 和/或急性髓细胞白血病(acute myeloid leukemias,AML)进展以及巨核细胞"三化"异常形态学与髓系肿瘤骨髓纤维化;肿瘤性成熟 B、T 细胞方面,形态学与免疫表型、淋巴瘤/白血病类型之间的关系等。

第一节 检查前准备

镜检前的准备包含了骨髓标本的采集与处理(见第十六章和第十七章),细胞形态学,临床与相关实验室信息和疾病诊断把握上的一些基本要求,还有镜检前标本的严格核对。这些都是镜检的"基础性"内容,也只有对这些内容有了较好的理解,才能在镜检中对细胞学异常所见做出适当而合理的评判(如什么细胞、意义如何)和诊断(如什么疾病、严重性如何)。

一、显微镜与图像系统要求和影响形态学掌握的质量因素

显微镜与图像系统的要求见第二十一章第一节。熟悉细胞形态、把握细胞的类型与阶段是评判细胞数量与形态变化,协助临床诊断的前提。详见第六章至第十三章。影响的质量因素很多。除了第二十一章有部分介绍外,主要有以下几个面。

1. 个性方面 形态学的把握及其意义评判是一个复杂而繁琐的程序,需要仔细观察与琢磨,其中还包括了评判时常会遇到的一些灵活性与特殊性,即有时相同或类似的细胞数量和形态,在临床和其他不一样的情况下可有倾向性。如果参与者相对不爱费力动脑,比较墨守成规,不太适应形态学工作。

2. 教学与实际上的差距 一般书本(尤其是教科书)上描述的细胞形态学,是形态学把握它的起点,形态特征几乎都是十分典型的,因它侧重教学上的意义而缺乏普遍性。实际上,在不同的病人、不同的厚薄涂片、不同的区域和染色差异的标本中,细胞的大小变化和形状变化是大的。

3. 低倍镜与油镜互用的熟练程度 两镜头能否灵活运用反映检查者镜检技能的熟练程度。低倍镜与油镜下的细胞只是大小的变化,形状不变(图 18-1)。因此,把握两物镜下的细胞形态要点,非常重要。将低倍下发现的可疑细胞转到油镜下进行仔细观察,并结合其他资料予以定性、判断或确认。如低倍镜下与淋巴细胞相似的稍大细胞,细胞核浅染(即为染色质疏松,DNA 含量相对为低)、高核质比例(有饱满感)、胞质量少而嗜碱性浊感或有胞质突起和/或细胞比例高者,很可能为原始细胞。

4. 涂片区域 观察细胞形态的区域以细胞充分展开、平铺并有一定立体感的区域为准。符合这一区域往往是靠近涂片的尾部。涂片较厚处胞核规则而在涂片较薄处可为不规则者,涂片较厚处胞质无颗粒而在涂片尾部可出现颗粒者,则前者是假性的,后者是真实的(图 18-1)。因涂片厚薄与形态密切相关,涂片厚细胞小,此时不规则细胞可成规则状,颗粒少者可见不到颗粒。此外,在某些特殊情况下,重视涂片的边缘旮旯可以发现一些有意义的细胞和形态,尤其是涂片差且细胞少而又是临床重视的诊断不明者。

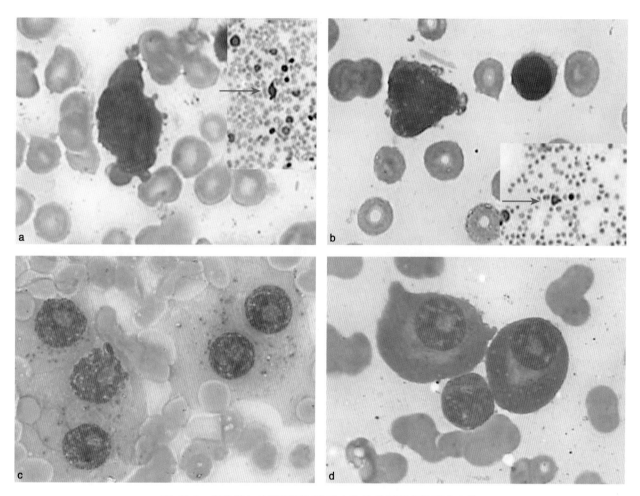

图 18-1　低倍镜与油镜下观细胞形态和涂片厚薄部位形态变化
a 为严重感染时刺激性异常原幼淋巴细胞和淋巴细胞,插图为低倍镜下的细胞;b 为 ALL 时原始淋巴细胞与淋巴细胞,插图为低倍视野;c、d 为同一张涂片的薄处见浆细胞胞质有免疫球蛋白凝聚的紫红色颗粒(c),厚处因细胞固缩、厚度增加而不见颗粒(d)

　　5. 阶段划分　细胞阶段划分是人为的、机械的,而细胞的发育是自然的、连贯的。因此,把握细胞的种类和阶段需要有一个适度的范围,通常对某一细胞或某一阶段甚至某一系列细胞的确定除了形态学特征外,还需要结合其他因素。比如注意涂片中的细胞背景和染色背景,多观察并寻找相关细胞之间的关系等。通过反复认识和推理(包括概率因素,常见与罕见性关系)或印证符合或排除的某系细胞的特性而作出的评判才会有最大的可靠性。此外,从诊断上看,相当多的标本会凸显适度范围的意义。

　　6. 经验与主观性　干任何工作都有经验积累的过程,只有在积累了足够经验的基础上才会做到熟能生巧。细胞形态的辨认具有很强的经验性因素,可是经验性越强越容易产生主观性。细胞是一复杂异质的有机体,从外貌而言,不乏类似形态。犹如生物学中的鲸鱼貌似鱼类,其实不是鱼,海豚也是似鱼非鱼,却是哺乳类动物。对此在辨别细胞类型时既要清楚地认识到这一问题,同时又要努力减少这一因素对评判的影响。所以,我们要不断地学习与总结,了解相异方面的特点再结合对其他已知信息的论证,尽可能以整合评估逼近其自然性。这样可以降低主观性,纠正一些因观察不全带来的偏见。

　　7. 少见细胞　涂片中有核细胞明显增多(常为某一类细胞占优势)时,人们常被增多的异常细胞(细胞变化的主要所在)所吸引,而忽略少见细胞的信息,对少量残留的或相对明显减少的细胞观察意识减弱。这种顾此失彼现象,有时也会造成评判失误。其中最明显的例子是急性白血病涂片中的巨核细胞数量,并不是过去一般所介绍的消失或少见。因此,对百分比很低的细胞,在观察中也应引起重视。有时在鉴别诊断困难的一些病例中,仔细观察一些少见细胞可起到柳暗花明的作用。诸如急性白血病中的浆细胞、嗜碱性粒细胞、病态粒细胞和巨核细胞(尤其微小巨核细胞和小圆核巨核细胞)等(图18-2),易见这些细胞时可以提示或基本评判为AML(如FAB分类的M2、M4和M5),并可预示较差的预后。

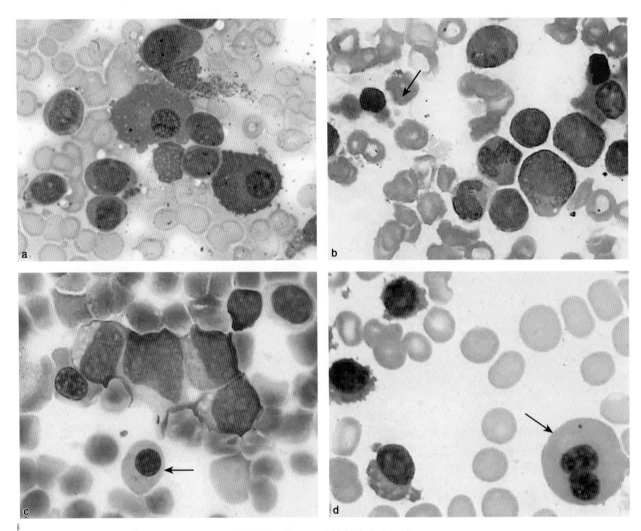

图18-2　易于漏检的部分少见细胞

a为急性单核(粒单)细胞白血病,浆细胞比其他类型为多见,但容易疏忽;b为AML标本淋巴样巨核细胞,容易漏检;c为类巨变晚幼红细胞,在急性白血病中也易被忽视;d为浆细胞骨髓瘤标本病态幼红细胞(可能与使用细胞毒药物有关)

8. 细胞因子　改变骨髓细胞数量和形态的因素中,细胞因子是最重要的一个。如患者血清G-CSF水平增高或因白细胞过低而给予G-CSF时,可以显著影响粒细胞的体积、颗粒和功能;给予类固醇激素患者,可以影响粒细胞的数量(增加),但常不显示胞质颗粒的增加;黏膜出血(如消化道出血)明显的患者,也可影响成熟中性粒细胞的数量(轻度增加)。

9. 标本背景　标本(如涂片)背景对形态学也有影响,因涂片背景不同,细胞可以发生一些变化。在常规染色中,由于染色技术、染色时间、不同标本方面的因素会造成细胞染色的偏酸碱现象,而且在实际工作中也不可能做到每次染色结果一致,这就需要在定性或判断某一(类)细胞时要把握好标本整体上的着色性。

10. 观察时间　细胞形态与意义的准确评判还与仔细观察的程度和时间有关。因此,在形态学认知不断积累和认真工作中,需要留有一定时间的深思。

二、了解临床和疾病诊断的把握

密切结合症状、体征及相关实验室信息是提高诊断可靠性的重要措施。因此,镜检前尽可能多地了解一些相关的资料,并与镜检中发现的异常细胞或成分进行有机结合和相互解释。临床信息不但从医师开具的检验送检单上,也需要检验医师主动与临床交流或做一些检查。详见第二章和第三章。

疾病诊断把握方面,由于血液病诊断标准是根据临床表现和实验室检查,还常结合前沿研究的新成果而制定。诊断标准趋向理想(系统、全面和新颖)的精细化,但高精度标准在实际应用中灵活性方面尚显不足,有时也不乏模式化。这在患者保护意识不断增强的时代有时也会惹来一些麻烦。

1. 理想诊断与实用之间的把握 细胞形态学诊断是面对疾病临床期的诊断,同时又是最基本的诊断方法。因此,在制定形态学标准中对其中的每一个项目都需要考虑它在结合临床特征前提下的实用性。对于众多处于基层医疗单位来说,实用和灵活的可掌握性更需要体现。诸如血象和骨髓象典型的急性早幼粒细胞白血病(acute promyelocytic leukemia,APL)和慢性粒细胞白血病(chronic myelogenous leukemia,CML)等,结合临床都可以作出明确诊断,同时还可预示相应的细胞免疫表型和遗传学等异常。不过,遗传学检查除了诊断外,提供个体化治疗和治疗监测、预示预后、揭示分子病理等方面有更重要的价值。

血液病的诊断可以分为两个层次:一是相对精确与理想的诊断;二是可以明确的而不够精细的诊断。通常,采取灵活的分步诊断或动态诊断,按需检查是比较符合细胞形态学诊断或基层临床实际的。实验室指标的异常界定,在较多情况下,只是提供一个参考数据而不是唯一的。如以百分比定义的疾病诊断更是一个呆板性指标(尤其是诊断上的临界数值),实际上,评判一类或一种细胞常需结合其他信息,诸如细胞背景、细胞成熟性、细胞群体异常性和临床特征。因此,在参考诊断标准的同时,需要把握好疾病诊断的基本思路。

2. 量质变化独立性、互补性及其诊断价值之间的把握 对细胞量质变化的诊断价值,应按疾病的特点和出现细胞异常的特性而论。有的是以量定之(符合量变到质变),有的以质定之,有的两者兼之(量不足唯有质变)才凸显疾病诊断价值。从形态学本身而言,当检验中发现的细胞量与质的异常对疾病临床期具有独特的意义(判断达100%)时便有对疾病肯定性诊断的价值,而当所见的异常不具有决定意义时,愈需要其他学科诊断信息的补充或印证。因此,在解决疾病临床期诊断中灵活适度地运用这一关系有助于理清主次和分步确定,它与科研的要求有所不同。如在结合临床前提下,当骨髓中原始细胞量达到5%~10%时可以考虑造血肿瘤(然后再进一步检查与诊断,下同),≥20%时即可明确为急性白血病;浆细胞比例>25%~30%时可以基本上考虑恶性浆细胞病。慢性淋巴细胞白血病(chronic lymphocytic leukemia,CLL)等也是以细胞量变异常符合质变为主要诊断条件的。外周血白细胞达到150×10⁹/L时几乎都是白血病,血小板>1 000×10⁹/L时要么是特发性血小板增多症(essential thrombocythaemia,ET),要么是切脾后之反应或其他(如CML)的少数表现。白细胞持续低于正常又非其他血液病和器质性病变是名副其实的慢性白细胞减少症。临床和血象典型,白细胞<(2~3)×10⁹/L,中性粒细胞<0.5×10⁹/L即可以确诊粒细胞缺乏症。又如,骨髓中浆细胞比例在15%~20%以下时,要诊断浆细胞骨髓瘤(plasma cell myeloma,PCM)唯有细胞质变的同时存在或有其他异常才行,且其细胞量愈低愈需要细胞质变的程度。在MDS诊断中,对原始细胞不增多者惟有病态造血细胞(质变)的明显出现(图18-3)抑或经临床观察排除其他或遗传学和免疫表型检查提供有意义的证据。外周血中检出典型的异型淋巴细胞,骨髓中找到癌细胞等(质变),不论其量多少都可作出定性诊断。不过这种数量上的差异可体现疾病的严重度而不能改变疾病的性质。

3. 影响疾病诊断把握的质量因素 影响因素很多,详见本章第六节。

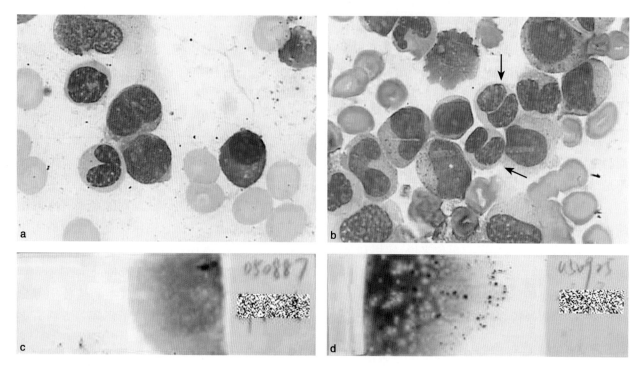

图 18-3　原始细胞与病态造血细胞和骨髓小粒与白血病

a 为原始细胞增多 MDS,原始细胞增多是克隆性造血的最重要证据之一,在诊断上常具有优先权;b 为 MDS 不能分类型,骨髓原始细胞不增加,唯有明显病态造血细胞(箭头为 2 个异常 Pelger-Huet 粒细胞)的存在结合临床才可以给出诊断;c 为 APL 骨髓涂片,常缺乏骨髓小粒,在 ALL 标本亦是;d 为 AML 伴成熟型,常见丰富骨髓小粒

三、严格核对镜检前的各种标本

仔细核对骨髓送检单上患者的姓名、编号、患者标本袋编号和患者涂片标本编号是否一致,所要求的检查项目是否一致,所需的各种标本染色是否完成(详见第十七章和第二十一章)。

第二节　常规检查与意义

经过镜检前的准备,仔细阅读患者的临床信息,一般可以找出需要检查的目的和所要解决诊断的主要方面,在镜检中可以有重点有兼顾地进行检查和评估。有核细胞数量检验和细胞形态观察是镜检的两个主要项目。按一般的细胞学检验步骤,先用低倍镜检查,确认肉眼观察无骨髓小粒标本中有无微小小粒和油滴、观察染色的满意性,估计有核细胞的多少、有无明显的骨髓稀释、有无明显的异常细胞、涂片尾部有无特征细胞(如浆细胞、巨核细胞)和异常的大细胞。随后用油镜进一步观察、确定细胞类型、完成细胞分类等检查,判断骨髓病变与否、病变的性质与程度或检查是否不足,同时结合临床是否可以合理地做出解释。

一、骨髓液外观与涂片色泽和骨髓油滴与小粒

1. 骨髓液外观与涂片色泽　对抽吸的骨髓液和制备的涂片进行理学检验有若干参考意义。偏灰白的浅血色和稠密性高的骨髓液示有核细胞丰富,见于众多造血增殖性疾病。鱼肉样松散小粒的骨髓液,在涂片似有阻力或细腻沙状的一种手感,常是髓系造血亢进或异常增殖的白血病和 MA 等。制成的这些标本染色后有明显的细腻粒状感的紫色。带脓性样灰白色稠性髓液可能为骨髓坏死(bone marrow necrosis,BMN),豆渣样髓液可能为 PCM。明显脂肪性骨髓液常见于中老年人和/或造血细胞减低时;

染色后偏红色并在涂片尾部有明显发亮的油滴常是造血细胞减少的外观。明显血色且浓稠不易推片的骨髓液,常为红细胞过多的疾病,如红细胞增多症,且这种标本染色后红色色觉过浓而紫色不足。稀淡与血色明显的骨髓液常见于外周血液明显稀释时。此时制作涂片似推液体样,无细腻沙状感,标本染色后明显偏红。转移骨髓的癌瘤,骨髓液有时血水样,但可见细粒状的细胞成分沉淀。重度营养不良性骨髓造血衰竭的骨髓液呈胶冻样或松散团状,涂片时不易推制,染色后不易推片处呈明显的片状浅紫红色或粉红色。PCM 涂片染色后有时呈明显的均匀性深紫色,这是由于骨髓液含 M 蛋白成分所致。一般标本染色后,有核细胞明显减少而显示明显的红染着色,骨髓小粒丰富且染色明显紫色,示有核细胞增多;未见小粒,但染色明显紫色且有沙粒感,亦示有核细胞明显增多,这种骨髓液浓稠而不易推制较长髓膜(涂片)。

2. 骨髓油滴和小粒　油滴为带有发亮感的小泡,骨髓小粒为鱼肉样至油脂样,大小不一。当油滴和小粒细小时,需要镜检才能判断。

油滴"−"示涂片上几乎不见油滴;"+"示油滴稀少,在涂片上呈细沙状分布,尾端无油滴;"++"为油滴多而大,尾端有油滴;"+++"为油滴聚集成堆,或布满涂片。油滴在镜下大多为大小不一的空泡结构。正常骨髓涂片油滴为"+~++"。油滴多少常与造血功能有关。造血功能减退时增加,白血病等有核细胞增加时减少。急性淋巴细胞白血病(actue lymphocytic leukemias,ALL)和 APL 骨髓涂片上油滴常呈小圆点状。影响检验结果的因素有:局部造血生理性衰退,当年龄 40 岁以上时,部分患者髂后上棘造血衰退、油滴增加,偶见全脂肪骨髓而在涂片上布满油滴;穿刺部位偏位而刺入丰富的脂肪髓区,可造成油滴增加;骨髓明显稀释时,涂片上油滴常少。也有部分标本油滴明显增多而造血细胞丰富。

小粒"−"示涂片上不见小粒;"+"示小粒稀小,眼观涂片尾部隐约可见,镜下有明显的小粒结构;"++"为小粒较密集,在尾端明显可见;"+++"为小粒很多,在尾部彼此相联。涂片标本未待完全干燥或干燥后,涂片叠放和摩擦均可影响大的小粒和油滴形状和存在;涂片去镜油时可拭除油滴和骨髓小粒,尤其是多次反复进行时。正常骨髓小粒为"+"。骨髓小粒是骨髓组织的一个(微)小碎块。在光学显微镜下,骨髓小粒由少量条索状纤维构成网架(少数不见),其间分布造血细胞和非造血细胞。正常情况下,小粒内造血细胞约占有核细胞的一半左右,造血细胞减少,占有核细胞 1/3 以下时可指示造血减低。小粒如鱼肉样增多时是造血旺盛的表现。白血病中,粒单系细胞白血病骨髓小粒丰富,而 ALL 和 APL 小粒常为稀少或缺乏(图 18-3)。粒细胞与淋巴细胞白血病小粒差异的原因在于组织中纤维组织增生性(见第十四章),除了白血病外,其他髓系肿瘤和淋系肿瘤也有类似的现象。化疗后,有核细胞显著减少而骨髓小粒存在则是骨髓抑制的一个参考;化疗后或骨髓移植后骨髓小粒的存在或新出现是好的预兆。小粒检查的另一个意义是评价骨髓穿刺涂片的满意度。

一些疾病时小粒造血细胞与非造血细胞比例会明显变化,可以评判造血有无异常。诸如再生障碍性贫血(aplastic anemia,AA)小粒内缺乏造血细胞而常由条索状纤维搭成网架和基质细胞或与浆细胞等共同构成的空巢(图 18-4),是 AA 的一个形态学特点。重度营养不良(如神经性厌食症)和恶病质(各种慢性消耗性疾病)骨髓小粒呈胶冻样变性,染色后为粉红色(图 18-4),被认为酸性黏多糖的变性,患者有明显消瘦,血细胞轻度减低是临床检查骨髓的主要原因。

有时小粒内以某一细胞为主,如浆细胞,见于 PCM 和反应性浆细胞增多症;颗粒增加的早中幼粒细胞,见于粒细胞缺乏症和给予粒细胞集落刺激因子时(图 18-4);当单一的原始幼稚细胞增加或充填时,则是急性白血病等肿瘤的浸润性特征。部分 PCM 和急性白血病化疗后涂片上的肿瘤细胞比例已达完全缓解标准,而骨髓小粒内仍见原始细胞簇或浆细胞簇者,则意味着骨髓涂片反映的细胞象并未达到真正意义上的缓解。

二、有核细胞量(增生程度)

有核细胞量检验是骨髓检查中的主要项目。有核细胞常指髓系细胞和淋系细胞,也泛指任何病变时的有核细胞,包括侵犯骨髓的非骨髓细胞。

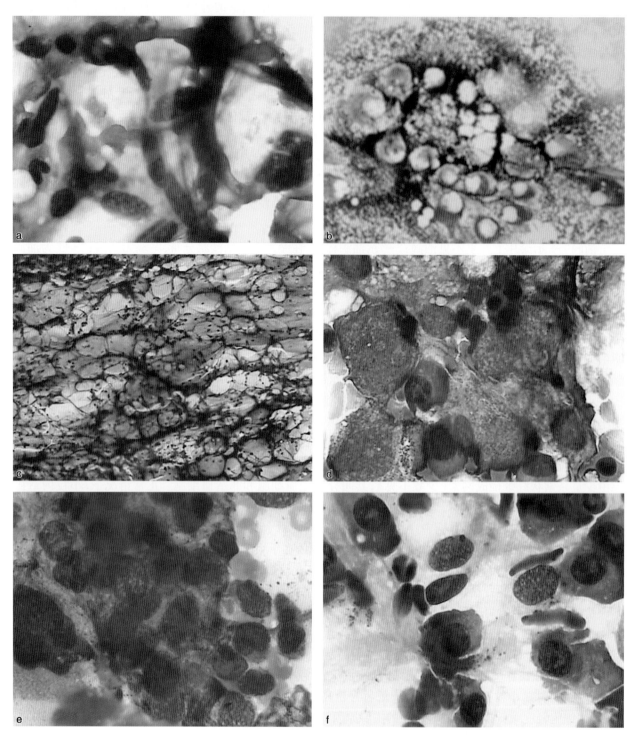

图 18-4   骨髓小粒检查及其意义

a 为多量基质细胞、肥大细胞和淋巴细胞,不见造血细胞,俗称空巢,AA 常见;b、c 为营养重度不良和恶病质的均质性胶冻样浅红色骨髓小粒;d 为早幼粒细胞增多型粒细胞缺乏症,小粒内早幼粒细胞和浆细胞为主;e 为 M5b 化疗后白血病细胞显著下降,但小粒内白血病细胞为主,示骨髓未缓解;f 为 PCM 化疗后复查,造血基本良好,浆细胞仅1%,但小粒内幼浆细胞数个至十余个不等,反映骨髓中尚存灶性瘤细胞

1. 检查方法   检查有核细胞有两种方法:有核细胞直接计数和镜检大致评估。前者取 EDTA 抗凝骨髓液同手工白细胞计数法进行计数,参考区间为(36~124)×10⁹/L。

骨髓涂片镜检是普遍性方法,虽然其准确性差,但在没有受到血液明显稀释的标本中,仍可以大体上评判病理改变时的有核细胞多少。先用低倍镜作一大致的细胞量检查与评估。包括有无肉眼不见

的微小骨髓小粒和油滴、染色的满意性如何、有核细胞的多少和组成的大致类别(幼红细胞和淋巴细胞核着色相对深,粒系细胞和单核系细胞着色浅)、有无明显的异常细胞、涂片尾部有无特征性细胞和异常的大细胞(如巨核细胞和转移性肿瘤细胞)。疑似肿瘤转移的骨髓标本,应仔细检查多张涂片甚至全部标本。

通过低倍镜检确定有核细胞量的大致分布和密度等细胞学的一般情况,并结合临床和其他实验室的信息,将发现的问题——细胞异常用油镜予以确认。同时,对应补充的本实验室项目即时进行,对尚需要了解的临床信息,及时与临床联系,对因明显稀释而影响重要疾病诊断的临床送检标本及时反馈。

涂片标本有核细胞数量检查,我国多采用中国医科院血液学研究所五分类法(表18-1),在涂片厚薄均匀(细胞展开、分布均匀和结构清晰)的区域根据有核细胞与红细胞的比,计算有核细胞的数量,即国内多称之的骨髓(细胞)增生程度。

表 18-1　骨髓细胞增生程度五级分类法参考区间

增生级别	红细胞:有核细胞	意　义
增生极度活跃	1.8:1	多见于白血病
增生明显活跃	5~9:1	多见于白血病和增生性贫血
增生活跃	27:1	正常骨髓象及多种血液病
增生减低	90:1	AA 及多种血液病
增生重度减低	200:1	AA 及低增生的各种血液病

2. 检查意义　中国医科院血研所的五级分类法,除了前述影响因素外,其每级参考区间的离散度大,所表示的又为红细胞比有核细胞的值,而在骨髓涂片中红细胞通常又是不易计数的。采用平均视野法,则受显微镜视野大小的影响,若采用的实验室应根据显微镜型号制定参考区间。总体评价,有核细胞量检验是一个估算指标,通常是结合不同血液疾病中有核细胞多少的对比和经验,给出一个大体判断(图18-5)。就其级别而言,只有明显偏离正常两端时才有容易判断的病理意义。这两端细胞量即为显著增多和明显减少,分别代表的疾病为白血病和AA。有核细胞增多的评估价值大于减少,通常骨髓液难免有多少不一的稀释,细胞量多的可靠性明显增高(真实的细胞量常会更多),而细胞少的则容易造成可靠性的降低(真实的细胞量可能不减少,甚至是增多的,如用印片和切片标本作对照)。许多疾病的诊断以细胞量多少为主要依据,在评判时必须考虑因涂片有核细胞量评估不足的问题。如细胞假性减少时,易于作出 AA 和造血减低的评判,而对诸如脾功能功能亢进(简称脾亢)、PV、ET、反应性骨髓细胞增多等则易于作出假阴性判断。

(1) 骨髓稀释的评判:把骨髓稀释误判为增生低下(假阳性)是涂片细胞学检查的一项弱点。骨髓稀释或称血液稀释(hamodilution)是由于穿刺针进入骨髓腔明显偏离造血主质区或穿刺过浅或过深或穿破了较大的血窦所致。评价有无明显的骨髓稀释,通常是多因素分析,主要有以下几个方面,但较多的轻度稀释常不能通过细胞学检查反映出来。①有核细胞量:出现与疾病不相应的明显减少时,要考虑骨髓明显稀释的可能。②巨核细胞数:在外周血细胞正常的情况下,骨髓涂片中应有一定量的巨核细胞,若出现明显不相应的少见时需要注意到骨髓稀释的可能。③浆细胞和基质细胞:尤其在骨髓细胞减少时,浆细胞和非造血细胞很少或不见时,应考虑骨髓稀释的可能。④幼稚细胞与成熟细胞比例:正常情况下幼稚细胞应占一定比例,若成熟细胞过多可能是骨髓稀释之故。⑤骨髓小粒:小粒不见或少见(尤其仅见镜下小粒)时,除了一些特定的情况(前述)外,应考虑骨髓稀释的可能。⑥外周血细胞:一般情况下,外周血细胞与骨髓细胞量之间呈反比关系,若外周血细胞基本正常而骨髓有核细胞减少且晚期阶段细胞相对明显增高时应考虑骨髓稀释的可能。⑦年龄与穿刺部位:若青壮年以下患者,有核细胞量少且成熟阶段细胞比例偏高时,稀释的可能也大。

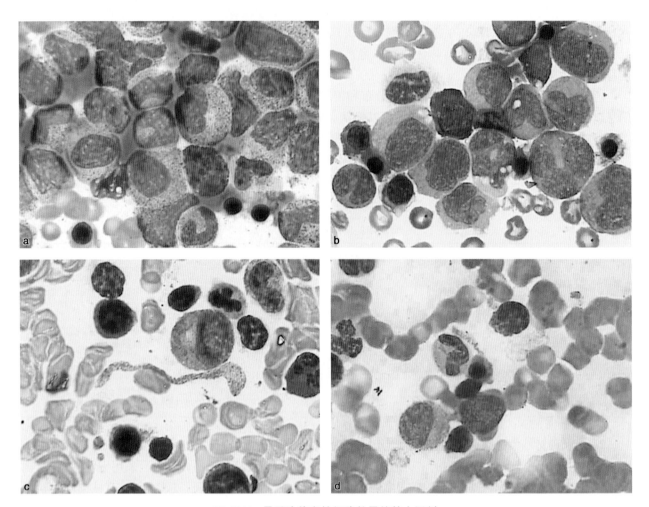

图 18-5 骨髓涂片有核细胞数量的基本评判

a 为 MPN 不能分类型,有核细胞量显著增多;b 为 CMML 有核细胞明显增多;c 为有核细胞增生活跃,见于正常和许多疾病;d 为有核细胞轻度减少,见于正常和许多疾病

(2)常见疾病中的评估:①急性白血病:在被确认的急性白血病检查中,首先是评判有核细胞量的多少。即根据细胞多少做出是高细胞性(增生性)和低细胞性(低增生性)的评判。然后,按形态特点和细胞化学反应鉴定类型。对于低增生急性白血病则要求骨髓切片提供证据,并需要与低增生(低细胞)性 MDS 等作出鉴别。②MDS:普遍的血液和骨髓异常为血细胞减少与骨髓细胞增多的矛盾,有评判意义。这一异常还常伴随细胞形态上的改变——病态造血(dysplaia),即增生细胞的形态异常或发育异常。③MPN 和 MDS-MPN:MPN 中,经典类型的 PV、ET 和原发性骨髓纤维化(primary myelofibrosis,PMF)大多见于中老年人。骨髓表现为与年龄不相称的过度造血,即高细胞量(骨髓增殖异常)。同时在外周血中有一系或多系细胞增多的有效造血,恰与 MDS 不同。骨髓增生异常-骨髓增殖性肿瘤(myelodysplastic/myeloproliferative neoplasms,MDS-MPN)骨髓造血细胞量不但增多而且有明显的病态造血细胞,且因有一系或二系细胞无效造血,引起细胞减少。④贫血和其他疾病:通过细胞量检查将贫血粗分为增生性与低增生性贫血,典型的例子是 MA 和 AA。脾亢、继发性骨髓细胞增多等也都是通过有核细胞多少的检验结合临床特征作出诊断的。

三、巨核细胞数量、功能与特殊形态

1. 巨核细胞检查 包含四个方面:一是数量与功能(计数与分类);二是病态造血细胞观察;三是细胞大小和核叶多少检查;四是与骨髓纤维化相关的巨核细胞小细胞化、异形化和裸核化("三化")以及与 MDS 或 MPN 向 MDS 进展有关的核小圆化与小细胞化的检查。

（1）数量与功能：是检查巨核细胞数量和不同阶段细胞构成比例（分类计数），如特发性和继发性原因所致的巨核细胞增多，需要对巨核细胞的数量和功能作出评判。通常用低倍镜计数适宜大小[（2~2.5）cm×（3~3.5）cm]的全片巨核细胞，参考区间为10~120个；也可以片为单位，通过换算成一般认为的"标准"涂片面积（1.5cm×3cm）中的巨核细胞数，参考区间为7~35个，但需要注意的是这一广为我国引用的参考区间仅为10例正常骨髓象的统计分析。李早荣主任技师提出EDTA抗凝髓液5μl定量涂片，可以减少误差，其参考区间每1μl为16.80±8.41（5~33）个。作者报告的16例健康成人志愿者髂后上棘骨髓液涂片的参考区间，在1.5cm×3cm单位面积中为17~107个，习惯涂片多数单位面积为7cm²（2.5cm×3cm或2cm×3.5cm）左右，有巨核细胞26~166个。

用油镜确认巨核细胞阶段，分类25个，不足时增加涂片累计分类，计算百分比（巨核细胞分类计数）；小于10个时可以不用百分比表示。同时观察巨核细胞胞质中血小板生成的多少、有无空泡等。产血小板型巨核细胞常见于胞体小或偏小的（幼）巨核细胞。最后观察涂片上散在和成簇的血小板是否容易检出。在正常骨髓涂片的每个油镜视野中，可以检出血小板8~15个（分散的或聚集成团的），每20个红细胞约可以检出1个血小板；若用CD41或CD42、CD61标记染色，则观察到的血小板数量会更多。

巨核细胞分类计数，我国文献介绍的参考区间极为混乱（一些报告的或引用的参考区间为正常骨髓象，也有是经验性数值），但多数为原始巨核细胞0，幼巨核细胞<5%，颗粒型10%~27%，产血小板型44%~60%，裸核8%~30%。作者报告16例健康成人志愿者髂后上棘骨髓液涂片的参考区间，原始巨核细胞为0~4%、幼巨核细胞为0~14%和裸核巨核细胞为0~8%，颗粒型为44%~60%，产血小板型巨核细胞为28%~48%。

（2）病态（造血）巨核细胞：这是骨髓细胞形态学中的一个非常重要的项目，每例都要观察，尤其怀疑髓系肿瘤时，需要仔细检查。检出病态巨核细胞及其存在的程度是评判MDS等髓系肿瘤病态造血的重要证据。病态巨核细胞形态学见第九章。健康人骨髓象中不见或偶见（不典型）病态巨核细胞，不见微小（淋巴样）巨核细胞。根据WHO对于病态造血的界定，用于MDS中巨核细胞病态明显的基本规定是骨髓涂片或切片中至少在30个巨核细胞中有病态比例≥10%；在AML伴多系病态造血中巨核细胞病态明显的基本规定是，巨核细胞至少有3个是典型的病态形态，或者巨核细胞≥5个时需一半以上为病态形态。

（3）细胞大小和核叶多少：检查巨核细胞大小和核叶多少有极其重要的评估巨核细胞增殖中不同病理状态的意义，尤其在MPN的类型评判中。CML骨髓中增加的巨核细胞，以偏小型巨核细胞（20~40μm）和核叶偏少为特征（图9-10），而ET和PV增加的巨核细胞以大型巨核细胞伴核叶增多（胞核个数明显增多而高度缠绕在一起或散开状的大"胞核"）为特征。部分细菌感染、原发的免疫性血小板减少症（immune thrombocytopenia，ITP）等，也见巨大胞体和高核叶缠绕的巨核细胞，但它们是一种代偿性、继发性反应。巨核细胞核叶过少（≤3叶），胞核小圆形或不规则圆形居多，并不见明显不规则和缠绕状的细胞成熟者，称为低核叶（巨核细胞）。它也是病态造血的一种巨核细胞，形态学特征见第九章。健康人骨髓象中，可见少量偏小型成熟巨核细胞和大型巨核细胞，但不见异常的低核叶小圆核巨核细胞。

（4）"三化"异常巨核细胞检查："三化"是指与PMF和其他髓系肿瘤伴发骨髓纤维化相关的巨核细胞异形化、小型化和裸核化，与巨核细胞的大小变化、核叶多少（MPN增殖异常和MDS增生异常巨核细胞）和胞核小圆化并列为巨核细胞现代识别的异常形态学。它们的简要意义见图18-6。

2. 检查意义 在巨核细胞的一般性检查中，通常最重要和最有意义的是巨核细胞生成血小板的功能。因此，不管幼稚还是成熟阶段巨核细胞，胞质有血小板形成者都归入产血小板类型中（一般，胞体偏小巨核细胞产生血小板比胞体大型者为多），两者合计占巨核细胞总数的30%以上可以判断为巨核细胞产血小板功能基本良好。产血小板型巨核细胞的形态学，作者定义为巨核细胞胞质内有≥3个血小板生成者。此外，巨核细胞产生的血小板数量可多可少，在正常人骨髓涂片中，产血小板巨核细胞的胞质中所生成的血小板约一半在3~10个之间，且常位于胞质的一端或逸核状胞核的一边（详见第九章），有时几个血小板散在于紫红色的粗大颗粒中。因此，检查中须用油镜观察，若用高倍镜检查则极易遗漏。

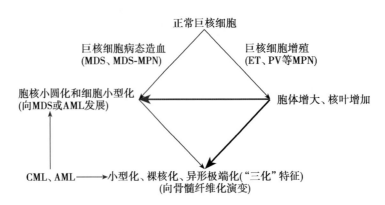

图 18-6　巨核细胞形态变化与髓系肿瘤疾病演变

骨髓涂片观察到的巨核细胞形态常比骨髓切片为差,评判中必须密切
结合临床特征和其他实验室检查

巨核细胞量及其阶段的参考区间,各家报告差异很大,原因同上。这除了选择健康人标本为参考区间外,在评估中还需要考虑针对性和局限性。即巨核细胞量及其意义需要视具体情况而定。如考虑原发性 ITP 则重视巨核细胞的增多或正常数量,其次是巨核细胞生成血小板的功能。因此当临床和血象符合(除外系统性红斑狼疮、干燥综合征和慢性肝病等)时,巨核细胞增加或正常就有符合原发性 ITP 的诊断性意义;考虑 MPN,如 ET,最有意义的是巨大胞体和高核叶巨核细胞与产生的血小板量;AA 和造血低下患者,则注重的是巨核细胞减少的数量;疑似 MDS 时,检验的重要证据是巨核细胞的小圆形胞核。

从临床看,较多的自身免性疾病(如系统性红斑狼疮、干燥综合征),慢性肝病(如肝硬化)和慢性消耗性血小板减少症,它们的骨髓涂片象常相似,甚至无差异,大多为巨核细胞增加或正常,颗粒型增多,生成血小板功能不佳。故在评估巨核细胞的数量及其生成血小板功能的临床意义时,必须密切结合临床特征和其他实验室信息,对尚未获得较完整检查的初诊患者,更应注意。

在不同疾病中观察的重点和意义亦有不同。判断巨核细胞数量异常还需要建立在患者的临床和血象的前提之上,同时结合骨髓其他细胞的增生状况。单纯以检验数值论事可无意义。在这一整合思路下,巨核细胞减少中,有的有诊断意义,如 AA 强调的是巨核细胞数量减少的诊断意义(一张涂片中<7 个时有参考意义,<3 个时有重要的参考价值),对体液免疫异常或巨核祖细胞内在缺陷的获得性巨核细胞再生障碍性血小板减少症和其他单系或多系骨髓增生低下等疾病的评判也一样,多次检查粒红两系造血基本良好,而巨核细胞均为少见(<3~4 个)时才有符合性意义。

当巨核细胞>100 个时可视为增多。巨核细胞增多的疾病很多,常见有原发性 ITP、缺铁性贫血(iron deficiency anemia,IDA)、巨幼细胞贫血(megaloblastic anemia,MA)、CML 等 MPN、MDS、AML、淋巴瘤,以及许多继发性血小板减少症等。这些疾病中,巨核细胞增多的一部分有诊断意义,如原发性 ITP,骨髓中巨核细胞越多越容易诊断。有的主要是病理生理上的进一步认识意义,如 CML 巨核细胞增多为髓系受累的一部分;MPN、MDS 和 AML 等,巨核细胞增多往往与这些疾病时巨核细胞异常增生有关;MA 巨核细胞增多与叶酸和/或维生素 B_{12} 缺乏导致骨髓巨核细胞无效造血有关;IDA 巨核细胞增多可能与出血后的代偿性增生有关。有的有预后意义,如 AML 初发时巨核细胞量增多及形态改变(如小圆核巨核细胞)者(详见第九章)缓解率低、预后差。有时巨核细胞数量变化(增加与减少),无实质性意义,如外周血血小板计数正常、临床上也无明显相关因素者,但现代识别的质的异常巨核细胞则有重要的评判意义(见第九章、第十四章和第二十章)。

四、骨髓细胞分类与方法和粒红比值

骨髓细胞分类,有有核细胞(all nucleated bone marrow cells,ANC)分类、单系细胞分类和除去非髓系肿瘤细胞分类几种。非红系细胞(nonerythroid cell,NEC)分类已被取消。

（一）细胞分类

1. ANC 分类　ANC 分类不包括巨核细胞。一般标本分类计数 200 个 ANC，必要时增加有核细胞至 500 个，如需要准确判断是 MDS 还是 AML 时，就需要计数更多的有核细胞，提升原始细胞比例的可靠性。

2. 单系细胞分类　单系细胞分类用于部分髓系肿瘤，需要对髓系三个系列中的单系细胞异常程度做进一步评价者。如 MDS、AML 和 MDS-MPN 等髓系肿瘤是否存在明显的病态造血。如评判有无粒系病态造血，为病态粒细胞占粒系细胞的百分比。参考区间为无病态造血细胞，或一般疾病中病态造血细胞所占比例都为<10%；>10%指示存在明显病态造血。还有在急性单核细胞白血病的细胞分类中，也需要单系细胞分类，以确定原始单核细胞是否≥80%（急性原始单核细胞白血病）与<80%（急性单核细胞白血病）。

3. 除去非髓系肿瘤细胞分类　当髓系肿瘤与非髓系肿瘤并存时，如慢性中性粒细胞白血病（chronic neutrophilic leukemia，CNL）与 PCM 并存时，则有核细胞分类中不能包括非髓系肿瘤细胞。即除去非髓系肿瘤细胞后，再进行 ANC 分类，以合理评判髓系细胞的增殖状态。

（二）方法评价与意义

细胞分类不光是反映有核细胞数量变化，更重要的是检查不同阶段细胞的比例有无明显改变，从而评判哪些细胞的增多或减少、有无细胞的成熟障碍或成熟细胞的蓄积、有无外周血液的明显稀释（骨髓稀释）。因此，骨髓细胞分类是评判有无造血系统疾病或疾病类型或其严重性的最主要的方法之一。ANC 中各阶段有核细胞的参考区间，各家报告差异很大，国内外都缺乏统一标准，需要加强或建立健康人的参考区间。作者报告 16 例健康成人志愿者髂后上棘骨髓液涂片的参考区间见表 18-2。

表 18-2　16 例健康成人志愿者髂后上棘骨髓细胞参考值

细胞	$\bar{x}\pm s$	范围	细胞	$\bar{x}\pm s$	范围
巨核细胞计数（个）			分叶核粒细胞	14.56±2.56	10.2～18.6
理论上一个单位面积	51.00±26.25	17～107	嗜酸性粒细胞	2.34±1.23	0.8～4.8
（1.5cm×3cm，4.5cm²）			嗜碱性粒细胞	-	0.0～0.2
实际每张涂片面积（2.5cm	79.12±40.83	26～166	幼红细胞（小计）（%）	25.46±4.64	17.0～33.2
×3 或 2cm×3.5cm，7cm²）			原始红细胞	0.78±0.51	0.0～1.8
每 μl 骨髓液		5～33	早幼红细胞	1.74±0.73	0.6～3.2
巨核细胞分类计数（%）			中幼红细胞	10.51±3.02	6.4～16.4
原始巨核细胞	1.00±1.26	0～4	晚幼红细胞	12.43±2.59	7.0～17.4
幼巨核细胞	7.76±3.56	0～14	粒红比值	2.19±0.57:1	1.4～3.4:1
颗粒型巨核细胞	50.50±5.48	44～60	其他细胞（%）		
产血小板型巨核细胞	42.50±6.38	28～48	淋巴细胞	17.49±3.32	12.8～24.2
裸核型巨核细胞	2.36±2.32	0～8	单核细胞	0.86±0.35	0.2～1.6
粒系细胞（小计）（%）	54.08±4.50	45.8～60.2	浆细胞	0.82±0.45	0.2～1.4
原始粒细胞	0.66±0.50	0.0～1.6	巨噬细胞	0.40±0.40	0.2～1.6
早幼粒细胞	3.10±0.96	1.8～5.0	网状细胞	0.26±0.34	0.0～1.0
中幼粒细胞	7.63±1.24	5.2～9.2	福拉他细胞	0.21±0.28	0.0～0.8
晚幼粒细胞	11.14±1.56	7.8～14.4	肥大细胞		0.0～0.2
杆状粒细胞	15.48±2.23	12.4～20.4			

1. 原始细胞比例　分析原始细胞多少是评判有无血液病，尤其是造血和淋巴组织肿瘤非常重要的指标。原始细胞是个泛指的术语，一般在髓系肿瘤中被特指，参考区间为<2%。

在髓系肿瘤中，骨髓原始细胞增加有几个层次，≥2%、≥5%、≥10%与≥20%。当≥2%时，结合细胞学的其他检查并排除其他原因所致者,需要疑似髓系肿瘤(如 MDS)和继发的增生性疾病(如感染和给予 G-CSF)。当≥5%时,结合临床可以大体评判为原始细胞的克隆性,如 MDS;在 MPN 和 MDS-MPN 中则指示疾病进展。当≥10%时,在 MDS 中可以评判为更高危的类型;在 MPN、MDS-MPN 中则可以指示疾病加速或恶化(图 18-7)。类白血病反应可见原始细胞增加,但一般<5%。当≥20%时,可以归类为 AML。婴幼儿患者,骨髓原始细胞比成人为多见,患病时又会相应增高,如在 ITP 标本中可见原始(淋巴)细胞高达 5%以上者。外周血原始细胞比例几个层次的诊断意义见第十五章。

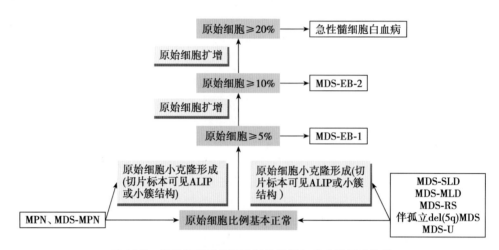

图 18-7 髓系肿瘤原始细胞逐步扩增与疾病进展或转化

髓系肿瘤向 AML 转化中,除原始细胞逐步增加外,巨核细胞小型化和胞核小圆化也是趋向 AML 发展的一个参考。ALIP 为幼稚前体细胞异常定位,MDS-EB 为 MDS 伴原始细胞增加,MDS-SLD 为 MDS 伴单系病态造血,MDS-MLD 为 MDS 伴多系病态造血,MDS-RS 为 MDS 伴环形铁粒幼细胞,MDS-U 为 MDS 不能分类型

2. 幼红细胞比例 在急性白血病和 MDS 诊断中,除了原始细胞量界定外,幼红细胞(红系前体细胞)亦是极其重要的一个定量指标(图 18-8)。有核红细胞≥50%的髓系肿瘤,在进一步归类中的评判见表 6-4。

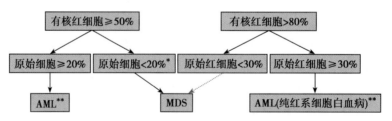

图 18-8 有核红细胞≥50% AML 与 MDS 归类

原始细胞和有核红细胞为 ANC 百分比,NEC 在髓系肿瘤分类中被废除;ANC 中,有核红细胞>80%,原始细胞必定<20%。* 少数重现性遗传学异常类型原始细胞可以<20%,但它不是形态学诊断的范畴;** 为基本类型,特定类型按有无治疗相关病史、重现性遗传学异常和骨髓增生异常相关改变的条件进行评判

在贫血中,有核红细胞的数量改变是评判的主要指标,如增生性与低增生性贫血。一般,骨髓有核红细胞约占 20%~35%。<15%时可视为减少,<5%~10%为红系造血减低。红系为主的造血减低多见于慢性肾衰竭(多为 EPO 分泌减少所致)、某些病毒感染等疾病(图 18-9)。纯红系细胞再生障碍性贫血(pure red cell aplastic anemia,PRCAA)或纯红系细胞再生障碍(pure red cell aplasia,PRCA)幼红细胞显著减低(多认为红系祖细胞减少所致),通常<5%。急性红血病标本,有核红细胞高达 99%。伴有核红细胞增多 AML 与 MDS,MA、IDA、难治性贫血(refractory anemia,RA)和铁粒细胞性贫血(sideroblastic anemia,SA),均

可见有核红细胞60%以上,但除伴有核红细胞增多AML和MDS外,都不常见。有时为了简便,对已达到诊断意义的以早幼与中幼阶段为界分为原早幼红细胞和中晚幼红细胞两个基本范围,急性红血病和MA原早阶段增多为主,IDA和较多HA以中幼晚幼阶段增多为主。

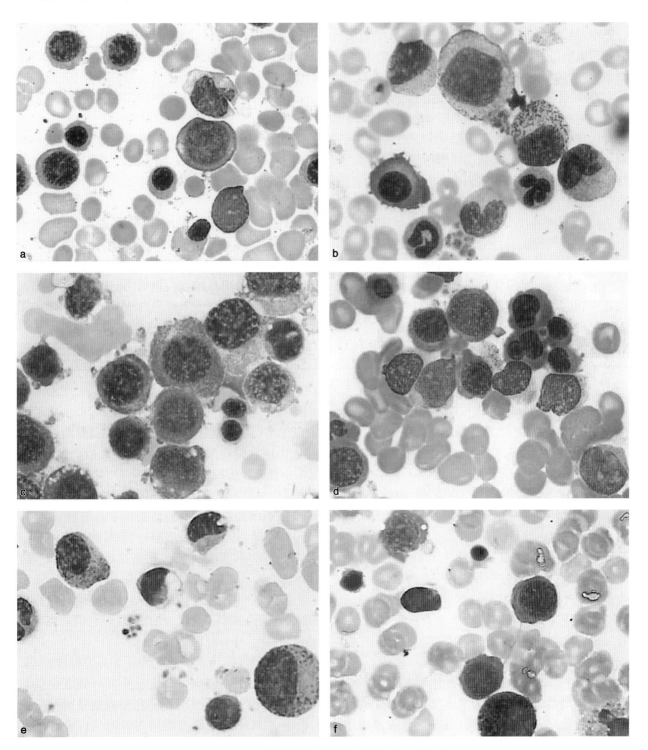

图 18-9　幼红细胞和粒细胞数量变化的部分意义

a为自身免疫性溶血性贫血,中幼红细胞为主增加,并见少量球形细胞,无明显病态和原始细胞增多;b为PRCAA,幼红细胞少见或消失,粒系、巨核细胞和淋巴细胞基本正常;c为纯红系细胞白血病,原早幼红细胞显著增生,其他系列造血受抑;d为MDS-EB2伴有核红细胞增多(>50%),原始细胞<20%,右上有多个病态幼红细胞;e为慢性肾病性贫血,粒细胞相对增加;f为免疫性PGA,粒细胞极少,中性粒细胞罕见,可见嗜酸性粒细胞,红系和巨核细胞造血大致正常

3. 粒细胞比例　粒系细胞占有核细胞的比例最高,约占50%~60%。通常当<45%为减少,>65%为增多。在各阶段中,原始粒细胞>2%,早幼粒细胞>5%,中幼粒细胞>10%~15%,晚幼粒细胞>15%,杆状核粒细胞和分叶核粒细胞分别>20%左右时,可以视为增多。同时注意细胞成熟是否正常,但确切的意义还需视临床、血象以及细胞形态有无异常而定。

原、早、中三个阶段粒细胞增多主要见于髓系肿瘤(白血病和MPN等)、感染和粒细胞缺乏症。急性粒细胞白血病,包括我国的M2b都是这三个的1~3个阶段细胞的异常增生;CML则是各个阶段粒细胞显著增多(中晚阶段细胞尤其明显)与嗜碱性粒细胞和嗜酸性粒细胞的增多,与增多的小型巨核细胞一起,构成CML的骨髓细胞学特点;粒细胞缺乏症和感染可以早幼粒细胞和早、中幼粒细胞的明显增多,可高达20%~40%,类似白血病象(如图7-16)甚至类似MPN,如Still病(如图3-15)。

粒细胞减少见于许多疾病,当粒系细胞总和<10%~15%,应考虑特发性纯粒细胞再生障碍(pure granulocytic aplasia,PGA)或其他原因所致粒系造血严重受抑时。粒细胞相对减少见于幼红细胞等细胞增多时。还有一种情况为粒细胞相对增多,见于幼红细胞生成减少的PRCAA和肾病性贫血等(图18-9)。成熟粒细胞相对增多可见于AA和骨髓稀释等众多标本。

4. 细胞成熟性及其数量变化　在确定有核细胞量、原始细胞量、幼红细胞量、粒细胞量、有无病态造血细胞及其程度后,还需要评判细胞的成熟性以及原始细胞伴随的成熟状态。如AML伴成熟型需要早幼粒细胞及其后阶段粒细胞>10%,不伴成熟型则为<10%;AML伴成熟型和急性单核细胞白血病等类型为原始细胞增多伴随细胞成熟,而AML不伴成熟型、急性原始单核细胞白血病、急性原始巨核细胞白血病和急性原始淋巴细胞白血病常不伴有原始细胞的向下成熟;治疗相关白血病、MDS、MPN和MDS-MPN转化的AML,往往伴有明显的细胞成熟特性。APL为颗粒过多早幼粒细胞显著增高,而其前的原始细胞及其后阶段粒细胞均为少见的特殊峰象;粒细胞缺乏症和感染也常见早、中幼粒细胞阶段的成熟障碍。

当骨髓成熟阶段中的多个阶段细胞或1~2个阶段细胞显著增多而原始细胞不增多或仅轻度增多时应考虑慢性白血病。如CML粒系增殖以中晚阶段粒细胞,CNL以中性分叶核粒细胞为主;CLL为典型的小淋巴细胞增多而原幼淋巴细胞不见或少见。MPN中的PV、ET都是细胞成熟良好而细胞数量增多的慢性髓系肿瘤。相当多的感染为中晚阶段细胞粒增多,甚至出现右移现象,即细胞过度衰老(凋亡延缓)。除了CML、CNL和CLL外,在部分PMF标本中也有明显的中性分叶核粒细胞增多。

5. 病态造血细胞数量　病态造血被用于描述髓系肿瘤中粒红巨三系有核细胞特定的异常形态(非铁、叶酸与维生素B_{12}等造血物质缺乏和继发性原因所致)。MDS的单系病态造血是指单系细胞分类中,病态形态细胞占该系细胞的10%以上;AML中的单系明显病态造血是指单系细胞分类中,病态细胞占该系细胞的50%以上(图18-10)。MPN,尤其是PV、ET、CML、CNL等,都是无明显病态造血的慢性髓系肿瘤,但在病情过程中出现明显病态造血,则指示疾病加速或转化。类白血病反应、继发性粒细胞增多、粒细胞缺乏症等良性血液病变,一般不存在明显病态造血现象。给予细胞集落刺激因子的部分病例和少数重症感染或特殊感染患者中,因造血紊乱而出现与髓系肿瘤病态造血细胞不易区分的细胞,但它们的临床象和其他实验室异常的特征往往有异于伴病态造血特征的髓系肿瘤。

6. 嗜酸性和嗜碱性粒细胞增多与减少　嗜酸性粒细胞参考区间为<5%。>5%~10%为轻度增多,>20%为明显增多。嗜酸性粒细胞增多原因十分复杂,除了嗜酸性粒细胞白血病和一部分特发性嗜酸性粒细胞增多症外,其原因常不能很好地反映在骨髓涂片上。但骨髓检查时仍需仔细观察嗜酸性粒细胞增多的程度,成熟的程度以及有无伴随原始细胞增多,并注意嗜酸性粒细胞增多的时间以及伴随的相关症状(图18-11)。当原因不明的外周血嗜酸性粒细胞持续增多>1.5×10^9/L六个月以上,骨髓嗜酸性粒细胞显著增多,伴有全身浸润症状如发热、体重减轻、咳嗽、哮喘、呼吸困难、脾肝肿大和贫血时可考虑为特发性嗜酸性粒细胞增多症。同时,血片检出原始细胞(不管偶见还是多见),或者骨髓中原始细胞增多(>2%~5%)时,大多可以定性嗜酸性粒细胞克隆性恶性增多,如原始细胞>5%时结合其他检查需要提示嗜酸性粒细胞白血病(chronic eosinophilic leukemia,CEL);检出异常T样淋巴细胞时需要疑似淋巴瘤浸润。

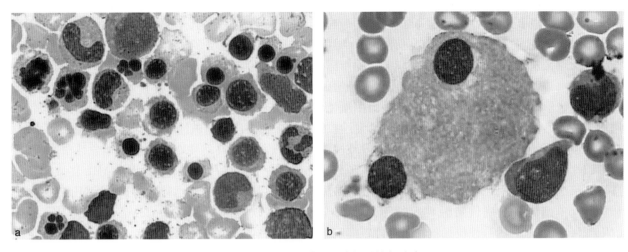

图 18-10　检查病态造血细胞数量的部分意义

a 为 MDS 伴单系病态造血(难治性贫血),病态幼红细胞占有核红细胞的 33%;b 为 AML 伴多系病态造血,粒红巨三
系病态造血,分类计数中,病态巨核细胞和病态粒红细胞各占 50% 以上,图示小圆核逸核状病态巨核细胞

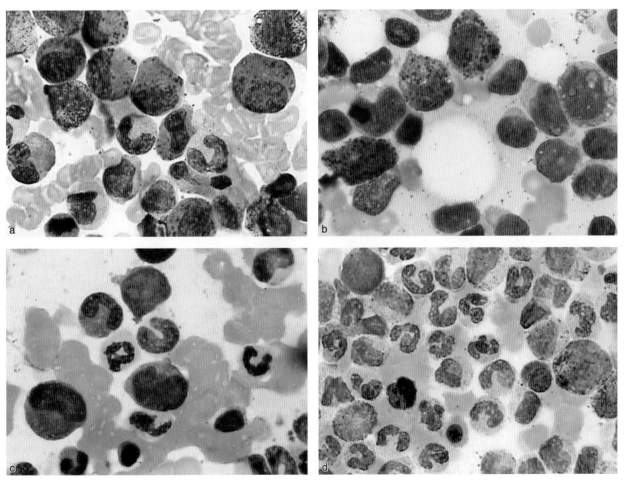

图 18-11　嗜酸和嗜碱性粒细胞数量变化(增多)的部分意义

a 为反应性嗜酸性粒细胞增多,易见幼稚双染性嗜酸性粒细胞,不见原幼细胞增加与病态造血,结合临床多不是骨髓
源性病因所致;b 为 AML 伴 inv(16)(p13q22)及其 *CBFβ-MYH11*,嗜酸性粒细胞增多和异常特征(幼稚阶段、双染颗
粒);c 为伴嗜酸性粒细胞增多的原始 T 淋巴细胞淋巴瘤累及骨髓,需疑似伴嗜酸性粒细胞增多和 *PDGFRA* 或 *PDG-
FRB* 或 *FGFR1* 异常淋系肿瘤,建议相关检查;d 为 CML,嗜碱性粒细胞增加,常见 2% 以上且多不典型

骨髓嗜碱性粒细胞参考区间为偶见或不见。>1%为增多,>5%为明显增多。检查嗜碱性粒细胞与单核细胞相似。最重要的价值是当不能解释的嗜碱性粒细胞持续增加(尤其是中老年)者可以视为一个不良证据,结合其他的细胞形态学改变更有意义。CML 时嗜碱性粒细胞增多(常在 2%~15%之间),既是其细胞学特点又是鉴别诊断类白血病反应的一项指标。CML 慢性期中出现嗜碱性粒细胞>20%时需要疑似急变趋向。嗜碱性粒细胞>40%以上时可以考虑嗜碱性粒细胞白血病。PMF、PV 和 ET 标本中,易见嗜碱性粒细胞是形态学的又一个依据。髓系肿瘤中所见的嗜碱性粒细胞常小如淋巴且颗粒稀少而易于漏检,用甲苯胺蓝染色可以清晰显示。反应性或继发性粒细胞增多常不伴有嗜碱性粒细胞(明显)增加。

白血病中,急性嗜碱性粒细胞白血病的嗜碱性粒细胞显著增多,高达 40%以上。其他急性白血病,检出嗜碱性粒细胞虽为少见,但对白血病的进一步分类和预后评判有参考意义,如一部分 AML 伴成熟型和急性粒单细胞白血病,以及伴有脾大的 AML,都易见嗜碱性粒细胞,并可预示较差的预后;AML 伴成熟型和急性粒单细胞白血病伴嗜碱性粒细胞增多(>2%),还可以疑似 t(6;9)(p23;q34)及其 *DEK-CAN*(*NUP214*)的存在。嗜酸性粒细胞和嗜碱性粒细胞减少的临床重要性相对较低,但有一些疾病中则是重要的参考,如 CNL 为不见或少见嗜碱性粒细胞和嗜酸性粒细胞。

7. 淋系细胞比例 原始淋巴细胞不见或偶见(婴幼儿可以轻度增多),幼淋巴细胞偶见或不见,淋巴细胞 12%~24%(婴幼儿淋巴细胞可以增高)。通常淋巴细胞增多意义大于减少,当外周血三系细胞减少、骨髓增生减低而淋巴细胞相对增多时有造血减低的评判意义;较多病毒感染(如巨细胞病毒)时淋巴细胞增多,还常伴有不典型形态、变异形态(胞体变异)和单核细胞增多。当白细胞增高及外周血和骨髓淋巴细胞增多,患者年龄在 35~40 岁以上又无其他原因解释时,需要考虑 CLL 或其早期表现(图 18-12)。

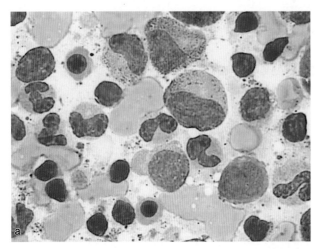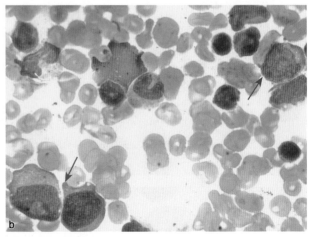

图 18-12 淋巴细胞数量变化的部分意义

a 为 43 岁男性患者,体检发现白细胞增高和小淋巴细胞增多,无其他疾病和原因,需要提示(早期)CLL 等成熟小 B 细胞肿瘤;b 为一例 CLL 病情中出现大原幼淋巴细胞(箭头),需要提示疾病转化

偶见原始淋巴细胞或易见(低百分比)幼淋巴细胞,评判是否异常需要视其他条件。若为淋巴瘤和 CML 则可能为早期浸润和急变的信号,需要密切随访;有脾大的非恶性疾病可以易见幼稚淋巴细胞。一般,对于淋巴细胞肿瘤,都需要分析原始淋巴细胞或幼淋巴细胞或淋巴细胞的数量。如 CLL 标本中检出幼淋巴细胞 10%以上时,可以诊断为伴幼淋巴细胞增多型 CLL(CLL/PL);当幼淋巴细胞>55%时需要归类为幼淋巴细胞白血病(prolymphocytic leukemia,PLL)。除此之外,还需要对肿瘤负荷性或有无淋巴瘤侵犯或其侵犯的程度作出评判。原始淋巴细胞肿瘤形态学详见第十一章。

8. 浆细胞比例 浆细胞参考区间为 0~2%。浆细胞轻度增加多为反应性,明显增多且形态单一(>25%~30%)需要提示浆细胞肿瘤,尤其是 PCM(见第十一章),若结合患者年龄(PCM 患者约 98%在 40 岁以上)与不能一般解释的血沉增高更有参考意义。一般骨髓象中不见原始浆细胞,出现明显的原始浆细胞和/或幼浆细胞,结合临床需要疑似浆细胞肿瘤。异常浆细胞形态学及其意义详见第十一章。

9. 单核巨噬细胞比例　单核细胞>2%为增多。单核(系)细胞>10%为明显增多,巨噬细胞≥1.0%时为增多。巨噬细胞异常形态见第十章。单核细胞增多需要结合临床信息,评估肿瘤性增多还是继发性增多。形态学改变(如明显空泡和转化型巨噬细胞考虑为继发性)是评估的一个方面,但分析患者年龄、起病方式、三系血细胞的组成等通常尤其重要。伴有血细胞改变而无明显感染,或不能用现病史解释的单核细胞持续增多,需要考虑(慢性)髓系肿瘤,尤其是中老年患者。如慢性粒单细胞白血病(chronic myelomonocytic leukemia,CMML)定义的一个指标就是单核细胞持续增多。巨噬细胞增多,在疾病伴随时可见两种情况:不见或少见吞噬血细胞而有明显空泡的巨噬细胞;另一种为易见吞噬血细胞和病原微生物现象。易见定居型巨噬细胞(包括吞噬的细胞碎屑和凋亡细胞)反映的是造血旺盛或继发性因素引起造血短时期内造血阻抑而造血微环境尚佳的指标。

在白细胞疾病中,检查单核细胞增多的意义有二:有原因可以解释者,作为感染性疾病或继发性的一个评判指标;无原因或不能用现病史解释的单核细胞持续增多,可以作为慢性髓系肿瘤的一个证据(图18-13),如 CMML、不典型慢性粒细胞白血病(atypical chronic myelogenous leukaemia,aCML)。

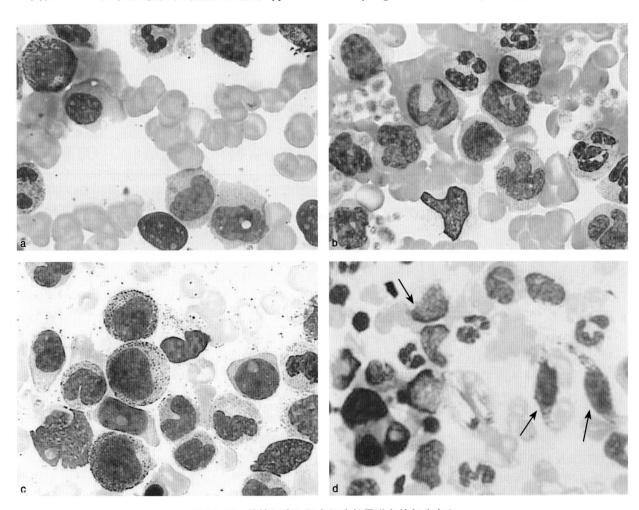

图 18-13　单核细胞和肥大细胞数量增多的部分意义

a 为单核细胞增多伴粒细胞变性和浆细胞易见等细胞学,多为继发性;b、c 为 CMML 血象和骨髓象,为 66 岁男性患者,持续性单核细胞增多,除了细胞增高和贫血,增多的血小板簇也是部分患者的一个特点,等同原始细胞意义的幼单核细胞形态见第六章;d 为 MDS 伴肥大细胞增多,肥大细胞占 6%,2 个肥大细胞颗粒稀疏(不典型)

10. 基质细胞　基质细胞包括网状细胞、纤维细胞、内皮细胞等(见第十二章),骨髓象中少见。增多时见于两种情况,造血明显减退和造血明显亢进时。

11. 少见的其他细胞　少见细胞有肥大细胞、成骨细胞、破骨细胞、凋亡细胞等,还有细胞脱落物——胞质体。胞质体形态学及其生物学是极其重要而尚未引起重视的一项课题。凋亡细胞和细胞脱落物形态学及其意义详见第十二章和第十三章。肥大细胞一般为不见或偶见,增多或易见时见于 AA、类癌综合征等。骨髓中肥大细胞增多,更需要重视或考虑的是肥大细胞增多症或髓系肿瘤伴随的肥大细胞增多,如系统性肥大细胞增多症伴相关血液肿瘤(图18-13)和肥大细胞白血病(见图17-2)。对于不典型肥大细胞更需要用甲苯胺蓝染色鉴定。成骨细胞与破骨细胞在骨髓受刺激或转移性肿瘤浸润并造血受抑时易见。凋亡细胞是近几年被识别的细胞,在一些高增殖疾病中常伴有高的凋亡。

(三)粒红比值检查

粒红比值(granulocyte/erythroid ratio,G∶E)为骨髓 ANC 分类中的各阶段粒细胞百分比之和与全部有核红细胞百分比之和的比值。G∶E 与 M∶E 不同,2008 年 ICSH 在骨髓标本和报告标准化指南中,所指的 M∶E(myeloid/erythroid ratio)为所有粒单系细胞(原始单核细胞除外)与有核红细胞的比值。分析 G∶E,如同细胞百分比,需要注意细胞增高、减低与相对性变化的关系。如脾亢、AA、MPN 病例中可见比值正常;PRCAA、继发性粒细胞增多的比值增高,但是这些比值的内涵却是不一样的。

G∶E 的参考值,各家报告差异很大,国内外都缺乏统一的标准,实验室需要加强或建立健康人的参考范围。我国文献介绍的 G∶E 参考区间多在2~4∶1之间,作者16例健康成人志愿者髂后上棘骨髓液涂片的参考区间为 1.5~3.5∶1。通常,当 G∶E 达到3.5∶1以上时常指示粒细胞增多或者有核红细胞减少;当达4∶1时或以上时全是显著异常的骨髓象。

五、细胞形态观察

细胞形态检查有两层含义:其一是单指细胞的形态变化,如高尔基体发育、颗粒多少、细胞毒性变化、细胞大小变化、病态造血性异常等;其二包括增多的幼稚细胞或正常情况下不出现的异常细胞,如原始细胞增加及其成熟障碍、检出血液寄生虫和找到转移性肿瘤细胞。此外,还需要检查红细胞和血小板有无形态异常。

形态观察有四个重要的要求:一是低倍与油镜之间的灵活运用,熟悉两镜下的细胞形态;二是发现问题细胞的异常和意义;三是观察的涂片区域(见本章第一节);四是常与细胞数量改变先后或同时进行。因此,细胞学检查能否发现异常是极其重要的。低倍镜检常被用来发现问题的或疑问的细胞,油镜被是用来鉴定问题细胞的性质。

1. 原始细胞 髓系原始(粒)细胞形态,当前主要有四家协作组或机构(FAB、WHO、ELN 和 IWGM-MDS)的描述。这几个描述的形态(详见第六章),虽有差异,但最具特征的依然是三个:Auer 小体、胞质颗粒和胞质浅红色区域(高尔基体异常发育)。因此观察到这些形态是指证粒单系原始细胞(大多指原始粒细胞)的依据。在疾病(如髓系肿瘤)中,原始细胞形态可以异常也可以正常。当出现原始细胞明显大小不一、染色不一或形态也相异时,需要注意是否为髓系与淋系混合白血病(见图15-4和图22-19)。

2. 病态造血细胞 确认病态造血细胞形态是检验其量变化的前提,但在形态的把握上尚需要探索,尤其是轻度改变的病态造血细胞。一般来说,在分析中不能将轻度异常的病态造血细胞归类为病态造血细胞,因它见于许多良恶性疾病和部分正常骨髓象。

病态造血细胞中,病态粒细胞包括中性粒细胞的少分叶(Pelger-Huet 异常)、多分叶(核叶≥6叶)、环形杆状核、颗粒稀少或缺如或异常凝聚、胞质过度红染(嗜苯胺蓝颗粒缺失)、核染色质异常凝聚、双核幼粒细胞,以及其他不易归类的畸形形态;病态有核红细胞包括类巨变、双核、多核、出芽、核间桥接、核碎裂、Howell-Jolly 小体、点彩、空泡、铁粒增多及其他畸形者;病态巨核细胞包括微小(淋巴样)巨核细胞、小圆核小巨核细胞、多小圆核大巨核细胞(核小、多个、圆形)、大单核巨核细胞和低核叶(常为小圆核)巨核细胞。在病态造血形态学(见第七章至第九章)检查中,既要计数病态形态细胞的数量,又要重视其典型性。WHO 描述的病态造血形态见第二十三章。

巨大红细胞和巨大血小板等畸形形态不能列入病态造血细胞范畴。不过,检出巨大红细胞和巨大血小板可以反映造血紊乱。使用粒细胞集落刺激因子,可以出现类似病态造血的异常细胞。作者认为使用粒细胞集落刺激因子后,最显著的细胞学变化是粒细胞反应性增生、不同阶段粒细胞增加、胞体增大和胞质出现多而典型的嗜苯胺蓝颗粒。在成熟粒细胞中增加的嗜苯胺蓝颗粒类似毒性颗粒,部分细胞胞质出现空泡或早中幼粒细胞增多伴成熟障碍,偶见外周血出现幼粒细胞和少分叶核粒细胞。

3. 细胞变性 中性粒细胞的毒性颗粒、Dohle 小体,空泡变性、淡染的嗜酸性变性胞质、细胞溶解和坏死等,但这些形态学的出现还需要结合临床作出正确的评估。如细胞空泡既见于感染,也见于多种原因所致的其他病理改变。苯中毒常见粒细胞空泡,酒精中毒和服用氯霉素后易见幼红细胞空泡,部分髓系肿瘤和淋系肿瘤细胞也多见非感染因素性空泡。细胞空泡与毒性颗粒等共存常有高的评判细菌等病原微生物感染的意义,在 CNL 中也有类似形态特征。

4. 细胞大小　观察细胞大小变化也是许多疾病常见的改变。感染时,可见小型中性分叶核粒细胞,而部分原发性骨髓纤维化和 MA 标本中可见大型的多核叶中性粒细胞;IDA 时出现不同阶段的红系小型细胞,而 MA 时出现多种细胞的显著巨变;急性造血停滞时出现早期阶段的巨大原早幼红细胞和粒细胞;低增生白血病和 MDS 时可见小型原始细胞与早中幼粒细胞,而部分感染、粒细胞缺乏症和给予粒细胞集落因子时则见大型早、中幼粒细胞等(见第七章)。髓系肿瘤中的原始细胞,也常见胞体过大与过小者,如后者习惯称为小原始(粒)细胞。巨核细胞大小和核叶改变(不包括病态巨核细胞)的意义已受重视,检查的形态学及其意义见前述。

5. 胞核(核象)形态　胞核的大小、形状、染色,染色质的粗细、紧松,核叶的多少,核仁的大小和染色,核小体及核的其他形状突起和核的异常分裂等,有无异常,都属于广义的核象形态学。分析中需要从不同角度进行。如对检出明显异常或增多的核小体和/或核的畸形性突起(图 18-14)的评估,意义主要有二:一是造血和淋巴组织肿瘤,为细胞的肿瘤性异常;二是少数重症感染(感染性核异质)和良性造血显著异常(造血紊乱)。

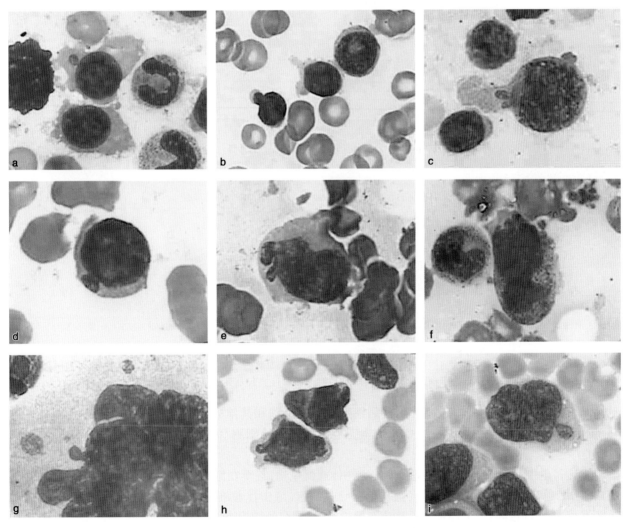

图 18-14　细胞核鼓突和核小体部分形态

a 为骨髓瘤细胞核小体;b 为淋巴细胞核突起,CLL 标本;c、d 为核小体和核突起,淋巴瘤累及骨髓标本;e 为幼粒细胞核小体和核突起,MDS 标本,也见于 MA;f 为早幼粒细胞核异形和核突起(细胞刺激形态),重症感染标本;g 为巨核细胞核突起和微核(核小体),感染标本,也见于 MPN、MDS-MPN、AML 等疾病;h 为 APL 白血病细胞核突起;i 为原始单核细胞白血病细胞核小体

6. 胞质形态 这是一个十分广泛的形态内容,归属于胞质形态学范畴。除了前面述及的外,还需要密切结合临床有针对性地检查细胞器、包含体、寄生虫和病原体等。

(1) 细胞器:许多细胞的细胞器多少可以通过形态观察反映出来。如胞质嗜碱性强弱反映的是胞质中合成蛋白的核糖体的多少;原始(粒)细胞胞质核旁浅红色着色区反映的是高尔基体发育异常(见第六章和第七章)。评判光镜下可见的细胞器增加、减少和不正常出现可以评判细胞类型、异常程度甚至诊断意义。例如,淋巴样巨核细胞胞质为浑厚的(细胞器丰富)层状分离状,而淋巴细胞胞质为较清晰和薄层状(细胞器缺少),这是两者之间鉴别的一个指标,但又容易疏忽(图18-15)。

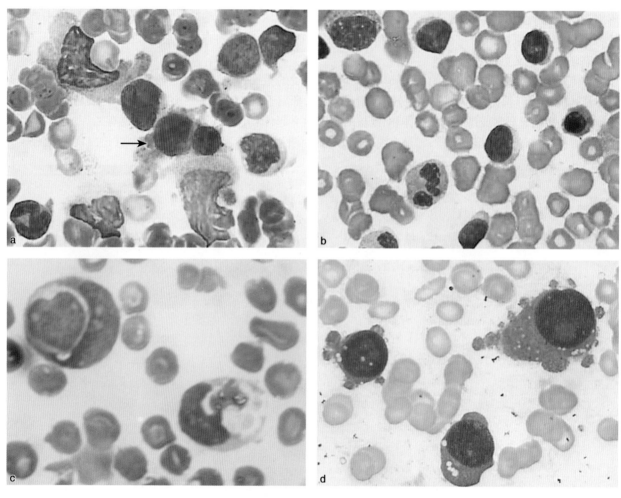

图 18-15 一部分细胞器的不同和胞质内含物
a 为微小巨核细胞,胞质浑厚示细胞器丰富;b 为淋巴细胞,胞质常为薄而淡染,示细胞器少和细胞成熟;c 为白血病细胞吞噬白血病细胞;d 为原始巨核细胞白血病,示胞质混厚多形性突起及其分离状特征

(2) 白血病细胞包含体与吞噬:白血病细胞吞噬血细胞和其他成分,以及胞质中出现包含体(假性Chedick-Higashi 颗粒),几乎都见于 AML,尤其是急性原始单核细胞/单核细胞白血病(图18-15),是容易漏检的形态。

(3) 寄生虫和病原体:感染时胞质中的吞噬体或微生物,甚至在细胞中滋生,如在红细胞中检出疟原虫、贝巴虫,巨噬细胞中检出组织胞浆菌和单核巨噬细胞(或中性粒细胞)内查见利杜氏小体和马尔菲尼青霉菌,均可明确诊断,但又都是容易被疏忽的检查。因此,骨髓检查中,除了认真、仔细外,结合临床或寻找病史中信息极其重要。它们的形态学详见第八章和第十章。

(4) 核质发育不同步:除了 MA(胞核发育迟于胞质)和 IDA(胞质成熟迟于胞核)有核红细胞核质发育不同步外,粒细胞核质发育不同步(胞核成熟迟于胞质)病态细胞见于髓系肿瘤,如 MDS、MDS-MPN 和AML,为胞核幼稚胞质成熟过度的不同步,胞质因特异性颗粒过多而显示较强的杏红着色(详见第七章)。

（5）胞质突起：胞质突起见于各系列的原始细胞，如原始巨核细胞嗜碱性胞质的龟脚状、层状与分离状等多形态性突起（图18-15）、原始红细胞的瘤状突起,粒红两系成熟中的各个阶段细胞极少或无明显的胞质突起。胞质突起是细胞增殖与分化中的一个形态特征,且突起的胞质大多脱离胞体而成为胞质脱落物（详见第十三章）。单核系细胞常为宽厚胞质伸突,B淋巴细胞常见绒毛状胞质,多毛细胞则更显细长的胞质向外伸展。观察这些形态既可以辨别细胞类型。

7. 细胞异形性　细胞异形性常与细胞大小（异质性）相伴存。例如IDA时低色素性为主的红细胞常伴有明显的异形性,一部分标本还可见泪滴形红细胞;骨髓纤维化时的红细胞异形性,常以泪滴形和狭长形为主,而小细胞性和低色素性改变均明显不如IDA;一部分重症感染患者可见不同阶段粒细胞和红细胞的畸形性异常。泪滴形红细胞不是纤维化所特有,尤其是数量不多时,凡是血栓形成,尤其是微血管血栓形成或任何疾病病情严重时,均可以检出泪滴形红细胞。非肿瘤性有核细胞（如粒系细胞、单核系细胞和淋系细胞）出现胞体异形性时,多是细胞受到明显应激的结果。

8. 类似组织结构形态　原始细胞簇、早幼粒细胞簇、（幼稚）单核细胞簇、巨核细胞簇、浆细胞簇和有核红细胞簇等,都是少见的而具有（类似）组织结构的形态。观察骨髓涂片上有无这些细胞簇,对于评判某些疾病有重要的参考意义。

原始细胞簇（≥3个细胞围聚）和幼稚单核细胞簇,见于白血病,少数见于MDS,也偶见于噬血细胞综合征、重症感染或某些特殊的感染（见第七章）。单核细胞簇见于感染性疾病。浆细胞簇,见于浆细胞肿瘤和免疫反应亢进时,不过幼稚浆细胞簇几乎都不是反应性细胞学的特征。巨核细胞簇,见于巨核细胞异常增殖时,尤其是MPN（如ET、CML）。观察到有核红细胞岛,为红系造血旺盛或骨髓受到严重刺激（有核细胞可以减少）时,正常骨髓象中也偶尔可见。早幼粒细胞簇或幼粒细胞簇,见于粒细胞缺乏症、重症感染和噬血细胞综合征等;在APL的低增生标本中则可见颗粒过多早幼粒细胞簇。成骨细胞簇,多见于穿刺时带入或造血减低或恶性肿瘤浸润而新生骨形成时。

9. 其细胞形态　骨髓细胞种类多,在不同疾病中的改变亦不一致,对每一患者的标本都需要进行观察。凡有细胞变化者都要深入评价或定性。诸如造血肿瘤患者,在观察肿瘤形态学的同时,需要关注有无非肿瘤细胞的异常,有无凋亡细胞或衰老细胞的增加,有无浆细胞和巨核细胞的异常等。

10. 血小板和红细胞　涂片上散在和簇状血小板,通常是观察血小板簇的易见性。分析血小板少见的情况主要有四种:一是巨核细胞生成血小板不佳,包括原发的免疫性（如ITP）和/或其他继发性因素;二是巨核细胞再生不良或骨髓病性原因致使血小板生成障碍（如慢性髓系肿瘤中晚期的造血衰竭）;三是继发性和/或消耗性血小板减少,如重症感染和转移性肿瘤并发的弥散性血管内凝血;四是制片和其他的因素所致。血小板增多情况有三种:一是特发性或肿瘤性增多,如ET、PMF等MPN;二是继发性（或反应性）增多,如部分感染、出血和中晚期癌症,但当原本增多的血小板出现减少时则常指示疾病的严重性;三是推片和其他原因所致。骨髓涂片上红细胞形态观察虽不及外周血涂片,但仍需要仔细观察。如红细胞分布密集是红细胞明显增多的形态学表现,结合临床和血象可以提供PV的重要证据;检出盔形或裂片红细胞是微血管性溶血性贫血的特征（见第八章）。

11. 血片细胞形态　同步观察血片细胞形态是骨髓检查中不能轻视的一项内容。譬如一些白血病中,外周血白血病细胞和/或病态造血细胞的形态常比骨髓为典型,而易于评判（如图15-2）。即使原幼单核细胞亦是。观察血片单核细胞、嗜碱性粒细胞、淋巴细胞等形态,以及结合临床的评判意义,血片常大于骨髓,详见第十九章第二节。

六、细胞化学和免疫化学染色

细胞化学染色对较多白细胞疾病和贫血的诊断仍有重要参考价值,根据细胞学异常和临床要求有选择地进行。例如贫血需要铁染色,急性白血病需要过氧化物酶（peroxidase,POX）、苏丹黑B（Sudan black B,SBB）、乙酸萘酯酶（α-naphthyl acetate esterase,NAE）、氯乙酸ASD萘酚酯酶（naphthol ASD chloroacetate esterase,NASDCE 或 CE)和丁酸萘酯酶(α-naphthyl butyrate esterase,NBE)、糖原染色。此外,中性粒细胞碱性磷酸酶(neutrophilic alkaline phosphatase,NAP)等染色也有助于某些疾病的鉴别诊断;细胞免疫化学染色作为形态学和细胞化学染色的补充,在急性白血病中有针对性地进行(详见第十七章)。

第三节　常见疾病的针对性检查与意义

在理解疾病的临床特征及其鉴别诊断的基础上,进行针对性或侧重性检查可以作为一般的要求,是提高工作效率的一个实践性检查的路径。

一、骨髓增生异常综合征

1. 检查项目　对临床和血象等实验室检查疑似的病例,侧重检查骨髓涂片有核细胞量,原始细胞量、病态造血细胞,细胞外铁和内铁。血片、骨髓印片和切片标本,作为骨髓涂片细胞学检查不足的补充或诊断依据的重要延伸(见第十九章)。检查项目中,最重要的是原始细胞增加(如骨髓原始细胞>5%)具有首要的或优先的评判意义,不管遗传学检出孤立的 5q-时,或者铁染色检出环形铁粒幼细胞>15%,均需要考虑为 MDS-EB;其次是病态造血细胞,当无原始细胞明显增加(<5%)时,唯有病态造血明显的存在才有判断意义;细胞内外铁染色,对于无原始细胞增加的 MDS 是否伴环形铁粒幼细胞则是界定性指标。

2. 检查意义　当标本有核细胞量增加或正常(髓系细胞),并有原始细胞增加(≥5%、<20%)和/或病态造血细胞增加(>10%),结合临床和血象[如原因不明的或临床不能解释的血细胞减少(常见 3 系或 2 系减少),尤其是中老年患者]时,就基本具有评判 MDS 诊断的意义。然后,根据检出的原始细胞数量和/或病态造血系列单系还是多系以及环形铁粒幼细胞的多少,可以对 MDS 作出进一步的分类。

3. 诊断把握　形态学指标中,主要把握三条:第一是骨髓原始细胞的确认与百分比计数,≥5%、≥10% 是诊断原始细胞增多型 MDS 的最重要和最主要的数值指标,具有单独的诊断价值,其意义比检出≥10%病态(造血)细胞和>15%环形铁粒幼细胞更大。梳理外周血原始细胞增加的意义见第十五章,原始细胞增多与 MDS 类型见第二十三章。第二是骨髓病态造血及其系列受累的确认与百分比计数,即评判血细胞减少有无伴随病态造血的形态学,病态造血是诊断原始细胞不增多型 MDS 最重要和最主要的形态学指标,它是除原始细胞外提供骨髓异常增生的另一证据。第三是铁染色,检查环形铁粒幼细胞的有无和多少。检出环形铁粒幼细胞且是≥15%还是<15%者是诊断原始细胞不增多 MDS,伴环形铁粒幼细胞(MDS with ringed sideroblasts,MDS-RS)还是伴单系和多系病态造血(MDS-SLD 和 MDS-RS-MLD)的必需指标。

二、骨髓增殖性肿瘤

1. 检查项目　对临床和血象等实验室检查疑似的病例,侧重检查骨髓涂片有核细胞量,骨髓细胞的系列细胞量及其成熟性、原始细胞量和病态造血细胞。有血片、骨髓印片和切片标本者,作为骨髓涂片细胞学检查不足的补充或诊断依据的重要延伸。

2. 检查意义　当标本中有核细胞量(髓系细胞)增加,多为 1~2 系髓系细胞增加,细胞成熟性尚可,嗜碱性粒细胞和嗜酸性粒细胞易见,未见原始细胞增加(常≤2%)、未见明显的病态造血现象,结合临床和血象[如原因不明的或临床不能解释的血细胞增加(常见 1 系血细胞显著增加,其他血细胞轻度增加或正常)和常见脾大,尤其是中老年患者]时,就基本具有评判 MPN 诊断的意义。然后,根据患者的血象与骨髓象中增加的细胞系列及其相同相异细胞学异常的特征,可以进一步对 MPN 作出分类。如 PV,外周血血红蛋白增高为主,白细胞和血小板轻中度增高或正常,骨髓有核细胞增加或正常,骨髓印片细胞增加;ET,外周血血小板增高为主,骨髓巨核细胞增加、大而高核叶细胞多见;CML,白细胞增高为主,幼粒细胞增加伴嗜碱性和嗜酸性粒细胞增加,骨髓不同阶段粒细胞增加,小型巨核细胞明显增加。具有以上特征,同时检出原始细胞增加(≥5%、<20%)和/或出现明显的病态造血细胞者,可以考虑为 MPN 疾病进展期。

3. 诊断把握　在基本诊断的把握上最重要的还是密切结合临床的形态学(血片、骨髓涂片、骨髓印

片和骨髓切片的"四片联检")检查。除外周血细胞增高外,证实髓系细胞增殖和成熟基本良好并结合临床特征是常规诊断性评估中最重要的证据。需要注意的是仅通过骨髓涂片评估部分 ET、PV 和 PMF 细胞增殖有欠缺,因骨髓涂片可见假性细胞减少。骨髓印片在这方面常比骨髓涂片为佳(见第十九章)。

与 MPN 相似的疾病较多,主要是外周血细胞增多和骨髓造血细胞明显增生的继发性或反应性疾病,如感染性疾病、成人 Still 病、结缔组织病和给予粒细胞集落刺激因子(granulocyte-colony stimulating factor, G-CSF 时,这些疾病都容易与 MPN 混淆。对不易把握的或与 CML 等其他 MPN 类型难以鉴别的,需要遗传学检查提供鉴别诊断依据。

反映疾病演变(进展)的形态学特征有:①病情中出现骨髓纤维化和/或 Gomori 染色网硬蛋白纤维增加;②初诊时无巨核细胞异常而新出现异形性形态;③初诊时原始细胞不增加而新出现增加;④原先无病态造血而出现病态造血;⑤血细胞数由高转为下降,尤其与治疗无关时;⑥血片原始细胞增加和/或出现明显异形性红细胞、微小核(或微小裸核)巨核细胞等。

(1) PV:对 PV 诊断还是有较重的经验性和排他性。在实践的简便快速的提示诊断中,首要把握的是红细胞和/或血红蛋白,只有当不易解释的红细胞和/或血红蛋白持续增高,一般为男性>170~180g/L,女性>160g/L,同时白细胞和血小板正常或轻度增多时,才有考虑 PV 的极大可能性。这是所有 PV 诊断的先决条件。其二把握的是临床特征,如患者年龄(常>40 岁)、暗红色的颜面和肤色与脾大等,当不能解释的这些特点存在者(是 PV 实验室诊断重要的一个参考)。其三把握血液和骨髓检查的特征。最醒目的异常是涂片上密集的红细胞,有时因红细胞极其增多而仅为红细胞组成而无结构轮廓的红细胞;骨髓检查(尤其是切片)常为粒细胞和巨核细胞或红系与其他髓系细胞不同程度的增殖。其四是形态学检查结合临床而无其他血液病性证据。

(2) ET:在 ET 诊断中,排他性诊断也是一个简便实用方法。首先考虑的是血小板数量,只有当不易解释的血小板计数持续增高,尤其是>(450~800)×10⁹/L,同时白细胞和血红蛋白正常或轻度增多时,才有 ET 的极大可能性。它是所有 ET 诊断的先决条件。其次需要把握的是临床特征,患者的年龄(常>40 岁,女性患者在 20~30 岁也有一个患病峰)和脾大。当不能解释的这些特点存在者,诊断可以初步确立。其三是骨髓涂片和切片(见第二十章)标本的特征。主要把握有无与年龄(老年患者)不相称的细胞量增多,有无大型和高核叶巨核细胞增多和丛簇状生长,若存在 ET(基本)确诊。

(3) PMF:经典 MPN 中,还有 PMF。骨髓切片检查是提供 PMF(纤维化期)唯一直接证据的方法,但是它是滞后的一种检查方法。因此,在诊断把握上,仔细分析和评估临床表现与血象、骨髓涂片和/或印片细胞学的微细变化,对疑似或发现本病很重要。通常当遇见不能用一般原因解释的脾大、贫血和异形性红细胞共存时,和/或血片幼粒和幼红细胞与骨髓干抽、骨髓涂片细胞量和外周血细胞学改变相似(原始细胞<20%)时,均应怀疑 PMF。

三、骨髓增生异常-骨髓增殖性肿瘤

1. 检查项目　对临床和血象等实验室检查疑似的病例,侧重检查骨髓涂片有核细胞量,骨髓细胞的系列细胞量及其成熟性、原始细胞量和病态造血细胞。有血片、骨髓印片和切片标本者,作为骨髓涂片细胞学检查不足的补充或诊断依据的重要延伸。

2. 检查意义　当标本中有核细胞量(1~2 系髓系细胞)增加,细胞成熟性尚可,单核细胞、嗜碱性粒细胞和嗜酸性粒细胞可见,未见原始细胞增加(常≤2%)、有 1~2 系细胞的病态造血现象,结合临床和血象[如原因不明的或临床不能解释的血细胞增加(1 系或 2 系血细胞增加)与减少(1 系或 2 系血细胞减少或正常)和脾大,尤其是中老年患者]时,就基本具有评判 MDS-MPN 诊断的意义。然后,根据患者的血象(如 CMML 的单核细胞增加特征)与骨髓象中增加的细胞系列及其相同相异细胞学异常的特征,可以进一步对 MDS-MPN 作出分类。具有以上特征,同时检出原始细胞增加(≥5%,<20%)者,可以诊断为 MDS-MPN 疾病进展期。具有以上特征,同时检出嗜酸性粒细胞增多者,建议相关基因(如 PDGFRA)检查,需要除外伴嗜酸性粒细胞增多和 PDGFRA 或 PDGFRB 或 FGFR1 基因重排髓系肿瘤或淋系肿瘤。

3. 诊断把握 MDS-MPN 诊断把握的思路与 MDS、MPN 相同。首先是把握临床和血象变化的特征,当无明显原因可解释的脾大(也可不大),血细胞一系或一系以上(轻度)增高和减少,单核细胞增多,可见病态细胞和/或低比例原始细胞和/或幼粒细胞时,需要怀疑 MDS-MPN。其次是把握骨髓(涂片、印片和切片)象特征。对不易把握的或与 CML 等其他 MPN 类型难以鉴别的,需要遗传学检查提供鉴别诊断依据。

(1) aCML:首先把握血象特征:aCML 白细胞计数几乎都在 $13×10^9/L$ 以上,且多在 $100×10^9/L$ 以下;幼粒细胞常高达 10%~20% 以上;原始细胞偶见或 <5%;嗜碱性粒细胞轻度增高。这些特征(除原始细胞外)是 aCML 不同于 CML 的一般特征,即这些数值变化均不如 CML 显著。血片中单核细胞常增多(绝对值可以增高),但比例 <10%,这是 aCML 鉴别于 CMML 的一个形态学指标。其次把握骨髓检查特征,aCML 的粒细胞增殖、嗜碱性粒细胞和嗜酸性粒细胞增多以及巨核细胞增多的程度也明显不及 CML。相反,病态造血细胞则是 aCML 不同于 CML 和其他 MPN 的具有鉴别意义的特征。这些所见结合临床(如大多为中老年人、轻中度脾大)就基本具备了 aCML 的诊断特征。

(2) CMML:首先把握血象特征,当不明原因或不能解释临床的单核细胞持续性增多,尤其是中老年人,又有白细胞增高(同 aCML)和脾大者,需要提示 CMML。因为原因不明的持续性外周血单核细胞增多是 CMML 的特征,是诊断中极其重要的一个条件。其次,把握骨髓象特征:有核细胞增加(增殖特征);通常粒细胞增殖明显,单核细胞轻中度增加;病态造血;原始细胞易见,一般 <10%。这些所见结合临床(如多见于中老年人、脾大)也基本具备了 CMML 诊断特征。另需把握血象和骨髓象中,若嗜酸性粒细胞增多,需要进一步排除伴嗜酸性粒细胞增多和 *PDGFRA* 等基因重排髓系肿瘤或淋系肿瘤。

四、急性髓细胞白血病

1. 检查项目 对临床和血象等实验室检查疑似的或诊断已明确的病例,侧重检查骨髓涂片有核细胞量,原始细胞量及其伴随的成熟性、有核红细胞量、病态造血细胞量以及原始细胞的细胞化学与免疫化学染色。有血片、骨髓印片和切片标本者,作为骨髓涂片细胞学检查不足的补充或诊断依据的重要延伸。

2. 检查意义 标本中有核细胞量增加或正常(增生性)或减少(低增生性),原始细胞 ≥20%,就具有评判急性白血病诊断的意义。检查原始细胞形态的特点和细胞化学染色的异同特征,根据符合的原始细胞系列特性可以进一步对急性白血病作出系列类型的评判。进而,如 AML 中,根据原始细胞有无伴随的细胞成熟性(如早幼粒及其后阶段粒细胞 >10% 还是 <10%、原始单核细胞 >80% 还是 <80%)、有核红细胞是否大于或小于 80% 等细胞学检查结果,可以进一步作出亚型分类;观察到明显的髓系病态造血(2 系或 3 系中,病态造血细胞各在 50% 以上)者,可以提示伴病态造血 AML;有临床上细胞毒使用病史者,支持治疗相关 AML 的诊断;有 MDS 病史者则提示有 MDS 病史 AML 的诊断;有核红细胞 >80%,且原始红细胞大于骨髓细胞的 30% 者,归类为纯红系细胞白血病。纯红系细胞白血病中的原始红细胞为原始细胞等同意义细胞。

3. 诊断把握 形态学诊断的大都是基本类型(主要是 FAB 分类的类型),它包括了 WHO 分类中的特定类型和非特定类型。特定类型与非特定类型诊断的基本程序见第十五章和第二十二章。当形态学诊断有细胞遗传学和分子学等检查的信息可以参考时,则确定类型需要整合新的诊断信息。

五、急性原始淋巴细胞白血病

1. 检查项目 对临床和血象等实验室检查疑似的或诊断已明确的病例,侧重检查骨髓涂片有核细胞量,原始细胞量及其伴随的成熟性、原始淋巴细胞的大小与异形性和细胞化学染色。有血片、骨髓印片和切片标本者,作为骨髓涂片细胞学检查不足的补充或诊断依据的重要延伸。

2. 检查意义 首先评判骨髓增生性和原始细胞百分比,当标本中有核细胞量增加或正常(增生性),原始细胞 ≥20%(>25%),就具有评判 ALL 诊断的意义。一般,当原始淋巴细胞 >5% 而 <20% 时,疑似原始淋巴细胞淋巴瘤骨髓浸润或 ALL 的白血病前期(相当于 MDS)。第二是细胞化学染色,POX 与 SBB<3% 阳性、CE 与 NBE 阴性。这既是确认原始淋巴细胞也是排他性(除外非粒系原始细胞)的指标。第三,观察原

始淋巴细胞形态。按 FAB 的原始淋巴细胞形态特征,将 ALL 分为 L1 和 L2。ALL-L1 多为 B-ALL,典型者常无 t(9;22)(q34;q11.2);BCR-ABL1。ALL-L2 中原始淋巴细胞显著异形性和大小不一者,常为 t(9;22)(q34;q11.2);BCR-ABL1 等重现性遗传学异常的 B-ALL。

3. 诊断把握　一般,对 ALL 的诊断把握比 AML 为容易。形态学是 ALL 的基础性诊断项目。首先把握原始淋巴细胞的百分比,一般将以血液骨髓病变(弥散性)为主(原始细胞>20% 或 25%)的诊断为 ALL,将以淋巴结病变(局部性)为主而无或不明显的血液骨髓浸润(原始细胞<20% 或 25%)者归类为原始淋巴细胞淋巴瘤或其血液骨髓浸润。

六、原幼淋巴细胞淋巴瘤

这里的原幼淋巴细胞淋巴瘤是形态学上原始或幼稚的细胞,与免疫学上定义的原始淋巴细胞淋巴瘤的概念不同,详见第二章和第十一章。

1. 检查项目　对临床和血象等实验室检查疑似的或病理学检查确诊的病例,侧重检查骨髓涂片原始淋巴细胞和幼淋巴细胞量与形态、细胞化学染色。有血片、骨髓印片和切片标本者,作为骨髓涂片细胞学检查不足的补充或诊断依据的重要延伸。

2. 检查意义　当标本中检出原始淋巴细胞(主要者)和幼淋巴细胞 20%(或 25%)以上(细胞形态常有明显的异形性,包括大小)时结合临床和病理学诊断,具有基本评判为淋巴瘤细胞白血病(原幼细胞型)的意义;当检出原始淋巴细胞和幼淋巴细胞≥5%,<20%(或 25%)时结合临床和病理学诊断就具有支持淋巴瘤骨髓累及诊断的意义;当检出原始淋巴细胞和幼淋巴细胞 2%~4% 时结合临床和病理学诊断需要疑似淋巴瘤累及骨髓,密切随访。少数持续发热、进行性肝脾大和血细胞减少病例,骨髓涂片噬血细胞增加,即使检出 1%~2% 异形原始淋巴细胞和幼淋巴细胞,也需要疑似原幼淋巴瘤细胞。

七、成熟淋巴细胞肿瘤

这里的成熟淋巴细胞肿瘤是形态学上成熟的淋巴细胞,与免疫学上定义的成熟淋巴细胞淋巴瘤的概念不同,详见第二章和第十一章。成熟淋巴细胞肿瘤中,血液、骨髓检查中最常见的类型是 CLL、CLL 早期、多毛细胞白血病(hairy cell leukemia,HCL)、原发性巨球蛋白血症和 SMZL、MCL、FL 以及 T/NK 细胞淋巴瘤骨髓侵犯(形态学见第十一章)。

1. 检查项目　对有明显脾大和/或淋巴结肿大以及血液常规检查异常的疑似患者,侧重检查骨髓涂片淋巴细胞与形态,骨髓印片淋巴细胞与形态,血片淋巴细胞与形态。

2. 检查意义　骨髓涂片中检出淋巴细胞增多(>30%)与形态改变(细胞小或偏大、胞核偏大饱满感、细胞偏幼稚且胞质见颗粒或异形者,淋巴细胞增多与部分幼淋巴细胞伴随特征者)和/或骨髓印片检查淋巴细胞明显增加且细胞聚集或结节状、片状或弥散性浸润者,都具有基本评判为成熟淋巴细胞肿瘤的意义。在骨髓涂片与骨髓印片检查中,后者意义大于前者。一部分 CLL 伴自身免疫性贫血而红系明显增生时可以掩盖淋巴细胞百分比增高。多毛细胞形态独特,检出这一特征的大淋巴细胞,结合临床和血象检查符合,可以初步作出诊断。易见浆细胞样淋巴细胞时,结合临床和血象以及免疫球蛋白检查的特征符合,可以作出符合原发性巨球蛋白血症的(初步)诊断。当检出淋巴细胞增多,细胞大和胞质伸突,而伸突的胞质有清晰的或比较清晰的颗粒,并与临床和血象等检查的信息基本相符合时,可以提示 T/NK 细胞肿瘤的(初步)诊断。

3. 诊断把握

(1) CLL 与 MBL 和 SLL:CLL 与 SLL 为相同疾病的不同起病方式。MBL 是一种类似 CLL 早期改变的克隆性淋巴细胞增多。CLL 诊断一般比较容易把握。一是把握患者的年龄是否在 35 岁以上。因 CLL 与年龄明显相关,一般所见都在 35 岁以上,并有隐袭性(原因不明)脾脏肿大或无明显症状和体征的特性。二是把握外周血白细胞和淋巴细胞是否增高,白细胞和淋巴细胞增高愈显著 CLL 的可能性就愈大。典型 CLL 形态学与免疫表型(见第二十章)有好的相关性。三是把握有无幼淋巴细胞增加。它是 CLL 形态学分类的依据和预示疾病进展的指标。类似于早期 CLL 的 MBL,有 CLL 免疫表型的单克隆 B 淋巴细胞增多(绝对值<5×10⁹/L),且无临床症状。由于其形态学特征不明显而难以把握,诊断是由免疫表型提供依据的。四是把握骨髓印片和/或骨髓切片中淋巴细胞是否明显增加。一部分 CLL 或其早期,外周血白细胞和淋巴细胞都不符合一般诊断标准,但骨髓印片和/或骨髓切片却是小淋巴细胞片状或弥散性浸润。这种形态象虽无或明显淋巴结肿大和脾大而年龄符合者,也要考虑 CLL。

(2)B-PLL:B-PLL 在诊断上需要把握的主要有三条:其一是临床特征,患者大多见于老年人并常见脾大;其二是白细胞计数和幼淋巴细胞,白细胞常高达 100×10⁹/L,幼淋巴细胞占淋系细胞的 55% 以上(血片,常>90%);其三是形态学,幼淋巴细胞明显比淋巴细胞为大并有一个突出核仁和规则形状的中等大小圆形淋巴细胞。

(3)HCL:HCL 的基本诊断需要从四个方面去把握:一是临床特征,好发于中老年男性(男∶女为4∶1)和孤立性脾大;二是全血细胞减少;三是淋巴细胞增高和单核细胞减少,淋巴细胞胞质较丰富,一部分具有特征性形态——细胞周边细长绒毛突起;四是细胞化学染色 ACP 阳性并不被酒石酸所抑制。不典型病例的诊断必须依据免疫表型和突变基因等检查。

(4)SMZL:SMZL 是小或小中型成熟 B 细胞肿瘤,瘤细胞为圆形或稍不规则胞核(可类似单核细胞样的细胞核)、中等量胞质,常在外周血中出现短小单侧绒毛淋巴细胞;该病常侵犯骨髓。由于该病是淋巴瘤,形态学疑似性诊断上的把握是:一是原因不明和隐匿性的明显脾大(常见孤立性),且多见为老年人;二是外周血中检出极性短绒毛淋巴细胞(淋巴瘤细胞),特点为绒毛细而较为短小,位于细胞一侧或相对的胞质两侧。这一淋巴细胞在外周血中的比例常明显高于骨髓。

(5)LPL/WG:LPL 为小 B 淋巴细胞、浆细胞样淋巴细胞和浆细胞组成的肿瘤,常浸润骨髓,有时也累及淋巴结和脾;WG 是 LPL 的主要类型。诊断上主要把握三条:一是血液和/或骨髓中有无异常淋巴细胞增加,典型者为胞质偏于一侧类似船形、鞋形,并多见小型浆细胞(骨髓)和淋巴细胞(见图 11-17);二是血清 IgM 增高(可以与其他 Ig 类型混合,也可无 M 蛋白);三是多见于中老年人,并在临床上不能解释 IgM 增高和浆细胞样淋巴细胞增多的原因。

八、浆细胞骨髓瘤

1. 检查项目　对临床(如年龄 35 岁以上)或实验室检查(如不明原因血沉明显增高)疑似的患者,侧重检查骨髓涂片中的浆细胞量与形态。有骨髓印片和切片标本者,作为骨髓涂片细胞学检查不足的补充或诊断依据的重要延伸。

2. 检查意义　当检出浆细胞达 30% 以上时,结合临床特征可以支持浆细胞肿瘤的诊断,其中绝大多数是 PCM。检出浆细胞>10%、<30%时,需要观察细胞形态,若为形态单一的幼稚或成熟浆细胞,结合临床就具有评判为 PCM 诊断的意义。当检出的浆细胞>2%、<10%时,除了密切结合临床特征外,必须有形态学上的显著异形性和细胞的幼稚性(见第十一章),才具有 PCM(疑似)诊断的评判意义。

3. 诊断把握　PCM 诊断比较容易把握:一是患者年龄,PCM 的 98% 患者年龄≥40 岁,作者和老师两代人在六十年中诊断的近千例患者,未见低于 35 岁以下的。二是血沉增高和骨痛,除偶见外,PCM 患者血沉明显增高(常>80mm/h),骨痛约见于一半 PCM 患者,这些异常均不能用一般原因作出解释。三是骨髓浆细胞增多,大多在 20%~30% 以上。四是形态,有诊断意义的是形态单一和原始幼稚的以及畸形的浆细胞。血清或尿中克隆性 M 蛋白(评估肿瘤负荷)大多数病例明显增高,一般作为形态学不足的补充而不是诊断的必须。

九、转移性肿瘤

1. 检查项目　当遇见不明原因的骨痛和游走性疼痛(常见静脉血栓形成),不能解释的血沉增高、血浆纤维蛋白原增高和幼粒幼红细胞性贫血,生化检查血乳酸脱氢酶、血钙和碱性磷酸酶增高,尤其患者年龄 40 岁以上时,不论患者现在有无恶性肿瘤或既往有无肿瘤史,均需要怀疑肿瘤骨髓转移的可能性。

做骨髓检查的最佳部位是骨痛区或疑有侵犯的骨部位。侧重检查骨髓涂片尾部有无异常的细胞簇和散在性分布的非髓系肿瘤细胞及其形态。有血片、骨髓印片和切片标本者,作为骨髓涂片细胞学检查不足的补充或诊断依据的重要延伸。

2. 检查意义　在涂片尾部检出簇状的非髓系异常(形态千变万化,基本特征为大小不一、核大深染、奇形怪状和三五成簇)细胞(详见第十二章)时,具有评判为转移性骨髓肿瘤细胞的基本意义;骨髓标本中找到形态典型的转移性肿瘤细胞是诊断中最直观的证据。当骨髓细胞学检查为可疑,血片检出幼粒幼红细胞时,更需要密切结合临床。

肿瘤转移骨髓时,骨髓穿刺常为干抽,涂片有核细胞多少不一,在涂片尾部可见成团的或大小不一的簇状(造血肿瘤细胞几乎不黏附成团)肿瘤细胞,也可见少量散在性肿瘤细胞。肿瘤细胞的数量多少不一,有的极少,甚至在仔细检查近十张涂片后仅检出1~2簇肿瘤细胞。部分标本伴有骨髓细胞坏死。

十、贫血

骨髓检查是明确贫血的性质和原因(查找病因)极其重要的常规方法。从贫血的类型看,骨髓检查对IDA、MA、AA、PRCAA、骨髓病性贫血、先天性异常红细胞生成性贫血、部分的HA和慢性炎症性贫血、慢性病贫血的诊断具有重要意义,但常常需要密切结合临床。

1. 检查项目　对于贫血患者,骨髓涂片细胞学检查的侧重是有核细胞量,增加或减少细胞的系列、阶段(包括细胞成熟性)和形态,红细胞形态以及骨髓可染铁检查等。其次关注有无原始细胞增多、有无病态造血细胞。

2. 检查意义　油滴和小粒多少常与造血功能有关,也是贫血检查的内容,但需要注意局部造血的生理性衰退,如当年龄40岁以上时,部分患者髂后上棘造血衰退而油滴增加。骨髓小粒是骨髓组织的一个(微)小碎块。贫血中一些有意义的变化(如图18-4)。检查有核细胞量增加(包括正常)或减少可以明确贫血是增生性还是低增生性,但在分析评估中,需要注意部分骨髓涂片因穿刺等原因所致的不同程度血液稀释,即有核红细胞量评估不足所导致的造血细胞假性减少。有核红细胞减少可以由于EPO生成减少,如肾病性贫血;红系祖细胞减少,如PRCAA;造血干细胞减少,如AA、PNH、骨髓纤维化,以及造血肿瘤所致的骨髓病贫血。广义的骨髓病贫血系由肿瘤细胞和纤维组织(异常组织)等浸润性替代造血组织所致。检查巨核细胞最有意义的是AA,如巨核细胞正常和增加,或者检出病态(如小圆核)巨核细胞,都可以排除AA。IDA由于出血因素,巨核细胞可以明显增多。MA由于DNA合成障碍,巨核细胞核叶呈不典型性巨变和不典型性病态改变。

骨髓可染铁检查对评判贫血的性质和原因很重要(见第三十五章),它是评判体内铁缺乏的金标准,也是评估细胞铁利用障碍的最佳方法。细胞内外铁检查在于明确几种有意义的模式:如细胞外铁缺失、细胞内铁减少为IDA,细胞外铁和内铁增加为铁过多性贫血,细胞外铁增加而细胞内铁减少常为炎症性贫血。通过以上模式的评判,再结合临床和其他信息可将贫血分为缺铁性还是非缺铁性(或铁负荷性),继发性还是非继发性贫血。

3. 诊断把握

(1) AA:特发性AA,在诊断上需要把握几条重要的证据:一是确认不能解释临床的持续的外周血三系或二系减少(多为中至重度),网织红细胞减低。二是以慢性贫血症状为主且无脾大。三是骨髓检查(涂片、印片和切片)确认低增生性的证据,骨髓低增生是诊断AA最重要的首要形态学指标。四是确认巨核细胞减少,一般<3~7个。五是确认骨髓小粒内非造血成份增多。六是无原始细胞增多,无明显病态造血和无其他的明显异常。AA是形态学检查可以作出基本诊断的疾病,对于特发性与继发性,遗传性与获得性,急性与慢性,重型与轻型的类型诊断,则需要深厚的临床医学知识,才可以作出评判。因此,这些类型的诊断是属于形态学诊断需要了解的但不是形态学诊断的范畴。

(2) IDA:IDA的理想诊断比较复杂和繁琐,事实上它与有些疾病的诊断要求有所不同。在诊断的把握上,最重要的是四条:缺铁的证据,贫血的存在,缺铁形态的出现,排除其他伴缺铁的血液病和形态学相似性贫血(即无其他血液病)。一般诊断标准中缺铁的原因等在诊断条件中都不是首要的,况且有的病人虽有原因但并不一定缺铁,有缺铁也不一定有临床上可查见的原因。其次,对非造血系疾病伴发的缺铁或 IDA,只要形态学符合又无其他形态学特征可反映疾病主要异常的病变,如结缔组织病和癌症所表现者,仍可单独报告为 IDA。

因此,在 IDA 分析把握中,在获取或收到骨髓标本时,首先获知的是简单的临床(如肤色苍白、粉红色手掌线消失、指甲变平变脆、舌乳头萎缩变光秃)和血象信息。仔细分析这些往往能为形态学诊断提供一些肯定或否定或相似性贫血的依据,或为下一步检查需要证实或肯定、排除的范围。这样可以在贫血形态学"总量三看铁染色"原则下进行阅片。即首先检查有核细胞的总量增多还是减低;其次看引起有核细胞总量变化(增加或减少等)下的细胞系列,看有核细胞变化系列的阶段以及这些数量改变阶段的形态;然后是铁染色。最后评估结果与临床和血象之间的某些对应关系,整合衡量 IDA 的程度以及有无其他血液病症的可能性。

(3) MA:MA 形态学定义是造血细胞巨幼变的典型性和显著性(叶酸或维生素 B_{12} 缺乏的相关形态)与贫血共存同时又无其他血液病。在基本诊断的把握上,重要的证据是三条:一是贫血(一般 Hb<90g/L),且是异质性(红细胞大小不一,RDW 增高)、大细胞(MCV 明显增高)为主和高色素(MCH 增高)性贫血,尤其是红细胞指数(MCV、MCH 和 MCHC)显示一致的异常高值。二是骨髓有核红细胞巨幼变和/或粒细胞巨变的特征,即显著性(巨变细胞众多)和典型性(形态显著)。三是仔细观察有无其他血液病性病变(无原始细胞增多、无 MDS 性病态造血等)的依据。MA 常伴有轻中度白细胞和血小板减少,轻度网织红细胞增高和间接胆红素增高;有舌烧灼感(尤其进热食和酸性食物)、舌乳头表面平滑似牛肉的绛红色,水肿和轻度脾大等,都可以作为参考。少数病例因患明确的其他血液病(如白血病)伴有典型和显著的造血细胞巨变,可以报告为某血液病伴 MA。

(4) HA:HA 类型和诊断复杂。在常规检查与一般性诊断的把握上,需要关注六条信息:一是贫血。二是网织红细胞增高(>5%~10%),贫血和网织红细胞的明显增高才是 HA 诊断的最重要证据,不管是继发性还是特发性,它说明溶血存在。三是骨髓有核细胞(有核红细胞)增加,细胞成熟基本良好、无明显的病态造血。四是观察红细胞形态,如检出一定比例的诸如盔形、破碎、球形红细胞,结合临床都可以作出相应的 HA 类型的基本诊断。五是血液和骨髓检查,无其他血液病性改变的特征。六是临床特征,以上证据存在结合症状和体征特点可以进一步提示 HA 的类型,如有自小贫血、时而好转时而发作且贫血程度与网织红细胞增高和黄疸、脾大程度有一定的消长性,生长发育差等,可以提示血管外溶血的遗传性 HA。

十一、血小板减少症

1. 检查项目   血小板减少症的原因很多,但一些原因所致的骨髓象变化都有相似性,如原发性 ITP 与 SLE、SS、肝硬化。检查的侧重性也一样。针对性检查巨核细胞计数及其分类,涂片上簇状和散在性分布的血小板多少,同时检查原始细胞是否增加、有无病态造血细胞以及根据患者的其他体征和实验室检查的异常特点进行其他方面针对性的形态学检查。

2. 检查意义   巨核细胞数量越多(代偿性增生)越有意义,巨核细胞分类显示巨核细胞生成血小板功能不佳或欠佳(主要是颗粒型增加而产板型减少,部分幼巨核细胞增加),结合其他的形态学检查(排除其他血液病)和临床(如 ITP 的出血特征、SLE 和 SS 的自身免疫性疾病特征)就具有评判意义。

3. 诊断把握   血液病性血小板减少症中,原发性 ITP 是一个独立诊断的疾病,而发生于其他血液病的都是这些血液病的一部分或一个伴随的病理改变。因此,血小板减少症的诊断也是复杂而多样的。临床上最受重视的原发性 ITP 诊断上,需要把握好以下证据与关系:一是临床特征,典型的原发性 ITP 都以出血为主症就诊,出血症状以皮肤,尤其是四肢内侧面的瘀点多于外侧面为特征,同时可以有黏膜出血,多见于中青年女性(慢性型居多)和儿童(急性型居多),脾不肿大或轻度肿大。二是骨髓检查巨核细胞增加或正常,一般伴有血小板生成功能减退(产血小板型减少,也可以是巨核细胞产生的血小板量少)。三是形态学结合临床无其他血液病性病变。四是结合其他检查排除相似改变的继发性 ITP。在基本符合的同时具有自身免疫性溶血性贫血表现者,需要考虑 Evans 综合征。

十二、白细胞减少症

白细胞减少症的原因很多,一般所述的白细胞减少症为无原因可以解释(无其他血液病,也无明显相

关的其他原发病)的慢性白细胞减少症或意义未明白细胞减少症(见三十七章)。

1. 检查项目 针对性检查有核细胞量(增生性),粒细胞多少及其成熟性与形态(有无病态造血细胞),检查有无原始细胞增多、有无早中幼粒细胞增多和成熟不佳。

2. 检查意义 当检查有核细胞轻度增多至轻度减少,粒细胞轻度增多至轻度减少,细胞成熟轻度欠佳与基本正常,且无其他系列的明显异常时,就具有基本评判(慢性)白细胞减少症诊断的意义。具有以上特征,同时检出粒细胞病态造血(病态粒细胞占粒系细胞的>10%),结合临床就具有评判为粒系单系病态造血难治性中性粒细胞减少症的意义;同时检出粒细胞显著减少(<10%)特征时,就基本具有评判为纯粒细胞减少症(纯粒细胞再生障碍)的意义。

3. 诊断把握 慢性白细胞减少症有两个临床型:一是白细胞减少,构成白细胞的各类细胞百分比基本不变;二是白细胞减少,伴有某一细胞成分的减少。形态学和临床血液学普遍重视的是中性粒细胞减少。一般所述的白细胞减少症习惯都是指中性粒细胞减少症或粒细胞减少。粒细胞减少症被定义为中性粒细胞,成人$<1.8×10^9$/L、小儿$<1.5×10^9$/L、婴儿$<1×10^9$/L。白细胞减少症或粒细胞减少症可以伴有和不伴有血红蛋白和/或血小板减少(减少者大多轻度减少)。粒细胞缺乏症的诊断值为白细胞常低于$2.0×10^9$/L,中性粒细胞绝对值$<0.5×10^9$/L。

在实践中,明确诊断需要把握六条证据与关系:一是持续性白细胞(粒细胞)减少。二是(中性)粒细胞的绝对值,按其数值减少的程度评判减少症还是缺乏症。三是骨髓检查特征,早中幼粒细胞明显增多伴成熟障碍、中晚阶段粒细胞增多伴成熟障碍和粒细胞再生障碍,都是粒细胞缺乏症常见的特征并类似于早幼(中幼)粒细胞白血病象;粒细胞减少症常无明显的骨髓细胞异常。四是早中幼粒细胞形态特征,缺乏症的早中幼粒细胞胞体大多偏大而规则,胞质嗜苯胺蓝颗粒多而不(十分)紧密,整体上的细胞量增加不十分显著,较多病例巨核细胞和红系造血尚可。五是血液和骨髓检查,结合临床无其他血液病性异常的证据。六是了解原因,粒细胞减少症常是不明原因;而缺乏症几乎都是有原因可查下急性起病,重症感染和服用相关药物(如抗精神病、抗甲状腺和抗肿瘤药物)是两大主因。

十三、脾功能亢进

1. 检查项目 针对性检查有核细胞量,有无粒系增生和有无伴随的早中幼粒细胞成熟欠佳,有无巨核细胞增多伴生成血小板功能欠佳,有无红系增生和有无伴随的缺铁性形态。

2. 检查意义 结合临床特征,如脾大、血细胞减少以及常有原发疾病,细胞形态学检查符合有核细胞量(增生性)、粒系增生、早中幼粒细胞成熟常欠佳、巨核细胞增多伴生成血小板功能欠佳、红系增生且常有缺铁性形态者,形态学就有评判意义。

3. 诊断把握 一般说脾亢诊断比较宽松。当遇见脾大和血细胞减少时应疑及脾亢,有肝硬化等病史者应考虑到本病,作骨髓检查示外周血减少的细胞系列造血旺盛或良好,并排除相似表现的疾病者,脾亢诊断可以初步确立。在诊断上,需要把握好最重要的四条证据:一是脾大;二是血细胞减少;三是骨髓造血细胞增加(尤其是血细胞减少的相应系列);四是血液和骨髓检查无其他血液病性病变的证据。至于理想标准中,"切脾后可以使血细胞数接近或恢复正常"这一标准仅做参考,因诊断在先且诊断后切脾术也不一定施行,还有造血和淋巴组织肿瘤等疾病所致脾亢切脾不一定适用、有效或规范;铬51标记红细胞或血小板注入体内后,做体表放射性测定,可发现脾区体表放射性比率大于肝脏2~3倍,提示标记的血细胞在脾内过度破坏或滞留是脾亢最重要的证据,但方法不实用。

在临床或实施的现状中,原发性脾亢,如原发性脾性粒细胞减少、原发性脾性全血细胞减少、脾性贫血或脾性血小板减少症,通常以这些病名诊断;在造血和淋巴组织肿瘤等所致脾亢中,仅作为次要的诊断,因这些疾病中骨髓符合脾亢表现仅是疾病的一部分或其继发表现,且多不典型,即使符合典型脾亢也常不成为临床治疗的主要问题。故在形态学诊断中,脾亢是需要密切结合临床的符合性诊断,它一般是指继发性脾亢,又不是指可以明确诊断的原发性血液病。后者,除造血肿瘤(包括脂质代谢障碍性疾病)外,还有溶血性贫血、ITP 等,都不能把此时的脾亢表现列为主要诊断。

十四、血液寄生虫等特殊病况下的特定检查

有一些疾病由于疾病的特殊性和形态学的特殊性,并不能通常在常规骨髓检查中可以解决的。这类病况包括持续发热、原因不明的反复感染、原因不明的疑难病症血细胞异常,以及临床医师特别医嘱者。遇这种情况,我们应非常认真地、仔细地、专一地检查。对于这一类检查的要求,我们称为特定病情下的检查。在常规骨髓检查报告单中,一句"未找到寄生虫"大多数是一种不适当甚至是不负责任的意见。可以说,特别是血液寄生虫(如巴贝虫、附红体),"一些"形态学工作者不一定能识别它们。

第四节 骨髓象整合分析与特征描述

通过以上各个步骤的检验、分析与梳理,对骨髓细胞和形态的有无变化、意义如何有了基本的了解后,还需要对骨髓象做个整体上的评估。整合评价细胞的量与质的关系,细胞形态与细胞化学和细胞免疫化学的关系,异常改变的范围与程度,评判意义的大小以及与临床和血象之间的关系。最后结合临床特征和其他实验室检查的信息给出恰当的形态学诊断。

在完成这一过程中,需要对骨髓涂片检查的形态特征进行描述。描述应突出重点、简明扼要、符合逻辑、符合"特征"的特质;突出有核细胞总量的变化、变化细胞的系列、阶段和形态;对细胞学有改变但不能下结论的异常应重点描述。描述中需要特别关注有无病态造血,有无原始细胞增加,有无特征的相关形态学或特殊细胞形态学。最后,描述外周血涂片是否有意义性所见。

一、初诊骨髓象特征描述

1. 骨髓小粒和油滴 表述骨髓小粒丰富、少见或不见,是油脂性小粒(非造血细胞为主)还是鱼肉样小粒(幼稚造血细胞或肿瘤细胞为主);描述骨髓小粒内造血成分的多少。类似表述油滴增多、一般和少见。

2. 有核细胞量 表述有核细胞量增多、大致正常和减少的大体数量。

3. 增减细胞的系列 表述增加或减少有核细胞的系列。如 AA 为粒、红、巨三系造血细胞减少,而脾亢则相反等。

4. 增减细胞系列的阶段 表述增加或减少有核细胞系列的阶段。如 CLL 为淋巴细胞增多,原始淋巴细胞和幼淋巴细胞少见或不见;CML 为不同阶段的粒细胞增多,但中晚阶段细胞增加更为明显,伴有成熟阶段的偏小型巨核细胞增多。急性白血病为原始细胞明显增多,而其后阶段细胞均有不同程度的减少。

5. 增减细胞的形态 表述增加或减少有核细胞系列阶段的形态。如 IDA 为红系中晚阶段细胞呈小细胞性、胞核小而深染、胞质少而蓝染性改变。

6. 其他 对无明显变化的其他系列细胞描述简略,也可不表述。还有涂片标本与染色的质量,以及在特定情况下提及无转移性肿瘤细胞、未检出血液寄生虫等。

由于骨髓细胞学检验常需要与血片同步检查和参考(详见第十九章),故在报告单中也需要描述血片有无幼稚细胞,有无异常形态。对不同的病理,还需要有针对性的特征描述,如考虑 PV 需描述红细胞在涂片上分布的密集程度;如考虑 PCM,需描述有无检出浆细胞;疑及 MDS,需描述有无检出病态造血细胞和幼稚细胞。

二、复查骨髓象描述

重点是治疗期间或治疗后的骨髓象与治疗前的比较。对有疾病疗效标准者可以参考疗效标准报告,如白血病疗效标准的完全缓解(complete remission,CR)、部分缓解(part remission,PR),无效(none remission,NR);AA 的基本好转、无效等。但是,此时所下的 CR 等是指骨髓象的标准。对骨髓中的细胞观察和描述,可以从下述三方面去比较并体现于描述的文字中,但必须与血象相联系。

1. 有核细胞总量 描述复查标本骨髓细胞量比治疗前增加或减少,可报告"造血良好"、"造血恢复良

好"。如在白血病标本中,有核细胞总量降低(除外稀释)和白血病细胞比例的减低,体现治疗效果良好;AA复查时,有核细胞量上升反映骨髓造血好转的效果。

2. 细胞百分比　多在白血病复查中描述。表述原始细胞百分比较前一次下降(有效),还是增多或不变(无效或恶化,从缓解基数上原始细胞回升为复发或有复发趋向)。

与有核细胞总量相结合,有核细胞总量不变或正常,原始细胞下降,示化疗效果最佳;有核细胞总量减少,原始细胞百分比下降,示较好效果,但有骨髓抑制;有核细胞总量减少,原始细胞不变,示化疗较差,同时还有骨髓抑制;有核细胞总量不变,原始细胞百分比不变,示化疗无任何效果或尚未出现疗效。PCM化疗后的骨髓象变化有类似情况,CML则有类同于AA的骨髓象变化,其骨髓粒细胞总量减少的敏感性高于粒细胞的百分比变化。

3. 造血细胞　描述复查标本中造血细胞比治疗前是上升还是下降。通常在白血病中最早起反应的是幼红细胞和/或淋巴细胞。因此,当出现幼红细胞和/或淋巴细胞百分比回升或比前易见时,即使原始细胞比例尚不见明显下降,亦意味着转好的化疗效果和骨髓造血的恢复趋向。粒细胞和巨核细胞恢复较迟,但也有个别病例骨髓造血恢复时首先出现巨核细胞增多。AA患者,骨髓造血通常先见幼红细胞和粒细胞生成增多,当巨核细胞恢复时意味着显著的治疗效果。随着粒(单)系集落刺激因子在临床上的普遍应用,粒细胞的生成反应已早于其他系列的造血细胞。反应敏感者,骨髓中很快出现大量的早中期粒细胞。

除了治疗前后骨髓复查外,还有一部分是尚未达到诊断要求(如怀疑MDS和早期成熟淋巴细胞肿瘤)而需要观察骨髓变化的,以及已明确诊断(如MPN和淋巴瘤)而需要追踪骨髓细胞学进展的骨髓复查,与前一次检查进行评估性比较。

第五节　细胞学描述中的术语与释义

一、有核细胞量和有核细胞增生程度

有核细胞量(cellularity)为反映在骨髓涂片上有核细胞的总量,外文常用高细胞量(hypercellular)和低细胞量(hypocellular)表示多少,国内则用有核细胞增生程度表示细胞量的多少。细胞增生术语主要是指有增生或增殖功能的一类细胞,故有核细胞增生性是以有增殖功能细胞为主表示的,但实际中又把晚期成熟阶段的细胞包含在内。

二、原始细胞与核质比例和幼稚细胞与细胞成熟

在髓系肿瘤的骨髓象描述中,原始细胞被特指,其定义和形态学见第六章。形态学特征描述中常提及核质比例,如高核质比例或低核质比例原始细胞。通常指细胞核直径与胞核一侧胞质幅缘之比值,如胞核占细胞的4/5即为(4:1)0.8:1。原始细胞中,通常认为核质比例>0.8:1为高核质比例,<0.8:1为低核质比例。

幼稚细胞通常指形态和功能上有待发育成熟的细胞。但在形态学应用中,幼稚细胞以外周血细胞为准,粒细胞指晚幼粒细胞及其前期细胞,成熟细胞即为杆状和分叶核粒细胞;以骨髓为标准,则有两种含义,其一同外周血,另一指中幼粒及其前期阶段有分裂或增殖功能的粒细胞,晚幼粒及其后期细胞均为成熟细胞。在血细胞发生的理论中,细胞成熟是指形态学可以识别的原始细胞开始到末期衰亡的这一过程中的细胞,不仅有形态的变化,更是细胞不断获得生理功能的过程。

三、病态造血(细胞)、无效造血和有效造血

病态造血(dysplasia)常被特指用于细胞发育异常或发育不良的髓系有核细胞的描述,包含有骨髓髓系细胞形态异常通常又有数量增多的二层意思,用于MDS、AML、MDS-MPN髓系肿瘤的一类异常造血细胞,即髓系病态造血(myelodysplasia),包括红系病态造血(dyserythropoiesis)、粒系病态造血(dysgranulopoiesis)和巨核细胞病态造血(dysmegakaryocytopoiesis)。≥2系病态造血称为多系病态造血(multilineage dysplasia),比单系病态造血有更高的恶性转化(如 MDS)和预后不佳(如 AML)。在骨髓象描述中常需说明有无明显的(marked)或有意义的(significant)病态造血现象,以示有无某些髓系肿瘤及其进展或有无潜在髓系肿瘤的可能。病态造血细胞的种类及形态见第九章至第十一章。病态造血的其他译名有增生异常、发育异常等。

无效造血(ineffective hematopoiesis)为造血细胞在尚未成熟前或在发育过程的中间阶段未能向下成熟而出现较多的细胞凋亡。无效造血常有形态学的异常改变,在 MA 和 IDA 中,即为有相关的特征性形态改变(细胞巨变和小细胞变),在 MDS 和 MDS-MPN 中即为各种病态造血细胞,这是它们异常造血的特征(有核细胞量增加和病态形态),反映在外周血中则是网织红细胞不增加或减少和血细胞数量的减少(见图 3-10)。有效造血(effective hematopoiesis)是骨髓造血良好或代偿功能良好,通常无细胞质的明显异常,骨髓中如红系成熟的细胞向外周血输出增加(网织红细胞增加),外周血细胞增加(HA 为红细胞破坏大于生成而出现红细胞减少)。还有由于细胞成熟凋亡减少而使外周血细胞增加者,这种细胞增加称为蓄积性增加(假性有效造血),见于 CLL 和 MPN 等疾病。

四、骨髓细胞增生异常与增殖(异常)和造血相悖现象

骨髓细胞增生异常(myelodysplasia)是指骨髓增生异常活跃伴形态变化,而外周血细胞却减少的一对矛盾的异常造血(与血细胞减少不相称的骨髓造血细胞增加的矛盾)。这一术语主要用于描述 MDS 等髓系肿瘤时的病态造血。骨髓细胞增殖(异常)是指骨髓细胞的显著增多(增殖)和有效生成(见于 MPN,外周血细胞增加),且不伴有明显的形态异常(病态造血)。这一术语常被用于 MPN 的骨髓细胞增多异常。MPN 是与年龄不相称的造血过度的矛盾(与老年人造血生理性减低相悖)。

五、巨幼变与类巨幼变细胞和巨核细胞生成血小板功能欠佳

仔细观察形态并与临床相结合,MA 中的巨幼变细胞与 MDS 中的类巨幼变细胞是既有部分重叠又有明显不同的形态学术语。巨核细胞生成血小板功能欠佳通常为巨核细胞分类计数中产血小板型巨核细胞所占的比例小于 1/3,常是描述原发性 ITP 和自身免疫性疾病血小板减少时使用的术语。产血小板型巨核细胞(包括幼巨核细胞生成血小板)为胞质中产生的血小板在 3 个或 3 个以上。

六、造血减低、造血受抑、造血停滞和骨髓衰竭

造血减低是排除骨髓稀释的造血细胞生成减少。造血受抑是造血组织被自身肿瘤或外来浸润性肿瘤细胞排挤、掠夺和替代所致的造血细胞减少。造血停滞是外来或内在的因素使正常造血发生急剧而严重的可自限的造血障碍(可见残留少量早期阶段的红系细胞和粒系细胞),外周血血细胞显著减少。

骨髓衰竭是由于造血本身缺陷(如遗传性 AA)和外来原因(如获得性特发性 AA),或肿瘤(包括血液肿瘤,如 MDS 和 AML)侵犯,导致骨髓不能有效造血而出现外周血细胞明显减少的一种综合征。

第六节　细胞学诊断报告

经过对骨髓象的综合分析与评估、异常特征的掌握与描述,结合临床并能做出解释。最后便可以按细胞形态学诊断报告的要求给出形态学病变的程度以及恰当的诊断意见和/或提出进一步(完善)检查的建议,发出骨髓细胞形态学检查诊断的报告(单)。

一、报告单内容、格式与填写

1. 报告单内容　报告单内容包括:一般性资料栏目(基本信息栏),细胞分类(包括血片)栏目(图 18-16),细胞图像栏目,骨髓象(包括印片)和血象特征描述栏目,诊断意见栏目和检验医师及审核医师签字栏目等。

××××××医院骨髓涂片形态学检查报告单

姓名:单×× **性别:**女 **年龄:**×× **科别:**血液科 **床号:**××× **住院号:**×××××

采集部位:髂后上棘 **收到日期:**2006.05.19 **报告日期:**2006.05.21 **骨髓号:**060××××

骨髓小粒:丰富 油滴:一般 有核细胞量:增多 巨核细胞计数:1450/片/1.5×3.5cm²

细胞分类		BM%	参考值%	PB%	细胞分类		BM%	参考值%	PB%	细胞分类		%	参考值%
粒系细胞	原始粒	0.0	0.0~1.6	0	红系细胞	原始红	0.5	0.0~1.8	0	巨核细胞	原巨核	0	0~4
	早幼粒	3.5	1.8~5.0	0		早幼红	1.0	0.6~3.2	0		幼巨核	8	0~14
	中幼粒	7.5	5.2~9.2	0		中幼红	2.0	6.4~16.4	0		颗粒型	32	44~60
	晚幼粒	13.0	7.8~14.4	2		晚幼红	6.0	7.0~17.4	1		产板型	52	28~48
	杆状核	20.0	12.4~20.4	6	淋巴细胞		6.0	12.8~24.2	26		裸核型	8	0~8
	分叶核	23.5	10.2~18.6	49	单核细胞		1.5	0.2~1.6	4	网状/肥大		0/0	0.0~1.0
	嗜酸粒	3.5	0.8~4.8	3	浆细胞		0.5	0.2~1.6	0	巨噬细胞		0	0.2~1.4
	嗜碱粒	3.0	0.0~0.2	8	原始细胞		7.5	0.0	3	粒红比例		7.9:1	1.4~3.4:1

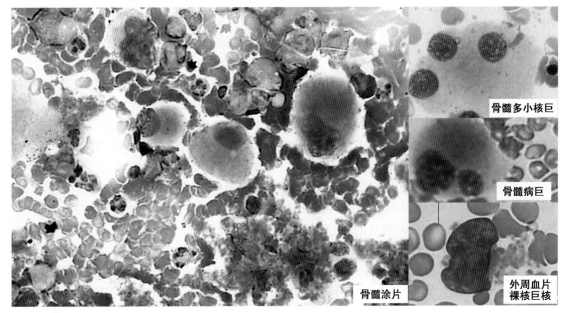

骨髓多小核巨
骨髓病巨
外周血片裸核巨核
骨髓涂片

细胞化学和免疫化学:外铁阳性(+),内铁阳性23%,NAP阳性62%,积分108,甲苯胺蓝染色阳性5‰。CD41染色阳性小巨核细胞占有核细胞的1.5%。

骨髓象特征所见:

　　有核细胞增生明显活跃,巨核细胞和粒细胞呈增殖性和病态造血性改变;原始细胞增加(>5%但<10%);巨核细胞中,占16%为1至多个小圆核巨核细胞,产板型巨核细胞生成血小板增加,涂片尾部血小板大片状分布;粒红比例增高,中性粒细胞明显增加,颗粒缺乏中性粒细胞占粒细胞的14%,嗜碱和嗜酸性粒细胞轻度增加;红系造血细胞少见,单核细胞和浆细胞未见增加。

外周血异常所见:

　　白细胞增加(20.7×10⁹/L),原始细胞占3%、晚幼粒占2%,可见晚幼红细胞,易见少分叶核粒细胞和巨核细胞,片尾血小板大片状分布。Hb 114g/L,未见泪滴形等异形红细胞;血小板1185×10⁹/L。

结论与建议:粒细胞和巨核细胞两系异常增生,结合临床特征提示骨髓增生异常-骨髓增殖性肿瘤不能分类型或MPN进展期,建议骨髓活检、细胞遗传学和相关分子学检查。

　　解释:中老年患者,不能解释的脾肿大以及外周血白细胞、血小板增高伴原始细胞轻度增多等异常是髓系肿瘤的临床和血象特点,本例初诊患者临床和血象所见以及骨髓细胞增殖和病态造血,与MPN与MDS重叠髓系肿瘤基本相符。骨髓活检更能观察增殖性和巨核细胞异常及其结构变化,整合临床特征和分子学等信息能作出更可靠的类型诊断与预后评判,建议完善检查。

　　(若检查意见与临床不符或对诊断有疑问,请及时与本科室联系,电话××××)

检查:××× 复核:×××

图18-16 骨髓涂片形态学检查报告单

2. 报告单格式与填写　图文报告单有竖式和横式两种,但不管何种式样,报告单格式和填写栏目应具有简明、使用方便和重点项有醒目标识的特质。

(1) 突出关键性文字信息:报告单中报告的单位(如××××医院骨髓检查报告单)、具体的患者姓名、性别年龄、科别、床号、住院号、日期、标本号的具体的文字和数字,诊断病名的文字,都需用大一些的粗体醒目号字并做适当的色彩点缀,而作为小栏目的患者姓名、年龄等文字,采用不醒目的小号字。

(2) 突出细胞图像的位置:图文报告的目的是传播有诊断意义并能带给人们审视的大小不失真细胞图像。因此,在细胞图像中应突出代表性异常细胞图像的位置,并可以按需插入大小不一的多幅图片(图18-16)。一般报告可以配 2 幅细胞图像;白血病的诊断报告配多幅图像。后者比较理想的组合为一大二小,大的细胞图像为常规染色,小的细胞图像为细胞化学染色和细胞免疫化学染色;特殊细胞或恶性疾病而尚未明确的肿瘤类型或有价值的可疑细胞,配以多幅细胞图像或大细胞图像套小图像等图文格式。

(3) 细胞分类表的灵活性:骨髓细胞类型繁多,在报告单中罗列所有骨髓细胞会占用报告单的较多页面,而不利于报告单的整体效应。考虑到许多少见细胞实际上是不经常出现的,故对于少见或罕见细胞名称不必全部列出于报告单上,留出一空格栏让分类中遇见的少见细胞临时替补,也可通过改动特别位置上其他少见栏中的细胞而列出。我们设计的图 18-16 细胞分类表中的右下有 1~2 项细胞栏作专用改动。

二、形态学特征描述和诊断意见(结论)

形态学特征描述见骨髓象描述。下诊断意见前要把握好思路,尽管每一位工作者所认知的疾病和掌握的技能不一,但是分析思路和诊断方向的原则是一致的。前者,对标本检验与疾病符合性的客观评估的最终结果,有多大价值就只能用相应的文字下多大份量的诊断性意见(如肯定性、符合性、疑似性或提示性);对疾病的分析以及给出的诊断范围,把握由大到小的系统树法则,疏理病变的相同和相异,重在分析诊断的思路、疾病诊断的方向。没有足够依据不下疾病细分类型的诊断。

疾病临床期诊断意见按级报告,对非肯定性诊断(如提示性和描述性的结论)需要提出进一步检查的建议。对不符合要求的标本而可能影响检验结果或诊断意见者,应予以说明。此外,应注意诊断性和检验性术语的恰当使用;对检查结果与患者的病况明显不一致时,并经复查复审,需要在报告中适当解释。与骨髓活检和遗传学检查不一致时需要执行后续的处理机制(见第二十一章)。

1. 肯定性结论　为细胞形态学所见的有独特诊断价值者。譬如找到典型转移性肿瘤细胞(骨髓转移性肿瘤)、增多的幼稚和异形浆细胞(如 PCM)或原始细胞(如急性白血病)、红细胞内找到形态典型疟原虫(疟疾感染)。

2. 符合性结论　为临床表现典型而细胞形态学所见和其他实验室检查基本符合者。诸如形态典型而数量众多的幼红细胞巨幼变(MA),中晚幼红细胞和红细胞均有明显的小细胞性改变和可染铁缺乏(如IDA),与临床特点和血常规检验异常相符者。

3. 提示性或疑似性结论　为临床表现典型而细胞形态学所见和其他实验室检查尚有不足,或细胞形态学所见较为典型但特异性意义尚有欠缺而临床表现和其他实验室所见尚有不符合者。

4. 描述性结论　以细胞形态学所见的结果提供临床参考。为临床缺乏明确的证据而细胞形态学有一定的特征性所见或倾向性异常者。如巨核细胞增多伴生成血小板功能减退,而临床为不典型的原发性 ITP 或不能明确是否继发性者(如 SLE、干燥综合征、肝硬化等),这些疾患常有相同形态学需要其他检查。

5. 其他或例外报告　其他,如无临床特征又无细胞形态学改变,却有可染色铁减少或缺乏者(隐性缺铁)。造血细胞或有核细胞少见的骨髓象也可作为特殊的例外报之,便于临床参考和解释。造血细胞或有核细胞少见象是指骨髓涂片少见造血细胞或有核细胞,而尚不能确认是否为骨髓稀释所致者。从某种意义上说,对于骨髓稀释者,用这一例外的方式报告也有恰当之处。

6. 结论要点　不管是细胞学还是组织学检查的结论(诊断),应体现两个方面:病变或病损的基本状态,疾病诊断。如骨髓细胞明显增加,原始粒细胞占 92%,造血受抑,符合(或考虑)AML 不伴成熟型;红系为主造血细胞增生明显活跃伴粒红两系细胞巨变,结合临床符合巨幼细胞贫血骨髓象,建议网织红细胞血清维生素 B_{12} 和叶酸检查。

三、报告时间和影响诊断(报告)的质量因素

发出骨髓细胞形态学诊断报告的周期各地长短不一。作者实验室骨髓细胞形态学报告,近几年由三个工作日缩短为二个工作日(包括接受标本日在内,至第二个工作日下午五时前发出),骨髓切片以 5 个工作日(包括接受标本日在内)发出报告,急需时可以口头形式报告。2008 年 ICSH 指南中介绍的报告时间(工作日时间):骨髓涂片口头报告 3 小时,书面报告 24~48 小时;骨髓切片报告为 5 个工作日。

影响诊断报告的质量因素很多,这里仅简单例举几个方面。

1. 临床方面　不少形态学工作者,检查的技术基本良好,在检查中也发现了细胞学的异常,但掌握临床知识不够或结合临床不力。如一例 32 岁类风湿关节炎患者,因外周血细胞检查(白细胞增多)而做骨髓细胞学检查,检查结果基本符合 MPN 诊断(造血细胞明显增多和细胞成熟基本良好),就是没有密切结合临床特征或没有掌握相关疾病表现而失误的一个例子。

又如一例 26 岁患者,在无明显诱因下出现畏寒,发热(午后高峰达 39℃)、胸闷、夜间出汗、腹胀乏力和出现胸腔积液,病史 10 个月。在当地抗结核治疗无效,检查血液生化球蛋白升高、蛋白电泳出现 M 带和血沉 133mm/h,检查骨髓发现浆细胞增多(18%,细胞成熟、无异形性)而将肺吸虫病误诊为 PCM。造成失误的原因有二:一为临床知识不够,PCM 几乎全是见于 40 岁或 35 岁以上;二是形态学特征把握不力(技能因素),将无异形性、无幼稚性且细胞成熟的浆细胞误判为骨髓瘤细胞。

2. 技能方面　主要是掌握形态学的熟练程度。如果技能掌握不够,在镜检中发现不了异常或缺乏证据,也就发现不了病变。此时,工作中即使再认真和仔细也是枉费! 这是由形态学检验诊断的特殊性决定的。

例如:一例 67 岁全血细胞减少症,骨髓涂片细胞学检查有核细胞显著减少,淋巴细胞和成熟(中性分叶核与杆状核)粒细胞比例增高,巨核细胞 1 个,考虑为 AA。但这份标本中不见骨髓小粒,也不见非造血细胞,检查者又没有把握好光是淋巴细胞和成熟粒细胞比例增高并不是造血减低的主要表现。因此,作出这样的诊断意见会有风险。又如一例三系血细胞减少(中性分叶核粒细胞<0.5×10⁹/L)的患者,骨髓中胞体和胞核形态规则、偏大和胞质嗜苯胺蓝颗粒典型而增多的早幼粒细胞占 32%,巨核细胞和幼红细胞比例轻度减低,忽视了 APL 与这例异常形态学和细胞数量之间的特征性差异,而以提示为 APL 发出报告。

3. 细胞学基础方面　细胞遗传学、细胞免疫学、细胞分子生物学和临床医学,都是细胞学应该掌握的基础,详见叶向军、卢兴国 2015 年出版的《血液病分子诊断学》。由于没有掌握这些基础与细胞形态学之间的关系造成诊断不适当或失误的不在少数,尤其是原发骨髓和累及骨髓的成熟淋巴细胞肿瘤。

4. 心理方面　处在每个部门、职能科室和特定的场合,不可避免地会出现一些心理偏向。有时已经发现了某些细胞的异常,但在报告异常的程度上和数量上避重就轻,多一事不如少一事,生怕惹事;有时因与临床配合不佳,在细胞形态学检验中的思路会被临床的初步诊断所左右(如脾亢);还有一些经验娴熟者,偶尔会因过度自信缺乏周全考虑造成失误,也偶尔会因过分牵强考虑特殊的例外性、罕见性而失策。这除了高度的职责外,心理因素便是一个问题。

第七节　儿童骨髓检查与分析的一些特殊性

儿童骨髓检查的地位与成人同样重要。随着各级医疗机构医疗水平的普遍提高,越来越多的医院开展了儿童的骨髓检查,从取材到检查的过程,与成人类似,适应病症也大致相同,只是在病种上少了一些。在特殊性方面,除了儿童的生理性因素外,在血液病理中主要有以下三个方面。

一、儿童贫血

儿童贫血的原因多种多样,骨髓细胞形态以及诊断的方法都和成人相近,有两种贫血患儿特别常见。

1. 遗传性球形红细胞症　在幼儿和儿童期发病,常染色体显性遗传。如在骨髓形态检查时,见到中晚幼红细胞生成增多、红细胞有"小、圆、深""的特点(细胞偏小、胞体圆形、着色较深)时,应询问家族史,并对照外周血红细胞渗透脆性试验和孵育后渗透脆性试验等,有条件的做相关酶类检查,可以诊断遗传性球形红细胞增多症。

2. 缺铁性贫血(IDA)　多发生于 8 个月到 2 岁的儿童,由于母体带来的铁基本用尽而补充不足,容易导致 IDA。所以,在此年龄阶段患儿骨髓涂片中,如果中晚幼红细胞呈现"少、小、碱"的特点(胞质量少,胞体偏小,胞质偏蓝)、红细胞中央苍白区扩大,可以首先考虑 IDA,再结合骨髓内外铁染色和血清铁蛋白检查结果帮助诊断。

二、幼稚淋巴细胞

儿童骨髓细胞中,淋巴细胞比例随着年龄的减小而有所增高,幼稚淋巴细胞也相应增高。新生儿和婴儿期,幼稚淋巴细胞比例明显增高,在排除血液系统疾病临床特征之外,新生儿和婴儿期骨髓 10% 以内的幼稚淋巴细胞可以认为是正常的。

观察发现,ITP 患儿,常会出现幼稚淋巴细胞增多现象。考虑到儿童 ITP 的发病可能与病毒感染密切相关,其中包括疱疹病毒、EB 病毒、巨细胞病毒、B19 小病毒、麻疹病毒等儿童感染的常见病毒,而病毒常会刺激淋巴细胞向淋巴母细胞转化,导致骨髓形态学观察时幼稚淋巴细胞比例增高。

三、儿童白血病

儿童好发的白血病以 ALL 为主,约占儿童所有白血病种类的 80% 左右,其他为少量髓系细胞白血病。白血病在 21-三体综合征新生儿中的发病率,是正常新生儿的数十倍,以髓系白血病为主,少数为 ALL。先天性白血病(congenital leukemia)是儿童白血病中的一个特殊类型,是指出生 4 周内发生白血病者,诊断标准同样为原始(幼稚)细胞≥20%。新生儿白血病常有皮疹、皮下结节和肝脾大等临床特征,常有特定的染色体异常。

第十九章

骨髓印片和血片检查

骨髓印片和外周血片镜检都是协助骨髓涂片和切片镜检的形态学方法。由于这些检查在一些疾病中有其独特的意义,应列入骨髓形态学检查(四片联检)的常规项目。

第一节　骨髓印片检查

骨髓涂片细胞学检查是血液病诊断的主要方法,但其最常见的问题是骨髓稀释和伴骨髓纤维化所致的有核细胞假性减少。骨髓切片检查虽是评估有核细胞的金标准,但检查复杂和费时,通常又不能与涂片同步检查;而骨髓印片既可与涂片快速同步检查弥补部分涂片评估有核细胞的不足,还可提示某些组织学的病理改变,有助于提高细胞形态学的诊断评判力。

一、检查前准备

1. 印片制备　骨髓印片制备见第十六章。获取符合要求的组织材料是决定印片质量的关键,取材不理想的组织便不能得到良好的印片标本。获取的组织块中带有较多的血液时,也将影响印片的细胞量。印片时按压太重会影响细胞分布,有时空气渗入多会在印片上留下较多空泡。

2. 印片染色　印片干燥后与涂片同时进行 Wright-Giemsa 染色。由于印片常较涂片厚,染色要求较高,染色时间比涂片染色稍长。染色良好与否是影响印片标本质量的另一重要因素。

3. 印片特点　与涂片相比,骨髓印片标本有以下特点(图 19-1)。①印片厚薄不均匀,细胞清晰性整体上不及涂片,但基本上可以鉴定细胞类型;②制备良好的印片可见组织印迹,如脂肪呈大小不一的油滴,与造血组织间隔,间有平铺似的有核细胞,间质背景明显;③造血细胞有聚集现象,如粒细胞和有核红细胞常成簇或聚集,造血区红细胞不见或少见。缺少这些特点的标本为印片质量不佳。

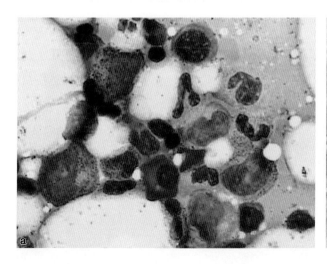
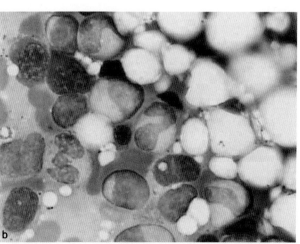

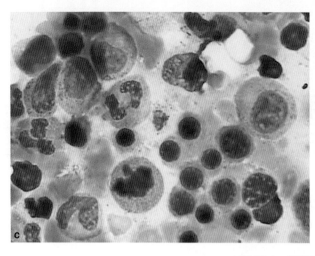
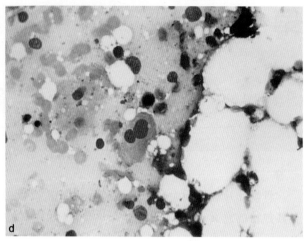

图 19-1   **骨髓印片的某些特点**

a 为基本正常骨髓印片,右上方有匀质性浅红色间质背景,左及其左下方为脂肪组织,其间为造血细胞;b 为右上方的局灶脂肪组织增加;c 为有核红细胞和粒细胞聚集性造血;d 为骨髓纤维化印片细胞减少,纤维细胞不被印片,巨核细胞印片也少

　　骨髓纤维细胞不被印片,故在印片上观察不到。巨核细胞也不容易被印片,在印片上观察巨核细胞常不及抽吸良好的涂片。

　　4. 形态学和疾病诊断的把握与标本核对　骨髓印片细胞形态学与骨髓涂片细胞形态学相似,详见第七章至第十三章、疾病诊断的把握与标本的核对同第十八章。

二、常规检查与意义

　　骨髓印片检查即骨髓印片镜检。检查内容与骨髓涂片有所不同,检查的重点在于与骨髓涂片和切片的互补和定性。检查项目,最重要和最主要的有两项:有核细胞量检查和细胞分布类似组织的形态检查。从协助疾病诊断而言,最有意义的应用疾病:一是对细胞量影响较大而骨髓抽吸稀释明显的疾病,如再生障碍性贫血(aplastic anemia,AA)、脾功能亢进(简称脾亢)、骨髓增殖性肿瘤(myeloproliferative neoplasms,MPN);二是相对不容易抽吸的淋巴细胞增殖性疾病(如成熟 B 细胞肿瘤);三是骨髓纤维化。

　　1. 有核细胞量检查　制作良好的骨髓印片有核细胞常量高于骨髓涂片,这是骨髓印片检查实用和有意义的项目。检查骨髓印片有核细胞量可参照骨髓涂片有核细胞量方法,取多视野均数进行定性评估(图19-2)。

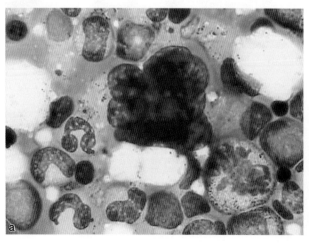
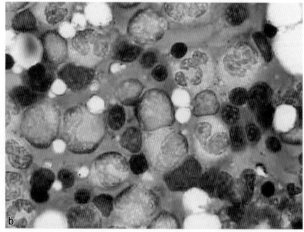

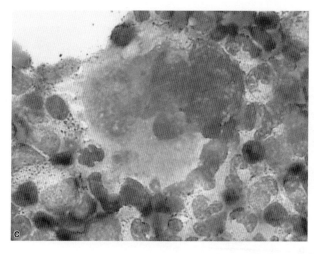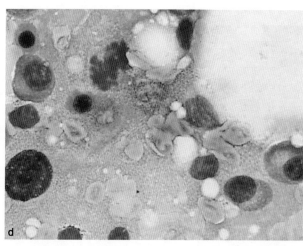

图 19-2　印片有核细胞量

a 为有核细胞量基本正常;b 为脾功能亢进,有核细胞量明显增多;c 为骨髓增殖性肿瘤,有核细胞量显著增多;d 为 AA,有核细胞量减少,浆细胞增多

较多疾病诊断的主要依据是骨髓细胞量的多少,如 AA、脾亢、特发性血小板增多症(essential thrombo-cythaemia,ET)、真性红细胞增多症(polycythemia vera,PV)和成熟 B 细胞肿瘤等(见图 15-5 和图 15-6)。骨髓涂片常由于细胞量评估不足(细胞量失真),可以影响疾病的分析及其诊断。检查骨髓印片的有核细胞量常可以对这些疾病作出有益的帮助。骨髓印片有核细胞量减少虽见于许多疾病,但 AA 时常有明显的脂肪成分,浆细胞等非造血细胞易见(图 19-2);部分原发性骨髓纤维化(primary myelofibrosis,PMF)造血细胞明显减少,脂肪组织少见,基质成分常明显、清晰,在少见的细胞中,不典型的(小)巨核细胞则易见(见图 9-14 和图 15-9),是印片检查的另一亮点。

当骨髓涂片细胞量高于印片时,则骨髓印片无评判意义。骨髓印片中组织印痕存在,而造血细胞明显少见,此时作出造血减低的结论比涂片可靠,而当骨髓印片有核细胞正常或增多时,即使涂片有核细胞减少,也可评判骨髓为增生性。

2. 类似组织形态检查　检查骨髓印片,可以观察类似组织结构的细胞分布。尽管在骨髓印片制备时会使组织构形受到影响,但仍有部分标本可以大体上评判。与骨髓切片相比,印片上的肿瘤浸润结构常要比切片中的低一个级别。通过类似结构检查也可大体窥视髓系肿瘤的负荷以及对正常造血的抑制状态。

(1)间质性分布:这是造血肿瘤中常见的一种早期浸润方式。镜检印片时,见单个原始细胞呈散在性分布(增加)于造血细胞间,常是骨髓增生异常综合征(myelodysplastic syndromes,MDS)和急性髓细胞白血病(acute myeloid leukemias,AML)缓解后复发最早期的表现之一,在 MPN 和骨髓增生异常-骨髓增殖性肿瘤(myelodysplastic/myeloproliferative neoplasms,MDS-MPN)的部分标本中也可见原始细胞的散在性分布增加(图 15-10)。与骨髓涂片相比,印片上原始细胞数量相对多见,也易于评判。

(2)聚集性分布:这一结构类似骨髓切片上的幼稚前体细胞异常定位(abnormal localisation of imma-ture precursor,ALIP)结构,原始细胞有聚集在一起的现象,但原始细胞不一定相互紧靠在一起。常是髓系肿瘤原始细胞增多的一种异常象,也是 AML 化疗后近于缓解时和缓解后复发早期的骨髓印片象特点之一(图 19-3)。在 MPN 标本中检出易见的原始细胞聚集性增生,可以评判疾病进展或转化。

(3)结节性浸润:髓系肿瘤的结节性浸润也常称为簇状增生,微小结节也称为 ALIP 结构。为原始细胞 3~5 个以上围聚在一起,可是 MDS-EB 和 AML 的印片象特点,并提示骨髓切片中原始细胞的结节性或片状浸润。在 MPN 标本中检出原始细胞结节性增生,即有评判疾病加速或转化的意义。

(4)结节性浸润不伴有核细胞增加:为印片中原始细胞呈结节性或片状浸润,但有核细胞明显减少,印片背景呈清晰的浅红色,可见部分脂肪成分。检出这一特点的印片象常可以提示髓系肿瘤伴有骨髓纤维化(见图 15-8)。

(5)原始细胞弥散性浸润:为印片上原始细胞比较松散或紧密的连片分布(基本上呈均一性分布),为造血肿瘤细胞的高负荷,造血严重受抑,是 AML 常见的印片象。

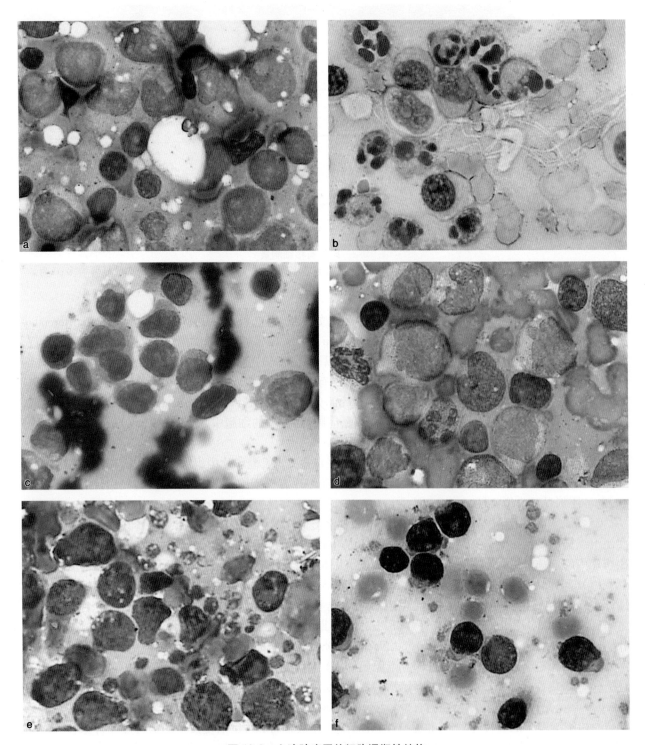

图 19-3 血液肿瘤原幼细胞浸润性结构

a 为 AML 缓解后早期复发,原始细胞散在性分布增加并有聚集趋向;b 为 3 个原始细胞紧密围聚在一起,周围有许多凋亡细胞,AML 标本;c 为急性单核细胞白血病细胞聚集性结构;d 为 CMML-2 向急性白血病转化,幼单核细胞和单核细胞聚集性增生;e 为 ALL 趋向小片状浸润伴原始淋巴细胞胞质显著脱落;f 为 ALL 簇状浸润,并可疑似骨髓纤维化伴随

(6) 巨核细胞簇状增生与印片背景:印片标本中,检出巨核细胞的簇状增生结构,说明骨髓组织中巨核细胞显著增殖。几乎都见于 MPN,尤其是 ET 和慢性粒细胞白血病(chronic myelogenous leukemia, CML)。在检出异形巨核细胞(簇)的印片背景中,若有核细胞少见且有比较清晰的浅红色背景,可以疑似骨髓纤维化(见图 15-9)。

(7) 原始淋巴细胞肿瘤浸润性结构检查:原始淋巴细胞肿瘤包括急性淋巴细胞白细胞(acute lympho-

cytic leukemias,ALL)和原始淋巴细胞(原幼淋巴细胞)淋巴瘤。后者浸润骨髓时除部分为白血病性外,浸润的结构与 ALL 不同。ALL 骨髓印片的常见异常为弥散性和片状浸润,部分为结节性浸润。原幼淋巴细胞淋巴瘤浸润骨髓时,浸润结构为多样化(图 19-4),主要取决于肿瘤细胞浸润骨髓的程度,最常见的是间质性浸润,最典型的是白血病性浸润。

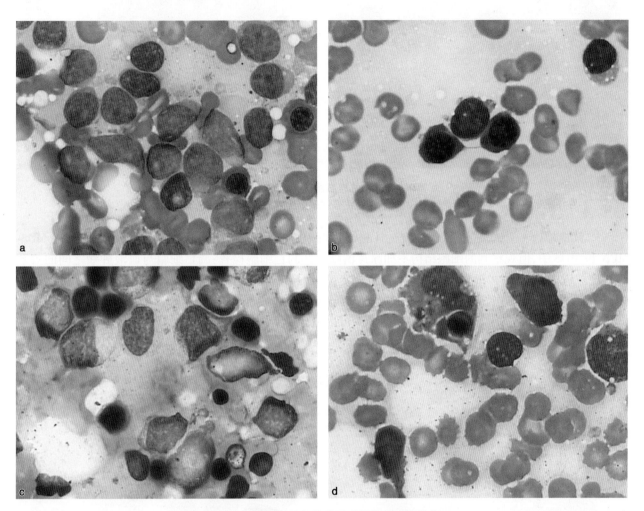

图 19-4　原幼淋巴细胞淋巴瘤浸润骨髓印片象

a、b 为原幼淋巴细胞淋巴瘤的白血病性浸润骨髓印片和涂片象;c、d 为原幼淋巴瘤细胞间质性(趋向聚集现象)浸润骨髓印片和涂片(巨噬细胞易见,幼稚淋巴瘤细胞比印片少见)象

（8）成熟淋巴细胞肿瘤浸润性结构检查:常见的慢性淋巴细胞白血病(chronic lymphocytic leukemia,CLL)、原发性巨球蛋白血症等小 B 细胞淋巴瘤骨髓印片象(见图 15-6)。比较不易把握的是细胞形态学上成熟的淋巴瘤细胞早期浸润性结构。

（9）浆细胞骨髓瘤浸润性结构检查:浆细胞骨髓瘤(plasma cell myeloma,PCM)浸润时,各种浸润性结构都有,间质性和聚集性浸润见于疾病早期,但少见。印片中最常见的结构是结节性结构,部分为弥散性(图 19-5)。结构不同与 PCM 的肿瘤负荷和累及的部位有关。

（10）转移性肿瘤浸润结构检查:骨髓印片检出肿瘤细胞,阳性率比骨髓涂片高 1/4。印片上的转移性肿瘤细胞(如癌细胞)在镜下比涂片更易观察,尤其是在骨髓造血尚未受抑或造血细胞仍存在继发性增多时。观察转移性肿瘤细胞的浸润性结构,是印片细胞学检查的另一个特长。常见的转移性肿瘤浸润结构为大小不一的结节性(图 15-7),有浅红色清晰背景者常示纤维组织增生;少数为弥散性浸润,偶见间质性,这些结构主要见于黏附性不大的肿瘤(如尤因肉瘤、神经母细胞瘤)。注意的是转移性肿瘤细胞簇需要与造血细胞减少时出现在印片中的浆细胞簇、有核红细胞岛和成骨细胞簇相鉴别(图 19-5)。

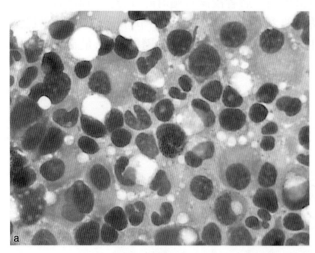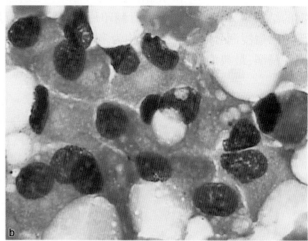

图 19-5   PCM 与转移性癌细胞簇相似的成骨细胞簇印片象

a 为骨髓瘤细胞呈结节性和聚集性浸润;b 为与转移性癌细胞容易混淆的成骨细胞簇,感染性造血减低标本

3. 其他检查   ①病态造血细胞检查:骨髓印片可以检查一些病态造血细胞(图 19-6),尤其是 MDS-MPN 和 MDS 中,但观察到的细胞结构不如涂片清晰。②凋亡细胞检查:凋亡细胞与血液肿瘤之间的关系正在被认识中,不过凋亡细胞检出率低而受到一定影响。与骨髓涂片相比,骨髓印片检出凋亡细胞比涂片为高。常见疾病是 AML、ALL、巨幼细胞贫血(megaloblastic anemia, MA)、MDS 等(图 19-3 和图 19-6)。③脂肪组织检查:观察印片标本脂肪组织的多少可以估计骨髓造血的程度。

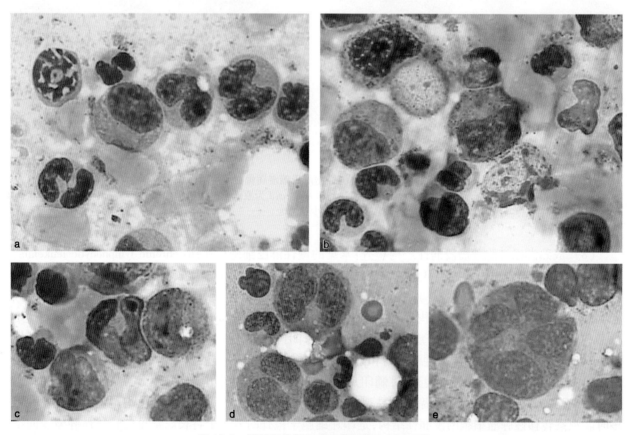

图 19-6   骨髓印片部分病态粒细胞和凋亡细胞

a 为多个嗜苯胺蓝颗粒缺少病态粒细胞;b 多个病态粒细胞,MDS-MPN 标本;c、d 为病态的双杆状核和双核中幼粒细胞;e 为见于特殊感染的多核早幼粒细胞

三、骨髓印片象分析、诊断与报告

由于骨髓印片细胞常分布不均,细胞分类的精确性比涂片低,故印片的细胞学分析诊断需要与涂片的结果相结合。细胞学特征描述与分析诊断的思路和报告与骨髓涂片相同,不过印片细胞学重点在于细胞定性、系列定性与疾病定性。印片象的特征描述包括有核细胞量的多少,正常和异常细胞的基本阶段与数量,有无明显的病态造血细胞,有无原始细胞增加,有无类似组织异常结构的细胞分布和异常背景。

骨髓印片镜检报告,可以列在骨髓细胞形态学镜检报告单中,作为骨髓形态学检查的一部分(骨髓印片象特征描述栏目)。当骨髓印片上的细胞学特征具有诊断性价值而骨髓涂片缺乏病变或不明显改变时,以骨髓印片细胞学的异常为主要依据进行诊断,但在骨髓涂片报告单中需要说明。如考虑造血基本良好骨髓印片象(骨髓涂片造血细胞少见,提示为假性减少);如考虑成熟淋巴(B)细胞肿瘤骨髓白血病性病变骨髓象印片象(骨髓涂片有核细胞少见、淋巴细胞不增加,提示为假性现象)。

骨髓印片细胞学检查,也可以单独发出诊断报告。设计报告单的基本要求与骨髓涂片细胞学诊断报告单相同。一般,由于骨髓印片细胞学检查中不需要有核细胞分类,可以不设细胞分类栏目;细胞学特征描述见前述。根据骨髓印片检出的证据大小结合临床予以诊断分级。

第二节　血　片　检　查

血片镜检主要包括两个检验项目:血细胞的组成(%)和血细胞的形态。由于它是直视血细胞的构成比例(数量变化)和细胞质的形状(形态变化)的检验,对许多病理的评判同样具有重要的价值,而且常见血液细胞形态比骨髓细胞为典型(如原始细胞)或多见(如肿瘤性淋巴细胞)等,是骨髓形态学检查经常需要一起参考和互补的项目。

此外,从单一的血片检查看,观察到的许多细胞和形态改变的意义,是血液自动分析仪不能比拟的。比如检出众多小细胞低色素性红细胞为主要组成的不均一性红细胞图像,结合临床符合(贫血,女性,经血多而经期长等)能对缺铁性贫血(iron deficiency anemia,IDA)作出基本的评判或提供重要而实用的诊断信息;检出原始细胞3%~5%以上可以初步作出髓系肿瘤的诊断,而且以急性白血病居多;检出不典型淋巴细胞(异型淋巴细胞)都是机体免疫应答的结果,可以对病毒感染、过敏和疾病严重状态做出判断;非抗凝剂血液涂片中观察到血小板离散性均匀性分布,结合临床符合(小儿或年轻女性患者,自幼起易出血,月经过多,外伤后不易止血)可以强力提示血小板无力症,诸如此类不胜枚举。血液自动分析仪虽能提供红细胞、白细胞和血小板数量及相关参数,但不能直接提供细胞形态的确切信息;虽能对异常结果予以报警,但对低百分比的幼稚细胞(如幼粒细胞和幼红细胞)、异形细胞(如不典型淋巴细胞)、血液寄生虫几乎都不能警示,或有微小图形改变也容易为人们所忽视。因此,重视血片检验,并密切结合临床和其他学科信息,也会放大它在临床上的应用价值和范围。

一、骨髓检查中血片附检意义

在骨髓检查中,可以对血片标本,有针对性地进行检查(图19-7~图19-10)。有时还会非常意外地发现血片中的特征性异常细胞。在初诊急性白血病中,血小板增多和正常者最多见于ALL,其次为APL和AML伴t(3;3)或inv(3),Hb正常在急性白血病中情况与此类同。

在结合临床前提下,诸如骨髓检查疑似或不能排除骨髓纤维化时,需要仔细地观察红细胞有无异形性、有无有核红细胞和幼粒细胞、有无原始细胞、有尤易见的嗜碱性粒细胞;疑似或考虑MDS和MDS-MPN时,需要仔细观察有无病态细胞、有无单核细胞增高(单核细胞增高是CMML诊断中最简便实用的一个必需条件,图19-8)、有无原始细胞和幼稚粒细胞。疑似或考虑急性白血病时,需要检查有无原始细胞、原始细胞的比例(血片原始细胞≥20%而骨髓涂片<20%者为外周血AML,图19-9)和形态(部分白血病细胞血片形态比骨髓典型),若同时检出淋巴样巨核细胞和/或小型裸核巨核细胞(图19-10),需要疑似或不能排除AML伴[inv(3)(p21q26.2)或t(3;3)(q21;q26.2);*RPN1-EVI1*]。血片中检出巨核细胞大多数是(慢性)髓系肿瘤,有重要的评判价值。外周血出现巨核细胞的特点是:小、裸核和原始。小是指微小巨核细胞和小型的裸核巨核细胞;"裸核"是指所见的小型巨核细胞几乎都是裸核的;"原始"是指血片可检出原始巨核细胞,多见于急性原始巨核细胞白血病、CML急变期与加速期,也见于MDS和其他AML。

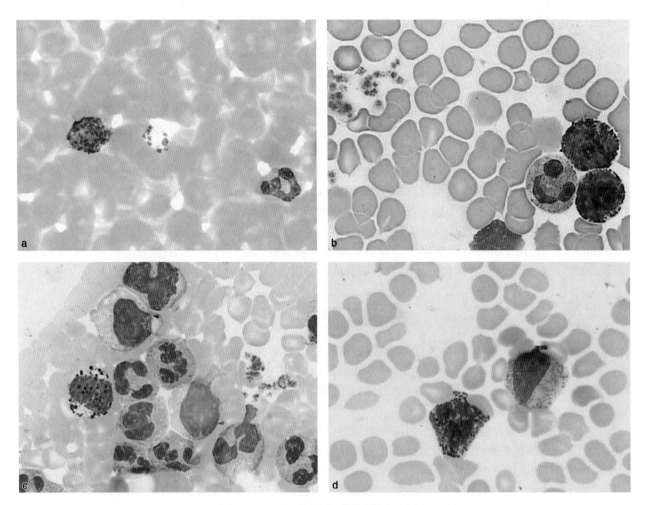

图 19-7   血片红细胞和嗜碱性粒细胞增多

a 为 PV 标本,与推片厚度无关的红细胞分布过密和重叠,并易见嗜碱性粒细胞,结合临床(排除继发性)可以提示性诊断;b 为 PMF 标本,右下方 2 个嗜碱性粒细胞和左上方的簇状血小板;c 为 MDS-MPN 标本,中性分叶核粒细胞增多,并易见嗜碱性粒细胞和单核细胞;d 为 MPN 标本,1 个幼粒细胞和 1 个嗜碱性粒细胞,如 MDS 标本可见幼粒细胞但一般不易见嗜碱性粒细胞

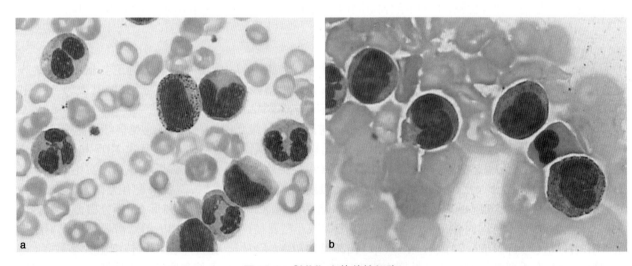

图 19-8   CMML 血片单核细胞

CMML 临床特征是中老年患者,形态学上缺乏单核细胞明显空泡和粒细胞变性。a 为单核细胞(增多)、幼粒细胞和病态粒细胞;b 为涂片尾部厚实的单核细胞

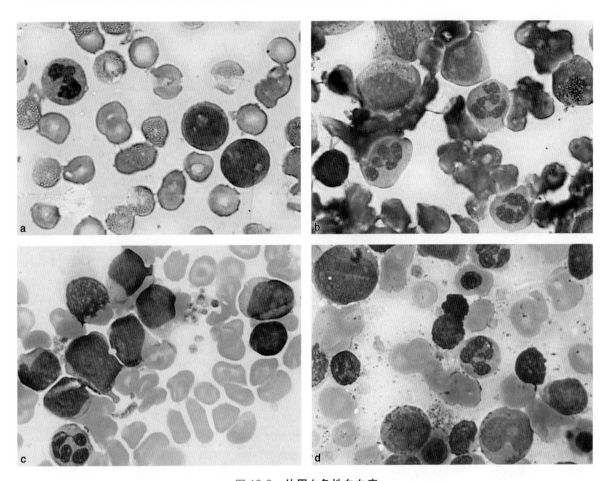

图 19-9　**外周血急性白血病**

血片分类原始细胞 26%(a)明显高于骨髓涂片原始细胞 12%(b);c 为 CM 急变血片,原始细胞 34%高于骨髓涂片的 17%(d)

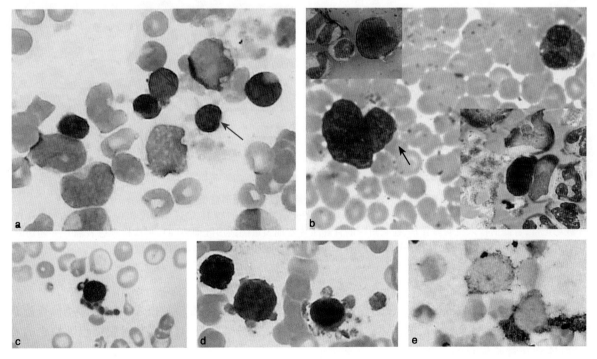

图 19-10　**血片巨核细胞**

a 为 AML-M4,众多微小巨核细胞(箭头),需疑似 AML 伴 inv(3)或 t(3;3);b 为 PV 的小型裸核巨核细胞,右下插图为 CMML 的浓染致密小型裸核巨核细胞,也偶见于感染标本(插图左上)和切脾后;c 为 PMF 微小巨核细胞;d、e 为 CML 急变的原始巨核细胞及其 CD41 阳性

　　疑似或考虑成熟 B 细胞肿瘤时,需要检查有无小或中小型淋巴细胞增多、增多淋巴细胞的比例与形态如何(小淋巴细胞、大淋巴细胞、切迹状核淋巴细胞、幼淋巴细胞、绒毛样突起淋巴细胞、颗粒淋巴细胞、中大型原幼淋巴细胞等);怀疑或提示成熟 T 细胞肿瘤时,血片针对性检查的淋巴细胞数量和形态更有意义(图 15-1)。考虑或怀疑 MA 时,需要检查红细胞的异质性、大细胞性和染色性,以及有无易见的多分叶核粒细胞和 Howell-Jolly 小体红细胞;考虑或怀疑 HA 时,需要检查红细胞的异质性以及有无一些特定的红细胞异常,如靶形、球形、点彩、盔形、嗜多色性和椭圆形红细胞(图 19-11);考虑或怀疑 IDA 时,需要检查红细胞有无异质性和小细胞为主的低色素性以及易见的破碎红细胞。

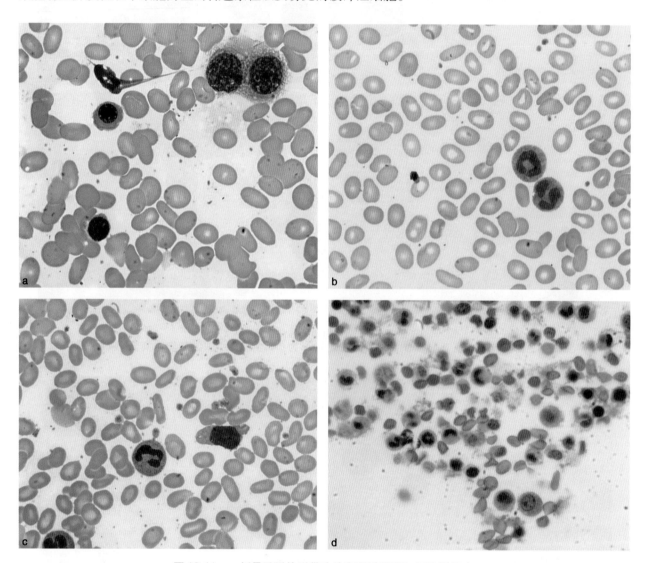

图 19-11　一例骨髓活检附带涂片发现椭圆形红细胞增多症

　　患者为 33 岁女性,轻度贫血,原因不明,近次血常规 Hb 93g/L,MCV 94fl、MCH 32pg、MCHC 350g/L、白细胞和血小板计数均正常,骨髓活检未见明显异常,检查附带的骨髓涂片发现大量椭圆形红细胞(a),再次检查患者血片并随访其儿子血片,均见椭圆形红细胞,比例 70% 以上(b、c);d 为患者骨髓切片基质出血处的红细胞象

二、诊断报告

　　在骨髓检查中,血片细胞学检查作为骨髓检查互补的一个方法,不发单独报告。但在骨髓检查诊断报告单中有外周血细胞形态学特征的描述栏目,有的还有血细胞分类栏目,其意义与骨髓细胞学检查的意义相结合,体现在骨髓检查的诊断中。

　　在骨髓检查实验室,也常有单一血片细胞学检查,需要单独发出诊断报告。作者实验室的外周血细胞学检查诊断报告单见图 19-12。

×××××医院

外周血细胞学检查初步诊断报告单

标本: 外周血　　　　　　　　　　　　　　　　　　**标本号:**

　　　　　　　　　　　　　　　　　　　　　　　　　　病案号:

姓名: ×××　　**性别:女**　　**年龄:51**　　**科别:** **血液科**　　**床号:**　　　**住院号:**

收到日期:2013.10.15　　　**报告日期:2013.10.17**　　　　**送检医师:**

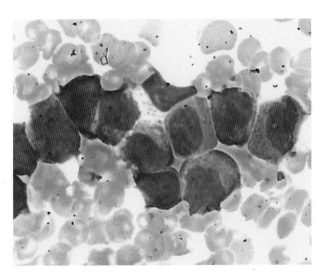
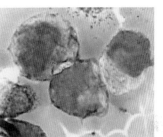
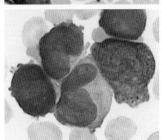

细胞分类: 颗粒过多早幼粒细胞占 89%，淋巴细胞占 5%，中性分叶核粒细胞占 6%。
细胞化学染色: MPO 阳性 95%（强阳性反应），SBB 阳性 98%（强阳性反应）。

细胞学特征: 有核细胞明显增多，大多数为异常早幼粒细胞。正常白细胞成分和淋巴细胞
　　均显著减少。异常早幼粒细胞有异形性，胞质充满细小颗粒（左边一幅大图像），可
　　见柴棒状 Auer 小体（如右上图像），也见部分不典型的颗粒过多早幼粒细胞（如
　　右下图像），细胞化学（MPO、SBB）染色强阳性反应。

结论与建议:白细胞明显增加，异常早幼粒细胞占 89%，提示急性早幼粒细胞白血病（APL）。

　　解释: 异常早幼粒细胞显著增高，系骨髓恶性增殖在外周血中的反映，大多数见于 APL，本例形
　　　态学特征与细颗粒型 APL 基本相符，但类似形态也见于其他 APL 变异型和 AML 伴成熟型和急
　　　性单核细胞白血病，需要进一步检查（如细胞遗传学和相关分子检测）。

（若结论与临床不符或对诊断有疑问，请及时与本室联系，电话×××××）

　　　　　　　　　　　　　　　　检查者 ×××　　　　　**审核** ×××

图 19-12　外周血细胞学报告单

在血常规室,血片检查被列在全血细胞计数报告单中,一般报告异常细胞数量(%)与形态描述。作者认为,包括有血片检查的全血细胞计数报告单,应从一定的高度出发重新设计外周血细胞检查兼有诊断特性的报告单,对血细胞数量变化与血片观察的形态异常相结合,可以发出初步的图文诊断报告。

第二十章

骨髓切片检查

骨髓组织切片病理学检查（简称骨髓切片），即骨髓活组织检查（简称骨髓活检），是较多造血和淋巴组织疾病诊断的金标准。但是，骨髓切片也有很多不足，需要关注，同时需要加强与其他形态学方法之间的互补，详见第十五章。

第一节　骨髓组织处理技术

骨髓组织的技术处理有骨髓脱钙石蜡包埋和不脱钙的塑料包埋两种。这两种方法互有长处。一般认为，塑料包埋超薄切片形态较为清晰，而脱钙石蜡包埋切片易于进行多项组织免疫化学和组织化学染色。我们从 2002 年开展骨髓切片检查，同时建立起塑料包埋骨髓切片和脱钙石蜡包埋切片技术，认为脱钙石蜡包埋切片技术比塑料包埋骨髓切片有更多的可取性。

一、塑料包埋技术与染色

（一）仪器设备

骨髓组织塑料包埋切片所需器械属于小型简便类。主要有切片机，其型号和功能的类型很多种，可选用多功能旋转切片机或轮转式切片机；摊片和烤片机；磨刀机；恒温水浴箱；烤片机，可选用小型烤箱；其他，如锉刀、镊钳、毛笔、载玻片等（图 20-1）。

（二）组织脱水

经 Bouin 固定液固定后的骨髓组织，在取出包埋于塑料前，需要除去组织中水分。除水分的方法可经浸渍于浓度逐级递增的乙醇来处理（图 20-2），根据高浓度溶剂向低溶度渗透原理，把组织中水分置换出来。先小心地将组织块从固定液中取出，自来水漂洗几下，吸水纸吸干。用小纱布将组织块和写有其编号的小纸块包裹后，置于盛有自来水的搪瓷罐或钢罐内 10 分钟。然后，用止血钳挤去纱布上的残余水分，如图 20-2 所示各级脱水 10 分钟，脱水罐均应置于 55℃恒温水浴箱内，并每间隔 2~3 分钟振摇一次。末步无水乙醇处理后，室温搁置 2~3 小时左右。一般下午脱水后，放置过夜，第二天包埋。

（三）组织包埋浸透

1. Hemapun 865 包埋剂配制　①甲液（浸透剂）：甲基丙烯酸-2-羟基乙基酯单体（HEMA，日本产品）100ml，聚乙二醇（PEG-400）10ml，过氧化苯甲酰 0.4g 充分混匀待过氧化苯甲酰全部溶解后置玻璃瓶内，贮存在 4℃备用。②乙液（促进剂）PEG-400 10~15ml，N,N-二甲基苯甲胺 2ml，混合后置青霉素小瓶内，4℃贮存备用。

2. 操作步骤　打开纱布包，轻轻夹出组织块，用吸水纸将其吸干；组织块用镊子放入特制的聚乙烯模具中；吸取 Hemapun 865 甲液约 2ml 置于塑料模具（图 20-3）中充满，置 4℃冰箱内，浸泡 4 小时以上；取出组织块，用带 8 号针头的 1ml 注射器吸取 Hemapun 865 乙液，滴入 3 滴于模具中，用细玻棒充分搅匀，拨正组织块于模具底部中央；4℃冰箱内静置过夜，待其自聚，顶部贴上编号标签，即成。

3. 影响组织包埋的质量因素　影响组织块包埋的质量因素很多，如甲液和乙液的作用本身是一个化学产热过程。因此，包埋技术中需重视以下因素。

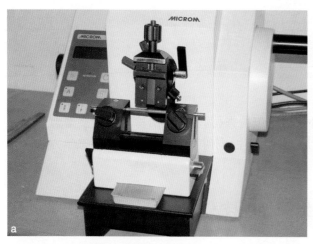

图 20-1　骨髓组织塑料包埋切片器械
a 为切片机;b 为摊片机;c 为锉刀、镊钳、毛笔等;d 为磨刀机

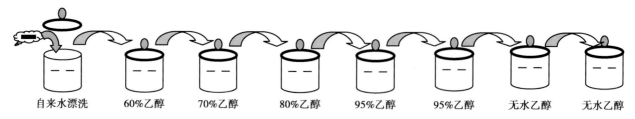

自来水漂洗　　60%乙醇　　70%乙醇　　80%乙醇　　95%乙醇　　95%乙醇　　无水乙醇　　无水乙醇

图 20-2　骨髓组织分级脱水示意图
各级乙醇浓度脱水必须充分,若不充分,切出的组织片较易断裂或松散,也易出现组织细胞水肿

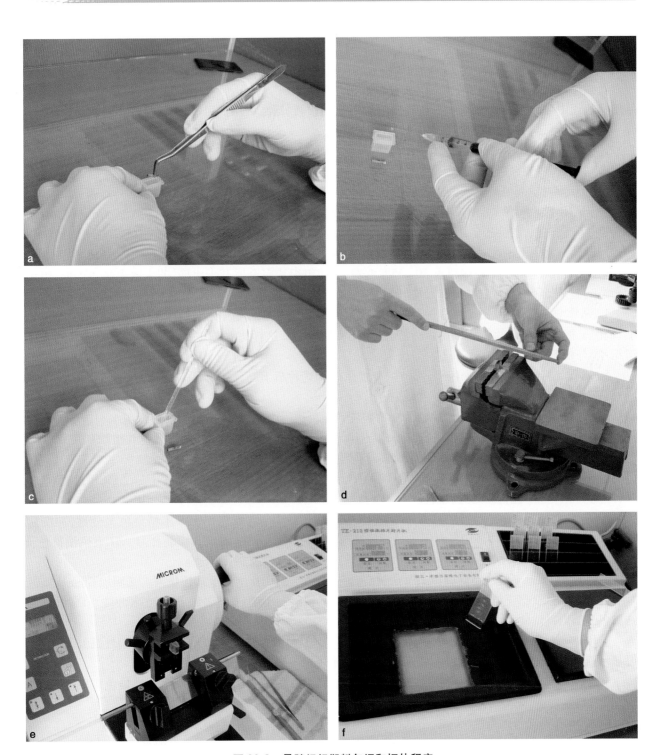

图 20-3 骨髓组织塑料包埋和切片程序

a 将组织块放入塑料模具内摆正,b 均匀滴入塑包剂乙液,c 充分混匀,d 修正组织块,e 上机切片,f 摊片、贴片和烤片,切片标本,每张含 3~4 张不同切面的组织片(见图 15-3i)

(1) 甲液包埋组织块的时间:一般需 4 小时以上,若小于 4 小时加入乙液混匀,易造成凝聚的组织块较软。

(2) 甲液和乙液的比例:一般为 40:1,甲液约 2ml,乙液约 0.05ml(即带 8 号针头的注射器 3 滴)。若乙液较多,则不能很好凝集,制成的塑料块往往较黏。如果乙液较少或搅拌时有液体漏出,制成的组织块则可较硬,均不利于切片。

(3) 甲液和乙液搅拌的时间:一般在 30 秒左右,注意要上下、前后、左右充分混匀,混匀的手法颇似打鸡蛋时混匀蛋黄和蛋清。若搅拌时间太长,特别是室温过高的情况下,甲液和乙液会很快发生自凝,产生大量气泡,影响切片。

(4) 包埋液放置:甲液和乙液混匀后一般放置4℃冰箱等待其凝集,但如果在夏天,室温过高情况下,为防止甲液和乙液凝集过快,产生气泡,可将其放置在冷冻格上。

若操作过程不理想,如乙液加入时未充分混匀,使组织块产生气泡而不能切片时,可用刀片将组织块从塑料包埋中取出直接放入最后一步无水乙醇中,室温过夜,第二天再加甲液,其他步骤相同。

(四) 切片、摊片、贴片与烤片

1. 修理组织 剪去聚乙烯模具,先用锉刀修理包埋块底部两侧,尽量锉至靠近黄色组织块(图20-3)。然后上切片机,调节好所需的厚薄度。

2. 组织切片 将修理恰当的组织块上切片机。每份标本应作连续切片,常规制作切片6张,其中3张3μm(用于HGF染色、Wright-Giemsa染色和改良甲苯胺蓝混合染色,剩下一张备用);3张5μm(用于Gomori染色和铁染色,留一张备用)。一般先切5μm规格,后切3μm。切片时用毛笔轻轻刷下切下的组织片,令其展开,再用镊子轻轻夹起摊于水面(摊片,也称捞片)。

3. 摊片 摊片的水温一般要求20~25℃左右,可使组织片完全展开于水面,若水温太高或太低,组织片会蜷缩起来,不利贴片。

4. 贴片 一般,一张载玻片贴3~4张组织片。第一轮切割的3张,分别贴在3张载玻片的1号位置上,依次类推,3张组织片相互靠拢,一般无需涂任何黏附剂。这样每张载玻片上就贴有不同切面的3张组织片,有利于观察。

5. 烤片 将贴有不同切面组织片切片,放置在60℃烤片机上充分烤干(图20-3),一般烤片2小时。

(五) 切片染色

塑料包埋剂为亲水性,不用去除切片中的包埋剂即可进行染色,染色后也不需进行脱水和透明。下面染色法中,第1~4种为常规染色,6~10种为特殊染色。特殊染色即为组织化学染色和组织免疫化学染色,作为常规组织化学染色,最常用的是Gomori网状纤维染色和铁染色。

1. 苏木精-伊红(Hematoxylin-Eosin,HE)染色 ①苏木精染色1分钟,冲洗吹干。②1%伊红染色30秒,冲洗吹干。③中性树胶封片,镜检。

2. 苏木精-Giemsa-酸性品红(Hematoxylin-Giemsa-fuchsin,HGF)染色 ①苏木精染色1分钟,冲洗吹干。②Giemsa染液与缓冲液(1%磷酸二氢钾溶液与1%磷酸氢二钠溶液以3:2混合)1:20染色液染色2分钟,冲洗吹干。③1%酸性品红染色30秒,冲洗吹干。④中性树胶封片,镜检。

3. Wright-Giemsa-酸性品红染色或Wright-Giemsa染色 ①切片上滴上瑞氏染液。②滴加Giemsa染液2~3滴。③约加2倍于染液量的蒸馏水与染液混合,保持满而不溢,染色10分钟,流水冲洗。1%酸性品红染色30秒,冲洗吹干。④中性树胶封片。

若用Wright-Giemsa染色则不需要1%酸性品红复染。与酸性品红复染的区别在于酸性品红复染后,可显示浅红色的骨小梁。不用酸性品红复染仅在标本上留下淡淡蓝色的骨小梁印迹。

4. 改良甲苯胺蓝混合染色 以甲苯胺蓝和其他染料为主要组成,每张切片上滴加染色应用液,染色20分钟,流水冲洗,晾干后封片。

5. Gomori网状纤维染色

(1) 试剂配制:①含氨银溶液:取10g/L硝酸银溶液10ml,加100g/L氢氧化钾水溶液2.5ml,溶液混合后当即发生灰黑色沉淀。往沉淀的溶液中一滴滴地滴加25%的氨水,并不停地摇动容器,直至沉淀物完全溶解即停止滴入氨水(约需2.5ml),然后小心地滴加10%硝酸银溶液0.5ml,直至溶液稍变混浊,出现震摇后易消失的沉淀物为止。最后,在此溶液内添加蒸馏水30ml。使用的玻璃器皿应除酸,试剂宜临用前配制,配制后可保持24~36小时。②5g/L高锰酸钾溶液:高锰酸钾0.5g,加蒸馏水100ml。③20%甲醛溶液:甲醛液20ml,加蒸馏水80ml。④20g/L偏重亚硫酸钾溶液:取偏重亚硫酸钾2g,加蒸馏水100ml。⑤20g/L硫酸铁(III)铵溶液:取硫酸铁(III)铵2g,加蒸馏水100ml。⑥0.2%氯化金溶液(黄色):取贮存的氯化金溶液20ml,加蒸馏水80ml。

(2) 操作步骤:切片用高锰酸钾溶液氧化1分钟,流水冲洗2分钟,吹干;偏重亚硫酸钾溶液脱色1分钟,流水冲洗2分钟,吹干;硫酸铁(III)铵溶液中敏化1分钟,流水冲洗2分钟,吹干后再用蒸馏水漂洗2

次,每次 30 秒,吹干;浸入银溶液内 1~2 分钟,蒸馏水漂洗 20 秒;20% 福尔马林溶液内还原 3 分钟,流水洗 3 分钟,吹干;氯化金溶液调色 10 分钟(用 Coplin 染色缸),蒸馏水漂洗,吹干;中性树胶封片。

(3) 结果判定:网状纤维(网硬蛋白)黑色;胶原纤维呈紫红色;胞核与胞质呈不同色调的灰色。网状纤维积分标准:"±",偶见纤细或粗大的单一纤维丝,或在单一纤维丝散在分布的同时,可见血管周围的局限性纤维网络,或良性淋巴滤泡四周的局限性纤维网络;"+",轻度增多,可见贯穿于切片大部分区域的纤细纤维网络,粗大纤维偶见;或者于血管及良性淋巴滤泡附近的局限性网硬蛋白纤维增多;"++"为网状纤维增加,可见弥漫性纤维网络,伴有散在性分布的粗纤维增多现象;"+++"为弥散性网状纤维明显增加;"++++",为弥散性粗纤维网络,密集分布(图 20-4)。

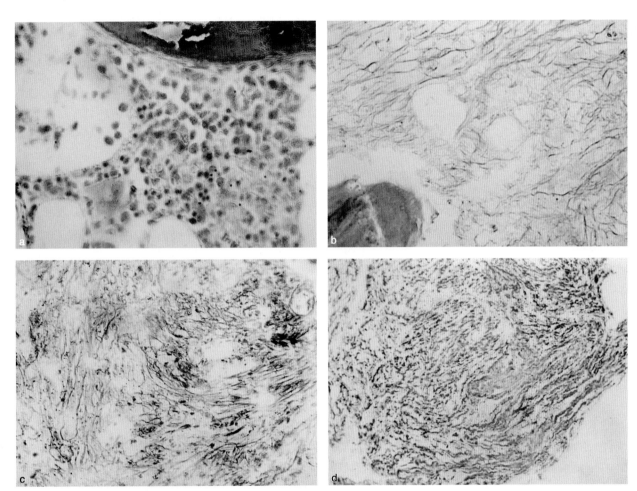

图 20-4　网状纤维染色
a 为阴性;b 为阳性"+";c 为阳性"++";d 为阳性"+++"

(4) 方法评价:Gomori 染色过程较为复杂,每一步反应都应严格按照操作要求。2 次蒸馏水漂洗是关键,必须充分。染色试剂配制后应在 24 小时内使用,特别是银氨溶液(久存后溶液混浊而影响染色),如室温过高又不立即使用,可将其先放置 4℃冰箱。配制银氨溶液的玻璃缸不能接触自来水,有时刚配制的银氨溶液马上变浊,此时应将其倾去,用蒸馏水将玻璃缸冲洗数分钟后再配制。2 次检验染色效果的步骤:银氨溶液染色后组织块变黄;20% 甲醛溶液染色后组织变黑。20% 甲醛溶液还原后,需用流水充分冲洗。最后一步 0.2% 氯化金调色时应使组织完全浸于溶液,这样染出的颜色较均匀,易于观察。

(5) 结果解释与临床应用:正常骨髓组织切片为"-"和"±"。网状纤维十分纤细,呈丫状、直线状、曲线状等形态,主要集中在血管周围。网状纤维又名网硬蛋白,是胶原纤维的前身,由成纤维细胞产生,病理情况下网状纤维增多伴有胶原纤维增加,分布于造血细胞之间,可成片出现,呈粗的长条状和卷曲状。网状纤维染色是评判骨髓纤维组织增生的唯一检验,主要用于诊断原发和继发的骨髓纤维化(网状纤维"++~++++"),造血和淋巴组织肿瘤(尤其是髓系肿瘤)伴随的纤维组织增生表示差的预后。

6. 铁染色(普鲁士蓝反应)

(1) 试剂:亚铁氰化钾溶液;促染液;中性红复染液。

(2) 染色步骤:取 1 张 5μm 切片,滴加等量混合的亚铁氰化钾溶液和促染液,染色 20 分钟;蒸馏水充分洗涤;滴加 1 滴中性红复染液复染 5~10 分钟,蒸馏水洗涤,吹干;中性树胶封片,镜检。

(3) 结果判定:含铁血黄素呈蓝色,胞核呈红色。排除非特异性污染吸附,骨小梁、脂肪细胞空泡内或无组织、无细胞的区域出现蓝色物质,均视为非特异性着色。

骨髓切片含铁血黄素(巨噬细胞铁)分级标准,分为以下五级(图 20-5)。"-"无阳性颗粒;"+"间质少量散在蓝色颗粒和/或巨噬细胞的胞质有蓝色颗粒;"++"间质中和巨噬细胞胞质中较多蓝色颗粒或小珠;"+++"间质中及巨噬细胞胞质内蓝色颗粒、小珠或小团块,分布广泛;"++++"除散在蓝色颗粒、小珠外,并见小团块成堆分布。细胞内铁评判同涂片铁染色,但切片中铁粒幼细胞的铁粒清晰性不及涂片。

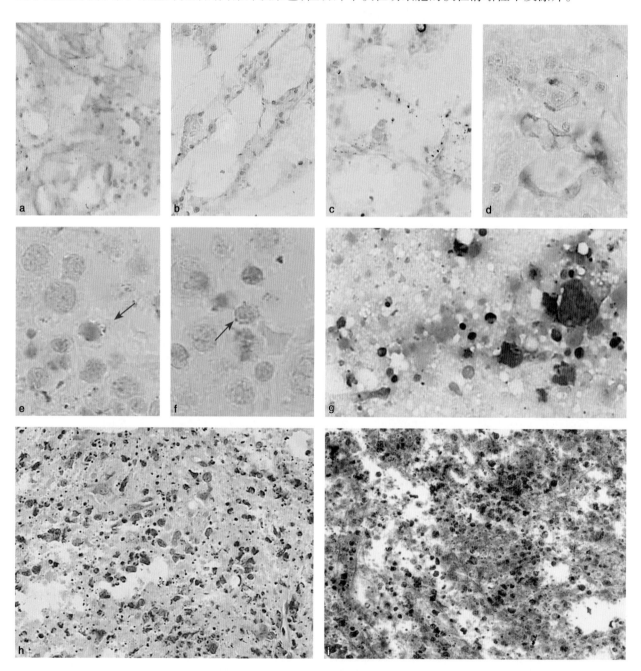

图 20-5　骨髓切片铁染色和六胺银染色

a 为铁染色阴性;b 为铁染色阳性"+";c 为铁染色阳性"++";d 为铁染色阳性"+++";e、f 示铁染色环形铁粒幼细胞;
g~i 为真菌感染骨髓涂片、切片常规染色及六胺银染色阳性,真菌呈圆形、椭圆形、葫芦状母子核样芽生孢子

（4）方法评价：常用的是普鲁士蓝染色法，骨髓切片染色是判断铁贮存多少的金标准，方法学的诊断性能可能比骨髓涂片更佳。所用蒸馏水应不含铁离子，切片为 5μm 厚，薄片染铁效果差。染色时，染色液必须充分淹盖组织（切片上呈溢满状）。其他参考骨髓涂片铁染色。

（5）结果解释与临床应用：正常骨髓组织切片含铁血黄素为"＋"。主要用于骨髓含铁血黄素（贮存铁）减低疾病和增加疾病的辅助诊断。缺铁性贫血（iron deficiency anemia，IDA）骨髓贮存铁消失，幼红细胞铁粒不见或少见；巨幼细胞性贫血（megaloblastic anemia，MA）、再生障碍性贫血（aplastic anemia，AA）和骨髓增生异常综合征（myelodysplastic syndromes，MDS）等常见骨髓贮存铁增加，可达"＋＋＋～＋＋＋＋"，铁粒幼细胞增多并可见环形铁粒幼细胞。

二、石蜡包埋技术与染色

（一）仪器设备

随着全自动设备的普及，骨髓组织的石蜡切片（HE 切片）制作一般需要全自动的组织脱水机、石蜡包埋机、石蜡切片机、组织切片染色机和切片封片机，还需要摊片机、烤片机、一次性切片刀等。在条件不具备时，也可通过手工方式完成相应的工作流程。

（二）组织处理

1. 固定 骨髓组织活检离体后必须立即固定于 Bouin 液（饱和苦味酸 75ml，甲醛 25ml，冰醋酸 5ml）中，固定时间一般为 12 小时左右，但最好不要超过 36 小时。固定液的量至少为组织体积的 10 倍。

2. 脱钙 Bouin 液有着固定组织和软化组织的双重作用，骨髓组织制作常规 HE 切片进行的脱钙处理，临床上可用的脱钙方法、脱钙试剂很多，为后续获得更好的免疫组化和分子检测，以及更好的操作便利性，建议使用有机酸或者弱酸进行脱钙。一般选用 5% 稀盐酸脱钙处理 4～6 小时，然后流水冲洗 1～2 小时的方案完成组织的脱钙处理。目前有环保试剂公司生产专门的骨髓穿刺标本固定液和脱钙液，也能获得较为理想的制片效果。

3. 脱水 制作常规石蜡包埋的 HE 切片，在骨髓组织脱钙完成后，必须进行组织脱水、透明以及浸蜡处理，参考流程如下：70% 乙醇 1 小时，85% 乙醇 1 小时，95% 乙醇Ⅰ、Ⅱ各 1 小时，100% 乙醇Ⅰ、Ⅱ各 1.5 小时，二甲苯Ⅰ 30 分钟，二甲苯Ⅱ 40 分钟，石蜡Ⅰ30 分钟，石蜡Ⅱ 1.5 小时，石蜡Ⅲ 2 小时。

4. 切片 组织切片厚度 2～3μm，要求厚薄均匀，切面完整，无皱褶、无裂隙、无空洞、无污染。

5. 组织切片染色

（1）试剂配制：①Gill 苏木素染液：A 液为苏木精 2g，无水乙醇 250ml 溶解；B 液为硫酸铝 17.6g，蒸馏水 750ml 溶解；两液完全混合加入碘酸钠 0.2g，适当搅拌溶解，最后加冰醋酸 20ml。②0.5% 醇溶性伊红：伊红 B 0.5g，80% 乙醇 100ml，充分搅拌，加入 4～5 滴冰醋酸。③盐酸乙醇分化液：浓盐酸 0.5～1ml，95% 乙醇 99ml。

（2）染色步骤：依次为切片 65℃烤箱烘烤 30 分钟；二甲苯Ⅰ、Ⅱ各 10 分钟；无水乙醇Ⅰ、Ⅱ各 10 分钟；95% 乙醇Ⅰ、Ⅱ各 5 分钟；75% 乙醇 5 分钟；水洗 1 分钟；苏木素染液 3～10 分钟（按照染液的新旧程度以及配制方法通过试染决定）；水洗 1 分钟；0.5%～1% 盐酸乙醇分化数秒；流水冲洗 5 分钟返蓝或水洗后用稀氨水等返蓝液返蓝，也可用温水返蓝；0.5% 伊红 10～30 秒；75% 乙醇 1 分钟；95% 乙醇Ⅰ、Ⅱ各 3～5 分钟；无水乙醇Ⅰ、Ⅱ各 5 分钟；二甲苯透明Ⅰ、Ⅱ各 2～5 分钟；中性树胶封片。

（三）组织化学染色

1. 胶原纤维三色染色 胶原纤维染色在骨髓形态学检查中，用于骨髓纤维化或骨硬化症时的胶原纤维类型（见图 24-9）。

（1）试剂：①苏木素染液（见前）；②丽春红品红溶液：丽春红 0.8g，酸性品红 0.4g，冰醋酸 1ml，蒸馏水 99ml。③亮绿染液：亮绿 2g，冰醋酸 2ml，蒸馏水 98ml。④冰醋酸水溶液：冰醋酸 0.2ml，蒸馏水 100ml。⑤磷钼酸水溶液：磷钼酸 1g 蒸馏水 100ml。

（2）染色：①切片脱蜡至水化，蒸馏水洗。②苏木素染液 1 分钟。③0.5% 盐酸分化，水洗蓝化，蒸馏水洗。④丽春红品红溶液 10 分钟。⑤冰醋酸水溶液 30 秒,蒸馏水洗。⑥磷钼酸水溶液染液 5 分钟,至胶原纤维呈淡红色,肌纤维红色。⑦冰醋酸水溶液 30 秒。⑧亮绿染液中 5 分钟。⑨冰醋酸水溶液 30 秒。⑩无水乙醇脱水,二甲苯透明,中性树胶封固。

（3）结果与意义:胶原纤维呈绿色或蓝色,细胞核呈现灰黑或灰蓝色;肌纤维红色,红细胞黄色。用于评判骨髓纤维化的胶原类型及其病变程度。

（4）注意事项:乙醇封固应快速。因会导致脱水,可省去 95% 乙醇。分色时 0.2% 冰醋酸分化,需要镜下控制,以免过度。脱水应避免和 HE 染色同一染色缸。

2. 六胺银染色(PASM) PASM 用于观察基底膜的各种病变。在骨髓标本中,可用于观察骨髓真菌(尤其是念珠菌类)感染。

（1）试剂:主要试剂,1% 高碘酸氧化液,8% 重铬酸钾染液,0.5% 偏重亚硫酸钠染液,0.2% 氯化金水溶液,5% 硫代硫酸钠溶液,苏木素染液和六胺银工作液。除苏木素染液外,需要保存于 2~8℃ 冰箱。六胺银工作液:3% 六(次)甲基四胺溶液 50ml,加入 2% 硝酸银溶液(6ml),混合在一起,溶液出现乳白色,搅拌片刻即消失呈无色透明液体,再加入 5% 四硼酸钠溶液 4ml,即成,一次性使用(注意染色缸壁不能有银镜反应)。

（2）染色:①切片脱蜡至水化,蒸馏水洗。②1% 高碘酸氧化液氧化 20 分钟,蒸馏水洗。③8% 重铬酸钾染液 20 分钟,蒸馏水洗。④0.5% 偏重亚硫酸钠染液 1 分钟(除去残留的铬酸,并使切片变白),蒸馏水洗。⑤入六胺银工作液 60℃ 60~90 分钟,蒸馏水洗。⑥0.2% 氯化金水溶液调色 1 分钟,蒸馏水洗。⑦5% 硫代硫酸钠溶液 1 分钟(固定反应的银盐和清除未还原的银离子),蒸馏水洗。⑧苏木素染液复染 3 分钟(浅染或不复染),蒸馏水洗后常规脱水,透明,封固,贴上标签。

（3）结果与意义:骨髓真菌感染时,真菌被染成蓝黑色(图 20-5g~i),可以协助评判。肾小球基底膜黑色,细胞核蓝色,可以用于协助肾小球病变的诊断。

3. Stocker 刚果红染色法

（1）试剂配制:刚果红 3g,氢氧化钾 0.5g,无水乙醇 200ml,蒸馏水 50ml。用蒸馏水溶解氢氧化钾,加入无水乙醇,再加入刚果红直到饱和,放置过夜后使用。试剂有效期 3 个月。

（2）染色步骤:①切片 4μm,适当烤片后脱蜡至水化;②用过滤过的刚果红液染色 25 分钟;③用蒸馏水洗,然后用自来水冲洗 5 分钟;④Harris 苏木精液染核 1 分钟;⑤1% 盐酸乙醇分化数秒,水洗 5 分钟;⑥梯度酒精脱水,二甲苯透明,中性树胶封固。

（3）结果与意义:淀粉、弹力纤维、嗜伊红颗粒呈红色,细胞核呈蓝色。在骨髓组织切片标本中,主要用于观察克隆性免疫球蛋白沉积病所致的淀粉样变性。

（四）免疫组化染色

免疫组化(immunohistochemistry,IHC)染色,目前常用两步法,试剂盒包括 En Vision 系列和 Power Vision 系列。

1. 两步法免疫组化染色

（1）步骤过程:依次为切片脱蜡至水;3% H_2O_2 阻断内源性过氧化物酶室温 20 分钟,水洗;根据需要进行必要的抗原修复(高温热修复、酶修复或不修复,根据第一抗体决定);pH 7.2 PBS 缓冲液洗 3 次,每次 1 分钟;滴加第一抗体室温 1 小时或 37℃ 温箱孵育 30~60 分钟或 4℃ 冰箱过夜;pH 7.2 PBS 缓冲液洗 3 次,每次 1 分钟;滴加酶复合物室温或 37℃ 孵育 20~30 分钟;pH 7.2 PBS 缓冲液洗 3 次,每次 1 分钟;DAB 显色 3~10 分钟,镜下控制着色;水洗终止显色;苏木素淡染细胞核 1~2 分钟;水洗、蓝化;梯度乙醇脱水,二甲苯透明,中性树胶封片。

（2）阳性细胞特征:免疫组化呈色深浅可反映抗原存在的数量,可作为定性、定位和定量的依据。阳性细胞染色分布有三种类型:细胞质、细胞核和细胞膜表面;大部分抗原见于细胞质,可见于整个胞质或部分胞质。阳性细胞分布可分为灶性和弥漫性。由于细胞内含抗原量不同,所以染色强度不一,如果细胞之间染色强度相同,常提示其反应为非特异性。

2. 全自动免疫组化染色 随着全自动免疫组化仪的推广和普及,如罗氏和徕卡全自动免疫组化仪,使得免疫组化的操作和结果更为规范化和标准化;这些厂家有的在检测系统增加增强剂,有的在抗原修复、抗体孵育等环节增加专利增强技术,使得免疫组化阳性结果的强度和阳性率大大提高。以罗氏 Bench-Mark XT 全自动多功能组织病理检测系统为例,简要的染色如下。

(1)试剂配制:① EZ Prep(瓶 1):不含有机溶剂的脱蜡液,稀释 2 L 10× EZ Prep 于 18L 的蒸馏水(终浓度是 1/10),充分混匀。②LCS(瓶 2):耐高温封盖清洗缓冲液,防止试剂蒸发和确保试剂整片覆盖,即用型试剂。③2× SSC(瓶 3):用于原位杂交的清洗液,稀释4L SSC 于 16 L 蒸馏水(终浓度 1/10),充分混匀。④Reaction Buffer(瓶 4):清洗缓冲液,稀释 2 L 10× 反应缓冲液于 18 L 蒸馏水(终浓度是 1/10),充分混匀。⑤CC1(瓶 5):细胞前处理清洗缓冲液 1,用于抗原修复,即用型试剂。⑥CC2(瓶 6):蒸馏水。⑦Option(瓶 7):蒸馏水。

(2)罗氏产品注册:所有罗氏的产品(抗体、试剂瓶、检测试剂盒、散装产品等)需要注册(图 20-6a)。①点击"注册",然后点击"注册 Ventana 产品",出现注册棒。②用注册棒接触数据按钮直到出现信息:"X has been received and needs to be QCed",然后点击 OK。点击"close"返回主菜单。

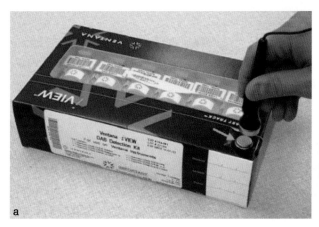

图 20-6 上机操作
a 为对 Ventana 检测试剂盒进行机器注册;b 为切片放置

(3)标签制备:点击主菜单下方"Barcode Label"图标,选择标签打印按钮,进行切片条码标签打印。①若单个标签打印,选择"Print Slide Labels",点击"Protocols"在相应的标签模板下从左侧下拉表中选择相应的染色方案,点击"Add"后再点击"Clean/Print"。②若导入系列标签打印,选择"Print Case Labels",导入相应的系列标签,点击"Clean/Print"。

(4)日常操作:依次为打开电脑和机器,双击"Ventana NexES"软件图标;将切片标签朝里放置在切片盘上,确保每张切片放稳,均处于切片的四个牙齿之内(图 20-6b)。将 DAB 试剂盒、苏木素、返蓝液、一抗等试剂瓶放上检测试剂架前,先擦干条形码上的水珠,并检查加样口是否充满液体。如发现没有充满液体,请挤压试剂瓶,排去空气,让液体充满加样口并形成半月形液面。

检查每一个缓冲试剂瓶中试剂是否足够完成实验,尤其是 Reaction Buffer 和 LCS;点击 RUN 完成运行前确认信息并输入切片数量;点击 START RUN… 系统首先进行自检;如果出现错误报警信息,点击 SIGN OFF,错误改正后再点击 RUN 或 RETRY;点击闹钟标志可显示倒计时时间等信息;机器运行结束后会报警并显示如下信息:"12-0 Staining module program ran to completion",点击"sign off";将切片取出,清水冲洗切片;将试剂瓶存放到冰箱时,请盖好塞子,避免试剂的蒸发;避免试剂瓶处于倒立位置,使液体渗漏;如未拔掉塞子就按压试剂瓶,可能会导致试剂瓶的永久损害;请每 30 张染色后清洗机器(按 Clean 图标,设备自动清洗)。

(5)清洁与维护:依次为每次运行后执行清洗循环;每日使用结束后用软湿布擦洗仪器外表面,试剂瓶架和金属试剂架;每周漂洗清洁切片抽屉;当废液箱满时,清空和清洁废液箱;每月维护:LCS 瓶,100% 乙醇清洁后风干;其他瓶子:倾倒剩余的溶液,用消毒液清洗,用热肥皂水漂洗,然后用去离子水漂洗;重新运行前执行清洁程序。

3. 免疫组化分析 免疫组化是骨髓组织病理学诊断中非常重要的一项指标。除了排除技术因素外,在分析中需要密切结合临床特征、细胞学特征、组织学特征和抗体的种类,有针对性地进行。如 AML,由于原始细胞常呈弥散性浸润,标记染色容易观察和评判;但当原始细胞比例不明显高或伴有细胞成熟时,就不容易可靠评判原始细胞,尤其是 MPO、溶菌酶、CD33。淋巴瘤因侵犯骨髓的程度显著不一,且一些抗原的表达常有缺失或重叠,更需要综合性和针对性地进行观察。此外,需要探讨免疫组化不同疾病中半定量评判的共识,特异性与非特异性的反应。

三、骨髓小粒包埋切片

含骨髓小粒骨髓凝块固定、包埋与切片同骨髓活检石蜡包埋标本处理,但不需要脱钙。小粒凝块切片(无骨小梁结构)可以作为未做骨髓活检或为胸骨穿刺者观察骨髓组织的一种补充。

第二节 骨髓细胞数量形态检查与意义

骨髓切片检查主要有两大项目:一是组织结构检查,二是有核细胞检验。前者是了解骨髓组织结构有无变化(组织形态学),包括骨小梁的变化、间质的改变、造血细胞的分布、异常组织的结构和浸润模式等;后者是了解骨髓组织中有核细胞量的多少,各系细胞的成熟性和形态有无明显改变(细胞形态学)。因此,理想的切片标本应有足够的组织长度,至少在 0.5cm 以上、镜下至少有 3~5 个骨小梁及其区间(造血主质),标准长度应在 1cm 或 1.5cm 以上,则有 6~10 个以上骨小梁及其间区,能较完整显示造血组织、骨组织和脂肪组织的分布以及不同系列造血细胞的解剖学结构。

在一张切片的三轮组织片中,先用低倍整体浏览整个切片,观察标本取材是否满意、切片质量和染色是否符合要求,了解组织结构和形态学的特点,异常细胞的增生程度、增殖方式、所占比例,骨髓间质成分的改变以及有无异常病灶等,然后用高倍镜对低倍镜所见作进一步的组织结构和细胞形态细节上的观察和定性(图 20-7)。骨髓切片镜检还常需要结合骨髓涂片和印片甚至血片进行分析和诊断。

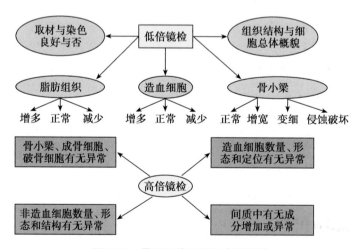

图 20-7 骨髓切片低倍和高倍镜检

一、有核细胞量(增生程度)

评判有核细胞量,一般是观察骨小梁与骨小梁之间造血主质中的有核细胞多少(图 20-8)。有核细胞常指造血细胞,但在许多疾病中有核细胞是泛指的,可以是造血细胞也可以指非造血细胞(如纤维细胞和转移性肿瘤细胞)。由于有核细胞与脂肪细胞基本上成反比关系(详见第十四章),因此有核细胞量检查也是脂肪组织多少的检查,但也有一些例外,如图 20-8b。

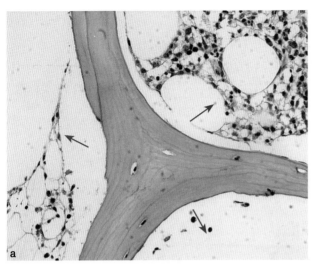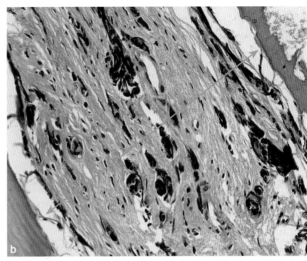

图 20-8　造血主质造血细胞与非造血细胞

a 为树叉样骨小梁,箭头指向三个相对的邻近骨小梁之间的间区(造血主质),一般,有核细胞量检查为这部分有核细胞与脂肪组织各占主质(区)容积的多少;b 为检查 2 个骨小梁间区的有核细胞,在这个间区中,背景均质性,粒红两系造血细胞和脂肪组织均少,有核细胞主要为小而异形性和异常裸核的巨核细胞及纤维细胞和不易辨认的变异细胞组成,PMF 标本

1. 检查方法　根据骨小梁与造血组织和脂肪组织的比例或容积,以计点法等方法计算出切片内这三种组织的测定值。参考浦权教授编著的《血液病骨髓诊断病理学》,用计点法测定正常造血容积平均参考值为 40%±9%,脂肪组织参考值平均为 28%±8%,骨小梁参考值平均 26%±5%。

通常,按骨髓切片小梁间区中有核细胞与脂肪细胞的比例分为以下几级:有核细胞占 90% 以上为增生极度活跃(++++),50%~89% 为增生明显活跃(+++),35%~49% 为增生活跃(++),34% 以下为增生减低(+)。作者实验室将骨小梁间区中有核细胞所占容积分为:正常范围 41%~64%,轻度增加 65%~77%,明显增加 78%~90%,极度增加>90%,轻度减少 26%~40%,明显减少 11%~24%,极度减少<10%。造血主质中,有核细胞的不同增生程度见图 20-9。

检查方法中,一般认为相对可靠的是计点法。不过,计点法复杂和费时,检查的是骨髓组织中 3 种组织(骨小梁、有核细胞和脂肪组织)的构成比例,还由于骨髓造血在小梁间常呈明显的不均一性,有的区间旺盛、有的显著脂肪化,有明显的不确定性。我们认为,采用造血主质中有核细胞与脂肪组织的大致比例进行评判,有简便性和实用性,比较适用于临床。

影响有核细胞检查的因素,有年龄、部位和获取组织的不当等。青少年者造血旺盛、老年人造血减退。年过四十的部分患者,髂骨部位已经出现造血减退。还有部分标本存在因位置偏位而获取脂肪组织导致假性造血细胞减少,而穿刺涂片有核细胞量正常甚至增加。

2. 评判意义　骨髓切片是有核细胞量检查的最佳形态学标本。通常以骨髓造血主质中平均的有核细胞量来衡量,当比例达 70% 以上时可以评判为造血的高细胞量(增生明显活跃),90% 以上时指示有核细胞增生极度活跃;当造血细胞比例低于 35%(老年人可适当降低)时可以指示造血减低(低细胞量)。临床上有核细胞量检查对以细胞量变化为主要病理的一些疾病有极其重要的评判意义,尤其是造血程度与年龄不相称的减低和增高时;另有大多数疾病虽有其他重要的病变,但有核细胞量多少依然是不可缺少的指标,诸如比较明显的有急性白血病、骨髓增殖性肿瘤(myeloproliferative neoplasms,MPN)、MDS、骨髓增生异常-骨髓增殖性肿瘤(myelodysplastic/myeloproliferative neoplasms,MDS-MPN)、贫血。

造血主质明显脂肪化且无其他明显异常的(多系)造血细胞减少是考虑 AA 和造血减低的主要条件。由于 AA 多见于青壮年,检出明显的造血减低更有意义。造血减低中,有一种情况很可能为生理性(与年龄有关)或穿刺部位(不一定与年龄有关)因素所致的造血减低,特点为不能解释的血细胞正常或轻度减少以及临床表现。

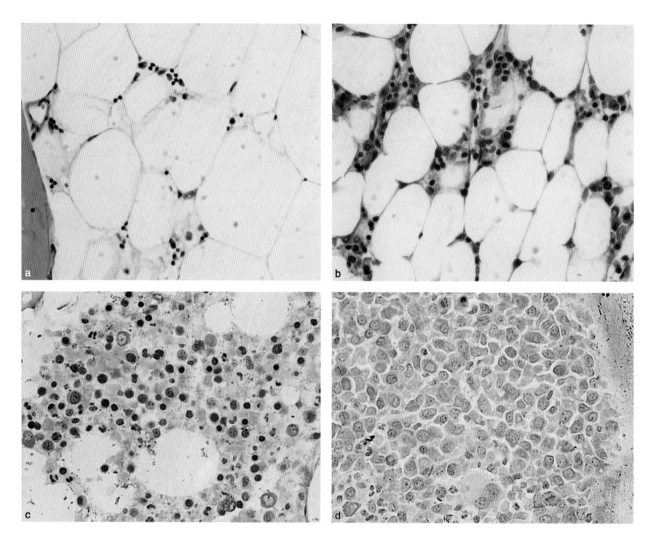

图 20-9　有核细胞增生程度

a 为有核细胞增生重度减低；b 为增生减低，造血细胞减少，脂肪组织增多；c 为增生大致正常，造血细胞与脂肪组织
比例较接近；d 为增生极度活跃，异常造血细胞呈塞实性浸润（APL 标本），脂肪组织极少，为白血病浸润的常见模式

　　脾功能亢进，与 AA 一样都是外周血细胞减少，但骨髓有核细胞量为多系造血细胞增多，可以伴有细胞成熟欠佳，还可以检出骨髓可染铁减少。有核细胞量多少是评判脾功能亢进存在与否的主要指标。

　　当不能解释的外周血细胞增多，骨髓切片有核细胞明显增多，尤其是与年龄不相称（老年人）的高细胞量（hypercellularity）和细胞成熟基本良好，可以指认造血增殖的异常性，需要考虑 MPN。MPN 中，慢性粒细胞白血病（chronic myelogenous leukemia，CML）凸显粒细胞和巨核细胞（胞体偏小）的显著增加（不同阶段粒细胞常呈塞实性增生，造血容积常在 90% 以上），真性红细胞增多症（polycythemia vera，PV）多为粒细胞、巨核细胞和/或有核红细胞增加（造血容积常在 65% 以上），特发性血小板增多症（essential thrombocythaemia，ET）凸显巨核细胞明显增加（造血容积常在 60% 以上），原发性骨髓纤维化（primary myelofibrosis，PMF）则以纤维细胞和异常巨核细胞的增殖为特征。

二、原始细胞数量与形态

　　有核细胞量检查后，非常重要的一个项目是原始细胞多少的检查。在原始细胞数量检查的同时，还需要观察原始细胞的形态特点和分布特点，并结合骨髓涂片或印片标本细胞学作出系列的基本评判。

　　正常及一般标本中原始粒细胞很少，比例在 2% 以下，且常散在性分布于骨小梁旁（图 20-10），也无聚集现象，可见 2 个原始细胞紧邻。原始粒细胞增加的常见规律是始于骨小梁，然后向造血主质区移动。所以，对于一般标本，重点注意骨小梁旁区，有无细胞较大、胞质较少、胞核较大而异染色质和核仁明显的细胞散在性(间质性)或聚集性增加。由于骨髓切片中各类细胞多而排列常紧密,不易准确辨认和可靠计数,故通常检查的原始细胞数量(%)为大约数。

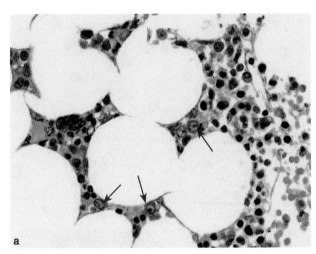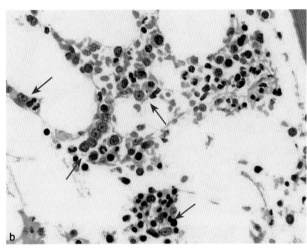

图 20-10　原始细胞检查的意义

a 为正常情况下原始细胞单个散在性分布,≤2%;b 为原始细胞散在性分布增加(>2%~5%),需要密切结合临床,排除继发性后,需要怀疑 MDS 等髓系肿瘤(尤其有原始细胞聚集时)

　　当原始细胞位于骨小梁旁散在性增多或聚集性增生,或者离开骨小梁旁区,位于造血主质中心区散在性分布或聚集时,为原始细胞造血增加。原始细胞聚集为结构性异常,当 3 个原始细胞围聚在一起时称为幼稚前体细胞异常定位(abnormal localisation of immature precursor,ALIP),可以看为原始(粒)细胞的小克隆形成(见图 14-10 和 14-11)。当原始(粒)细胞继续扩增,形成小簇、大簇时,指示疾病趋向急性白血病发展。原始(粒)细胞散在分布,达 2%~5% 时为轻度增多,需要结合其他检查作出评判。如有明显的病态造血,常是 MDS 的特征之一;若为 MPN 和淋巴瘤(有时原始淋巴细胞与髓系原始细胞不易区分),常为 MPN 疾病趋向进展或已经处于进展期,淋巴瘤则可能为早期侵犯骨髓;无明显病态造血又无其他异常特征时,结合临床(如有感染症状与体征或给予粒细胞集落刺激因子情况)为继发性或反应性增加。当散在性分布的原始(粒)细胞增多占有核细胞的>5%~10% 以上(<20%)时,排除继发性和反应性原因,常为血液肿瘤的原始细胞克隆性增生,有时虽无 ALIP 或簇状结构(图 20-10),仍可以视为原始细胞克隆扩增(如 MDS、MPN、MDS-MPN 疾病进展)。当原始细胞高达 20% 以上时,可以考虑为急性白血病。给予粒细胞集落细胞因子可以使原始细胞增加,一般<5%且不引起聚集。

　　切片原始(粒)细胞(%)检查虽不十分精确,也常是细胞学检查的一个补充。在脂肪化的造血主质中,原始细胞散在性、聚集性、簇状片状扩增比无明显脂肪化主质中增加更有评判价值(见图 14-10)。

　　一般,有意义增加的原始细胞形态与正常形态基本一致。髓系肿瘤中的原始细胞核异染色质少(不及原始淋巴细胞明显),但常见较厚的核膜,可见 1 个以上清晰的核仁和偏少的胞质。与涂片原始细胞形态相比,在原始细胞中,除了原始粒细胞外,原始单核细胞、幼单核细胞(等同意义细胞)的不规则性形态,清晰性明显不及涂片。因此,辨认切片原始细胞及一些血液肿瘤的原始细胞等同意义细胞,需要参考涂片和印片标本细胞学检验。

　　在急性髓细胞白血病(acute myeloid leukemias,AML)和慢性粒单细胞白血病(chronic myelomonocytic leukemia,CMML)中,原始细胞还包括了意义等同的原始巨核细胞、幼单核细胞和颗粒增多早幼粒细胞。原始巨核细胞在骨髓切片中常不能识别,需要免疫组化鉴定。原始单核细胞和幼单核细胞也一样;颗粒增多早幼粒细胞在切片中有一些可以识别的特征:胞核偏位,胞质丰富、浅嗜酸性,但不能观察胞质中的颗粒,初诊患者几乎都呈弥散性浸润结构(图 20-9d)。

　　通常情况下,检出原始细胞增多时,都需要免疫组化进行进一步的标记检查,如原始粒细胞 CD34、MPO 和 CD117 常为阳性,原幼单核细胞 CD14 和溶菌酶阳性(图 20-11)。需要注意的是也有部分原始细胞(尤其是形态学上偏成熟的,如颗粒原始细胞)CD34 为阴性反应。

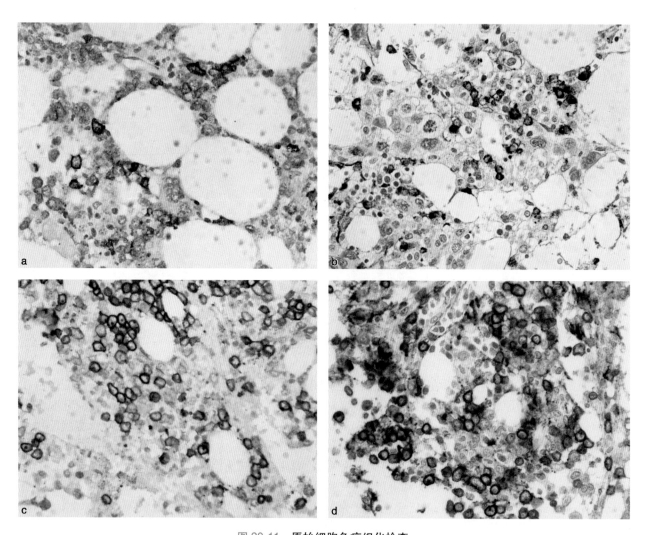

图 20-11　**原始细胞免疫组化检查**
a 为原始细胞 CD34 散在性阳性,原始细胞不一定都阳性,但阳性能提供更佳证据,比例约>5%时,排除继发性原因需要怀疑 MDS 等髓系肿瘤;b 为 CD34 阳性细胞>10%时,一般可考虑为 MDS-EB 或其他慢性髓系肿瘤进展;c 为原始细胞 HLA-DR 阳性(AML),意义同 CD34;d 为原始细胞 CD117 阳性(M4),其意义不及 CD34 和 HAL-DR

三、幼粒细胞及其后期粒细胞数量与形态

确认原始粒细胞有无增加后,检查幼粒细胞及其后期细胞的组成(有无增加与减少、成熟障碍或欠佳)、形态和定位(有无结构异常)。正常情况下,早幼粒细胞常位于骨小梁旁生长,随着细胞成熟而移向造血主质进一步生长发育,中晚幼粒细胞及其后期细胞,在造血主质区呈簇状或散在性生长。

参考骨髓涂片参考区间和形态,大体检查幼粒细胞及其后期细胞(晚幼粒细胞、杆状和粒细胞和分叶核粒细胞)在组织中的生长情况,即细胞增多或减少;有无前后细胞比例上的明显失衡和明显的形态异常,包括有无粒红两系细胞比例上的明显失衡。早期阶段粒细胞(原始粒细胞、早幼粒细胞)与中晚阶段粒细胞的组成比例是否大致正常,即不同阶段细胞的大体比例是否符合细胞成熟的一般规律。幼粒细胞成熟欠佳,常为粒细胞缺乏症、粒细胞减少症、脾功能亢进、感染、Still 病、类白血病反应、给予粒细胞集落刺激因子(granulocyte colony stimulating factor,G-CSF)等继发性粒细胞增多症的骨髓反应(图 20-12),也见于CML 等 MPN,但它们的有核细胞增殖性和主要细胞的组成不同。在慢性髓系肿瘤患者的复查标本中,出现初诊时不见的明显细胞成熟障碍时,需要疑似疾病进展。不论是肿瘤性还是非肿瘤性,细胞成熟障碍的程度可以反映疾病或病变的严重性。造血明显旺盛的贫血,如 MA、溶血性贫血(hemolytic anemia,HA)、IDA 也可出现早中幼粒细胞的簇状或聚集性增生,但几乎都位于造血主质,与前述疾病的生长模式有所不同。疑似造血肿瘤时,还需要检查粒细胞受抑及其残留的细胞量和异常造血的程度。

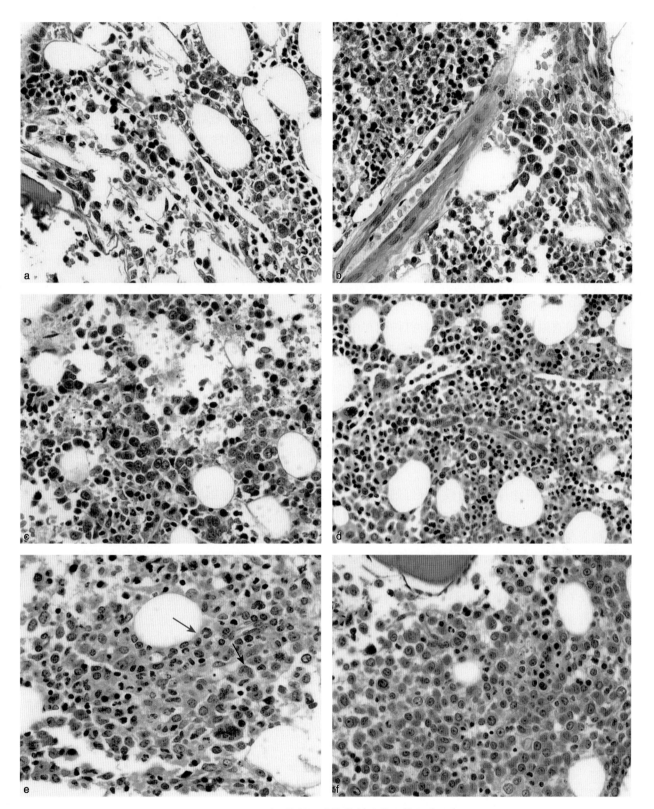

图 20-12　早(中)幼粒细胞聚集性生长和粒细胞巨变

a 为白细胞减少症早中幼粒细胞比例增高,局部聚集现象,示成熟不佳;b 为位于血管右边的早中幼粒细胞呈较大的聚集性生长,成熟明显不佳,白细胞减少症标本;c 为大小不一早中幼粒细胞簇或聚集,成熟障碍明显,粒细胞缺乏症标本。早中幼粒细胞簇大小和多少常与粒细胞减少程度有一定关系;d 为早幼粒细胞聚集现象,红系造血旺盛,脾功能亢进标本;e 为胞核肥大晚幼粒(黑色箭头)、杆状核(红色箭头)与巨分叶核粒细胞(蓝色箭头),MA 标本;f 为MDS 转化时外周血白细胞增高、早中幼粒细胞大簇状异常增生

由于急性早幼粒细胞白血病(acute promyelocytic leukemia,APL)颗粒过多早幼粒细胞与一般早幼粒细胞不容易区分,故在检查中发现早中幼粒细胞弥散性增生(增殖异常)时,需要注意是否为APL骨髓象。不同阶段粒细胞减少或在脂肪组织中见小的幼粒细胞灶残留时,常见于造血功能减退(如AA及其他原因所致的粒细胞造血减低)。检出巨大的早中幼粒细胞、粗大的杆状核粒细胞,可以大致评判为(类)巨变,结合临床和血常规是否为MA或MDS等的形态学表现。

部分原始(粒)细胞不易辨认,早(中)幼粒细胞与骨髓瘤细胞和有核红细胞容易混淆,需要通过免疫组化进行鉴定,如原始粒细胞CD34常为阳性,幼粒细胞MPO、CD33阳性,浆细胞CD38、CD138阳性,有核红细胞CD235α阳性。

四、有核红细胞数量与形态和粒红细胞比例检查

临床标本中,贫血占了很大的一部分,检查有核红细胞也是非常重要的一项内容。由于骨髓切片中,相当部分的原始红细胞与早幼红细胞、中幼红细胞与晚幼红细胞不容易区分,常可以把它们合并为一组进行检查(图20-13)。有核红细胞,尤其是原早幼红细胞基本上位于造血主质生长,不同于原早幼粒细胞常位于骨小梁旁生长,且胞体比原早幼粒细胞为大,胞质也较丰富,核仁特点也明显不同于原早幼粒细胞,详见第八章和第十四章。

大体检查原早幼红细胞与中晚幼红细胞在组织中的增生性,组成比例是否大致正常,即有核红细胞的成熟性有无明显变化,有无有丝分裂细胞增加,有无有核红细胞的巨幼变或胞体普遍变小。粒细胞和有核红细胞都有区域性、聚集性(造血岛)分布的特点,需要检查有无造血岛分布异常和造血岛的明显增大(造血旺盛)或过小(造血减低),有无粒红两系细胞比例上的明显失衡。疑似造血肿瘤时,还需要检查有核红细胞受抑状态及其残留的细胞量和异常造血的程度。

原早幼红细胞与原早幼粒细胞、原幼淋巴瘤细胞、骨髓瘤细胞,中晚幼红细胞与淋巴细胞、小型的成熟骨髓瘤细胞容易混淆,需要免疫组化鉴定。CD235α和E-cad是最常用于区分有核红细胞与其他细胞的单抗。

可以参考骨髓涂片不同阶段有核红细胞的参考区间,并结合有核红细胞造血岛的大小、前后阶段细胞的多少与形态,对有核红细胞造血进行大体评判。红系造血最显著的疾病是纯红系细胞白血病,原早幼红细胞显著增生,呈弥散性浸润,造血容积在80%~90%以上,中晚幼红细胞(相对)减少而显示明显的成熟障碍,同时多见胞体增大,可见双核、多核有核红细胞。原早幼红细胞明显增生的最常见疾病是MA,胞体增大的原早幼红细胞呈聚集性、簇状或片状生长,与髓系肿瘤的原始细胞小簇和淋巴瘤的原幼淋巴细胞簇的组织学有类似性(见图14-14)。一部分MDS和HA也有原早幼红细胞的明显增生,但更多的为不同阶段有核红细胞增多,与MA有较明显的不同。中晚幼红细胞及其造血岛增加,常见于IDA、HA、慢性病性贫血,且有明显的胞体小型与深染的特点。伴有脂肪组织增加的红系造血减低常见于AA和部分肾病性贫血。纯红细胞再生障碍性贫血(pure red cell aplastic anemia,PRCAA)常不伴造血主质的明显脂肪化。造血减低时,可见残留的造血热点(图20-13)。评判贫血类型,常需要整合临床和其他信息。

参考骨髓涂片粒红细胞比例计数方法,检查两系有核细胞比例上有无明显失衡。由于骨髓切片细胞密度大、造血细胞聚集性,且镜检一般用高倍观察,粒红比例为粗略评判,多数场合下仅对疾病做出基本的定性。

五、巨核细胞数量与形态检查

骨髓切片常规检查,巨核细胞既是容易观察的,如成熟巨核细胞,尤其是有病理意义的大而高核叶和小圆核的巨核细胞,以及小型性、多形性、异形性以及异常裸核细胞;也是较容易观察的,但原始巨核细胞和微小(淋巴细样)巨核细胞不易观察。切片中,不但需要检查巨核细胞数量、形态,也要检查巨核细胞在组织中的分布(细胞性组织结构)。检查巨核细胞异常,重点在于定性。巨核细胞通常单个地散在分布于骨小梁间区的窦状结构旁,且不发生群集现象,但可以两个巨核细胞在一起,也不发生明显的移位性生长(图20-14)。

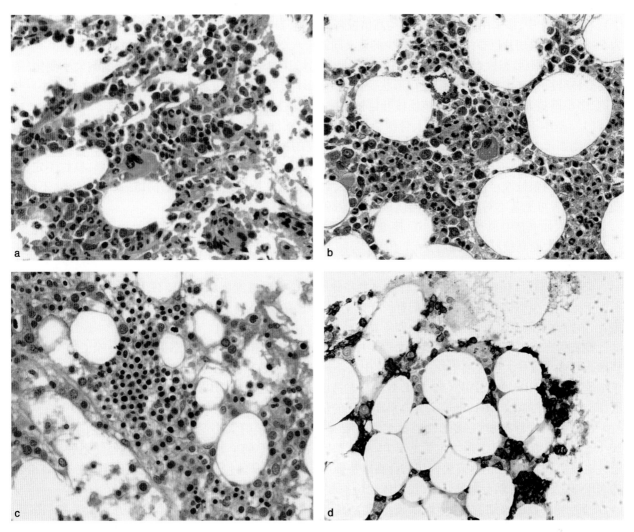

图 20-13 有核红细胞数量和形态检查与意义

a 为肾性贫血有核红细胞生成减少；b 为有核红细胞极少，比例不足 5%，PRCAA 标本；c 为中晚幼红细胞为主增加明显，细胞小型而胞核深染，原早幼红细胞不增加，结合临床需要考虑 IDA 等小细胞性贫血；d 为 AA 脂肪化组织中的造血热点（CD235α 染色）

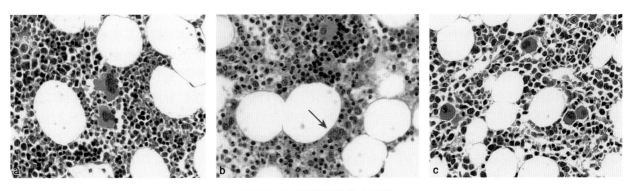

图 20-14 巨核细胞基本正常

a 为缺铁性贫血基本正常的巨核细胞；b 为基本正常裸核巨核细胞（箭头）；c 为 4 个巨核细胞为胞体偏小、核叶减少且胞核趋向小圆化，此时评判意义需要结合临床和疾病类型

　　由于超薄切片，在检查中需要注意因切片造成的不完整的细胞片，如一个圆形胞核的边缘片、一个细胞的边缘片（包括影响明显的其他细胞，如中性分叶核粒细胞），在检查中需要多从整体上考虑。

1. 巨核细胞数量检查   比较可靠的方法是测定骨髓单位面积中的巨核细胞个数（mm^2，参考区间为13个）。临床工作中，多采用造血主质中平均高倍视野测定值，参考区间为巨核细胞1~2个，或平均低倍视野约为5~8个。骨髓切片巨核细胞增多与减少的意义同第十八章骨髓检查，可靠性常比骨髓涂片更高。

2. 巨核细胞形态检查   观察巨核细胞形态是骨髓切片的一项重要内容。包括巨核细胞大小变化（如大而高核叶巨核细胞和小巨核细胞），形状变化（如多形性、异形性），病态造血巨核细胞（如小圆核小巨核细胞、多小圆核大巨核细胞、小圆核低核叶巨核细胞和微小巨核细胞）等。

（1）基本正常巨核细胞：正常人骨髓切片，成熟型巨核细胞易于观察，大小在40~80μm左右，胞体轻度不规则圆形，核叶重叠、光滑、轻度松散或有明显弧度的粗短弯形甚至缠绕成环状，但不见明显的大小不一、胞体和胞核形状的明显改变（图20-14）。幼巨核细胞胞体偏小、核大，呈肾形、不规则形，核仁不定，异染色质致密粗颗粒或小块状，深蓝色，胞质量较多，着色偏深。原始巨核细胞大小15~35μm左右，不容易观察，典型者可见基本对称的双核、胞质较丰富、着色较深、可见突起。

（2）大而高核叶巨核细胞和小巨核细胞：这2个巨核细胞的形态学及其意义见第九章和第十四章。在MPN中，大而高核叶巨核细胞是ET和PV等髓系肿瘤的巨核细胞特征，而侏儒的小巨核细胞是CML特征，但也可见于良性的巨核细胞增生性疾病，如ITP、感染、MA、IDA

（3）小圆核巨核细胞：小圆核巨核细胞主要分小圆核小巨核细胞和多小圆核大巨核细胞2种。两者不同于胞体大小和核个数多少。它们都属于病态巨核细胞，也是髓系粒红巨三系中最容易检出病态细胞者，形态学及其意义见第九章、第十四章和第十五章。

检查病态巨核细胞又是形态检查的重要项目，病态巨核细胞的类型和形态见第九章，除了小圆核小巨核细胞和多小圆核大巨核细胞外，还有切片中最不易观察的微小（淋巴样）巨核细胞。检出明显的病态巨核细胞是评判MDS、MDS-MPN和AML骨髓病态造血的主要证据，在MPN中，也是警示疾病向病态造血进展和/或骨髓纤维化（myelofibrosis，MF）早期发展的依据。

（4）多形性巨核细胞：多形性巨核细胞主要是胞体与胞核的大小变化，常伴有轻中度的异形性（图20-15）。巨核细胞明显多形性主要见于PV和ET，也见于PMF的早期和MF期以及其他髓系肿瘤和非肿瘤性血液疾病，分析评判时需要密切结合临床特征和血常规异常的特征。多形性巨核细胞，在WHO介绍的MPN以及外文文献上常见介绍，我们体会这一形态巨核细胞的特征性评判意义不高。

（5）异形性巨核细胞：异形性巨核细胞为胞体与胞核的畸形，是多形性异常的进一步发展（图20-16），且常见为胞体胞核的小型变。巨核细胞明显异形性，常是血液肿瘤，尤其是慢性髓系肿瘤（除了PMF）向MF进展或已经发生MF的一个形态学表现。重度异形性为胞体和变化的极度变形，细胞常被拉长拉扁且常见单向延伸，尤其是深染的胞核小而畸形，常位于细胞一边或不见胞质的裸核，呈不规则的扭曲、狭长、逗点、水珠、水滴、鱼形、条状、杆状等畸变。与巨核细胞多形性一样，巨核细胞异形性也可以见于其他病理状态，评判时也需要密切结合临床特征和血常规异常的特征。

（6）小型化、裸核化伴异形化巨核细胞：小型化巨核细胞为在原来大小基础上出现普遍小型或偏小，可以小至数个μm，伴有畸形性。裸核化巨核细胞大小和畸形性同小型化巨核细胞，不见胞质（图20-16）。异形性裸核，在纤维组织明显增生区常呈"包裹"样或"脏抹布"一堆。用免疫组化染色则可见少量胞质。

在慢性髓系肿瘤向MF进展的过程中，可以观察到原本胞体大而高核叶的巨核细胞（如ET、PV）逐渐发生胞体和胞核的"小型化"、裸核细胞增加的"裸核化"，同时伴随着明显的"异形极端化"，我们称之为巨核细胞演变MF中的"三化"形态学。"三化"细胞演进的异常程度与MF程度有关。这一小型化胞核多不是典型的小圆形胞核（图20-16和图20-17）。在MDS和AML合并MF中，也可见小圆核巨核细胞演变为异形的小型和裸核巨核细胞。加之，MF时有巨核细胞的移位性聚集性增生特点，共有"四化"特征："小型化、裸核化、异形化、移位聚集化"，是PMF和其他MPN、MDS、MDS-MPN和AML并发MF时的共性特征。当造血主质被密集的纤维组织替代或发展为骨硬化时，巨核细胞极度变形甚至可能发生碎片化，以致观察不清巨核细胞的基本结构，在CD61标记染色标本上呈阳性反应的碎片状结构（图20-16f）。在部分患者中，还可以观察到MF早期的巨核细胞"四化"特点："胞核小圆化、细胞小型化、胞体胞核轻中度异形化、移位聚集化"。

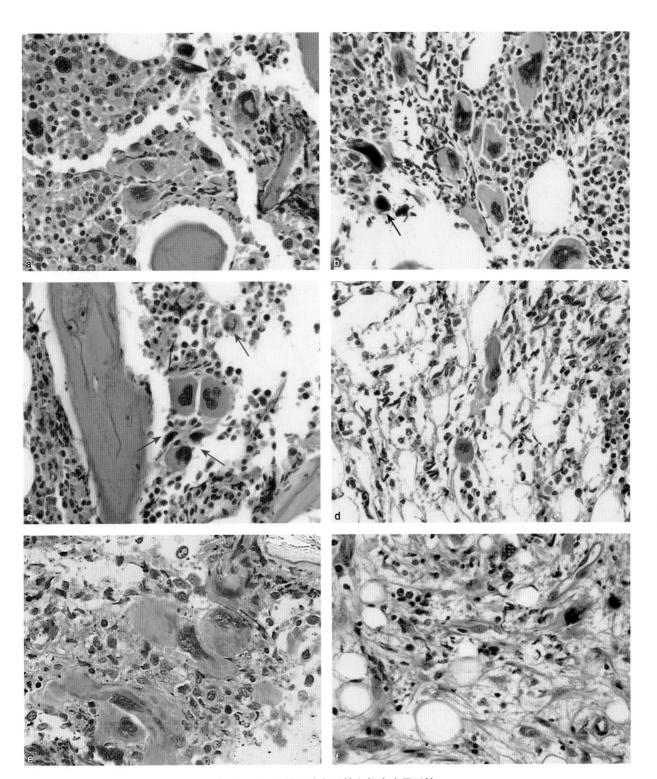

图 20-15　巨核细胞多形性和轻中度异形性

a 为 ET 巨核细胞多形性和轻度异形性(与 PMF 前期不易鉴别);b、c 为 2 例 ET 复查患者巨核细胞多形性和轻中度异形性,黑色箭头方向有 3 个大小不一的异常裸核巨核细胞,红色箭头所指 4 个细胞明显趋小,都检出少量纤维细胞生长,需要密切随访(注意疾病进展);d~f 为巨核细胞明显多形性伴中度异形性,通常巨核细胞小、胞体胞核细长并有少量纤维细胞增生时,评判意义更大,均为 PMF 早期标本

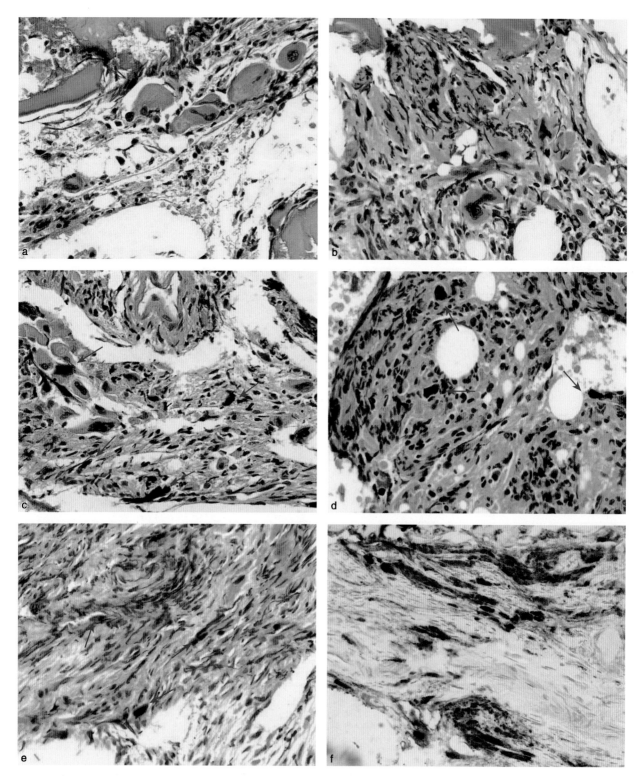

图 20-16 巨核细胞重度异形性

a 为巨核细胞趋小,胞核小而显著变形(呈不规则单向排列或从主核中拉长呈不规则杆状);b 为巨核细胞重度异形性的不同形态;c 为 ET 后 MF 的巨核细胞重度异形性和增加的异形裸核(红色箭头);d、e 为小型异形性裸核(箭头)似"脏布"一堆一簇分布;f 为重度 MF 或 MF 晚期标本 CD61 染色示相当部分巨核细胞失去可以辨认的结构

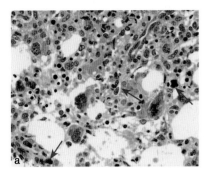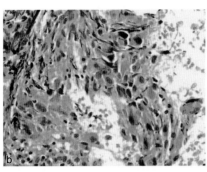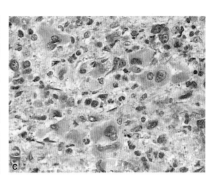

图 20-17　ET 和 CML 巨核细胞变化与进展

a、b 为确诊 ET 六年,用羟基脲治疗,近 1 月余血细胞逐步下降,WBC 为 0.9×10^9/L、Hb 为 62g/L,切片有核细胞仍增多,但形态显著变化,巨核细胞明显多形性(a,箭头为小型裸核),局部聚集成片(b,小型化和异形极度化,伴纤维组织增生),向 MF 发展;c 为 CML 随访 5 年后骨髓切片,巨核细胞小细胞性和异形性,向 MF 进展

3. 巨核细胞免疫组化　通常选用 CD41 或 CD61 进行标记染色,一般每例标本都需要作为常规检查,对疑似髓系肿瘤者则是必检项目。观察标本中有无微小(淋巴样)巨核细胞和原始巨核细胞。微小(淋巴样)巨核细胞标记染色后的特点是明显可见的胞核不着色,胞质阳性;原始巨核细胞大小在为 $15 \sim 35 \mu m$ 左右,单个(椭)圆形或 2 个对称状胞核不着色,胞质阳性,胞质量较少或较丰富(图 20-18)。

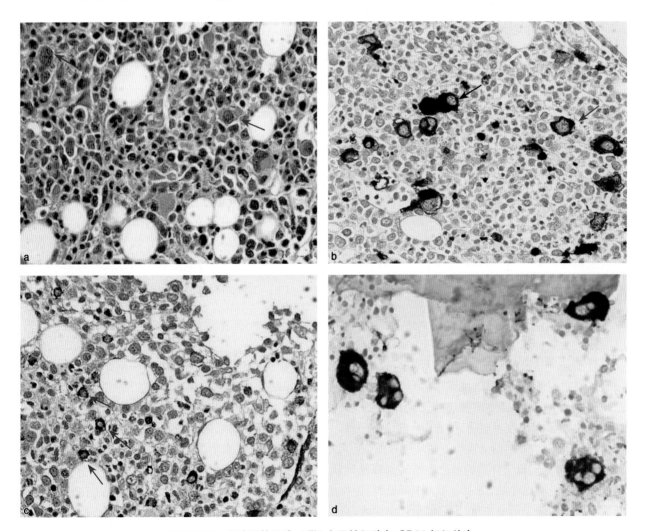

图 20-18　原幼巨核细胞、(微)小巨核细胞与 CD61 标记染色

a 为可疑原始巨核细胞,左上方 1 个裸核巨核细胞;b 为 CD61 染色原始巨核细胞(红色箭头)和小圆核小巨核细胞(黑色箭头);c 为 CD61 染色阳性的小或微小巨核细胞(箭头指处);d 为 CD61 染色显示小圆核巨核细胞的核叶特点

原始巨核细胞在 MDS 和 AML 中作为原始细胞等同意义细胞,在评判原始细胞百分比时需要考虑原始巨核细胞是否增加。检出微小巨核细胞(图 20-18 和图 9-15)的意义同骨髓涂片,但需要把握好形态学基本特征。微小巨核细胞、小圆核小巨核细胞和多小圆核大巨核细胞以及小圆核低核叶巨核细胞,都是典型的病态巨核细胞,临床标本主要见于四种血液肿瘤:MDS、MDS-MPN、AML 和进展中的 MPN。

需要注意的是,以上几种异常巨核细胞,除了髓系肿瘤外,它们的轻中度异常也见于其他血液肿瘤和一些良性疾病中,如 ITP、脾功能亢进、MA、IDA 等良性疾病。见于 CML 的小巨核细胞,少量的也见于其他疾病,甚至见于正常人骨髓切片中;正常的和一般性标本中,同样可以偶见不典型小圆核巨核细胞、轻度异形性巨核细胞。因此,巨核细胞数量形态检查需要与巨核细胞的组织结构有无异常(后述)一起评判,还必须密切结合临床特征、全血细胞计数以及血液骨髓涂片细胞形态学。概述巨核细胞形态、结构异常与疾病的大体关系见图 20-19。

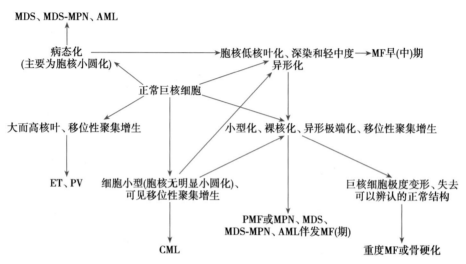

图 20-19　巨核细胞形态和结构演变与髓系肿瘤
评判 MF 期比 MF 早期容易,早期评判需要密切结合包括全血细胞计数在内的临床特征

对于巨核细胞数量的阳性分级,与白血病等血液肿瘤浸润时的分级评判不同。我们以巨核细胞正常数量为参考,定为"+",增加正常的 2~3 倍为"++",4~5 倍为"+++",意义在于巨核细胞的不典型性增加,对于骨髓纤维化时的异常巨核细胞评判有意义,因病理状态下,相当部分不典型巨核细胞是不容易观察的。类似地,非白血病的和非肿瘤性的原幼细胞或某一异常细胞增加,阳性细胞增加的程度评判也一样。

六、淋系细胞数量与形态

正常骨髓切片,淋巴细胞比较少见,散在性分布于造血主质中,不见原始淋巴细胞,也不见明显的幼淋巴细胞。少数标本,可以检出淋巴小结。

骨髓切片检查淋系细胞数量、形态与分布有无异常,需要从两个层面上去考虑。一是作为常规检查的一般性要求,检查有无淋巴细胞增多、形态异常,有无淋巴小结及淋巴小结的大小。二是已明确诊断的淋巴瘤和白血病,或怀疑淋系肿瘤的患者,需要仔细检查造血主质中有无散在性出现(原始)淋巴细胞增加,有无骨小梁旁和造血主质出现(原始)淋巴细胞簇、灶性或片状等浸润结构,同时检查造血功能良好与否。

1. 淋巴小结　用低倍镜检查切片中有无斑点状的淋巴细胞聚集,聚集区与外围的造血细胞有明显的境界。然后,将低倍镜下怀疑的淋巴小结转到高倍确认。记录淋巴小结的大小和个数。在正常的青少年骨髓切片中不易见淋巴小结,在中老年人中可见,与免疫相关的疾病,如 SLE、类风湿性关节炎、糖尿病,相对易见。淋巴小结多数位于造血主质,少数位于骨小梁旁,直径<600μm,由成熟淋巴细胞组成。如果骨髓活检切片中检出淋巴小结或集簇>3 个或检出巨大淋巴小结时,应疑及成熟淋巴细胞肿瘤(详见第十四章)。

2. 原始淋巴细胞　检查原始淋巴细胞,通常是针对性检查,如复查或怀疑的淋系肿瘤标本和反应性淋巴细胞增加的标本。胞核通常呈圆形、卵圆形至轻度凹陷,形态较为单一,异染色质和核膜尤其明显而易于辨认

（图 20-20），但不能观察细胞空泡（如 FAB 分类 ALL-L3 原始淋巴细胞）等成分。因急性淋巴细胞白血病（acute lymphocytic leukemias，ALL）不同于 AML 常有 MDS 过程，发病模式常为弥散性，初诊患者的原始淋巴细胞常在 60% 以上。原始淋巴细胞轻中度增加，需要怀疑淋巴瘤侵犯，如果是骨小梁旁浸润或结节性或片状浸润模式更需要怀疑淋巴瘤骨髓侵犯。病毒感染等非肿瘤性增多时几乎都是间质性（散在分布）。

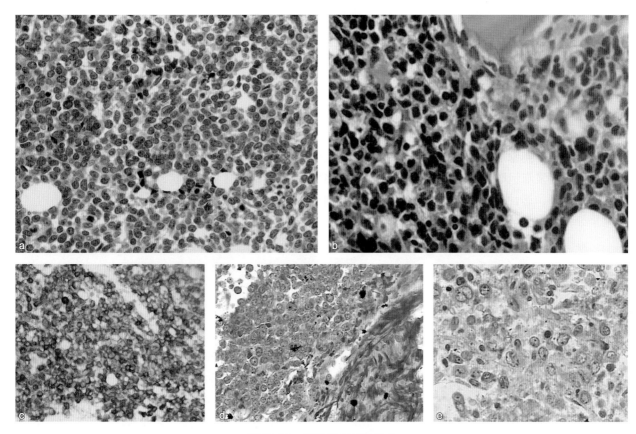

图 20-20　原始淋巴细胞检查

a 为较均一小原始淋巴细胞弥散性浸润，结构明显而易于评判；b、c 为第二章图 2-2b 患者骨髓切片及 CD10 阳性；d 为图 2-1c 患者骨髓切片，观察不到大原始淋巴细胞空泡，涂片和免疫组化检查很重要；e 为弥漫性大 B 细胞淋巴瘤，大原始淋巴细胞松散性增加，占有核细胞的一半以上，但增生程度常不及 ALL

　　侵犯骨髓的淋巴瘤细胞，形态学变化很大。原幼细胞型淋巴瘤细胞的常见特点：细胞异形性明显而数量增多常不及 ALL。早期浸润散在性（间质性）分布也较多见，由于形态上与其他原因所致的原幼淋巴细胞增多不容易鉴别，除了结合涂片形态学和临床信息外，一般都需要免疫组化染色进行鉴定。此外，淋系肿瘤（不管急性还是慢性）都比髓系肿瘤容易伴发纤维组织增生。

　　3. 淋巴细胞　随着人口老龄化，成熟淋巴细胞肿瘤在骨髓切片中的病变渐受重视，尤其是形态学上成熟的小 B 细胞肿瘤。因此，在检查中老年患者的标本中，需要关注成熟淋巴细胞的数量和生长模式。肿瘤性成熟 B 淋巴细胞，慢性淋巴细胞白血病（chronic lymphocytic leukemia，CLL）细胞的常见形态特点为细胞小、胞质少、核着色深、异染色质丰富而呈斑点状分布，常见的生长模式是片状和/或弥散性浸润，早期可以散在性和（小）片状增生，有时可见串珠状或条状（ALL 也有这种结构）排列。小淋巴细胞淋巴瘤（small lymphocytic lymphoma，SLL）侵犯骨髓时的形态学和组织学特点与 CLL 相似，但浸润的程度常不如 CLL 显著。脾边缘区 B 细胞淋巴瘤（splenic marginal zone cell lymphoma，SMZL）、淋巴浆细胞淋巴瘤（lymphoplasmacytic lymphoma，LPL）、套细胞淋巴瘤，（mantle cell lymphoma，MCL）、滤泡淋巴瘤（follicular lymphoma，FL）、黏膜相关淋巴组织淋巴瘤（mucosa-associated lymphoid tissue lymphoma，MALTL），侵犯骨髓的这些淋巴瘤细胞都属于小 B 细胞范畴，有共性的一些形态学但又各有一些不同，如 MCL 和 FL 淋巴瘤细胞的多形性形态，LPL 浸润性和细胞的紧密性明显不及 CLL 等其他成熟 B 细胞肿瘤。HCL 骨髓病变的特点是白血病细胞呈松散的宽间距性特点,与其他成熟 B 细胞肿瘤浸润时的常紧密相连形式有所不同。病毒感染所致的继发性 B 细胞增多,常见散在性不紧密分布,还可见细胞有一定的变异性(如梭形、拖尾状或细胞一端伸突),淋巴细胞增加程度明显不及肿瘤性,形态成熟的 T 细胞胞体较小,核质比例高,核形高度不规则,切片标本中不容易观察,需要密切结合临床特征和病理学诊断等信息。

七、浆细胞数量与形态

浆细胞形态见第十四章。浆细胞常定位于小血管壁四周甚至聚集性生长,或单个及 2~3 个散在性小簇分布于主质及其他部位,而易于定位性观察到。幼稚浆细胞胞体和胞核均大、胞核偏位、异染色质不明显,胞质常丰富且着色偏浓,常规染色几乎不能检出。

骨髓中,浆细胞属于少见细胞。检查造血主质中浆细胞有无散在性分布(增加),有无明显的大的聚集、灶性增生或片状浸润,有无明显的细胞幼稚性和异形性(如大小不一、胞体胞核不规则、巨大的蓝染核仁、双核多核)。正常和反应性增多标本中,易于在血管周围检出浆细胞分布增加,有时可见浆细胞沿血管排列。反应性浆细胞增多通常为散在性或五六个浆细胞围绕骨髓动脉呈小丛状,不见明显的幼稚型,百分比常低于 10%。恶性增生时则常在非血管部位的造血主质区内呈明显的聚集性、灶性或片状生长结构,且常见浆细胞幼稚、胞核常有发亮的外观(图 20-21)。

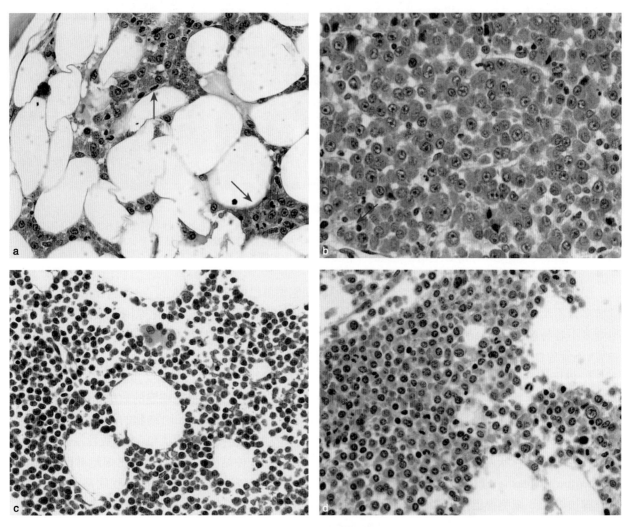

图 20-21 **浆细胞检查的意义**

a 为脂肪化的造血主质区出现浆细胞簇状增生,比例分别达 20% 和 40% 以上;b 为浆细胞弥散性增生,比例在 80% 以上,因细胞幼稚、核仁明显而常有发亮的胞核外观;c、d 为分别显有淋巴样和中晚幼红样的成熟小浆细胞,多为轻链型 PCM,常需要免疫组化进行鉴别

但是,数量检查需要与结构性异常相结合,当检出典型的浆细胞多灶性(浆细胞常达 10% 以上)或片状(常达 20% 以上)、弥散性生长(常达 60% 以上)时,可以评判为浆细胞骨髓瘤或浆细胞白血病,并有典型的幼稚和异常形态学以及脂肪化造血主质区中出现时(图 20-21),还可以适当降低。仅检出聚集性和簇状生长浆细胞或散在性分布(轻度增加)时,需要密切结合临床、骨髓涂片、印片细胞形态学和免疫球蛋白等检查,加以整合。临床特征方面,重要参考的有患者年龄是否在 35～40 以上(详见第三章),有无自身免疫性疾病,有无感染性疾病;其他实验室检查方面,关注血清免疫球蛋白增高是否为克隆性,流式检测的肿瘤性浆细胞免疫表型是否典型。

在常规染色标本中,镜检的浆细胞常会(明显)低于免疫组化染色标本者,也常见浆细胞与有核红细胞、幼粒细胞,包括簇状、灶性结构,不容易区分。因此,CD38 和 CD138 标记染色应列入常规项目。怀疑浆细胞肿瘤时,需要增加单抗种类,如 CD19、κ、λ 等,肿瘤性浆细胞的免疫组化特点是 CD38+、CD138+、CD19-、CD56+、κ/λ+。

八、单核系细胞数量与形态

骨髓切片标本中,单核细胞和巨噬细胞虽有一些特点,如单核细胞较大胞体和不规则胞核,巨噬细胞的大细胞和丰富胞质,但都是不易检出的细胞。因它们的形态不易与幼粒细胞等细胞明确鉴别,有时胞核凹折的核痕又与原幼细胞核仁相似,甚至在 CMML 中明显增加的单核细胞也是如此。因此,检查切片单核系细胞,结合临床和血常规、骨髓细胞形态学等检查很重要。

仔细检查,感染等疾病时,可以检出不规则形态的单核细胞增多,严重时可见单核细胞聚集,甚至出现容易观察的肉芽肿(样)组织。肉芽肿(样)组织由单核细胞和巨噬细胞为主要组成,其间可见少量淋巴细胞,有时肉芽肿(样)组织外围为淋巴细胞,1 至数个、大小不等,为骨髓特殊感染的一种结构,见于多种微生物感染(详见本章第四节)。噬血细胞综合征时可见增生的巨噬细胞及其吞噬的(凋亡)细胞和碎屑(图 20-22a)。免疫组化 CD68、溶菌酶是巨噬细胞常见的阳性标记物,CD14、CD11c 和溶菌酶染色单核细胞常呈阳性反应。

相比于单核细胞,原始单核细胞和幼单核细胞白血病性增殖时,则易于观察。急性(原始)单核细胞白血病,增殖的单核系细胞大多呈弥散性或片状浸润结构,细胞较大、胞核多不规则、胞质较丰富、着色较深(图 20-22)。

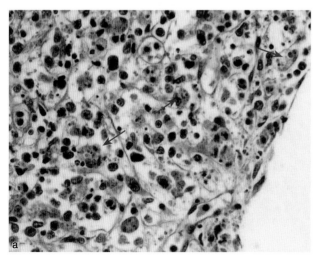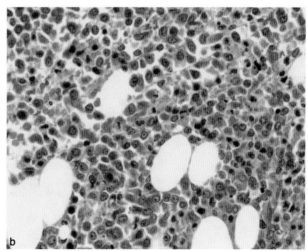

图 20-22　噬血细胞和原幼单核细胞增生

a 为大 B 细胞淋巴瘤侵犯伴随凋亡(微小体)增加和活跃的吞噬细胞(箭头指处);b 为 M5b 幼单核细胞为主呈松散非纯一弥散性浸润,胞质丰富和胞核不规是辨认的形态特点

九、肥大细胞和嗜碱性粒细胞数量与形态

肥大细胞和嗜碱性粒细胞形态见第十四章。在一般性标本中,检出少量(<2%)肥大细胞和嗜碱性粒细胞,均缺乏特定的临床意义。除了肥大细胞增多症(常见肥大细胞簇状增生),包括肥大细胞白血病(片状或弥散性浸润),嗜碱性粒细胞白血病和 CML 外,临床标本中易于检出肥大细胞增加的伴随疾病是CLL、AML 和 MDS(图 20-23),肥大细胞散在性分布于白血病细胞之间,比例可以高达 10%。伴有肥大细胞或嗜碱性粒细胞增多的 AML 和 MDS 可示较差预后。

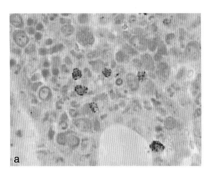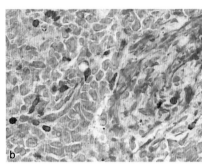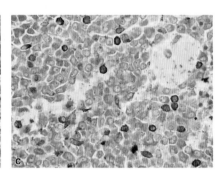

图 20-23　肥大细胞和嗜碱性粒细胞

a 为 CML 标本嗜碱性粒细胞增加;b、c 为伴肥大细胞增多的淋巴瘤细胞白血病和伴嗜碱性粒细胞增多 AML

十、病态造血细胞

切片中最容易辨认的是病态巨核细胞,如小圆核巨核细胞和低核叶小圆核巨核细胞(见图 9-16、图9-18),微小巨核细胞则不易观察;其次是双核、多核的病态粒红细胞,胞质丰富的类巨变有核红细胞,胞体增大、胞核较粗大的杆状核粒细胞(图 20-24)。颗粒缺乏粒细胞和染色质异常胞核形态,一般不能观察。切片中的病态粒细胞和病态红细胞形态都不及涂片明显和多样性,但与涂片一起结合检查仍有重要的互补价值。易于检出小圆核小巨核细胞、多小圆核大巨核细胞和小圆核低核叶巨核细胞(第九章、第十五章),以及双核、多核幼红细胞等病态造血细胞,对诊断 MDS、MDS-MPN 以及 AML 伴病态造血有重要的参考意义。

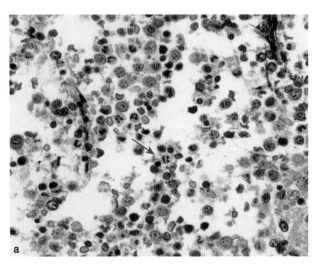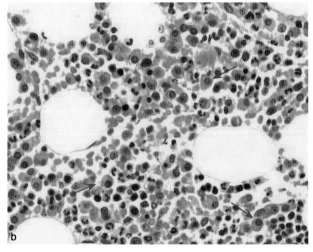

图 20-24　病态粒红造血细胞

a 为双核幼粒细胞和双杆状核粒细胞(红色箭头)和散在分布的原始细胞;b 为中晚幼红细胞胞质丰富、着色浓,可以大致评判为类巨变(红色箭头)

第三节　骨髓组织结构检查与意义

组织结构是骨髓切片检查中的重要项目,包括造血细胞性组织结构、非造血细胞性和非细胞性组织结构。

一、血液肿瘤细胞性组织结构

造血细胞性组织结构即为造血细胞分布的组织学特征。不同类型的造血细胞在骨髓中造血有一定的分布区域,当某一幼稚前体细胞在正常分布区域移位于其他部位增殖时为移位性或错位性(组织)结构。血液肿瘤的结节状、大片状和弥散性等浸润结构是由肿瘤性原幼细胞不断扩增的结果。不管患者初诊还是复查,不管组织标本多长还是骨组织增多破碎挤压的不理想标本,都需要镜检(先低倍后高倍)全部组织切片,有无以下的异常结构。

1. 间质性与 ALIP 结构　肿瘤细胞间质性浸润又称为间质型,特点为肿瘤细胞散在性分布(详见第十四章)。肿瘤细胞按形态学基本分为原幼细胞型和成熟细胞型。原幼细胞型细胞主要指原始粒细胞、原始单核细胞(有时包括幼单核细胞)和原幼淋巴细胞。当标本中检出原始细胞散在性分布(增加)时,需要进行原幼细胞计数,根据比例高低进行进一步的评判。通常,当原幼细胞高达 5% ~ 10% 以上时,伴有进一步的结构性异常,如 ALIP 结构、结节性结构,结合临床易于做出(定性)诊断。比例在 5% 以下且无其他异常结构时,尤其是淋巴瘤细胞的间质性浸润,需要密切结合临床特征以及血液骨髓细胞形态学检查,谨慎地做出评判。也有少数患者,散在性分布的原始细胞高达 10% 以上,仍无明显的细胞性组织结构的出现,这种情况,结合临床和其他检查的信息,可以做出(定性)诊断。

不管是髓系肿瘤的原始细胞还是淋系肿瘤的原幼淋巴细胞,切片标本有时与其他细胞不容易明显区分,需要组织免疫化标记染色作为常规项目,提供进一步的评判依据。

ALIP 是反映慢性髓系肿瘤(MDS、MPN、MDS-MPN 等)异常增生的一个早期窗口(详见第十四章),有重要的评判意义。也可以把 ALIP 视为原始细胞间质性克隆性增生的进一步扩增。如在慢性髓系肿瘤中,检出 ALIP 可以作为 MDS 诊断的依据之一,也是评估 MPN、MDS-MPN 疾病进展以及 AML 缓解后早期复发的指标。在骨髓切片检出 ALIP 或原始细胞小簇,在骨髓涂片中不一定可以发现原始细胞增多。这一异常的发现可为急性白血病缓解时是否需要继续强化治疗,以及复发时的治疗获得最佳时间。有人认为判断白血病微小残留病变的阳性条件为 ALIP ≥ 3 个/mm² 切片。

ALIP 需要与原早幼红细胞的条索状或聚集性增生结构相鉴别,原早幼红细胞异染色质少、胞体大、胞质丰富,细胞与细胞之间较为松散,免疫组化 CD34、MPO 和 CD235α 能提供进一步鉴别的依据。

2. 结节性与弥散性结构　肿瘤细胞结节性浸润又称为结节型,为瘤细胞在局部聚集生长,形成一个类似结节状的结构,而浸润区周围的骨髓结构仍基本完好。在髓系肿瘤中,这一结构常可以看为原始细胞在 ALIP 基础上的进一步扩增,指示疾病进入中晚期。灶性浸润、片状浸润为类似术语。在原幼细胞型淋巴瘤、PCM 等血液肿瘤的骨髓侵犯中,结节性浸润都是常见的病变结构(见图 14-23),也是非血液肿瘤转移骨髓的常见结构。结节性浸润结构多见于造血主质,也见于骨小梁旁。

弥散性浸润结构是更严重的造血组织病变,最常见于急性白血病(图 14-24)和慢性白血病,也见于淋巴瘤和 PCM 等肿瘤骨髓侵犯的中晚期。

3. 巨核细胞移位性簇状增生结构　移位性结构又称错位性结构。在造血组织中有 2 种细胞在病理状态下可以出现这一异常:一是前述的 ALIP 结构,原始细胞由骨小梁旁移位至造血主质呈簇状增生;另一为巨核细胞的移位性簇状结构,移位方向与 ALIP 相反,由正常情况下定位于造血主质的巨核细胞移位至骨小梁旁,由 ≥3 个巨核细胞呈比较紧密的簇状增生。巨核细胞簇状增生也可见于造血主质。少数老年 ET 患者骨髓低增生,但巨核细胞依然出现移位性聚集性增殖,且常位于脂肪化组织中聚集性扩增(见第二十四章图 24-7)。骨髓切片标本,检查巨核细胞移位性簇状增生结构有独到的长处,检出巨核细胞移位性簇状结构是巨核细胞增殖的重要特征,大多见于 MPN,尤其是 ET 和 PMF,其次是 PV、CML 和 MDS-MPN 等。巨核细胞簇状生长也偶见于巨核细胞增生的良性疾病,如脾功能亢进、感染。除了 PMF 外,巨核细胞簇无明显细胞异形性。若初诊检查时无异形性巨核细胞簇,在病情中出现时,可提示疾病进展(见第十四章)。

4. 骨小梁旁异常增生结构　粒细胞生长常与骨小梁旁有关。正常的幼粒细胞常位于骨小梁旁生长,细胞 2~3 层,且可见细胞逐层成熟,幼稚的细胞靠向骨小梁,较成熟的细胞相反。造血肿瘤性病变时,可见骨小梁旁异常造血的细胞,以及原始细胞和早幼粒细胞异常增生性结构,还有转移性肿瘤细胞骨髓侵犯,都可以在骨小梁旁形成浸润性结构(见图 14-4 和图 14-22)。骨小梁旁细胞层增厚也是造血异常一种组织象,CML 等 MPN 时,幼粒细胞可以在骨小梁旁加厚到 5~6 层甚至更多。原幼细胞型淋巴瘤侵犯骨髓时易于在骨小梁旁出现淋巴瘤细胞浸润(区)或沿骨小梁旁浸润,CML 加速期也常见异常细胞沿骨小梁旁浸润性生长。若在骨小梁旁出现较为均一的原早幼粒细胞,在 MDS、MPN 和 MDS-MPN 中都可以预示疾病进展或转化。

二、非造血细胞性异常结构

在骨髓组织检查中,最有意义的非造血细胞性异常结构为纤维组织增生、脂肪组织增加与减少以及转移性肿瘤细胞异常结构。

1. 纤维组织异常增生　正常骨髓组织可见极少量的网状纤维,即纤细的网硬蛋白,常位于血管周围和骨小梁旁,呈网络样(见第十四章)。纤维组织增生按程度不同,分为局部和弥散性增生;还可按增生轻重分级。少数标本不见纤维组织增生,但网状纤维染色显示网状纤维明显增加。

骨髓切片检查是评估纤维组织有无增生的唯一指标。局部增生多见于骨小梁旁,常是非 PMF 的继发性现象,如白血病、淋巴瘤和一部分其他良性疾病(如感染和自身免疫性疾病)。片状增生的纤维组织常见于造血和淋巴组织肿瘤,且多是预后不佳的指标,在白血病中,最明显的是 ALL、CLL 和淋巴瘤侵犯时,严重时,增生的白血病细胞被纤维组织掩盖或局部区域仅见少量白血病细胞或纤维组织与白血病细胞交织增生并可造成白血病细胞变形(图 20-25)。检出弥散性纤维组织增生(常见瀑布样或流线状)并替代造血组织(造血细胞仅少量残留)时,大多是 PMF 的特征;也常是其他 MPN(尤其是 CML 加速期和急变期骨髓纤维化常见)、MDS-MPN 中晚期的共同病理过程,血液和骨髓细胞形态学的共性特点常是不易解释的血细胞和骨髓细胞减少。因此,在这些疾病的随访观察中,出现纤维组织异常增生时,可预示疾病进入进展期(图 20-25)。肿瘤转移骨髓伴随的纤维组织增生也大多为局灶性、无方向性,常见位于肿瘤细胞周围呈杂乱增生、包裹性增生或骨小梁旁增生。髓系肿瘤伴发严重骨髓纤维化时,也常见纤维组织异常结构区中类似包裹样的异形性小型化裸核化的巨核细胞。

2. 脂肪组织增加与减少　通常,脂肪组织多少与造血细胞增生程度平行,检查脂肪组织增加与减少是评判造血是否良好程度的指标(见图 20-9 和第十四章)。另有一个重要的评判意义:在脂肪化明显的组织中,出现原始细胞或浆细胞或淋巴细胞等扩增性增生(簇状或小片状)结构时,是一些血液肿瘤的早(中)期病变或低细胞性造血肿瘤的特点,同时可以说明一部分血液肿瘤发生前就存在造血受抑,然后在脂肪化的组织中发生克隆性扩增。

3. 转移骨髓肿瘤细胞性结构　非血液肿瘤转移至骨髓,常见的异常结构是骨小梁旁浸润、结节性浸润和小灶性或小簇状浸润,弥散性浸润结构少见,详见第十四章和本章第四节。通常,转移性肿瘤的来源结合临床特征只可以提示或疑似,但在多数情况下,经免疫标记染色典型反应者可以评判肿瘤上皮源性性质,如腺癌(细胞)、鳞癌(细胞)、黑色素瘤(细胞)。

三、非细胞性异常结构

1. 骨小梁异常结构　骨小梁是观察组织结构的对象之一,是极其重要的定向结构。异常结构包括骨小梁增厚增宽、骨硬化、骨质破坏(如侵蚀性破坏)和溶解,骨小梁萎缩与变细等,详见第十四章。

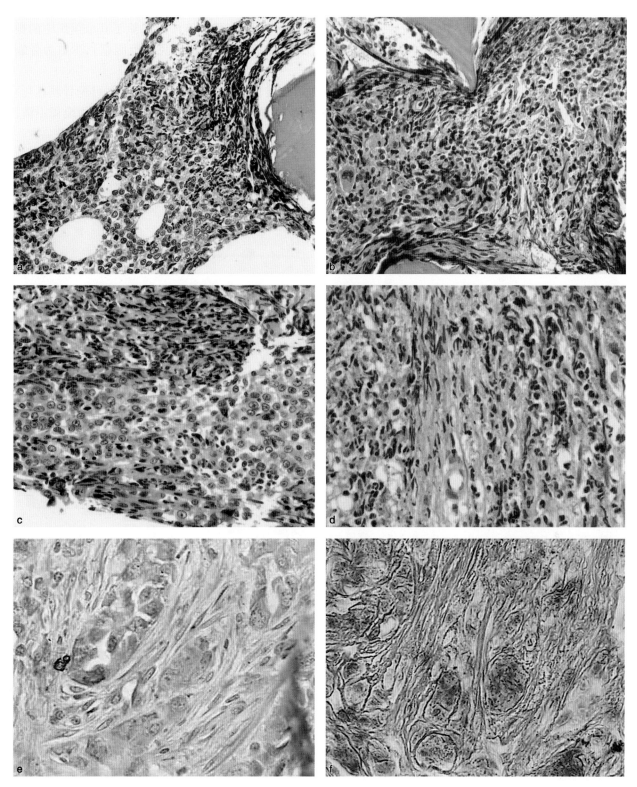

图 20-25　纤维组织异常增生

a 为 ALL 伴纤维组织增生,常是涂片细胞少并缺少小粒的因素;b 为 CLL 伴纤维组织增生,淋系肿瘤中伴纤维化可见巨核细胞异形性和簇状生长,但其程度不及髓系肿瘤;c 为 PCM 伴纤维组织增生;d 为确诊 CML 8 个月,外周血和骨髓涂片细胞量明显下降,骨髓切片示纤维组织异常增生和巨核细胞小型和变形,指示进入加速期;e 为纤维组织围绕转移性肿瘤细胞的继发性增生;f 为 Gomori 染色显示转移性癌灶周围粗大的网状纤维

2. 血管与间质出血 动脉血管增加和管腔扩大,静脉窦(血窦)扩张与破裂,见于血液肿瘤;窦腔内造血,见于 MPN,是 MPN 组织学的一个特点(见第十四章)。间质出血(红细胞渗出),除了获取组织中的操作因素外,见于肿瘤浸润性出血等。间质水肿多见于组织标本脱水不完全时(见第十四章),少数为骨髓组织的本身病变,如感染、白血病。

3. 其他异常组织结构 急性白血病、淋巴瘤和其他肿瘤转移以及肿瘤放疗及化疗后,可见骨髓坏死。坏死区域呈小至大片状骨髓结构破坏,脂肪组织减少或消失,嗜酸性变(着色浅染),细胞结构模糊不清,胞质坏死比胞核明显(图 20-26)。

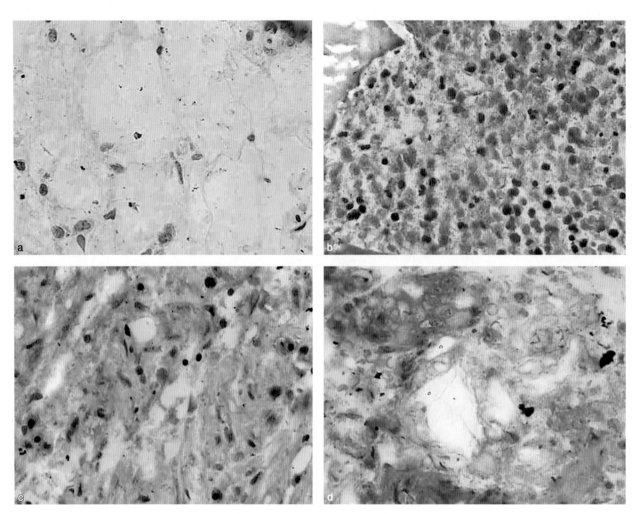

图 20-26 脂肪组织液化与骨髓细胞坏死

a 为脂肪组织液化变性;b 为骨髓坏死,造血细胞坏死,细胞核结构模糊,细胞质崩解;c 为骨髓细胞坏死和基质液化变性;d 为骨髓细胞和转移性肿瘤细胞坏死

肉芽肿组织是骨髓组织中的一种特殊结构,可单个或多个存在或融合在一起。肉芽肿为单核巨噬细胞局部集积、伴有上皮细胞、淋巴细胞等细胞的融合和若干坏死组织的结节性病灶。引起肉芽肿的病原体有结核杆菌、细胞内鸟形分支杆菌、霉菌、布氏杆菌、组织胞浆菌、放线菌、肺炎支原体和病毒(如巨细胞病毒)等。在肉芽肿组织中,最具特异性为结核性肉芽肿,常是全身性结核(如粟粒性结核)经血流扩散到骨髓,常见多核的朗罕(Langhans)巨细胞,可见干酪样坏死,它们周围有较多单核巨噬细胞、类上皮细胞和淋巴细胞(图 20-27 和图 15-11),偶见中性粒细胞和浆细胞增多。

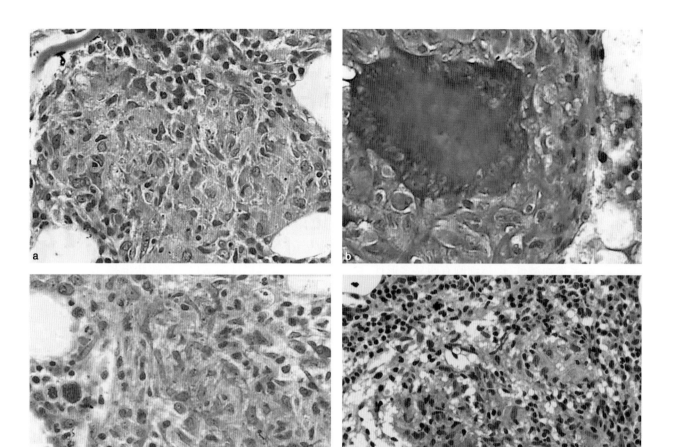

图 20-27　（类）上皮肉芽肿组织

a 为骨髓结核标本，由单核巨噬细胞和类上皮细胞为主要组成的肉芽肿组织，中央有凝固性坏死，外围为造血细胞；b 为骨髓结核的朗罕巨细胞和肉芽肿组织；c 为细胞呈杆状，骨髓结核标本；d 为发热十天以上骨髓切片检出的肉芽肿组织，病原体不明

第四节　常见疾病的针对性检查与意义

对于诊断明确的、高度怀疑的，以及在观察或治疗中的复查标本，进行针对性检查，可以及时发现异常并提高效率。

一、MDS

对疑似的 MDS 病例或 MDS 复查标本，侧重性检查有核细胞有无增生异常，增生即有核细胞增加，异常即形态异常——病态造血的系列及其程度；有无原始细胞增加（%）及其结构异常等。在复查标本中，还需要关注细胞成分和组织结构的前后变化。组织化学 PAS 和 Gomori 染色，免疫组化 CD34 和 CD61 等，都是针对性检查项目。通常，骨髓切片镜检需要结合骨髓涂片、印片和血片的细胞形态。当有核细胞增加和正常参考范围数量（增生性）并检出原始细胞散在性（间质性）增加和/或病态造血细胞存在时，结合临床特征和细胞形态学可以提示 MDS；确认原始细胞增加，约在 5% 以上和/或确认检出 ALIP 结构的，可以支持 MDS 诊断；若低细胞量，可以提示为低增生性。低增生性 MDS 需要与 AA 等病相鉴别，原始细胞增加（尤其是原始细胞位于脂肪组织聚集性扩增或 ALIP 结构）和/或病态造血（如病态巨核细胞）的存在是形态学鉴别诊断的主要指标。少数病例伴纤维组织轻（中）度增生，若有明显的纤维组织增生则要怀疑或排除其他慢性髓系肿瘤(如 PMF)。对复查标本,如原来的病态巨核细胞出现明显的细胞小型化、裸核化、异形化和原始细胞增加时,预示疾病进展或已经发生转化。

二、MPN 和 MDS-MPN

对怀疑的初诊或确诊的 MPN 患者,骨髓切片检查最重要的是确认:造血细胞增多程度及其系列,细胞成熟性是否基本良好,有无巨核细胞增殖与大而高核叶或胞体小型的非小圆核巨核细胞、移位性簇状生长、核深染、裸核和异形性形态;有无骨髓纤维组织异常增生,有无病态造血细胞和原始细胞聚集性或 ALIP 结构。此外,还要针对性检查免疫组化 CD34、CD61、CD235α 以及组化 Gomori 染色等有无明显异常。

在经典 MPN 类型中,除了 CML 外,骨髓切片检查价值显著高于骨髓涂片。如 PV 与 ET,骨髓切片象有类同性。一般,ET 的大而高核叶大巨核细胞以及移位性簇状生长特征比 PV 明显。PV 血细胞增殖的系列规律性不很强,与其他 MPN 类型相比常更需要临床和血象信息。粒细胞显著增殖、细胞成熟尚可,常伴巨核细胞明显增殖和无明显小圆核变的小型巨核细胞是 CML 的特点。我们认为当检出粒细胞与巨核细胞增殖,红系造血减低,巨核细胞有明显多形性、核深染和轻中度异形性甚至移位性簇状生长,Gomori 阳性(+~++)时,需要考虑 PMF 早期。除了外周血细胞外,红系增生减低而巨核细胞增殖伴明显异形性是区别于 ET 和 PV 的主要方面。当检出纤维组织明显增生,Gomori 染色阳性(++~+++),巨核细胞小型、裸核、异形极端并移位性簇状生长时,结合临床特征可以考虑 PMF(MF 期)。当纤维(母)细胞(极)显著增生时,则不容易观察或观察不出明显的巨核细胞外观结构。WHO 认为 PV、ET 和 PMF 早期均不见明显的巨核细胞异形性和簇状增生,网状纤维化≤1 级(相当于 Gomori 染色阳性≤"+")。

CML、ET、PV 和 PMF 在病情经过中,出现原始细胞聚集性或簇状增生或原早幼粒细胞大簇状、片状增生结构和/或出现明显的病态造血细胞时,均需要提示疾病进展,发展的方向以 MDS 和/或 AML 为主。原先增加和大小基础上出现巨核细胞明显的小细胞化、裸核化和异形极端化并有移位性簇状增殖时,常伴纤维(母)细胞不同程度的增生,则可以评判 MF 已经发生或即将来临。

MDS-MPN 骨髓组织学检查的针对性项目包括了 MDS(主要是病态造血细胞)和 MPN(主要是造血细胞增加)的检查内容。MDS-MPN 常有单核细胞增加,切片标本需要 CD14、CD11c、溶菌酶等染色检查提供依据。

三、急性白血病

针对性检查有核细胞量、原始细胞数量、细胞成熟性、巨核细胞数量与形态及纤维组织增生性。同时需要选取适当的单抗种类(如 CD34、HLA-DR、MPO、CD13、溶菌酶、CD14)进行免疫组化染色,对细胞系列或类别做出进一步的鉴别。

骨髓切片检查初诊急性白血病的价值在于定性和方向,由于切片标本判断原始细胞系列明显不及骨髓涂片、印片和血片,故急性白血病的类型诊断必须结合细胞学检查。骨髓切片检查主要包含以下四方面内容:一是白血病细胞增生程度,评判是增生性还是低增生性;二是检查白血病细胞大致百分比,是否达到诊断数值(≥20%),同时评估肿瘤负荷性,通常当白血病细胞纯一性弥散性浸润时,原始细胞比例在80%~90%以上,非纯一性弥散性浸润时原始细胞比例在 60%~70%以上,片状浸润时原始细胞比例在20%~30%以上;三是观察白血病细胞浸润的组织结构形式,包括整个组织中残留造血灶的多少;四是观察有无伴随的细胞成熟和病态造血,有无骨髓纤维化发生,有无巨核细胞增多和异形性。对化疗患者检查重点是观察白血病细胞的消减或残留和造血恢复的状态;对缓解后病人的定期复查,重点监视有无白血病细胞的聚集性或 ALIP 结构的出现。

四、原始淋巴细胞淋巴瘤

对病理学诊断的原始淋巴细胞淋巴瘤以及在病程中复查的患者,一般都需要骨髓切片检查以评估淋巴瘤有无侵犯骨髓以及评估淋巴瘤病期进展。淋巴瘤侵犯骨髓绝大多数是非霍奇金淋巴瘤(non-Hodgkin lymphoma,NHL)。NHL 累及骨髓的阳性率与获取的骨髓组织长度有关,与检查的仔细程度有关。

针对性检查造血组织中有无淋巴瘤细胞骨小梁旁生长、间质性浸润、结节性浸润或弥散性浸润。若有骨髓累及,还要注意造血受抑程度、有无伴随的纤维组织增生。检查中,还必须与骨髓涂片和骨髓印片细胞学检查相联系,与临床特征相结合。

原始淋巴细胞淋巴瘤浸润形式以骨小梁旁型稍多,弥散型或大片状浸润见于白血病性浸润。一般淋巴瘤浸润骨髓发生在淋巴瘤的3个月以后。间质型见于淋巴瘤浸润早期,是常见的浸润型,也是最不易判断者,因切片检查容易观察组织学变化(结构异常),而不易评估散在性分布的少量幼稚细胞。

浸润的骨髓切片象取决于浸润的程度或淋巴瘤的病期。临床上以早中期浸润病例为多见,白血病性(浸润)相对为少。弥漫性大B细胞淋巴瘤浸润骨髓时,淋巴瘤细胞多具有原幼B细胞的一些特点(见第十一章),一部分有形态学畸形性。原始T细胞淋巴瘤浸润时,瘤细胞异形性常比原始B细胞淋巴瘤细胞明显(图20-28)。

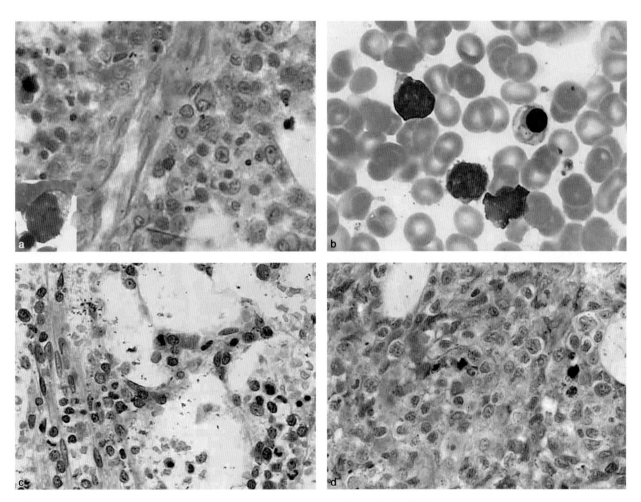

图 20-28 原始淋巴瘤细胞浸润骨髓切片象

a为淋巴瘤原始B细胞位于血管旁浸润,细胞大、核仁多为1个而明显,散在性分布,有聚集现象,插图为涂片淋巴瘤细胞;b为原始T细胞淋巴瘤侵犯的骨髓涂片,2个原幼淋巴瘤细胞体偏小、核形不规则、胞质少嗜碱性、高核质比例;c为b病例骨髓切片,淋巴瘤细胞较大,有聚集小片状趋向,不结合骨髓涂片和临床特征不容易评判;d为另一病例淋巴瘤原始T细胞,核形不规则、胞质少,散在性趋向聚集片状,淋巴瘤细胞占30%以上

五、成熟淋巴细胞肿瘤

成熟淋巴细胞肿瘤(白血病/淋巴瘤)中。CLL、PLL、HCL和原发性巨球蛋白血症等都是好发于血液和骨髓的成熟B细胞慢性白血病及其类似疾病,其他类型大多是原发于骨髓外淋巴组织的淋巴瘤。初诊时一部分病例就有骨髓侵犯。

尤其是怀疑的初诊患者或病情中复查的标本,针对性检查骨髓切片中有无淋巴细胞和原幼淋巴细胞增多及其浸润的组织结构,造血受抑的程度和有无伴随的骨髓纤维化。成熟淋巴细胞肿瘤中,大 B 细胞淋巴瘤细胞是原幼淋巴细胞,其他的大多是中小型的淋巴细胞与部分幼淋巴细胞组成(详见第二章和第十一章)。免疫组化鉴定在鉴别诊断中非常重要,CD34 和 TdT 阳性指示为来源骨髓或胸腺的原始淋巴细胞,CD34 和 TdT 阴性而 CD 10 与 κ/λ 阳性可以考虑为来源于生发中心等外周淋巴组织的原幼淋巴细胞,即属于 WHO 分类成熟 B 细胞肿瘤中的大 B 细胞淋巴瘤细胞。

一般标本中,淋巴细胞不见明显增多;除偶见 1~2 个淋巴小结外,不见多个(巨)大淋巴小结,不见淋巴细胞片状增生。因此,当检出淋巴细胞散在性分布明显增多或多个巨大淋巴小结,或与淋巴小结不同(淋巴细胞聚集区与造血区常无明显界限)的多个结节状或片状浸润时,结合临床和细胞学检查可以支持细胞形态学上成熟的成熟小 B 细胞肿瘤骨髓病变的诊断。

当骨髓切片中大淋巴细胞散在性或松散的片状浸润,瘤细胞与瘤细胞的间距宽(以疏松海绵样形式相互连接)时,结合临床和细胞学检查,需要怀疑 HCL;检出淋巴细胞增多,呈结节状和间质性浸润居多,瘤细胞胞体偏小或稍大,可见一部分细胞胞质位于一则似鞋形者,结合临床和细胞学检查,需要怀疑原发性巨球蛋白血症;检出大或较大的淋巴细胞增多,核仁少、明显而突出,且呈弥散性和片状浸润特征者,结合临床和细胞学检查,需要考虑 B-PLL 或 ALL。

FL、MCL、MALTL 和 WM 属于(中)小 B 细胞性肿瘤,肿瘤性小 B 细胞为高核质比例、轻度大小不一。比较而言,FL 和 MCL 成熟与幼稚型共存明显、且可见核形不规则。这些瘤细胞侵犯骨髓时,以结节性浸润和骨小梁旁浸润为主,也可见弥散性浸润,不如 CLL 细胞均一小型、高度成熟和常弥散性方式生长。WM 或 LPL 肿瘤细胞具有胞质较丰富而偏于一侧的特点,一部分为不典型形态。尽管如此,这些成熟小 B 细胞肿瘤,在骨髓切片中常有类似性(图 20-29 和图 20-30),免疫组化(表 20-1)常是鉴别这些类型的重要指标;细胞形态学见第十一章。由于这几种淋巴瘤细胞常进入外周血,故也称为白血病/淋巴瘤综合征。

成熟 T 细胞肿瘤侵犯骨髓时,除 T-PLL 外,多为间质性和结节性浸润。如成人 T 细胞白血病/淋巴瘤(adult T cell leukemia/lymphoma,ATLL)浸润骨髓常为非小梁旁区的间质性或结节性浸润,瘤细胞分布于造血细胞和脂肪细胞之间,且常围绕在血管周围,也可见瘤细胞呈弥散性塞实于造血主质,在浸润区内残余少量造血组织;骨髓中也可无肿瘤细胞浸润。Sezary 综合征侵犯骨髓时,肿瘤细胞浸润主要为间质型。蕈样霉菌病(mycosis fungoides,MF)侵犯骨髓时,病变区可检出胞核扭曲的异常 T 细胞簇状浸润,间质内纤维组织增多。Sezary 综合征和 MF 的组织学和形态学类似。T 大颗粒淋巴细胞白血病骨髓切片象,浸润多样性,常见淋巴细胞(大颗粒淋巴细胞)常占骨髓细胞的 50% 以上。NK/T 淋巴瘤侵犯骨髓时,淋巴瘤细胞常有更明显的异形性,可见胞质位于一侧(见图 11-26)。侵袭性 NK 细胞白血病,骨髓切片象由弥散性或呈斑块样破坏性浸润,肿瘤细胞常呈单形性,胞核圆形或不规则形,染色质致密,可见小核仁,常见凋亡小体,组织坏死。因此,成熟 T 细胞肿瘤骨髓切片诊断更需要密切结合临床和其他实验室的检查信息。

表 20-1 常见成熟 B 细胞肿瘤血液骨髓侵犯时免疫表型一般特征

类型	免疫表型一般特征
CLL/SLL	CD5+、CD23+、CD10-、CD19+、CD20+、CD79+、FMC7-/+、CD43+、sIg+/-、cIg-/+
MCL	CD5+、CD23-、CCND1+、CD10-、CD19+、CD20+、FMC7+、CD43+、sIg(κ/λ)+、cIg-
FL	CD5-、CD23-、CCND1-、CD10+/-、CD19+、CD20+、CD79a+、CD43-、BCL6+、sIg(κ/λ)+、cIg-
MZL	CD5-/+ *、CD23-、CCND1-、CD10-、CD19+/-、CD20+、CD79a+、CD35+、CD21+、sIg(κ/λ+)、cIg-/+
LPL/WM	CD5- *、CD23-、CCND1-、CD10-、CD19+、CD20+、CD79+、sIgM+、sIgD-、κ/λ+、cIg+、IRF4+△
LBCL**	CD5-、CD23-、CD10+、BCL6+/-***、CD19+、CD22+、CD79a+、Ki-67+、sIg(κ/λ)+、cIg-/+、CD34-、TdT-
B-PLL	CD5-/+、CD23-/+、CD19+、CD20+、CD22+、CD79+、FMC7+、sIg(κ/λ)+
HCL	CD5-、CD23-、CD10-、CD19+、CD20+、CD22+、CD79a+、FMC7+、CD103+、CD11c+、CD25+、ANXA1+、sI(κ/λ)+、cIg-、CCND1+/-

*可见阳性或偶见阳性;**形态学上可以包括 Burkitt 淋巴瘤/白血病等多个类型,最常见的是 DLBCL;***DLBCL 生发中心 B 细胞型表达 CD10 和 BCL6,激活 B 细胞型表达 IRF4/MUM1;△浆细胞为主要组成的 LPL(还有 MATLL)可以阳性。+为>90%细胞;+/-为>50%细胞;-/+为<50%细胞;-为<10%细胞

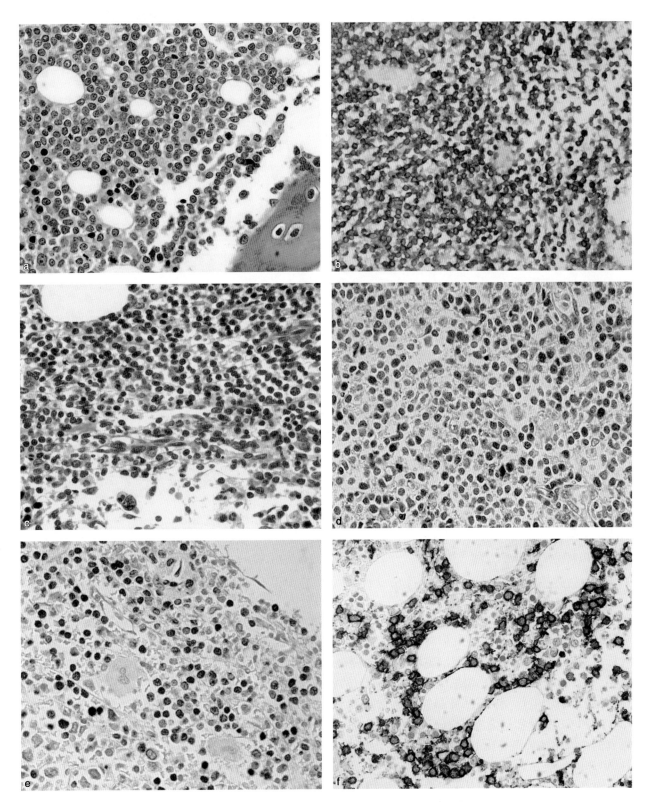

图 20-29　CLL、MCL 和 FL 骨髓病变相似性与免疫组化

CLL 为典型的小淋巴细胞、常规则和染色质斑点状(a)，免疫组化 CD5 阳性(b)和 CD23 阳性(SLL 侵犯血液骨髓形态学和免疫表型相同)；MCL 骨髓弥散性浸润(c)比 CLL 为少见，经典型形态(轻度的大小不一和异形)与 CLL 和 FL (除典型外)有相似性，但免疫组化常为 CCND1 阳性(d)、SOX11 阳性(e)，且 CD5 常为阳性(f，为第十一章图 11-19d 病例)而 CD23 阴性与之不同

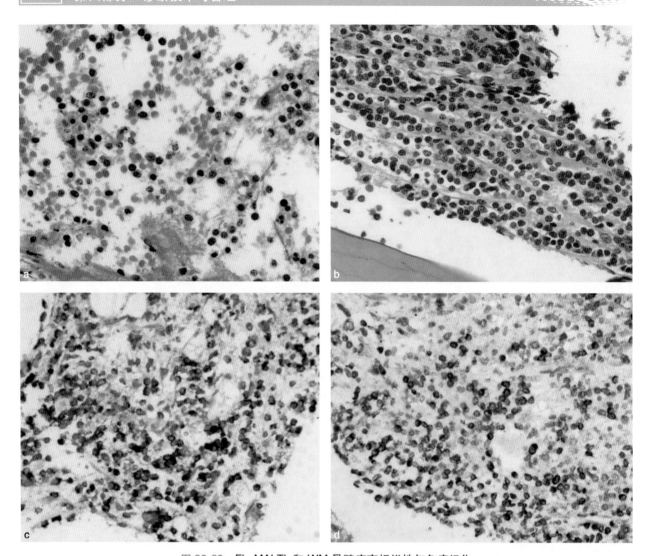

图 20-30　FL、MALTL 和 WM 骨髓病变相似性与免疫组化

FL 形态学与 MCL 相似，常有意义的免疫组化特征见图 11-20。WM 为胞质较为丰富有时偏于一侧的浆细胞样淋巴细胞（a），骨髓浸润程度常不如其他小 B 细胞肿瘤（MALTL）明显（b）。这些成熟小 B 细胞淋巴瘤（包括 CLL）均表达轻链限制性（κ/λ 阳性），常共表达 BCL2，c 为 a 病人标本免疫组化 λ+，d 为 BCL2 阳性

六、浆细胞骨髓瘤和转移性肿瘤

浆细胞骨髓瘤（plasma cell myeloma，PCM）属于成熟 B 细胞肿瘤的一个大类。骨髓涂片细胞学和骨髓切片检查都是诊断的主要方法，但骨髓切片因取材面积大而优于骨髓涂片。尤其是怀疑病例，重点检查切片标本中浆细胞有无增加，若浆细胞增加时，需要确认浆细胞的大致数量，浸润性结构的类型（间质型、结节型、弥散型以及混合型）、浆细胞的形态（原始、幼稚和成熟）、造血的受抑程度以及有无伴随的其他异常（如纤维组织增生）。由于 PCM 早期病例增加和 PCM 骨髓中浸润的不均一性，常需要免疫组化 CD38、CD138 和 CD19 等标记染色再次确认浆细胞的增生性、大致比例、浸润性组织结构类型。通过免疫组化观察到的组织结构类型要比 HE 染色的高一个级别。还由于浆细胞形态与有核红细胞和幼粒细胞有类似性，可靠的鉴别方法就是免疫组化标记。

对怀疑病例，重点检查骨小梁旁和造血主质中有无簇状、结节状或片状浸润的异常细胞，有无继发性纤维组织增生；如果检查确认转移性肿瘤浸润，需要进一步检查肿瘤浸润的模式、可能的组织来源（如腺癌）以及造血抑制的程度。

恶性肿瘤转移骨髓时，骨髓切片检查是最佳方法。阳性检出率明显高于骨髓涂片，并可了解浸润的组织结构和影响造血的程度。不同起源和类型的肿瘤转移骨髓的基本特点相似：绝大多数以大小不一的丛集状、大片状或结节性（巢性）浸润（造血和淋巴组织肿瘤一般不具有细胞黏聚性），造血组织结构基本保

留,显有明显的区域带(图 20-31),在癌瘤细胞外周可见继发性增生的不规则形状的纤维组织(图 20-25)。在转移性癌症中,最多见的是腺癌,其次为鳞癌等。根据癌细胞的浸润性组织结构和形态,典型者可作出这些类别的判断,如腺癌浸润时的腺管样结构,鳞癌浸润时的癌珠结构或卷曲样癌细胞团状结构(图 20-31和图 12-13 和图 12-14),但小细胞性肿瘤浸润需要与 ALIP 和淋巴瘤细胞和 MA 的异常原始红细胞相鉴别,免疫组化有助于提供进一步鉴别的证据。

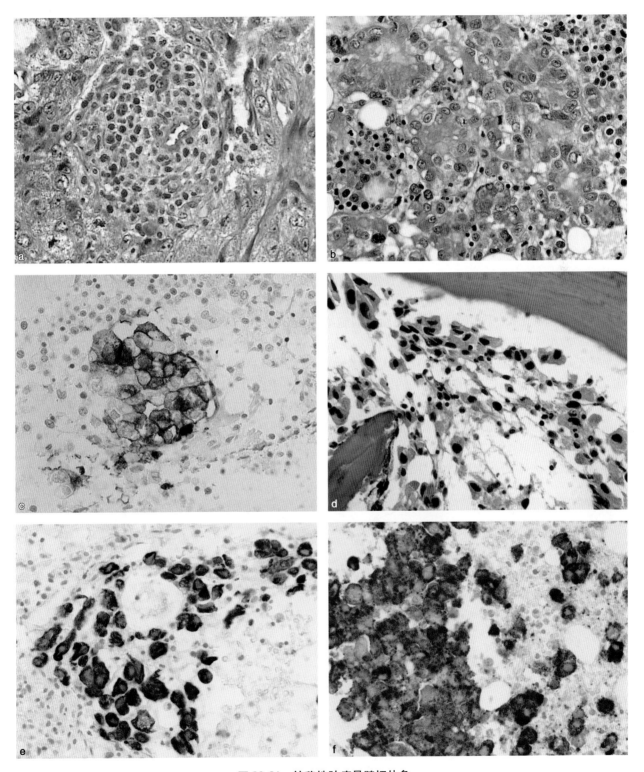

图 20-31 **转移性肿瘤骨髓切片象**
a 为转移性癌细胞合围性浸润,中间残存的造血细胞形成孤岛;b 为侵犯骨髓的腺癌细胞巢及其周围的造血细胞;c 为b 标本 CEA 染色腺癌细胞阳性;d~f 为疑似腺鳞癌细胞骨小梁旁浸润及 CEA 和高分子角蛋白标记染色阳性反应

七、白细胞减少症、贫血、血小板减少症和脾功能亢进

白细胞减少症通常是指原因不甚明确的慢性减少者,检查的重点是有无原始细胞增加,有无病态造血细胞,有无幼粒细胞增加(成熟欠佳)与减少等。一般,慢性白细胞减少症为幼粒细胞成熟轻中度欠佳或粒系造血轻度减低或无明显异常(图20-12),偶见或个别患者为血液肿瘤所致。

贫血的类型多,在常见的一般性贫血中,AA、IDA、MA 和 HA,骨髓切片变化的特征和意义各不相同。在贫血诊断中,骨髓切片也是很重要的,因骨髓涂片细胞量检查常有假性,凡是骨髓造血减低者,尤其是 AA 的诊断只有骨髓切片组织形态学检查确认才会有可靠的结论(表20-2)。针对性检查有核细胞增生程度,红系增生程度及其细胞成熟性、形态和铁染色,有无原始细胞增加和病态造血细胞。

表 20-2   贫血患者骨髓切片检查的重要性

贫　　血	骨髓切片检查的重要性
再生障碍性贫血	必检项目
缺铁性贫血、溶血性贫血、巨幼细胞性贫血	参考性、鉴别性或排他性检查项目
难治性性贫血等骨髓增生异常综合征	必检项目
慢性病性贫血、慢性炎症性贫血	参考性或排他性检查项目
骨髓病贫血	必检项目

检查最有意义的是 AA,骨髓切片能提供骨髓有核细胞评估的金标准,又能观察造血组织的结构变化。对外周血细胞减少患者,骨髓切片造血细胞明显减少(脂肪组织增加,淋巴细胞相对增多,浆细胞、肥大细胞和基质细胞易见)又无其他异常(如无原始细胞增加、无病态造血)时,结合临床可以支持 AA 的诊断。部分 AA 患者可见有核红细胞和幼粒细胞灶性造血,反映在外周血,血红蛋白的减少可不如血小板和/或白细胞显著,可见浆细胞增加。MA 骨髓切片象类似造血肿瘤(如 MDS 的原始细胞型和淋巴瘤浸润结构),即显著变化的是比正常细胞为大的原早幼红细胞呈簇状或聚集性生长(见图 14-14)。AA 和 MA 是骨髓可染铁增加的贫血,但当骨髓可染铁缺乏、中晚幼红细胞(簇状或聚集性生长)增加和细胞小型(尤其是晚幼红细胞胞体小、胞质量少和核着色深的特征)时,结合临床可以提示 IDA。IDA 中所见的小型幼红细胞同样见于地中海贫血和慢性病贫血,但它们骨髓贮存铁不减少。幼红细胞增加和成熟基本良好是 HA 最显著的改变,结合外周血网织红细胞增加和临床特征可以疑似 HA(图 20-32)。

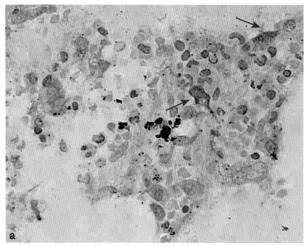
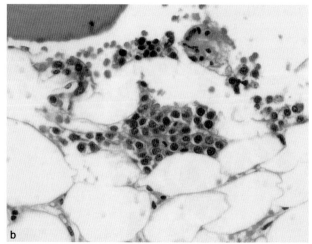

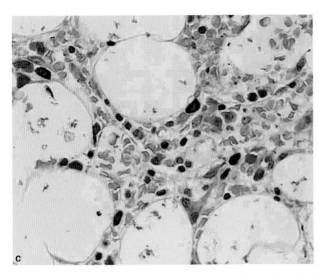
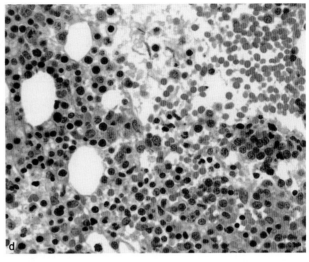

图 20-32 AA 和 HA 骨髓切片象

a 为 AA,造血细胞明显减少,淋巴细胞增多,肥大细胞(箭头指处)和浆细胞易见;b 为 AA 灶性幼粒细胞簇;c 为苯中毒相关性再生障碍性贫血,造血减低,肥大细胞(箭头)和淋巴细胞相对增加;d 为 AIHA,红系增生,中晚幼红细胞为主,基质出血区可见球形细胞

针对性检查有核细胞量、巨核细胞数量及其形态和铁染色,以及有无原始细胞增加和病态造血细胞。

血小板减少症和脾功能亢进骨髓切片检查的意义不是很大,重在排除性诊断。即有无造血减低、有无原始细胞增多、有无病态造血现象(有无其他的血液病性病变)。血小板减少症和脾功能亢进,巨核细胞常明显增加,细胞形态与细胞性组织结构上与 MPN 不同,是鉴别诊断的主要方面。临床上,血小板减少患者中,骨髓检查偶有发现为 MDS、成熟 B 细胞肿瘤、PMF 等血液肿瘤。

第五节　整合分析、特征描述、报告与质量影响因素

一、骨髓切片象综合分析

骨髓切片象综合分析的方法同第十八章骨髓涂片。切片象的特征描述(表述),基本要求也与骨髓涂片相似。表述的基本内容包括以下及几个方面。①组织标本的条数、长度和颜色。如骨髓组织一条,1.1cm 长,灰白色。②较完整骨小梁间区的个数、大小,以及骨小梁的大致结构。③造血主质中有核细胞量。如明显增多、正常或减少。④增多或减少的细胞系列、形态与细胞成熟性。如粒系细胞增多,细胞成熟基本良好;有核红细胞增多,中晚阶段幼红细胞为主,胞体小型。⑤原始细胞和病态造血细胞。如原始细胞间质性分布增加,并检出 ALIP 结构和病态巨核细胞。⑥造血细胞分布有无异常。如巨核细胞位于骨小梁旁呈移位性聚集性生长。⑦淋巴细胞和浆细胞有无异常、纤维组织有无增生。⑧骨小梁有无宽厚、减少与缺损。⑨组织化学和免疫组化染色有无异常。如 Gomori 染色阴性、铁染色阴性,CD34 阳性。

二、组织病理学诊断报告

1. 图文报告单　骨髓切片图文报告单的设计与要求与骨髓涂片图文报告基本相同。突出异常组织结构和细胞,要求低倍和/或高倍的典型组织学图像(图 20-33)。有纤维组织增生或其他特殊异常时,应显示异常的组织图像。

2. 诊断意见　骨髓活检诊断报告的要求同骨髓涂片诊断报告,下结论以证据为基础。由于骨髓活检诊断报告往往比骨髓涂片有更高的可靠性和可信度,应以更高的责任心检查每一份标本并给予适当的诊断(或结论)。按异常特征、意义大小分为以下几个诊断性意见。报告的结论应包括病损的程度和疾病诊断,同第十八章骨髓涂片细胞学报告。

×××××医院骨髓组织切片报告单

姓名：×××　性别：×　年龄：×　科别：**血液科**　床号：×××　住院号：××××××

取材部位：**髂后上棘**　收到日期：**2008.03.28**　报告日期：**2008.03.30**　切片号：**080×××**

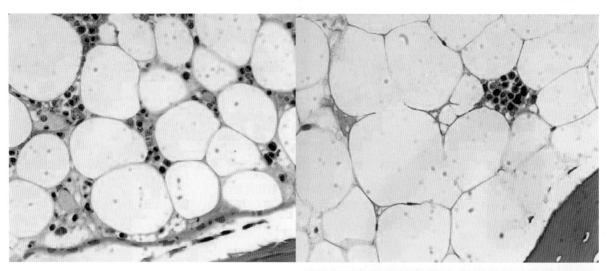

肉眼所见：骨髓组织一条，形态完整，长1.0cm，灰白褐色。

切片染色：HE（或HGF），WGF，Gomori

组织学特征所见：

1. 较完整的骨小梁间区7个，有核细胞增生明显减低，造血组织容积占15%，脂肪组织占85%。

2. 原始细胞偶见，未见原始细胞及其他幼稚细胞聚集性增生和分布异常。

3. 粒红两系造血细胞明显少见，散在性和小簇状分布于造血主质，并见数个由20个左右细胞组成的造血灶（如切片图像）

4. 巨核细胞少见，平均高倍视野<1个。淋巴细胞相对增多，细胞成熟，散在性分布。

5. 未见纤维组织增生和其他特殊结构与成分。网状纤维染色阴性。

6. 免疫组化四项：CD34阴性，CD117阴性，CD235a阳性30%，CD61偶见阳性、未见淋巴样巨核细胞。

附检骨髓涂片和血片：骨髓油滴明显增加（见涂片图像），有核细胞明显减少，淋巴细胞比例轻度增高，未见原始细胞增多和病态造血细胞。血片中性粒细胞比例54%，淋巴细胞42%，单核细胞3%，嗜酸性粒细胞1%，白细胞和红细胞形态基本正常，散在血小板易见。

结论与建议：骨髓脂肪化明显（造血细胞减少），示造血减低象，建议更换部位再送骨髓活检。

解释：患者血红蛋白128g/L，血小板$125×10^9$/L；白细胞$3.8×10^9$/L，中性粒细胞轻度减低，形态未见异常；骨髓脂肪化明显，造血细胞少见，未见原始细胞增多和其他幼稚细胞聚集性增生以及病态造血形态，结合患者年龄、血常规检查，首先需要排除年龄因素所致的生理性局部造血衰退。

（若诊断意见与临床不符或有疑问，请及时联系，电话××××××）

检查：×××　　审核：×××

图20-33　骨髓组织切片报告单

（1）明确诊断：如果切片内出现显著的特征性改变，且与临床和骨髓涂片所见吻合，即可得出明确的诊断性意见。例如，骨髓组织学检查符合骨髓增殖性肿瘤不能分类型。骨髓切片检出转移性肿瘤细胞可以作出独立的诊断。

（2）提示性诊断：如骨髓切片检查结果与临床诊断不一致，但组织形态学有一定的特征性，可提示或考虑某病的方向性诊断，供临床参考，并提出完善检查的建议。

（3）描述性诊断：如果检出某种组织形态的改变，但属于非特异性，不能做出肯定或否定意见时，可直接描述组织形态学所见，并做出适当的评论。如果涉及鉴别诊断或尚不能赖以确诊等一类问题时，应提出一些建议，包括尚需做哪些补充检查等。

（4）其他：当切片组织象在正常范围以内，可报告为"未见明显异常（骨髓象）"或"造血基本良好，未见特殊组织结构和成分（骨髓象）"或"造血基本良好，形态缺乏特征性建议其他检查"。对取材不合标准者，不必勉强作出诊断，可直接告之原因，或对骨髓组织主要形态进行描述，建议结合其他检查，必要时重新取材等。

3. 报告时间　骨髓活检诊断报告，一般都在一周左右。作者实验室为接收标本的第5天或第6天发出诊断报告。

4. 形态学整合报告　在同步采集标本的骨髓检查中，血片、骨髓涂片和印片是快速同步互补的细胞学检查，而骨髓切片技术处理由于操作相对复杂和费时。可是，骨髓切片因滞后1~3天却汇集了前三片的检查信息，进行互补更具有诊断优势，更易对患者的骨髓病变作出进一步的评价和诊断。

在同一个实验室，可以通过协作、协调或错时工作，骨髓组织处理可以在3~4个工作日中完成切片和染色。或将骨髓涂片检查为主的骨髓涂片+骨髓印片+血片的细胞学诊断先以口头诊断报告，正式报告延迟一天，即可以将骨髓涂片细胞学为主的与骨髓组织切片病理学检查，进行互补整合，同步发出诊断报告（四片联检同步整合诊断报告单）。

三、影响检查的质量因素

1. 取材质量　组织标本少、骨小梁明显破碎、间区狭小、基质出血显著，以及获取组织时过度挤压，都可以因标本质量而影响意义评判甚至误判。过度挤压组织可以造成组织细胞的严重变形（图20-34）。

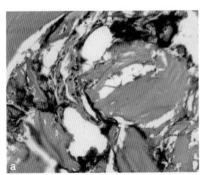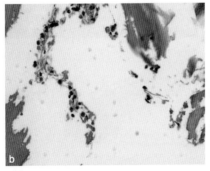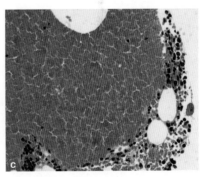

图20-34　组织挤压造成的假性变形结构
a为骨小梁破碎和挤压严重造成组织细胞假性变形；b为主质区部分片膜脱落，可被误判造血减低；c为主质区大量出血，红细胞凝结成块，可以误认为处理不当的骨小梁

2. 切片质量影响镜检　骨髓切片标本的质量影响诊断的因素比骨髓涂片为多。切片标本质量与标本采集到染色完成中的每一环节都有关系。如获取的部位偏位（如脂肪化组织）、在穿刺部位进行组织获取（如组织明显出血）、处置不当（如组织块断成小块或髓膜脱落）、组织脱水、切片与烤片技术不当（如组织明显水肿、片膜不平皱起）、染色不佳（着色过深、过浅、过蓝、过红），都会影响组织结构的观察和细胞形态的评判。因此，获取组织操作医师的技能和处理组织标本技师的技术极其重要，它是保证组织标本质量的首要因素。

3. 染色因素　用一种常规方法染色，有时难免染色过深过浅，有时还由于不同个体间的细胞及基质成分因素造成染色差异。最佳方法为同患者标本用 2 张切片分别用 HE 和 WG 两种方法。

4. 观察细胞形态需要与涂片和印片相结合　镜检中,由于切片中的细胞形态明显不如涂片,对于特别重视予以观察的原始细胞或肿瘤细胞尽可能与骨髓涂片和印片中的形态相结合,尤其是间质性分布的原始细胞或肿瘤细胞。

5. 观察组织结构的主次变化　观察骨小梁结构有无破坏,在明确的肿瘤浸润性疾病中意义不大,但对于疑似性肿瘤是一参考因素。还有 MPN 等许多造血和淋巴组织肿瘤,肿瘤细胞的数量和浸润模式是最重要的,是疾病定性的原则。

6. 意义评判需要密切结合临床和其他检查　造血和淋巴组织肿瘤以及转移性肿瘤侵犯骨髓,是骨髓切片最有价值所在,但充满挑战与风险,许多标本评判是离不开临床和其他实验室检查提供的信息。在贫血患者的组织学检查中更是必不可少。因此,如果是单一的骨髓活检送检单,必须有临床和血象等填写栏目。

7. 组织学相关结构了解不够　除了肿瘤浸润的相似结构外,骨髓组织获取时,由于活检针经过皮下组织,可以将皮肤、肌肉组织带入骨髓,甚至在于其他组织前后切片捞片中带入其他组织。故切片标本可见混在骨髓组织中的这些组织(图 20-35),如果缺乏组织病理学基础,不熟悉组织来源,很容易把人为带入的组织误认为异常组织,甚至转移性肿瘤组织(如皮肤汗腺,捞片带入的胃黏膜组织)(图 20-35)。

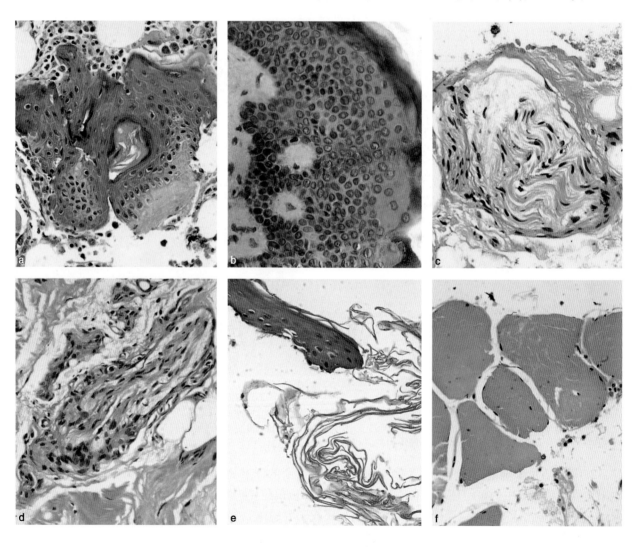

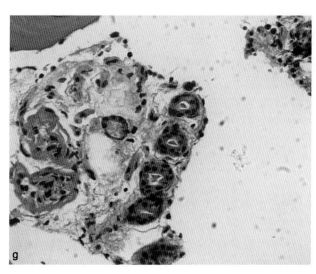
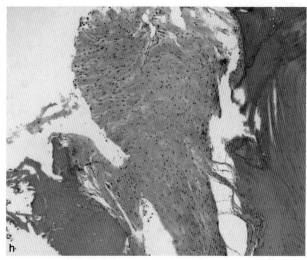

图 20-35　获取骨髓组织时带入的骨髓外组织

a、b 为皮肤鳞状上皮;c 为神经组织;d 为表皮下纤维;e 为角化物;f 为横纹肌细胞;g 为皮肤腺体组织;h 为可疑软骨钙化

第二十一章

骨髓检查质量管理

实验室管理是通过制度的制定、实施、检查、改进和创新（在不断的实践和改正中,发现或找出更佳的方式、方法,替代原有的规范、标准、制度,产生更适用性的解决方案）,以及体现其中良好的实验室文化氛围和服务理念,使工作处于更佳的先进性和实用性状态,并得到服务对象的普遍认可和满意。骨髓实验室质量管理,是通过对形态学诊断中检验标准的制定、控制、保证和改进,适用性诊断标准的掌握和执行,以期达到要求满足临床和患者需求的一种适用性、实用性和符合性的程度。

由于骨髓检查的一些特殊性和复杂性,质量管理仍处于慢步阶段。它包括了横向和纵向两个过程。前者包含临床医师有效选择检验项目,开具送检单（见第十五章）,患者准备,标本采集（见第十六章）、运送和保存,实验室接收标本与处理,染色与镜检分析,复核确认和解释检验结果,发出诊断意见报告并提出建议（见第十七章和第十八章）,接收临床反馈信息等内容。后者包括临床医师掌握检验诊断项目的主要原理和意义;临床医师和检验医师熟练掌握骨髓标本的正确采集和要求;护工熟知标本运送中需要注意的事项;检验技师或检验医师的技术培训和临床培训。除了前面几章介绍中,已有检查和诊断部分质量管理方面的内容涉及外,本章重点介绍骨髓检查实验室的基本管理、不同标本处理的质量管理、人力资源与工作现状的管理探讨等。

第一节　实验室结构、仪器和管理

随着医学的快速发展,传统细胞形态学也需要适应时代的需求,应具备开展骨髓活检和细胞（组织）免疫化学染色、骨髓标本采集以及吸收和应用新标准（如 WHO 标准）的能力。因此,骨髓检查实验室在管理上也需要相应的工作思维。在发展中规范,在规范中改进。

1. 实验室结构与管理　骨髓检查实验室的基本构成及工作流程见图 21-1。实验室的结构管理,视工作量、视科室空间而定。按量设岗而不支持按岗设员。

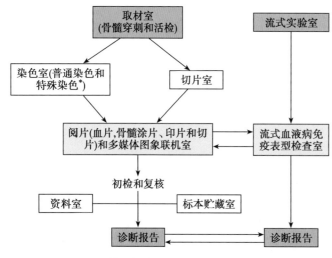

图 21-1　**骨髓检查实验室的构成与工作流程**
* 细胞化学和组织（或细胞）免疫化学染色

2. 仪器　除了一般性仪器外,骨髓检查实验室最重要和最基本配置的仪器应具备中（高）档显微镜、配套的骨髓组织切片仪器和细胞图像采集系统以及人工智能诊断及其会诊系统。如条件允许,还配备流式细胞仪等开展相应的工作。由于骨髓检查不产生良好的经济效益,单位的有关部门或科室应给予仪器配置上的政策倾斜。

显微镜质量直接影响细胞形态学辨认和诊断,其要求比病理科使用的质量更高。譬如一架质量不高的显微镜不容易清晰地辨认幼红细胞质中的铁粒,甚至不能仔细观察细胞中的细微结构。当前,使用较多的为 Olympus 显微镜,如 Olympus CH20 和 BX31 属于一般使用的低档显微镜,Olympus BX41 和

BX51属于中高档显微镜。对显微镜的最基本要求应达到:各种规格镜头下的细胞结构清晰,从低倍镜转到油镜的视野点基本正确、两镜头物相无差异或仅通过微调即可。

连接显微镜的计算机细胞图像采集系统(图21-2),使形态学工作由光学显微镜下观察趋向屏幕化多功能工作体系。细胞图像分析系统配置质量中最重要的是显微镜、摄像头、图像采集卡和缩小镜;在使用中最需要讲究的是细胞图像的典型、逼真以及操作的简便、灵活与快速。当前,细胞图像分析系统的厂家和产品众多,尚需要行业标准化,并方便产品的更新与升级。随着人工智能化骨髓细胞识别与诊断体系的进展,已经可以替代人工镜检与分析诊断,需要关注。作为用户单位既要选择声誉高的厂家,又要根据自身的实际需求选取关键的重要的工作硬件和软件,或者个性化的智能系统。

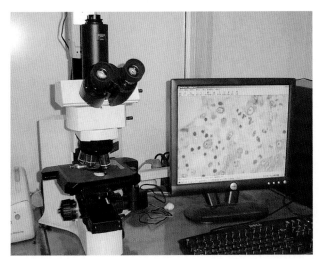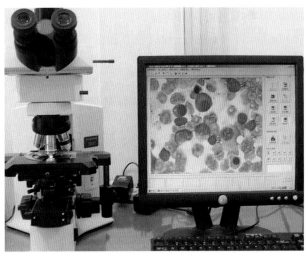

图21-2 显微镜计算机细胞图象采集系统

用于骨髓切片配套的仪器,主要有切片机、摊片机、烤片机、磨刀机和恒温水箱。切塑料包埋组织切片的刀片虽不是仪器但其质量要求非常重要,必须是碳钢材质。一次性刀片仅用于石蜡包埋组织切片。

3. 仪器的管理 显微镜应专人专用,注意清洁与保养。在使用中,载物台需随时去污(如载玻片上溢出的镜油)、去湿(消除尚未干燥涂片或空气湿度大时载玻片与载物台接触面的摩擦力),每天工作结束时需要清洁载物台。每隔1~2周用棉球或擦镜纸(用水稍微湿润,也可用无水乙醇或乙醚)清洁显微镜台面,包括目镜和滤色片的表面。对于物镜,通常在镜检视物不清时清洗,一般不需每天清洁物镜,尤其是油镜。清洁物镜的清洗剂,可以采用无水乙醚等有机溶剂。显微镜不使用时,及时盖罩。

骨髓活检标本处理的配套仪器专人专用。每天工作结束时都要对仪器做一次检查和整洁,对可能存在的故障需要及时修理。提倡小问题自己动手。准备好备用刀片,当用于塑料包埋组织的刀片稍有迟钝时就需要调换。切片工作结束时,即时清理,保持整洁。

第二节 骨髓切片、印片和血片检查的规范与管理

1. 骨髓切片 质量保证是骨髓切片病理学诊断的灵魂。在实践中,需逐步建立或完善骨髓活检质量的监控系统。首先是建立起符合自身实验室文化的管理制度(如实验室的目标、相应的权利和保障的基本条件、岗位的职责和协调、人员技能的定期评估或改进等),其次是制定技术工作的操作规程和诊断质量的管理制度。其中,病理技术质量又是诊断质量保证的前提。建立的质量保证策略和规范程序需要文件化。

(1) 标本采集前及采集的规范:标本采集前及采集的规范见第十六章和第十七章。获取骨髓组织(材料)的多少与异常成分的检出率有关。理想的骨髓组织长度应达到1~1.5cm以上。与国外通常使用的Jamshidi活检针(口小,内径渐大)相比,采用国内活检针(口径与内径一样大小)常不易获取理想长度的骨髓组织。获取的组织长度过短时需要重取。

（2）标本的处理：包括标本的采集、固定、运送、编号、登记和保存,基本程序与涂片处理相同,在整个过程中保持标本的完整和明显的标识。

（3）组织包埋方法：骨髓组织包埋方法有石蜡包埋和塑料包埋方法。一般说,采用后一方法得到的切片标本质量优于前一方法。作者实验室的体会：石蜡包埋切片,可以保证常规工作质量的基本需求,还可以做免疫组化等染色,实用性优于塑料包埋方法。不过,铁染色为塑料包埋切片优于石蜡包埋。不提倡获取双份组织标本既进行石蜡包埋又做塑料包埋切片。

（4）组织切片：良好的切片应符合组织长度适中,组织片完整,无皱褶、断裂或脱落和组织片背景清晰。修理组织块、上机切片操作、摊片、烤片和厚薄片等操作要求都应制作标准操作程序（见第二十章）并严格执行。技术工作的质量是直接影响切片质量的主要原因,需要通过标本处理的规范保证切片标本的质量,并在实践中获得的经验识别和纠正出现的问题。

（5）切片染色：一般染色方法有多种,每种染色法各有优劣。我们的实践认为,切片观察细胞学结构的清晰性常以改良甲苯胺蓝混合染色为佳;若用两种染色甚至三种染色方法一起进行,取长补短非常有益于细胞学和组织结构的精细观察。特殊组织化学染色 Gomori 染色和铁染色对疾病诊断和临床评估有重要的参考价值,应列为切片的常规检查项目。组织化学和免疫组化染色质量管理见第二十章。

（6）镜检和诊断报告的要求与质量管理：与骨髓涂片检查基本相同,见前述和第十八章,但切片检查更重视病变形态（定性为主）,来确定诊断,或检查结果的解释是否恰当。在切片检查中,虽有许多优越性,但仍需要结合临床特征（通常包括血象等简便的常规性项目）,也需要参考骨髓涂片等标本提供的细胞学信息。应改变当前我国许多医院还是将骨髓涂片细胞学检验与骨髓切片病理学诊断分离的体制,需要建立或完善"四片标本联检模式的临床实验室。细胞化学和细胞免疫化学染色的质量管理见第十七章。

2. 骨髓印片与外周血涂片 骨髓印片制备和检查要求见第十九章。骨髓印片可以弥补骨髓涂片的某些不足,可以提高许多以有核细胞量多少为主要诊断依据疾病的评估,对其他造血和淋巴组织肿瘤细胞量多少引起的诊断难易性也有一定意义。因此,应把骨髓印片列入骨髓常规检查项目。

血片形态学同骨髓涂片有另一意义上的互补性（见第十五章）,同步检查可起到相互映照作用,有利于某些疑点的排除或肯定。故在送检或取材骨髓标本时,同时制备血涂片应纳入骨髓检查规范化检查的一部分。

第三节 实验室管理制度

制定的制度需要实时有效,以服务对象为中心,围绕人与效率的关系体现检验诊断的客观性和可靠性,规范性与满意度。

一、职责与终端人才管理制度

责任体现在四个方面：对己负责、对同事负责、对管理者负责、对临床负责。我们应以我国德高高望的著名血液学家和教育家——王鸿利终身教授 "吃的是草,献的是奶"的人生价值观为楷模,以乐观与敬业的精深,从科学和社会两个方面,担当起使命,尽可能地为多方位的需求服务。主管部门应积极引导,包括文化内涵和制度上的体现。如关爱新人、加强培养,有务实而恰当的实施计划和鼓励制度,如既有激发人性的天使一面,又有遏制人性中不足一面的机制。在接受新生力量时,需要坦陈思想与理念,如实验室文化、专业特长与展望、需要怎样的员工。

我们浅见的具有潜质专业人才为对形态学诊断有兴趣又有实际的学力（包括自主学习、学问与经验的程度或潜力）和能力（包括接受、解决和创新的能力或潜力）以及良好心理素质的人。不是被动学习和专业工作上的一般胜任者。因此,招收新人的政策偏向会主动学习和钻研做事潜质的年轻人。预计目标,经几年培养可以胜任一般工作又会在专业领域做些总结或研究。招收或引进中青年骨干,最好是实干并有一定业绩和口碑又因体制或环境限制者。

我国受到良好教育的人口众多,有的是真才实学的或具备真才实学潜质的年轻人。只是部门与科室管理者以什么样的眼光和要求去看待,去寻求、用好这些人。另一方面,有实验室的良好平台与氛围、管理水平与文化,总会引来有志之士或施展宏图的年轻人,并适应他们的向往(希望)、成长和担当。

处于终端工作的人员极其重要。当前因体制上的弊端或大环境的影响,时常可见对工作质量造成的不利影响。如应付、消极、拖拉、抵抗、糊涂,而管理者常难以纠正甚至不一定知晓。终端工作最需要具有以下两种品质的人才:一是勤快、主动协助管理,又不会抱怨和刻意或期望某种利益。二是能圆满完成本职工作,又会经常主动学习、不怕加班还肯钻研学问。

这两类人才是终端所需的实用型、适用型人才,也是当前需要重视、培养和用好的人才。另外,许多人一开始都有想干出一番事业的愿望,但后来绝大多数成为一般工作的应付者或胜任者,其中原因值得深思。在日复一日的工作中使他们改变初衷的原因可能包括管理层面和体制或制度的问题。人本善良,不少人也并不是单纯追求收入,而是有社会和心理方面的意愿或需求,会担当、有事业上的追求。因此,需要合理公平的制度激励这两种品质的人才。

首先,规范新招和引进终端人才的基本素质。其次,需要对许多终端人员的成才愿望进行适当的有效管理;营造成才、敬业与热衷学术的氛围,建立起有利于优秀终端人才产生和成长的平台。最后,管理者还应从心理学角度协调自己与员工之间的关系。对前述的两类优秀人才更需要重视,需要适当而合理公平的制度激励,尽可能让他们淋漓发挥与担当。

二、适当灵活工作和总结与科研制度

骨髓检查因有特殊性,适宜执行适当灵活的、有一定弹性的工作制度。这样可以激发积极性,增强担当,也是高效实验室行之有效的一个方法。制定的制度需要包括:一是在单位规定的工作时间里,必须有能处理常规工作的工作人员;二是有情况时,必须能联系上,如果需要并能在较短的时间内到岗;三是检查标本自我调剂,多时自己加班、少时做些与专业相关的其他工作(如温习标本、归档整理、做课题、写论文),在不影响工作的前提下,可以适当请"假";四是在毫不影响患者和科室工作的情况下,可以提前采集标本,也可以自己调节提前完成阅片。

有品质的员工会产生好的成效和满意度,包括总结与科研成果。展开学术活动是对做好桌面工作的延伸。在适当的激励制度下,会有更多的收获。同时使实验室充满活力,走向先进。学术和科研是服务社会的横向满意度的主要内涵,又是品牌效应的来源。

激励向上、阻遏消极和惰性的制度包含以下五个主要方面:一是主要人员应起表率作用,应有影响力;二是营造良好的学术氛围,让员工在完成常规工作后的多余时间里,有一定的个人空间(包括可以坐下来或静下来看看书写写东西),有了解内外文献信息的工具;三是依据科室的实际制定近年计划,可以从小的技术总结和改进起步;四是鼓励和奖励员工所取得的点滴成绩(绩效机制);五是不支持明显偏离专业的科研工作。

三、经济责任、质量改进和成本核算制度

每位工作者要清楚地明白出了差错所要担当的部分,但制定的制度和实施必须体现奖罚分明和公平。只有公平合理的制度与执行才会提升工作者的积极性和工作质量,减少消极、抵触与应付的行为。对各种渠道来源的建议或反馈的信息需要重视,及时记录、评价,对存在的问题及时改进和实施。每年进行总结与回顾。

在管理制度的制定与实施中都需要考虑其经济合理性,有时权衡社会意义或宣传意义则另当别论。不论一个科室还是一个部门都需要进行成本核算,避免不适当的浪费和支出。从某种程度上说,无成本核算就意味着浪费。骨髓检查是高成本的商品试剂和低收益的费时费力的操作过程。除了政策倾斜外,核算成本、降低成本与增高效率仍然是一项非常重要的技巧上的管理。对于使用的试剂尤其需要合理利用,比如细胞化学和细胞免疫化学染色试剂盒的多人次使用,对配制极为简便又易于达到质量要求的试剂,没必要强调使用商品试剂(盒)的好处。如一般自配的 Wright 染色液和 Giemsa 染色液的染色效果与商品试剂无差异,且染色试剂一般 1~2 年配制一次,不构成对常规工作的影响。不能认为使用简单的商品试剂

就是规范，而自配的就不规范。当前，有非理性选用本可自己配制的常规用商品试剂盒（如非特异性酯酶染色），相当部分是满足形式上而不是质量上和经济上的需要，如商品的铁染色、非特异性酯酶和丁酸酯酶染色试剂盒的染色质量时有不能保证的。因此，成本核算和考核不能脱离实际需要，更忌为了应付（如检查）而过高地浪费人力成本和资源。

四、标本核对制度

骨髓检查的标本核对有几个重要的环节：标本接收时核对患者的病案号、姓名、年龄和床号，并记录什么标本多少张、组织标本的长度多少；阅片镜检时，同样需要认真核对病人的相关信息与骨髓检查标本的编号（标识号），包括患者标本袋上的编号与涂片或切片标本编号是否一致（图21-3）；发出报告时，最后再次核对。因核对不认真，甚至不核对就阅片，并直接发出报告，是造成骨髓检查差错中的主要因素。这需要通过制度进行教育与强化。对每一位在岗人员，包括实习生和进修生，都要严肃认真的讲解核对的意义，出了差错对患者造成的严重不良影响以及所要担当的职责；对新员工需要不间断地告诫与提示；同事之间也要经常相互提醒和交流。

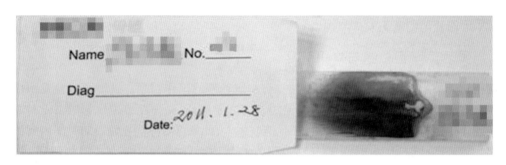

图21-3 **标本核对**
镜检前仔细核对标本姓名、标本号和标本袋上标识（包括所要阅片的各类型和染色标本的核对）

五、读片讨论和二级镜检与报告制度

骨髓检查灵活性大、经验性强，又有形态的不断认知、疾病新分类和标准的不断推出，需要及时消化和吸收。但是，人们在消化过程中会因理论、技能和素质水平的差别，所处的环境和地域文化差异而存在很大的不同，而缩小这些差距的最佳途径之一是建立起读片讨论制度。

即使学有专长的检验医师，有时会由于涂片差异或在不适当区域观察被评价过度；也可由于急促而过的阅片结果，或技术经验不足，或结合其他资料不力等原因，造成评估不足；有时也确实存在疑难标本而不能解决诊断问题。因此，尽可能规避不必要的检查误差和不恰当结论，读片讨论同样是很好的途径。

作者实验室除了每日执行报告发出前的二级检查外，实施每日报告发出后的读片（尤其是疑难标本）讨论制度，畅谈每一病例标本检验中的经验体会以及给出结论（疾病诊断）的思路和依据，结合当前学科的新信息，讨论存在的问题和差距，以及可以解决的方法。

骨髓检查宜执行阅片和复检二级镜检制度和二级报告审核制度，以减少差错或不适当的结论和表达。前者的一级检查包括骨髓标本的检查和结论（诊断意见）；二级检查是对一级骨髓检查质量的全面评定，确认提出的初步诊断是否恰当，并结合临床和实验室信息有无遗漏检查、有无漏检异常成分。二级报告审核制度是检查即将输送的诊断报告信息中，有无遗漏的内容和错误，包括用字和语句等。

六、特殊病例交流沟通制度

通过检查发现一些例外的特殊的疾病，需要立即电脑显示或电话通知有关医师，进行交流与沟通。意义有二：一是进一步了解临床，便于实验室是否需要进一步检查；二是便于临床适当地采取相应措施，如需要完善的其他检查或会诊或适当治疗。实验室需要将交流讨论的主要内容和所要采取的措施记录在骨髓送检单上或工作本上。所谓例外的或特殊的疾病是指:符合形态学诊断的疾病与临床原先考虑的疾病不同且严重者(如急性造血停滞、急性粒细胞缺乏症、骨髓坏死、急性早幼粒细胞白血病),或疾病不同又不属于其他临床科室诊治者(如入住肾内科、呼吸内科和骨科的浆细胞骨髓瘤,入住神经外科和神经内科的急性淋巴细胞白血病,入住普外科的成熟淋巴细胞肿瘤和骨髓增殖性肿瘤),以及原先考虑的一般感染实为骨髓结核、疟疾、真菌等特殊感染者。对进一步确认临床原先并未考虑的重症血液病,如急性造血停滞、急性粒细胞缺乏症、急性早幼粒细胞白血病,也可以按危急值报告程序进行处理;找到疟原虫等一些血液寄生虫,需要按传染病程序处理。

七、报告反馈信息与形态学诊断咨询制度

形态学诊断意见报告发出后,应主动、及时地接收临床的反馈信息,并加强与临床的交流和合作。对诊断报告中存在的问题和不足需要改进与备案。当实验室得到质量认可后,可以建立专门的形态学诊断咨询制度或疑难标本会诊制度,直接为患者和临床服务。

八、与后续检验报告不一致的处理机制

1. 骨髓涂片与骨髓切片报告不一致的处理 骨髓涂片与切片检查互有长短,在检查中都需要参考互补。当两者的报告有冲突又不能解释临床和/或存在技术差错或不符合诊断的一般性程序时,启动实验室有其他人员参与的技术和诊断上的重新阅片、审查与评估,重发报告(口头或书面),纠正差错或诊断上的不足,并记录备案。

2. 形态学报告与后续检查和临床反馈不一致的处理 当发出的报告与后续检查结果和临床反馈不一致,又不能解释临床和/或存在技术差错或不符合诊断的一般性程序时,启动实验室有其他人员参与的技术和诊断上的重新阅片、审查与评估。复查结果如与原报告明显不同,重发报告(口头或书面),纠正差错或诊断上的不足,仔细查找原因,并记录备案。

九、学习、培训、技术考核与比对制度

形态学诊断是需要有过硬的学科技术和扎实的基础学科知识(如临床医学、细胞免疫学、细胞分子学)。因此,工作的一生也是与学习相伴随的一生。按专业所需而自主地学习、更新知识和技术则是一种有更高素质、更高效率和经济的方法。对部分年轻人的学习热情,需要通过制度的实施来倡导或促进,内容包括管理者和年长者以身作则影响他人;重点鼓励和奖励主动学习并有收获者;规定新人在1~2年内完成形态学所需相关学科的学习与考核;应有计划地安排初、中级检验技师或检验医师的培训,包括标本采集技术、可以适当地参与临床查房和病例讨论会等活动;作为集体,当达到了一定的水平,应举办面向外单位员工的继续教学班等,向更高的服务方向发展。

一般每年需要对新人进行技术考核,对独立工作的人员进行人员之间的技术考核比对。技术考核分一般技术考核与阅片考核。考核内容可以是染色注意事项,规定时间内组织切片、贴片等;阅片(骨髓涂片、骨髓印片、骨髓切片、血片)考核的内容是这些标本检验中关键性项目的基本符合性与诊断相符性。

十、学术交流制度与标本温习制度

骨髓检查一直不缺丰富的内涵,但是光在自己的小天地里埋头钻研还是不够的。参与专业会议进行交流也是一个学习和提高的途径。它可以锻炼一个人的写作,又可与同道和专家进行学术上的磋商与请教。此外,也可通过专业网站和微信交流群汲取新的知识,以适应日新月异的知识爆炸时代。因此,作为一个科室或管理者应有计划和安排,尽可能让每一位员工在1~2年内都有机会参加学术交流活动。

骨髓检查虽然是临床检验的老方法,但依然是充满活力和生机。细胞世界精彩迷人,天天会有新问题、新认知让每位参与者有所感悟有所收获。温习保存的标本,是提升阅片能力的一种有效方法,是检验平时吸收和掌握新知识、新技术程度的自我鉴定,是掌握形态学的"最好"老师。因此,宜建立检验医(技)师的标本温习制度,定期或不定期地进行,有目的(如急性白血病标本)和无目的地阅读既往标本,尤其是

复习一定年限(如 3~5 年以上)的骨髓标本。看是否对过去自己或他人所作的形态学分析和疾病诊断有新的感悟,体会曾在自己或别人眼皮底下溜过去的有诊断意义的细胞。也可以温习存贮在计算机里的细胞图像,但其效果不能与涂片镜检比拟。我们应以著名的老一辈专家(如郁知非、杨崇礼、陈朝仕、曹德聪等教授)结合临床和进展阅片,炼就"火眼金睛"鉴别细胞的能力为榜样,体会细胞社会的奥秘,并在温习和进步中增强自信和乐观。

十一、材料归档和会诊与借片制度

骨髓检查的材料包括各种染色标本、包埋的组织块、切片标本、骨髓送检单、登记簿、相关的电子信息资料(如电子报告单和细胞图像)等。骨髓检查所有染色标本,除不能保存外,连同记录原始检查结果的送检单和登记簿全部存档,至少保存五年(如果场地许可长年保存),便于复查、查询、资料的积累和温习。

送检单按月装订,按年归档。涂片、切片和包埋的组织块为实物样品保存,其重要性和价值比计算机存储的信息资料更重要。实际上,保存中的涂片和切片标本退色或污染只是部分的,多数实物标本经一二十年的保存,仍可维持可观察状态。记录原始检验和分析结果的骨髓检查送检单和存贮计算机的图文报告单为保留的副本。标本保存可以专人负责(办理登记、出借与归档的程序)。

病人在医院之间流通诊治中,新接诊医师为了治疗的需要或其他所需,要求借片检查;或者病人要求去外单位会诊等,一般应予支持,但需办理手续,填写标本外借单。作者实验室使用的标本外借单见表21-1。内容包括借片单位的反馈信息(会诊意见),让借片单位阅后填写会诊结论后返回,以利于交流和借鉴。对于会诊意见不一致的应认真分析原因,对于原标本诊断存在有误或不适当的需要改正、落实预防措施,并记录归档。诊断是细胞学,尤其病理学检查的最后步骤和最终目标,对经实验室研讨还不能确诊的或疑难的标本,也需要请外单位的专家会诊。

表 21-1 ××××××医院细胞学标本外借及反馈诊断意见单

患者姓名:	性别:	年龄:	标本号:	标本张数:	押金:
借片人:	外借人部门:		外借日期:	归还日期:	

会诊诊断意见:

会诊单位和科室:　　　　　　会诊医师:　　　　日期:

注意:1. 借阅应该及时归还,市内两天,外地壹周;2. 重视保管,标本破碎需要担责

第四节　其他管理和现状思考

骨髓检查质量管理范围虽小,但其内涵和内容一样具有独特性。我们认为实验室人员与工作上的一些其他管理同样重要,一些现状需要考量。

一、职业品质和工作守则、规范、技能、效率与服务

质量体现在许多方面。工作人员(包括管理者)的职业品质也是一种质量的首要要素。职业品质表现在理性、诚实、正直、主动好学与勤奋钻研等行为特性上,与学历和能力无关。人品不足,是一个潜在的风险。比如工作中不尽责、捣糨糊、应付。在一些人性缺陷与理性不足面前,加之某些特定的文化背景,制度有时会显得乏力与无用。形态学诊断责任重大,需要工作者品行高尚。因此,形态学工作首要是加强职业品质教育,对过去的不足案例进行反思。管理者除了善于管理,还应比员工有更高的德行,有让员工充分发表意见的胸怀和氛围,否则管理效率会下降、学科发展会减速。此外,社会发展到今天,许多工作是凭着良心去做的。因此,在选择(新进)人员时,考虑人品的重要性大于学历。反过来说,科室员工是否会主

动地参与质量管理,是否会积极地提出各种各样的建议,是否会自觉地加班完成工作和研究,都是反映管理水平和员工职业品质的重要指标。

制定的纪律、规章制度,有一些还是拘泥于一个比较呆板的格式。在规范人行为的同时,也会对人的积极性带来影响。管理者与被管理者(互为服务和负责)之间必须互为信任、公平对待,制定制度需要与人性高度融合(促进和提高工作效率、经济效益和工作的满意感)。骨髓检查不同于一般检验,标本质量在数天内不会发生明显的变化,在检查中还需要一个进行思考的缓冲时间和常需要临时补充的检查(如细胞化学和免疫组化染色),加之诊断疾病的难易性不一,故发出的诊断报告时限以天计算。作者所在的骨髓检查室,在制定的规章制度和实施中,采取人性化、协调化和适当灵活的管理方式、有一定的弹性的工作方式。不但在技术质量和技能水平方面显著提升(血液形态学参比实验室),还曾在一段年限内连续9年创造了人均年工作量第一,高于可以比较的三甲医院同类实验室的2~3倍。在浙江杭州,一位资深的实验室管理专家,在员工工时管理上突出人性化和目标化原则,在确保质量的前提下,让完成当天工作的部门留下值班人员后可以提前下班。这样做的多方满意度非常好,由于效率的提高,人均产出和收入也相应增加。这是体现制度灵活的文化性。

对于专业岗位上的工作都需要提供规范的工作步骤或路径,适当规范人与事物的关系。如操作规程或作业指导书、送检单与报告单的格式及其规范性、分析诊断的基本程序、参照的疾病诊断标准(如WHO造血和淋巴组织肿瘤分类与诊断)等。

工作技能是质量管理和质量保证的基础。没有长期的工作经验积累和技术熟练程度的提高难以发展为优秀的质量管理。工作人员不但要有优秀的职业素养,还要有过硬的技术能力。骨髓检查是很强的经验性医学,精湛的技能是与持续不断的学习、实践、再学习相伴随的,同时需要与基础医学和临床医学交融在一起。作为管理者需要为员工营造学习和学术的氛围,制定适宜的逐步深化的技术制度,引导员工从被动到主动,使检验技术与诊断技巧不断地得到提升。

因此,工作人员的技术不光要求满足明示的(如明确规定的)和隐含的(如惯例和习惯)需要或期望,还要对专业进行深层次的钻研,如对原有的形态学方法进行优化组合(如四片联检整合模式),积极开展适宜的新的细胞化学和细胞免疫化学染色,加强与免疫表型、细胞遗传学和分子学检测技术的联系,以增强常规项目的诊断评估和预后评判的力度。

工作效率是质量管理中一个重要的目标。若工作人员职业素质不够、制度呆板,又缺乏足够的技术和经验(如前述)与快乐的工作状态等,都是影响效率的因素。因此,提高工作效率就需要不断地提高或改进这些条件。营造让员工有归属感和创造自身价值的工作环境(用武之地),也是提高工作效率的一个重要因素。

当前,骨髓检查的报告周期还是偏长。以骨髓涂片细胞形态学检查为例,我国有长至一周发出报告的。报告周期长不适宜于现在医学的反应性。因此,缩短报告周期也是提高整体工作效率的一个方面。它需要通过工作的合理安排与协调,使发出的报告控制在一个比较满意的时限内。

患者或临床是我们服务的核心对象,首先应以患者或临床的满意度评价质量管理的效果。服务对象还包括管理者与被管理者,以及同事之间。尤其是管理者,应从德行与艺术高度、实地调研;员工的满意度应作为考核和评价的指标。作为员工应明白自己的职责。

二、工作量化与开展新项目

工作量化,需要考虑合理而适当的忙碌、留有若干空间让员工做些他们自己有兴趣的相关工作(例如总结与科研)。人员按岗会造成浪费,按量定员可以使工作紧凑而有效。一般,较为适当的可能年工作量与人员安排见第二章。

每日工作结束时,每个员工都需要记录工作日志。日志表内容包括具体岗位上的工作准备和室内质控状况,接收标本、标本染色和镜检阅片的份数,未用标本和丢弃标本的处理情况,骨髓检查标本采集的例数和穿刺室的消毒情况等。此外,还要根据情况记录工作结束后工作台面整理与消毒情况;留班人员还要检查和记录安全(水电、门窗和设备)情况。工作量不足时,鼓励员工把多余的时间投入到工作中的学习、总结与学术上,期望能交出另一层面有境界的"工作量"。

在量化工作的同时,还要积极开展新的或其他工作。如同层次的相关工作(骨髓活检、外周血涂片和骨髓印片)和免疫化学染色的开展、细胞化学项目的深化与完善等。提升诊断评估力并保持量的增长。

三、工作安全、工作改进与职责

主要指生物安全以及工作中标本和试剂对环境的影响。骨髓穿刺和活检标本获取中的骨髓液、骨髓组织与血液,原则上都视为传染性,在接触中需要戴一次性手套。对于废弃标本,尤其是体液标本需要进行严格的处置(如倒入规定的消毒液、专用的排水管道至单位污水处理站)。对于仍在广泛使用的非一次性骨髓穿刺针、骨髓活检针,包括采集血片的采血针或注射器与针头等,都应防范交叉感染风险。针刺伤是会发生的事件,需要加强针刺伤的预防和应急的处理。对一些危化试剂,如二甲苯、盐酸、甲醇,需要加强安全性管理。对操作和送检中被标本污染的检验单,是一个被忽视的突出的生物安全隐患问题,需要高度重视。

骨髓检查工作的改进包含两个方面:管理中发现的问题和专业进展所需的补充和改进。管理实施中发现的问题,包括员工实践中感悟的合理化建议、报告发出后临床反馈的有益信息等,都需要记录并及时、持续地进行评估与改进,促使质量管理进一步合理。

当今的医学发展很快,也要适应现时代的发展,适时对不适当的或有误的现有规范(见第二章)、标准(如 WHO 修订的分类与标准)进行修订,对新的方法进行增补,对新的内容进行培训。如髓系肿瘤原始细胞计数方法,病态造血程度的定义与分类方法,单系细胞分类方法,非髓系肿瘤细胞的有核细胞分类方法,新识别的巨核细胞异常形态学。

员工和管理者需要自觉担当和负责地工作。同时,制定适当和合理的以质量为核心的经济责任制度既是提高工作质量的重要措施,更是使各自的责、权和利明晰。工作中出了原则性问题,实事求是、要担当经济等责任的无需推脱。必须明白,一个人没有不犯错误的。对于工作中出现的不良事件,在一定范围内交流和改进,并通过完善工作流程、尽可能杜绝再次发生。

四、科室文化与总结

制定的科室文化和理念,必须符合服务对象的满意度(以患者为中心),但也需要考虑员工作的满意度。如果没有员工工作的快乐和满意,那么就会对管理者设想的高效质量管理产生一些负面影响。在制定实验室管理制度中,需要围绕实际情况又需要符合人们的普遍期望值。让员工快乐参与,献计献策,是持续改进的主要源泉;让员工有归属感,是主动、积极、尽职尽责的主要动能。作为员工,应有进取心和新面貌,快乐工作,各显所长。

有了乐趣,才有更大的兴趣通过学习获取深层次和前沿化的专业文化,通过总结获得更深的体会和提高,使经验上升为科学。不断总结是提升经验的重要过程,并通过持续改进使质量得到提高。如果学到了知识(包括高学历)、掌握了一定技术而不进行总结和研究、实践与探索,也是难达进一层见地的。诸如惰性思想、安于现状、墨守成规,或由某些不合理体制滋生的环境,都是成才和提升质量的绊脚石。只会完成一般工作或应付常规工作的员工不是优秀的员工。同样,缺乏影响力和以身作则的管理者也不是优秀的管理者。诸如这些需要通过制定制度来体现实验室文化。

五、质量控制、保证与信任

骨髓检查中,质量控制的范围比较小,主要有室间质量评价活动和实验室检查时的标本质量控制。当前,骨髓涂片和血片室间评价活动是室间质量评价活动的主体。骨髓检查标本的室内质控则比较复杂,因标本不易保存和不易获取质控品,进展很慢。作者实验室实施的室内质控方法有两种:标本自身质控和选取其他可以比较的标本进行质控(见第十七章)。

质量保证是在质量管理规范化的基础上,来实现自己对于质量指标的承诺。从服务对象来看,它包括3 层关系:患者,管理者与员工和同事之间。管理者与被管理者需要在工作中达到一种互为负责和满意的

程度。管理者应有以人为本的管理理念,制定恰到好处的规范化(包括试剂和仪器质量的把关机制)、标准化制度,接受合理化建议,并持续改进质量等;员工的职业品质与责任以及对技术对服务的持续追求,同事之间以各自岗位上工作为主的默契配合,最终使给出的检验结果或报告诊断经得起复核和临床解释,不出原则性问题,在最大程度上得到核心服务对象——患者或临床的满意与信任。

六、教学管理

在教学医院和独立医学实验室,每年有许多学生实习和进修生学习。对此,应纳入管理,提出要求、制订适当的带教计划。

1. 实习生　每年接收的学生实习,通常显示周期短、难度大的特点。按教学大纲和现状相结合,学生实习中应熟悉、掌握和注意的主要内容如下:①学习实验室操作规定,特别是标本的接收处理、染色和不同疾病所需的不同检验要求。②熟悉(细胞)形态学检验的特殊性,加强基本功训练。③掌握推片技术,要求半天至一天工作时间专门练习涂片制备技巧,特别标本(如胸腹水脱落细胞学检查、脑脊液细胞学检查)涂片制备的要求和技术。④掌握各种染色方法,特别是 Wright-Giemsa 染色、骨髓可染铁染色、髓过氧化物酶和苏丹黑染色及技术问题的处理,同时熟悉染色的临床意义。⑤掌握阅片规范区域和标本去镜油技巧。⑥熟悉正常造血细胞形态,掌握低倍至油镜、油镜至低倍视野下细胞形态学的常见特征,掌握原始细胞与淋巴细胞的鉴别要点,并熟练地把它应用到外周血涂片中,为未来绝大多数学生都需要面对的血片形态学打下扎实的基础。⑦熟悉或了解最常见病的骨髓象,如贫血、白血病、类白血病反应的血象和骨髓象。⑧学习其他与教学大纲相关的内容。⑨自觉参加每天的病例读片讨论。⑩掌握标本的生物安全与防范措施,尤其是交叉污染。其他,要求仪表端正,关爱病人,工作认真、负责、细致;适时整理和清洁工作台面,下班时一起保持工作场所的整洁,并查看水电安全等。

2. 进修生　对进修生的要求:①熟悉各种染色技术和技术问题的处理。②掌握造血细胞正常和病理状态形态学。③娴熟进行一般造血系统疾病的分类、分析和诊断。④能熟练进行骨髓穿刺和骨髓活组织的取材。⑤掌握与形态学诊断相关的血液病临床知识。⑥了解血液肿瘤的生物行为、免疫表型、遗传学病理和临床特点。⑦熟悉工作中经验体会的总结和论文的撰写。⑧要求学习努力,工作认真、负责。⑨除了教学参考书外,还需要阅读相关的多家专著。⑩关爱病人,遇有病人不满意时,协助查找原因并做好解释。其他,见学生实习的管理。

同时需要学习骨髓活检的,则需要在 6 个月进修期的基础上,增加 3 个月骨髓活检的技术、阅片和组织病理学诊断的学习,掌握四片联检模式的取材、阅片及其整合诊断的优势。

3. 带教老师的职责　带教老师的职责包括:①介绍实验室的规章制度、工作和检验诊断的特长。②介绍实验室常规工作的基本要求和主要事项。③引导学生崇尚良好的学风,敬业的素质。④重视言传身教,注重实用技能和基本科研素养的培养。⑤对实习学生每年度集中系统授课 2~3 次。⑥加强学生基本功训练,培养学生知识的应用转化并勇敢地向书本内容理性设问和钻研的动能。⑦对需要的学生指导论文的设计、实验和写作。⑧对进修生,在前 3 个月中,有序地系统简要讲授造血细胞形态学、细胞化学、细胞免疫化学、造血系统疾病的血象和骨髓象特征,诊断和鉴别诊断的要点。如可能,还需要协助论文设计、实验和写作的指导。

第五部分

疾 病 篇

第二十二章

急性髓细胞白血病及相关前体细胞肿瘤

20 世纪 70 年代，French-American-British（FAB）协作组将常见的急性白血病，分为急性髓细胞白血病或急性髓系白血病（acute myeloid leukemias，AML）和急性原始淋巴细胞白血病或急性淋系白血病（acute lymphoblasic leukemias or acute lymphoid leukemias，ALL）两大类，奠定了现代急性白血病分类的基础。迄今，AML 和 ALL 已成为两大类急性白血病的惯用术语。1986 年、1988 年，形态学、免疫学、细胞遗传学（morphologic，immunologic and cytogenetic，MIC）合作研究组分别发表了 ALL 和 AML 的 MIC 工作分类。MIC 研究组 AML 分类与 FAB 分类大致相当，也分为 M1~M7，另外承认了一种 M2 伴嗜碱性粒细胞亚型，并提出了主要的重现性细胞遗传学异常，推荐了针对 B 系、T 系、红系、巨核系和髓系相关抗原抗体的组合以及用于急性白血病研究的免疫技术，首次提出了双系列与双表型白血病。1999 年 WHO 发表的造血和淋巴组织肿瘤分类中，将 AML 分类为 AML 伴重现性遗传学异常、伴多系病态造血、治疗相关和骨髓增生异常以及 AML 非特定类型，经 2001 版、2008 版和 2017 版的不断更新，成为 AML 分类的普适标准。

第一节 概 述

WHO 分类中，AML 大类不仅包括了原始细胞≥20% 的真正的 AML，还包括了相关前体细胞肿瘤，即相关原幼细胞肿瘤。如治疗相关 MDS 或 MDS-MPN 的原始细胞虽然<20%，但与治疗相关 AML 有相似的生物行为。这类疾病中原始细胞比例对疾病行为影响小，所以作为同一病种，即治疗相关髓系肿瘤。还有髓系肉瘤，也不适用骨髓原始细胞的标准，也属于相关前体细胞肿瘤。WHO 用于诊断 AML 所需的原始细胞界值≥20%。但是，外周血或骨髓中以 20% 这一标准区分 AML 与 MDS，并不表示当原始细胞≥20% 的患者是进行急性白血病治疗的指征。急性白血病的治疗是需要根据诸多因素，诸如年龄、骨髓增生异常既往史、临床整体评估和进展速度来决定的。

一、定义和分类

AML 是髓系原始细胞及其等同意义细胞在骨髓和/或血液或其他组织（可在复发时发生）中的克隆性扩增（通常比例达 20% 以上），并有成熟障碍和/或凋亡异常的常见髓系肿瘤。AML 相关前体细胞肿瘤是指髓系原幼细胞克隆性扩增所致的，临床上少见或特殊的例外性髓系肿瘤。

WHO 分类是结合临床特征、形态学、免疫表型、细胞遗传学、分子遗传学，界定生物学同源性和临床相关性的疾病实体。WHO（2017）AML 及相关前体细胞肿瘤分类类型见表 22-1。

2016 年 WHO 的 AML 及相关前体细胞肿瘤类型，包括伴特定基因突变（因与一般重现性遗传学异常的诊断路径不同），共 8 个类别（表 22-1）。我们认为，髓系肉瘤和唐氏综合征相关髓系增殖为特殊类型，可以说不在一般意义上 AML 鉴别诊断的范围；原始浆细胞样树突细胞肿瘤也是。在 2017 年修订版中，WHO 将原始浆细胞样树突细胞肿列为并列的髓系肿瘤，共计 AML 及相关前体细胞肿瘤为 7 个类型（图 22-1）。

表 22-1　AML 及相关前体细胞肿瘤分类类型（WHO,2016,2017）

AML 伴重现性遗传学异常（平衡性易位和倒位）	治疗相关髓系肿瘤*
AML 伴 t(8;21)(q22;q22.1);*RUNX1-RUNX1T1*	AML,非特定类型（NOS）
AML 伴 inv(16)(p13.1q22) 或 t(16;16)(p13.1;q22);	AML 微分化型
CBFB-MYH11	AML 不伴成熟型
APL 伴 *PML-RARA*	AML 伴成熟型
AML 伴 t(9;11)(p21.3;q23.3);*KMT2A-MLLT3*	急性粒单细胞白血病
AML 伴 t(6;9)(p23;q34.1);*DEK-NUP214*	急性原始单核细胞白血病/急性单核细胞白血病
AML 伴 inv(3)(q21.3q26.2) 或 t(3;3)(q21.3;q26.2);	纯红系细胞白血病
GATA2,ECOM	急性原始巨核细胞白血病
AML（原始巨核细胞）伴 t(1;22)(p13.3;q13.1);	急性嗜碱性粒细胞白血病
RBM15-MKL1	急性全髓增殖伴骨髓纤维化
暂定类型:AML 伴 *BCR-ABL1*△	髓系肉瘤
AML 伴特定基因突变	唐氏综合征相关髓系增殖
AML 伴 *NPM1* 突变	短暂性髓系造血异常
AML 伴 *CEBPA* 双等位基因突变	唐氏综合征相关髓系白血病
暂定类型:AML 伴 *RUNX1* 突变△	原始浆细胞样树突细胞肿瘤**
AML 伴骨髓增生异常相关改变	

△ 为新增病种;* 有重现性遗传学异常应注明,但仍归入治疗相关 AML 或 MDS;** 为新修订的与 AML 并列的髓系肿瘤,系列未明急性白血病和伴胚系突变髓系肿瘤也一样。重现性遗传学异常包括平衡性易位和倒位以及特定基因突变

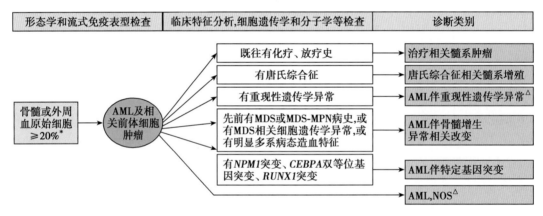

图 22-1　AML 及相关前体细胞肿瘤大类诊断的基本路径

大致为从上到下的优先诊断顺序,但多系病态造血特征而有 *NPM1* 突变或 *CEBPA* 双等位基因突变,则以突变为优先定义和诊断的指标。形态学诊断的基本类型,经流式免疫表型与临床特征、细胞遗传学和分子学检查,分出治疗相关、重现性遗传学异常与特定基因突变、骨髓增生异常相关 AML 和其他需要鉴别类别后,剩下的为 AML 非特定类型（AML,NOS）。* 原始细胞包括相关的等同意义细胞,治疗相关髓系肿瘤、一些伴重现性遗传学 AML、唐氏综合征相关髓系增殖的原始细胞比例不一定都≥20%;△ 需要排除伴胚系突变遗传性易感性髓系肿瘤和混合系列急性白血病等类别

二、分类的基本原则

2001 年第三版 WHO 分类,将遗传学异常正式纳入 AML 的诊断指标。所列遗传学异常主要是涉及与特征性形态学和临床特征相关的转录因子染色体易位,从而形成了临床病理-遗传学病种。2008 年第四版 WHO 分类中,承认在许多 AML 病例中,多种遗传病变（不仅包括显微镜可见的染色体重排或数量异常,而且包括不可见的基因突变）共同促成白血病过程并影响其形态和临床特征。通常编码髓系分化和成熟中

重要的转录因子基因(如 *RUNX1*、*RARA* 或 *NPM1*)重排或突变可能导致白血病细胞的成熟受损,而涉及信号转导途径的基因突变(如 *FLT3*、*JAK2*、*RAS* 或 *KIT*)可能为肿瘤性克隆增殖或存活所必需。AML 中基因突变很复杂,有许多协同突变。通常这些异常的组合导致白血病独特的临床和形态学所见和不同的预后特征。基因突变在白血病中作用的发现,最初主要是在正常核型 AML 患者这一最大的细胞遗传学亚组中,导致了对该组 AML 的全新理解和再分类。新的认识,基因突变在其他 AML 遗传学类型中也重要,可能适用于所有 AML 类型。

　　AML 分类说明了在一个疾病亚组中,不同特征如何在定义病种中起作用。例如,在具有重现性遗传学异常的 AML 中,形态学和遗传学是关键的;在伴骨髓增生异常相关改变 AML 中,形态学、临床病史和细胞遗传学在定义病种中具有同等的重要性;在治疗相关髓系肿瘤中,细胞毒性治疗的临床史是能否归入这组肿瘤的最终因素。不另作特定分类 AML 仍然主要由形态学定义;在该类别中,目前没有独特的临床、免疫表型或遗传学病种。与弥散性大 B 细胞淋巴瘤,NOS 和外周 T 细胞淋巴瘤,NOS 相似,AML,NOS 也代表了一组异质性疾病。预计随着知识的积累和其他新的具体的 AML 病种被定义,这一亚组将继续减少。

三、诊断基本路径和特定与非特定类型

　　在 WHO 新修订的 AML 及相关前体细胞肿瘤类型中,我们体会到,在总的诊断与鉴别诊断(图 22-1)原则上,还应包括独立于 AML 及相关前体细胞肿瘤这一类别之外的罕见 AML 以及其他前体细胞肿瘤,如伴胚系突变遗传易感性髓系肿瘤类别中的 AML、嗜酸性粒细胞增多并有 *PDGFRA/B*、*FGFR1* 或 *PCM1-JAK2* 重排且原始细胞≥20% 的髓系肿瘤,还有混合系列和混合表型急性白血病。符合这些类型特征的肿瘤者,都应归类为各自相关类型,而不是 AML 及相关前体细胞肿瘤。

　　WHO 的 AML 及相关(原幼细胞)肿瘤诊断是分层次渐进的,形态学基本诊断的 AML,一般经流式免疫表型确认,再经过详细的临床特征分析、仔细的形态学检查以及细胞遗传学和分子学检查,进一步分出治疗相关、唐氏综合征相关、重现性遗传学异常(平衡性易位和倒位)、骨髓增生异常相关、伴特定基因突变 AML、混合系列和混合表型急性白血病以及伴胚系突变易感性髓系肿瘤等类型后,剩下的为 AML 非特定类型(AML,NOS)(图 22-1)。

　　在这六个类别中,除相关前体细胞肿瘤或特殊的类别或类型(有临床和形态学等特征时需要考虑,如唐氏综合征相关髓系增殖)外,最常见最重要的则是这五个类别:AML 伴重现性遗传学异常(平衡性易位和倒位)、AML 伴特定基因突变、AML 伴骨髓增生异常相关改变(AML with myelodysplasia-related changes,AML-MRC)、治疗相关髓系肿瘤(AML)和 AML 非特定类型(AML,NOS)。

　　这五个类别也是一般所述或一般所指 AML 的类型。前四个是以细胞遗传学和分子学为主的认知中,分别从 FAB 分类中独立出来的 AML 病种,具有临床特征、形态学与遗传学等之间的相关性,称为特定分类类型,简称特定类型(otherwise specified);相对的,未被独立出来的 AML 类型,称为非特定类型(not otherwise specified,NOS),即至今尚未发现其临床特征、形态学与遗传学等相关的尚不需要另作分类的 AML。AML,NOS,不严格的含义即指这个。

四、流行病学、病因学、疗效和预后因素

　　我国 AML 的发病率约为 1.62/10 万,而 ALL 约为 0.69/10 万。成人以 AML 多见,儿童以 ALL 多见。引起白血病和 MDS 的可能病因,包括病毒、电离辐射、细胞毒化学药物和化学物质(苯等有机溶剂、石油产物、杀虫剂和除草剂)。吸烟可使患病的危险性提高 2 倍左右。但是,仅在白血病诊断的 1%~2% 病例中可以归咎于前述的基因毒性剂,20%~30% 有骨髓增生异常综合征(myelodysplastic syndromes,MDS)、骨髓增殖性肿瘤(myeloproliferative neoplasms,MPN)和骨髓增生异常-骨髓增殖性肿瘤(myelodysplastic/myeloproliferative neoplasms,MDS-MPN),以及化疗和(放疗)以及给予细胞毒药物等病史,而占急性白血病的多数病例为无前述的相关原因或疾病(见第一章图 1-5)。

　　应用现代治疗手段,AML 完全缓解率,儿童患者为近 90%,年轻患者为 70%,中年患者为 50%,老年患者为 25%。中位生存期约 12 个月,缓解病人中生存 2 年以上的占 25%,5 年以上的占 10%。根据 2017 中

国成人急性髓系白血病(非 APL)专家共识,预后分层因素包括以下两个方面:①AML 不良预后因素,包括年龄≥60 岁;此前有 MDS 或 MPN 病史;治疗相关性/继发性 AML;高白细胞计数(WBC≥100×10⁹/L);合并 CNSL;伴有预后差的染色体核型或分子遗传学标志;诱导化疗 2 个疗程未达完全缓解(CR)。②细胞遗传学/分子遗传学指标危险度分级,主要是根据初诊时白血病细胞遗传学和分子学改变进行预后危险度判定见表 22-2。

表 22-2　急性髓细胞白血病患者预后危险度分级

预后等级	细胞遗传学	分子遗传学
预后良好	inv(16)(p13.1q22)或 t(16;16)(p13.1;q22) t(8;21)(q22;q22.1)	NPM1 突变但不伴有 FLT3-ITD 突变 CEBPA 双突变
预后中等	正常核型 t(9;11)(p21.3;q23.3) 其他异常	inv(16)(p13q22)或 t(16;16)(p13;q22)伴有 KIT 突变 t(8;21)(q22;q22)伴有 KIT 突变
预后不良	单体核型 复杂核型(≥3 种),不伴有 t(8;21)(q22;q22.1)、inv(16)(p13.1q22) t(16;16)(p13.1;q22)或 t(15;17)(q22;q12) -5 -7 5q- -17 或 abn(17p) 11q22 染色体易位,除外 t(9;11) inv(3)(q21.3q26.2)或 t(3;3)(q21.3;q26.2) t(6;9)(p23;q34) t(9;22)(q34.1;q11.2)	TP53 突变 RUNX1(AML1)突变[a] ASXL1 突变[a] FLT3-ITD 突变[a]

[a] 这些异常如果发生于预后良好组时,不应作为不良预后标志。DNMT3a、RNA 剪接染色质修饰基因突变(SF3B1、U2AF1、SRSF2、ZRSR2、EZH2、BCOR、STAG2),这几种基因突变在同时不伴有 t(8;21)(q22;q22)、inv(16)(p13q22)或 t(16;16)(p13;q22)或 t(15;17)(q22;q12)时,预后不良

第二节　AML 诊断的基本指标

全血细胞计数、血片、骨髓涂片、骨髓印片和骨髓小粒压碎展片(particle crush smear)形态学是 AML 分类诊断的第一手资料。伴有骨髓纤维化的只有通过骨髓活检才是有用的标本。标准的骨髓涂片 Romanowsky 染色,包括 Wright-Giemsa 染色或 May-Grunwald-Giemsa 染色等。面对疑似的血液肿瘤患者,毫无疑问,形态代表并将继续代表诊断过程的基本步骤。流式细胞免疫表型检查,也是 AML 诊断中与形态学互补的基本指标。

一、血常规

尽管现在有了许多新的诊断技术,但是包括血液常规检查在内的临床特征是血液肿瘤诊断的最初印象。髓系肿瘤全血细胞计数的特点见表 15-1,常是发现血液肿瘤的第一个较为明确的证据。如当白细胞大于 150×10⁹/L 时,除偶见特殊情况外(如严重的类白血病反应,增高是暂时性的,情况好转后可迅速恢复),基本可以考虑为白血病。

AML 血细胞异常的基本特征,一般是造血衰竭所致的红细胞、粒细胞和血小板减少,同时因原始细胞及其等同意义细胞(见第六章)克隆性扩增所致的白细胞增高。外周血细胞与骨髓细胞增生性关系的评判见第三章图 3-11。当血片计数原始细胞及其等同意义细胞达 20% 以上时,可以评判为 AML。一部分由 MDS、MPN、MDS-MPN 等转化的 AML,外周血原始细胞及其等同意义细胞≥20% 而骨髓<20%(外周血 AML)。外周血有一定比例的白血病细胞,用细胞化学染色可以鉴别一部分 AML 的(基本)类型。

全血细胞计数、原始细胞百分比(%)和病态造血评估的整合可以合理预示恰当的 WHO 类型,尽早确定适当的特殊检查,提示可能存在的危险,如急性早幼粒细胞白血病(acute promyelocytic leukemia,APL)。外周血白血病细胞形态学见第六章、第十五章和第十九章等章节。

二、骨髓检查

骨髓涂片是诊断 AML 的主要标本,原始细胞及其等同意义细胞的形态学及其评判意义见第六章、第十七章和第十八章,但需要注意以下四条:①以提高原始细胞和/或原始细胞等同意义细胞计数的可靠性或"金标准",WHO 推荐计数骨髓小粒附近尽量在未受血液稀释区域的 500 个所有骨髓有核细胞(all nucleated cells,ANC),但不包括巨核细胞,最好不在同一张涂片计数以减少样本误差。②既往认为的 AML,NOS 中的急性红白血病等类型,采用的 ENC 分类计数原始细胞比例的标准已被废除,重新归类类型见第六章表 6-4。③当骨髓抽吸物少或因骨髓纤维化等因素而影响骨髓涂片质量时,骨髓切片原始细胞可以作为参考,若免疫组化 CD34 阳性并达一定高的比例,可以作为 AML 的诊断信息。

在初诊病例中,骨髓切片有六个方面的价值:一是评判骨髓细胞量,并为少数低增生性白血病提供诊断依据,基本条件为原始细胞≥20%,骨髓造血容积<20%,免疫化学 CD34 常呈明显的阳性反应。二是了解白血病细胞浸润的组织学类型和评估原始细胞的量。三是了解伴随的成熟程度以及有无病态造血,如部分病人巨核细胞异常比涂片易于观察。四是评估有无纤维化,急性白血病中,约 1/3 病人骨髓伴有不同程度的纤维组织增生,在复发病例中更高。五是免疫组化鉴定髓系白血病细胞的免疫表型特性。六是治疗后残留病灶或缓解后早期复发检测中有重要意义(见第十四章和第二十章)。

骨髓印片和骨髓小粒拉片(展片)作为与骨髓涂片的互补标本,尤其是印片在 AML 骨髓有核细胞量和可能伴有骨髓纤维化以及早期复发方面的检查显有一些长处,详见第十五章和第十九章。

髓过氧化物酶(myeloperoxidase,MPO)是髓系成熟的特异性酶,原始粒细胞多呈颗粒状阳性,且常聚集于高尔基体区域,原始单核细胞阴性或分散的颗粒状阳性,原始淋巴细胞和原始巨核细胞阴性。苏丹黑 B(sudan black B,SBB)反应物较恒定,染色反应灵敏性高于 MPO,常见 MPO 阴性而 SBB 阳性的急性(原始)单核细胞白血病。我们认为 SBB 用于鉴定单核细胞比 MPO 为佳,应两者同步检验,当被鉴定的原始细胞或原始细胞等同意义细胞明显阳性时,可以评判为 AML,当阳性细胞不明显(低比例时,如 5% 左右)则慎重评判。MPO 也可以用简便实用的免疫化学方法进行。

酯酶中,氯乙酸酯酶(chloroacetate esterase,CE)、丁酸萘酯酶(naphthyl butyrate esterase,NBE)和乙酸萘酯酶(α-naphthyl acetate esterase,NAE)最为常用(见第十七章表 17-1)。我们体会 NAE 中,除了急性(原始)单核细胞白血病外,APL 常呈阳性反应。2017 年 WHO 仍认为细胞化学染色在鉴定未成熟(幼稚)髓细胞的类型中具有价值,可以提高 AML 诊断的准确性,尤其在 AML,NOS 分类中。

三、免疫表型

用多参数流式细胞仪(至少 3 色)和免疫组化检测免疫表型,是鉴定原始细胞系列(如髓系还是淋系)及其类别(如 AML 微分化型、急性巨核细胞白血病,B/T 细胞 ALL)的主要方法。鉴定粒红巨三系原始细胞和原始细胞等同意义细胞的免疫表型,所用套组应足以确定肿瘤性细胞群的系列以及异常抗原谱,并应与形态学相互结合(见第二章和第四章),因为少数病例的多异性和特殊性也总是存在的。AML 基本类型的一般免疫表型简要特征见表 22-3。

表 22-3　AML 基本类型免疫表型的一般特征

类型	免疫表型一般特征
AML 伴微分化型	CD34+、HLA-DR+、CD117+/-、CD13+或 CD33+和/或 MPO+/-
AML 不伴成熟型	CD34+、HLA-DR+、CD117+、MPO+/-、CD33+、CD13+
AML 伴成熟型	CD34+/-、HLA-DR+/-、CD117+、MPO+、CD33+、CD13+
APL	CD34-、HLA-DR-、CD117+、MPO+、CD33+、CD13+、CD9+
急性原始单核细胞白血病	HLA-DR+、CD13+、CD33+、CD36+、CD64+、CD11b+/-、CD34+/-、溶菌酶+/-、MPO-
急性单核细胞白血病	HLA-DR+、CD13+、CD33+、CD36+、CD64+、CD163+、CD14+、CD11b+/-、CD4+/-、CD34-/+、溶菌酶+、MPO+/-
急性原始巨核细胞白血病	CD34-/+、CD45-/+、HLA-DR-/+、CD41+、CD42+/-、CD61+、MPO-、CD13+/-、CD33+/-
纯红系细胞白血病	CD34-/+、CD117+/-、CD36+、CD225a+、E-cad+、CD71+/-、MPO-、CD45-
急性嗜碱性粒细胞白血病	CD34-/+、HLA-DR+/-、CD117-、CD13+、CD33+、CD 123+/-、CD203+/-、CD11b+/-、CD9+/-

流式免疫表型检查除了技术因素外,在诊断中需要注意以下几条:①除了原始单核细胞和原始巨核细胞不定表达 CD34 外,原始粒细胞 CD34 为常表达,但是 AML 伴成熟型可见不表达(见第四章图 4-3)。②APL 与急性嗜碱性粒细胞白血病和早幼粒细胞增生型粒细胞缺乏症免疫表型基本相同。③原幼单核细胞免疫表型与原始粒细胞常有不同。④标本血液稀释常很明显,会使需要检测的目标细胞降低甚至大幅降低。⑤白血病性原始细胞常表现异常表型,即白血病相关表型(leukemia associated phenotype,LAP),这也有助于区分最小残留病(minimal residual disease,MRD)与正常骨髓的前体细胞。LAP 包括:不同步抗原表达(如原始粒细胞表达 CD11b 或 CD15),跨系表达(如原始粒细胞或原始单核细胞表达 B 或 T 细胞标记物、CD56 和/或 CD10),抗原过表达,缺乏系列特异性抗原(如原始粒细胞丢失或部分表达 CD13 或 CD33,原始单核细胞丢失 CD11b 和/或 CD14),异常光散射特征(如非常高的 SSC),CD45 异常表达(如阴性或部分表达)。⑥检测到的 CD34+细胞比例较形态学评估所预期的 CD34+细胞更高时,需重新评估两个标本以解决差异的原因,必须与形态学互补进行整合诊断;在流式免疫表型检查与诊断报告单中,应增加标本有核细胞计数和有核细胞形态分类项目,作为流式分析评判以及供临床参考的一部分整合新内容(见第二章第三节)。

四、2017 中国专家共识检查与诊断

2017 成人急性髓系白血病中国专家共识,建议对初诊 AML(非 APL)患者入院检查与诊断的内容包括以下两方面。

1. 病史采集及重要体征　包括年龄;此前有无血液病史,主要指骨髓增生异常综合征(MDS)、骨髓增殖性肿瘤(MPN)等;是否为治疗相关性(包括肿瘤放疗、化疗);有无重要脏器功能不全(主要指心、肝、肾功能等);有无髓外浸润,主要指中枢神经系统白血病(CNSL)、皮肤浸润、髓系肉瘤。

2. 实验室检查　包括血常规、血生化、出凝血检查;骨髓细胞形态学(包括细胞形态学、细胞化学、组织病理学);免疫分型;细胞遗传学检测,染色体核型分析,荧光原位杂交(FISH);分子学检测,分初级检查(PML-RARα、AML1-ETO、CBFβ-MYH11、MLL 重排、BCR-ABL 融合基因及 C-Kit、FLT3-ITD、NPM1、CEBPA、TP53、RUNX1、ASXL1 基因突变),这些检查是急性髓系白血病(AML)分型和危险度分组的基础;次级检查(IDH1、IDH2、DNMT3a、TET2)以及 RNA 剪接染色质修饰基因突变(SF3B1、U2AF1、SRSF2、ZRSR2、EZH2、BCOR、STAG2 等),这些检查对于 AML 的预后判断及治疗药物选择具有一定的指导意义;有意愿行异基因造血干细胞移植(allo-HSCT)的患者可以行 HLA 配型。

3. 诊断、分类　AML 的诊断标准参照 WHO(2016)造血和淋巴组织肿瘤分类标准,诊断 AML 的外周血或骨髓原始细胞比例下限为 0.200。当患者被证实有克隆性重现性细胞遗传学异常 t(8;21)(q22;

q22)、inv(16)(p13q22)或 t(16;16)(p13;q22)以及 t(15;17)(q22;q12)时,即使原始细胞<0.200,也应诊断为 AML。

第三节　AML 特定检查与特定类型诊断

如第二章所述,结合临床特征的全血细胞计数和形态学检查尽管可以做出基本类型诊断或一些特定类型(如 APL 和治疗相关 AML 与 MDS)的评判,但由于不能提供包括指导治疗、预示预后等进一步的更佳的信息。或者说形态学不太可能对血液肿瘤的理解方面产生重大突破,依然被看作 AML 的基本诊断。AML 的特定检查主要是细胞遗传学和分子学检查,尤其是后者。AML 特定类型分类诊断就是在前述的基本诊断基础上根据分子学和细胞遗传学等方面的证据,进行多参数整合性评判而作出的精细分类,即多学科信息整合诊断。分子学不但是影响诊断的方法,也是改进的疾病预后或预测模型,并创新分子靶向治疗方法,同时也带给形态学上的重要影响。

对于初诊病例,都需进行骨髓细胞遗传学检查。通常,一次性采集一份标本冷冻保存,用于分子学检查(详见第二章第三节)。除了白血病融合基因套组外,分子学的额外检查(如荧光原位杂交或逆转录酶聚合酶链反应,详见第四章)宜在初始核型、形态学和免疫表型结果的基础上进行。分子检查还包括 *NPM1*、*CEBPA*、*RUNX1* 和 *FLT3-ITD* 突变等套组检查。归纳基因突变或表达等异常对预后的影响见表 22-4。现在,趋向更大套组作为大多数髓系肿瘤的标准性检查。

表 22-4　在特定遗传学组中 AML 患者分子异常对临床预后的影响

分子改变	细胞遗传学组	预后意义*
KIT 突变	t(8;21)(q22;q22.1)	*KIT*(尤其外显子 17)突变患者无病生存期(disease-free survival,DFS)、无复发生存期(relapse-free survival,RFS)、无事件生存期(event-free survival,EFS)和总生存期(overall survival,OS)较野生型显著缩短,且累积复发率(cumulative incidence of relapse,CIR)和复发率(relapse incidence,RI)更高。也有认为,突变与未突变小儿患者完全缓解(complete remission,CR)率、DFS、EFS、RR 或 OS 无显著差异
KIT 突变	inv(16)(p13.1q22)/t(16;16)(p13.1;q22)	大多数研究中,*KIT* 突变有无 RI、RFS、PFS、EFS 或 OS 无显著差异;有无外显子 17 密码子 D816 突变之间的 EFS 或 OS 也无显著差异。一项研究报道,与野生型比较,突变者(尤其外显子 8)RFS 较短,RR 较高,而外显子 17 突变者 CIR 较高和 OS 较短。儿科患者中突变有无的 CR 率、DFS、EFS、RR 或 OS 无显著差异
FLT3-ITD	正常核型	*FLT3*-ITD 突变的 DFS、CR 持续时间(CR duration,CRD)和 OS 显著缩短。有无 *FLT3*-ITD 突变之间的 CR 率无显著不同
FLT3-ITD 无野生型 FLT3 表达	正常核型	有 *FLT3*-ITD 而无野生型 FLT3 表达的与无 *FLT3*-ITD 患者相比,DFS 和 OS 显著缩短
FLT3-ITD	各种异常和正常核型	年龄<60 岁的年轻患者中 *FLT3*-ITD 的 OS 较无 *FLT3*-ITD 者显著缩短
FLT3-ITD 突变水平	各种异常和正常核型	以下 4 组不同 *FLT3*-ITD 突变水平者中,RR 和 OS 随突变水平升高而变差(但 CR 不变差):①无 *FLT3*-ITD,②低水平 *FLT3*-ITD 突变(如 *FLT3* ITD 占 1%~24% 的总 *FLT3* 等位基因),③中间水平突变(25%~50%)④高水平突变(>50%)
双等位基因 *CEBPA* 突变	正常核型	双等位基因 *CEBPA* 突变与野生型 *CEBPA* 患者相比,CR 率显著增高,而 DFS、RFS、EFS 和 OS 显著延长
双等位基因 *CEBPA* 突变	各种异常和正常核型	双等位基因 *CEBPA* 突变与野生型 *CEBPA* 以及 *CEBPA* 单突变患者相比,DFS、EFS 和 OS 显著延长
CEBPA 单突变	正常核型	与 *CEBPA* 双突变患者相比,*CEBPA* 单突变患者的 CR 率较低而 DFS 和 OS 较短

分子改变	细胞遗传学组	预后意义 *
NPM1 突变	正常核型	一些研究中,NPM1 突变者有较高 CR 率和较长的 DFS、RFS 和 EFS;而在其他研究中,CR 率、RFS 和 EFS 无显著不同。OS 无显著差异。突变的老年患者(≥60 岁)有更好的 CR 率、DFS 和 OS
NPM1 突变和 FLT3-ITD	正常核型	与 NPM1 突变且有 FLT3-ITD 者相比,NPM1 突变而无 FLT3-TID 者有较好的 CR 率、EFS、RFS、DFS、OS
RUNX1 突变	正常核型	突变者 CR 率较低,疾病耐药率较高,DFS、EFS 和 OS 较短
RUNX1 突变	各种异常和正常核型	突变者 CR 率较低,疾病耐药率较高,DFS、RFS、EFS 和 OS 较短
RUNX1 突变	非复杂核型(1 或 2 种异常与正常核型)	突变患者,EFS 和 OS 较短
KMT2A-PTD	正常核型	接受强化治疗,包括自体造血干细胞移植的<60 岁年轻或≥60 岁老年患者,有或者无 KMT2A-PTD 者在 CR 率、DFS 和 OS 上无差异。早期研究中,有 KMT2A-PTD 患者 CRD 较差(但 CR 率或 OS 不差),且在 CR 时有更高的复发或死亡风险
KMT2A-PTD	各种异常和正常核型	<60 岁年轻患者有 KMT2A-PTD 者 OS 较短
WT1 突变	正常核型	突变者 CR 率较低,疾病耐药率、RR 和 CIR 较高,而 DFS、RFS、EFS 和 OS 较短。≤60 岁年轻的 WT1 突变并有 FLT3-ITD 者比无 FLT3-TID 的 CR 率、RFS 和 OS 较差。另有研究认为,儿科突变患者 CR 率、EFS 和 OS 较差,或 DFS 或 OS 无显著差异
WT1 突变	各种异常和正常核型	突变患者 RR 和 OS 较差;EFS 无显著差异。另有认为,儿科突变患者疾病耐药率、CIR、EFS 和 OS 更差
TET2 突变	正常核型	突变有无患者的 CR 率、DFS、RFS、EFS 或 OS 无显著差异。在 ELN 良好遗传学组中,突变者 CR 率、DFS、RR、EFS 和 OS 较差‡(但 ELN-中危 I 组的突变者差异不明显‡)。另有认为突变的≤60 岁年轻 ELN-中危 I 组患者 CR 率较高‡(但不适用于 ELN 良好遗传学组‡)。与野生型 TET2 基因患者相比,突变且 NPM1 突变、无 FLT3-ITD 患者的 RR、EFS 和 OS 较差。同样,在 FLT3-ITD(≤60 岁)年轻患者中,TET2 突变与较短 RFS 和 OS 相关;而有 NPM1 突变者中,TET2 突变与较短 OS 相关
TET2 突变	各种异常和正常核型	≤60 岁年轻的突变有无患者,CR 率、RFS、EFS 或 OS 无显著差异
ASXL1 突变	正常核型	突变患者 CR 率、DFS、EFS 和 OS 较差。在 ELN 良好遗传学组中,≥60 岁老年 ASXL1 突变患者 CR 率、DFS、RR、EFS 和 OS 较差‡(但 ELN-中危 I 组差异不明显‡)。
ASXL1 突变	各种异常和正常核型	突变患者 CR 率、RFS 和 OS 较野生型差
ASXL1 突变	中危核型†	突变患者 EFS 和 OS 较短
DNMT3A 突变	正常核型	一些研究,突变患者 CR 率、DFS、EFS 和 OS 较差;也有认为,CR 率、RFS、EFS 或 OS 无差别。≤60 岁年轻 NPM1 突变并有 DNNT3A 突变(主要 R882 突变)者比无 DNMT3A 突变者的 EFS 和 OS 为短。归类 ELN 中危-I 遗传学组有 DNMT3A 突变(主要 R882 突变)者 RFS 和 OS 较短‡。ELN 良好遗传学组中,DNMT3A 突变与否预后无差异。NPM1 突变无 FLT3-ITD 或 CEBPA 双等位突变的≤60 岁年轻患者中,有 DNMT3A 突变的 EFS 和 OS 更短
DNMT3A R882 突变	正常核型	突变的老年(≥60 岁)患者较野生型患者 DFS 和 OS 要短
DNMT3A 非 R882 突变	正常核型	突变的<60 岁年轻患者较野生型患者 DFS 要短
DNMT3A 突变	各种异常和正常核型	≤60 岁年轻患者中,突变者 CR 率较高,但 RFS、EFS 或 OS 与野生型 DNMT3A 无显著差异

分子改变	细胞遗传学组	预后意义*
IDH1 突变	正常核型	突变患者和野生型 *IDH1* 和 *IDH2* 基因患者之间的 CR 率、DFS、RR 或 OS 无显著差异
*IDH1*R132 突变	正常核型	*NPM1* 突变/*FLT3*-ITD-阴性患者中,有 *IDH1* R132 突变者较无突变者 DFS 更短。*NPM1* 或 *CEBPA* 突变无 *FLT3*-ITD 患者中,有 *IDH1* R132 突变者较无突变 RR 较高和 OS 较短
IDH2 突变	正常核型	*IDH2* 突变(主要是 R140)与否的 CR 率、RFS 或 OS 在 *NPM1* 突变而无 *FLT3*-ITD 患者中无显著差异
*IDH2*R172 突变	正常核型	突变患者 CR 率、RR 和 OS 更差
*IDH2*R140 突变	正常核型	突变患者与野生型 *IDH1* 和 *IDH2* 基因患者之间 CR 率、DFS 和 OS 无显著差异
*IDH2*R140Q 突变	各种异常和正常核型	突变的<60 岁年轻患者的 OS 比野生型 *IDH2* 基因患者长
IDH1 和 *IDH2* 突变	正常核型	突变患者的 DFS 和 OS 短。突变的≤60 岁年轻患者与野生型基因患者 CR 率、RFS 或 OS 无显著差异,部分还有 *NPM1* 突变/而无 *FLT3*-ITD 患者的 RFS 较短
IDH1 和 *IDH2* 突变	各种异常和正常核型	有突变的≤60 岁年轻患者与无突变的 CR 率、RFS 或 OS 无显著差异
TP53 异常(突变或丢失)	复杂核型(≥3 种异常)	有异常者的 RFS、EFS 和 OS 较无异常者短
TP53 突变	复杂核型(≥5 异常)	突变与否的 CR 率、DFS 或 OS 患者无显著差异
TP53 突变	5,7 或 17 异常和/或复杂核型(≥5 种异常)	突变患者 OS 较野生型基因患者短
BAALC 表达	正常核型	血中高表达者 CR 率、原发疾病耐药率、DFS、EFS、RR、CIR 和 OS 较差。小儿患者高与低表达的 CIR 或 EFS 无显著差异
BAALC 表达	各种异常和正常核型	小儿患者 BAALC 高表达与低表达对 CIR、EFS 或 OS 无显著影响。在一项研究中,BAALC 高表达者 EFS 较短
ERG 表达	正常核型	血或骨髓中 ERG 高表达者的 CR 率、DFS、EFS、CIR 和 OS 较差。ERG 高、低表达小儿患者的 CIR、EFS 或 OS 无显著差异
ERG 表达	各种异常和正常核型	高表达、低表达小儿患者的 CIR、EFS 或 OS 无显著差异
MN1 表达	正常核型	高表达者的 CR 率较低,RR 较高,而 RFS、EFS 和 OS 较短
DNMT3B 表达	正常核型	≥60 岁老年患者,高表达者的 CR 率较低,DFS 和 OS 较短
SPARC 表达	正常核型	<60 岁年轻患者,高表达的 CR 率较低,DFS 和 OS 较短
MECOM 表达	正常核型	≤60 岁年轻患者,高表达的 EFS 较短
MECOM 表达	各种异常和正常核型	≤60 岁年轻患者,高表达的 CR 率较低,RFS 和 EFS 较短
MECOM 表达	中危核型†	≤60 岁年轻患者,高表达的 RFS 和 EFS 较短
MIR181A 表达	正常核型	<60 岁年轻患者,高表达的 CR 率和 OS 较好
MIR3151 表达	正常核型	≥60 岁老年患者,高表达的 DFS 和 OS 较短
MIR3151 表达	中危核型†	高表达者的 DFS 和 OS 较短,CIR 较高
MIR155 表达	正常核型	高表达者的 CR 率较低,DFS 和 OS 较短

　*表示数据涉及成年患者,除非另有说明。†据英国医学研究委员会修订标准。‡ 细胞遗传学正常者中有突变的 *CEBPA* 和/或 *NPM1* 而无 *FLT3*-ITD 归入 ELN 良好遗传组,有野生型 *CEBPA* 基因,并有野生型 *NPM1* 有或无 *FLT3*-ITD,或者有突变的 *NPM1* 伴 *FLT3*-ITD 者归入 ELN 中危-I 遗传组。§包括野生型 *NPM1* 有或无 *FLT3*-ITD,或者有突变 NPM1 伴 *FLT3*-ITD 者。#ELN 定义复杂核型为≥3 种染色体异常,且无 WHO 定义的重现性易位或倒位。CIR 为累积复发率;CR 为完全缓解;CRD 为完全缓解持续时间;DFS 为无病生存期;EFS 为无事件生存率;ELN 为欧洲欧洲白血病网;*FLT3*-ITD 为 *FLT3* 基因内部串联重复;*FLT3*-TKD 为 FLT3 酪氨酸激酶结构域突变;*KMT2A*-PTD 为 *KMT2A* 部分串联重复;NA 为不适用;OS 为总生存期;PFS 为无进展生存期;RFS 为无复发生存率;RI 为复发率;RR 为复发风险

一、治疗相关髓系肿瘤

按诊断的基本程序(图 22-1),相对而言最容易分析评判也是最先需要诊断的是治疗相关髓系肿瘤(therapy related myeloid neoplasms,t-MN)。它包括治疗相关 AML(acute myeloid leukemias,therapy related,t-AML)、MDS(myelodysplastic syndromes,therapy related,t-MDS)和骨髓增生异常-骨髓增殖性肿瘤(myelo-dysplastic/myeloproliferative neoplasms,t-MDS-MPN)。治疗相关髓系肿瘤约占髓系肿瘤(AML、MDS 和 MDS-MPN)的 10%~20%,是肿瘤或非肿瘤性疾病化疗和(或)放疗后的最致命的晚期并发症。虽然可根据骨髓和血液原始细胞计数进行细分,但由于生物行为类似,与原始细胞数关系不大,被认为是单一的病种。当有原发肿瘤或非肿瘤性疾病细胞毒化疗和/或放疗史的患者,出现血细胞减少时,需要怀疑 t-MDS;当不能以一般治疗因素解释,并经仔细细胞形态学检查发现明显病态造血细胞者,可以作出 t-MDS 的基本诊断。当外周血或骨髓原始细胞增多,≥20%时,符合 t-AML(可以为淋系)的细胞学诊断;并按细胞化学染色的结果,对白血病类型作出评判。拓扑异构酶Ⅱ抑制剂相关 t-AML,常无 MDS 过程,也无明显病态造血。即使后续检查有重现性遗传学异常,需要加以解释,它对于确定治疗(如治疗相关 APL)方案和预后评估是重要的,但不对诊断类别产生影响。因此,临床特征(病史)、全血细胞计数和四片联检形态学的指标是非常重要的。

1. 定义和类型   t-AML、t-MDS 和 t-MDS-MPN 是由于细胞毒药物化疗和/或放疗的结果。已被认识的诱突变制剂有两个主要相关类型:烷化剂/放疗相关和拓扑异构酶Ⅱ抑制剂(表 22-5)相关。临床经过中,在初诊时常见骨髓衰竭的 MDS 证据:先出现一系(孤立的)血细胞减少或全血细胞减少的 MDS 病变;随后出现明显的多系细胞病态造血特征,骨髓原始细胞通常<5%。MDS 期的 2/3 病例符合 MDS 伴多系病态造血(MDS with multilineage dysplasia,MDS-MD)细胞学标准,其中又有约 1/3 病例环形铁粒幼细胞>15%;约 1/4 病例符合 MDS-EB-1 和 EB-2 标准。MDS 期向 AML 或高危 MDS 发展中,部分患者在疾病进展中死亡,少数患者发展成急性白血病(原始细胞≥20%)。

表 22-5   与治疗相关血液肿瘤有关的细胞毒药物

烷化剂:马法兰,环磷酰胺,氮芥,苯丁酸氮芥,马利兰,卡铂,顺铂,氮烯唑胺,甲基苄肼,卡莫司汀,丝裂霉素 C,塞替哌,洛莫司汀等

电离辐射治疗*:覆盖活性骨髓的大野照射

拓扑异构酶Ⅱ抑制剂**:依托泊苷,替尼泊苷,多柔比星,柔红霉素,米托蒽醌,安吖啶,放射菌素,拓扑异构酶Ⅱ抑制剂也可能与治疗相关急性淋巴细胞白血病相关

其他:抗代谢药:硫嘌呤醇,霉酚酸酯,氟达拉滨;微管蛋白抑制剂(常与其他药物联合使用):长春新碱,长春花喊,长春地辛,紫杉醇,多西紫杉醇

*局部放疗的遗传效应引起 t-AML 的发生率仍未知;**可能还与治疗相关 ALL 有关

治疗相关髓系肿瘤,90%以上患者的白血病细胞有核型异常,但烷化剂/放疗相关 AML/MDS 与拓扑异构酶Ⅱ抑制剂相关 AML 或急性白血病之间,生物学和临床特征不同。烷化剂相关 AML 患者有 MDS 过程或无 MDS 过程但有(多系)病态造血,65%~70%病例可检出 5q-和-7 或 7q-等复杂核型,包括 TP53 等基因突变,预后不良;拓扑异构酶Ⅱ抑制剂相关 AML,常无 MDS 过程,一开始便为急性白血病表现,细胞学类型以单核系细胞或粒系单核系细胞混合型为主,常累及 11q23 及其 KMT2A(MLL)或 21q22.3 及其 RUNX1 基因重排,也可发生 APL。对这两个类型的认识可以更好地了解无先前治疗史原发白血病发病机制的模型,并可对有针对性和特异性的治疗带来影响。因此,治疗相关 AML 也可伴有重现性遗传学异常,在报告中加以注明。烷化剂/放疗相关 AML 常为不易缓解的难治性和短的生存期,而拓扑异构酶Ⅱ抑制剂相关 AML 与原发 AML 初次化疗效果相同。

烷化剂/放疗相关的 t-MN 发生在使用诱突变制剂 5~6 年后,报告范围在 10~192 个月。危险度与使用的总烷化剂剂量和患者的年龄有关。给予拓扑异构酶Ⅱ抑制剂后发生相关的 AML 潜伏期比烷化剂/放疗

相关短,约为12~130个月,中位数为33~34个月。

2. 烷化剂相关 AML/MDS 形态学和遗传学 t-AML 既有 AML 特征又有 MDS 进展的证据(图22-2),通常累及所有髓系细胞,如全髓增殖症。少分叶核和胞质颗粒缺少是中性粒细胞病态改变的特征;红系病态造血见于全部病人,约60%以上病例可检出环形铁粒幼细胞,约1/3病人环形铁粒幼细胞>15%;1/4病例骨髓嗜碱性粒细胞增加并伴有巨核细胞病态造血;Auer小体少见。AML类型有 AML 伴成熟型、急性粒单细胞白血病、急性单核细胞白血病、急性巨核细胞白血病甚至为 APL。

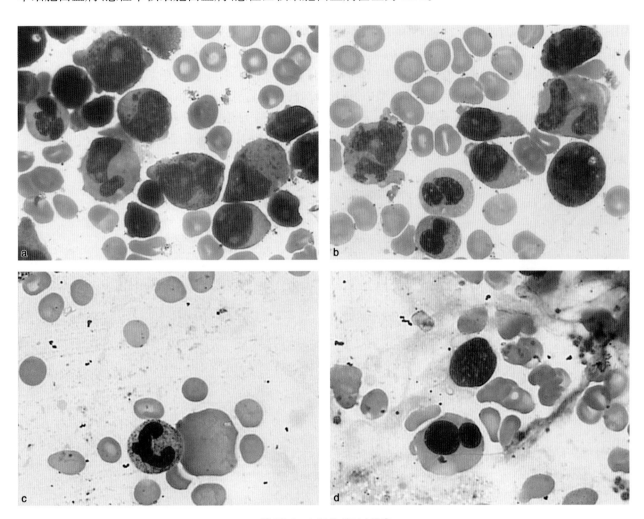

图 22-2 t-AML 和 t-MDS

a、b 为 t-AML,原始细胞明显比典型 AML 为低,而病态造血细胞明显;c、d 为 t-MDS,患者为 B 原始淋巴细胞淋巴瘤化疗后,第51个月发生血细胞减少,在外周血中红细胞大小不一,易见超巨大红细胞(c),指示骨髓造血异常;骨髓涂片造血细胞明显减少,但多见病态幼红细胞(d)

骨髓切片一半病例为高增生性,正常细胞量和低细胞量各约占1/4,约15%病人有轻中度骨髓纤维化。流式免疫表型为异质性,单一原始细胞为主要组成时 CD34、CD13、CD33 和 MPO 阳性,也可表达多药耐药蛋白抗原1(multidrug resistance 1,MDR1)。常有 CD56 和/或 CD7 的反常表达。免疫组化 P53 阳性细胞可以指示 TP53 突变并示差的预后。

烷化剂/放疗相关 AML/MDS 细胞遗传学检查,有高克隆性异常发生率,与 AML 伴多系病态造血 AML 和一开始便为 MDS(伴多系病态造血或伴原始细胞增加)的细胞遗传学异常相似。tMN 的约70%有不平衡异常,最常见累及染色体5号和/或7号长臂部分或全部缺失,5号染色体常发生在q22至q32区带,且常伴有1~2个额外的异常,如13q−、20q−、11q−、3p−、17p−或17、18、21染色体的丢失、+8。约80%患者5q−有17p异常所致的 TP53 突变或丢失。复合染色体异常较常见。

3. 拓扑异构酶Ⅱ抑制剂相关 AML 形态学和遗传学　拓扑异构酶Ⅱ抑制剂相关 AML 形态学主要累及单核系细胞,多数病例白血病分类属于急性原始单核细胞白血病或急性粒单细胞白血病,也可以为 AML 伴成熟型和 APL,偶见 MDS、巨核细胞白血病或 ALL。ALL 相关者常有 t(4;11)(q21;q22)易位。细胞遗传学最明显的异常是累及 11q23(MLL)的平衡易位,常见有 t(9;11)、t(11;19) 和 t(6;11);部分累及 21q22.3(RUNX1),如 t(8;21),t(3;21);也可见 inv(16),t(8;16),t(6;9) 和 t(15;17)。平衡易位约占 tMN 的 20%~30%。

t-MN 患者 90% 以上有核型异常,少数核型正常。约一半病人还有 TP53 突变,发生率比原发 AML 或 MDS 高,TET2、PTPN11、IDH1/2、NRAS 和 FLT3 突变也可见。除了 TP53 突变患者生存期短外,其他突变的临床意义不明。

4. 诊断要点和鉴别诊断　诊断要点(图 22-3)中,最重要的是两条:一是相关的治疗病史;二是外周血或骨髓原始细胞≥20%。在治疗相关的类型中,拓扑异构酶Ⅱ抑制剂相关 AML,常无 MDS 过程,无明显病态造血细胞;烷化剂相关 AML,有 MDS 过程,常有病态造血特点。细胞遗传学和分子学检查常可以提供有益于诊断和治疗方面的信息,在最终诊断前应予以完成。较多的 t-MN 病例有癌症易感性基因中的胚系突变,还需要仔细调查家族史。

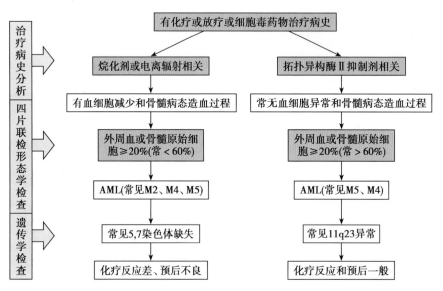

图 22-3　两个类型 t-AML 进展中细胞学变化和诊断路径

二、AML 伴重现性遗传学异常

2017 年 WHO 修订的 AML 伴重现性遗传学异常,包括了 AML 伴平衡易位或倒位以及 AML 伴特定基因突变两大类。前者有 8 个类型,后者 3 个类型。这组特征是重现性遗传学异常,常为一开始便是(原发)AML,分子异常与形态学密切相关,以致在观察外周血和骨髓细胞形态时也可预测可能的分子学改变。它们的分子病理机制见叶向军、卢兴国主编,人民卫生出版社 2015 年出版的《分子血液病诊断学》。

AML 如排除放疗、化疗史,检测到图 22-4 中的重现性遗传学异常为 AML 伴重现性遗传学异常类型。重排基因名、曾用名及其意义见表 22-6。

1. AML 伴 t(8;21)(q22;q22.1);RUNX1-RUNX1T1

(1) 定义:被界定为有 t(8;21)(q22;q22.1);RUNX1-RUNX1T1 而形态学常显示粒系细胞成熟特征和临床预后良好的 AML。融合基因 RUNX1-RUNX1T1 曾被称为 AML1-MTG8、AML1-ETO 和 CBFα-ETO(表 22-6)。

(2) 临床特征:多见于年轻人,约占 AML 的 5%~12% 或 1%~5%(WHO,2017),占伴成熟 AML(M2)核型异常的>1/3。治疗后完全缓解率高,强化巩固治疗可长期无病生存。

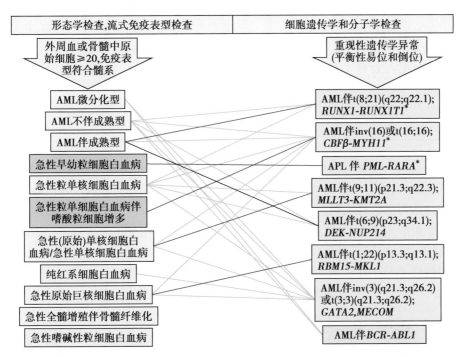

图 22-4　**AML 伴重现性遗传学异常（平衡性易位和倒位）类型与形态学类型的关系**
红线示两者强相关，黑线和绿线示该重现性遗传学异常常常见于和少见于对应的形态学类型。黄色长方形中的类型为重现性遗传学异常。左侧长方形中类型表示形态学诊断的基本类型；绿色者与一种伴重现性遗传学异常强相关，无相应的非特定类型。*示该类型白血病原始细胞可低于 20%，其他类型原始细胞是否可以低于 20% 尚有争议

表 22-6　AML 重排（融合）基因名称及其意义

基因缩写名	中文名全称	曾用名	意义
RUNX1-RUNX1T1	Runt 相关转录因子 1-Runt 相关转录因子 1 易位 1 融合基因	*AML1-MTG8*（急性粒细胞白血病 1 与 8 号染色体髓系转化基因融合）*CBFα-ETO*（编码核心结合因子 α 与 8-21 染色体易位基因融合）	系 t（8;21）易位发生重排而形成融合基因，主要见于 M2，预后常良好
CBFβ-MYH11	核心结合因子 β-肌球蛋白重链 11 融合基因	*CBFB-SMMHC*（核心结合因子 β 与平滑肌肌球蛋白重链基因融合）	系 inv（16）或 t（16;16）易位发生重排而形成融合基因，主要见 M4Eo，预后常良好
PML-RARA	早幼粒细胞白血病-维 A 酸受体 α 融合基因		系 t（15;17）易位或隐蔽易位或复杂重排形成融合基因，主要见于 M3，预后良好
KMT2A-MLLT3	混合系列白血病易位 3-组蛋白赖氨酸甲基转移酶 2a 融合基因	*AF9-MLL*（9 号染色体 ALL1 融合基因与混合系列白血病基因融合），*MLL* 又名髓系淋系白血病基因、急性淋巴细胞白血病基因和 *HRX* 基因	系 t（9;11）易位发生重排而形成融合基因，主要见于 M5 和 M4，预后常差
DEK-NUP214	DEK-核孔蛋白 214 融合基因	*DEK-CAN*（DEK-核孔蛋白融合基因）	系 t（6;9）易位发生重排而形成融合基因，主要见于 M2 和 M4，预后常差
GATA2，MECOM		曾被认为是 *RPN1-EVI1* 融合基因（核糖体结合蛋白与专宿病毒整合位点基因 1 融合）	系 inv（3）或 t（3;3）易位致远端 GATA2 增强子重新定位并激活 MECOM 基因表达，使 GATA2 基因单倍不足

基因缩写名	中文名全称	曾用名	意义
RBM15-MKL1	RNA 结合基序蛋白 15-原始巨核细胞白血病 1 融合基因	*OTT-MAL*(1-22 易位基因与 T 细胞成熟相关蛋白基因融合)	系伴 t(1;22)易位发生重排而形成融合基因,主要见于婴儿 M7
BCR-ABL1	断裂点簇集区基因-ABL1 融合基因	*BCR-ABL*	可以受益于酪氨酸激酶抑制剂治疗

（3）形态学：初诊时可见髓系肉瘤（粒细胞肉瘤）和不可解释的骨髓涂片较低原始细胞。最常见的形态学特征是原始细胞较大且有丰富的嗜碱性胞质,常含较多的嗜苯胺蓝颗粒或发育的高尔基体（见第六章图 6-9）；一些原始细胞可见假性大颗粒（pseudo Chediak-Higashi granules）,认为是颗粒的异常融合；Auer 小体常见,为单一长形和锥体样,并可见于成熟中性粒细胞；一些标本中可见大型和较小型原始细胞,尤其在外周血中。在骨髓中,早幼粒细胞和中幼粒细胞常见增加并易见中晚阶段粒细胞病态形态（图 22-5）,包括异常核分叶（如假性 Pelger-Huet 核）和/或胞质染色异常（如粉红色均匀性胞质）。部分病人可见幼稚嗜酸粒细胞轻度增加,但不具有 16 号染色体异常的嗜酸粒细胞增多 AML 形态学特征。

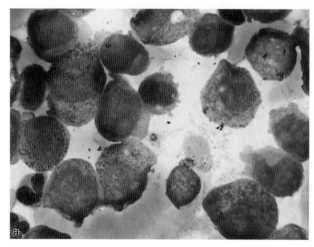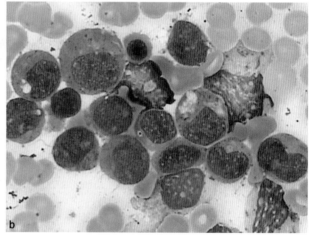

图 22-5　　AML 伴 t(8;21)(q22;q22.1);*RUNX1-RUNX1T1*

患者为男性 57 岁,胸闷胸痛 1 个月余,血红蛋白 52g/L,白细胞 22.5×10⁹/L,血小板 36×10⁹/L,幼稚细胞 46%,遗传学检查为 t(8;21)易位和 *RUNX1-RUNX1T1* 阳性。a 为增多的早幼粒细胞,形态基本正常,但可见大小不一双核等病态形态;b 为原始、早幼和中幼粒细胞三个阶段细胞增多和病态形态,但原始细胞仍在 20% 以上(24%)

（4）免疫表型、细胞遗传学和分子学：CD34 常见阳性,CD117、HLA-DR、CD13 和 MPO 阳性,CD33 弱表达,有时原始细胞表达 CD34 又表达 CD15,示成熟不同步。常伴 CD19、PAX5 甚至 cCD79a 阳性。CD19 和 CD56 共表达与此型强相关伴 CD56 阳性（可见 *KIT* 突变）者预后不良。少数患者原始细胞表达 TdT。分子学检查可见无 t(8;21)易位而有 *RUNX1-RUNX1T1* 融合基因。t(1;21;8),t(8;11;21) 和 t(8;13;21) 等变异型易位伴 *RUNX1-RUNX1T1* 融合基因的患者具有相同的疾病特征。有继发性核型异常者预后较差。此型的 70% 患者有额外的遗传学异常,如性染色体缺失、9q-;20%～30% 病例有 *KIT* 突变;还有 *KRAS* 或 *NRAS* 共突变(secondary cooperating)见于 30% 的儿科患者和 10%～20% 成人患者,约 10% 可见 *ASXL1*,20%～25% 可见 *ASXL2* 突变。

（5）诊断要点和鉴别诊断：AML 伴 t(8;21)(q22;q22.1);*RUNX1-RUNX1T1* 主要与 FAB 分类的 M2 相关,故当形态学检查原始细胞比例不如其他类型高,细胞成熟特征明显,或伴有异常（早）中幼粒细胞明显增高（我国的 M2b）者,应高度疑似本型 AML,建议（分子）遗传学检查。细胞遗传学和分子学检查发现 t(8;21)及相关的融合基因形成是确诊的主要条件。本型 AML 中,也有一些病例为无细胞成熟特征或有单核细胞成熟的形态学特点（如 FAB 分类的 M1、M4）。

2. AML 伴 inv(16)(p13.1q22)或 t(16;16)(p13.1;q22);*CBFβ-MYH11*

（1）定义：被界定为有 inv(16)(p13.1q22)或 t(16;16)(p13.1;q22);*CBFβ-MYH11* 常见于粒系和单核系细胞分化并有嗜酸性粒细胞增多的 AML,即多为 FAB 分类中的 AML-M4Eo,常见形态学特征为单核细胞和粒细胞的成熟以及骨髓存在异常嗜酸性粒细胞,故也称为伴异常嗜酸性粒细胞急性粒单细胞白血病(acute myelomonocytic leukaemia with abnormal eosinophils,AMML-Eo)。

（2）临床特点：多见于年轻人,约占 AML 的 10%~12% 或 5%~8%(WHO,2017)。初诊或复发病例中可见髓外浸润(髓系肉瘤)。初诊时全血细胞计数比 t(8;21)(q22;q22)者高。化疗可获得较高的完全缓解率,故被认为是预后良好的 AML 类型。

（3）形态学：除了急性粒单细胞白血病(AMML)形态学所见外,骨髓嗜酸性粒细胞数量不定(有时<5%),可见不同成熟阶段;最常见和显著的异常是幼稚型(早幼和中幼)嗜酸性粒细胞颗粒:异常嗜酸性颗粒比正常幼稚嗜酸性颗粒大,紫蓝色,有时为显暗色的密集颗粒(图 22-6)。成熟嗜酸性粒细胞为低核叶。异常嗜酸性粒细胞 CE 染色阳性有特征性(正常嗜酸性粒细胞阴性),伴 t(8;21)易位 AML 中的嗜酸粒性细胞亦为阴性。原始细胞 MPO 阳性>3%,可见 Auer 小体。原幼单核细胞非特异性酯酶(non-specific esterase,NSE,NAE)阳性,一些病例为弱阳性反应。

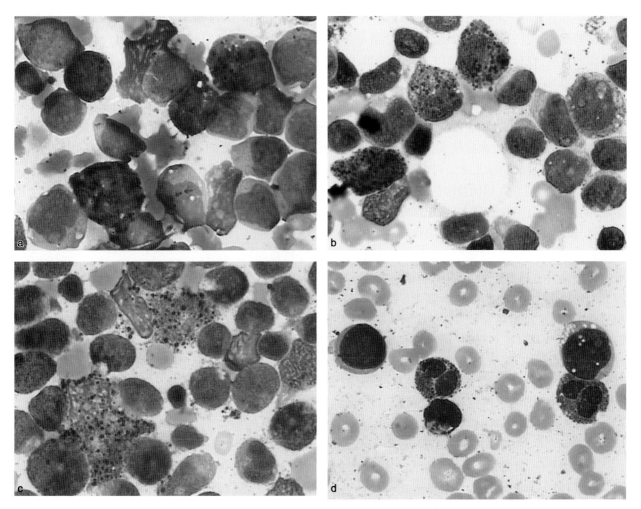

图 22-6　inv(16)(p13.1q22)或 t(16;16)(p13.1;q22);*CBFβ-MYH11*

a 为 3~4 个早期阶段嗜酸性粒细胞,颗粒深染,有的盖核。患者为女性 34 岁,发热 2 周,Hb 44g/L,WBC 37.1×10⁹/L、异常细胞 66%,PLT 15×10⁹/L,免疫表型符合髓系克隆性表型,染色体核型为 46,XY,-9,+mar[3]/46,xy[5],*CBFB-MYH11* 阳性。b、c 为另一 AML 伴 inv(16)(p13q22);*CBFβ-MYH11* 患者,有嗜酸性粒胞增多和异常特征:幼稚阶段、双染颗粒和易见组织嗜酸性粒细胞;d 为 b、c 病人血片的幼稚嗜酸性粒细胞和成熟嗜酸性粒细胞(多见)

除了骨髓明显的单核细胞和嗜酸性粒细胞比例增高外,骨髓中性粒细胞通常很少,成熟粒细胞减少。外周血细胞学改变与其他 AMML 无差别;也有骨髓嗜酸性粒细胞不明显增加而外周血中增加和形态异常。骨髓切片显示高增生性,部分细胞量正常。

(4) 免疫表型和遗传学:免疫表型,原始细胞表达 CD34 和 CD117,粒系细胞群表达 CD13、CD33、CD15、CD65 和 MPO,单核系细胞群表达 CD14、CD4、CD11b、CD11c、CD64、CD36 和溶菌酶,成熟不同步表达常见,可见 CD23 协同表达。遗传学除了 inv(16) 或 t(16;16);*CBFβ-MYH11* 外,40%病例可见继发性细胞遗传学异常(如+22、+8、+21、7q−)和基因突变(如 *KIT*、*NRAS*、*KRAS*、*FLT3*)。

(5) 诊断要点和鉴别诊断:AML 伴 inv(16) 或 t(16;16) 的大多数患者为 AMML-Eo(FAB 分类的 M4Eo),因此,伴有嗜酸性粒细胞增多的 AMML 应高度疑似此型 AML 的存在,细胞遗传学和分子学检查发现相关染色体异常或其融合基因是确诊的优先条件。偶有 inv(16) 或 t(16;16) 者,无(明显)嗜酸性粒细胞增多,骨髓仅为无单核细胞成熟的髓细胞组分或仅为单核细胞成熟的形态学。这种情况与伴 t(8;21) 易位 AML 相似,即使原始细胞比例接近 20%,也应诊断为本型 AML。

3. APL 伴 *PML-RARA*

(1) 定义:被界定为有颗粒过多(典型型)和微细颗粒(颗粒缺少型)的早幼粒细胞形态学特征以及分子遗传学具有 *PML-RARA* 融合基因的 APL。t(15;17)(q22;q11-12) 易位及其 *PML-RARA* 融合基因形成是 APL 的典型型。这一融合基因还可见于隐蔽易位或复杂的细胞遗传学重排。WHO(2017) 为了强调该融合基因的意义,将有此融合的 APL 更名为 APL 伴 *PML-RARA*。

(2) 临床特点:通常发病突然,占 AML 的 5%~15%。好发于青壮年,10 岁前罕见,70 岁后也减少。初诊病例中近一半以上患者无明显出血症状,多数患者无脾肿大,常表现为三系减少或白细胞正常另二系血细胞减少的贫血症状。也有少数初诊病例有显著的出血(大范围的皮肤紫色瘀斑,严重的黏膜出血或牙龈渗血),而多数显著出血症状发生在治疗过程中。血红蛋白和血小板通常中重度减少,个别 APL 患者血红蛋白正常,甚至血小板正常。白细胞大多数为正常范围或减低,可低至 $1 \times 10^9/L$。

(3) 形态学:异常早幼粒细胞比例高,多在 20% 以上,均值为 60% 左右。血片早幼粒细胞分布在涂片尾部,加之一部分不典型形态,在观察时低倍镜检和涂片末梢的部位选择显得尤其重要。基本形态似单核细胞样,颗粒有的密集有的不多,胞核不规则,甚至出现大小不一的异形核(见第六章和第十九章),不加注意易误认为不典型单核细胞、晚幼粒细胞和异形的分叶核粒细胞。

骨髓涂片有核细胞增生明显至极度活跃,若为骨髓细胞少者几乎都是骨髓稀释所致。大多数患者,颗粒过多早幼粒细胞在 70% 以上。因基本形态似单核细胞样,且胞质颗粒密集,曾被称为"脏单核细胞白血病"。按胞质颗粒多少,典型型有粗颗粒(多颗粒)和微细(少)颗粒两种类型。多颗粒早幼粒细胞核大小及形状不规则(易见瘤状突起和内外胞质)的多样性,常呈肾形或双核叶;胞质充满密集或融合的大颗粒。部分细胞胞质充满粉末样颗粒。较多病例可见特征的柴棒样 Auer 小体(见第七章)。细(少)颗粒型外周血白细胞常高,细胞倍增时间快,形态特殊,胞核多呈分叶状,胞质颗粒可少见,易与急性单核细胞白血病混淆,但仍有少数细胞可见清晰的颗粒和柴棒状 Auer 小体,MPO 强阳性(单核系细胞弱阳性或阴性)。APL 维 A 酸治疗后颗粒过多早幼粒细胞常分化为不典型的或凋亡的后期阶段细胞(图 22-7)。

骨髓印片中,异常早幼粒细胞形态学接近于骨髓涂片。骨髓切片早幼粒细胞常呈均一性浸润,胞质轻度嗜酸性,但不易观察胞质内颗粒(见图 20-9d)。化疗缓解后骨髓增生低,早幼粒细胞显著减少,但仍可见单一的早幼粒细胞散在于脂肪细胞之间,巨核细胞较难见到,幼红细胞造血常先恢复。

(4) 免疫表型、细胞遗传学和分子学:多颗粒型流式细胞免疫表型特点为侧向角散射增加,CD33、MPO 强阳性、CD117 常见阳性,HLA-DR 和 CD34 阴性,CD64 可见阳性,成熟标记 CD15 和 CD65 阴性或弱阳性。微细颗粒型常弱表达 HLA-DR 和 CD34。CD2 表达较常见于微细颗粒型,与 *FLT3*-ITD 突变相关。表达 CD56 者示差的预后。细胞遗传学和分子学检查的异常类型见上。40%患者还可见其他遗传学异常,如 8 号染色体异常和 FLT3 突变。

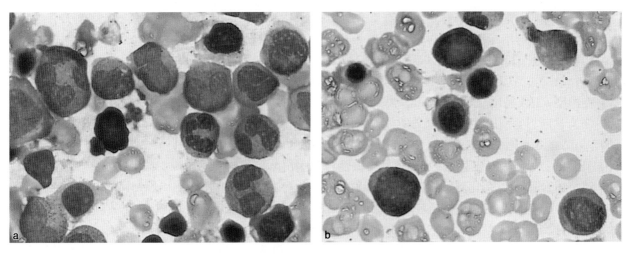

图 22-7　APL 维 A 酸治疗后骨髓细胞变化

a 为治疗缓解时白血病细胞成熟而出现大量异形核叶或凋亡且不易分类粒细胞,部分胞质明显红染等;b 为治疗后复查的部分标本中常见原始淋巴(样)细胞,图中有 2 个

（5）诊断要点:APL 是急性粒细胞白血病的独特类型,当临床上遇见起病急而常见脾不肿大和三系血细胞减少者,应疑及本病。仔细检查血片,在涂片尾部区域见含颗粒的单核样幼稚细胞或典型颗粒过多早幼粒细胞时,可以高度疑似 APL。骨髓检查确定 APL,需要典型的颗粒过多异常早幼粒细胞>20%。如颗粒过多早幼粒细胞不典型,但见多条 Auer 小体者,仍可提示诊断。一部分 APL 外周血白细胞增高。这种白细胞增高多为 APL 变异型,并可见脾肿大(图 22-8)。

由于 APL 形态学比较特殊,多数形态学典型,与细胞遗传学异常高度相关,故形态学可预示经典的染色体易位和融合基因——t(15;17)和 *PML-RARA* 存在。APL 的绝大多数患者为原发性,少数与治疗相关。

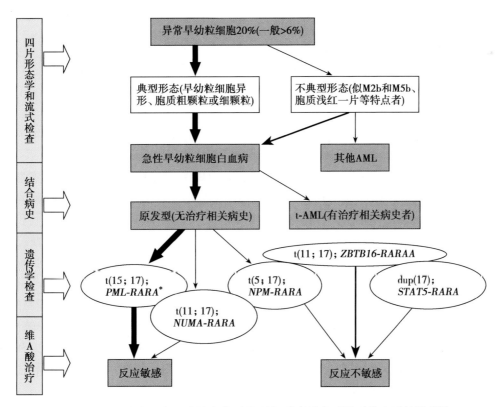

图 22-8　APL(FAB)与细分特定类型(WHO)诊断路径以及对维 A 酸的敏感性

WHO 将 t(15;17);*PML-RARA* 外的其他类型描述为急性白血病中的 RARA 易位变异。* 有典型形态学特征(密集颗粒、柴棒状 Auer 小体和胞体胞核异常早幼粒细胞)者可以预示融合基因存在

按照 WHO 分类标准,将原发性并有重现性 *PML-RARA* 融合基因异常的 APL 诊断为 APL 伴 *PML-RARA*(图 22-8),与治疗相关者则归类为治疗相关 AML(t-AML)。如果 *RARA* 与其他伙伴基因形成融合基因,如 t(11;17)(q22.2;q21.2);*ZBTB16-RARA*(*PLZF*),t(11;17)(q13.4;q21.2);*NUMA1-RARA*,t(5;17)(q35.1;q21.2);*NPM1-RARA* 等,形态学类似 APL 者则归类为急性白血病变异 *RARA* 易位,即一般认为的 APL 变异型 *RARA* 易位。

(6)诊断与鉴别诊断:APL 伴 *PML-RARA* 的诊断,主要有三条:一是颗粒过多早幼粒细胞>20%(通常>60%);二是流式免疫表型;三是分子检查有 *PML-RARA* 和细胞遗传学常检出 t(15;17)。

APL 需要与急性粒细胞缺乏症和急性嗜碱性粒细胞白血病相鉴别。20%~30% 的粒细胞缺乏症骨髓为早幼粒细胞明显增多,比例可高达 40%~50%,且胞体大、颗粒粗和较密集。这种异常早幼粒细胞还可出现于外周血中,加之粒细胞缺乏症起病急重,与 APL 类似。两者的鉴别诊断主要在于它们的临床表现、血象、早幼粒细胞形态学差异(不是早幼粒细胞百分比)和细胞遗传学与分子检查。临床上,粒细胞缺乏症和 APL 起病均急,但粒细胞缺乏症大多是在原发病治疗和进展中发生,而 APL 是在无明显诱因下症状逐步加重的急性起病;粒细胞缺乏症发生时,外周血白细胞缺乏同时伴有相应症状,如咽痛、发热,而 APL 常无这一关系;早幼粒细胞形态学异同见表 22-7,粒细胞缺乏症早幼粒细胞形状规则、颗粒多而松散。此外,APL 骨髓红系和巨核细胞,尤其是巨核细胞常明显受抑,而粒细胞缺乏症常不明显,除非病程严重进展时。

表 22-7   粒细胞缺乏症和 APL 的早幼粒细胞形态比较

早幼粒细胞	粒细胞缺乏症	APL
胞体	大	大小不一
形状	较规则	大多不规则,如胞质突起变异
胞核	大而圆或椭圆	大小不定而不规则,胞核如单核细胞形态等
胞质颗粒	多而粗大,较松散	粗细不一,多为密集
胞质浅红一片	不见	可见
胞质内外质	常不见	常见
胞质瘤状突起	常不见	常见
Auer 小体	无	易见
多颗粒网状样细胞	易见	多见且常有 Auer 小体

与急性嗜碱性粒细胞白血病(acute basophilic leukemia,ABL)的鉴别。ABL 与 APL 形态学和免疫表型有相似之处,文献上也有描述 APL 的嗜碱性粒细胞白血病变异型或称为嗜碱性粒细胞成熟的早幼粒细胞白血病。ABL 与 APL 形态学,两者容易混淆,也许两者有关联。鉴别要点:①ABL 的外周血和骨髓涂片标本中,白细胞增高居多,而 APL 以减低为主;②ABL 常见嗜碱性原始和早幼粒细胞增多,颗粒散、少量、粗大,而 APL 中常不见这些特征;嗜碱性早幼粒细胞颗粒可以明显增多,但大多松散,相对均匀和大小一致,可有明显的聚集现象,不见 APL 颗粒过多早幼粒细胞的清晰的内外胞质(见第六章),Auer 小体少见,不见柴棒样 Auer 小体;③ABL 各阶段嗜碱性粒细胞缺乏胞体异形性,并有明显的一般早幼粒细胞的形态特征,而 APL 细胞常有形态变异;④ABL 易见成熟阶段或胞体小型单个核(可小如淋巴样)的嗜碱性粒细胞、易见病态粒细胞和病态巨核细胞等,而 APL 缺乏这些形态学;⑤甲苯胺蓝染色和闪光蓝染色,有助于这两病的鉴别诊断;⑥细胞遗传学和分子检查,ABL 无 APL 染色体易位及相应的融合基因;⑦临床上 ABL 对维 A 酸不起反应。

附案例分析。患者女,64 岁,在无明显诱因下出现咳嗽 1 个月余,发热 3 天,查体全身皮肤未见出血点。血常规 Hb 67g/L,白细胞 $31.9×10^9$/L,中性分叶核粒细胞 7%、淋巴细胞 25%、单核细胞 4%、嗜碱性粒细胞 48%、原幼细胞 16%(图 22-9),血小板 $30×10^9$/L。骨髓检查原始粒细胞 18.0%,嗜碱性原始粒细胞

10.0%,早幼粒细胞3.5%,嗜碱性早幼粒细胞17.0%,嗜碱性中幼粒细胞7.0%,嗜碱性晚幼粒细胞4.0%,嗜碱性杆状分叶核粒细胞9.0%,计嗜碱性粒细胞41.0%。甲苯胺蓝染色64%细胞阳性,抗MPO阳性87%,CD14阴性。形态学诊断急性嗜碱性粒细胞白血病。流式免疫表型为HLA-DR 8.2%,CD13 43.9%,CD15 59.5%,CD33 87.5%,CD34 1.4%,CD117 47.2%,MPO 81.3%,CD38 78.3%,CD45 92.4%等,诊断为APL。临床上侧重流式免疫表型诊断为APL,予以维A酸和羟基尿治疗四十余天,未见细胞学改善。细胞遗传学检查为45,XX,−7[2]/46,XX,del(7)(p13)[1]/45,XX,−14[2]/45,XX,−19[2]/44,XX,−14,−19[1]/46,XX,[13],多倍体可见;分子学检查为 $PML\text{-}RAR\alpha$ 长型基因阴性,$PML\text{-}RAR\alpha$ 短型基因阴性。

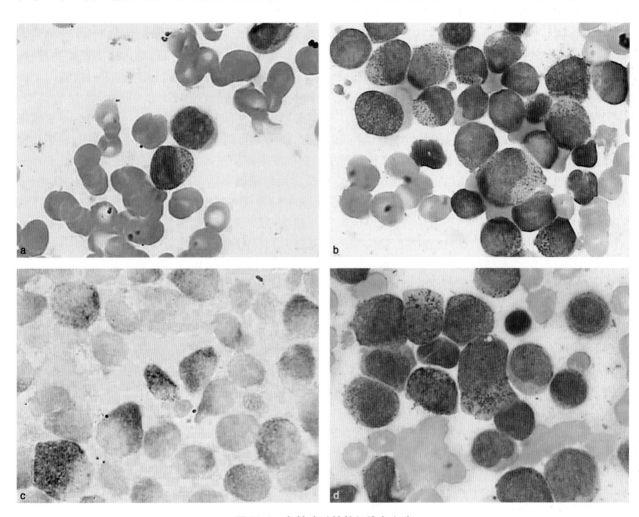

图22-9　**急性嗜碱性粒细胞白血病**
a为血片嗜碱性(原)早幼粒细胞;b为骨髓不同阶段嗜碱性原幼粒细胞;c为甲苯胺蓝染色,一半以上细胞阳性;d为另一病例的嗜碱性原始早幼粒细胞

(7)变异型:APL除了 *PML-RARA* 典型型外,还有伴t(11;17)(q22;q21)易位及 *PLZF-RARA*(*ZBTB16-RARA*)、伴t(11;17)及 *NuMA-RARA*、t(5;17)及 *NPM-RARA*、dup(17)及 *STAT5 b-RARA* 变异型(图22-8),即前述的急性白血病 *RARA* 易位变异型。这些变异型少见,又称为不典型APL。APL伴t(11;17)(q22;q21)和 *PLZF-RARA*,有细胞明显成熟的特点,如胞核规则、胞质颗粒众多或缺少、缺少Auer小体、较多假性Pelger-Huet细胞和强反应MPO活性。APL伴t(5;17)(q32;q12)易位,形态学以多颗粒早幼粒细胞占优势,但有一部分为少颗粒早幼粒细胞,Auer小体少见。这几个变异型中,共性特点是相当部分患者,常见早幼粒细胞颗粒缺少,胞质中常见浅红色一片,与MDS、MDS-MPN和其他AML(如我国FAB分类中的M2b和M5b)中嗜苯胺蓝颗粒缺少的病态早中幼粒细胞相似。鉴别诊断中,除了仔细的形态学观察外,细胞遗传学和分子学检查是最重要的。

4. AML 伴 t(9;11)(p21.3;q23.3);*KMT2A-MLLT3* 被界定为有 t(9;11)(p21.3;q23.3);*KMT2A-MLLT3* 遗传学异常特征和常具有单核系、粒单系细胞形态学特征以及临床预后常差的 AML。在 2008 版的 WHO 分类中,本型称为 AML 伴 t(9;11)(p21.3;q23.3);*MLLT3-MLL*。在 2017 更新分类中,将(mixed lineage leukemia,*MLL*)基因更名为赖氨酸甲基转移酶 2A(lysine methyltransferase 2A,*KMT2A*)基因。*MLLT3* 又称 AF9(见表 22-6)。见于 AML 的 5%~6% 病例,发生于任何年龄,但以儿童为主(约占儿童 AML 的 9%~12%,成人 AML 仅为 2%)。易见弥散性血管内凝血,髓外单核细胞肉瘤和组织(如牙龈和皮肤)浸润,患者中位生存期中等。

形态学上与单核细胞和粒单细胞白血病显著相关,累及的 11q23 主要见于急性原始单核细胞/单核细胞白血病,偶见于 AML 伴或不伴成熟类型。原幼单核细胞形态较为典型。原始单核细胞胞体大,胞质丰富;胞质嗜碱性较明显,可见突起伪足、散在细小的嗜苯胺蓝颗粒和空泡;常有精致花边样染色质的胞核,有一至多个大而明显的核仁。幼单核细胞有明显不规则和精致扭曲的核形;胞质常缺乏嗜碱性,有时见较明显的颗粒,偶见粗大颗粒和空泡。原始单核细胞,NSE(NAE)常为强阳性,MPO 常为阴性。

免疫表型未见特征性,不定表达髓系抗原 CD13 和 CD33。原始单核细胞 CD34 常为阴性,而单核细胞成熟标记常见阳性。11q23 染色体易位,*KMT2A* 基因受累,见于两个高发的临床亚型:婴儿 AML 和拓扑异构酶治疗后发生的治疗相关白血病。通常,治疗相关白血病发生的染色体易位与原发的白血病,除了 t(9;11)外,还有 t(11;19)、t(4;11)易位。11q23 断裂点累及的伙伴基因多达 20 余个(见第四章)。有时分子检查可见 *KMT2A* 重排而细胞遗传学检查阴性。在儿童中最常见的易位是 t(9;11)(p21.3;q23.3)和 t(11;19)(q22;p13.1)、t(11;19)(q22;13.3)。常与继发为异常,最常见是 8 号染色体异常(常见 *MECOM* 阴性),*MECOM*(*EVI1*)过表达见于 40% 的 AML 伴 t(11;19)病例。*MECOM* 阳性 *KMT2A* 基因重排 AML 的形态学、免疫表型和分子学常与 *MECOM* 阴性 *KMT2A* 基因重排 AML 不同,前者预后差。另外,急性白血病 *KMT2A* 易位变异型,有 120 种以上不同易位所致的 *KMT2A* 基因重排(详见叶向军、卢兴国主编的分子血液病诊断学)。

诊断上,由于 AML 伴 t(9;11)(p21.3;q23.3);*KMT2A-MLLT3* 与形态学相关的主要类型是 FAB 分类的 M5 和 M4。因此,当形态学 M5 和 M4 基本诊断后需要疑及此型 AML 的存在,细胞遗传学和分子学检查发现相关染色体异常及其融合基因是确诊的主要条件。诊断中重要的是二条:一是单核系细胞或粒单细胞性 AML;二是细胞遗传学和/或分子检查有相应的重现性遗传学异常。

5. AML 伴 t(6;9)(p23;q34.1);*DEK-NUP214* 被界定为有 t(6;9)(p23;q34.1);*DEK-NUP214* 遗传学异常特征,并与伴嗜碱性粒细胞增多和病态造血的 M2 与 M4 有一定关联,且临床预后常差的一种独立病种。融合基因 *DEK-NUP214* 同义名见表 22-6。AML 伴 t(6;9)(p23;q34.1);*DEK-NUP214* 属于少见类型,约见于 0.7%~1.8% AML 患者,在 FAB 分类中,除了 M2 和 M4,也见于 M1。共性特点是骨髓伴有嗜碱性粒细胞增多(见于一半以上病例,常在 2% 以上)和常见粒红巨三系病态造血(图 22-10),一部分病例可见环形铁粒幼细胞,1/3 见 Auer 小体。外周血白细胞计数不定,一般全血细胞计数比其他 AML 为低,但有原始细胞和易见嗜碱性粒细胞。临床上,患者以青年、儿童居多,常有脾肿大,出血症状较明显,化疗不易获得缓解、预后较差。免疫表型 MPO、CD9、CD33、CD13、CD38、CD123 和 HLA-DR 阳性,CD34、CD117 和 CD15 常见阳性,嗜碱性粒细胞群表达 CD123、CD33 和 CD38,但不表达 HLA-DR。遗传学,除了 t(6;9)(p23;q34.1);*DEK-NUP214* 外,可见复杂核型,常见 *FLT3*-ITD 突变(见于 69% 的儿科患者和 78% 的成人患者,用 FLT3 抑制剂治疗可能有益),*FLT3*-TKD 突变少见。

6. AML 伴 inv(3)(q21.3q26.2)或 t(3;3)(q21.3;q26.2);*GATA2,MECOM* 2008 版 WHO 分类的 AML 伴 inv(3)(p21q26.2)或 t(3;3)(q21;q26.2);*RPN1-EVI1* 病例中的 *RPN1-EVI1*,并非融合基因,而是远端的 *GATA2* 增强子重新定位而激活 *MECOM*(*EVI1*)基因表达,同时使 *GATA2* 基因单倍不足。因此,在 2017 年 WHO 分类中更名为 AML 伴 inv(3)(q21.3q26.2)或 t(3;3)(q21.3;q26.2);*GATA2,MECOM*。

AML 伴 inv(3)(q21.3q26.2)或 t(3;3)(q21.3;q26.2)易位及其 *GATA2,MECOM* 是一个较少见的重现性遗传学异常病种,约见于 AML 的 1%~2%,多见于成人,预后不佳。此型 AML 与 FAB 分类的 AML 类型之间的关系少,但一般认为在 M7 中比其他类型为多见,其次为 M2、M4 和 M5,常见小的低核叶(单核叶

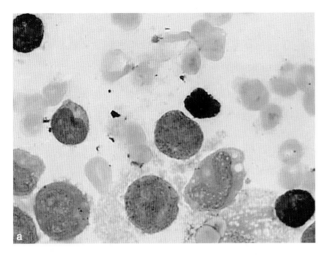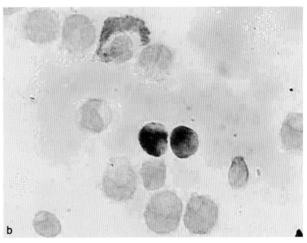

图 22-10　AML 伴 t(6;9)(p23;q34.1);*DEK-NUP214* 形态学

a 为图 20-23c 骨髓涂片,3 个淋巴样嗜碱性粒细胞,病态粒细胞易见,形态学类型为 M2;b 为甲苯胺蓝染色,中间 2 个阳性嗜碱性粒细胞,上方 1 个肥大细胞

和双核叶)典型或不典型病态巨核细胞,也常见粒系和红系病态造血以及嗜碱性粒细胞、肥大细胞和嗜酸性粒细胞,常不伴有原始细胞的成熟。外周血常见血小板计数正常或增加(显著减少约见于 7% ~ 22% 病例),可见原始细胞、少颗粒和少分叶核中性粒细胞,巨大的和颗粒缺少的血小板易见。免疫表型 CD34[inv(3) 比 t(3;3) 更高]、CD33、CD13、CD117 和 HLA-DR 阳性,CD38 常见阳性,常见异常表达 CD71。部分患者 CD41 和 CD61 阳性。遗传学,除了 inv(3)(q21.3q26.2) 或 t(3;3)(q21.3;q26.2);*GATA2,MECOM* 外,MECOM 过度表达还见于涉及 3q26.2 的其他异常,如 t(3;21)(q26.2;q22.1;*MECOM-RUNX1*,但归类上不属于此型。继发性核型常见 -7、5q- 以及复杂核型,继发性几乎都见于所有病例,如 *NRAS、PTPN11、FLT3、KRAS、NF1、CBL、KIT、GATA2*。浙江省立同德医院金鑫主任发现一例形态学相似而遗传学有所不同的特殊病例(图 22-11)。

7. AML(原始巨核细胞)伴 t(1;22)(p13.3;q13.1);*RBM15-MKL1*(*OTT-MAL*)　此型约见于 1% AML,多见于无唐氏综合征的婴幼儿 AML,肝脾肿大明显,预后中等或较差。外周血和骨髓中白血病细胞常具有中等大小原始巨核细胞形态特点,MPO 和 SBB 阴性,CD41、CD61(胞质更特异和灵敏)和 CD42 阳性,CD36 阳性但无特异性,CD13、CD33 可见阳性,CD34、CD45、HLA-DR 常见阴性。微小巨核细胞易见,但粒系和红系病态形态不明显。部分患者伴骨髓纤维化,原始细胞可不见明显增高。可表现为软组织肿块(髓系肉瘤),类似其他蓝色圆形小细胞肿瘤。

8. 暂定类型:AML 伴 *BCR-ABL1*　AML 伴 *BCR-ABL1* 是新增的伴重现性遗传学异常的临时病种,为罕见(AML 或 BCR-AB1 阳性白血病中发生率<1%)的原发类型,可以受益于酪氨酸激酶抑制剂治疗。患者脾肿大、嗜碱性粒细胞增多和小型巨核细胞均较 CML 急变者少见,细胞增生性也略低。本型 AML 需要与 CML 急变相鉴别,*IKZF1* 和/或 *CDKN2A* 缺失和 *IGH、TCR* 基因内隐蔽的缺失,可以支持原发 AML 的诊断而非 CML 急变期。免疫表型 CD13、CD33 和 CD34 阳性,常反常表达 CD19、CD7 和 TdT。如果符合混合表型标准,应归类为混合表型急性白血病伴 *BCR-ABL1*。

重现性遗传学异常中的平衡易位,除了以上 8 个类型外,还有其他少见的一些平衡易位或倒位 AML。在儿童 AML 中发生率比成人高的有:[t(1;22)(p13.3;q13.1);*RBM15-MKL1*](见于婴儿,FAB 分类的 M7,预后中等;与成人发生率分别为 0.8% 和 0%,下同)、[t(7;12)(q36.3;p13.2);*MNX1-ETV6*](见于婴儿,预后差;0.8% 和<0.5%)、[t(8;16)(p11.2p13.3);*KAT6A-CREBBP*](见于儿童和婴儿,儿童患者预后中等;0.5% 和<0.5%)、[t(6;9)(p23;q34.1);*DEK-NUP214*](见于大龄儿童,婴儿罕见,预后差,一半以上有 *FLT3*-ITD 突变;1.7% 和 1%)、[11q23.3,*KMT2A* 易位](婴儿,预后取决于伙伴基因;25% 和 5% ~ 10%)、[t(9;11)(p21.3;q23.3);*KMT2A-MLLT3*](儿童,预后中等;9.5% 和 2%)、[t(10;11)(p12;q23.3);

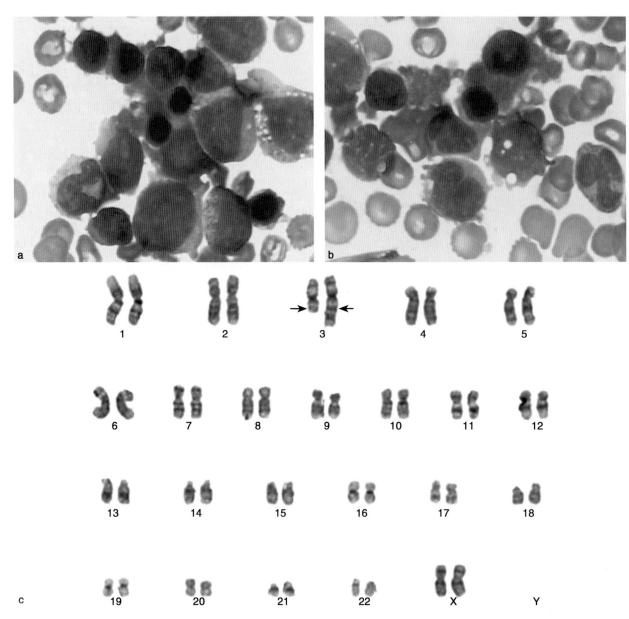

图 22-11　AML 伴 ins(3)(q21,q25q26.2)、*EVI1* 阳性和众多微小巨核细胞

患者 47 岁女性,WBC 336.9×10⁹/L,Hb 89g/L, PLT 24 510⁹/L;骨髓原始细胞 45%,嗜碱性粒细胞 2%,巨核细胞占有核细胞的 17%,大多为微小巨核细胞(a),也易见双核的原始巨核细胞(a、b),细胞遗传学为 ins(3)(q21;q25q27)(c);分子检查 31 种白血病相关融合基因和特殊基因(包括 *BCR-ABL1* 和 *JAK2*)检查,唯一为 *EVI1* 阳性

KMT2A-MLLT10](儿童,包括不明显的和隐蔽的 *KMT2A* 重排,预后差;3.5% 和 1%),[t(6;11)(q27;q23.3);*KMT2A-AFDN*](儿童,预后差;2% 和 <0.5%),[t(1;11)(q21;q23.3);*KMT2A-MLLT11*](预后良好;1% 和 <0.5%),[t(5;11)(q35.3;p15.5);*NUP98-NSD1*](隐蔽易位,见于大龄儿童和青少年,80% 有 *FLT3*-ITD 突变,预后差;7% 和 3%),[inv(16)(p13.3q24.3);*CBFA2T3-GLIS2*](隐蔽易位,见于婴儿,一部分为 M7,预后差;3% 和 0%),[t(11;12)(p15.5;p13.5),*NUP98-KDM5A*](隐蔽易位,<5 岁儿童,AML 非特定类型,少数为 M7,预后中等;3% 和 0%)。

三、AML 伴特定基因突变

AML 伴特定基因突变列在伴重现性遗传学异常中,与 AML 伴平衡易位或倒位既有相同又有相异,可视为伴重现性遗传学异常中的另一种特定类型。它的 3 个病种:AML 伴 *NPM1* 突变、AML 伴 *CEBPA* 双等位基因突变和临时病种 AML 伴 *RUNX1* 突变。它们与形态学类型关系见图 22-12。AML 伴 *RUNX1* 突变为 2017 年 WHO 修订版新增类型(临时病种),预后差。AML 伴 *CEBPA* 突变与良好预后相关的是双等位基因突变,同时把 AML 伴 *CEBPA* 突变改称为 AML 伴 *CEBPA* 双等位基因突变。在 AML 中,还有许多其他基因的突变和异常,许多有预后评判意义(见表 22-4)。

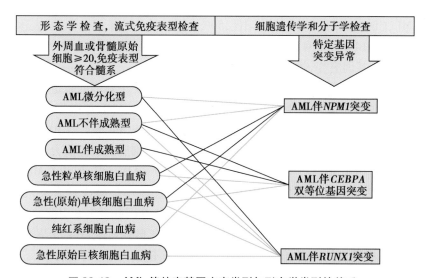

图 22-12 **AML 伴特定基因突变类型与形态学类型的关系**
黑线示该特定基因突变类型常见于对应的形态学类型中,绿线示该特定基因突变少见于对应的形态学类型。黄色长方形中为特定基因突变类型。椭圆形中表示形态学诊断的基本类型

1. AML 伴 *NPM1* 突变 AML 伴 *NPM1* 突变(预后不良)或 *CEBPA* 双等位基因突变(预后良好)。WHO(2017)将无 MDS 病史和 MDS 相关细胞遗传学的多系病态造血形态学特征而有 *NPM1* 或 *CEBPA* 突变患者,不再分类为 2008 年认为的 AML-MRC(属于 AML 伴多系病态造血),也被归入为 AML 伴相关基因突变类型中。

在白血病和淋巴瘤中,*NPM1* 基因除了在染色体易位时与其他基因发生融合(见前述)外,还可检测到突变。*NPM1* 突变首先由 2005 年 Falini 等作为正常核型 AML 患者最常见的遗传学变化予以报告。*NPM1* 突变常发生在 12 号外显子,95% 以上在 960 位置组成 4-bp 的插入序列。这 4-bp 的插入序列引起 NPM1 蛋白 C 末端区域的框移,导致核仁定位丢失和获得核输出信号。NPM1 突变蛋白(称为 NPM1c+)获得异常的胞质定位,被认为是 NPM1c+致白血病作用所必需的。

在正常核型 AML 患者中,约 50% 有 *NPM1*(定位于 5q35)突变;而在核型异常 AML 患者中只有 10%~15%。在 FAB 类型中,除了 M3、M4Eo 和 M7 外均可见这一突变,其中 M2(34%)、M4(77%)、M5a(71%)、M5b(90%)较为多见。因此,该型的典型病例常是原发的核型正常(5%~15% 有核型异常,常见 8 号异常和 9q-)的有粒单或单核系细胞及其成熟特征的成人 AML,故需要骨髓中杯口形白血病性原幼细胞常为多见,示两者之间的相关性。部分患者有类似 M3v 细胞的浅红色形态。男性患者多于女性,髓外浸润多见,如牙龈、淋巴结、皮肤。骨髓原始细胞比例、LDH、白细胞及血小板计数高。免疫表型 CD33 高表达,CD138 常弱表达,CD34 低表达或缺如,HLA-DR 常为阴性,CD117、CD123 和 CD110 常为阳性,胞质表达 NPM1 可以指示 *NPM1* 突变(与分子学方法并列的一个诊断技术)。*NPM1* 突变还与 *FLT3* 异常(ITD 或 TKD)相关,在 60% 的 *NPM1* 突变患者中可以检出 *FLT3*-ITD,伴随的其他突变如 *DNMT3A*、*IDH1*、*KRAS*、*NRAS* 也较多见。NPM1c+/ *FLT3* 野生型患者预后比其他正常核型 AML 患者佳。这些病人常规化疗的 EFS 和 OS 类似于 *CBF* 重排白血病。一些研究表明,*NPM1* 基因突变在诊断和复发之间非常稳定,在白血病形成中有可能为主要事件。但在触发明显的 AML 过程中,随后发生的 *FLT3* 或其他的二次突变是必要的。*NPM1* 突变的稳定性及其高发生率,可用作监测 MRD 的分子标记。

2. AML 伴 *CEBPA* 双等位基因突变 在约 9% 的 AML 病例中有髓系转录因子 CCAAT 增强子结合蛋白-A(CCAAT-enhancer binding protein-alpha,C/EBPα,*CEBPA*)基因(定位于 1q13.1)体细胞突变,且其中

的 70% 为正常核型 AML 患者。*CEBPA* 双等位基因突变 AML,若无 *FLT3* 基因突变且无预后不良的细胞遗传学异常者,预后良好。伴有 *CEBPA* 双等位基因突变 AML,见于 4%~9% 的 AML,有相对较高的 Hb 和较低的血小板计数和 LDH 水平,淋巴结肿大和髓系肉瘤也相对少见。多数 *CEBPA* 双等位基因突变与 FAB 分类中原发的 M1、M2、M4、M5a 形态学相关,有粒单或单核系分化者相对较少。1/4 患者有病态造血。在红系白血病和原始巨核细胞白血病中尚未发现 *CEBPA* 双等位基因突变。免疫表型不能区分 *CEBPA* 双等位与单基因突变 AML,CD34 和 HLA-DR 常为阳性,50%~70% 患者伴有 CD7 阳性,表达 CD56 和其他淋系抗原少见,单核系标记 CD14 和 CD64 常缺失。核型常见(70% 以上患者)正常,少数有 9q- 和 11q-。约 5%~9% 患者有 *FLT3*-ITD 基因突变,约 40% 有 *GATA2* 锌指 1 突变。

3. AML 伴 *RUNX1*(*AML 1*)突变　此型为 WHO(2017)更新分类中新增的暂定病种。*RUNX1*(runt 结构域)点突变而无染色体易位也是促发急性白血病的原因。在 AML 中,AML 伴微分化型(FAB 分类的 M0)是 *RUNX1* 突变最常见的亚型,突变率为 20%~60% 左右;在 M1、M2、M5b、M4 等类型中也可见 *RUNX1* 突变;占全部 AML 的 4%~16%,并多见于老年患者,*RUNX1* 突变,失去对造血细胞的调控能力,造血细胞分化障碍。在约 25% 的 MDS 患者中同样可见 *RUNX1* 突变。包括治疗相关 MDS/AML 和辐射相关 MDS/AML 患者。

RUNX1 基因异常还发现与伴有高白血病发生率的家簇性血小板减少症有关,也表明 *RUNX1* 涉及 AML 的发病。家族性血小板异常伴 AML 倾向是一种由 *RUNX1* 基因胚系突变引起的常染色体显性遗传疾病,有高发 MDS/AML 风险(20%~60%),且发生 MDS/AML 的年龄跨度大(6~75 岁)。但是,这一延时表明,触发 MDS/AML 需要有继发的突变,仅杂合子 *RUNX1* 突变不足以发生白血病。

在 *RUNX1* 突变的原发 MDS/AML 中,发展为白血病也需要继发突变。M0 病例中,经常显示为二个等位 *RUNX1* 突变,而 MDS 显示额外的染色体核型异常。在其他 AML 或 MDS 中,*RUNX1* 突变还经常伴有获得性 21 三体,2/3 的 *RUNX1* 等位基因携带突变。此外,*RUNX1* 突变与 13 三体也明显相关。由于 *FLT3* 位于 13 号染色体上,13 三体导致 *FLT3* 表达增加。

四、AML 伴骨髓增生异常相关改变

AML 伴骨髓增生异常相关改变(AML-MRC)是非常重要的一类 AML,标准为外周血或骨髓原始细胞 ≥20%;不是治疗相关、也无重现性遗传学异常;有 MDS/MDS-MPN 病史或有 MDS 相关细胞遗传学异常特征者;或者无 MDS/MDS-MPN 病史、MDS 相关细胞遗传学异常特征,也无特定基因突变(不符合 AML 伴 *NPM1* 或 *CEBPA* 双等位基因突变标准)而有多系病态造血者。

1. 类型及其概念的拓展　过去,我们按急性白血病细胞的高比例、单一性和低比例伴其他异常细胞的混合性,分为两大类:原始细胞高、形态单一的典型型和原始细胞比例不明显增高而细胞杂、形态异常的复杂型。现在,根据有无骨髓病态造血和 MDS 或 MDS-MPN 过程,将 AML 分为一开始初发(无 MDS 和 MDS-MPN 病史)为典型的大量原始细胞的原发 AML(de novo AML);一开始初发(无 MDS 和 MPN-MPN 病史)但外周血细胞减少、骨髓有多系细胞病态造血的 AML;由 MDS 或 MDS-MPN 转变而来的骨髓有病态造血的 AML;2008 年 WHO 分类中,扩展的无 MDS 病史而有 MDS 相关细胞遗传异常的 AML。并将有 MDS、MDS-MPN 病史(病态造血)AML,无 MDS、MDS-MPN 病史而有多系病态造血 AML(原发)和无 MDS、MDS-MPN 病史而有 MDS 相关细胞遗传异常的 AML(细胞遗传学定义),归类为 AML-MRC 类型(图 22-13)。

在 2017 年 WHO 的修订版中,AML-MRC 标准或变化主要有 2 点:一是有多系病态造血但无 MDS/MDS-MPN 病史或 MDS 相关细胞遗传学而有 *NPM1* 突变和 *CEBPA* 双等位基因突变,诊断为 AML 伴 *NPM1* 突变和 AML 伴 *CEBPA* 双等位基因突变;而无 *NPM1* 突变或 *CEBPA* 双等位基因突变和无 MDS/MDS-MPN 病史及 MDS 相关细胞遗传学的病例,形态学发现多系病态造血(定义为至少 2 个细胞系中病态造血细胞 ≥50%)仍是一个不良预后指标,也诊断为 AML-MRC(多系病态造血,原发型);对基于 MDS/MDS-MPN 病史或 MDS 相关细胞遗传学异常(表 22-8)做出的诊断,即使鉴定到 *NPM1* 突变和 *CEBPA* 双等位基因突变,依然归类为 AML-MRC。二是认识到 del(9q)与 *NPM1* 突变或 *CEBPA* 双等位基因突变相关而缺乏明显的预后意义,已从定义 AML-MRC 的细胞遗传学异常中剔除。另外 -5 也被剔除。

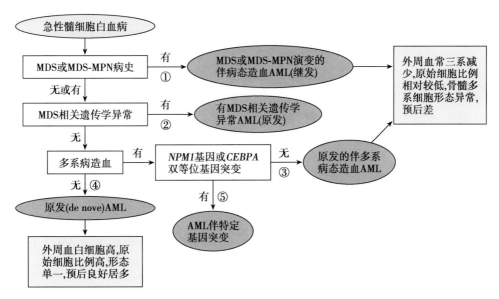

图 22-13　按有无多系病态造血及 MDS 相关改变分类 AML*

* 以临床和形态学为主线;①、②和③为 AML-MRC 类型,诊断标准见后述;原发的 AML 有三类,一为不伴多系病态造血,二是伴多系病态造血,三是无 MDS 或 MDS-MPN 病史而有 MDS 相关细胞遗传学异常

表 22-8　诊断 AML-MRC 的 MDS 相关细胞遗传学异常

核型类别	核型异常
复杂核型	3 个或更多的无关的异常(不能是 AML 伴重现性遗传学异常中的任何一种)
不平衡异常	−7/del(7q),del(5q)/t(5q),i(17q)/t(17p),−13/del(13q),del(11q),del(12p)/t(12p),idic(X)(q13)
平衡异常	t(11;16)(q22.3;p13.3),t(3;21)(q26.2;q22.1),t(1;3)(p36.3;q21.2),t(2;11)(p21;q22.3),t(5;12)(q32;p13.2),t(5;7)(q32;q11.2),t(5;17)(q32;q13.2),t(5;10)(q32;q21.2),t(3;5)(q25.3;q35.1)

外周血或骨髓原始细胞≥20%并排除相关治疗和重现性遗传学异常时,有这些细胞遗传学异常之一可以诊断为 AML-MRC

2. 临床特征　AML-MRC 占 AML 的 24%~35%,主要见于 FAB 分类的 M5、M4、M2 和伴有核红细胞增多的类型。与无 MDS 的初发 AML 相比,由 MDS 发展而来的 AML 患者平均年龄高 10 岁,贫血严重,白细胞低,外周血和骨髓中原始细胞百分比较低(尤其是儿童病例),预后差(化疗缓解率低,即使获得完全缓解也易早期复发)。

3. 形态学、免疫表型和遗传学　常有重度全血细胞减少。病态造血常是此型白血病的特征。病态粒细胞以中性粒细胞缺乏颗粒、少分叶核(假性 Pelgre-Huet 异常)或畸异的分叶核为特征;一部分病例外周血病态粒细胞比骨髓中容易鉴定。病态红细胞以类巨幼变胞核、核碎裂、多核、环形铁粒幼细胞、空泡和 PAS 反应阳性为特点。病态巨核细胞以微小巨核细胞、小圆核(多个)大巨核细胞和小圆核小巨核细胞为特征。骨髓切片中小圆核病态巨核细胞常比骨髓涂片为多见。免疫表型常为不定表达。在成熟的髓系细胞中可有表达模式的改变。遗传学异常见前述。

4. 诊断　在 AML 骨髓涂片检查中,发现细胞图象较杂,原始细胞百分比不显著增高,易见异形或畸形细胞(如成熟阶段粒细胞、幼红细胞和巨核细胞)时,或者有 MDS 或 MDS-MPN 病史者(主要为 FAB 分类的 M2、M4、M5 以及伴有核红细胞的类型),需要怀疑 AML-MRC,并需要细胞遗传学和分子学检查进一步提供依据。在病态造血的 3 系细胞中,通常以巨核细胞最为明显。确诊还需要仔细的病史分析,最后确定类型(无骨髓增生异常相关改变或有骨髓增生异常相关改变或有 MDS 相关细胞遗传学异常)。

诊断应符合以下条件:第一,外周血或骨髓原始细胞≥20%。第二,有 MDS(或 MDS-MPN)病史,或有 MDS 相关的细胞遗传学异常伴或不伴病态造血;或者无 MDS(或 MDS-MPN)病史、无 MDS 相关的细胞遗传学异常、无 NPM1 和 CEBPA 双等位突变,而有 2~3 系病态造血特征:①粒系,占粒系细胞或中性粒细胞的 50% 以上为病态细胞;②红系,在 100 个幼红细胞中 50% 以上为病态细胞;③巨核细胞至少有 3 个是典型的病态形态,或者巨核细胞≥5 个时需一半以上为病态形态。第三,先前无相关疾病使用过细胞毒药物治疗史或化疗或放疗的病史。第四,无 AML 重现性遗传学异常。鉴别诊断见图 22-13 和后述图 22-18。

第四节　AML 非特定类型和相关前体细胞肿瘤

一、AML 非特定类型

1. 定义　AML,非特定类型(AML,NOS)可以界定为 FAB 分类的 AML 经过免疫表型、细胞遗传学和分子学检查,并经临床特征(包括病史)分析,排除了特定异常的 AML 和相关原幼细胞肿瘤(原始细胞及相关的等同意义细胞≥20%者)后而剩下的外周血或骨髓原始细胞≥20%者;一般为结合临床特征,排除了治疗相关、重现性遗传学异常、特定基因突变和骨髓增生相关异常 AML 后而剩下的外周血或骨髓原始细胞≥20%者。我们认为,AML,NOS 除了相关原幼细胞肿瘤以及日益重视的伴胚系突变髓系肿瘤(原始细胞及相关的等同意义细胞≥20%,并有可疑家族病史者需要进一步检查)外,常规诊断中,还需要用流式细胞免疫表型分析,排除急性混合系列白血病(图 22-1)和伴嗜酸性粒细胞增多的 AML[不包括 inv(16)(p13.1q22)或 t(16;16)(p13.1;q22);*CBFB-MYH11*]以及相关前体细胞肿瘤(原始细胞≥20%)伴有罕见的 *PDGFRA/B* 或 *FGFR1* 重排者。

2. WHO(2017)修订分类中的变化　2017 年 WHO 在更新分类中规定原始(粒)细胞统一为骨髓有核细胞(ANC)的百分比;AML 不伴成熟型粒系成熟中细胞<10%(ANC),AML 伴成熟型中为≥10%;2008 年定义的急性红白血病的多数病例原始细胞<20%(ANC),在新分类中多为 MDS-EB;有核红细胞≥50%且原始粒细胞≥20%,通常符合 AML-MRC(见第六章表 6-4)。

3. AML,NOS 特点及其诊断　AML,NOS 有九个类型(表 22-1),分类诊断是基于白血病细胞的形态学、细胞化学和骨髓细胞成熟性进行。这一形态学可以理解为 WHO 使用了 FAB 形态学分类的框架(但原始细胞比例和有核红细胞及其原始红细胞的比例标准按 WHO 的规定),表 22-1 AML,NOS 中的前 7 个类型,即相当于 FAB 分类中被分出特定类型后的 M0、M1、M2、M4、M5a/M5b、M6b 和 M7。WHO 分类中把这些相当于 FAB 分类的类型作为同义名使用。

(1) AML 伴微分化型:相当于 FAB 分类中的 M0(含义如上述,下同),为造血干细胞在髓系最早期阶段分化或成熟异常的白血病,约占 AML 的<5%,婴儿和老人患病为相对常见的两个年龄阶段。这个类型形态学不易把握,骨髓中几乎全为无颗粒(Ⅰ型)的中等大小原始细胞,有时与原始淋巴细胞相似,染色质细腻,核仁 1~2 个,核质比例高,胞质嗜碱性,无颗粒,一般不见 Auer 小体。细胞化学染色阴性(MPO、SBB 和 CE 阴性或阳性<3%,NAE、NBE 阴性或局限的弱阳性反应)。因此,细胞形态学和细胞化学缺乏髓系分化特征,但免疫表型有髓系分化特点,如细胞免疫化学染色可见抗 MPO 阳性(图 22-14)。超微结构则可显示原始细胞少量颗粒、内质网、高尔基体和核膜等组分。

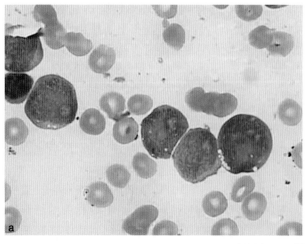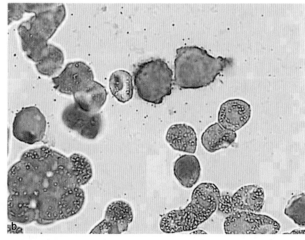

图 22-14　AML 伴微分化型

a 为骨髓涂片原始细胞,不见形态学特点,POX、SBB 和氯乙酸酯酶染色均为阴性;b 为抗 MPO 标记,部分原始细胞阳性

流式免疫表型,原始细胞至少表达 1 个以上的全髓抗原,包括 CD13、CD33 和 CD117;B、T 限定性抗原(cCD3、cCD79a、cCD22)阴性;抗 MPO 一部分阳性;常表达早期造血相关抗原(CD34、CD38、HLA-OR),粒单系细胞成熟抗原常不表达或弱表达;TdT 约 1/3 至 1/2 病例阳性,认为是预后良好指标;淋系抗原如 CD7、CD2 或 CD19 可以阳性,但强度低于淋巴细胞白血病。遗传学,无核型特征性,常见复杂核型和不平衡易位(如-5、5q-、-7、7q-、+8、11q-),可见 FLT3 和 RUNX1 突变,但伴 RUNX1 突变的原发性病例应归类为 AML 伴特定基因突变类型。

诊断应符合:一是外周血和/或骨髓原始细胞≥20%。二是一般细胞化学染色阴性而免疫化学 MPO 阳性。三是流式免疫表型 CD34、CD38、HLA-DR 常为阳性,淋系标记(CD7 和 CD2 除外)阴性,髓系标记 CD13、CD33、CD117、MPO、CD64 等,至少 2 个阳性(常见为 CD13 和 CD117)。四是排除治疗相关、重现性遗传学异常、特定基因突变和骨髓增生异常相关改变和系列未明急性白血病及原始细胞>20%的胚系突变易感性突变髓系肿瘤等。

在鉴别诊断方面,AML 微分化型原始细胞十分原始,一般细胞化学染色均为阴性,故易与 ALL 和急性未分化细胞白血病混淆。这两型白血病的鉴别有赖于细胞免疫化学或流式免疫表型检查。ALL 有特征的淋系标记阳性,而 M0 无这些阳性;AUL 为更原始细胞的白血病,一般细胞化学染色(MPO、SBB、CE、NBE、ACP 和 PAS)全为阴性,流式免疫表型为淋系和髓系系列特异性标记物全为阴性,而 M0 则有髓系单抗阳性。免疫表型也是鉴别诊断急性巨核细胞白血病、双表型或混合系列白血病的主要项目。

(2) AML 不伴成熟和伴成熟型:这 2 个类型相当于 FAB 分类的 M1 与 M2,是急性粒细胞白血病的代表。AML 不伴成熟型(acute myeloid leukemia without maturation)是以骨髓中高比例原始细胞和不伴明显的中性粒细胞成熟(早幼粒细胞及其后期细胞<10%)为特征;AML 伴成熟型(acute myeloid leukemia with maturation)是骨髓中或外周血中原始细胞≥20%,并有骨髓中性粒细胞成熟的证据(不同成熟阶段中性粒细胞≥10%)和骨髓中单核系细胞<20%的 AML。骨髓轻度病态造血、嗜酸性粒细胞在 M2 易见,在一部分病例中还见嗜碱性粒细胞和肥大细胞。原始细胞的髓系性质可以通过 MPO 或 SBB 染色阳性>3%和/或检出 Auer 小体提供证据。

见于任何年龄患者,主要为成年。M1 约占 AML 的 5%~19%、M2 约占 10%(<25 岁组约占 20%,≥60 岁组约占 40%)。表现贫血、血小板减少和中性粒细胞减少的骨髓衰竭症状,白细胞增高是原始细胞增多所致。MPO 阳性,常在 10%以上,阳性率低者阳性产物细小颗粒状或粗大颗粒。SBB 阳性,常在 50%以上。CE 部分阴性,部分阳性,与原始细胞成熟性有关。NBE 多为阴性,可见颗粒状阳性。NAE 可见反应不强的阳性产物,并不被氟化钠抑制。Phi 小体检出率明显高于 Auer 小体。细胞免疫化学染色,(抗)MPO 和(抗)溶菌酶阳性,是髓系细胞的重要指标。流式细胞免疫表型见表 22-3,AML 不伴成熟型 CD34 和 HLA-DR 阳性,伴成熟型中部分病例阴性。免疫表型见表 22-3,MPO 阳性,并更多地表达髓系相关抗原(CD13、CD33、CD117)或 M2 的成熟特征抗原(CD13、CD33、CD65、CD11b、CD15)。CD34 和 HLA-DR 一部分患者阴性,M2 比 M1 更常见。

诊断需要符合:一是外周血和/或骨髓涂片中原始细胞≥20%。二是原始细胞形态特点和细胞化学反应或流式免疫表型,支持或符合粒系系列。三是根据细胞成熟性区分不伴成熟型(原始细胞≥90%,粒系成熟中的细胞<10%)还是 M2(原始细胞<90%,粒系成熟中的细胞≥10%,即早幼粒细胞及其后期阶段粒细胞≥10%)。四是无治疗相关、重现性遗传学异常、特定基因突变和骨髓增生异常相关改变和胚系突变易感性等类型。形态学典型者,细胞化学和流式免疫表型检查的意义不是非常重要,但对于 MPO 和 SBB 阳性细胞比例不高时,则必需有流式免疫表型提供系列诊断依据。

(3) 急性粒单细胞白血病:相当于 FAB 分类的 M4,WHO 分类中简称 AMML。M4 诊断的把握,主要在于骨髓涂片、外周血涂片与细胞化学染色的结合。当骨髓涂片显著增多的原幼白血病细胞,既有粒系细胞特点(如颗粒)又有部分单核系细胞特点或两者兼有时,应考虑 M4 的可能。M4 时,观察外周血涂片白血病细胞形态可能更清晰,可以确认成熟单核细胞是否增多,原幼单核细胞是否存在。细胞化学染色 CE、NBE 和 NAE 等对于定性白血病性粒单细胞有帮助。免疫表型不定表达髓系抗原,常表达单核细胞分化抗原。单核细胞分化抗原强阳性,有助于鉴定单核系细胞。

诊断需要符合：一是外周血或骨髓原始细胞（包括幼单核细胞）≥20%,骨髓（中性）粒细胞及其前期细胞>20%（若>80%为急性粒细胞白血病,M2）。二是骨髓单核细胞及其前期细胞>20%（若>80%为M5）。三是外周血单核系细胞常>5×10⁹/L。四是无治疗相关、重现性遗传学异常、特定基因突变和骨髓增生异常相关改变等。在实际工作中,一部分标本不易区分粒系与单核系白血病细胞。加之,M2与M4,M4与M5白血病细胞形态部分重叠,而且治疗方案没有明显区别,这些类型的鉴别有时不是很重要。

M4Eo为基本符合上述条件中,有嗜酸粒细胞增多,常≥5%,但这一形态学类型中多为AML伴inv(16)或t(16;16);*CBFβ-MYH11*类型（伴重现性遗传学特定类型）。M4Eo外周血中嗜酸性粒细胞可以不增多或幼稚嗜酸性粒细胞少见,而嗜酸性粒细胞白血病为显著增多并可见低比例原始细胞。

(4) 急性原始单核细胞和单核细胞白血病：相当于FAB分类的M5a和M5b。在WHO分类中将两者合并为一个病种,称急性原始单核细胞和单核细胞白血病。根据单核细胞的成熟程度分为急性原始单核细胞白血病与急性单核细胞白血病,外周血或骨髓原始细胞（包括幼单核细胞）≥20%和白血病细胞的≥80%为单核系细胞;粒系细胞<20%。急性原始单核细胞白血病与急性单核细胞白血病在于幼单核细胞和单核细胞的比例,前者原始单核细胞大多数为占单核系细胞的≥80%,后者为<80%。

急性原始单核细胞白血病约占AML的<5%,见于任何年龄,婴儿患者常有11q23(*KMT2A*)异常（重现性遗传学异常类型）和髓外浸润特征;急性单核细胞白血病约占AML的<5%,多见于中老年人,髓外浸润症状也多见,如皮肤症状（皮疹、结节、溃疡）和牙龈肿胀、溃疡。

诊断把握,当外周血和骨髓涂片出现多量胞体较大或大小不一,胞质较丰富并缺乏颗粒和胞体胞核不规则形状时,或白血病细胞异形性明显、大型低核质比例的原始细胞伴胞核虫蛹样微曲和核染色质粗糙时,都需要怀疑M5。一部分病例中用血片观察单核系细胞比骨髓涂片为典型而利于评判。

细胞化学染色,NBE和CE和NAE+氟化钠抑制试验,有助于进一步确认或排除白血病细胞是否属于单核系细胞。SBB阳性,NBE和NAE明显阳性并不为氟化钠所抑制时,可以确认白血病细胞为单核系性质。可是,部分形态学典型的M5标本,POX阴性、NBE阴性而SBB阳性。细胞免疫化学（抗）溶菌酶阳性,CD68染色可呈阳性反应,（抗）MPO单核系细胞阳性反应不一。流式免疫表型,不定表达髓系抗原,CD13、CD33（常为强阳性）、CD15和CD65。单核细胞分化抗原至少有2个标记阳性,如表达CD14、CD11b、CD11c、CD64、CD68、CD36、CD4和溶菌酶。CD34约30%阳性,CD117阳性更多见,HLA-DR大多数阳性。细胞遗传学无特征性,伴t(8;16)(p11.2;p13.3)者,大多数有噬血细胞（尤其是白血病细胞吞噬红细胞）和凝血异常特征。

诊断需要符合：一是骨髓粒单系细胞分类中,≥80%为单核系细胞（原始细胞,包括幼单核细胞≥20%）,<20%为粒系细胞。二是骨髓单核系细胞分类中,原始单核细胞≥80%者为M5a,原始单核细胞<80%（常以幼单核细胞为主）者为M5b。三是排除治疗相关、重现性遗传学异常和特定基因突变等类型AML。

(5) 纯红系细胞白血病：相当于FAB分类的M6b,为有核红细胞>80%,原始红细胞≥30%（ANC）,原始粒细胞无意义增加的红系肿瘤,极少见但临床进展快速,中位生存期仅为3个月（WHO）。有核红细胞形态不定,部分患者中形态无异常,部分患者中显著异常（见第八章）。当形态明显异常影响形态学观察和评判时,需要其他证据支持,如细胞化学和免疫化学染色MPO阴性、糖原染色（periodic acid Schiff method,PAS）和CD225α阳性。一部分病例中,还可见胞质含有数颗颗粒但其他形态都具有原始红细胞和早幼红细胞特征的细胞,以及部分原始红细胞向原始粒细胞的转化形态,可能存在细胞的成熟转换（trans-maturation）。纯红系细胞白血病有严重进行性贫血,血小板显著减低。脾肿大常见,病情进展快,化疗反应极差。有时,由于骨髓稀释,骨髓涂片有核红细胞未达标准,而骨髓切片中肿瘤性有核红细胞大片状浸润并占80%以上,原始红细胞30%以上,也可以做出诊断。病态巨核细胞和环形铁粒幼细胞常见,病态粒细胞少见。免疫表型,有核红细胞常表达GPA和血红蛋白A,系列特异较小的CD71标记部分阳性。E-钙黏附蛋白(E-cad)阳性。原始红细胞常见E-cad、CD36和CD117阳性,HLA-DR和CD34阴性。细胞遗传学无特征性所见,多结构异常的复杂核型总是存在,最常见是-5/5q-和-7/7q-。

诊断需要符合：一是红系细胞异常增殖,骨髓有核红细胞>80%,原始红细胞≥30%（ANC）;二是无治疗相关病史和重现性遗传学异常。不包括CML急变的纯红系细胞白血病。

在鉴别诊断方面,纯红系细胞白血病需要与巨幼细胞性贫血和给予红系生长因子后的红系高增生相鉴别。一部分巨幼细胞性贫血骨髓原始红细胞比例高,但有核红细胞总体比例一般达不到80%,且伴有细胞成熟性。在形态学上,有时,纯红系细胞白血病骨髓原始红细胞胞质为不典型形态,呈非瘤状的不规则突起,有的胞质量少,加之胞质的嗜碱性无颗粒,与原始巨核细胞和大 B 细胞淋巴瘤的原始淋巴细胞有相似之处,需要进一步用 CD41 或 CD225α、E-cad 或 CD10、CD19 等标记染色进行鉴别。M7 原始巨核细胞 CD41 和 CD42 阳性,CD225α 阴性,大 B 细胞淋巴瘤原始淋巴细胞 CD10、CD19 等染色阳性,而纯红系细胞白血病有核红细胞 CD225α 阳性。此外,纯红系细胞白血病不伴红系成熟的特征不见于其他 AML,有助于鉴别 M7、ALL、淋巴瘤和转移性肿瘤。类似浆细胞者,可用 CD38 和 CD138 标记染色(浆细胞阳性,幼红细胞阴性)加以区分。也有部分原始红细胞与原始粒(单)细胞不易区分,存在形态学上的转化现象(图 22-15),更需要细胞化学和细胞免疫化学(如抗 MPO)染色甚至流式免疫表型检查加以区分。

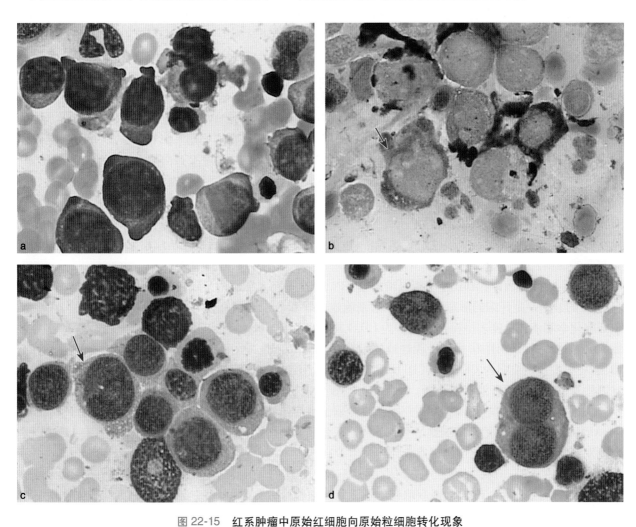

图 22-15 红系肿瘤中原始红细胞向原始粒细胞转化现象

a 为原始红细胞有部分原始粒细胞的形态特点;b 为 a 标本 SBB 染色,可见原始红样细胞阳性;c、d 为分别外形有原始红细胞和双核早幼红细胞(箭头)形态,但胞质为有颗粒的原始(粒)细胞

(6) 急性原始巨核细胞白血病:相当于 FAB 分类的 M7。被界定为原始细胞≥20%,其中原始巨核细胞≥50%。约见于 AML 的<5%。白血病性原始巨核细胞的形态学变异大(重在观察胞质的特征,详见第九章),在形态学诊断的把握上,需要注意以下三条:首先是观察到骨髓涂片中巨核细胞形态特征明显的单一原始细胞>20%(一般高于60%)时应疑及 M7 的可能;其次是结合细胞化学染色四阴一阳:MPO、SBB、CE 和 NBE 阴性而 PAS 阳性可以疑似诊断;最后是细胞免疫化学染色 CD41 和 CD42 阳性和/或 CD61、CD36 阳性(图 17-3),或流式免疫表型检查符合(原始细胞中一半以上为原始巨核细胞,尤其胞质 CD41 或

CD61 较表面阳性的特异性和敏感度更好，CD34、CD45、HLA-DR 常为阴性），或作电镜细胞化学染色 PPO 阳性，也可以明确诊断。对伴纤维化患者，骨髓切片免疫组化常比流式免疫表型检查更有意义。形态学不典型者，唯有免疫表型和/或遗传学检查的相关证据。成人急性原始巨核细胞白血病无特征性染色体异常，但部分可见 inv(3)(q21.3q26)，以及常见于儿童，特别是 1 岁以下婴幼儿患者，有重现性遗传学异常——t(1;22)(p13.3;q13.1)；*RBM15-MKL1*，均为 AML 伴重现性遗传学异常的特定类型，而不是 AML, NOS 中的急性原始巨核细胞白血病。

诊断需要符合：一是外周血和/或骨髓原始细胞≥20%，其中原始巨核细胞≥50%。二是细胞化学和细胞免疫化学染色支持原始细胞为原始巨核细胞性质。三是无治疗相关、重现性遗传学异常、特定基因突变和骨髓增生异常相关改变等。

在鉴别诊断方面，急性巨核细胞白血病需要与 AML 伴微分化型、AML-MRC、急性全髓增殖症伴骨髓纤维化、ALL、纯红系细胞白血病和 CML 等 MPN 原始细胞急变或原发性骨髓纤维化（primary myelofibrosis, PMF）相鉴别。CML 原始细胞急变或 PMF 总是存在慢性期和明显的持续性脾肿大，PMF 还有明显的外周血红细胞形态学异常，CML 有 Ph 染色体或 *BCR-ABL1*，均有助于鉴别诊断。CD41 和 CD42 染色以及多项细胞化学染色有助于急性原始巨核细胞白血病与其他 AML 的鉴别。急性原始巨核细胞白血病与急性全髓增殖症伴骨髓纤维化，两者关系不完全清楚。一般说，本类型有原始巨核细胞的显著增殖，而急性全髓增殖症以三系细胞——粒系、巨核系和红系前期细胞增殖为特征。有时两者不能作出明确的区分。

（7）急性嗜碱性粒细胞白血病（ABL）：ABL 极为少见，诊断主要依据形态学（见图 22-9）。诊断条件至少应符合：一是有类似 APL 和 AML 伴成熟型的细胞成熟特征。二是观察到白血病性原幼细胞胞质和/或核上有明显的或可疑的嗜碱性颗粒。三是甲苯胺蓝染色确认颗粒为异染性颗粒，其他细胞化学染色，如原始细胞常为 MPO、SBB、CE、NAE 阴性和 PAS 阳性等染色反应作为参考。四是免疫表型特征与 APL 相同，CD34 和 HLA-DR 低表达或阴性。五是细胞遗传学和分子检查无 t(15;17) 及其 *PML-RARα* 及 APL 变异性遗传学异常，也无其他重现性遗传学异常，包括特定基因突变等。六是无治疗相关和骨髓增生异常相关改变的证据。

在鉴别诊断方面，与 ABL 容易相混淆的是 APL，其次是肥大细胞白血病和伴嗜碱性粒细胞增多 AML。与 APL 的鉴别一是仔细的形态学观察，二是细胞遗传学和分子学检查。与肥大细胞白血病鉴别，主要在于细胞化学和流式免疫表型检查。ABL 为 CD34 阴性，CD13、CD33 阳性，CD123、CD203c 和 CD11b 常为阳性、其他单核系标记阴性和 CD117 阴性或弱阳性，HLA-DR 阳性或阴性，CD122 阳性和血浆类胰蛋白酶不增加；肥大细胞白血病为 CE 阳性、CD11b 阴性、CD117 阳性、CD122 阴性和血浆类胰蛋白酶增加；*KIT* 突变基因检查也有助于两者的鉴别诊断。

（8）急性全髓增殖症伴骨髓纤维化：急性全髓增殖症伴骨髓纤维化（acute panmyelosis with myelofibrosis, APMF）为罕见原发的全髓细胞增殖和外周血或骨髓原始细胞≥20%的急性髓系肿瘤，可以一开始即是急性发病，也可以是经烷化剂化疗或放疗后发生。

本病约占 AML<1%，主要见于成年人，预后不良。初诊时表现为全血细胞减少，虚弱和乏力，无或轻度脾肿大。骨髓穿刺常不成功，或获取标本不满意。细胞量较多时，可见三系原始、早期阶段细胞明显增生，易见病态造血细胞，尤其是微小巨核细胞。骨髓切片为高细胞性，原始细胞灶性增生，粒红巨三系细胞呈不同程度的高增生（图 22-16）。巨核细胞可出现独特的增生，伴病态的小型和大型巨核细胞增多，常见疏松染色质的无核叶胞核，胞质均匀嗜酸性，PAS、CD61 和因子Ⅷ染色阳性。纤维组织不同程度增生，网硬蛋白纤维增加，但胶原纤维化不明显。免疫表型为异质性，原始细胞可表达髓系抗原（如 CD13、CD33、CD117）；一些不成熟细胞可表达有核红细胞和巨核细胞抗原。细胞遗传学常为异常，复合异常常见于第 5、7 号染色体。

急性全髓增殖症伴骨髓纤维化的诊断，尚无确切的标准。实际工作中，当具有类似红白血病形态学，同时有巨核细胞明显增多（伴有病态形态），原始细胞≥20%时，需要怀疑本病。检查骨髓切片比骨髓涂片为重要，切片中，有核细胞显著增殖，由三系细胞组成，结合临床和血象可以作出基本诊断，Gomori 染色证实网状纤维增多，诊断确立。

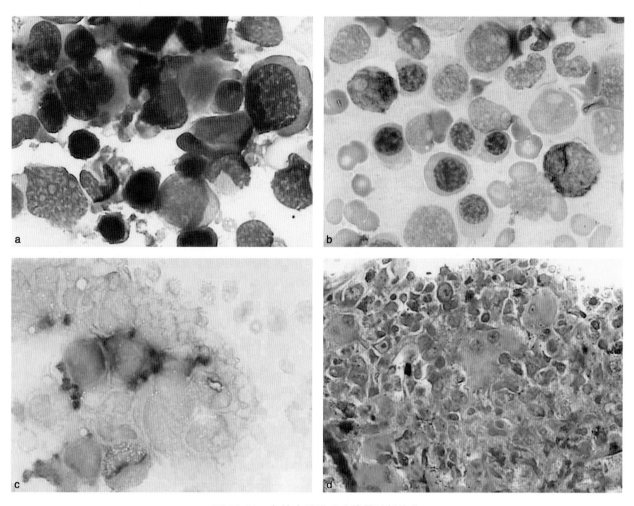

图 22-16　急性全髓增殖症伴骨髓纤维化

a 为骨髓涂片 3 系异常增殖,原始细胞易见,中上方为异常小巨核细胞;b 为抗 MPO 染色 2 个阳性原始粒(单)细胞;
c 为 CD41 染色 3 个阳性微小巨核细胞;d 为骨髓切片 3 系细胞塞实性增殖,网状纤维染色阳性(++)

　　本病需要与急性巨核细胞白血病、伴骨髓纤维化的其他 AML、促进骨髓纤维组织反应性增生的转移性肿瘤和特发性骨髓纤维化相鉴别。伴有骨髓纤维化的急性巨核细胞白血病和伴骨髓纤维化与多系病态造血的 AML 与本病的关系尚需认识。通常,骨髓增殖过程以一个细胞类型为主,如原始粒细胞,则该病例伴随的骨髓纤维化应诊断分类于某个 AML 的类型伴骨髓纤维化,如果增殖过程累及多个的髓系细胞,如粒系、红系和巨核细胞,则诊断为急性全髓增殖症伴骨髓纤维化更适当,但其中可能包括了伴多系病态造血 AML 的变异。免疫组织化学鉴定受累的多系细胞是重要的。

　　4. AML,NOS 类型与初诊患者 FAB 分类的含义　需要注意的是,AML,NOS 与初诊病人中按 FAB 分类做出诊断的基本类型含义不同,后者是未经过新技术检查而未分出特定类型者,概述初诊病人形态学类型与可能存在的 WHO 分类中的特点类型见图 22-17。并从形态学的基本诊断经流式免疫表型到细胞遗传学和分子学诊断而逐步分出特定类型的路径见图 22-18。

二、相关前体细胞肿瘤

　　与 AML 相关的前体细胞肿瘤,即为相关的原幼细胞肿瘤。这些肿瘤外周血和骨髓中的原幼细胞比例,有的符合 AML,有的则不符合。有的类型,如系列未明急性白血病,特别是混合系列白血病,实际上是髓系与淋系原幼细胞重叠的急性白血病;原始浆细胞(浆母细胞)样树突细胞肿瘤的细胞起源还有争议。

1. 髓系肉瘤 髓系肉瘤或髓细胞肉瘤(myeloid sarcoma)是由原始细胞伴或不伴成熟细胞为组成的发生于髓外组织或骨的肿瘤,多为原发,一部分继发于治疗相关后。髓外髓系肿瘤、粒细胞肉瘤(granulocytic sarcoma)和绿色瘤(chloroma)为同义名。

(1) 临床特征:髓系肉瘤多见于儿童和青年,可先于血液肿瘤而单独出现,孤立病变经局部放疗可获得较长的生存期。通常为先于 AML 的数月或数年,是 AML 的最先证据;也可以先于 MDS、MPN 或骨 MDS-MPN 进展而出现;或与急性或慢性髓细胞白血病同时发生,还可是 AML 治疗缓解后复发的表现。

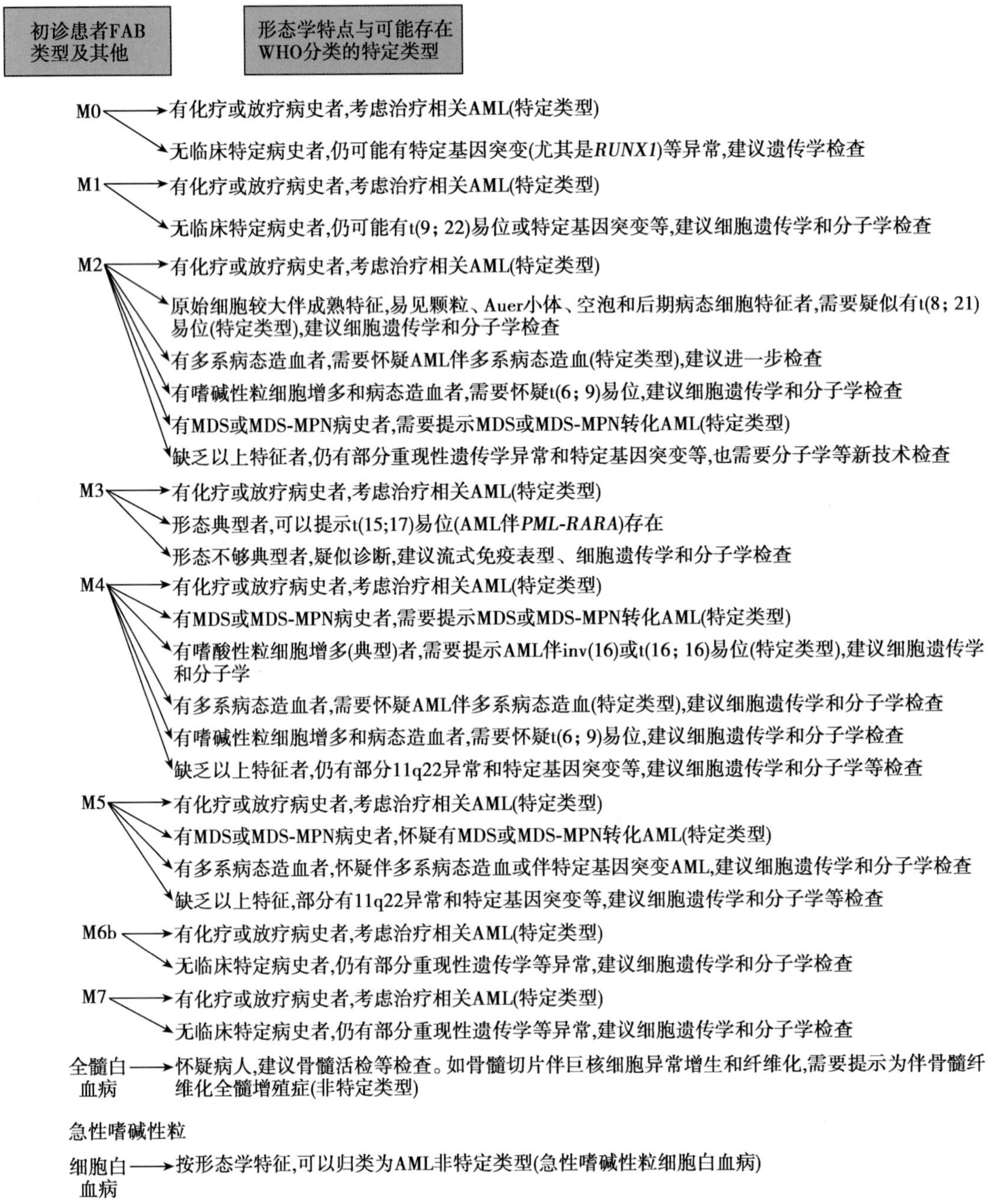

初诊患者FAB类型及其他　　　形态学特点与可能存在WHO分类的特定类型

M0 → 有化疗或放疗病史者,考虑治疗相关AML(特定类型)
→ 无临床特定病史者,仍可能有特定基因突变(尤其是RUNX1)等异常,建议遗传学检查

M1 → 有化疗或放疗病史者,考虑治疗相关AML(特定类型)
→ 无临床特定病史者,仍可能有t(9;22)易位或特定基因突变等,建议细胞遗传学和分子学检查

M2 → 有化疗或放疗病史者,考虑治疗相关AML(特定类型)
→ 原始细胞较大伴成熟特征,易见颗粒、Auer小体、空泡和后期病态细胞特征者,需要疑似有t(8;21)易位(特定类型),建议细胞遗传学和分子学检查
→ 有多系病态造血者,需要怀疑AML伴多系病态造血(特定类型),建议进一步检查
→ 有嗜碱性粒细胞增多和病态造血者,需要怀疑t(6;9)易位,建议细胞遗传学和分子学检查
→ 有MDS或MDS-MPN病史者,需要提示MDS或MDS-MPN转化AML(特定类型)
→ 缺乏以上特征者,仍有部分重现性遗传学异常和特定基因突变等,也需要分子学等新技术检查

M3 → 有化疗或放疗病史者,考虑治疗相关AML(特定类型)
→ 形态典型者,可以提示t(15;17)易位(AML伴PML-RARA)存在
→ 形态不够典型者,疑似诊断,建议流式免疫表型、细胞遗传学和分子学检查

M4 → 有化疗或放疗病史者,考虑治疗相关AML(特定类型)
→ 有MDS或MDS-MPN病史者,需要提示MDS或MDS-MPN转化AML(特定类型)
→ 有嗜酸性粒细胞增多(典型)者,需要提示AML伴inv(16)或t(16;16)易位(特定类型),建议细胞遗传学和分子学
→ 有多系病态造血者,需要怀疑AML伴多系病态造血(特定类型),建议细胞遗传学和分子学检查
→ 有嗜碱性粒细胞增多和病态造血者,需要怀疑t(6;9)易位,建议细胞遗传学和分子学检查
→ 缺乏以上特征者,仍有部分11q22异常和特定基因突变等,建议细胞遗传学和分子学等检查

M5 → 有化疗或放疗病史者,考虑治疗相关AML(特定类型)
→ 有MDS或MDS-MPN病史者,怀疑有MDS或MDS-MPN转化AML(特定类型)
→ 有多系病态造血者,怀疑伴多系病态造血或伴特定基因突变AML,建议细胞遗传学和分子学检查
→ 缺乏以上特征,部分有11q22异常和特定基因突变等,建议细胞遗传学和分子学等检查

M6b → 有化疗或放疗病史者,考虑治疗相关AML(特定类型)
→ 无临床特定病史者,仍有部分重现性遗传学等异常,建议细胞遗传学和分子学检查

M7 → 有化疗或放疗病史者,考虑治疗相关AML(特定类型)
→ 无临床特定病史者,仍有部分重现性遗传学等异常,建议细胞遗传学和分子学检查

全髓白血病 → 怀疑病人,建议骨髓活检等检查。如骨髓切片伴巨核细胞异常增生和纤维化,需要提示为伴骨髓纤维化全髓增殖症(非特定类型)

急性嗜碱性粒细胞白血病 → 按形态学特征,可以归类为AML非特定类型(急性嗜碱性粒细胞白血病)

图 22-17　初诊 FAB 形态学类型与 WHO 分类中可能存在的特定类型
FAB 分类诊断中,原始细胞及其等同意义细胞符合 WHO 规定

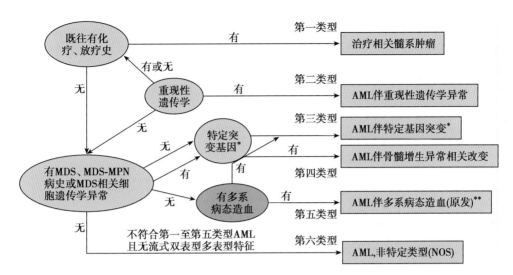

图 22-18　形态学基本诊断经临床特征、免疫表型和遗传学而逐步分出特定类型的路径

* *NPM1* 突变或 *CEBPA* 双等位基因或 *RUNX1* 突变，** 属于 AML 骨髓增生异常相关改变类别

肿瘤侵犯的常见部位是头颅的骨膜下骨结构、鼻腔、胸骨、肋骨、椎骨、骨盆，也常累及淋巴结和皮肤及疼痛症状。肿瘤向下可浸润骨质，向外可浸润周围组织。发生于颅内眶内壁骨膜下者常浸入眼眶使眼球突出，浸入颅内可压迫脑及颅神经，发生于脊椎者可压迫脊髓及脊神经。骨外器官发生的可见于肾皮质、卵巢、淋巴结、皮肤、肝及脾等。X 线摄片肿瘤可不显影，肿瘤浸润部位因骨板外层和骨质破坏而变疏松。

（2）形态学：肿瘤组织内由一致的原始细胞或某一期为主的髓系细胞组成，最常见由原始粒细胞和中性粒细胞及其前期细胞组成。按细胞成熟性分为原始细胞型、幼稚细胞型（原始粒细胞和早幼粒细胞）和伴有成熟型（早幼粒细胞及其后期粒细胞）。原始粒细胞可见 Auer 小体，细胞化学染色一般符合粒细胞特点。少数为原始单核细胞组成的髓系肉瘤，也可由三系病态造血细胞或明显的幼红细胞或巨核细胞组成，可发生于 MPN 的原始细胞转化阶段。

粒细胞肉瘤肿瘤细胞免疫表型与 AML 伴或不伴成熟相似，原始单核细胞肉瘤与急性原始单核细胞白血病的表达类似。组织切片染色可见一部分胞质反常表达 NPM1，可以指示 *NPM* 突变。通过 FISH 和细胞遗传学检查，约 55% 髓系肉瘤有遗传学异常，如−7、+8、*KMT2A* 重排、inv（16）、t（8;21）、+4、−16、16q−、5q−、20q 等，约 16% 有 *NPM1* 突变。

（3）诊断：髓系肉瘤虽被列为单独的类别，但单独诊断的是针对于尚未发现血液和骨髓病变者。依据组织切片、印片或穿刺涂片形态学、组织或细胞化学反应和免疫表型的特点确诊，并排除原始淋巴细胞淋巴瘤、Burkitt 淋巴瘤、大细胞淋巴瘤、小圆细胞肿瘤（见于儿童的特殊肿瘤，如神经母细胞瘤和 Ewing 肉瘤）和髓外造血。

2. 唐氏综合征相关髓系增殖　唐氏综合征相关髓系增殖包括一过性髓系异常增殖症（transient abnormal myelopoiesis，TAM）和唐氏综合征相关髓系白血病。两者通常有原始巨核细胞增殖。

TAM 发生于出生时或出生后数天之内，1 到 2 个月之内可以消失。髓系白血病则较迟发生，通常在出生后的头三年内，事先有或无 TAM，若不及时治疗将持续存在。

唐氏综合征相关髓系肿瘤具有独立于原始细胞计数的类似行为（疾病进展等表现相似，原始细胞比例与疾病表现无关），不需要进一步分为 MDS 或 AML。TAM 和唐氏综合征相关髓系白血病都具有 *GATA1* 突变和 JAK-STAT 途径突变的特征，在髓系白血病病例中还有其他基因突变。

三、系列未明急性白血病和原始浆细胞样树突细胞肿瘤

系列未明急性白血病和原始浆细胞样树突细胞肿瘤均为与 AML 及相关前体细胞肿瘤并列的 2 种疾病，由于历史原因和鉴别诊断的需要，在这里介绍。

1. 系列未明急性白血病　系列未明急性白血病为既有髓系又有淋系免疫表型和/或系列特征的一类

急性白血病。过去一般置于 AML 章节中介绍,现在由于对表型检测的依赖性倾向归入淋系章节中。

（1）类型:这一 WHO 类别(表 22-9)包括不表达任何明确的系列特征标记物——急性未分化型白血病(acute undifferentiated leukemia,AUL)和明显表达超过一个系列标记特征的急性白血病——混合表型急性白血病(mixed phenotype acute leukaemia,MPAL)。MPAL 包括以前称为双表型或双系列急性白血病的病例,又称为急性混合系列白血病(acute mixed lineage leukemia,AMLL)等多种同义病名。

表 22-9　修订的系列未明急性白血病分类(WHO,2017)

急性未分化型白血病(AUL)

混合表型急性白血病(MPAL)

MPAL 伴 t(9;22)(q34.1;q11.2);*BCR-ABL1* *

MPAL 伴 t(v;11q23.3);*KMT2A* 重排

MPAL,B 系与髓系混合(B-髓),NOS

MPAL,T 系与髓系混合(T-髓),NOS

MPAL,NOS 罕见型,B 系与 T 系、B 系与 T 系和髓系(B-T、B-T-髓)混合

系列未明急性白血病,NOS **

* 不包括有 CML 病史者; ** 既不符合 AUL 又不符合 MPAL 者

2017 年 WHO 修订的定义 MPAL 系列特异性标记物及其解释,有若干变化(表 22-10)。MPAL 表型特性差别大,有两种常见的经典形式的 MPAL。第一种为表达不止 1 系抗原的单一优势原始细胞群,曾称作双表型白血病。第二种为>1 系(种)的原始细胞,每系原始细胞都有明确的系列特异性表型,称为双系列白血病,以表示存在 2 个不同的原始细胞群。事实上,大多数 MPAL 为双表型和双系列白血病的重叠,难以区分,故常归为一类。另外,强调 *BCR-ABL1* 和 *KMT2A* 重排在这些疾病中的生物学和临床重要性,可能比单独的免疫表型研究更好地定义临床病种。因此,混合表型急性白血病又分为伴重现性遗传学异常的特定类型和无重现性遗传学异常的非特定类型(NOS)。

表 22-10　修订分类中用于定义 MPAL 的标准(WHO,2017)

系列	标　　准
髓系	MPO 阳性(流式细胞、免疫组化、细胞化学法)
	或≥2 个单核细胞分化特征:非特异性酯酶、CD11c、CD14、CD64 和溶菌酶
T 系	cCD3(流式细胞术用 CD3ε 链抗体,以及免疫组化法用多克隆 CD3 抗体检测的 CD3ζ 链,都无 T 细胞特异性)
	或 mCD3(在混合表型急性白血病中罕见)
B 系	CD19 强表达并至少有以下 1 项强表达:CD79a,cCD22,CD10
	或 CD19 弱表达并有以下 2 项强表达:CD79a,cCD22,CD10

系列未明急性白血病,最常见的是 MPAL。形态学和免疫表型检查是诊断与鉴别诊断的主要方法,形态学为基本诊断,多参数流式细胞免疫表型检查则是识别 MPAL 的首选方法。一般,需要形态学特征与细胞遗传学、分子遗传学和免疫表型的相互整合。

（2）髓淋(B 或 T)双系列混合急性白血病诊断要点:MPAL 诊断中,一部分由细胞形态学和细胞化学检查首先发现,后由其他检查进一步证明;另一部分由细胞免疫表型与遗传学检查发现和确诊。

当外周血和骨髓涂片检查中有比较典型的髓系原始细胞(多为原始粒细胞,也可为原始单核细胞等)和原始淋巴细胞同时存在时(图 22-19);白血病细胞 MPO 和 SBB 阳性而形态学又似幼稚淋巴细胞时;大小悬殊和形态不一或染色性明显反差(细胞核染色深和浅)的原始细胞同时存在时,都应疑及 MPAL(髓淋双系列急性白血病)的可能,建议进一步检查。白血病细胞 Auer 小体的存在,细胞化学染色 SBB 或 MPO 阳性是髓系(粒系和单系)原幼细胞白血病的标记。原始淋巴细胞异形性明显者还可以疑似 Ph 染色体及 *BCR-ABL1* 的存在。免疫表型检查有双重组分,表达的标记为不同系列(髓系和淋系)。

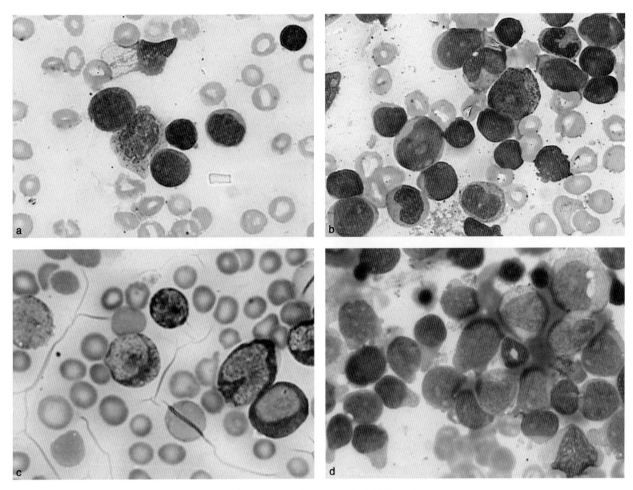

图 22-19　髓系与 B 系混合急性白血病

a、b 为血片和骨髓涂片 2 种原始细胞混合出现;c 为 SBB 染色,大原始细胞阳性,小的阴性(POX 呈同样反应);患者为男性 22 岁,白细胞 356×10⁹/L、Hb 85g/L,血小板 65×10⁹/L,免疫表型符合髓系 B 系混合表达,核型为 46,XY,t(9;22)(q34;q11)[15];d 为另一例髓淋双系混合急性白血病伴 t(9;22);BCR-ABL1 阳性,原始淋巴细胞有异形性

（3）双表型和多表型混合急性白血病诊断要点:细胞形态学缺乏特征,细胞化学一般染色不定。当免疫表型检查发现同一白血病细胞表达髓系和 T 或 B 系(罕见为 B 系和 T 系)特异抗原时,结合形态学可以作出双表型急性白血病的诊断。图 22-20 为类似 APL 形态的双表型急性白血病。也可表达少见的全系列(髓系、T 和 B 系),即多表型急性白血病。WHO(2017)修订的标准见表 22-9。

细分的特定类型还需要细胞遗传学和分子检查,如伴 t(9;22)(q34.1;q11.2),BCR-ABL1 混合表型急性白血病为符合 MPAL 表型并有 Ph 染色体和分子异常,图 22-19 的 2 个病例即为此型;伴 t(v;11q23.3),KMT2A 重排混合表型急性白血病为符合 MPAL 表型并有 11q22 重排。无上述两种特征者归类为不另作特定分类(NOS)的伴 B 系-髓系特征、伴 T 系-髓系特征的混合表型急性白血病。

（4）急性未分化细胞白血病诊断要点:AUL 原始细胞无形态学分化和成熟特征,不表达系列特异标记 MPO、CD3 和 CD19,也不表达无系列特异的系列抗原标记,表达系列相关标记不多于 1~2 个,而 CD34、HLA-DR 和 CD38 常表达。符合这一细胞形态学和细胞免疫表型象,归类为 AUL。

WHO 认为,未明系列急性白血病需要依据免疫表型,流式方法是证明一群原始细胞≥1 个系列表型的首选;但是,如需要证明两种不同的原始细胞群分别表达不同的免疫标记,也可以采用组织免疫化学或细胞免疫化学的抗 MPO 染色(阳性),然后用流式检测证明 B 或 T 系存在。因此,欧洲白血病免疫分类协作组制定的积分标准也有实用之处(详见卢兴国主编《白血病诊断学》)。我们认为单抗 MPO 主要针对的是粒系细胞白血病,溶菌酶则针对单核系细胞白血病,溶菌酶阳性也可以作为髓系(单核系细胞)系列的特异标记,并据次基本符合性诊断一例特殊形态学和免疫双表型急性白血病(图 22-20)。

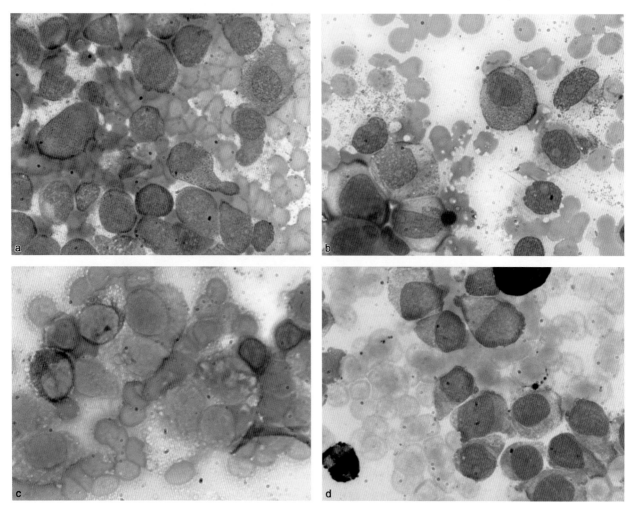

图 22-20 髓系与 B 系双表型急性白血病

患者男 78 岁,形态学检查疑似 APL,白血病细胞酷似颗粒过多早幼粒细胞(a 为骨髓涂片、b 为流式标本涂片),但 MPO(c)和 SBB(d)均为阴性,流式免疫表型为 CD34、HLA-DR、CD19、CD9 和溶菌酶阳性,CD15 弱阳性,MPO、CD33、CD13、CD117、CD11c、CD14、CD3、CD2、CD7、CD56 等阴性,遗传学检查 5 种突变基因(*MPN1*、*FLT3*-ITD、*DN-MT3AR882*、*CEBPA*、*KIT*)和 16 种髓系白血病融合基因均为阴性,染色体核型为 20q-

(5)鉴别诊断:细胞形态学与细胞免疫表型检查是诊断与鉴别诊断中非常重要的两个项目。双系列、双表型和多表型急性白血病需要与伴有髓系相关抗原表达的 ALL 或淋系相关抗原表达的 AML 相鉴别,同时注意不同实验室对免疫表型表达的阳性界定。急性未分化细胞白血病需要与 AML 伴微分化型鉴别。

2. 原始浆细胞样树突细胞肿瘤 原始浆细胞样树突细胞(blastic plasmacytoid dendritic cell,BPDC)肿瘤(BPDCN),又称母细胞性 NK 细胞淋巴瘤/白血病、无颗粒型 CD4+ NK 细胞白血病、无颗粒型 CD4+CD56+血液皮肤肿瘤,是源于原始浆细胞样树突前体细胞的侵袭性(白血病性扩散)造血系统肿瘤,WHO 认为系来源于髓系而被归类于髓系原幼细胞相关肿瘤(WHO,2016)或髓系肿瘤。本病易侵犯皮肤(100%)、骨髓与外周血(60%~90%)和淋巴结(40%~50%)。本病罕见,多见于老年男性患者,男女比例约 3:1,诊断中位年龄为 67 岁。表现为无症状的皮肤孤立性或多发性结节、斑块或紫肿包块,约 20% 有区域性淋巴结肿大;骨髓和外周血受累随病情进展逐渐加重,血细胞(尤其是血小板)减少。化疗有效后亦常复发,累及皮肤、软组织或中枢神经系统。多数患者诊断时为白血病性,预后差。

(1)诊断要点:①形态学:瘤细胞中等大小,胞核多不规则,染色质细致,可见一至数个核仁。胞质较少,灰蓝色且无颗粒。累及外周血与骨髓时,常见瘤细胞大量出现,靠近细胞膜可有小的空泡及伪足,与原幼 NK 细胞相似。BPDC 的 NBE 与 POX 染色阴性,PAS 阳性,遇这些形态学特点时结合临床需要高度怀疑。骨髓活检示浸润程度不一，多呈弥漫性浸润，残留的造血细胞可见病态造血，主要为巨核细胞。②免疫表型 BPDC 表达 CD4、CD56、CD43、CD45RA、CD123、CD303、TCL-1、CIA。CD56 阴性罕见，但表达 CD4、CD123、TCL-1、CD303 时也符合 BPDC 特性。此外，常表达 CD7、CD33、CD2、CD38，不表达 CD3、CD34、CD16、CD5、CD13、CD19、CD20、CD79a、LAT、MPO 与溶菌酶。约 2/3 患者核型异常，复合核型常见但缺乏特征性。最常见的基因突变是 TET2，在 BPDCN 发生中起重要作用。

（2）鉴别诊：BPDC 形态多不规则，胞质呈树突样突起。需要与（成熟）NK-T 细胞淋巴瘤相鉴别，后者 CD3 阳性表达，而 BPDC 阴性。一些组织细胞肿瘤和粒单细胞白血病的形态学与 BPDC 部分相似，需要依据细胞化学和免疫组化染色作出鉴别诊断。

第二十三章

骨髓增生异常综合征

骨髓增生异常综合征(myelodysplastic syndromes,MDS)是一组起源于造血干细胞的髓系肿瘤,其病理特征是血细胞减少、病态造血、骨髓衰竭、重现性遗传学异常和具有向急性髓细胞白血病(acute myeloid leukemias,AML)转化的高风险,是一个较好的逐渐成癌的模型,为一部分由健康人发展至急性白血病可以预测的一个中间阶段,即依据造血异常的程度和细胞遗传学与分子学等异常予以一定程度上的前瞻性评判。MDS 主要的分子病理为遗传学、表观遗传学和免疫异常而导致异常成熟的细胞增殖并过早凋亡。

第一节 概 述

MDS 是以 1 系或 1 系以上的主要髓系细胞增生异常(dysplasia)和无效造血(ineffective hematopoiesis)所致的外周血血细胞减少为特征的慢性髓系肿瘤。偶见有 ALL 前期的低原始淋巴细胞增生异常阶段。所谓骨髓增生异常(myelodysplasia)是描述有形态学异常的髓系有核细胞,包括既有形态(质量)异常又有数量(增生)异常(图 23-1)。简言之,造血细胞的数量异常与形态异常和/或原始细胞增加是骨髓增生异常的表现。

一、增生异常与病态造血

增生异常译自英文"dysplasia",其他译名有发育异常、发育不良和病态造血等,具有这一异常形态的造血细胞即为病态造血细胞(dyshemopoietic cells)。"病态造血"这一术语仅用于骨髓粒、红、巨核 3 系有核细胞,对每个系列受累的病态造血细胞的界定值设定为 10%,当检出的病态细胞在单系细胞分类中的比例≥10%,为有意义或明显病态造血的界定,<10%为轻度(轻微)病态造血或无病态造血。当前,虽对病态细胞百分比作出界定的数值(10%)被认同,但对病态细胞形态学的把握仍需要作出艰难的努力。对形态学上的适度性把握或认同比百分比的界定可能更为重要。多系病态造血是指 2 系或 3 系(≥2 系)细胞符合病态造血的条件,即观察到的 2 系或 3 系病态细胞各占单系细胞分类的≥10%(巨核细胞的评判见第十八章)。外周血也可检出病态细胞,但不包括红细胞、血小板、淋巴细胞和单核细胞的病态形态。因此,在MDS 细胞学检查中需要用到 2 种有核细胞分类方法:有核细胞分类(一般性常规分类)和单系细胞分类(病态造血细胞计数分类)。WHO 描述的增生异常形态学见表 23-1。

临床上,病名"骨髓增生异常综合征"(myelodysplastic syndromes)是指造血紊乱状态(disorders)的恶性或潜在恶性,并能解释特别的和变化的形态学表现以及转化 AML 高风险的综合征。

增生异常可以伴有外周血和/或骨髓原始细胞的增多。在 MDS 诊断中,原始细胞的数量意义非常重要。原始细胞包括原始粒细胞、原始单核细胞。原始细胞百分比<20%。

MDS 表现在外周血和骨髓中细胞数量和形态异常的特征为原始细胞增多和/或病态细胞的出现。而病态细胞的形态特点则是异质性和非特异性的,但相对于缺乏叶酸、维生素 B_{12}(较为单一的细胞巨变和巨变细胞的典型性与数量的显著性)或缺铁(较为单一的红系细胞小型变)时具有一定的固有形态学特征并为补充所缺乏物质纠正而言,这一"异质性"(类似叶酸、维生素 B_{12} 缺乏形态学,但明显没有它们形态的单一性、典型性和显著性)和"非特异性"(类似的异常细胞也见于非克隆性血液病),在结合临床的前提下也是鉴别其他造血异常的主要特征或证据。

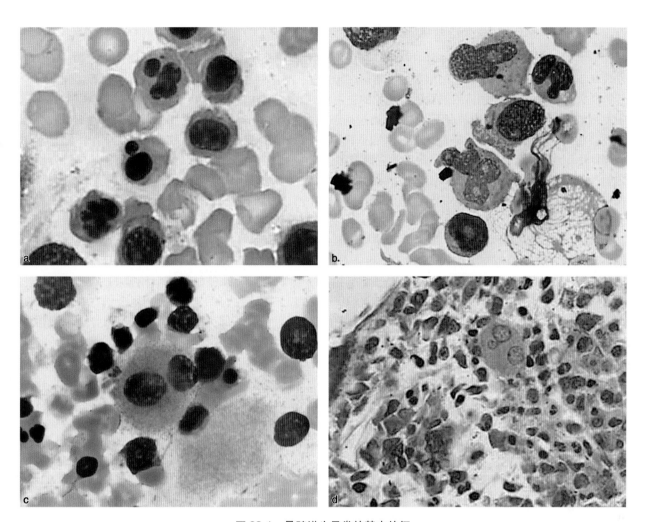

图 23-1　骨髓增生异常的基本特征

a～c 为骨髓细胞增生又有病态形态,分别为 MDS-SLD(RA)、MDS-U 和 MDS-MLD 标本;d 为骨髓切片更能显示骨髓细胞量异常,中间偏上方一个病态小圆核巨核细胞,MDS-U 标本

表 23-1　增生异常的形态学表现(WHO,2017)

红系病态造血	粒系病态造血
胞核	细胞小或不正常的大
核出芽	核分叶过少(假性 Pelger-Hüet 异常)
核间桥接	核分叶过多
核破裂	颗粒减少;无颗粒
多个核	假性 Chédiak-Higashi 颗粒
类巨幼变	Döhle 小体
胞质	Auer 小体
环铁粒幼细胞	巨核系病态造血
空泡形成	微小巨核细胞
过碘酸-希夫染色阳性	核叶过少
	多个核(正常巨核细胞为单个分叶的核)

　　对正在使用细胞因子(包括红细胞生成素)治疗的 MDS 不能再次进行分类和评估。对正在使用细胞因子的其他疾病血细胞减少者不能进行病态造血评判或 MDS 诊断。对无病态造血的血细胞减少患者,无其他条件,不能诊断为 MDS。

二、分类基本原则与修订的定义和分类

分类原则方面,大多数 MDS 病例很容易通过血液和骨髓中病态造血的老年患者血细胞减少这一特征性发现来识别,血液或骨髓中原始细胞数目可增加。50% 左右的病例在诊断时具有细胞遗传学异常,通常与遗传物质丢失相关,包括染色体或表观遗传现象的丢失,并且用相对少的突变组合检查也可在一半以上的病例中发现基因突变。在大多数情况下,MDS 可通过病态造血系列数和准确计数血液和骨髓中原始细胞数进行分类。然而,MDS 依然是最具挑战性的一个髓系肿瘤。尤其是具有以下情况时:临床和其他实验室结果表明为 MDS,但形态学结果不确定;营养缺乏甚至铜缺乏、药物、毒素、生长因子治疗、炎症或感染引起的继发性或短暂性病态造血可类似 MDS 的病态造血;骨髓低增生性或骨髓纤维化可以掩盖疾病过程。

WHO 分类继续提供诊断 MDS 的最小形态学标准指南,并将有限的基因突变检查纳入分类中,如当检测到 *SF3B1* 突变时,即使环形铁粒幼红细胞为 5%~15%,也诊断 MDS 伴环形铁粒幼细胞。

MDS 是高度异质性疾病,对其认知仍在不断深化中。随着细胞遗传学和分子学信息的积累,一些新的有识别意义的信息正在影响 MDS 的定义和分类。

1. 定义 WHO(2017)定义的 MDS 是一组包括以下特征的克隆性造血干细胞肿瘤:①持续性血细胞减少:血红蛋白<100g/L,中性粒细胞计数<1.8×10^9/L 和血小板计数<100×10^9/L;②至少仍有一个可以成熟的造血细胞系列中,病态造血细胞≥10%,且骨髓内细胞凋亡增加,即无效造血;③血液和骨髓中原始细胞不定,但<20%;④有重现性遗传学异常;⑤转化 AML 风险增加。有细胞毒药物治疗病史或化疗和放疗相关病史所致者,通常作为优先诊断条件考虑为治疗相关改变 MDS。

2. 新修订的类型 MDS 分类有两个具有划时代意义的方法:FAB 分类和 WHO 分类。MDS 是 1982 年 FAB 协作组提出的一组白血病前期综合征。FAB 协作组以外周血和骨髓的细胞形态学特征为纲,对历史上取名混乱而血液、骨髓表现类似的一大类造血异常统一命名为 MDS,并创建 FAB 的 MDS 分类法。WHO 分类 1999 年提出,几经修订逐渐完善,WHO 2008 年和 2017 年最新修订的分类见表 23-2。

表 23-2 WHO 2008 年和 2017 年分类的 MDS 类型

2008 年第四版类型	2017 年修订第四版更新类型
伴单系病态造血的难治性血细胞减少症(RCUD)	MDS 伴单系病态造血(MDS-SLD)
难治性贫血(RA)	
难治性中性粒细胞减少症(RN)	
难治性血小板减少症(RT)	
伴环形铁粒幼细胞的难治性贫血(RARS)	MDS 伴环形铁粒幼细胞(MDS-RS)
	MDS-RS-SLD
	MDS-RS-MLD
伴多系病态造血的难治性贫血(RCMD)	MDS 伴多系病态造血(MDS-MLD)
	MDS-MLD
	MDS-RS-MLD
伴原始细胞增多的难治性贫血(RAEB)	MDS 伴原始细胞增多(MDS-EB)
RAEB-1	MDS 伴原始细胞增多和红系为主
RAEB-2	MDS 伴原始细胞增多和纤维化
伴 5q-MDS	MDS 伴孤立 del(5q)
MDS 不能分类型(MDS,U 或 MDS-U)	MDS,不能分类型(MDS-U)
儿童 MDS	儿童难治性血细胞减少症
暂定病名:儿童难治性血细胞减少症(RCC)	

2017 修订第四版 MDS,病名变化很大,在形态学解释和血细胞减少评估上也有改进,同时增加了已经积累的遗传学信息对 MDS 的影响。

血细胞减少是任何 MDS 分类和诊断之前的一个"必要条件",以前 MDS 病种的命名包括"血细胞减少"或特定类型的血细胞减少(例如"难治性血小板减少症"、"难治性贫血")。不过,WHO 分类和诊断的

主要依据是以病态造血的程度和原始细胞的比例为基础进行的,而具体的血细胞减少的程度和系列对MDS分类只有轻微影响,且有显著病态造血的系列常与血细胞减少的特定系列又常不相符。因此,在成人 MDS 中,诸如"难治性贫血"和"难治性血细胞减少"等病名不被采用,取而代之的是"MDS"后跟适当的修饰:MDS 伴单系病态造血(MDS with single lineage dysplasia,MDS-SLD),MDS 伴多系病态造血(MDS with multilineage dysplasia,MDS-MLD),MDS 伴环形铁粒幼细胞(MDS with ringed sideroblasts,MDS-RS),MDS 伴原始细胞过多(MDS with excess of blasts,MDS-EB),MDS 伴孤立 del(5q)。

　　MDS-RS 按病态造血程度分为两个类型:MDS 伴单系病态造血和环形铁粒幼细胞(MDS with ringed sideroblasts and single lineage dysplasia,MDS-RS-SLD)和 MDS 伴多系病态造血和环形铁粒幼细胞(MDS with ringed sideroblasts and multilineage dysplasia,MDS-RS-MLD)。MDS-RS-SLD 即为 2008 年分类的难治性贫血伴环形铁粒幼细胞(refractory anemia with ringed sideroblasts,RARS),MDS-RS-MLD 即为 2001 年的伴多系病态造血和环形铁粒幼细胞难治性血细胞减少症(refractory cytopenia with multilineage dysplasia and ringed sideroblasts,RCMD-RS),而在 2008 年分类中被删除而并入伴多系病态造血难治性血细胞减少症(refractory cytopenia with multilineage dysplasia,RCMD)的类型。

第二节　诊断指标、诊断与鉴别诊断

　　MDS 的基本诊断及其分类是基于结合临床特征、全血细胞计数(常包含在临床特征中)、外周血和骨髓形态学检查。因此判断 MDS 病变性质及其演变的实用方法是血液骨髓细胞学检查以及骨髓组织病理学检查。但是,流式免疫表型、细胞遗传学和分子检查的互补性及其诊断的重要性已经增强。对这些指标进行的梳理见第十五章。

一、诊断指标与排除性指标

　　1. 全血细胞计数　连续的全血细胞计数(complete blood count,CBC)以确认血细胞减少及其程度,分析持续性血细胞减少和渐进性血细胞减少的病史。尽管 IPSS-R 中把中性粒细胞减少的预后阈值降到 $0.8 \times 10^9/L$,但 WHO 定义的血细胞减少仍为原来 IPSS 的阈值(血红蛋白<100g/L,血小板<100×10⁹/L,中性粒细胞绝对数<1.8×10⁹/L)。需要注意的是极少数 MDS 病例的血细胞减少水平较轻微,但至少存在一种血细胞减少。如有 MDS 的形态学特征和/或细胞遗传学特征的患者,可以轻度贫血(Hb 男性<130g/L、女性<120g/L)和轻微血小板减少;又如,在 MDS 伴单一 5q-或 inv(3)(q21.3q26.2)或 t(3;3)(q21.3;q26.2)病人中,血小板计数可以增高(≥450×10⁹/L)。还应注意的是,某些种族中性粒细胞正常范围低于 1.8×10⁹/L,仅有中性粒细胞减少,应谨慎解释。MDS-U 类别中,仍包括单系病态造血或孤立 del(5q)并有全血细胞减少的类型,这些病例的外周血细胞计数,必须全部低于 WHO 规定的上述阈值。在 MDS 的发病过程中,常有一个红细胞参数变化的参考性指标,即 MCV 逐渐增加而 Hb 逐渐下降。

　　查看并分析形态学复查的原始细胞%。检出原始细胞 2%~19%,均属都是 MDS-EB 类型。有时血片原始细胞高于骨髓涂片,此时血片的原始细胞百分比对诊断更有重要影响。当发现原始细胞≤1%时,重复血常规以确认是否有原始细胞。对外周血 1%原始细胞,骨髓<5%原始细胞的患者,WHO 定义了一种新的 MDS 不能分类型(MDS-U)。由于单次检测的 1%原始细胞可能不具重现性,规定至少在两个不同时机得到这一结果,并根据这一主要标准诊断这一新增的类型。当骨髓原始细胞<5%而外周血原始细胞 2%~4%者应诊断为 MDS-EB-1。对血细胞严重减少患者,需要确定外周血原始细胞百分比时,最好取外周血白细胞层涂片。另外,涂片和染色的质量在评估病态造血中很重要,标本质量差可能会导致病态造血的误判。如果抗凝标本放置 2 小时以上而制备的涂片常有细胞形态的改变。检出明显的病态粒细胞需要疑似MDS。同时关注血液单核细胞绝对数,当≥1.0×10⁹/L 时则需要支持 MDS-MPN 诊断。

　　2. 骨髓形态学检查　形态学诊断中的四大指标是原始细胞、病态(造血)细胞、环形铁粒幼细胞和骨髓活检。首先是骨髓原始细胞的确认与百分比计数,≥5%、≥10%是诊断 MDS-EB 的最重要和最主要的数值指标,具有单独的诊断价值,其意义比检出病态(造血)细胞(≥10%)者为大。原始细胞增多及其增多程度也是评判髓系肿瘤(白血病)细胞直接的实质性原则。制备良好的骨髓涂片和印片和外周血涂片得到可靠的原始(粒)细胞比例,对定义或分类 MDS 起关键作用。

MDS 患者原始细胞增多(≥2%)约占一半左右,明显增多(≥5%)约占 1/3。原始细胞形态多有异常,但也可以正常。有时原始细胞颗粒较多,但其异形性明显,依然具有相似的意义(见图 6-8);有时骨髓细胞极少,但出现侏儒样原始细胞。检出由≥3 个原始细胞组成原始细胞簇,尤其在印片(见第十九章)中,意义重要,除了诊断还可提示患者极易转化为急性白血病,甚至在短时期内发生。

当伴多系病态造血和外周血原始细胞 2%~4%,骨髓原始细胞 5%~9% 或<5%~9% 且无 Auer 小体;外周血原始细胞 5%~19% 或骨髓原始细胞 10%~19%,有或无 Auer 小体;外周血原始细胞占 1% 和骨髓原始细胞<5% 的无 Auer 小体时,分别是诊断性归类为 MDS-EB-1、MDS-EB-2 和 MDS-U 的指标。

其次,骨髓病态造血及其系列受累的确认与百分比的计数(单系还是多系),即评判血细胞减少有无伴随病态造血的形态学,而评定病态造血形态学表现的最低数量界定为 10%。骨髓病态造血是诊断原始细胞不增多型 MDS 的最重要和最主要的形态学指标,它是除原始细胞外提供骨髓异常增生的另一证据。粒红巨三系病态造血细胞形态学详见第七至九章。骨髓组织病理学检查的特征见第十四章和第二十章。但是,病态造血细胞数量规定易而评判不易,最近,国际 MDS 形态学工作组(IWGMMDS)对 3 种粒细胞病态造血作了修订:①将异常大中性粒细胞(类巨变)改称为巨大分叶核中性粒细胞(macropolycytes),且规定至少为正常中性分叶核粒细胞大小的 2 倍;②将胞质颗粒减少或无颗粒定义为胞质颗粒减少至正常细胞的 2/3;③将胞核棒槌小体(4 个以上,非性染色体相关的)、异常染色质凝集和非假性 Pelger-Hüet 样核叶异常的其他核形态异常,指不符合已有定义的病态造血但确为存在。

其三是铁染色,检查环形铁粒幼细胞的有无,检出环形铁粒幼细胞≥15% 还是<15% 是原始细胞不增多 MDS 类型中,是 MDS-RS 还是非 MDS-RS 的必须指标,而对原始细胞明显增多的、伴孤立 del(5q) 的和 MDS-U 则不是诊断的指标。如一些 MDS-MLD 和 MDS-EB 患者都可以有≥15% 的环形铁粒幼细胞。需要注意的是当前界定的环形铁粒幼细胞 15% 有所不足,原因有二:一是其形态学的模糊性比界定的其他细胞为差;二是病理性铁粒幼细胞明显增多的意义具有类同性。

相对而言,诊断指标的价值以原始细胞增多(≥5%)为最大。其次是多系病态造血和铁染色中的环形铁粒幼细胞。最后是单系病态造血(病态细胞≥10%),也是诊断 MDS 的最低标准。综上所述,MDS 的诊断与分类很大程度上仍依赖于外周血和骨髓细胞学检查的结果,归纳简图见图 23-2。

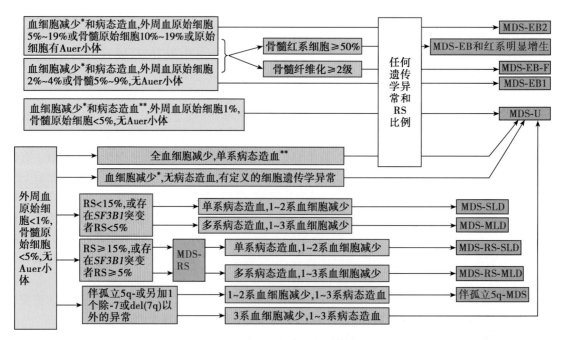

图 23-2 MDS 关键性诊断指标梳理与归类简图

* 至少一系减少,** 至少一系病态造血。MDS-EB 为 MDS 伴原始细胞增多;MDS-EB-F 为 MDS 伴原始细胞增多和纤维化;MDS-U 为 MDS 不能分类型;MDS-SLD 为 MDS 伴单系病态造血;MDS-MLD 为 MDS 伴多系病态造血;RS 为环形铁粒幼细胞;MDS-RS 为 MDS 伴环形铁粒幼细胞;MDS-RS-SLD 为 MDS 伴环形铁粒幼细胞和单系病态造血;MDS-RS-MLD 为 MDS 伴环形铁粒幼细胞和多系病态造血

其四是骨髓活检(切片标本),一般认为,对疑似 MDS 者应进行骨髓切片检查,主要意义有几个方面:①若骨髓穿刺不理想时,可以借助 CD34 免疫组化识别原始细胞,并可与低增生 AML 作出鉴别;②观察 CD34+细胞异常分布或定位(ALIP),还可以鉴别低增生性 MDS 与再生障碍性贫血;③免疫组化 CD41、CD42 或 CD61 观察原始巨核细胞和微小巨核细胞有重要意义;④确认骨髓纤维化有无伴随;⑤多可以鉴别有无其他髓系肿瘤;⑥可以观察血管生成是否增加;⑦可用活检进行 FISH 遗传学分析。

3. 免疫表型检查 在 MDS 中常见多种免疫表型异常。虽然骨髓形态学加上细胞遗传学仍然是诊断 MDS 的"金标准",但是仍有相当一部分患者不易做出诊断和分类。因此,流式细胞免疫表型检查越来越多地被用于潜在 MDS,以提高诊断的灵敏度和特异性。在 WHO 分类(2008)的指南中,以及 2006 年国际工作会议上提议在 MDS 的最低诊断标准中,加入流式细胞免疫表型分析。

流式检查通过检测到与正常抗原表达模式相偏离而识别增生异常,但不存在单一的 MDS 特异性免疫表型。多种特征性异常的发现有赖于应用多参数四色(或更多)组合的多种抗体。模式和髓系的组合异常,可以区分 MDS 与其他疾病。其中包括抗原不同步成熟,抗原表达强度异常,粒细胞的 SSC 异常低(由于颗粒过少),正常抗原缺失和髓系前体细胞出现非髓系(即淋系等)抗原。

经常通过检测 CD13、CD33、CD16、CD11b、CD34、CD117 和 HLA-DR 的关系和模式来发现抗原不同步成熟。在 MDS 中,流式检查可发现以下的抗原表达水平异常:有核红细胞的 CD45、H-铁蛋白、L-铁蛋白以及 CD105 表达增加,但 CD71 表达降低;粒细胞的 CD10 和 CD45 表达降低;以及髓细胞系列 CD64、CD13、CD11c、CD34 和 CD117 表达水平异常,粒细胞 CD15 与 CD16 的不同步,粒细胞和单核细胞反常表达 CD56 和 CD71。在 MDS 诊断中,发现正常抗原缺失或出现异常的抗原也有意义。在红系前体细胞中,线粒体铁蛋白的表达与 MDS 的环形铁粒幼红细胞相关联。

红系特异性血型糖蛋白 A(CD235a)阳性的有核红细胞异常表达 H-铁蛋白、CD71 和 CD105,可以预测形态学上的病态造血,敏感性达 98%。经流式检测的粒系成熟模式异常的病例,其中约 90%都伴有形态学异常及细胞遗传学改变。形态学病态造血不明显且无细胞遗传学改变的患者中,流式检测到 1 个或多个髓系细胞(红、粒系、单核系)成熟中的异常特征时,可以疑似 MDS;检测到单一的异常无意义。对形态学和细胞遗传学所见不确定者而流式检测到≥3 个异常特征者,需要经数个月的观察后予以重新评估。流式检测到 CD34+细胞的异常表型很有意义,可作为增生异常的辅助证据。低危 MDS 中出现 CD34 或 CD117 表达的细胞群,表明疾病有进展。骨髓切片免疫组化有时意义比流式重要,如伴有纤维化时,原始细胞不易观察也不易确定大致比例,CD34 阳性细胞则是一项很好的指标(尽管原始细胞不一定 CD34 都呈阳性反应),CD117 在一定程度上可以弥补 CD34 阴性原始细胞;P53 标记阳性则可以预示 TP53 突变(预后差的指标)。

4. 细胞遗传学检查 MDS 与 AML 相似,定义 MDS 相关改变的细胞遗传学异常及频率见表 23-3。血细胞减少病例若有这些细胞遗传学异常,可以在无诊断性形态学特征(原始细胞或病态造血)情况下诊断为 MDS。这些诊断病例必须是用常规核型分析证明的异常,而非荧光原位杂交或测序技术。

表 23-3 MDS 诊断时重现性细胞遗传学异常及其频率

染色体不平衡异常	全部 MDS 中频率	治疗相关 MDS 中频率	染色体平衡异常	全部 MDS 中频率	治疗相关 MDS 中频率
+8*	10%		t(11;16)(q22.3;p13.3)		3%
−7/del(7q)	10%	50%	t(3;21)(q26.2;q22.1)		2%
del(5q)	10%	40%	t(1;3)(p36.3;q21.2)	1%	
del(20q)*	5%~8%		t(2;11)(p21;q23.3)	1%	
−Y*	5%		inv(3)(q21.3;q26.2)/		
i(17q)/t(17p)	3%~5%	25%~30%	t((3;3)(q21.3;q26.2)	1%	

续表

染色体不 平衡异常	全部 MDS 中频率	治疗相关 MDS 中频率	染色体平 衡异常	全部 MDS 中频率	治疗相关 MDS 中频率
−13/del(13q)	3%		t(6;9)(p23;q34.1)	1%	
del(11q)	3%				
del(12p)/t(12p)	3%				
del(9q)	1%~2%				
idic(X)(q13)	1%~2%				

* 若只有这 3 种细胞遗传学异常之一,而无诊断性形态学特征,不能诊断为 MDS

　　在 MDS 中,约 40%~50% 的病例可见重现性细胞遗传学异常,最常见的染色体核型变化是 5q-,其次是-7、+8。这些异常也常在 AML 中出现,但在 AML 中常见的 t(8;21)、t(15;17)、inv(16)在 MDS 患者中罕见,说明这些病人经历很短的"白前"期就发生了白血病。相反,在 MDS 中常发生的核型变化通常在 AML 中都存在。在无 MDS 诊断性形态学特征时,仅存在+8,-Y,或 del(20q)不能判断为 MDS。根据最近的数据显示除 del(5q)外,可以有一种无不利影响的额外染色体异常,或在 MDS 伴孤立 del(5q)中,可以有除-7 或 del(7q)异常以外的染色体异常。由于细胞遗传学与预后强烈相关,对于新诊断病例都需要有一个完整的骨髓染色体核型分析作为基数。因 WHO 分类包含了以上重要的预后相关信息,至少在总生存期方面胜过 IPSS-R 或 WPSS。复合核型(>3 个)为预后最差,-7、inv(3)、t(3q)或 3q-、-7 或 7q-加上其他 1 个异常核型、3 个复合核型者为预后差,-7、+8、+19、i(17q)、1 个或 2 个非特征性异常等为中间预后,正常核型、5q-、12p-、20q-、5q-加 1 个其他异常为预后良好,-Y、11q-为预后最佳。

　　5. 分子学检查　与其他髓系肿瘤一样,在 MDS 诊断的病例中有大量获得性重现性突变的数据,同细胞遗传学一起可以提供克隆性造血的依据。最常见和重要的突变基因是 SF3B1、TET2、SRSF2、ASXL1、DNMT3A、RUNX1、U2AF1、TP53 和 EZH2。有意思的是,无 MDS 的健康老年个体造血细胞中,也可以出现与 MDS 基因相同的获得性克隆性突变(见第十五章表 15-3),所谓的"不确定的潜在克隆造血"(clonal hematopoiesis of indeterminate potential,CHIP)。虽然一部分 CHIP 者随后发展为 MDS,但这种情况的自然史尚不完全明了。另外,即使在不明原因血细胞减少患者中,这些突变可能也常见。这一单独的 MDS 相关体细胞突变,不被认可作为 MDS 的诊断指标,但需要进一步检查,以确定最佳的疾病管理和监测,同时探究特定突变、突变等位基因片段或突变组合以及之后发展为真正 MDS 之间的可能联系。罕见的家族性 MDS 病例与基因胚系突变相关,可以通过对家族中的非 MDS 者组织测序进行调查。

　　在 MDS 中,特定突变的数量和类型与疾病预后明显相关,并改进了现有 MDS 风险分层方案中的预后价值。TP53 突变一般与 MDS 侵袭性相关联,伴 del(5q)患者中存在 TP53 突变,似乎对来那度胺反应较差。建议 MDS 伴孤立 del(5q)患者,需要评估 TP53 突变,以帮助在这一通常预后良好的 MDS 病种中可能存在的一个不良预后的亚组。

　　剪接体基因 SF3B1 的重现性突变常见于 MDS,并与环形铁粒幼细胞存在有关。修订的 MDS 分类变化之一,就是将伴有环形铁粒幼细胞和多系病态造血,不存在原始细胞过多或孤立 del(5q)异常的 MDS 病例纳入 MDS 伴环形铁粒幼细胞(MDS-RS)这一类别。这一变化在很大程度上基于环形铁粒幼细胞和 SF3B1 突变之间的联系。SF3B1 突变可能是 MDS 发病机制的早期事件,表现为独特的基因表达谱,并与预后良好相关。最近研究表明,在 MDS-RS 病例中,环形铁粒幼细胞的实际比例与预后无关。因此,在修订分类中,鉴定出 SF3B1 突变,如环形铁粒幼细胞低至 5% 也可以作出 MDS-RS 诊断;不过,对不能证明 SF3B1 突变的病例仍需要环形铁粒幼细胞≥15%。无 SF3B1 突变 MDS-RS 患者预后比 SF3B1 突变者差,而多系病态造血与 SF3B1 突变对 MDS-RS 的预后影响仍不明确。因此,分子学检查对诊断某些类型是必要的,包括前述的 TP53。

　　概述 MDS 分类类型中全血细胞计数、外周血和骨髓原始细胞、病态造血和遗传学所见见表 23-4,由于表中都显示了界定性意义,可以看为 MDS 类型的诊断标准。

表 23-4　MDS 类型诊断标准（WHO,2017）

名称	病态造血系列	细胞减少系列*	环形铁粒幼细胞%	骨髓和外周血原始细胞	常规核型分析
MDS 伴单系病态造血（MDS-SLD）	1	1~2	<15%或 <5%**	骨髓<5%，外周血<1%，无 Auer 小体	任何核型,但不符合 MDS 伴孤立 del(5q)标准
MDS 伴多系病态造血（MDS-MLD）	2~3	1~3	<15%或 <5%**	骨髓<5%，外周血<1%，无 Auer 小体	任何核型,但不符合 MDS 伴孤立 del(5q)标准
MDS 伴环形铁粒幼细胞（MDS-RS）					
MDS-RS-SLD	1	1~2	≥15%或≥5%**	骨髓<5%，外周血<1%，无 Auer 小体	任何核型,但不符合 MD 伴孤立 del(5q)S 标准
MDS-RS-MLD	2~3	1~3	≥15%或≥5%**	骨髓< 5%，外周血<1%，无 Auer 小体	任何核型,但不符合 MDS 伴孤立 del(5q)标准
MDS 伴孤立 del(5q)	1~3	1~2	无或任何比例	骨髓<5%，外周血<1%，无 Auer 小体	仅有 del(5q),可以伴有 1 个除-7 或 del(7q)以外的其他异常
MDS 伴原始细胞增多（MDS-EB）△					
MDS-EB-1	1~3	1~3	无或任何比例	骨髓 5%~9%或外周血 2%~4%,无 Auer 小体	任何核型
MDS-EB-2	1~3	1~3	无或任何比例	骨髓 10%~19%或外周血 5%~19%或有 Auer 小体	任何核型
MDS, 不能分类型（MDS-U）					
外周血 1%原始细胞	1~3	1~3	无或任何比例	骨髓 < 5%，外周血 = 1%***,无 Auer 小体	任何核型
单系病态造血并全血细胞减少	1	3	无或任何比例	骨髓<5%，外周血<1%，无 Auer 小体	任何核型
特定的细胞遗传学异常	0	1~3	<15%△	骨髓<5%，外周血<1%，无 Auer 小体	有定义 MDS 的核型异常

*极少情况下,MDS 血细胞减少,可以在定义水平以上的轻微贫血或血小板减少;外周血单核细胞必须<1×10⁹/L;** 如果存在 *SF3B1* 突变;*** 外周血 1%的原始细胞必须有两次不同场合检查的记录;△ 若 RS≥15%并有红系明显病态造血者,归类为 MDS-RS-SLD;△ 过去符合的急性红白血病多为 MDS-EB,需要提醒临床密切监测进展为 AML,若检查 *NPM1* 和 *MLL* 阳性,可以提示进展为 AML

6. 排除性检查　血清铁、铁蛋白、总铁结合力检查,需要排除铁缺乏和可疑的慢性病贫血。血清维生素 B₁₂、叶酸、甲基丙二酸检查,需要排除巨幼细胞贫血。血清铜、锌、铜蓝蛋白检查,需要排除铜缺乏(可能由锌诱导)。网织红细胞计数,结合珠蛋白,胆红素检查,排除溶血。肾功能检查,排除肾衰竭相关性血细胞减少。自身免疫性疾病和慢性感染性检查,排除潜在的相应疾病。

二、诊断与鉴别诊断

1. 基本思路　大多数 MDS 为 2 系和/或 3 系血细胞减少,且多为缓慢起病。因此,当遇见中老年患者 2 系和/或 3 系血细胞减少(尤其是中重度减少和网织红细胞不增加),慢性贫血症状,并不能用一般原因解释时,应疑及 MDS。骨髓检查有核细胞丰富,铁染色增加(尤其是病理性铁粒幼细胞),病态造血细胞可见时,就可能具有 MDS 等无效造血的基本要素。此时结合临床,计数原始细胞,在>5%而<20%而不能解释其他异常时,可诊断为 MDS-EB;原始细胞不增加(<2%)而有明显病态造血(病态造血细胞≥10%)存在

时,可以基本诊断为原始细胞不增加的 MDS。在这些类型中,若同时检出环形铁粒幼细胞达 15% 时可以归类为 MDS-RS,如上述病例中外周血检出单核细胞增多(>1×10⁹/L),则需要考虑慢性粒单细胞白血病(chronic myelomonocytic leukemia,CMML)。形态学诊断的重要思路是在有意义的血象和临床所见的前提下,仔细分析和评估骨髓细胞量(是增生性还是低增生性)、原始细胞量(是原始细胞增多还是不增多)、病态造血细胞量(原始细胞不增多 MDS 唯有病态造血细胞定之)、铁染色(病理性铁粒幼细胞是 MDS 的重要改变,也是伴环形铁粒幼细胞的诊断依据)、单核细胞量(不管外周血还是骨髓,排除了感染等因素,易见单核细胞也是有参考意义的形态学指标),可考虑是否为 MDS。

2. 诊断标准 MDS 中,原始细胞数量和病态造血特征的确定关系到 MDS 分类并可预测预后,如单系病态造血累及红系,常见于 MDS-SLD 和 NDS-RS-SLD;多系病态造血累及 2 系或 3 系髓系细胞,常见于高危的 MDS-MLD,并可以鉴别 MDS-RS-SLD。作为整体评估还必须完善检查,包括细胞遗传学和分子学检查。MDS 类型的诊断见图 23-2 和表 23-4。

3. 鉴别诊断 在鉴别和分类诊断中,一个重要的问题是决定骨髓增生异常(病态造血)是克隆性疾病还是其他一些原因所致。增生异常可以是克隆性肿瘤的自身证据之一,但其特异性不够强。临床上,轻度病态造血或不典型的病态造血现象是比较多见的。一些营养性因素(如维生素 B₁₂ 和叶酸缺乏)和细胞毒性因素(重金属,特别是砷)均可引起骨髓增生异常改变;还有一些常用的药物、生物试剂,如复方磺胺甲噁唑可导致中性粒细胞核分叶减少,易与 MDS 中的病态造血相混淆。服用多种药物的患者很难明确是哪种药物引起的中性粒细胞改变。先天性造血疾病,如先天性红细胞无效生成性贫血也被认为是(红系)病态造血的原因。B19 小病毒感染可导致幼红细胞减少,并可见巨大的巨幼样幼红细胞和空泡形成有核红细胞,还可见双核多核早幼红细胞(见图 8-8),而 MDS 所见的几乎都是多核、双核畸形的巨大细胞。免疫抑制剂麦考酚酸酯也可以导致原始红细胞减少。化疗药物可以引起髓系细胞显著的病态造血。部分感染和粒细胞集落刺激因子可引起明显的中性粒系细胞病态造血,如颗粒明显增多、Dohle 小体、少分叶核(见第七章);外周血原始细胞也偶尔出现,骨髓原始细胞可相应增多。但这些增生异常是非克隆性的。阵发性睡眠性血红蛋白尿也可出现类似于 MDS 的表现。一些病原体尚不明了的感染,可见显著异常的粒(单)细胞(图 23-3)而似病态细胞。在评估骨髓增生异常病例时,特别是对于疑难病例,可能需要在几个月之后复查骨髓活检,包括细胞遗传学和流式免疫表型检查。我们认为,仔细观察和分析这些继发性病态造血细胞的形态、程度、系列及临床特征,可以察觉不同于 MDS 的特点。

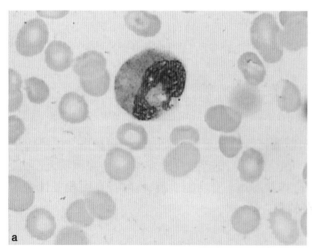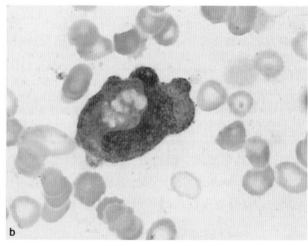

图 23-3 类似 MDS 的继发性造血异常

a、b 为患白细胞减低 20 余年、白塞病 12 年和咳嗽咳痰 7 天的感染骨髓象,骨髓细胞减少,但粒系细胞形态显著异常,类似 MDS 病态形态,但仔细观察胞核和胞体异常,通常不是 MDS 所见的病态特征

在一些非肿瘤性原因引起的慢性血细胞减少患者中,病态造血细胞可以超过 10%,且在经验丰富的血液病理学家之间,对病态造血的鉴定也不总是具有重复性。因此,MDS 诊断之前应仔细考虑反应

性病因所致的病态造血可能,特别是轻度的病态造血和限制在一个系列的病态造血时。密切结合临床分析细胞学意义是极其重要的。在没有了解临床和用药史的情况下,不宜轻易诊断 MDS。此外,也已经规定,对正在使用细胞因子治疗的非 MDS 以及 MDS 患者都不能进行分类和评估。对无病态造血和原始细胞增多的血细胞减少患者,不应诊断为 MDS。WHO 认为,如果存在细胞遗传学异常,则可以初步诊断 MDS;对既无病态造血和原始细胞增多又无特定细胞遗传学异常的持续性血细胞减少症,宜分类为"意义未明特发性血细胞减少(idiopathic cytopenia of undetermined significance,ICUS)"。ICUS 是不能解释的血细胞持续性减少 6 个月以上,并经详细检查(包括骨髓涂片、切片形态学与组织学及其细胞或组织化学与免疫化学检查等)仍不符合 MDS 最低标准(单系血细胞减少和单系病态造血)者;还有我们在 2008 年描述的"意义不明骨髓造血减低(原因未明的外周血 1~3 系细胞减少,骨髓造血 1~3 系轻中度减低,原始细胞不增加和无明显病态造血)"者。这些病例,除形态学外,都需要血液学和细胞遗传学监测。

第三节　病因、症状、转归与疗效标准

MDS 发病与造血干细胞体细胞突变的累积有关,是髓系干细胞肿瘤性转化的结果。MDS 很少转化为急性淋巴细胞白血病,说明 MDS 已失去淋系生成潜能。在 MDS 中,许多遗传学突变可以决定这组疾病的生物学和临床特征。如 7 号染色体异常和复杂核型,易向白血病转化。相反,5q-、del(20q)和-Y 为低风险重现性染色体异常。Ras 突变和血小板源性生长因子-β 受体易位在 CMML 中较为常见。患者的临床标记是无效造血和骨髓细胞周转常加快;另一重要表现是细胞功能受损。骨髓通常增生明显活跃,意味着血细胞减少的原因是无效造血而非造血干细胞缺乏。一般而言,早期 MDS(难治性贫血)的特点是细胞凋亡的易感性增加,而晚期 MDS(向白血病过渡时)有凋亡减少。虽然缺陷主要是在造血干细胞,免疫因子及骨髓微环境也促进了骨髓衰竭。近年来,在特定 MDS 亚型潜在分子机制的理解上取得了很大进展。其中包括对 del(5q)MDS 表型的 RPS14 基因单倍型不足的鉴定,在单体 7 中通过 G-CSF 受体异常信号的识别,8 三体中细胞周期蛋白 D1 的重要性以及分裂中期细胞遗传学正常患者中单核苷酸多态性(single nucleotide polymorphism,SNP)分析高频单亲二倍体的检出等。

按病因可分为原发(一开始便是)MDS 和治疗相关(继发)MDS,两者鉴别在于有无给予细胞毒药物和/或接受化疗、放疗的病史。原发性 MDS 可能与超过允许浓度的苯及农用化合物或溶剂的接触有关。吸烟也是一个因素,它可使患 MDS 的危险性增加 2 倍。年龄则是克隆性髓系肿瘤进展的一个重要因素,40 岁以后 MDS 的发病率可呈指数级上升。接受放疗史和有造血系统肿瘤家族史者,以及某些病毒感染也可使患 MDS 的风险增加。诸如一些遗传性血液病(Fanconi 贫血、先天性角化不良、Shwachmann-Diamond 综合征和 Diamond-Blackfan 综合征等)。苯、部分烷化剂和拓扑异构酶抑制剂、放射线接触等都可引起 DNA 损伤,损害 DNA 需要的酶,使染色体失去完整性和稳定性,导致克隆性造血。获得性再障也可增加 MDS 发生的风险。常见 MDS 的诱因及流行病学关联因素见表 23-5。

表 23-5　常见 MDS 的诱因及流行病学关联因素

遗传性		获得性	
先天性遗传病	三体 8 嵌合体	衰老接触诱变剂	烷化剂治疗(苯丁酸氮芥、环磷酰胺、美法仑、N-芥末)
	家族性单体 7		拓扑异构酶 II 抑制剂(蒽环类)
	唐氏综合征(21-三体)		β 射线(^{32}P)
	多发性神经纤维瘤病 1		自体造血干细胞移
	生殖细胞肿瘤[胚胎发育不良,del(12p)]		环境或职业暴露(苯)
先天性中性粒细胞减少症	Kostmann 综合征		烟草
	Shwachman-Diamond 综合征		

续表

遗传性		获得性
DNA 修复缺陷	范可尼贫血 共济失调毛细血管扩张症 Bloom 综合征 着色性干皮病 药物基因多态性（GSTq1-null）	再生障碍性贫血 阵发性睡眠性血红蛋白尿

MDS 主要见于老年人（中位年龄 70 岁），年自然发病率为 4/10 万人口，高于 AML 的 2/10 万人口。年龄组间的年发病率/10 万人口：<50 岁组为 0.5，50～59 岁组为 5.3，60～69 岁组为 15，70～79 岁组为 49，>80 岁组为 89。WHO（2008、2017）介绍的非年龄校正发病率为 3/10 万，70 岁以上发病率>20/10 万，且以男性为多。40 岁以前的发病率较低。在 5 个月至 15 岁儿童中，发病率约为 0.5/10 万人口。我国天津地区 1986—1988 年的 MDS 年发病率仅为 $0.23/10^5$。我们分析 231 例 MDS，相对频率高低依次为 MDS-MLD 占 44.4%，MDS-EB 占 31.0%，MDS-RA 占 11.2%，MDS-U 占 7.1%，MDS-RS 占 4.1%，MDS 伴孤立 del(5q) 占 0.8%；MDS 的中位年龄为 53 岁，男性患者稍多于女性。由于 MDS-RA 的定义在 2001 年前后做了修改，RA 在 MDS 在所占比例与过去的最高位成为现在的较少见类型。

MDS 起病隐袭、进展缓慢，一部分患者无明显症状。症状和体征与患者血细胞减少系列的多少、血细胞减少的程度以及原始细胞增多的程度及其扩增的速度有关（临床过程多变）。大多数患者有血细胞减少的相关症状，常见的是慢性贫血（是患者就医时的主诉症状，老年患者的贫血常是未被识别的 MDS），并随疾病进展数年后常有输血依赖性，同时部分患者有 1 系或多系累及的侵袭性经过且较快地进展为 AML。中性粒细胞减少和/或血小板减少常见，但单独的粒细胞减少或血小板减少罕见。器官肿大少见，且有肿大者程度常轻，脾肿大约见于 10%～20% 病人，肝大见于 5%～20% 患者，但很少见于 MDS-SLD。MDS 肝脾肿大者的另一特点是不伴有髓外造血。出血约见于 30% 患者，以皮肤瘀斑或瘀点和/或牙龈出血为常见，且多见于 MDS-EB、MDS-MLD 和 RT 类型。儿童 MDS 常有侵袭性经过。

MDS 的起病和转归有以下几种情况：以贫血起病，时好时坏，终生为慢性贫血；以贫血起病，日后出血加重或合并感染（也可为起病的一个因素），死于出血或感染；以出血起病，日后加重或合并感染，死于出血或感染；以贫血或出血起病，日后转化为急性白血病死亡；也有许多病人死于其他并存的老年疾病。贫血、出血和感染（发热）的症状轻重往往与血细胞的减少程度有关，转化急性白血病则常与形态学表现的高危性类型或不良预后影响因素相关。根据患者转化急性白血病的相对发生率，MDS-SLD、MDS-RS-SLD、MDS 伴孤立 del(5q) 为低转化类型，MDS-EB、MDS-MLD 和 MDS-U 为高转化型 MDS。转化急性白血病的时间长短不一，短者数周、长者数年。发生的白血病类型几乎都为 AML，其中伴成熟型、粒单细胞型，以及 AML 伴有核红细胞增多是转化的主要类型。

预后因素，根据生存期及转化急性白血病的风险不同，可以将形态学上不同类型的 MDS 分为 3 个危险组。低危组为 MDS-SLD 和 MDS-RS；中危组为 MDS-MLD 和 MDS-EB-1；高危组为 MDS-EB-2。需要注意的是有 2 系血细胞减少的 MDS-SLD 和 MDS-RS 生存期要低于 1 系减少者。同样的也见于 MDS-MLD。细胞遗传学作为 MDS 预后指标的重要性被认同，并由 MDS 国际工作组（International working group，IWG）加入指南中。细胞遗传学结果分为 3 个危险级：①低危——正常核型，孤立 5q-，孤立 20q-，-Y；②高危——复杂染色体异常，如≥3 种异常或 7 号染色体异常；③中危——其他异常。根据骨髓原始细胞比例，细胞遗传学异常类型及血细胞减少的程度和系列数，IWG 提出预测 MDS 生存及转白率的积分系统（表 23-6），即 MDS 国际预后积分系统（International prognostic scoring system，IPSS）。一般，危险度越高，骨髓原始细胞比例越高，细胞遗传学改变越差，血细胞减少的程度越严重。年龄与预后有关，同一危险组中<60 岁较>60 岁者生存期长。

表 23-6　MDS 的国际预后积分系统(IPSS)

积分	0	0.5	1	1.5	2
预后因素					
原始细胞比例	<5%	5%~10%		11%~19%	20%~30%*
核型**	好	中	差		
血细胞减少系数***	0~1	2~3			

* WHO 分类将此组归入 AML;** 将核型分为:好(正常,-Y,5q-,20q-),差(≥3 种异常的复杂核型或 7 号染色体异常),中(其他细胞遗传学异常);*** 为血细胞减少:Hb<100g/L,中性粒细胞<1.8×10⁹/L,血小板<100×10⁹/L

分组	积分	全部患者中位生存期(年)	<60 岁患者中位生存期(年)	所有患者 AML 转化时间(25%转化年)	<60 岁患者 AML 转化时间(25%转化年)
低危	0 分	5.7	11.8	9.3	>9.4
中危 1	0.5~1.0 分	3.5	5.2	3.3	6.9
中危 2	1.5~2.0 分	1.2	1.8	1.1	0.7
高危	≥2.5 分	0.4	0.3	0.2	0.2

　　我们认为骨髓原始细胞多少是影响生存和急性白血病转化的最重要因素,而外周血细胞减少并无显著意义。尤其是伴有染色体异常(如复合异常)者,生存期较短、预后较差。此外,外周血检出原始细胞、骨髓病态造血的程度、骨髓切片检出 ALIP 和骨髓纤维化、血清 LDH 水平升高都可提示患者预后不良。如 ALIP 阳性的 MDS 患者,向急性白血病转化率高,早期死亡率高,中数生存期短。MDS 国际工作组提出的疗效标准见表 23-7。

表 23-7　MDS 国际工作组疗效标准修订建议(2006)

级别	疗效标准(疗效须维持 4 周以上)
1. 完全缓解	骨髓:原始细胞≤5%且所有细胞系成熟正常* 持续存在的病态造血应注明 外周血**:血红蛋白≥110g/L,血小板≥100×10⁹/L,中性粒细胞≥1.0×10⁹/L,原始细胞 0
2. 部分缓解	其他条件均达到 CR 标准(凡治疗前有异常者),但骨髓原始细胞较治疗前减少≥50%,但仍>5%。不考虑细胞增生程度和形态学
3. 骨髓完全缓解	骨髓:原始粒细胞≤5%,且较治疗前减少≥50% 外周血:如果达到血液学进步,应与骨髓完全缓解同时注明
4. 稳定	未达到 PR 的最低标准,但至少有 8 周以上无疾病进展的证据
5. 失败	治疗期间死亡或疾病进展,患者表现为血细胞减少加重、骨髓原始细胞百分比增高或进展为较治疗前更高危性 FAB 类型
6. CR 或 PR 后复发	符合下列 1 项或一项以上者:骨髓原始细胞(%)回升至治疗前水平;粒细胞或血小板数较达到最佳治疗时下降 50%或 50%以上;血红蛋白下降≥15g/L 或依赖输血
7. 血细胞遗传反应	完全反应:染色体异常消失,未出现新的异常 部分反应:异常核型至少减少 50%
8. 疾病进展	具有以下情况: 原始细胞<5%者:原始细胞增高≥50%,达到 5%以上;原始细胞 5%~10%者:原始细胞增高≥50%,达到 10%以上;原始细胞 10%~20%者:原始细胞增高≥50%,达到 20%以上;原始细胞 20%~30%者:原始细胞增高≥50%,达到 30%以上 下列任何一项:粒细胞或血小板数较最佳缓解或疗效时下降≥50%;血红蛋白下降≥20g/L;依赖输血
9. 生存	结束时点:总体生存(OS):任何原因死亡;无变故生存(EFS):治疗失败或任何原因死亡;无进展生存(PFS):病情进展或死于 MDS;无病生存(DFS):至复发时为止;特殊原因死亡:MDS 相关死亡

　　* 病态造血的改变应考虑病态造血的正常范围;** 在某些情况下,治疗方案要求在 4 周限之前就开始进一步治疗(如巩固治疗、维持治疗)。这些病人可归入进一步治疗开始时所符合的疗效组。在重复化疗过程中的短暂血细胞减少直至恢复至前一疗程后的改善值为止,这段过程不影响疗效持续性的判断

第四节 MDS 类型(WHO,2017)

一、MDS 伴单系病态造血(MDS-SLD)

临床上,除了贫血外,慢性白细胞(中性粒细胞)减少症和慢性血小板减少症非常常见。其中的少数病例原因不确切,一般治疗无明显效果,而外周血和骨髓中有病态造血的形态学证据。WHO(2008)将这部分血细胞减少症,与难治性贫血(refractory anemia,RA)一起,列为 MDS 新增类型——伴单系病态造血的难治性血细胞减少症(refractory cytopenias with unilineage dysplasia,RCUD)大类。RCUD 属于原始细胞不明显增加(<5%,多数在细胞分类中不见增加)的低危性 MDS,包括 3 个类型:RA、难治性中性粒细胞减少症(refractory neutropenia,RN)和难治性血小板减少症(refractory thrombocytopenia,RT)。

2017 年 WHO 在修订的分类中,将 RCUD 改称为伴单系病态造血的 MDS(MDS with single lineage dysplasia,MDS-SLD)。在大多数病例中,血细胞减少的系列与骨髓单系病态造血的系列相一致,如贫血与骨髓红系病态造血。不过,也可见两者之间的不一致性。WHO 分类主要依靠原始细胞比例和病态造血的程度进行疾病分类,而具体的血细胞减少对 MDS 分类只有轻微影响,所以 MDS-SLD 不再区分难治性贫血、难治性中性粒细胞减少症和难治性血小板减少症等类型。在临床实践中,这一类别 MDS 大多数为难治性贫血。MDS-SLD 被定义为不能解释的 1 系或 2 系血细胞减少和骨髓中 1 个髓系病态造血细胞>10%。

MDS-RS-SLD 也是单系病态造血,是一个有特征的独立的实体。被界定为 1~2 系血细胞减少、有核红细胞病态造血和 RS ≥15%,排除继发性原因所致的(sideroblastic anemia,SA),其他条件见表 23-4。难治性 1 系或 2 系血细胞减少,如果伴有一系病态造血,可以诊断为 MDS-SLD,若难治性全血细胞减少伴骨髓一系病态造血者,要归入 MDS-U。

在诊断这一大类 MDS 之前,必须深入检查并排除所有能引起病态造血的非克隆性原因。包括细胞生长因子及其他药物的治疗,接触的毒物,病毒感染,免疫性疾病,先天性疾病,维生素缺乏和铜缺乏症等。如果细胞遗传学检查无克隆性异常,应从最初的检查日期算起,需要经过 6 个月的观察期,如果在此期间出现更为明确的形态学或细胞遗传学证据结合临床特征,作出的诊断就显得比较可靠。常规细胞形态学,应着重分析细胞减少的系列及其多少、细胞形态异常的系列及其异常的程度;对少数无明显原因的外周血 1 系或 2 系血细胞减少,骨髓有 1 系(也有 2 系)轻度病态造血的病例,应慎重地给予结论,有时经过观察复查或结合其他检查仍为不易明确者。

如果外周血出现原始细胞,基本上可以排除 MDS-SLD,且经连续两次评估外周血原始细胞 1% 和骨髓<5%者,应诊断为 MDS-U。外周血原始细胞 2%~4% 和骨髓原始细胞<5% 的患者,如果符合 MDS 的其他标准,应诊断为 MDS-EB-1。尽管这一细胞学表现的患者极少,但需要仔细观察骨髓原始细胞百分比的增多过程。MDS-SLD 不等同于 ICUS,后者为不符合 MDS 所需的最低细胞形态学或细胞遗传学的诊断标准,故不能诊断为 MDS。

MDS-SLD 占 MDS 的 7%~20%,是老年人易患的疾病。患者中位数年龄约为 65~70 岁。主要症状与血细胞减少的系列有关。血细胞减少难以通过给予补血剂治疗而矫正,但用细胞生长因子可能有效。

二、MDS 伴多系病态造血(MDS-MLD)

MDS-MLD 是髓系(红系、粒系、巨核系)中,2 系或 3 系有核细胞病态造血和 1~3 系血细胞减少的中高危 MDS。外周血原始细胞<1% 和骨髓原始细胞<5%,无 Auer 小体;RS<15%,无 SF3B1 突变;外周血单核细胞<1×10^9/L。

MDS-MLD 多见于老年人,中位年龄 60~70 岁。MDS-MLD 大多数患者表现为 2 系(贫血和粒细胞减少或贫血和血小板减少)或 3 系(全血细胞减少)血细胞减少的骨髓衰竭迹象。预后取决于血细胞减少和病态造血的程度,约 10% 可进展为 AML。如果血细胞减少而无明显的功能异常,则可以在很长的一段时期中不需特别治疗;若中性粒细胞和血小板减少并伴有细胞功能的严重受损,则患者出血的风险增高,可以预示病情恶化和生存期缩短。与单系病态造血者相比,MDS-MLD 患者总中位生存期明显缩短(约 30 个月），有复杂核型患者与 MDS-EB 患者生存期相似。

血片中可见病态粒细胞，不见或偶见原始细胞，红细胞多为轻度大细胞性，也可见异形性红细胞。异形性红细胞的检查多为病情严重或伴有血栓形成的表现（图 23-4）。

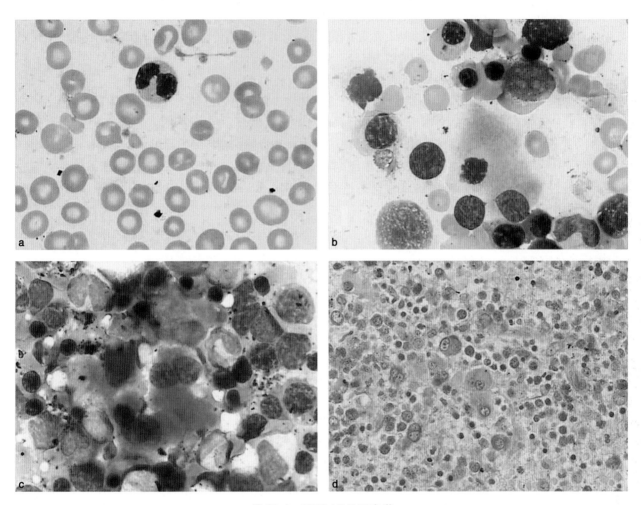

图 23-4　MDS-MLD 形态学

a 为血片少分叶核粒细胞；b 为 a 患者骨髓涂片小圆核及其分离状病态巨核细胞和病态有核红细胞；c、d 为同一病例的骨髓印片和骨髓切片中多见的病态巨核细胞

骨髓增生活跃，病态造血明显，常以红系为主 2 系或 3 系异常增生。巨核细胞病态形态常见为小圆核巨核细胞（图 23-4）。WHO 定义的小巨核细胞为近似于或小于早幼粒细胞大小，核不分叶（单个核）或双核叶（双小核）的巨核细胞。可见数量不等的环形铁粒幼细胞，也可以>15%。在高达 50% 的 MDS-MLD 患者有克隆性细胞遗传学异常，包括+8、-7、7q-、-5、5q-和 20q-以及复杂核型。在鉴别诊断方面，除了巨幼细胞贫血和阵发性睡眠性血红蛋白尿外，不易鉴别的是慢性苯中毒所致的造血异常。

三、MDS 伴环形铁粒幼细胞（MDS-RS）

MDS-RS 过去称为原发性铁粒幼细胞贫血（primary sideroblastic anemia，PSA）、铁失利用性贫血（sideroachristic anemia）和特发性铁粒幼细胞贫血等。病人无家族史、原发病史及药物、毒物和饮酒等相关病史。由于部分病例转化为急性白血病，1982 年 FAB 协作组将它归类为 MDS 中，取名为 RARS。

MDS-RS 根据有无病态造血系列，分为 MDS-RS-SLD 和 MDS-RS-MLD。MDS-RS-SLD 的界定见前述，MDS-RS-MLD 则为 1~3 系血细胞减少、骨髓 2 系或 3 系病态造血以及 RS≥15% 或有 *SF3B1* 突变 RS 可以低至 5% 为特征（其他条件见表 23-4）。*SF3B1* 突变率在 MDS-RS-SLD 中为 80%~90%，MDS-RS-MLD 中为 30%~70%。

MDS-RS 主要发生在平均年龄为 60~73 岁的老年人中，男女发病率相似。主要症状与贫血有关，如苍白、乏力、劳累性心悸等。一些患者可有血小板或粒细胞减少。可有逐渐加重的铁超负荷相关症状，如肝脾脏器铁的沉积及伴随的症状。脾肿大者约占 5%，但明显肿大少见。部分患者持续数年而不见明显的进展。约 1%~2%（也有报告较高）病例可以演变为 AML。患者的总中位生存期为 69~108 个月。伴多系病态造血者预后差，出现血小板增多或 JAK2 突变者预后良好，有细胞遗传学良好核型患者生存期长。我们有 2 例转化 AML，转化时间都很短，仅为数月。

血红蛋白减低程度不一，常在 40~100g/L 之间，往往表现为正色素大细胞性或正色素正细胞性贫血。双相性红细胞见于一部分患者，且较多的正色素红细胞和较少的低色素红细胞。白细胞正常或轻度减低。血小板减低或正常，少数增多。骨髓增生活跃，红系病态造血明显，部分患者不见明显病态造血，也有部分患者多系病态造血。RS 和病理性铁粒幼细胞增加。外周血和骨髓铁粒红细胞易见。

诊断 MDS-RS 的骨髓基本标准是病态造血细胞和 RS（详见表 23-4 和图 23-2）。仅有红系单系病态造血等异常者为 MDS-RS-SLD，有 2 系或 3 系病态造血者为 MDS-RS-MLD。若 MDS-RS 骨髓原始细胞≥5% 时应归入 MDS-EB。

四、MDS 伴孤立 del(5q)

MDS 伴孤立 del(5q) 是常以大细胞性贫血伴或不伴其他 1 系血细胞减少和/或血小板增多，骨髓巨核细胞低核叶为特征的低危 MDS（其他条件见表 23-4）。

MDS 伴孤立 del(5q) 占 MDS 的<10%，常发生于老年女性，中位年龄 67 岁。最常见的症状往往与贫血有关。血小板增多见于 1/3~2/3 患者，血小板减少少见。白细胞和血小板多不减少，感染或出血并发症也少。脾大少见。由于需要多次输血，血色沉着病者则较多见。患者对来那度胺有惊奇的疗效，2/3 患者克服输血依赖性并与抑制异常克隆密切相关。预后通常良好，中位生存期为 145 个月（伴有其他染色体异常病例为 45 个月）。转化 AML 少见，概率<10%。

骨髓增生活跃。巨核细胞增多或正常，胞体大小正常或略小，有明显的核不分叶和分叶过少特点，即常为小圆形的单个核或 2 个核为特征的巨核细胞（详见第九章和二十章）。红系常为低增生，病态造血少见，RS 可见，粒系病态造血不常见。在疾病经过中，出现原始细胞增多，>5% 指示疾病演变。

具有特征的细胞遗传学异常涉及 5 号染色体的间隙性丢失；丢失的大小和断裂点位置不定，但位于 q31~q33 区带。少数患者伴有 JAK2 V617F 或 MPL W515L 突变，但其临床行为和对来那度胺等治疗的反应尚不明确，不能归类为 MDS-MPN，但应加以解释。

诊断要求见表 23-4 和图 23-2。鉴别诊断中，细胞遗传学检查伴有-7 或 7q-者，外周血原始细胞 1% 或骨髓原始细胞>5%者，均不能诊断为 MDS 伴孤立 del(5q)。

五、MDS 伴原始细胞增多(MDS-EB)

原始细胞（明显）增加为骨髓中≥5% 或外周血中≥2%，具有这一特征的 MDS 与其他 MDS 的形态学和生物学特征不同。根据生存期和演化为 AML 的发生率，MDS-EB 分为 2 个型：①MDS-EB-1 为骨髓原始细胞占 5%~9% 或外周血原始细胞占 2%~4%；②MDS-EB-2 为骨髓原始细胞占 10%~19% 或外周血原始细胞占 5%~19%。如原始细胞中检出 Auer 小体，不管原始细胞比例都应归类为 MDS-EB-2。

在 2017 版 WHO 分类中，髓系肿瘤中非红系细胞分类方法被彻底摒弃，原来一部分非红系细胞中原始细胞≥20% 的红白血病多数归入 MDS-EB 中，这些患者被称为 MDS 伴原始细胞增多和红系为主。MDS-EB 中，按 WHO 纤维化标准，达 2 或 3 级者被另外分类，称为 MDS 伴原始细胞增多和纤维化。

MDS-EB 为 MDS 中的常见类型，主要见于 50 岁以上患者。病因不明，接触环境毒素（包括农药、石油衍生物和一些重金属）者风险增加，吸烟者风险亦高。大多数患者最初表现为骨髓衰竭症状，包括贫血、血小板减少、中性粒细胞减少，且常是进行性加重。约 1/4 的 MDS-EB-1 和 1/3 的 RAEB-2 患者在病情中进展为 AML，其余死于骨髓衰竭后遗症。MDS-EB-1 中位生存期约 16 个月，MDS-EB-2 为 9 个月。流式免疫表型有 CD7 表达者预后差。外周血原始细胞 5%~19% 患者中位生存期为 3 个月,与 AML 伴骨髓增生异常相关改变相近。相反,仅依据 Auer 小体而定义的 MDS-EB-2 病例中位生存期为 12 个月,与依据外周血原始细胞 2%~4% 而定义的 MDS-EB-2 病例相似。

MDS-EB 血细胞减少多少不一,可以 1 系也可以 3 系减少。骨髓病态造血不定,通常为原始细胞增加同时伴有不同系列和程度的病态造血(图 23-5)。RS 多少不定,少数患者 RS 比例高于 15%。

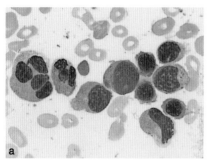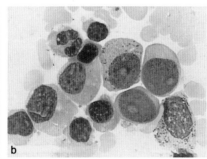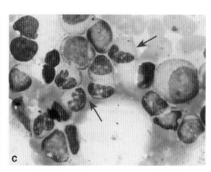

图 23-5 MDS-EB 原始细胞和病态细胞

a 为 MDS-EB-1 骨髓涂片,中间一个 II 型原始细胞,中性粒细胞病态形态;b 为 MDS-EB-2 骨髓涂片,右边 2 个无颗粒原始细胞和一个颗粒原始细胞,左边 1 个颗粒缺少与少分叶核中性粒细胞和 2 个嗜苯胺蓝颗粒缺失中幼粒细胞;c 为较常见的粒细胞染色质凝聚异常

少数病例骨髓增生减低,也可见骨髓纤维化。对低增生病例,确认骨髓中原始细胞增多(>5%)极其重要。骨髓切片证明原始细胞过多也非常有价值,尤其在增生减低和/或骨髓纤维化相关的涂片标本不佳时。MDS-EB 中常见原始细胞聚集性分布,即幼稚前体细胞异常定位(abnormal localization of immature precursor,ALIP);用 CD34 等单抗免疫组化染色识别的原始细胞更有可靠证据,用 CD61 或 CD41 等抗体可以帮助识别微小巨核细胞;Gomori 染色可以帮助识别伴骨髓纤维化 MDS。

MDS-EB 中流式免疫表型,为幼稚细胞相关抗原 CD34 和/或 CD117 阳性的细胞增多。原始细胞群中还可见粒细胞成熟抗原 CD15、CD11b 和/或 CD65 的不同步表达,20% 病例中还异常表达 CD7,10% 表达 CD56。30%~50% 患者有克隆性染色体异常,包括 +8、-5、5q-、-7、7q- 及 20q-,还可见复杂核型。我们曾检测到一例 42~44XX,add(19)(PB)+3~5mar,1min[CP10]/46,XX[10]。

诊断要点见表 23-4 和图 23-2。鉴别诊断方面,需要与 MDS 的其他类型以及其他引起原始细胞增多的疾病相鉴别。原始细胞计数的可靠性与计数的有核细胞有关,规定计数有核细胞 500 个中的原始细胞百分比。当幼红细胞 >50% 时,过去规定需要非红系细胞(NEC)分类计算原始细胞百分比,以确认 NEC 中原始细胞是否 ≥20% 还是 <20%,与急性红白血病做出鉴别诊断,现在这个分类已经取消。只要有核细胞计数中的原始细胞 <20%,成为统一的诊断标准。

少数儿童 ITP、类白血病反应和原发性骨髓纤维化等疾病。都可见原始细胞增多(高达 5% 以上),排除这些疾病需要密切结合临床和其他检查。

六、MDS,不能分类型(MDS-U)

MDS-U 是根据初诊的检查符合 MDS 而不能分类为具体某一特定类型者。WHO(2017)修订的定义中包括三种情况:①检查所见符合 MDS-SLD 和 MDS-MLD,但外周血有 1% 原始细胞(骨髓原始细胞 <5%),无 Auer 小体;②外周血 3 系血细胞减少,但骨髓为单系病态造血(MDS-SLD),外周血原始细胞 <1%、骨髓原始细胞 <5%,无 Auer 小体;③血细胞持续减少,外周血原始细胞 <1%、骨髓原始细胞 <5%,无 1 个系列病态造血(髓系系列中明确的病态造血细胞 <10%),环形铁粒幼细胞 <15%,无 Auer 小体,而细胞遗传学检查有 MDS 相关改变的细胞遗传学异常(表 23-4)者。另外,MDS 伴孤立 del(5q)的定义中为 1~2 系细胞减少,如果 3 系细胞减少则归入 MDS-U,但有分歧。

上述 3 种情况(类型)中,第二种可能最多见,我们病例大多为 3 系血细胞减少和骨髓粒系单系病态造血而外周血无原始细胞、骨髓原始细胞<5%者(图23-6)。骨髓异常增生的粒细胞以幼粒细胞为主,异常幼粒细胞多不见明显核仁,最明显的特点是嗜苯胺蓝颗粒减少甚至缺失,胞质呈浅红色。少分叶核粒细胞与双核、多核及其大小不一的胞核也易见。有核红细胞减少,巨核细胞不定,均不见明显病态造血(病态造血细胞<10%)。少数病例为巨核细胞单系病态造血,核小、圆形、多个是病态巨核细胞的常见特征,常见圆形小核分离或逸核特征或撕拉状病态巨核细胞(微小核巨核细胞似乎由圆形小核连胞质分离或撕拉而成);粒红两系病态造血则不明显,原始细胞可以轻度增多,但<5%。MDS-U 随着病情进展可以发展为MDS 的其他类型,故需要随访、关注疾病演变。

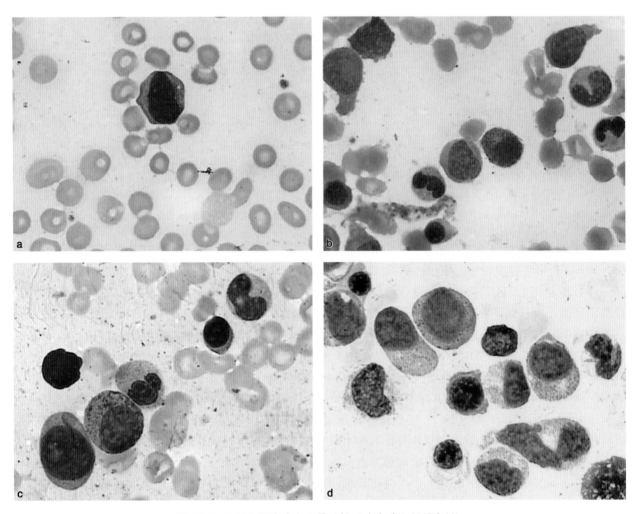

图 23-6　3 系血细胞减少和骨髓粒系病态造血(MDS-U)

a 为 3 系减少血片,1 个幼粒细胞;b 为 a 病例骨髓涂片,2 个异形性原始细胞(<5%)和粒细胞单系病态造血;c 为另一例 3 系减少血片不见原始细胞和其他幼稚细胞,骨髓涂片原始细胞 3.5%,粒细胞病态造血明显,红巨 2 系细胞减少并无明显病态造血;d 为不同病例全血细胞减少而骨髓粒细胞明显增多伴病态造血,原始细胞<5%

　　诊断要点见表 23-4 和图 23-2。鉴别诊断有两个方面:其一是与 MDS 的其他类型鉴别,详细分析血细胞减少的系列,仔细观察原始细胞数、病态造血的系列及其百分比,是鉴别的重要指标;其二是需要与MDS-MPN 中的 aCML 和 CMML 相鉴别,仔细分析白细胞计数、幼粒细胞或单核细胞数量与骨髓粒单细胞有无异常增殖可以作出鉴别。

七、儿童难治性血细胞减少症

　　儿童 MDS 非常罕见,在 14 岁以下的造血肿瘤中,所占比例不足 5%。儿童原发型 MDS 应与发生于先天或获得性骨髓衰竭综合征之后的"继发 MDS"以及肿瘤或非肿瘤因细胞毒性药物治疗之后的治疗相关

MDS 相区别。儿童 MDS 和成年人 MDS 有所不同。如外周血或骨髓原始细胞不增加的儿童患者中,MDS-RS 和 MDS 伴孤立 del(5q) 极为罕见。单一贫血是 MDS-SLD 的主要临床表现,在儿童中也少见。儿童 MDS 更多见的是中性粒细胞减少和血小板减少,骨髓增生低下也比中老年患者为多。因此,部分儿童患者不太符合"低危"MDS 所见。这也是 2008 版 WHO 分类中增加儿童难治性血细胞减少症(refractory cytopenia of childhood,RCC)为暂定病种的原因。此外,MDS-EB 患儿外周血原始细胞数一般在数周或数月内相对稳定;外周血和/或骨髓原始细胞 20%~29% 而被诊断 AML 的一些病例,却有骨髓增生异常相关变化(包括相关细胞遗传学异常)和渐进性病程,其生物行为更像 MDS。

RCC 是以持续性血细胞减少、骨髓原始细胞<5% 和外周血原始细胞<2% 为特征。诊断需要病态造血的存在,更需要足够的骨髓活检进行评价。约 80% RCC 骨髓增生显著减低,只有同龄正常值的 5%~10%。RCC 是最常见的儿童 MDS 类型,约占 50%。病因不明。常见症状是乏力、出血、发热和感染。部分患者无临床体征或症状。3/4 患者血小板计数<150×10⁹/L,一半患儿血红蛋白浓度<100g/L,多有大红细胞增多。白细胞一般降低,约 25% 为中性粒细胞严重减少。染色体核型是 MDS 进展最重要的因素,7 单体患者的疾病进展率高。与 7 单体相反,8 三体或正常核型患者可能有长期稳定的病程。目前,造血干细胞移植是唯一的根治性治疗,也是 7 单体或复杂核型患者疾病早期的首选方法。

RCC 经典的外周血象为大红细胞为主的红细胞大小不均性异形。中性粒细胞减少伴假 Pelger-Huet 核和/或胞质颗粒过少。原始细胞不见或<2%。骨髓涂片,应有 2 系病态造血或在 1 系中至少有 10% 细胞病态形态,主要见于红系和粒系,但检出小圆核巨核细胞可以强力提示 RCC(图 23-7)。环形铁粒幼细胞不见。骨髓切片标本 CD34 染色对验证原始细胞是否增加,以及 CD41 或 CD61 鉴定微小巨核细胞很有价值。

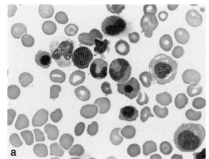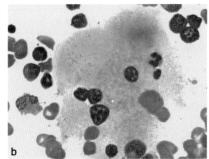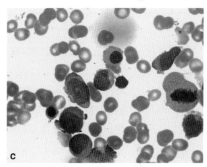

图 23-7　儿童骨髓增生异常综合征

a、b 为 RCC 骨髓象,患儿女 12 岁,面色苍白进行性加重,白细胞 6.41×10⁹/L,中性粒细胞 61.1%,Hb 77g/L,血小板 31×10⁹/L;骨髓 3 系病态造血;c 为 MDS-EB 骨髓象,患儿男 4 岁,3 系血细胞减少,骨髓原始细胞增多(14%)、红系病态造血

多数 RCC 患者骨髓切片细胞明显减少,但有核红细胞形成一个或多个由 10 个以上细胞组成的造血岛。这种斑片状分布的红系造血通常伴有零星分布的粒系细胞。巨核细胞明显减少或消失,但仍需要仔细查找多张切片,因检出微小巨核细胞对诊断有很大帮助,免疫组化更是必须。造血区域之间的脂肪组织与再生障碍性贫血相似(表 23-8),最好相隔两周两次活检以利于检出含红系造血灶的骨髓空间。

RCC 的诊断标准见表 23-9。儿童病毒感染、营养缺乏和代谢性疾病等各种非血液病,均可以引起继发性骨髓增生异常,都可与 RCC 混淆。因此,对无细胞遗传学依据的疑似 RCC 病例,在明确诊断之前需要仔细地评估临床病程和骨髓检查,如获得性再生障碍性贫血表现为骨髓空间脂肪细胞增多伴有一些零星分布的髓系细胞,不见早期有核红细胞增多的红系造血岛,粒细胞无病态造血,也无微小巨核细胞(表 23-8)。免疫抑制剂治疗后的再生障碍性贫血,其组织学特征与 RCC 中见到的差异变小。范可尼贫血、先天性角化不良、Shwachman-Diamond 综合征、伴桡尺骨骨融合性无巨核细胞性血小板减少症或全血细胞减少症等遗传性骨髓衰竭疾病与 RCC 的形态学特征有部分重叠。在明确诊断 RCC 之前,必须通过病史、体格检查和适当的分子学检查予以排除。虽然在没有溶血或血栓形成的情况下,RCC 儿童中可能观察到 PNH 克隆,但 PNH 在儿童中罕见。

表 23-8 低增生 RCC 与儿童再生障碍性贫血形态学比较(WHO,2017)

标准	儿童难治性血细胞减少症		儿童再生障碍性贫血	
	骨髓活检	骨髓涂片细胞学	骨髓活检	骨髓涂片细胞学
红系造血	斑片状分布,左移,有丝分裂象增多	核碎裂,多核,类巨变	无或由<10个中晚幼红细胞组成的单个小灶	无或很少病态造血或类巨变
粒系造血	显著减少,左移	假 Pelger-Huet 异常,胞质无颗粒、少颗粒,核质成熟异常	无或显著减少,很少见几个成熟细胞组成的小灶	少量成熟阶段粒细胞,无病态造血
巨核系造血	显著减少或再生障碍,病态造血性改变,微小巨核细胞	微小巨核细胞,多个分离核、小圆核巨核细胞	无或很少见几个非病态形态巨核细胞	无或少许非病态形态巨核细胞
淋巴细胞	局灶性或散在性增多	可增多	局灶性或散在性增多	可增多
CD34+前体细胞	不增多		不增多	
KIT+(CD117+)前体细胞	不增多		不增多	
KIT+(CD117+)肥大细胞	稍增多		稍增多	

表 23-9 儿童难治性血细胞减少症最低诊断标准(WHO,2017)[1]

	红系造血	粒系造血	巨核系造血
骨髓涂片	病态造血性改变[2]和/或类巨变	粒系前体细胞和中性粒细胞有病态造血性改变[3],原始细胞<5%	明确的微小巨核细胞,数量不等的其他病态造血性改变[4]
骨髓切片	少许由≥20个有核红细胞组成的簇;原始红细胞增多,成熟障碍;有丝分裂象增多	无最低诊断标准	明确的微小巨核细胞,需要免疫组化(CD61、CD41),数量不等的其他病态造血性改变[4]
外周血片		中性粒细胞病态造血性改变[3]	

[1] 病态造血的标准必须≥1系细胞中≥10%的细胞;某些病例有2或3系存在较小程度的病态造血。[2] 红系病态造血包括:异常核分叶,多核细胞,核桥接;[3] 粒系病态造血包括:假 Pelger-Huet 细胞,颗粒过少或无颗粒,巨大杆状核粒细胞(中性粒细胞严重减少者,此标准可能无法达到);[4] 巨核细胞病态造血包括:大小不一分离核或圆形核巨核细胞,无巨核细胞不排除 RCC

第二十四章

骨髓增殖性肿瘤

骨髓增殖性肿瘤(myeloproliferative neoplasms,MPN)是以"有效"造血导致外周血一系或多系髓系细胞增多以及常有肝脾大为特点,骨髓有核细胞增多,细胞可以向终末细胞成熟,无(明显)病态造血的一类克隆性干细胞紊乱的慢性髓系肿瘤。曾被称为骨髓增殖性疾病(myeloproliferative diseases,MPD)。急性白血病,虽也是(急性)骨髓增殖的肿瘤,但细胞成熟受阻且常有病态造血明显而不用这一术语,故习惯上所称的 MPN 即为慢性 MPN。

第一节 概 述

MPN 是髓系肿瘤的常见类型,起病缓慢,与骨髓增生异常不同,MPN 伴随正常成熟和有效造血。脏器肿大是共同和常见的症状。MPN 患者经过克隆性演变并逐渐向疾病终末期——骨髓纤维化、病态造血(无效造血)或向急性白血病发展,最终发展为骨髓衰竭(血细胞减少)。骨髓纤维化可以是不同 MPN 类型进展中的一个汇合点。

一、分类更新与一般特征

1951 年 *Blood* 杂志创始人 Dameshek 提出一组有共性表现的血液疾患,称为 MPD,包括 4 种疾病——真性红细胞增多症(polycythemia vera,PV)、特发性血小板增多症(essential thrombocythemia,ET)、原发性骨髓纤维化(primary myelofibrosis,PMF)和慢性粒细胞白血病(chronic myelogenous leukimia,CML)。CML 为 Ph 阳性疾病,临床常见且形态典型而易于诊断,既往一般所述的 MPN 大多特指 PV、ET 和 PMF 三种,也是经典 Ph 阴性疾病的代表。后经 FAB 和 WHO 的几次修订,先后增加了慢性中性粒细胞白血病(1999)、慢性嗜酸性粒细胞白血病(chronic eosinophilic leukemia,CEL)/高嗜酸性粒细胞综合征(1999)、肥大细胞增多症(2008)等。在 WHO 的 2008 年修订方案中,MPN 分类标准的修订最明显之处是受到两个因素的影响:组织学特征,如巨核细胞的形态和分布位置,骨髓基质的改变以及增殖细胞的系列与临床特征的对应关系,被得到更广泛的公认;另一方面是发现 *BCR-ABL1* 阴性 MPN 发病机制的分子学异常(图 24-1),被用于鉴定和分类 *BCR-ABL1* 阴性 MPN 类型的标准。

WHO 在 2017 年的更新分类中,肥大细胞增多症不再列入 MPN 这一大类,而独立成为髓系肿瘤的一个别类。除了肥大细胞增多症,MPN 分类类型与 2008 年相同(表 24-1)。但是,采纳了新近积累的数据更可靠地进行定义,在应用中进一步增加了分子指标在病种(类型)定义中的分量和诊断中的权重,如慢性中性粒细胞白血病(chronic neutrophilic leukemia,CNL)与 *CSF3R* 突变,*JAK2*、*MPL* 和 *CALR* 突变与 PV、ET 和 PMF 等。

在 *BCR-ABL1* 阴性 MPN(CNL、PV、ET、PMF 前期和纤维化期,以及嗜酸性粒细胞白血病非特定类型)中,几项具有诊断和预后价值的指标:①在经典的 MPN(PV、ET 和 PMF)中,除 *JAK2* 和 *MPL* 突变外,发现 *CALR* 突变可以提供克隆性证据并有诊断价值和预后评判意义(表 24-2)。②*CSF3R* 突变与 CNL 相关。③采用 2008 年第 4 版 Hb 水平诊断 PV 可能有欠缺,而骨髓形态学作为可以重复性的标准用于 PV 一个诊断指标被得到公认。④有必要通过骨髓活检形态学特征区分"真正"的 ET 与 PMF 前期或早期(prefibroic/early primary myelofibrosis,prePMF),且有预后价值(见第五节)。⑤prePMF 次要临床标准,可能对准确诊断和预后都有重要影响,需要界定和重视。⑥标准化的 MPN 形态学很重要,可以提高观察者之间形态学诊断的重复性。这些在新修订的 *BCR-ABL1* 阴性 MPN 诊断标准中都得到了体现;同时,也强调了这组疾病中,组织学的准确诊断是预测预后的关键指标。如 CML-CP 骨髓活检标本中出现大簇或大片小的异常巨核细胞,伴有显著的网状或胶原纤维化可以认为是 CML-AP 的证据。

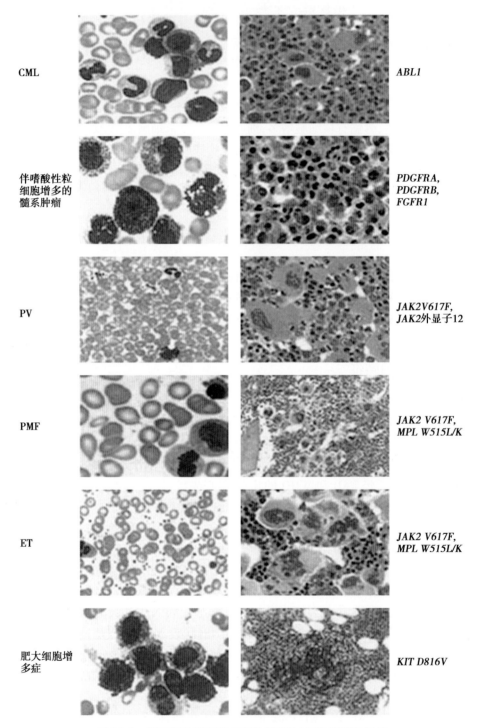

图 24-1　伴酪氨酸激酶基因突变或重排 MPN 等髓系肿瘤

突变或重排使信号转导通路酪氨酸蛋白激酶异常激活,导致细胞过度增殖或凋亡减少。CML 为慢性髓细胞白血病;PV 为真性红细胞增多症;PMF 为原发性骨髓纤维化;ET 为特发性血小板增多症

表 24-1 骨髓增殖性肿瘤分类(WHO,2017)

慢性髓细胞白血病,*BCR-ABL1* 阳性(CML)　　　　　特发性血小板增多症(ET)
慢性中性粒细胞白血病(CNL)　　　　　　　　　　慢性嗜酸粒细胞性白血病,非特定类型(NOS)
真性红细胞增多症(PV)　　　　　　　　　　　　骨髓增殖性肿瘤,不能分类型(MPN-U)
原发性骨髓纤维化(PMF)
　原发性骨髓纤维化,纤维化前期或早期(PrePMF)
　原发性骨髓纤维化,纤维化期

表 24-2 MPN 相关基因重排或突变的发生率(%)

MPN	*BCR-ABL1*	*JAK2* V617F	*JAK2* 第 12 外显子突变	*CALR* 第 9 外显子突变	*MPL* 第 10 外显子突变	*CSF3R* T6181	备　　注
CML-CP	100	0	0	0	0	0	*BCR-ABL1* 为 CML 的定义指标,均应阳性
PV	0	95~97	2~3	罕见	罕见	0	*JAK2* 等位基因负荷与预后、转化相关
PMF	0	55~60	罕见	24	3~5	0	与 *JAK2* 阳性者相比,*CALR* 阳性者与较年轻、惰性疾病和较长的生存期有关;*JAK2* 阳性者有更大的血栓形成风险;三种基因均未突变者与较差预后相关且易于转化急性白血病
ET	0	50~60	罕见	24	5~10	0	*JAK2* 阳性者有较高的血栓形成率;*CALR* 阳性者有较高的血小板数和较高的骨髓纤维化转化率;三种基因均未突变者生存期最长,*MPL* 突变者最短
CNL	0	罕见	0	0	0	80	*CSF3R* 可见于少数 MDS-MPN (尤其是 aCML)患者

注:*JAK2* 和 *CALR* 一般都是互相排斥的突变

二、病理生理

MPN 是由于造血干细胞克隆性病变,使后代细胞中具有 *BCR-ABL1* 融合基因或者激活的 *JAK2*、*MPL* 等突变,导致激酶信号转导通路的异常激活,髓系造血成分增殖控制不良,产生增殖优势。如 CML 的 Ph 染色体形成 *BCR-ABL1* 融合基因,结果增强了酪氨酸激酶活性为主的病理机制,导致细胞失控性生长。融合蛋白还可使 MYC 和 BCL-2 转录增加,又阻抑白血病细胞凋亡。因此,肿瘤克隆扩增不仅是细胞增殖的增加,而且有细胞生存期的延长。酪氨酸激酶依赖信号转导途径的异常激活,也体现在其他 MPN 的发病机制中。如 PV,红系祖细胞对一些细胞因子显示高敏感性。细胞因子包括胰岛素样生长因子-1 受体是酪氨酸激酶受体家属成员,可使 PV 红系祖细胞信号转导中相关分子的高磷酸化并导致 RAS 等途径异常激活,并可阻抑凋亡基因的转录增加(如同 CML 一样)。ET 和 PMF 也有相似分子病理。

2004 年发现酪氨酸激酶 *JAK2* 基因的体细胞变异,导致 617 位缬氨酸密码子被苯丙氨酸密码子替换 (*JAK2* V617F),使人们认识了三个类型的 MPN:PV、ET 和 PMF 存在 *JAK2* V617F 分子异常,这也是在 *BCR-ABL1* 阴性 MPN 中发现的一个分子标记。*JAK2* 激酶基因位于第 9 号染色体短臂,编码 JAK2 蛋白酪氨酸激酶,参与造血信号转导的过程。幼红细胞膜上的红细胞生成素受体(erythropoietin receptor,EPOR) 或血小板生成素受体(thrombopoietin receptor,TPOR)结合红细胞生成素(erythropoietin,EPO)或血小板生成素(thrombopoietin,TPO)的结果是受体二聚化,导致受体和潜在胞质转录因子 STAT(signal transducer and activator of transcription）磷酸化。STAT 二聚化进入细胞核，激活基因转录。此外，还导致其他胞质效应子蛋白磷酸化，包括 PI3K 和 RAS，衔接其他信号转导通路激发基因应答，促进红系祖细胞或巨核细胞造血和调控细胞凋亡。这一正常造血的关闭在于对受体分子的脱磷酸化，而 *JAK2* 突变时因负调节结构域功能缺失，不受这一机制影响而持续激活下游信号导致造血细胞增殖过度。

JAK2 突变是一种显性的功能获得性突变。*JAK2* V617F 阳性，在 PV 中高达 90% 以上，ET 和 PMF 中可达 50% 以上，低阳性率也见于 MPN 的其他类型和髓系肿瘤。虽然 *JAK2* 突变及其分子病理的识别，为 PV、ET 和 PMF 设计了新的诊断规则，但是在某些情况下血液学表现还是有明显的重叠，因此可能不易准确分类。如 *JAK2* V617F 阳性的 ET 往往还有红细胞和白细胞的增多和低 EPO 水平，也提示相互之间有部分表型的连续性。进一步研究表明，PV 的 *JAK2* V617F 突变是纯合子，而 ET 和 PMF 中的 *JAK2* V617F 突变为杂合子。少数缺乏 *JAK2* V617F 的 PV 患者，*JAK2* 外显子 12 中有移码或点突变，而这一突变在 ET 中没有被发现。提示表型之间的分子改变既有相同又有相异。

PMF 是一个独特的临床综合征，可以代表疾病加速期。临床上，PMF 与 PV 或 ET 进展的骨髓纤维化（myelofibrosis，MF）不易区分，且 ET 和 PV 的早期与 PMF 的前期不易区分。在确诊 PMF 前的数年中，患者表现血细胞增多，提示可能存在一个未被确诊的 PV 或 ET 或 MPN 的其他类型。PMF 的 *JAK2* 和血小板生成素受体基因（myeloproliferative leukemia，*MPL*）的突变率与 ET 相似，但核型的异常率则不同，在 PMF 中高达 50%，而 ET 中只有 5%，PV 只有 20%，提示 PMF 具有更高的基因不稳定性。此外，PMF 干细胞功能紊乱更为常见，如外周血中出现幼稚粒细胞（包括原始细胞）和有核红细胞，可以提示无效红系造血的血清乳酸脱氢酶水平升高，且更多地可以进展为急性白血病等。这些结果都提示 PMF 还是处于疾病进展期。

比较而言，*JAK2* V617F 阴性的 ET，只有 10% *MPL* 突变，在生物学上具有异质性。惊奇的是，*MPL* 等基因突变同样见于一部分 PMF；*CALR* 突变也一样（表 24-2）。从 ET 或 PV 等 MPN 类型的组织学特征看，包括网状纤维增生逐步发展和累积也提示疾病本身的进展过程。但是 PMF 与 MPN 其他类型之间的关系则变得界限不清。这些至少提示一部分被诊断为 PMF 的患者可能代表了先前存在的 MPN 其他类型的进展阶段。尽管还有不易解释的或尚未明了的问题，显示出传统的 ET、PV 与 PMF 分类向着分子学分类转变的重要性。*JAK2* V617F 阳性 MPN（PV 和 ET）部分表型具有一致性，而 *JAK2* V617F 阴性 MPN（ET）具有生物学异质性，*JAK2* 阳性和阴性 MPN 都可以进入加速期，包括骨髓纤维化、白细胞增高和血细胞减少与脾大，少数患者进一步进展为 AML。此外，PV、ET 和 PMF 几乎都存在相同的早前表现。

三、诊断指标

1. 血常规　常是发现 MPN 的第一个较为明确的证据（表 24-3）。当不能一般解释的血细胞一系或一系以上增多时，尤其是中老年患者，应疑似 MPN。与血片形态学检查一起分析意义更大（见图 24-2d 和第十九章第二节）。

对 MPN 认识的深入，也使我们意识到：与年龄相悖的造血增殖（正常造血随年龄增长而减退）和血细胞增多在中老年 MPN 和骨髓增生异常-骨髓增殖性肿瘤（myelodysplastic/myeloproliferative neoplasms，MDS-MPN）中的评判意义；不能解释的嗜碱性粒细胞（MPN）或单核细胞（MDS-MPN）持续增多常是实用的辅助性诊断指标（尤其中老年患者）。

2. 骨髓形态学　骨髓涂片、骨髓印片和骨髓切片都是骨髓形态学观察的标本，它们的互补优势详见第十五章。由于髓系肿瘤分类是根据原始细胞百分比和其他特定细胞进行分类的，WHO 建议在髓系肿瘤形态学检查中，需要骨髓涂片上尽可能接近骨髓小粒和未被血液稀释的区域计数 500 个有核细胞。计数多张涂片可以减少因细胞分布不均引起的抽样误差。需要计数的细胞包括：原始细胞，各阶段的中性粒细胞、嗜酸性粒细胞、嗜碱性粒细胞、单核细胞、淋巴细胞、浆细胞、有核红细胞，以及肥大细胞。巨核细胞、巨噬细胞、成骨细胞、破骨细胞、涂抹细胞、基质细胞、转移癌细胞等非造血细胞不包括在有核细胞分类中。如果患者被确认为同患另一非髓系肿瘤，例如浆细胞骨髓瘤，则在有核细胞计数中应剔除骨髓瘤细胞，再分类评估髓系肿瘤。

表 24-3　MPN 等慢性髓系肿瘤诊断时常见血液骨髓细胞学特点

疾病	血细胞计数	血细胞形态	骨髓细胞与形态			
			细胞量	原始细胞	成熟	细胞形态
MPN	至少 1 系血细胞明显增高,在进展期可以减少	大致正常,嗜碱性粒细胞易见;较多幼粒细胞见于 CML;密集红细胞或血小板见于 PV 或 ET;幼粒幼红细胞和低比例原始细胞见于 PMF	增多,老年 ET 可以例外	慢性期<10%	有	粒系和红系前体相对正常;巨核细胞,CML 偏小,PMF 异形,ET 和 PV 大而高核叶
MDS	1 系或多系血细胞减少,发病时几乎无粒细胞增多	可见病态形态,偶见幼稚细胞	通常增多	<20%	尚可	有病态细胞
MDS-MPN	混合性血象,至少 1 系增加和减少	单核细胞增多,可见病态细胞和/或幼粒细胞和少量原始细胞	增多	<20%	有	混合象,至少 1 系病态形态和 1 系形态基本正常

　　骨髓切片是公认的诊断 MPN 的必需指标。意义有六个方面:一是评判有核细胞增殖(最佳指标);二是观察巨核细胞移位性聚集增生结构,PMF 和 ET 大多有这一组织学结构特征;三是评判巨核细胞大小,CML 为小或偏小型,ET 和 PV 为大而核叶增加,PMF 的异形性形态;四是评判 MF,MF 不光是除 PMF 外其他 MPN 疾病进展时的共同现象,也是其他髓系肿瘤伴发 MF 的唯一直接所见的检查;五是进行组化和免疫组化可以进一步提供原始细胞、巨核细胞和网状纤维的异常信息;六是通过复查可以监测到疾病进展过程中的形态学变化。详见第十四章和第二十章。

　　反映疾病演变(进展)的形态学特征:①病情中出现 MF 和/或 Gomori 染色网银纤维增加;②初诊时无巨核细胞异常而出现异形性和病态造血形态并出现移位性聚集增生;③初诊时原始细胞不增加而出现增加;④原先无病态造血而出现明显的病态造血;⑤血细胞数由高转为下降,尤其与治疗无关时;⑥血片原始细胞增加和/或出现明显的异形性红细胞、微小核(或微小裸核)巨核细胞等。

　　不同 MPN 类型的临床、实验室和形态学常有重叠,如白细胞增高、血小板增多、巨核细胞增生、骨髓纤维化和脾大,可以造成类型鉴别困难。尽管 CML 的 Ph 染色体与 BCR-ABL1 有特异的鉴别价值,其他几种类型也有意义的标记性分子异常(如 JAK2),但形态学结合临床和其他实验室信息仍是当前诊断和分类 MPN 的基本方法或大类诊断的简便快速方法。肿瘤性造血的特点是骨髓一系或一系以上细胞增殖,成熟基本良好,且无(明显)病态造血,外周血中≥1 系细胞增多(图 24-2)。

　　3. 流式免疫表型和遗传学　　流式细胞免疫表型检查在 MPN 中诊断意义不大。临床上,检查重点在于排除其他髓系肿瘤,同时观察 MPN 病情中有无出现原始细胞增加和表型表达模式的异常。而日益增加的分子学是有意义的信息,它们在 MPN 诊断中的分量增大(表 24-2),需要注意的是 JAK2 突变的特异性不强,没有也不排除 MPN;相对而言,MPL 和 CALR 突变对 ET 和 PMF 诊断的特异性高。因此,初诊时需要进行完整的骨髓细胞遗传学和相关的分子学检查。

四、鉴别诊断与预后

　　与 MPN 相似的疾病较多,主要是外周血细胞增多和骨髓造血细胞明显增生的继发性或反应性疾病,为形态学表现相似性疾病,如感染性疾病、成人 Still 病、结缔组织病和给予粒细胞集落刺激因子(granulo-cyte-colony stimulating factor,G-CSF)时,最容易混淆。尽管鉴别诊断的方法很多,但我们认为最重要的仍是密切结合临床的形态学(血片、骨髓涂片、骨髓印片和骨髓切片的"四片联检")检查与评估。细胞遗传学和分子学检查则在明确诊断疾病的分子类型、与相似疾病的鉴别诊断(尤其是排他性诊断方面)和不典型疾病的诊断上,以及监测疾病演变方面。

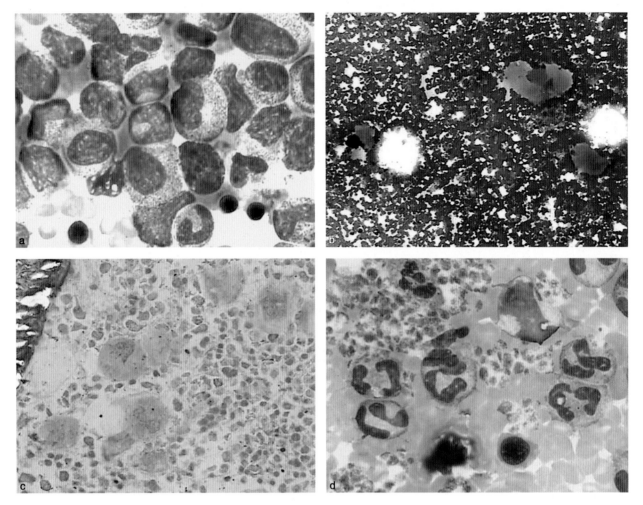

图 24-2　骨髓增殖性肿瘤的基本特征

a、b 为与年龄不相符的 MPN 老年患者骨髓细胞明显增加(除 PMF 外,细胞成熟和形态基本良好),MPN,U 型与 ET 标本;c 为骨髓切片更能显示有核细胞增殖;d 为外周血细胞(血小板和中性粒细胞)增加,常与骨髓造血相一致而显示有效造血的结果(ET 标本),外周血细胞增多的程度、系列、幼稚细胞的多少常是决定 MPN 类型的一个指标

MPN 不治疗患者可在疾病转化后数月内死亡。经适当治疗,一些病人可生存多年。用干扰素 α 治疗和骨髓移植,CML 的中位生存期达到 5~7 年,PV 和 ET 中位生存期常可长达 10 年以上。分子靶药物的应用可有更长的生存期。

第二节　慢性髓细胞白血病

WHO 在 2017 修订第四版中,将慢性粒细胞白血病改称为慢性髓细胞白血病(chronic myeloid leukae-mia,CML)。CML 不是最常见的白血病,但其生物学基础最为清楚,并有效分子靶向治疗的模型,使得它在医学文献中显得特别突出。

一、定义与病期

CML 是一种起源于异常多潜能骨髓干细胞并始终伴有 BCR-ABL1 基因的 MPN。在疾病最初的主要表现是以中性粒细胞为主的髓系细胞增殖,并在所有髓系细胞及一些淋系细胞和血管内皮细胞中均存在 t(9;22)(q34.1;q11.2);BCR-ABL1 的特征,故被 WHO 定名为 CML,BCR-ABL1 阳性。不经治疗 CML 的自然史有 2 个或 3 个病期:最初为惰性的慢性期(chronic phase,CP),其次是加速期(accelerated phase,AP)和原始细胞期或急变期(blast phase,BP)或两者均有。

一般,起病时为 CML-CP,未经治疗患者表现为逐渐上升的白细胞计数和脾大,以及最终有 MPN 的全部表现(包括 B 症状、体重减轻和白细胞过多)。CP 持续时间不一。有些患者在诊断后数月内进展为 AP 和 BP;另一些可稳定在 CP 十几年。随后是 1 个或 2 个进行性转化期——加速期(CML-AP)和原始细胞期或急变期(CML-BP)。现在认为 CML-AP 已不太常见。也有一部分患者以 AP 或 BP 发病,之前没有明确的 CP,与 *BCR-ABL1* 阳性的 AML 和 ALL 较难区别。

二、临床所见

全世界 CML 的年发病率为 1~2 例/10 万人口。无社会和地理分布因素。发病的高峰年龄在 40 岁左右。儿童患病极少见。浙江大学医学院附属第二医院曾分析 90 例 CML,占全部白血病病例的 17.2%,慢性白血病的 77%。文献报告 CML 约占全部白血病病例的 15%~24% 之间。男性患者比女性稍多。CML 的诱发因素不明。部分病例与暴露于辐射有关。接触大剂量电离辐射,增加 CML 的发生率,与 AML 和 MDS 不同的是包括细胞毒药物在内的化学药物与本病发生无关,也无遗传易感性。

CML-CP,白血病细胞侵袭性很小而且在很大程度上增殖仅限于造血组织,主要是血液、骨髓和脾脏,肝脏亦可受累。在 BP,包括淋巴结、皮肤和软组织等髓外组织可出现原始细胞浸润和浸润性症状。

大多数患者在慢性期诊断。通常起病隐袭,20%~40% 患者无明显症状(尤其是社会经济优越的地域患者),常在常规体检时因白细胞计数增加而被发现。就诊时常见的典型症状,包括隐匿的渐进性乏力、精神不振、体重减轻、盗汗、巨脾和痛风等;有些患者白细胞计数>300×10^9/L,并有头痛、局灶性神经功能缺陷(如视力模糊,头晕、言语不清和谵妄,耳鸣和听力减退)、呼吸系统表现(如呼吸困难、发绀)和阴茎异常勃起等白细胞淤滞症状。无明显原因的高白细胞和脾大是 CML 最突出的体征,但随着生活水平和医疗水平的提高而得到早期诊断,脾大的发生率和肿大的程度都在不断下降。

不典型表现包括血小板显著增多而白细胞数不明显升高,以及一开始即表现为 CML-BP(未发现之前的 CML-CP)。未经根治治疗的大多数患者从 CP 进展为 BP,可以突然转化,也可经过一个过渡性 AP。部分患者死于 AP。转化阶段一般都伴随着体质恶化以及严重贫血、血小板减少的相关症状或有明显的脾脏肿大等。被察觉已进展为原始细胞期之前,一般都出现病情恶化症状,如与治疗无关的明显贫血、血小板减少或脾进行性肿大。此外,当发现一些少见的特征性表现,如绿色瘤、皮肤瘀斑瘀点,骨痛时,往往可以提示疾病进入加速期或急变期。另外,CML 患者极少合并细菌感染而与其他白血病不同,这是由于患者中性粒细胞功能未受到影响。

CML 的中位生存期,在有效治疗之前为 2~3 年;常规化疗(白消安、羟基脲)后的中位生存期为 4 年,进展为 AP 和 BP 仅稍有延长,10 年总生存率(overall survival,OS)低于 10%;以 α 干扰素为基础疗法的中位生存期约为 6 年而 10 年 OS 接近 24%;异基因造血干细胞移植者 10 年 OS 在 10%~70% 之间,这取决于疾病阶段,患者的年龄和供者类型。如移植前有 MF 者可使造血重建延迟或失败。在蛋白酪氨酸激酶抑制剂治疗时代,最重要的预后指标是在血液学、细胞遗传学和分子学水平上的治疗反应。目前伊马替尼的完全细胞遗传学反应率是 70%~90%,5 年无进展生存和 OS 在 80%~95% 之间。通常,高白细胞计数(>100×10^9/L)、巨脾与全身症状和高嗜碱性粒细胞数,疾病易进展且预后差。

三、血细胞和形态学

1. 慢性粒细胞白血病慢性期(CML-CP)　外周血成熟阶段和中晚阶段粒细胞增多,白细胞增高。作者分析 329 例初诊 CML 白细胞计数,白细胞最低为 10.6×10^9/L,最高为 570×10^9/L,白细胞 10~200×10^9/L 范围之间为 CML 密集区,高于 300×10^9/L 显少,高于 500×10^9/L 仅为 3 例(占总数病例的 0.9%)。CML 的高白细胞水平也在随着社会经济水平的提高而诊断提前及逐渐下降。

细胞分类通常有四大特征(见第二章图 2-3):一是幼粒细胞增多(大多>20%);二是原始细胞可见,但<2%;三是嗜碱性粒细胞和嗜酸性粒细胞增多或易见,但小如淋巴的嗜碱性粒细胞易于漏检;四是不见明显病态粒细胞。此外,单核细胞可见,但<3%(绝对值可以增加,尤其是 *BCR-ABL1* P190 变异型病例)。血小板正常或增高,少数患者高于 600×10^9/L;血小板减少罕见。血红蛋白正常或稍低。在随访中,出现与

治疗无关的血小板和血红蛋白渐进性下降时,可以预示两种结果:骨髓抑制抑或疾病进展。

骨髓象,由于骨髓小粒丰富和有核细胞明显增多,染色后涂片呈明显紫色。中晚阶段粒细胞增多以及嗜碱性粒细胞和嗜酸性粒细胞易见都是重要的形态学异常(见第十八章图18-11d)。原早幼粒细胞易见(常≤3%和<10%)。由于细胞成熟和凋亡不一,可以以早幼粒细胞或中幼粒细胞和晚幼粒细胞以及杆状核和分叶核粒细胞为主要组成的细胞图像。少数患者粒细胞非特异性颗粒增多,甚至出现较多颗粒溢于(散在)细胞外。在病情中出现病态造血细胞可以疑似疾病进展。大多数患者巨核细胞增加,以小或偏小型细胞为主。与造血有关的巨噬细胞可增多,可在涂片尾部易见类Gaucher细胞和类海蓝细胞,且个别患者数量众多(图24-3)。检出类Gaucher细胞患者可能有较好的治疗效果和较长的生存期。

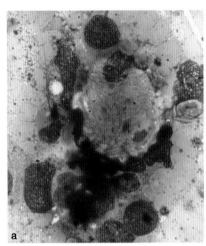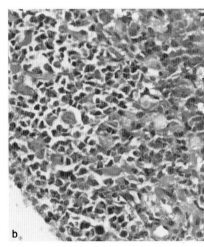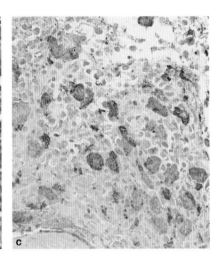

图24-3　CML急变伴类Gaucher细胞显著增生

a为骨髓涂片类Gaucher细胞;b为骨髓切片糖原染色类Gaucher细胞阳性,HE染色可见类Gaucher细胞聚集成片;c为骨髓切片CD68标记类Gaucher细胞阳性

骨髓印片和切片示细胞密度常比骨髓涂片高,巨核细胞也常比骨髓涂片更多,为比正常为小的胞体和低核叶巨核细胞(minimally lobed megakaryocytes),是CML组织细胞学的一个特点。疾病进展时,骨髓印片检查裸核和清晰的基质背景则有警示MF的意义;骨髓切片中巨核细胞进一步出现小细胞化、胞核小圆核化和异形化和/或原始细胞增加或原早幼粒细胞簇状或早幼粒细胞大簇,均可以提示疾病开始转化(详见第八章、第十四章和第二十章)。

少数病例首次活检存在网硬蛋白纤维化,常见于巨核细胞明显增加、脾大和贫血患者,预后较差。超过80%的患者巨噬细胞铁减少。有核红细胞数量不定,红系造血岛的数量和大小通常偏少。CML-CP经蛋白激酶抑制剂治疗(中长期)后,相当部分患者骨髓造血细胞减少。

细胞(组织)化学或免疫化学染色,最有意义的细胞化学染色是NAP和甲苯胺蓝染色。CML-CP中性粒细胞NAP明显减低,被认为是低血清粒细胞集落刺激因子(granulocyte-colony stimulating factor,G-CSF)水平所致。急性变时NAP积分可以升高。甲苯胺蓝染色用于评价嗜碱性粒细胞多少。最常用的组织化学染色是Gomori染色。细胞免疫化学染色对急变时不易辨认原始细胞系列,或者原始淋巴细胞变和原始巨核细胞变的评判有重要意义。

2. 慢性粒细胞白血病加速期(CML-AP)与急变期(CML-BP)　CML向AP和/或BP进展的转化时的特点是:常见与治疗无关的进行性脾大和发热,进行性血细胞减少和骨髓有核细胞量下降,原始细胞增加或嗜碱性粒细胞明显增加,或出现明显的病态造血、骨髓纤维组织增生和网硬蛋白纤维增加或巨核细胞的病态性异形性改变(图24-4和图24-5)或巨核细胞小型性和异形性改变(图14-15d)。此外,外周血或骨髓中出现原始淋巴细胞是重要的一个信号,可预示疾病向原始淋巴细胞白血病转化;骨髓印片显示有核细胞减少比骨髓涂片更能增强评估;骨髓切片示细胞量变化外,原早粒细胞呈簇状增生和/或明显的粒细胞病态造血,以及髓外组织的粒系细胞浸润性肿块等,都可以暗示CML-AP或CML-BP。

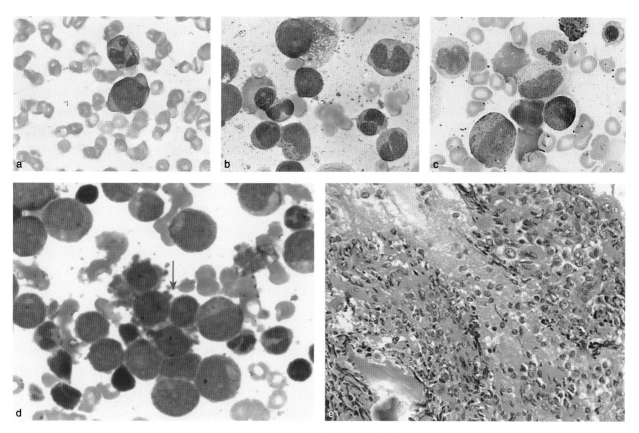

图 24-4　CML 疾病加速形态学

a 为外周血白细胞下降而原始细胞增加；b、c 为骨髓细胞下降而粒细胞和有核红细胞出现病态形态；d、e 为初诊 CML 患者，白细胞 574×10^9/L，Hb77g/L，血小板 126×10^9/L，巨脾，骨髓涂片具有 CP 特点，仔细观察见原始巨核细胞 8%（d），骨髓切片原始细胞灶性扩增和纤维组织增生（e），示疾病已为进展期，遗传学检查 Ph+ 和 *BCR-ABL1*+

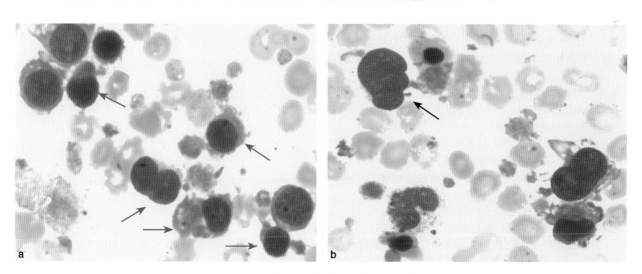

图 24-5　CML 血片出现异常巨核细胞

a、b 为 CML 巨核细胞急变（微）小巨核细胞、异常裸核巨核细胞（黑色箭头）和巨大血小板。若出现显著的异形性巨核细胞可以指示骨髓纤维化伴随（见第九章），用 CD41 染色常见更多阳性微小巨核细胞

　　CML 急变中，约 70% 发生髓系原始细胞变，包括中性、嗜酸性、嗜碱性、单核、红系和巨核细胞，或者这些系列细胞的任何组合。原始细胞系列特性可通过形态学观察，但十分原始和异质时，需要结合细胞化学和免疫表型检查。外周血涂片、骨髓涂片、骨髓印片和骨髓切片，任一标本中原始细胞明显增多（>20%）都可以判断为疾病进入原始细胞期。如果骨髓切片原始细胞局灶性增殖并占据了一个有意义的骨髓区域

（如一个小梁间区，而其他区域为慢性象），也需要考虑为 CML-BP，但局灶性原始细胞需与慢性期位于骨小梁旁区和血管周围的局灶性早幼粒细胞和中幼粒细胞相鉴别。CML-BP 也可发生于髓外组织，最常见于皮肤、淋巴结、脾、骨或中枢神经系统，髓外组织内由浸润的原始细胞组成。

四、流式免疫表型、细胞遗传学和分子学

急变的多数病例髓系原始细胞伴随表达一种或多种淋系抗原。绝大多数急淋变病例的原始淋巴细胞为前 B 细胞起源。在急淋变中，较多病例的原始淋巴细胞同时表达一种或多种髓系抗原。约 24% 的 BP 病例符合混合表型急性白血病（mixed phenotype acute leukaemia，MPAL）的标准，但与初诊时原发的 MPAL 不同而不归类于 MPAL。

CML 患者初诊时都有特征性的 Ph 染色体和 *BCR-ABL1*，不过少数（约 5%～10%）常规核型不能识别的隐蔽的 9q34 和 22q11.2 易位（Ph 染色体）。在这些病例中，存在的 *BCR-ABL1* 可用 FISH、RT-PCR 或 Southern 杂交技术进行检测。在诊断后出现克隆演变的其他染色体异常，通常意味着疾病进展（更具有侵袭性）。CML-AP 或 CML-BP 的 80% 病例可见额外的染色体变化，如 +Ph、+8、+19 或 i(17q)。转化期中，突变基因有 *TP53*、*RB1*、*MYC*、*NRAS*、*KRAS*、*CDKN2A*（*P16INK4a*）、*RUNX1*（*AML1*）、*MECOM*（*EVI-1*）、*TET2*、*CBL*、*ASXL1*、*IDH1*、*IDH2*，并提示这些基因异常发生在 CP 晚期或 AP 早期。

五、诊断与鉴别诊断

持续性白细胞增高、骨髓细胞过多伴嗜碱性粒细胞增多和小型巨核细胞增多是 CML 的特征性形态学。因此，当不能用一般原因解释的脾大和白细胞增高时，应疑似 CML（CML-CP）。当外周血涂片检查，幼粒细胞（早幼、中幼和晚幼）>20%～30%，并易见嗜碱性粒细胞和嗜酸性粒细胞，而原始细胞<2% 时，可以作出 CML 的基本诊断。典型骨髓象可预示 Ph 染色体和 *BCR-ABL1* 的存在。

WHO 认为大部分 CML-CP，可以从外周血和骨髓细胞形态学（标准为外周血原始细胞<10%，骨髓原始细胞<10%）所见，加上细胞遗传学检测到 t(9;22)(q34.1;q11.2) 或者通过分子技术检测到 *BCR-ABL1* 而得到诊断。不过，需要吸取足够的骨髓用于完整的核型分析和形态学评估以确认疾病分期。在酪氨酸激酶抑制剂（tyrosine kinase inhibitors，TKI）治疗时代，新诊断患者可以接近正常的寿命，但需要定期监测 *BCR-ABL1* 负荷、有无遗传学演变和 TKI 治疗抗性出现，以及时发现疾病进展。CML 加速期（CML-AP）诊断标准包括血液学、形态学和细胞遗传学参数（表 24-4），通常是由于遗传演变增加和 TKI 抗性出现所致。同时，强调初诊时就存在的其他克隆性遗传学异常的评判价值。

表 24-4　CML-AP 诊断标准（WHO，2017）

定义 CML-AP 为出现≥1 项以下血液学/细胞遗传学标准或关于 TKI 反应的"暂定"标准

血液学/细胞遗传学标准[a]
　①对治疗不起反应的白细胞持续或逐渐增加（>10×10⁹/L）
　②对治疗不起反应的脾脏持续或逐渐增大
　③对治疗不起反应的血小板持续增多（>1 000×10⁹/L）
　④与治疗无关的血小板持续减少（<100×10⁹/L）
　⑤外周血嗜碱性粒细胞占≥20%
　⑥外周血和/或骨髓中原始细胞占 10%～19%[b,c]
　⑦诊断时 Ph+细胞中出现其他克隆性染色体异常，包括"主要路径"异常（第二条 Ph 染色体、8 三体、17q 等臂染色体、19 三体），复杂核型，3q26.2 异常
　⑧在治疗期间 Ph+细胞中出现任何新的克隆性染色体异常

TKI 反应的"暂定"标准
　①首次 TKI 治疗发生血液学抵抗（或首次 TKI 治疗未能达到完全血液学缓解[d]）
　②连续 2 个 TKI 疗程，血液学、细胞遗传学和分子学检查中，至少有一项显示抵抗
　③TKI 治疗过程中发生两种或多种 *BCR-ABL1* 突变

　　[a] 骨髓活检标本中大簇或成片小的异常巨核细胞伴明显网状或胶原纤维化可以认为是 AP 的证据，尽管这些所见通常与上面所列的一种或多种标准相关；[b] 在血液或骨髓中发现典型原始淋巴细胞，即使不到 10%，也应及时关注，急淋变可以迅速发生，需要临床进一步关注并检查细胞遗传学；[c] 血液或骨髓中原始细胞≥20% 或者髓外部位原始细胞浸润性增殖，诊断为 CML-BP；[d] 完全血液学反应定义为白细胞计数<10×10⁹/L，血小板计数<450×10⁹/L，分类无幼稚粒细胞和不触及脾肿大

CML-BP 诊断需要血液或骨髓中原始细胞≥20%,或者髓外存在原始细胞肉瘤或骨髓切片原始细胞呈大的局灶性或簇状增生。不过,由于淋系急变发病可能相当突然,在血液或骨髓中发现原始淋巴细胞时,就应注意是否即将发生淋系急变,需要及时进行相关实验室检查以排除这种可能性。如果初诊时已是 CML-BP 则不易与原发的 Ph+AML、Ph+ALL 和 Ph+急性混合表型白血病相区别。检出 P190 转录本则强烈支持原发的 Ph+ALL。IGH 和 TCR 基因中隐蔽的缺失,常伴 IKZF1 和/或 CDKN2A 基因缺失,支持 WHO 新增的临时类别 Ph+AML 的诊断而非 CML-BP。

与 CML 相似的形态学疾病主要有三类:一是类白血病反应;二为 MPN 的其他类型;其三为 Ph 染色体阴性 MDS-MPN。类白血病反应几乎都有原因可查的外周血白细胞增高和/或出现幼稚细胞,多见于感染、大手术后、重症烧伤、变态反应和晚期癌症等。这种原先无血液学异常,而经感染或手术等后或在某疾病的病程中伴随的血液学异常,与 CML 的起病方式和血液学异常不同。类白血病反应常有以下血液学特点:①白细胞高低不一,>50×10^9/L 少见,>100×10^9/L 罕见;②外周血白细胞主要为中性粒细胞,幼粒细胞多不高于 5%~15%,且大多为晚幼粒细胞和中幼粒细胞,一般不见原始细胞;③中性粒细胞毒性变常较为明显;④嗜碱性粒细胞不增多;⑤NAP 积分多为增高。⑥骨髓有核细胞增生程度和粒系细胞增多的数量等均不及 CML;⑦细胞遗传学和分子学检查无 Ph 染色体和 BCR-ABL1。其他 MPN 中,如 CNL、PMF、PV 和 ET,也有脾大和外周血细胞增高,甚至出现幼稚细胞,骨髓亦常为多系细胞增生,但一般通过血象和骨髓象分析可以做出鉴别诊断,细胞遗传学和分子学检测提供更可靠的鉴别依据。

第三节 真性红细胞增多症

真性红细胞增多症(PV)最显著的特点是外周血红细胞和血红蛋白浓度的增加,表现在涂片上为红细胞的密集分布,体征上为皮肤和黏膜的非发绀性红紫。这一外周血红细胞和血红蛋白浓度的增加既不是假性也不是继发性的,此即"PV"病名的来源。

一、定义与分期

PV 是以红细胞生成不受正常造血调节而使血液红细胞增加和其他髓系细胞常同时增殖为特征的一种慢性 MPN。患者 95%以上携带功能获得性的 Janus 激酶基因体细胞突变(JAK2 V617F),在少数 JAK2 V617F 阴性患者中,则可见 JAK2 外显子 12 的移码或点突变。因此,这 2 个分子异常已列为诊断中的重要组成,但缺乏特异性。

PV 通常有二个病期:①多血期,此期红细胞显著增多,一般所述的 PV 即指此期;②消耗期或多血后骨髓纤维化期(post-polycythaemic myelofibrosis)即 PV 后 MF,此期又称造血耗尽期,出现包括贫血在内的血细胞减少(全血细胞减少),伴无效造血、骨髓纤维化、髓外造血(extramedullary haematopoiesis,EMH)和脾功能亢进。少数患者在自然病情进展中发生 MDS 和/或原始细胞期。PV 在多血期前,也有一个 PV 前期,红细胞数和血红蛋白在正常上限至轻微增多。

二、临床所见

PV 年发病率约为 0.6~1.8/10 万,男性发病率高于女性,50~70 岁的人群发病率最高,35~40 岁以下很低(约在 5%以下)。PV 的主要症状与红细胞量增加造成的高血压或血管异常有关。合并高血压和肝硬化者,分别称之 PV 的 Gaisbock 综合征和 Mosse 综合征。患者的面部潮红有被归咎于高血压而未认识到 PV 的基本疾病。PV 早期可以无明显症状。约 20%患者有深静脉血栓形成、心肌缺血或中风等静脉或动脉血栓形成的病史,可能为 PV 的最初表现。因此,患有肠系膜静脉、门静脉或脾静脉血栓,Budd-Chiari 综合征时,均应考虑到 PV 可能为潜在原因,而且这些体征可以发生在多血期之前。PV 诊断时的血栓发病率为 34%~39%,年龄>65 岁,Hct>45%和白细胞≥15×10^9/L 者血栓形成的危险性增加。血栓形成和血小板增多的高危患者(即年长者,有血栓或动脉粥样硬化疾病史者)应予以羟基脲治疗,以确保血小板计数不超过 600×10^9/L。

在完全多血期,70%的患者可扪及脾大,40%有肝大,但现在由于医疗和生活水平的,诊断普遍提前,初诊时的脾肝肿大等体征率也在降低。常见皮肤黏膜暗红(非发绀的红紫)、头痛、眩晕、耳鸣、视觉异常、呼吸困难、乏力和皮肤瘙痒(典型表现为热水浴后出现加重,约见于50%患者)。面部和黏膜暗红(多血)是最显著的外貌改变和每一个患者都有的症状(见图3-8)。但是,尽管患者知道肤色异常、口唇等黏膜明显带暗的紫红色有很长时间,但往往说不出具体始于何时,也较少因此单独就诊。红斑性肢痛病(PV是引起红斑性肢痛病最常见的原因,用阿司匹林治疗常有反应)和痛风(细胞周转增加所致)亦常见。少数患者除了肤色异常外没有其他任何症状,偶尔在血常规血检查时血红蛋白升高而被发现。40%PV患者伴有血清乳酸脱氢酶、尿酸和血清维生素B_{12}升高。

脾大,常是疾病晚期髓外造血的主要表现。因此,在疾病中出现明显的脾大时应疑及MF的发生。髓样化生也是晚期的致命症状,此即PV的消耗期(spent phase)或红细胞增多症后(多血后期)髓样化生期。此期,血红蛋白浓度渐趋正常,甚至降低,外周血出现泪滴形红细胞和幼粒幼红细胞,MF,髓外造血引起脾脏进一步肿大。

PV患者的平均生存期为15年左右(中位生存时间>10年),生存期长短取决于诊断时的年龄,年轻患者预后好于年老患者,<60岁中位生存时间可达24年。骨髓多系增殖型的生存期比单系细胞增殖型为短。不治疗患者中位生存期仅为数月。病人的常见死因是血栓形成或出血,一部分是MDS或AML。大多数患者发展到消耗期后,3年内死亡,少数患者进一步进展为急性白血病,诊断后15年中白血病转化发生率为3%~7%。一部分患者发生白血病前无MDS经过,且缓解诱导治疗通常无效,此即加速恶化期。

影响预后的因素与初诊时的年龄有关,还与病期有关。年龄<60岁,无血栓形成病史,血小板<1 500×10^9/L(或<1 000×10^9/L)和无心血管系危险因子(如吸烟和肥胖)为低危条件,反之危险因素升高。

三、血细胞和形态学

除了全血细胞计数和细胞形态学检查(红细胞增多,见图19-7)外,PV患者的骨髓切片组织形态学检查非常重要,一部分为红系造血增殖为主,相当病例为中性粒细胞和巨核细胞为主,还需要与临床所见和其他实验室的信息相联系。血细胞计数中,血小板增多和白细胞增多者,大多为JAK2 V617F突变阳性,而无JAK2 V617F突变者白细胞和血小板以正常居多。白细胞中主要为中性粒细胞增多,嗜碱性粒细胞易见,偶见晚幼粒细胞和中幼粒细胞。JAK2 V617F突变阳性伴血小板明显增高者,与ET不容易鉴别。

骨髓形态学,多数患者符合红系、粒系和巨核细胞三系增生,一部分符合红系显著增生,也有一些病例骨髓有核细胞数减少。不管如何,涂片上有两个显著特征:密集的红细胞和无明显病态形态。此外,嗜碱性粒细胞多为易见,部分病例中易见巨大胞体和多核叶的巨核细胞。在病情中出现造血细胞减少和病态造血细胞时,需要提示疾病进展。

随着病情进展,红细胞容量由多转为正常,进而减少,脾也进一步增大。通常,这些变化伴随着相应的骨髓改变。因此,出现这些异常时大多意味着PV进入疾病后期,真性多血后骨髓纤维化和髓外造血(post-polycythaemic myelofibrosis and myeloid metaplasia,PPMM)。图24-6为患PV 9年后转化为外周血AML的血象与骨髓象。患者,女,83岁,于2004年确诊PV,一直用羟基脲治疗,2009年合患类风湿关节炎加用雷公藤治疗,近3个月来乏力纳差和心慌伴全身皮肤瘙痒;血红蛋白67g/L,白细胞6.9×10^9/L,血小板71×10^9/L;肝脾未及肿大;细胞遗传学检查有20q-异常,BCR-ABL1等融合基因阴性。

四、细胞遗传学和分子学

PV最常见的分子学异常是体细胞功能获得性突变JAK2 V617F,少数为JAK2外显子12的移码或点突变,无ET和PMF中可见的MPL和CALR突变。一般,因JAK2与MPL和CALR突变是相互排斥的,检出JAK2就不存在MPL和CALR突变,反之亦然。所以这些分子指标有助于相互之间的鉴别诊断。在诊断时,约20%的患者可检测到细胞遗传学异常,最常见的重现性异常包括+8,+9,del(20q),del(13q)和del(9p);有时+8、+9一起出现。无Ph染色体和BCR-ABL1融合基因。这些染色体异常的发生率随疾病进展而增高,在PV后MF期近80%~90%有异常。发展为MDS或AML者几乎100%有细胞遗传学异常,包括那些在治疗相关MDS和AML中常见的异常。

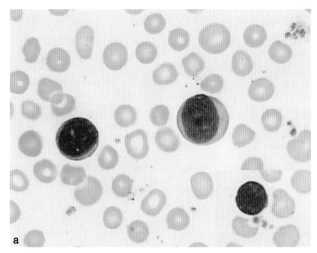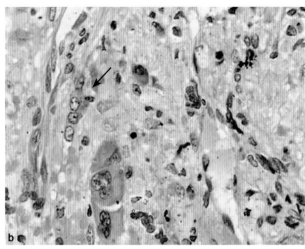

图 24-6　PV 化疗后 9 年转化为外周血白血病和骨髓纤维化

a 为血片原始细胞 29%，为 2 个原始细胞与 1 个淋巴样裸核巨核细胞；b 为骨髓切片，造血趋向衰竭，血管旁检出一条（4 个）原始细胞，但比例低于 20%

五、诊断与鉴别诊断

在基层医院的医疗实践中，PV 的诊断还有较浓的经验性和排他性诊断。患者年龄 40 岁以上，无原因可以解释的持续性皮肤黏膜暗红或潮红和脾大，血红蛋白浓度 ≥170~180g/L，是 PV 诊断的重要依据。根据典型的血象（涂片上密集的红细胞）和骨髓切片上的改变，结合临床可以作出基本诊断（见第十八章）。对无症状性而检查外周血异常（未达到符合诊断异常数值），以及骨髓活检疑似的 PV 病人，若 JAK2 检查阳性，则可以诊断为 PV 早期（多血前期，并可期待多血期的到来）；无条件检测者，可通过临床追踪观察。

早期 PV 可类似 ET 或 PMF（前期）。在 50%ET 和 60%PMF 携带 JAK2 突变的患者中，必须排除 PV，尤其是低 MCV，低铁蛋白或骨髓缺乏可染铁的患者。早期 PV 患者中，通常不符合 WHO 诊断 PV 的第一条主要标准，可被误认为 ET 或 PMF（如果 MF-1）。体内红细胞总体积或总量（Red Cell Mass, Cr-51 标记法）通常可识别这种情况（表 24-5）。

表 24-5　PV 诊断标准（WHO, 2017）

诊断要求符合所有 3 条主要标准，或者符合主要标准的前 2 条加上次要标准 *

主要标准

1. 血红蛋白浓度增加（男性 >165g/L，女性 >160g/L）；或者红细胞压积增高（男性 >49%，女性 >48%）；或者红细胞总量增加（red cell mass, RCM, >平均正常预测值 25% 以上）*
2. 骨髓活检示有核细胞增加（高于相应年龄的细胞量），三系（全髓）明显增殖，包括红系、粒系，以及成熟巨核细胞伴多形性（大小不一）形态
3. 存在 *JAK2* V617F 或 *JAK2* 外显子 12 突变

次要标准

血清红细胞生成素水平低于正常

*绝对红细胞持续增多病例中：男性 Hb>185g/L（HCT 55.5%）、女性 Hb>165g/L（HCT 49.5%），如果主要标准第 3 条和次要标准符合，主要标准第 2 条（骨髓活检）可以不作要求。不过，通过骨髓活检可以发现早期骨髓纤维化（高达 20% 患者存在），并可以预测可能快速进展为明显骨髓纤维化，即 PV 后 MF

PPMM 是 PV 进展最常见的模式，诊断标准见表 24-6。血片特征是以幼粒和幼红细胞伴泪滴形细胞为主的异形性红细胞以及髓外造血所致的脾大为临床特征。这一病期的骨髓特点是失去原有的组织学结构，大多为低细胞量，巨核细胞除了移位性增殖，则出现异形性特征，纤维组织显著增生，网硬蛋白明显增多甚至胶原纤维化，这些是疾病进展的形态学标记。有时，有核红细胞和粒细胞与巨核细胞一起见于扩张

的髓窦内。也可发生骨硬化。EMH 引起的脾大,其特征为脾窦和红髓索出现红系、粒系和巨核系成分。在血液中出现多少不等幼稚细胞,当原始细胞>10%(尽管有意义的病态造血不常见)时,常是疾病向 MDS 或 AML 转化的信号。当血片和/或骨髓原始细胞达 20%时即评判为 AML。

表 24-6　PV 后 MF 诊断标准(WHO,2017)

必需标准

　1. 具有先前诊断(符合 WHO 的定义和标准)的 PV 病史

　2. 骨髓纤维化 2~3 级(按 0~3 级标准)或 3~4 级(按 0~4 级标准)

附加标准(需要符合 2 条)

　1. 贫血(低于年龄、性别、居住地海拔相关人群的参考值范围),或者不需持续静脉放血或降细胞治疗

　2. 外周血幼粒幼红细胞血象

　3. 渐进性脾肿大:可扪及的脾肿大者比原先>5cm(距左肋缘)或新出现可扪及的脾肿大

　4. 具有以下 3 个全身症状中的 2 个或全部:6 个月内体重减轻>10%,盗汗,不明原因发热(>37.5℃)

在诊断之前,还须排除各种原因引起的继发性红细胞增多、遗传性红细胞增多及其他 MPN。诊断需要整合临床、实验室和骨髓组织学特征。由于 ET 诊断标准中血小板数的下降,也增加了 PV 伴血小板和/或白细胞增加者与 ET 鉴别的难度。尤其是 *JAK2* V617F 阳性的伴白细胞和血小板增加的 PV 与 *JAK2* V617F 阳性的伴红细胞和/或白细胞增加的 ET。

继发性红细胞增多症和假性红细胞增多症,都有原因(低氧或红细胞生成素增加)或原发病,有的是高原反应性,也有脑梗死、肿瘤和肾病等。脑梗死既可以是红细胞增多的因素,也可以是 PV 的结果,需要仔细分析排查。家族性红细胞增多症是常染色体显性遗传性疾病,也常被误诊为 PV。仔细体检和实验室检查,本病与 PV 明显不同。特点是无脾大、无中性粒细胞、嗜碱性粒细胞和血小板增多,无 *JAK2* 突变,分子异常是 *EPOR* 突变而导致受体负性调节结构域缺失等异常。此外,聚合酶链反应测定外周血粒细胞 *PRV1*(CD177)mRNA,大多数 PV 过度表达,而继发性红细胞增多者多不增高,灵敏度和特异性分别为 68% 和 60%。当不能作出明确诊断时,应在 3 个月内重复实验室检查再行评估。

第四节　特发性血小板增多症

特发性血小板增多症(ET)与 PV 和 PMF 有相似的临床和病理学特征。本病起病缓慢,部分患者起病时无(明显)症状,偶尔在血常规检查发现血小板明显增多(和脾大)或在常规检查时发现了出血或血栓形成而被进一步确诊。本病又称原发性血小板增多症(primary thrombocythemia),因经常有自发出血和/或血栓形成而常成为临床的主要表现,故又称原发性出血性血小板增多症(primary hemorrhagic thrombocythemia)或原发性血栓性出血性血小板增多症(primary thrombohemorrhagic thrombocythemia)。随着对该病认识的提高和中老年人口的增加,近十余年来确诊 ET(还有 PV)病例的增幅显著,是 MPN 中的一个最常见类型。

一、定义

ET 是好发于中老年人,以骨髓巨核细胞增殖异常为主,常伴有相关的 *JAK2* 或 *CALR* 或 *MPL* 基因突变,外周血以血小板持续增加($\geqslant 450 \times 10^9$/L),易并发血栓和/或出血为特征的 MPN。

2005 年,人们发现在约 50% 的 ET 患者中,*JAK2* V617F 突变,从而认识到 ET 发病的可能分子异常。该突变与血红蛋白和中性粒细胞数升高、EPO 水平较低、静脉血栓形成更多和红细胞增多进展加速有关,而具有较多与 PV 类似的特征,其机制也与 PV 同样的方式发生(见第一节)。这一分子指标与骨髓组织学的结合,使得 2008 年前诊断 ET 的血小板数界限由原来的 600×10^9/L 降至 450×10^9/L。

二、临床所见

本病每十万人口的年发病率约为 1~2.5,好发于 40 岁以上,大多数患者在 50 岁与 60 岁之间,无性别差异。第二个发病年龄峰在 30 岁左右,女性患病明显多见于男性。一半以上患者起病时无症状。约 40% 患者有血管收缩症状,包括视觉障碍、头晕、头痛、心悸、不典型胸痛、红斑性肢痛病、网状青斑和肢端感觉异常。20%~50% 病例有血管栓塞或出血的首发症状。微血管栓塞可导致一过性脑缺血发作或伴麻木或感觉异常和坏死性指(趾)缺血,有烧灼感和疼痛感,患肢遇热、运动和下垂时疼痛加重,遇冷和抬高患肢时疼痛可以减轻,给予小剂量阿司匹林或血小板数量减低时症状可以迅速缓解。较大的动脉和静脉也可发生血栓形成。ET 还可是 Budd-Chiari 综合征等脾或肝静脉血栓形成的原因。

除血液和骨髓外,脾脏也有累及,轻度髓外造血。确诊时约 50% 有轻中度脾大。不过,WHO 分类的应用以及排除了 PMF 前期相关血小板增多后,脾大只见于少数 ET 患者。在疾病过程中早期出现有意义的网硬蛋白或胶原纤维化,应考虑为其他诊断,如 PMF。ET 进展为 MF 常在多年以后。

ET 是惰性疾病,进展缓慢,较长时期可无症状,偶尔因危及生命的血栓或出血事件而被发现。对无症状者是否需要治疗(阿那格雷和干扰素 α 均为抑制巨核细胞生长或成熟的有效药物)尚有争论。减少血栓形成、降低已知的心血管风险以及抗血小板治疗是大多数患者治疗的目的。对于血栓形成的高危患者也需要降低细胞的治疗,如羟基脲、阿那格雷或干扰素。由于 ET 好发于中老年人,许多患者可以期待近于正常的生存期,中位生存期常在 10~15 年以上。在诊断后前十年的生存率与正常人相似,但其后每隔十年因并发症的增加,死亡率也提高。常见死因为主要脏器血栓和出血。发生白血病或 MDS 的风险在后十年逐渐增加,不过总体上低于 MPN 其他类型,约占 ET 病例的<5%;可能原因与过去用细胞毒药物有关。脾脏是捕捉血小板的最重要器官,故切脾可导致戏剧性血小板增多和短的生存期。

三、血细胞和形态学

血小板计数多高于 $600×10^9$/L,高达 $1\,000×10^9$~$1\,500×10^9$/L 的也不少见。血片中最醒目的异常是血小板大片或连片聚集。同时伴红细胞和白细胞增加者,常可提示 JAK2 突变。中性粒细胞轻度增多,嗜碱性粒细胞易见,偶见幼粒细胞。血红蛋白和红细胞正常,部分病人稍高,在涂片上红细胞分布比较密集,但其程度不及 PV。有慢性出血者可见低色素小红细胞。不见幼粒和幼红细胞以及泪滴形等异形红细胞。

骨髓涂片检查虽无独立的诊断意义,但在排除性诊断中有价值。骨髓象的特点为有核细胞增多或正常;巨核细胞常增多,多见大或巨大的和核叶增多的细胞(详见第九章和第十四章)。在评估中,还需要结合临床,因感染、免疫性血小板减少症等也可见类似形态。中晚期粒细胞增高比较常见,嗜碱性粒细胞易见;涂片尾部多见大片、大簇状血小板。少数老年病例骨髓为低细胞量,仅见粒细胞增多和大片或连片聚集的血小板,以及巨核细胞簇(图 24-7)。NAP 积分多为轻中度增高,部分病例骨髓可染铁缺乏。

骨髓切片,常见与年龄不相称的细胞量轻中度增多,多为粒系和巨核细胞增殖或巨核细胞单系增殖。最醒目的异常是大至巨大型巨核细胞常呈松散或紧密的丛簇状生长,位于骨小梁旁区和间区。巨核细胞胞质丰富成熟,胞核深染和多核叶,常呈平滑的核形,不见 PMF 时的高度异形性。网状纤维正常或轻度增加,可见局灶性纤维化。

在病情随访中,形态学观察到巨核细胞细胞小型化、胞核小圆化、移位性聚集性增生、裸核化与异形化(详见第九章、第十四章和第二十章)和/或纤维组织增生或易见原始细胞增多和/或病态造血细胞出现时,都需要考虑疾病进展的可能(图 24-7)。

四、细胞遗传学和分子学

细胞遗传学无特征性所见,约 5%~10% 病人可见 del(13q22)、+8 和+9 等异常。约 50%~60% 病例有 JAK2 V617F 或功能上类似的突变,30% 有 CALR 突变,3% 病例有 MPL 获得性突变。在反应性血小板增多病例中都不见这些突变。因此,检出这些基因突变可以排除反应性疾病。

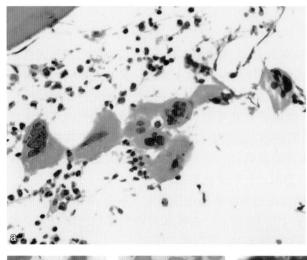
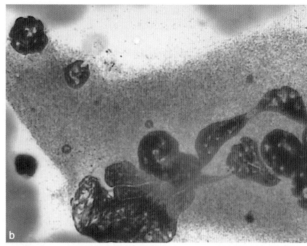

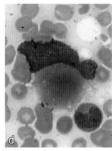
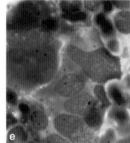
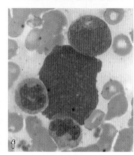
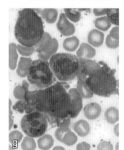

图 24-7　　低增生 ET 和 ET 后 MF 骨髓涂片巨核细胞

a 为老年患者骨髓切片低细胞量,但在脂肪化的主质区和小梁旁多见簇状增生巨核细胞;b 为另一骨髓低增生病例巨大巨核细胞伴高核叶和逐步解聚、散开、分离的大小核和微核;c~g 为 ET 后纤维化与造血衰竭骨髓骨髓涂片,出现大量异形性变化和趋小的巨核细胞与裸核,胞核失去核膜平滑性

ET 患者中,*JAK2* 阳性与较高的血栓形成率有关;*CALR* 阳性与较高的血小板数和较高的 MF 转化率有关;上述三种基因均未发生突变患者生存期最长,*MPL* 突变患者最短。

五、诊断与鉴别诊断

在临床分析中,首先考虑的是血小板数量,只有当不易解释的血小板计数持续增高,>450×10⁹/L 尤其是>(600~800)×10⁹/L,同时白细胞和血红蛋白正常或轻度增多时,才有 ET 的极大可能性。其次,考虑患者的年龄和脾大,若患者年龄在 35~40 岁以上,又无原因可以解释的脾大和血小板增多者,可以做出初步诊断(见第十八章)。其他作为次要参考或排除性诊断的依据。WHO 方案(表 24-7 和表 24-8)中,骨髓形态学是诊断中不可缺少的部分,形态学标准是包括大的成熟的核叶过多和深染的巨核细胞增殖,并在骨小梁旁或造血主质形成集簇。如果为非小圆核的小型或异形性或小圆核的巨核细胞或粒红细胞病态造血,应怀疑其他髓系肿瘤,如 CML、PMF 和 MDS-MPN,除非 ET 疾病进展。

表 24-7　ET 症诊断标准(WHO,2017)

诊断需要满足 4 条主要标准,或主要标准前 3 条加上次要标准

主要标准

1. 血小板计数≥450×10⁹/L
2. 骨髓活检主要为巨核细胞增殖,为胞体增大的核叶过多(高核叶)成熟巨核细胞增多;中性粒细胞和有核红细胞无明显增加或左移;罕见网状纤维轻度(1 级)增多
3. 不符合 *BCR-ABL1* 阳性 CML、PV、PMF、MDS 或其他髓系肿瘤的 WHO 标准
4. 存在 *JAK2*、*CALR* 或 *MPL* 突变

次要标准

存在克隆性标记物或无反应性血小板增多的证据

表 24-8　ET 后 MF 诊断标准(WHO,2017)

必需标准

　1. 具有先前诊断(符合 WHO 的定义和标准)的 ET 病史

　2. 骨髓纤维化 2~3 级(三级分类)或 3~4 级(四级分类)

附加标准(需要符合≥2 条)

　1. 贫血(低于特定年龄、性别、海拔的参考范围)并从血红蛋白基线水平下降>20g/L

　2. 外周血幼粒幼红细胞血象

　3. 定义为在可扪及脾肿大者中从基线增加>5cm(从左肋缘的距离),或新出现可扪及脾肿大

　4. LDH 升高(参考值以上)

　5. 有 3 个全身症状中的≥2 个:6 个月内体重减轻>10%,盗汗,不明原因的发热(>37.5°C)

ET 需要与其他 MPN 类型和继发性(或反应性)血小板增多症作出鉴别。继发性血小板增多症,见于许多疾病或某些原因影响时,除了个例外,血小板计数一般不大于(800~1 000)×10⁹/L,去除病因后即可恢复正常。感染时血小板增高是机体反应良好或病情重(应激反应严重)的表现(血小板减少也可以指示疾病严重)。血清维生素 B_{12} 和尿酸水平增高,骨髓巨核细胞移位性簇状生长者,应考虑 ET 而非反应性血小板增多症;血沉增高、血浆 IL-6 和 C 反应性蛋白水平升高应考虑继发性血小板增多症(隐匿性炎症或恶性病变)。血清铁和骨髓可染铁检查可以排除缺铁性贫血所致的血小板增多。当不能做出鉴别诊断时,随访的定期评估可以逐渐明朗。偶见有家族性血小板增多症报告,该病为罕见常染色体显性遗传病,血小生成素(EPO)突变导致 EPO 明显增加而发生本病。

不易鉴别的是少数切脾术后的血小板增多(一般在 2 个月内恢复正常),高达(800~1 000)×10⁹/L 或更高,持续较长时间,甚至在几年内血小板计数波动在较高水平。这种状态也许在切脾前有潜在的 MPN,而未作详细检查或对轻度的血液骨髓检查异常未引起重视。细胞遗传学和分子检查可以解决较多病例的鉴别诊断,少数病例仍较难。

第五节　原发性骨髓纤维化

骨髓纤维化(myelofibrosis,MF),简称骨纤,是造血组织被纤维组织替代而影响造血功能的病理状态。按病因和病程分为特发性骨髓纤维化(idiopathic myelofibrosis,IMF)和继发性骨髓纤维化,慢性骨髓纤维化和急性骨髓纤维化。急性骨髓纤维化基本上属于急性白血病范围。而一般所述的慢性骨髓纤维化是指 IMF 或原发性骨髓纤维化(primary myelofibrosis,PMF),习惯所指的骨纤也多指慢性特发性骨髓纤维化(chronic idiopathic myelofibrosis,CIMF)。由于 IMF 或 PMF 的别名多达二十余个,2007 年,国际骨髓纤维化研究和治疗工作组提出将 PMF 作为折中的"官方"病名。

一、定义

PMF 是一种主要以骨髓巨核细胞异形性增殖和粒细胞增殖,伴有骨髓结缔组织(纤维组织)反应性增生和 EMH 为特征。按疾病逐步发展的经过分为骨髓纤维化前期和骨髓纤维化期。最初为骨髓纤维化前期,以无或轻度网硬蛋白增多的骨髓高细胞性为特征;随之逐步演变为骨髓网状纤维或胶原纤维显著增生并往往有骨髓硬化症的纤维化期,亦即习惯常说的 PMF。

二、病理生理

巨核细胞异常增生是本病的特征,即使在纤维增生而几乎无粒细胞和有核红细胞残存的骨髓纤维化区,仍有相当数量的多形性和异形性巨核细胞分布。MF 过程即是由巨核细胞或血小板源性生长因子介导的。网硬蛋白(reticulin)纤维,即俗称的网状纤维(reticular fiber),纤维组织增生或纤维化是带网硬蛋白的原始纤维细胞的增多。这一硬网蛋白纤维主要是Ⅲ型胶原,如 Gomori 染色显示的即是,而三色染色不能

显示。PMF 时 Ⅰ型胶原纤维也可增加,但其较粗大,不同于Ⅲ型胶原,能被三色染色显示,而 Gomori 染色则不显示。

纤维组织增生是引起骨髓造血受抑和髓外造血的原因。骨髓粒细胞和巨核细胞增生常为疾病的早期表现,外周血白细胞和血小板增高,随着病情进展而出现骨髓无效造血和增生低下。造血组织与纤维组织两者之间有大体的相反关系,MF 病变局限而轻时,粒系、红系和巨核细胞增生;MF 广泛而严重时,造血细胞随之消失。在 MF 病变发展的过程中,髓外造血现象也可能由少到多,程度由轻到重。这也是本病中晚期患者有中重度贫血的原因,即使是早期患者,其红细胞或血红蛋白轻度增加只占少数,与 MPN 其他类型不同。泪滴形红细胞的出现是脾脏内皮细胞异常和 MF 的结果。脾脏肿大则主要是髓外造血的反映,并与病程有关。肝脏、淋巴结、肾、肾上腺、硬膜、胃肠道、肺和胸膜、乳腺和皮肤等部位都可发生髓外造血。PMF 的 60% 病例可以检出 JAK2 突变,这加深了本病病理与其他 MPN 关系的认知。PMF 可能是其他 MPN,如 ET 和 PV 疾病进展的阶段。部分病例有血小板和巨核细胞表达 MPL 增加和血小板生成素(thrombopoietin,TPO)水平增加。

约一半病人体液免疫功能异常,如抗红细胞抗体、抗血小板抗体、抗核抗体、抗平滑肌抗体、类风湿因子、免疫球蛋白和循环免疫复合物增加,直接 Coomb 试验也可阳性,与 MF 发病可能有一定关系。

三、临床所见

PMF 每年十万口发病率约为 0.5~1.5,常见于中老年人,偶见儿童患病,平均患病年龄为 60 岁,男性多于女性。患者的 5 年和 10 年总体生存率为 50% 和 20%。

高达 30% 的患者在诊断时无症状,常在体检时查出脾大或血常规计数时发现贫血、白细胞增多和/或血小板增多而被发现。还有一部分病例是因为发现不明原因的幼粒幼红细胞血症或血清乳酸脱氢酶升高而被进一步检查确诊。在 prePMF 起病时,唯一所见可能为血小板显著增多,酷似 ET。因此,持续的血小板增多,其本身不能区分 PMF 的纤维化前期与 ET,但经过观察最后演变为 MF 者为 PMF。PMF 早期和纤维化期所见见表 24-9。

表 24-9　PMF 初诊时所见

纤维化前期
　无或轻中度贫血
　无或轻中度白细胞增加
　血小板增多常见
　无 BCR-ABL1
　检出 JAK2 突变提示 PMF 诊断
　骨髓增生,粒细胞轻度增多,巨核细胞增多伴异形性并可见簇状增生,Gomori 染色无或轻度网状纤维增加
　无异形性红细胞或仅轻度异形性
纤维化期
　骨髓网状纤维化,有或无胶原纤维化
　无 BCR-ABL1
　约 50% 患者有 JAK2 突变
　脾大
　出现异形性红细胞,每个油镜视野可见泪滴性红细胞
　外周血出现幼粒细胞、有核红细胞
　外周血 CD34+细胞增加
　骨髓常呈增生象,无论造血细胞增生如何,巨核细胞总是增加,并成簇和显著异形性

在有症状的患者中,临床表现缺乏特征性,常见乏力、呼吸困难、体重减轻、夜间盗汗、低热和出血。还可发生由于高尿酸血症引起的痛风性关节炎和肾脏结石。约 90% 病例有不同程度的脾大甚至巨脾,约一

半有肝大。由于脾大可以引起左上腹牵扯感或肿大脾脏压迫引起餐后过早饱胀感,脾梗死或脾周围炎可以导致明显的左上腹或左肩痛。在病程后期,发热、体重减轻、夜间盗汗和骨痛(尤其是下肢骨)更为常见。PMF 的动脉和静脉血栓形成的风险较高,但低于 PV 和 ET。

约 1/4 无临床症状且病情稳定者,无需特别治疗。有症状的贫血、血小板减少和脾大需要治疗。PMF 病程长短不一,1~20 年不等,平均中位生存期约为 5 年。与 CML 一样,约 10%~20% 患者最后转化为 AML 并为常见死因。骨髓衰竭(感染和出血),血栓事件,高血压,心力衰竭,全身衰竭也是致死因素。

预后与以下因素有关:年轻患者无瘀斑或紫癜及发热、盗汗、消瘦和体重下降者预后较好,中位生存期为 6.5~10 年。年龄>65~70 岁者预后欠佳。血红蛋白>120g/L,血小板计数正常或增高者,预后较好,中位生存期为 5~10 年;而血红蛋白和血小板减少者,中位生存期只为 1~4 年;幼稚粒细胞(包括原始粒细胞)>10% 者预后差。一般,当血红蛋白<100g/L,白细胞<4×10⁹/L 或>30×10⁹/L,血小板计数<100×10⁶/L,并易见原始细胞(>1%)时,可以预示疾病进展或预后不良,尤其是伴有全身症状(诊断时有发热、盗汗、体重减轻等)者。prePMF 预后良好,中位生存期为 10 年;中晚期病例,不论造血细胞正常或增生低下而仅存巨核细胞者,预后差,生存期低于 2 年。在初诊时有染色体异常者提示预后差,尤其-7 和 7q-者。

四、形态学

PMF 典型形态学是外周血出现幼粒细胞、幼红细胞和异形性红细胞(特别是泪滴形细胞),骨髓造血细胞减少,巨核细胞增多伴异形性,骨髓切片明显纤维化,以及髓外造血(脾和肝大)。但在诊断时,形态学所见变化是很大的,主要取决于病人是处于纤维化前期还是纤维化期。

1. 骨髓纤维化前期 约 20%~40% 病人初诊时为骨髓纤维化前期(细胞增生期)。常有轻中度贫血,血片典型所见为白细胞轻中度增多,血小板明显增多。有核红细胞、泪滴形红细胞、大而异形血小板、幼粒细胞均可见,但百分比都低,较多病例缺乏明显异常。部分病例网织红细胞轻度增加。泪滴形等异形性红细胞也见于其他疾病,如血栓形成和疾病严重时。

骨髓由于尚未发生纤维化,涂片和印片检查常缺乏特征性异常。切片也常显示与年龄不相称的高细胞性,为中性粒细胞和不典型巨核细胞如胞核深染和轻中度异形增加,不见原始细胞簇或 CD34+细胞簇。一般原始细胞<5%。大多数患者红系造血减低,少数病例早期幼红细胞可明显增加。巨核细胞显著增多并有异形性改变,这是区分 ET 的形态学特征。WHO 认为的两者鉴别见表 24-10。其组织学和形态学是识别纤维化前期的关键,在髓窦和骨小梁旁,常见大小不一的巨核细胞丛簇,多数巨核细胞胞体增大,但也可见小巨核细胞,CD41 等标记染色可以识别不易辨认的异常巨核细胞。整体上,PMF 巨核细胞不典型性(多形性和异形性)比其他 MPN 显著。骨髓血管常见增多。此期网状纤维缺乏(阴性或弱阳性)或轻度增加(+~++),分布于骨小梁旁区或灶性分布集中于血管周围,骨髓纤维细胞则常不见增生(图 24-8)。大多数 prePMF 最终都转化为明显纤维化或硬化性骨髓纤维化伴髓外造血。因此,仔细的骨髓形态学检查对于区别伴血小板增多的 prePMF 与 ET 是非常重要的。

表 24-10 形态学特征有助于鉴别 ET 与 PMF 前期(2017,WHO)*

特征	ET	PMF 前期
细胞量	正常	增加
G:E	正常·	增加
致密巨核细胞簇	少见	常见
巨核细胞大小	大或巨大	不定
巨核细胞核叶	高核叶	球根状或低核叶
网银纤维 1 级**	很少	常见

* 为标准的(>1.5cm 长度)无人为影响的从皮质骨以直角获取的骨髓活检标本;** 见表 24-11

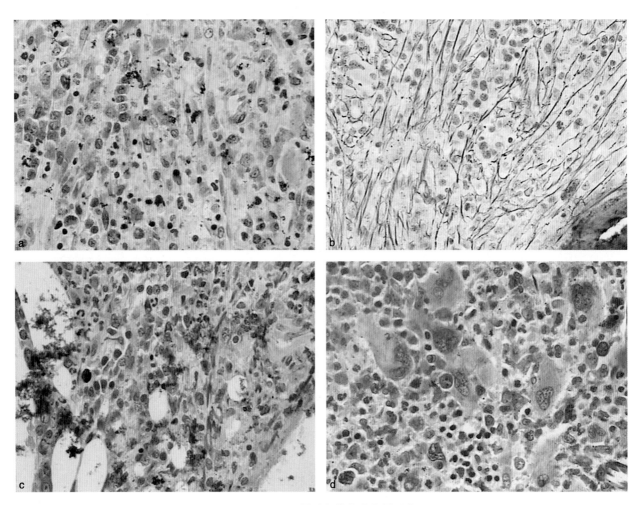

图 24-8 PMF 骨髓纤维化前期骨髓象

a 为骨髓切片象,造血细胞增加,未见纤维组织明显增生;b 为 a 病例 Gomori 染色网硬蛋白纤维轻度增加;c 为纤维组织轻度增生;d 为巨核细胞轻中度异形性增生是纤维化早期的主要特征之一

2. 骨髓纤维化期 70%~80%的病人在确诊时为骨髓纤维化期。特征性所见是贫血、幼稚粒细胞和有核红细胞(多在 10%~15%以下)和数量不一的泪滴形红细胞等组成的异形红细胞,部分病例可出现靶形红细胞和球形红细胞,也有少数患者不见明显的形态学异常。

白细胞计数增减不一。白细胞高者,大多在(10~30)×10⁹/L 之间。白细胞低者,可低至(2~4)×10⁹/L。分类中,中性粒细胞比例常增高,嗜碱性粒细胞可轻度增多,淋巴细胞减少,多可见中晚幼粒细胞,也可见少量原始(粒)细胞、早幼粒细胞和巨核细胞。所见巨核细胞几乎都是微小的和小裸核者。部分病例(巨或大)多分叶核中性粒细胞增多。如果原始细胞>10%意味着疾病加速进展。病态粒细胞不常见,如果存在常示疾病更严重的进展转化。血小板计数不定。可见大血小板和奇异血小板。一部分患者(约10%)表现为全血细胞减少,与 MF 的严重性和脾脏扣留异常血细胞有关。

由于纤维组织增生和骨硬度增加,穿刺时常感骨质坚硬,是发生干抽的原因。获取的髓液涂片,有核细胞增生大多减低,相当多病例的有核细胞成分与外周血涂片相近,是 PMF 一个形态学现象。粒细胞百分比常高,原始细胞可轻度增多,有核红细胞减少,泪滴形红细胞易见。巨核细胞增加,与纤维化前期相比,普遍特征是巨核细胞变小、胞核变小、裸核增加和显著异形。骨髓印片有核细胞少或较少,易见异常巨核细胞(见第九章和第十五章),可见原始细胞、早幼粒细胞和嗜碱性粒细胞,常见清晰的基质背景,提示骨髓纤维化。

骨髓纤维化期骨髓切片标本变化最为显著,主要特征有以下六个方面。第一个特征是纤维组织增生。纤维(母)细胞呈逗点状、细长状,网状纤维呈条索状或流线状浸润,常呈瀑布样覆盖造血组织,或沿骨小梁呈流线样扩散性浸润(见图14-8),极其醒目。第二个特征是 Gomori 染色强阳性(++~++++)和胶原纤维三色染色阳性,同纤维组织增生一样是唯一提供骨髓纤维化的直接证据(图24-9)。WHO 的骨髓纤维化、胶原和骨硬化的半定量分级见表24-11~表24-13。

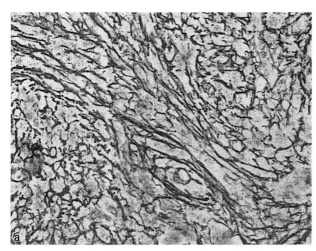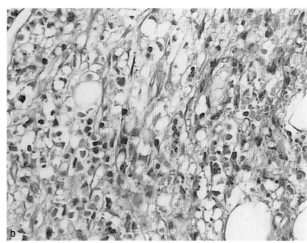

图 24-9 原发性骨髓纤维化 Gomori 染色和胶原纤维三色染色

a 为 Gomori 染色阳性(+++),粗大的条状和网状的网状纤维,显示的 III 型胶原纤维;b 为胶原纤维三色染色阳性,显示的粗条状 I 型胶原纤维

表 24-11 修订的骨髓纤维化半定量分级(WHO,2017)*

分级	定 义
MF-0	分散的无交叉和线型的网硬蛋白,与正常骨髓所见一致
MF-1	许多交叉松散的网硬蛋白网,尤其在血管周围区域
MF-2	广泛交叉的弥散而密集的网硬蛋白增多,偶见常由胶原构成的灶性厚纤维束和/或局灶性骨硬化**
MF-3	广泛交叉的弥散而密集的网硬蛋白增多,以及由胶原构成的粗糙的厚纤维束,通常伴有骨硬化**

* 纤维密度只能在造血主质区进行评估;如造血象呈异质性,最终根据≥30%骨髓面积的最高级别来定级;** MF-2 或 MF-3,建议进一步做三色染色

表 24-12 胶原半定量分级(WHO,2017)*

分级	定 义
0	仅血管周围有胶原(正常)
1	小梁旁或主质区胶原沉积,未连成网状
2	小梁旁或主质区胶原沉积伴局部连成网状或者胶原在小梁旁明显沉积
3	≥30%骨髓空间胶原弥散(完整)连成网状

* 如增生象呈异质性,最终根据≥30%骨髓面积的最高级别来定级

表 24-13 骨硬化半定量分级(WHO,2017)[a,b]

分级	定 义
0	骨小梁规则(边界明显)
1	灶性芽状、钩状、刺状或新骨在小梁旁形成
2	小梁旁弥漫性新骨形成伴小梁增厚,偶有局灶性相互连接
3	新骨广泛连成网络,骨髓空间全面消失

a. 如增生象呈异质性,最终根据≥30%骨髓面积的最高级别来定级;b. 骨硬化分级必须有足够长度未碎裂的从皮质骨以直角获取的骨髓标本

　　第三个特征是巨核细胞的"四化"特点：巨核细胞小型化、裸核化、异形化和移位性聚集化（见第十四章和第二十章），几乎是每一例都存在的组织形态学特征。即使骨髓硬化，粒系和红系造血细胞显著减少，但仍可见较多奇形怪状的"四化"巨核细胞。第四个特征是造血衰竭，由于造血组织被纤维组织取代，粒系红系造血细胞常为少量残留或极少见，有时可见小岛状的造血前体细胞出现于血窦内。第五个特征是骨质和骨小梁增多，新生骨形成，髓腔明显缩小，形成宽厚的不规则的骨小梁，可占据>50%的骨髓空间，有时因骨小梁过度扩展，使得造血主质（区）十分狭窄。第六个特征是随着疾病进展，出现原始细胞聚集和簇状增生和/或粒细胞病态形态，指示疾病加速转化，也可见血管显著增生，表现明显的迂曲（图 24-10）和管腔扩张，常伴窦内造血。

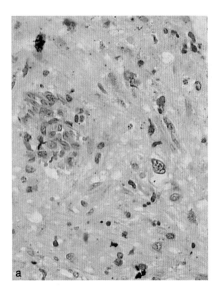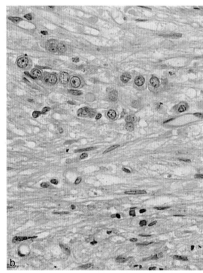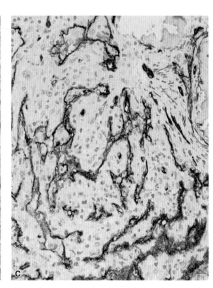

图 24-10　PMF 造血衰竭、巨核细胞异常、原始细胞增加和血管增生

　　a 为骨髓造血衰竭，但巨核细胞异常特征依然明显；b 为骨髓造血衰竭，原始细胞呈条状增生，疾病向 AML 发展；c 为部分 PMF 增生过多的迂曲状细小血管

　　3. 髓外造血　髓外造血最常见的部位是脾，其次是肝。显示脾红髓因为红系、粒系和巨核细胞的增殖而被扩大。免疫组化有助于识别这些成分，还可鉴定新血管形成的增加。巨核细胞常为髓外造血最显眼的成分。偶见大而黏合生长的巨核细胞簇，能产生肉眼可见的明显瘤性病变。红髓索可出现纤维化和血小板淤积。肝窦也显示明显的髓外造血，且可发生肝硬化。

五、细胞遗传学和分子学

　　PMF 的细胞遗传学异常明显高于其他 MPN 类型，但无特征性所见，无 Ph 染色体或 BCR-ABL1，约30%~50%患者可见+8、del(20q)、del(13q)、-7/del(7q)、del(11q)、+1、+2、+9、+21、-9 以及 1q 和 3q 等结构异常。也有认为检出 del(13)(q12-22)或 der(6)t(1;6)(q21-23;p21.3)强烈提示 PMF，但不是诊断性的。长臂缺失累及第 7 号和第 5 号染色体，但可能与之前用于治疗骨髓增殖过程的细胞毒性治疗有关。15%患者有复杂的染色体异常。白血病转化病例 90%以上有细胞遗传学异常，常为复杂且涉及第 5 和 7号染色体。当原有核型异常发生变化时，往往预示疾病转化（如向白血病转化）。

　　PMF 患者中，约 60%以上存在 JAK2 V617F 突变，约 30%为 CALR，约 8% 为 MPL 突变，均无突变约占12%。虽然这些突变的存在证实了增殖的克隆性，但 PV 和 ET 也有此突变（表 24-2）。

六、诊断与鉴别诊断

　　骨髓切片是提供 PMF（纤维化期）唯一直接证据的标本，但是它是滞后的一种检查方法。因此，仔细分析和评估临床特征与血象、骨髓涂片和印片细胞学的微细变化，对疑似或提示本病很重要。通常当遇见不能用一般原因解释的脾大、贫血和异形性红细胞共存，或血片幼粒和幼红细胞与骨髓干抽、骨髓涂片细胞量和细胞学改变与外周血相似(原始细胞<20%),以及骨髓印片细胞量减少而基质背景清晰并易见巨核细胞和幼稚细胞时,均应怀疑 PMF,建议完善检查(如 JAK2、CALR 和 MPL 突变检查)。前面所述的组织形态学六个特征是诊断纤维化期的重要条件,但对纤维化前期的诊断则有一定难度。PMF 的诊断标准见表 24-14 和表 24-15。

表 24-14　PMF 前期诊断标准(WHO,2017)※

主要标准	1. 巨核细胞增殖和异形,网状纤维化≤MF-1*,较年龄调整后的骨髓细胞量增多,粒系增生,红系造血常减低
	2. 不符合 BCR-ABL1 阳性 CML、PV、ET、MDS 或其他髓系肿瘤的 WHO 标准
	3. 有 JAK2、CALR 或 MPL 突变,或者有其他的克隆性标记物**,或无轻度反应性骨髓网状纤维化的疾病***
次要标准	连续 2 次检查证实,至少有以下中的一项:①非并发症导致的贫血;②白细胞≥11×10⁹/L;③可扪及的脾肿大;④LDH 高于参考区间上限

※诊断需要满足 3 个主要标准和至少一个次要标准;* 见表 24-11;** 检测到髓系肿瘤中伴随的其他突变(如 ASXL1、EZH2、TET2、IDH1/IDH2、SRSF2、SF3B1)有助于确定疾病为克隆性;*** 较轻的网状纤维化(1 级)可见于感染、自身免疫性疾病或其他慢性炎症,多毛细胞白血病或其他淋系肿瘤、转移性恶性肿瘤,慢性中毒性骨髓病变

表 24-15　原发性骨髓纤维化,纤维化期诊断标准(WHO,2017)※

主要标准	1. 巨核细胞增殖和异形,伴网状和/或胶原纤维化 2 级或 3 级*
	2. 不符合 ET、PV、BCR-ABL1 阳性 CML、MDS 或其他髓系肿瘤的 WHO 标准**
	3. 有 JAK2 或 CALR、MPL 突变,或者有其他克隆性标记物***,或无反应性骨髓纤维化****
次要标准	连续 2 次测定证实,至少有以下中的一种:①非并发症导致的贫血;②白细胞≥11×10⁹/L;③可扪及的脾肿大;④LDH 高于参考范围正常值上限;⑤幼红幼粒细胞性血象

※诊断 PMF,纤维化期需要满足 3 个主要标准和至少一个次要标准;* 见表 24-11 和 24-12;** MPN 或在疾病中出现单核细胞增多,酷似 CMML,若有 MPN 既往史可排除 CMML,有 MPN 骨髓特征和/或 MPN 相关基因(JAK2、CALR、MPL)突变者倾向支持 MPN;*** 3 种主要突变均无者,检到髓系肿瘤伴随突变(如 ASXL1、EZH2、TET2、IDH1/IDH2、SRSF2、SF3B1)可以帮助确定疾病的克隆性质;**** 较轻的网状纤维化(1 级)可继发于感染、自身免疫性疾病或其他慢性炎症,多毛细胞白血病或其他淋系肿瘤、转移性恶性肿瘤,中毒性(慢性)骨髓病变

在已诊断明确的 PMF 病例中,出现外周血或骨髓原始细胞达 10%～19%时应诊断为 PMF 加速期,≥20%时诊断为急变。少数 PMF 患者在初诊时就可以是加速期或急变期。对外周血和/或骨髓原始细胞≥20%的病例,如果其他结果(如骨髓形态学)有 PMF 的依据者,应诊断为急性白血病,并提示可能来自 PMF。

在鉴别诊断中,PMF 需要与 CML、ET 和 PV 等其他 MPN 类型鉴别。PMF 外周血白细胞常增高,并出现幼粒和幼红细胞,需要与 CML 鉴别。但 PMF 的白细胞数增高的程度明显不及 CML,外周血泪滴形等异形性红细胞是典型 PMF 的一个特征性所见,而在 CML 中红细胞形态正常或轻度异常。PMF 可以血小板增高甚至明显增高,常与 ET 混淆。ET 患者外周血无明显异形性红细胞、不见或偶见幼粒和幼红细胞,无或轻度的脾大,但与 prePMF 则有一定难度。PMF 与 PV 和 ET 后发生的 MF,骨髓组织形态学表现基本一致,没有明确的病史也常不容易鉴别。

PMF 还需要与继发性骨髓纤维化相鉴别,可以从以下五个方面进行分析和评判:其一,继发性者有原发病(如急性白血病、MDS、淋巴瘤、转移性癌症);其二为纤维组织增生的程度,通常继发性者纤维组织增生为局限性或轻中度增生;其三为血液和骨髓中的细胞成分,继发性者多为恶性疾病,有显著的细胞学异常;其四继发于非 MPN 的骨髓纤维化,JAK2 或 CALR、MPL 检查几乎阴性;其五为 PMF 常见脾大,而继发性者则不一定。

大理石病(Albers-Schonberg 病)与 PMF 组织学改变相似。本病罕见,为伴髓外造血的遗传性骨硬化症,与 PMF 区别在于发病年龄小、常有神经系表现、颅骨硬化及 X 检查时骨骼密度均质性增加。

第六节　慢性中性粒细胞白血病

慢性中性粒细胞白血病(chronic neutrophilic leukemia,CNL)是少见的 MPN,近年证明其分子标记物为

CSF3R 突变,不但促进了对其分子病理方面的认知,同时也改进了原来的诊断规则。

一、定义与临床所见

CNL 是以外周血大量成熟中性粒细胞持续增高、嗜酸性和嗜碱性粒细胞减少,骨髓中性粒细胞生成增加,好发于中老年人并有肝脾大,与 *CSF3R* 突变高度相关的一种罕见的 MPN。

本病起病隐袭,患者平均年龄 48~65 岁,男女比例 2∶1。主要表现白细胞增高和低热(抗感染治疗无效)、苍白、头昏、出血和脾大(最有特征的临床所见),也可肝大(由中性粒细胞浸润引起)。24%~30%患者有皮肤黏膜表面或胃肠道出血史。其他可能症状包括痛风和瘙痒。部分患者因合并其他血液肿瘤(如浆细胞骨髓瘤)而有其他肿瘤的相关症状。CNL 的少数病例可转化为急性白血病,也可由 PV 转化而来。CNL 进展缓慢,生存期不定(从 6 个月到 20 年)。通常,中性粒细胞增多为进展性,贫血和血小板减少可是继发性,出现 MDS 样改变可认为是向急性白血病转化的信号。

二、血细胞和形态学

突出的实验室异常是持续性无原因可查的白细胞和成熟中性粒细胞显著增多。白细胞多在 24×10^9/L 以上,中性粒细胞可高达 99%。中性粒细胞常含粗大颗粒,易见空泡形成(也可正常),偶见幼粒细胞(<5%),不见原始细胞。中性分叶核右移较为明显,无病态形态,或见中毒颗粒、杜氏小体。约半数病人血红蛋白轻度至中度减低。血小板计数多数正常,少数增高。NAP 积分增高或正常。

骨髓形态学见中性粒细胞显著增多,成熟为主。原始粒细胞不增加或不见,幼粒细胞不增加甚至减少。中幼粒细胞和成熟中性粒细胞百分比可以增高。嗜酸性和嗜碱性粒细胞少见或不见。幼红细胞常减少,巨核细胞可近于正常。也可出现红系和巨核系增殖。无明显病态造血。如果存在明显病态造血需要诊断为不典型慢性粒细胞白血病等其他慢性髓系肿瘤。超微结构可见中性粒细胞胞核成熟不佳,甚至见明显核仁。因 CNL 常合并浆细胞骨髓瘤(浆细胞多为小型),应检查有无浆细胞肿瘤的证据(图 24-11)。如果存在浆细胞异常,细胞遗传学或分子技术应该支持中性粒细胞克隆性增生。

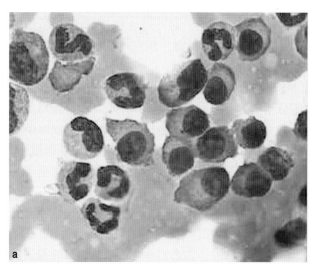
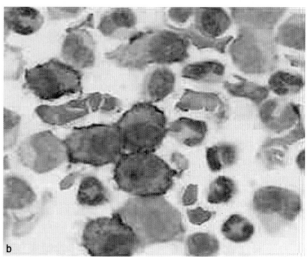

图 24-11　慢性中性粒细胞白血病并存浆细胞骨髓瘤

患者,男,66 岁,发现白细胞升高 1 年余,白细胞持续升高,最低为 29.1×10^9/L,最高达 65.4×10^9/L;中性粒细胞都在 ≥90%并经多种抗生素治疗无效。检查为肝肋下 2cm,脾肋下 10cm,贫血和血小板减少明显,血清 IgG 35.1g/L,IgA 1.1g/L,IgM 0.8g/L;骨髓中性粒细胞和单一性浆细胞明显增多(a),CD38 标记浆细胞强阳性(b),NAP 积分 383 分;肝穿刺活检示成熟中性粒细胞浸润;遗传学检查未见 Ph 染色体及 *BCR-ABL1*

三、细胞遗传学和分子学

近 90%病例细胞遗传学检查正常,约 10%有克隆性异常,如+8、+9、+21、7q-、20q-、del(11q14)、-12p、 t(2;2)和 t(1;20),染色体异常者预后差。在疾病过程中可出现其他克隆性细胞遗传学异常。Ph 染色体或 *BCR-ABL1* 阴性。CNL 与 *CSF3R* 突变相关,80%CNL 患者 *CSF3R* T6181 突变或其他 *CSF3R* 激活突变阳性,还常伴有 *SETBP1* 或 *ASXL1*(示差的预后)突变,偶见 *JAK2* 突变,且有时为纯合子。

四、诊断与鉴别诊断

在诊断上,当起病隐袭的中老年患者,缓进性脾大,抗感染治疗无效,外周血白细胞持续(3~6 个月以上)增高,中性粒细胞明显增高,嗜碱性粒细胞消失,嗜酸性粒细胞消失或不增高,NAP 积分明显增高时,应考虑 CNL。WHO 提出的诊断标准见表 24-16。

表 24-16　CNL 诊断标准(WHO,2017)

1	外周血 WBC≥25×10^9/L,白细胞分类中分叶加杆状核中性粒细胞≥80%,中性粒细胞前体(早幼、中幼和晚粒细胞)<10%,原粒细胞罕见,单核细胞计数<1×10^9/L,无病态造血粒细胞
2	骨髓细胞增多,中性粒细胞数量增多、比例增高,中性粒细胞成熟正常,原始粒细胞<5%
3	不符合 WHO 的 *BCR-ABL1* 阳性 CML、PV、ET 或 PMF 的标准
4	无 *PDGFRA*、*PDGFRB*、*FGFR1* 重排,无 *PCM1-JAK2* 融合基因
5	有 *CSF3R* T618I 或其他 *CSF3R* 激活突变;或者持续性中性粒细胞增高(至少 3 个月),脾肿大,且排除可识别的反应性中性粒细胞增多,包括无浆细胞肿瘤,若有浆细胞肿瘤则需要细胞遗传学或分子学检查显示的髓系细胞克隆性

诊断需要符合以上 4 条

感染等中性粒细胞反应(类白血病反应)是 CNL 首先需要做出鉴别的疾病。我们认为,诊断和鉴别诊断的重点应放在外周血细胞学和临床特征(详细地了解病史和体格检查)上。CNL 一般无明显高热,也无明显与形态学异常相关的感染体征或症状。因一般情况下,当感染而出现显著的白细胞增高、中性粒细胞增高和细胞变性时,几乎都有相应的严重症状或体征。而确诊 CNL 时往往病史已在几个月以上,如果是严重的感染,可见病情的严重性;况且在 CNL 诊断前,几乎都经较长时期的检查或治疗观察。C-反应蛋白和血沉检查也有助于区分反应性与肿瘤性病变。

第七节　慢性嗜酸性粒细胞白血病非特定类型

在 WHO(2008)髓系肿瘤分类中,基于因涉及酪氨酸激酶易位者可以接受酪氨酸激酶抑制剂治疗并获得疗效的机制,认为所有髓系增殖性高嗜酸性粒细胞综合征(hypereosinophilic syndrome,HES)变异型均是肿瘤克隆性疾病,且细胞遗传学和分子检查无特定基因异常者指定为慢性嗜酸粒细胞白血病(Chronic eosinophilic leukaemia,CEL)非特定类型(not otherwise specified,NOS)。

一、定义与临床所见

CEL,NOS 是自主的克隆性嗜酸性粒细胞增殖致使外周血、骨髓和外周组织嗜酸性粒细胞持续性增加,并因嗜酸性粒细胞白血病性浸润和嗜酸性粒细胞释放的酶与蛋白导致组织损伤。CEL 细胞学定义为外周血嗜酸性粒细胞持续增高(≥1.5×10^9/L),无 Ph 染色体或 *BCR-ABL1* 融合基因,外周血或骨髓原始细胞增多又<20%者。确诊 CEL 需要克隆性嗜酸性粒细胞增多或原始细胞增多的证据。CEL,NOS 即为符合上述条件的 CEL 中,无 *PDGFRA*,*PDGFRB* 或 *FGFR1* 等基因重排者,无 *PCM1-JAK2*,*ETV6-JAK2* 或 *BCR-JAK2* 融合基因者。

CEL 的真实发病率不详。我们报告 CEL 约占急性白血病的 0.3%。CEL 和 HES 明显以男性患者为多见,30~40 岁为高发年龄。CEL 和 HES 是多器官损害性疾病,除了血液和骨髓外,最常见浸润器官是心、肺和胃肠道,30%~50%病例有脾、肝浸润。约10%因无症状而被意外发现。其他症状有发热、乏力、咳嗽、血管水肿、肌肉疼痛、瘙痒和腹泻。严重的临床所见有心内膜心肌纤维化,以及随之发生的限定性(ensuing restrictive)心脏肥大性心肌纤维化,二尖瓣或瓣膜伤痕引起瓣膜性血液回流和心内血栓形成,并可发生脑栓塞或其他组织栓塞。外周性神经病、中枢神经系统功能异常和肺部浸润症状以及风湿病性症状也较常见。患者5年生存率约占80%,有明显脾大、外周血和骨髓原始细胞增高、细胞遗传学异常和其他髓系病态造血者为预后不良因子。

二、血细胞和形态学

白细胞增高,嗜酸性粒细胞明显增多≥1.5×10^9/L,高于30%甚至高达80%以上,大多为成熟嗜酸性粒细胞,可见早幼和中幼嗜酸性粒细胞,原始细胞可见(一般轻度增高,<3%)。嗜酸性粒细胞常有形态学异常(也可正常形态),如空泡形成、脱颗粒、核叶增加或减少,但需要注意这些异常也可见于反应性嗜酸性粒细胞增多症。血红蛋白轻度减低或正常,血小板不定,多为正常也可增高。

骨髓形态学,有核细胞常增多,嗜酸性粒细胞常在30%以上,细胞多为成熟良好,易见双染性颗粒(幼稚嗜酸性粒细胞)和Charcot-Leyden晶体,原始细胞可见。红系和巨核细胞造血通常正常。嗜酸性粒细胞增多伴原始粒细胞增加(5%~9%)时支持CEL诊断,其他细胞系见到病态造血特征亦支持诊断,但病态造血在CEL中不作为需要项目。尽管如此,在骨髓涂片和印片中,原始细胞不增加、不见病态造血现象、嗜酸性粒细胞成熟良好,常是形态学评估(骨髓病变)趋好的指标。一般反应性或继发性嗜酸性粒细胞增多症,嗜酸性粒细胞常在30%以下,且往往低于外周血中嗜酸性粒细胞。

仔细检查骨髓切片可以解释嗜酸性粒细胞增多是否为继发性反应,如血管炎、淋巴瘤、急性淋巴细胞白血病或肉芽肿疾病。一些病例伴有骨髓纤维化且常见Charcot-Leyden晶体。骨髓纤维化是由嗜酸性粒细胞脱颗粒伴嗜酸性粒细胞碱性蛋白、嗜酸性粒细胞阳离子蛋白释放所致。

细胞化学染色,CEL和HES嗜酸性粒细胞示氰化物抵抗MPO活性。部分细胞脱颗粒可致嗜酸性粒细胞MPO减低。嗜酸性粒细胞氯乙酸酯酶常阴性,若阳性可认为是嗜酸性粒细胞肿瘤性的一个证据。

三、细胞遗传学与分子学

在CEL,NOS中,未见单一或特异的细胞遗传学或分子学异常。如检出Ph染色体或*BCR-ABL1*,即使嗜酸性粒细胞显著增多,也应考虑为CML伴嗜酸性粒细胞增多,而不是CEL。检查*PDGFRA*、*PDGFRB*或*FGFR1*重排,以及*PCM1-JAK2*,*ETV6-JAK2*或*BCR-JAK2*融合基因全为阴性,如果有任一个阳性所见,则不是CEL,NOS。嗜酸性粒细胞增多症还常有髓系相关的细胞遗传学异常,因此部分病例中可以检出其他髓系肿瘤的遗传学异常。判断嗜酸性粒细胞是否为克隆过程的一部分虽有困难,不过,当检出髓系肿瘤的重现性染色体异常,如+8和i(17q)时,应支持CEL诊断而不是HES。可见*ASXL1*、*TET2*、*EZH2*突变,偶见*JAK2*突变阳性。AR的基因X连锁多态性分析(*HUMARA*)或*PGK*基因可用于女性患者,检测是否为克隆性。

四、诊断与鉴别诊断

在诊断中,从排除反应性嗜酸性粒细胞增多开始。必须有详细病史、体格检查、血常规和血片镜检。作为确诊诊断,只有排除可以合并嗜酸性粒细胞增多的疾病——感染性、炎症性(反应性),以及肿瘤性[(反应性,如T细胞淋巴瘤和霍奇金淋巴瘤等)和克隆性(嗜酸性粒细胞增多为肿瘤克隆的一部分,如CML、AML伴inv(16)和其他MPN)]疾病以后,有外周血原始细胞增多(≥2%,<20%)或骨髓原始细胞增加(≥5%,<20%)或有(分子)细胞遗传学异常的证据者,才能明确诊断CEL;同时或进一步检查*PDGFRA*、*PDGFRB*或*FGFR1*等基因重排,以及*PCM1-JAK2*,*ETV6-JAK2*或*BCR-JAK2*融合基因阴性者则符合CEL,

NOS标准(表24-17)。

　　嗜酸性粒细胞增多症克隆性的主要依据包括以下几项:细胞遗传学异常,杂合子女性G6PD异质酶,骨髓有明显纤维化,原始细胞增多(外周血≥2%,骨髓≥5%),三系细胞病态造血,幼稚前体细胞异常定位(abnormal localisation of immature precursor,ALIP),*RAS*突变等。

表24-17　慢性嗜酸性粒细胞白血病,非特定类型(WHO,2017)

1. 嗜酸性粒细胞增多($\geq 1.5 \times 10^9$/L)

2. 不符合WHO的*BCR-ABL1*阳性CML、PV、ET、PMF、CNL、CMML或*BCR-ABL1*阴性aCML标准

3. 无*PDGFRA*、*PDGFRB*或*FGFR1*重排,无*PCM1-JAK2*,*ETV6-JAK2*或*BCR-JAK2*融合基因

4. 外周血和骨髓原始细胞<20%,且无inv(16)(p13.1q22),t(16;16)(p13.1;q22)或t(8;21)(q22;q22.1)和其他AML的诊断性特征

5. 有克隆性细胞遗传学或分子学异常,或者外周血原始细胞≥2%或骨髓中≥5%*

* 一些克隆性分子异常(如*TET2*,*ASXL1*,*DNMT3A*突变)可发生于少数无任何明显血液学异常的老年人,因此仅依据这些分子异常作出诊断之前,需要排除所有反应性嗜酸性粒细胞增多

　　CEL,NOS与(特发性)HES之间的区别很重要。对不能提供嗜酸性粒细胞克隆证据的原始细胞又不增加的病人,需要经过充分评估符合以下条件者诊断为(特发性)HES:①嗜酸性粒细胞计数$\geq 1.5 \times 10^9$/L持续6个月以上;②排除了反应性嗜酸性粒细胞增多;③排除了AML、MPN、MDS、MDS-MPN和系统性肥大细胞增多症;④排除了释放细胞因子的免疫表型异常的T细胞肿瘤;⑤有嗜酸性粒细胞过多引起的组织损伤(脏器浸润和功能异常的症状)。如果只符合①~④项条件者则诊断为(特发性)嗜酸性粒细胞增多比较恰当,并定期复查,随后可显现疾病的白血病性质的证据。此外,如果嗜酸性粒细胞增多伴有病态造血特征和外周血幼粒细胞>10%,单核细胞不增多,且无*BCR-ABL1*和*PDGFRB*等重排,则可能为aCML伴嗜酸性粒细胞增多。

第八节　骨髓增殖性肿瘤不能分类型

　　骨髓增殖性肿瘤(myeloproliferative neoplasm,MPN)不能分类型(myeloproliferative neoplasm,unclassifiable,MPN-U或MPN,U)这一病名仅适用于有明确MPN的临床、实验室和形态学特征,而不符合其他任何一种特定MPN类型标准者,或存在2个或多个MPN类型特征的重叠病例。鉴于这么一个界定,MPN-U可能是一个常见类型。文献报告MPN-U发病率约占MPN的10%~15%。

一、概述

　　WHO认为,大多数MPN-U患者可以划入下列三组中的一组:①PV、PMF或ET的早期,其典型特征尚未完全形成;②MPN晚期,其显著的MF、骨硬化或转化为更侵袭性的阶段,即原始细胞和/或病态造血增加,掩盖了疾病的原貌(因没有明确的病史或先期诊断而确诊其他MPN类型困难者);③有明确MPN证据的患者中,因共存的肿瘤或炎症性疾病掩盖了某些诊断性临床和/或形态学的特征。

　　在这3组疾病中,凡检出Ph染色体、*BCR-AB1*或*PDGFRA*、*PDGFRB*、*FGFR1*等基因重排,以及*PCM1-JAK2*,*ETV6-JAK2*或*BCR-JAK2*融合基因者就排除了MPN-U,应归类于这些分子异常的相应肿瘤。此外,因现有的资料还不足以用于全面评价和鉴别时,不能对MPD-U作出诊断。诸如为正确分类所必需的临床资料不足或缺乏,血液学资料不全,骨髓标本质量不佳或材料不足。

　　临床特征与其他MPN相类似。部分MPN-U患者有不能解释的门静脉或内脏静脉血栓形成。疾病早期病例,预后与其最后进展为有特征的某个MPN类型相同。由于MF或原始细胞浸润而无法辨认初始过程的疾病晚期患者,类似进展性疾病,预后不良。

二、形态学、细胞遗传学和分子学

MPN-U 形态学可以归纳为以下 3 种情况。其一为 MPN 的早期病变。许多诊断为 MPN-U 的病例为非常早期的疾病,很难与 ET、PMF 纤维化前期和 PV 多血前期区分。在这些病例中外周血涂片常显示血小板增多而中性粒细胞增多不定。血红蛋白浓度可正常、轻度降低或临界性增高。骨髓活检标本有核细胞过多,且常以巨核细胞增殖为主,粒系和红系有不同程度上的细胞增殖。如果以每种特定定义的 MPN 类型为指南,仔细观察和评估巨核细胞形态和组织学结构,较多病例有不同于其他 MPN 类型的形态学特征,部分病例形态学相同。

其二为两种 MPN 类型特征的重叠,最常见的是 PV 与 ET 重叠。这部分患者在 MPN-U 中,也较为常见。血红蛋白和血小板明显增高,或伴有白细胞轻度增高(3 系血细胞增多)。骨髓涂片增生活跃,粒红两系成熟和形态无明显改变,但红细胞分布密集和大簇血小板增多;巨核细胞正常或轻度增多,大型胞体和高核叶巨核细胞易见;原始细胞不增加。骨髓切片示高细胞量,但不见巨核细胞异形性和 MF。

其三为无明显 MPN 病史而具有 MPN 晚期特征者,为一部分 MPN-U 的骨髓特征。骨髓切片可以显示致密的纤维化和/或骨硬化,包括疾病终末期或耗尽期。此异常的特征与 PV 的多血症后期(PV 后 MF)、罕见的 ET 的骨髓纤维化(ET 后 MF)和 PMF 的骨髓纤维化期相似。

见于 MPN 的遗传学异常均可见于 MPN-U,但不包括 Ph 染色体、*BCR-ABL1* 融合基因或者 *PDGFRA*、*PDGFRB*、*FGFR1* 重排,以及 *PCM1-JAK2*,*ETV6-JAK2* 或 *BCR-JAK2* 融合基因。部分病例中可以检出 *JAK2* 或 *CALR* 或 *MPL* 突变,以及髓系肿瘤中可见的其他突变,如 *ASXL1*、*EZH2*、*TET2*、*IDH1*、*IDH2*、*SRSF2*、*SF3B1*。

三、诊断与鉴别诊断

MPN-U 诊断标准见表 24-18。外周血一系或多系血细胞不同程度增多,可见幼稚细胞,单核细胞 <10%;骨髓一系或多系细胞增生,无明显病态造血(病态造血细胞占单系细胞的<10%),原始细胞<10%;无 Ph 染色体或 *BCR-ABL1*、*PDGFRA*、*PDGFRB*、*FGFR1* 等基因重排,以及 *PCM1-JAK2*,*ETV6-JAK2* 或 *BCR-JAK2* 融合基因。遇见这些异常的血象和骨髓象,需要疑似 MPN-U。具体而言,我们认为当遇见前述形态学三种形态学特征中的任一种情况,都应考虑 MPN-U。不过第三种情况——无明确病史而有 MPN 晚期的特征者,一般多诊断为 PMF。

表 24-18 MPN-U 诊断标准(WHO,2017)

诊断 MPN-U 需要满足所有 3 个标准
1. 存在 MPN 的特征
2. 不符合 WHO 的其他 MPN、MDS*、MDS-MPN* 或 *BCR-ABL1* 阳性 CML 标准
3. 有 MPN 特征的 *JAK2*、*CALR* 或 *MPL* 突变;或存在其他克隆性的标记物**;或无反应性纤维化的原因***

* 必须排除任何之前治疗的影响,严重合并症和疾病过程自然进程中的变化;** 3 种主要突变均无者,检到髓系肿瘤伴随突变(如 *ASXL1*,*EZH2*,*TET2*,*IDH1*/*IDH2*,*SRSF2*,*SF3B1*)可以帮助确定疑似 MPN-U 为克隆性质;*** 继发于感染、自身免疫性疾病或其他慢性炎症,多毛细胞白血病等淋系肿瘤、转移性肿瘤,中毒性(慢性)骨髓病变的骨髓纤维化

外周血或骨髓中原始细胞>10%和/或出现显著病态造血时通常指示疾病向更具侵袭性发展,常为终末的急变期。如果初诊标本中有某一骨髓增殖过程的特征又不能作出明确分类,且外周血或骨髓原始细胞达 10%~19%者,可以恰当地诊断为 MPN-U 加速期。如果初诊标本有不能分类 MPN 过程的特征所见,且外周血或骨髓原始细胞≥20%时,应诊断为急性白血病,并提示可能由 MPN-U 转化。

MPN-U 需要与继发性或反应性骨髓细胞增多症鉴别外,最不容易鉴别的是其他 MPN 类型。如 PMF

的纤维化前期、PV 的多血前期和 ET 早期。一般,当不能归类或不符合前面介绍的 MPN 各类型标准者,则宜归类为 MPN-U。而其他 MPN 类型的早期病例,在尚未显示某个类型的明显趋向时归类为 MPN-U 也是适宜的。若在病情中进展为符合某一类型的 MPN 时,需要再次进行类型诊断。MPN-U 疾病晚期与 PV 的多血症后期和 PMF 的骨髓纤维化期的鉴别诊断,需要提供详尽的病史尚能作出。

　　MPN 自然进程中可以出现骨髓增生异常的形态学特征,如果初诊标本如同 MDS 样所见,又不足以符合 MDS 或 MPN 诊断条件者,或 MPN 与伴骨髓纤维化 MDS 不能作出鉴别诊断者,宜归类于 MDS-MPN 不能分类型较为妥当(见第二十五章)。

第二十五章

骨髓增生异常-骨髓增殖性肿瘤

　　1999 年,WHO 在造血和淋巴组织肿瘤分类中,将有骨髓增生异常和骨髓增殖特征的不典型慢性粒细胞白血病(atypical chronic myelogenous leukemia,aCML)、慢性粒单细胞白血病(chronic myelomonocytic leukemia,CMML)、幼年型粒单细胞白血病(juvenile myelomonocytic leukemia,JMML)归类于一类创新命名的疾病——骨髓增生异常-骨髓增殖性疾病(myelodysplastic/myeloproliferative diseases,MD-MPD)中,并于2008 年将其更名为骨髓增生异常-骨髓增殖性肿瘤(myelodysplastic/myeloproliferative neoplasms,MDS-MPN),体现此组疾病的恶性增殖。这组新病名的建立,使得慢性髓系肿瘤可以较完善地进行类别与类型诊断(图 25-1)和治疗。

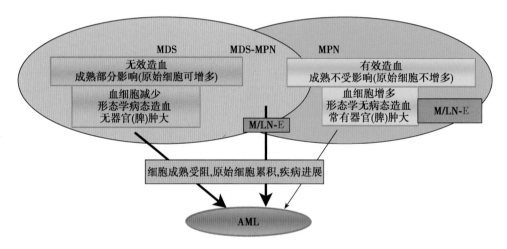

图 25-1　MDS-MPN、MDS 和 MPN 关系及其进展 AML 的大致过程
MDS 为骨髓增生异常综合征,MPN 为骨髓增殖性肿瘤,MDS-MPN 为骨髓增生异常综合征-骨髓增殖性肿瘤,M/LN-E 为伴嗜酸性粒细胞增多和 *PDGFAR/B* 或 *FGFR1* 重排髓系或淋系肿瘤,AML 为急性髓细胞白血病

第一节　概　述

　　骨髓增生异常-骨髓增殖性肿瘤(MDS-MPN)是英文名的中文译名(缩写名)。顾名思义,这组疾病是既有骨髓增生异常(病态造血),又有骨髓增殖(细胞成熟基本良好)系列(符合 MPN)特征的复合或重叠。外周血,大多数病例具有高白细胞数,贫血或血小板减少(也可增加),以及不同程度病态造血的特征。

一、定义与病理

　　MDS-MPN 是初诊时,骨髓既有不稳定的≥1 系细胞"有效造血"增殖(细胞成熟基本良好)系列(符合MPN),外周血≥1 系细胞增加;同时有≥1 系细胞增生异常(病态造血)特征,外周血≥1 细胞减少(有支持MDS 的一些诊断性所见);也有病态造血见于血细胞增加的系列,如白细胞(粒细胞)和血小板(巨核细胞);单核细胞增加也是 MDS-MPN 相当多病例的细胞学特征之一。此外,还有临床和其他实验室指标的重叠,并经细胞遗传学和相关分子学检查而将其归入 MDS 或 MPN 都比较困难的慢性髓系肿瘤。

根据病史容易界定的 MPN,其后发展为骨髓病态造血者,则不能归入 MDS-MPN 类别。初诊时无病史可以识别的 MPN 转化而有 MDS-MPN 所见者,则可以归类于 MDS-MPN(多为不能分类型)。有细胞毒药物治疗病史或化疗和/或放疗相关病史所致者,通常作为优先诊断条件考虑为治疗相关改变 MDS-MPN,属于治疗相关髓系肿瘤。

创建 MDS-MPN 病名,是慢性髓系肿瘤分类中的一个巨大进步,使慢性髓系肿瘤(MDS、MPN 与 MDS-MPN)相互之间的关系得以理顺,包括临床、细胞学、病理学、细胞遗传学和分子学方面的特征差异。如形态学方面,MDS 为骨髓增生异常:其一为骨髓增生,且主要表现为成熟异常的(克隆性)增生(包括原始细胞增多);其二为病态造血细胞出现和/或无效造血(细胞凋亡增加);其三为外周血细胞减少,常是第二个特征的结果。MPN 为类似有效造血的克隆性骨髓增生,且无明显的细胞成熟异常,不见明显的病态造血,常有细胞蓄积性增加(凋亡减少),外周血细胞增加。根据 MPN 的造血细胞无分化(成熟)障碍和明显的形态异常,而 MDS 主要表现造血细胞成熟异常和形态异常,推测 MDS 的病理基础是由于控制转录及细胞分化和/或成熟的基因发生了改变而造成的,而 MPN 是涉及那些调节细胞增殖或存活的基因(包括凋亡基因)的改变。在疾病过程中,也可见造血细胞成熟不断受到阻遏、原始细胞不断积累。当 MDS-MPN 外周血和/或骨髓原始细胞达 5%~19% 时,指示疾病处于加速转化期,≥20% 时归类为 AML。

许多 MDS-MPN-RS-的病例具有 JAK2 或其他 MPN 相关基因突变,以及在 MDS-RS 中常见 SF3B1 突变,支持该病的骨髓增生异常-骨髓增殖特征的混合性质。少数 CMML 和 aCML 有 JAK2 V617F 突变,但是多为其他基因突变,如 TET2、ASXL1,可以确定克隆性,但不是特异性和诊断性。超过 80% 的 JMML 患者表现出互相排斥的 PTPN11、NRAS、KRAS、CBL 或 NF1 突变,这些突变基因编码 RAS 依赖性通路中的信号转导蛋白致使细胞增生和转化。约 30%~40% 的 CMML 和 aCML 病例也存在 NRAS 或 KRAS 突变。

二、更新分类与修订新内容(WHO,2017)

WHO 的 2017 年更新分类见表 25-1。根据积累的分子学异常证据,在 2008 年 MDS-MPN 不能分类组中的临时病种——难治性贫血伴环形铁粒幼细胞和血小板明显增多(refractory anemia with ring sideroblasts and thrombocytosis,RARS-T),认可为一个正式病种(类型),并称为 MDS-MPN 伴环形铁粒幼细胞和血小板增多(MDS-MPN with ring sideroblasts and thrombocytosis,MDS-MPN-RS-T)。

表 25-1　MDS-MPN 分类类型(WHO,2017)

慢性粒单细胞白血病(CMML)	MDS-MPN 伴环形铁粒幼细胞和血小板增多*
不典型慢性粒细胞白血病,BCR-ABL1 阴性(aCML)	骨髓增生异常-骨髓增殖性肿瘤,不能分类型(MDS-MPN,U)
幼年型粒单细胞白血病(JMML)	

* 为转正的"新"病种(类型)

比较 2008 年分类的另一个变化是增加了一个 CMML-0 的亚型(表 25-2)。基于原始细胞计数的 3 个亚型,可以获得更好的预后评判。修订的第三个方面是在诊断中整合了更多的分子指标(表 25-2)。

表 25-2　MDS-MPN 新的修订部分(WHO,2017)

MDS-MPN-RS-T	确认为一种新的病种(类型),更名为 MDS-MPN-RS-T 关键分子突变,包括 SF3B1(80%)和 JAK2(70%)
CMML-0,1,2	CMML 的诊断标准不变,大多数病例 SRSF2 阳性,CMML-0 为新类型 CMML-0 为外周血原始细胞<2%,骨髓原始细胞<5%*,无 Auer 小体 CMML-1 为外周血原始细胞 2%~4% 和/或骨髓原始细胞 5%~9%**,无 Auer 小体 CMML-2 为外周血原始细胞 5%~19%,原始细胞 10%~19% 或有 Auer 小体***。此型可以与 AMML 重叠,所有病例需要 11q23(KMT2A)和 NPM1 分子遗传学评估(若阳性演变为 AMML 可能性提高或支持 AMML 诊断)
aCML	标准不变。评估 CSF3R 突变(若强阳性考虑为慢性中性粒细胞白血病)

MDS-MPN-RS-T 为 MDS-MPN 伴环形铁粒幼细胞和血小板增多;CMML 为慢性粒单细胞白血病;AMML 为急性粒单细胞白血病

三、临床所见

MDS-MPN 临床和病理变化取决于髓系细胞增殖、成熟和生长的髓系通路发生调节异常的程度。最常见症状是血细胞减少和异常增生细胞功能改变产生的并发症,以及白血病浸润的器官症状和一般的发热、不适等。MDS-MPN 患者生存期变化大,数月至数年不等,患者可因血细胞减少的并发症、白血病性浸润或原始细胞急变而死亡。我们一组 81 例成人 MDS-MPN 分析,最常见的是 CMML,占 MDS-MPN 的 46.9%,其次是 aCML 占 34.6%、MDS-MPN 不能分类型占 18.5%,MDS-MPN-RS-T 为少见类型。

四、诊断与鉴别诊断指标

1. 血常规检查 血细胞计数和血涂片形态学复查,可以确认骨髓增生异常和骨髓增殖在外周血中显示的一些混合特征(见表 24-3)。血常规的一些决定性参数中,除了血细胞减少或增多外,还包括:①单核细胞绝对数;②嗜酸性粒细胞绝对计数;③血小板计数;④原始细胞百分比(原始粒细胞、原始单核细胞和幼单核细胞)。

2. 骨髓检查 "四片联检"是 MDS-MPN 诊断和鉴别的基本指标。评估原始细胞或原始细胞等同意义细胞(<20%),评估所有系列的病态造血,评估单核细胞成分(包括细胞化学染色和流式细胞或免疫组化免疫表型分析),铁染色检查环形铁粒幼细胞。骨髓切片中评估所有系列细胞增殖性,巨核细胞形态(包括病态造血形态)和分布,免疫组化包括 CD34,CD123(浆细胞样树突状细胞成分),CD117/类胰蛋白酶(评判有无肥大细胞浸润),CD163,CD68(单核细胞成分),CD41 或 CD61 等。

3. 临床特征 仔细了解病史与体格检查,可以确认原发疾病并排除治疗相关髓系肿瘤。排除潜在的非肿瘤性相关病变,如细胞因子治疗、慢性病毒感染、胶原血管病或营养缺乏症,尤其是遗传学检查正常的患者。

4. 细胞遗传学和分子检查 常规细胞遗传学、FISH 和分子学检查中,检出 BCR-ABL1、PDGFRA/B、FGFR1、PCM1-JAK2、ETV6-JAK2、BCR-JAK2、inv(16)、t(8;21)、t(15;17)、孤立性 del(5q)、inv(3),均排除本病;检出克隆性遗传学异常则排除非肿瘤性疾病。MDS-MPN 遗传学有潜在意义的指标,包括 JAK2、SRSF2、SF3B1、SETBP1、TET2、ASXL1、ETNK1 基因突变。针对 BCR-ABL1 阴性 MDS-MPN 特定类型检测的指标见表 25-3。MDS-MPN 中,RAS 突变也较为多见,示 RAS 信号转导途径调节异常。骨髓细胞培养对粒细胞单核细胞集落刺激因子(granulocyte-monocyte-colony stimulating factor,GM-CSF)敏感性增高,也能提供分子病理机制方面的重要信息(见第四节)。

表 25-3　MDS-MPN 类型与基因突变

类型	检查项目
CMML	ASXL1,TET2,SRSF2,RUNX1,SETBP1,NRAS,CBL,NMP1,MLL
aCML	SETBP1,ETNK1,CSF3R
JMML	5 个基因组合(NRAS,KRAS,PTPN11,CBL,NF1),SETBP1,JAK3,SH2B3(继发性突变)
MDS-MPN-RS-T	SF3B1,JAK2 V617F,CALR,WPL W515
MDS-MPN-U	TET2,NRAS,RUNX1,CBL,SETBP1,ASXL1

第二节　不典型慢性粒细胞白血病

不典型慢性粒细胞白血病(aCML)过去作为慢性粒细胞白血病(chronic myelogenous leukemia,CML)形态学上的不典型表型而常归类于 CML 进行叙述。其实,aCML 与 CML 属于不同的实体,aCML 不是经典CML 的变异,也没有 CML 标记物。WHO 以突出 CML 的 BCR-ABL1 阳性和 aCML 的 BCR-ABL1 阴性,分别将 CML 命名为 CML,BCR-ABL1 阳性和 aCML,BCR-ABL1 阴性。我们认为"CML"与"aCML"只是习惯性病名,以它们的缩写名"CML""aCML"使用还是很方便和明了的。

一、定义与临床所见

aCML 是一种在初诊时,主要累及中性粒细胞,粒细胞明显增多伴病态造血(是鉴别于 CML 的形态学标记),并因中性粒细胞及其幼稚粒细胞增多而导致外周血白细胞增高。本病还常见多系病态造血(主要是巨核细胞),反映了源于造血干细胞的克隆性病变,但肿瘤细胞无 BCR-ABL1。

aCML 的分子特征被基本阐明。现在,可以较容易地与慢性中性粒细胞白血病(chronic neutrophilic leukemia,CNL)作出区别。CNL 与 CSF3R 突变显著相关,而 aCML 中这一突变少见(<10%)。相反,1/3 的 aCML 与 SETBP1 或 ETNK1 突变有关,还通常缺乏所谓 MPN 相关驱动型基因(JAK2,CALR,MPL)的突变。

aCML 多见于老年人,尤其是 60 岁以上,男性患者多于女性。起病较为隐匿,大多数患者有贫血相关症状,部分患者有血小板减少症状。部分患者脾大。患者对化疗反应差,中位生存期<30 个月。接受骨髓移植患者,可以改善预后。患者年龄>65 岁、血红蛋白<100g/L 和白细胞>50×10^9/L 为高危因素。血小板减少和明显贫血也被认为是预后不良因素。疾病呈进展性,多可以进展为骨髓衰竭,约 1/4~2/5 病人可以发展为急性白血病。aCML 与 CML 的临床和实验室所见见表 25-4。

表 25-4　aCM 与 CML 临床和实验室所见

	aCML	CML
临床所见		
发病率	低	高(与 aCML 的比例约为 95:5)
易患年龄	中老年人或<20 岁	中年和青年
性别	男性多于女性	男女基本相等
化疗效果	欠佳	佳
相对预后	差	尚可
实验室所见		
白细胞数	轻度至中度升高	明显至显著升高
血小板数	较低	正常或增高
血红蛋白	多降低	正常或稍低
嗜碱性粒细胞	少见或不明显增多	明显增多
血象波动	不稳定	较稳定
NAP 积分	不定	低
血清或尿溶菌酶	增高	减低或接近正常
Ph 染色体	阴性	阳性
BCR-ABL1	阴性	阳性

二、血细胞和形态学

白细胞增高,几乎每个病例都在 13×10^9/L 以上,一些患者可以高达 300×10^9/L,但多在 100×10^9/L 以下。幼粒细胞常在 10%~20% 之间,原始细胞偶见或<5%。单核细胞常增多(>3%),但<10%,是鉴别于 CMML 的一个形态学指标(图 25-2)。可见嗜碱性粒细胞轻度增多,但常不同于 CML 的明显增多。中性粒细胞病态形态常为明显。偶见 60 岁以上患者白细胞计数轻度减低。常见中度贫血,红细胞可见异形,如卵形巨大红细胞,也易见幼红细胞等。血小板计数不定,常见减少。

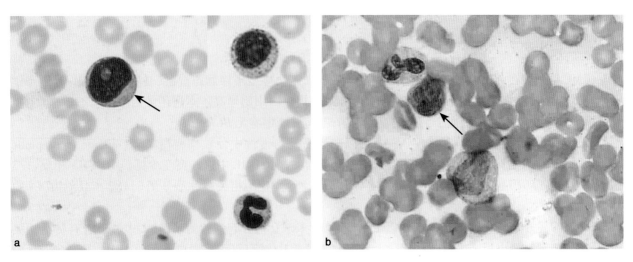

图 25-2   **aCML 血象**
特点为白细胞轻中度增高,可见原始细胞(a 箭头)但常<5%(多为偶见),幼粒细胞易见(插图,发育不佳幼粒细胞),
但常低于 CML 所见;单核细胞稍多(b,箭头右下 1 个为幼粒细胞)但<10%,与 CMML 大多数>10%不同

　　aCML 骨髓原始细胞较 CML 为多见,而有核细胞增生性及粒细胞和巨核细胞增多的程度均不及 CML。aCML 的另一特征是病态造血,尤其中性粒细胞和巨核细胞。多数病例粒细胞明显增多而粒红比例增高。少数患者幼红细胞可达 30%,并见一半患者有病态形态。常见小圆核分离状巨核细胞(图 25-3)。嗜碱性粒细胞可见,比例明显低于 CML。早中期阶段幼粒细胞明显增高时,易转化为急性白血病。非特异性酯酶染色易于观察到单核细胞增多。

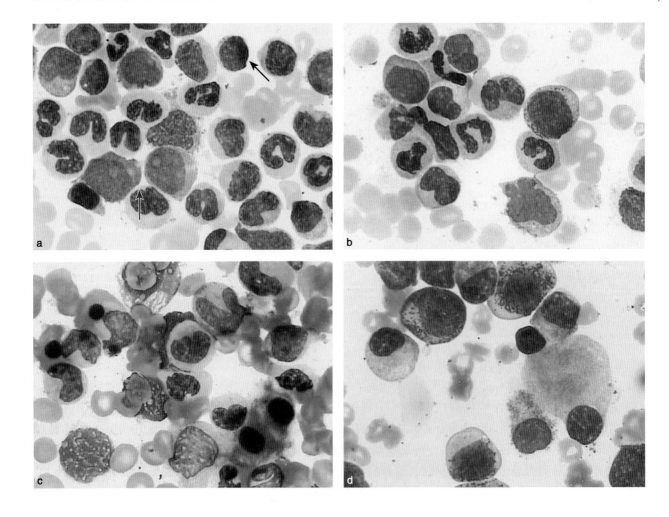

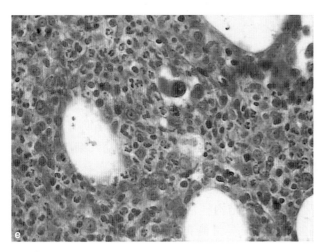
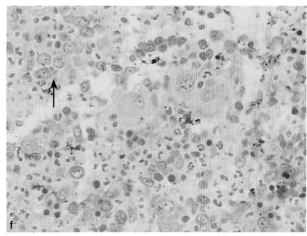

图 25-3 aCML 骨髓象

a 为粒细胞增多但不及 CML,原始细胞(红色箭头)常比 CML 多,并见嗜苯胺蓝颗粒缺少等不典型病态粒细胞,嗜酸嗜碱性(黑色箭头)粒细胞常比 CML 少见;b 为单核细胞比 CML 多见;c 为易见微小巨核细胞(右下方)、病态幼红细胞(左上方 2 个)和病态粒细胞;d 为病态巨核细胞和中性粒细胞;e 为 c 患者骨髓切片,粒系明显增殖,中上方和偏右方易见小巨核细胞;f 为 d 患者骨髓切片,粒细胞增殖,幼红细胞少量残留,原始细胞轻度增多并见聚集现象(箭头)和小圆核巨核细胞

骨髓切片为高细胞量,是骨髓增殖的特征。粒系不同阶段细胞增加,可以伴有细胞成熟欠佳,原始细胞轻度增加但不见大片状或簇状增生。切片标本中易于评判病态巨核细胞(图 25-3)。一部分患者伴有纤维组织增生,或在疾病晚期出现纤维化。免疫组化 CD14 或 CD68R 与组织化学染色一起有助于鉴定单核细胞,当骨髓单核细胞明显增多时,应疑似 CMML。CD34 和 CD117 染色有助于原始细胞,CD41 染色有助于微小巨核细胞的评判。

三、细胞遗传学和分子学

高达 80% 的 aCML 核型异常。最常见是 +8 和 del(20q),其次为 13、14、17、19 和 12 号染色体异常。偶见孤立的 17q 等臂染色体。检查 BCR-ABL1、PDGFRA 或 PDGFRB 基因重排都为阴性。极少数有 JAK2 突变。约 30% 病例可以检出 NRAS 或 KRAS 获得性突变、SETBP1 和/或 ETNK1 突变等,我们病例中还见 CEBPA 基因突变。伴嗜酸性粒细胞增多并检出 t(8;9)(p22;p24)和 PCM1-JAK2 融合基因者应归类为其他类别。

四、诊断与鉴别诊断

aCML 的诊断标准见表 25-5。需要鉴别的疾病有 CML、CMML 和 MDS。aCML 与 CML 的主要特点见表 25-4,与 CMML 的鉴别重点是外周血和骨髓中单核细胞的增多程度,与 MDS 鉴别的重点是骨髓细胞的增殖并在外周血中至少有一系血细胞增加。细胞遗传学和/或分子检查的不同也有助于部分病例的鉴别诊断。诊断中,还需要排除治疗相关的有 aCML 特征的髓系肿瘤。

表 25-5 aCML 诊断标准(WHO,2017)

1. 中性粒细胞及其前体细胞(早幼粒细胞、中幼粒细胞、晚幼粒细胞,占白细胞比例≥10%)增多,使外周血白细胞增高(≥13×10⁹/L)
2. 粒细胞生成异常(病态造血),包括染色质凝集异常
3. 嗜碱性粒细胞绝对数不增多或轻度增多,嗜碱性粒细胞比例<2%
4. 单核细胞绝对数不增多或轻度增多,单核细胞比例<10%
5. 骨髓有核细胞增多,粒细胞增殖和粒系病态造血,伴或不伴有核红细胞和巨核细胞病态造血
6. 外周血和骨髓原始细胞比例<20%
7. 无 PDGFRA,PDGFRB,或 FGFR1 重排,或 PCM1-JAK2 融合的证据
8. 不符合 WHO 规定的 BCR-ABL1 阳性 CML,PMF,PV 或 ET 诊断标准*

*MPN 病例中,尤其是加速期和/或 PV 后或 ET 后骨髓纤维化期,如中性粒细胞增多可与 aCML 类似。有 MPN 既往史,有骨髓 MPN 特征和/或 MPN 相关基因(JAK2 或 CALR,MPL)突变者可以排除 aCML;相反,存在 SETBP1 和/或 ETNK1 突变则支持 aCML 诊断。aCML 少见 CSF3R 突变,若存在时应及时认真复核形态学,以排除 CNL 或其他髓系肿瘤

五、aCML 变异型——白细胞异常染色质凝聚综合征

文献上报告的大多数染色质异常凝聚综合征(syndrome of abnormal chromatin clumping in leucoytes, SACCL)病例,被认为是 aCML 的一种变异类型。异常染色质凝聚综合征变异型是外周血和骨髓中出现高比例染色质呈块状凝集的中性粒细胞,并常见核分叶过少和胞质颗粒缺少;或不同阶段的粒细胞染色质呈现松散不紧密的粗粒状、小块状和均匀浅紫红色。典型者染色质酷似菊花瓣样,但又不是早期有丝分裂异常和核碎裂,瓣与瓣之间间隙常较分明。幼粒细胞由于胞核近圆形,染色质松散接近中幼红细胞的块状,但又有明显宽大的块间特点。白细胞染色质凝集可能与异染色质与常染色质的比例改变有关。患者贫血,白细胞计数不定,我们所见 2 例均为白细胞减少(图 25-4);血小板常重度减少,单核细胞<1×10⁹/L,不见或偶见原始细胞。骨髓增生明显活跃,粒系为主,伴胞核染色质结构异常,红系和巨核细胞中度病态造血;一般,原始细胞<5%。生存期与 aCML 相似。检出少量染色质异常凝集的白细胞也见于 MDS、AML、MDS-MPN 以及继发性病态造血等多种造血紊乱疾病。

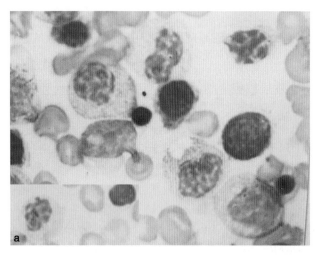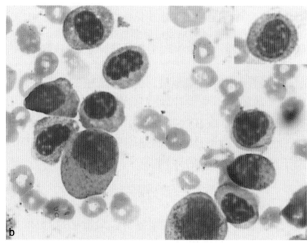

图 25-4 白细胞异常染色质凝聚综合征

a 为骨髓涂片,插图为血片,患者女 68 岁,全血细胞减少 2 年,骨髓和外周血中性粒细胞染色质异常凝聚和核分叶不能;b 为另一病例骨髓涂片,插图为血片,患者女 42 岁,全血细胞减少 5 年,血片幼粒细胞 11%,原始细胞 0.5%,中性粒细胞染色质异常松散块状凝聚和核分叶不能,遗传学检查为 20q-,无 Ph 染色体和 BCR-ABL1 及其他异常

第三节　慢性粒单细胞白血病

慢性粒单细胞白血病(chronic myelomonocytic leukemia,CMML)是 *BCR-ABL1* 阴性慢性髓系肿瘤疾病谱中较为常见的一个类型,由于过去缺少对它的认识,曾被视为慢性粒细胞白血病(chronic myelogenous leukemia,CML)的变异,也被认为是 MDS 异质性类型。外周血和骨髓中单核细胞真性增多是本病的特征。由于单核细胞含有很高的溶菌酶,患病时血浆和尿液中溶菌酶浓度总是升高,曾是诊断的一个重要参考指标。

一、定义与分类和临床所见

CMML 具有以下特征:①外周血单核细胞持续性增多(>1×10⁹/L,分类中>10%),单核细胞数量是界定疾病的一个主要指标;②无 Ph 染色体和 *BCR-ABL1*;③无 *PDGFRA* 或 *PDGFRB* 等基因重排(尤其是伴嗜酸性粒细胞增多病例中);④外周血和骨髓原始细胞与幼单核细胞<20%;⑤病态造血累及髓系的一个或多个系列。骨髓病态造血不明显者需要符合其他条件:骨髓细胞中有获得性克隆性细胞遗传学或分子异常,或者如单核细胞增多持续 3 个月以上并排除恶性肿瘤、感染或炎症等原因引起的单核细胞增多,仍可归类

为 CMML。

原始细胞比例高低有明确的预后价值并在 2008 年第 4 版中得到了肯定。新近证据表明,基于原始细胞分型可以获得更好的预后评判。在 2017 年修订中,将 CMML-0(新类型)纳入分类方案,界定的原始细胞百分比见表 25-2。

CMML 年发病率约为 3/10 万人口。CMML 在 MDS-MPN 大类中是最常见的一个类型,占粒单细胞白血病的 5.6%。大多数 CMML 患者年龄>50 岁,约 2/3 诊断时年龄>60 岁,中位年龄为 65~75 岁,男性居多。偶见年轻人和大龄儿童发病。

CMML 的临床、血液学和形态学特征呈异质性,有以骨髓增生异常为主到以骨髓增殖为主的不同特质。大多数患者在诊断时白细胞数升高,疾病特征表现为不典型 MPN。少数患者白细胞数可以正常或轻微减少并有不同程度的中性粒细胞减少,这些患者的疾病特征类似于 MDS。在两组患者中,起病隐匿,乏力、消瘦、发热、盗汗都是最常见的症状,感染和血小板减少所致出血的发生率也相似。脾大和肝大常见于白细胞增多患者(多达 50%)。CMML 也可累及皮肤、淋巴结,包括脾和肝,为白血病髓外浸润的最常见部位。

CMML 患者生存期不定,从 1 个月到 100 个月以上。中位生存期约在 20~40 个月之间。约 15%~30%病例可以进展为 AML。一些临床和血液学参数,包括脾大、贫血严重性和白细胞增多的程度可以影响病程和预后,但外周血和骨髓原始细胞比例高低是决定患者生存期的最重要因素。

二、血细胞和形态学

外周血单核细胞增多是 CMML 的标记。根据定义,单核细胞至少≥$1×10^9$/L,且百分比>10%。通常范围在($2~5$)×10^9/L,可高达 $80×10^9$/L。单核细胞通常成熟,可见异常颗粒、无核叶和细疏染色质的胞核或异常核叶的单核细胞(见图 19-8)。也有少数病例单核细胞出现空泡和轻度异形。有形态异常者为异常单核细胞,虽有不成熟的若干特点,但与幼单核细胞和原始单核细胞是不同的。这一异常单核细胞染色质相对致密,核扭曲和折叠,并更显灰色的胞质。原始细胞和幼单核细胞可见。

外周血中的其他细胞变化不定。中性粒细胞虽可见减少,但约一半病例增多,并因单核细胞和中性粒细胞增多使白细胞计数增高(图 25-5)。幼粒细胞可见,通常<10%。大多数病例可以检出病态粒细胞,也可见病态中性粒细胞与异常单核细胞不易区分。少数病例可以伴有嗜酸性粒细胞增加。

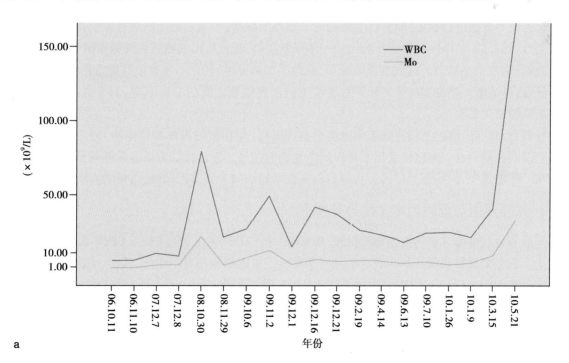

a

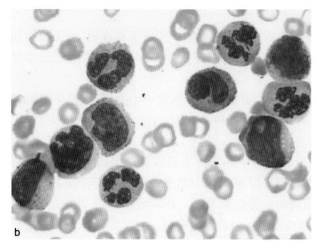
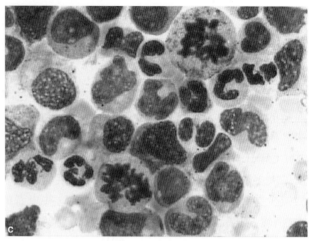

图 25-5　CMML-1 确诊前 5 年白细胞与单核细胞变化

患者男 88 岁,20 多年前诊断为"霍奇金淋巴瘤",多次放化疗后好转;2007~2009 年因"疑诊骨髓转移性肿瘤、尿路感染、肺部感染伴肾衰多次住院,治疗后病情好转。自 2006 年 11 月发现白细胞和单核细胞增高以来,一直居高不下(a);2010 年 5 月白细胞 166.1×10⁹/L,原始细胞 3%、单核细胞 20%(b),贫血和血小板减少明显;骨髓检查粒单细胞增加伴粒系病态造血(c),遗传学检查无 Ph 染色体与 *BCR-ABL1* 等异常

　　骨髓增生大多为活跃或明显活跃,骨髓切片更能反映细胞增多,具有 MPN 特点,但易见病态细胞(常见不易归入某阶段的畸形细胞)而具有 MDS 特征。文献报道少数(5%)病例骨髓有核细胞减少。嗜碱性粒细胞不增多,少数病例轻微增多。单核系细胞增生是重要的形态学指标,成熟型为主,原幼单核细胞可见增加(图 25-6),但相当部分标本中单核细胞可能不易被识别。单核系细胞常有形态变异和瘤样类巨变,也可见既有粒系细胞又有单核系细胞形态特点者,不作细胞化学染色等方法不能轻易分类,非特异性酯酶和丁酸萘酯酶和氯乙酸酯酶有助于鉴定。幼红细胞少见,但易见病态形态。巨核细胞多少不一,大多病例见微小和分离状的小圆形核大病态巨核细胞。可见类 Gaucher 细胞。

　　骨髓切片最显著所见为粒系细胞增殖,可见红系早期细胞增多和巨核细胞增殖(尽管外周血血小板减少)。单核细胞增多,但不易辨认(图 25-6),需要结合外周血(图 19-8)和骨髓涂片形态学的观察或相关的组织化学染色等方法进行鉴定,醋酸萘酚酯酶或丁酸萘酚酯酶,与氯乙酸酯酶联合鉴别被证明是有价值的指标。部分病例(约 1/4)伴有骨髓纤维化。一部分患者中,还可检出成熟的浆细胞样树突状细胞(浆细胞样单核细胞)组成的小结节。这些细胞核圆形、染色质细致分散、核仁不显著以及胞质边缘嗜酸性,细胞膜通常明显、边界清晰。浆细胞样树突状细胞增殖与白血病细胞之间的关系不明,但可提示为肿瘤克隆性,与相关髓系肿瘤关系密切。

　　髓外器官,脾、肝、淋巴结和皮肤等均可见白血病细胞(包括浆细胞样单核细胞)浸润。脾大通常是白血病细胞浸润红髓引起。淋巴结受累常是疾病急变期的信号。淋巴结活检可显示髓系原始细胞的弥漫性浸润。在一些患者中,因浆细胞样树突状细胞肿瘤性增殖而致全身淋巴结肿大,可为 CMML 的首发表现。

三、免疫表型与细胞遗传学和分子学

　　外周血和骨髓细胞常表达粒单细胞抗原,如 CD33 和 CD13;不定表达 CD14、CD68 和 CD64。单核细胞常表达 2 个或多个反常表型:CD14 表达下降可能反映了单核细胞相对不成熟;其他,如高表达 CD56,表达 CD2,HLA-DR、CD13、CD11c、CD15、CD16、CD64、CD36 表达下降;CD14+/CD16-单核细胞占比增加。成熟粒细胞也可有反常表型和异常散射的特征。CD34+细胞增加和出现反常免疫表型原始细胞群与急性白血病早期转化有关。

　　免疫组化也是识别单核细胞的方法,但灵敏性比细胞化学和流式的低。最可靠的标记是 CD14、CD68R、CD163。抗溶菌酶与氯乙酸酯酶(CE)染色有助于鉴定单核细胞还是粒细胞,前者溶菌酶阳性 CE

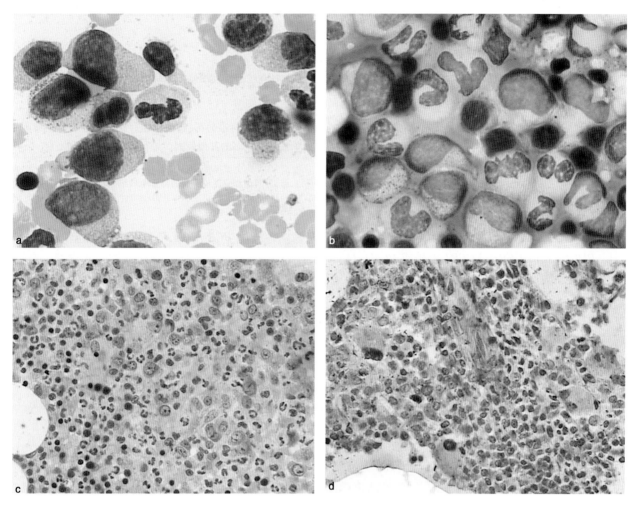

图 25-6 慢性粒单细胞白血病骨髓象

a 为部分病例原幼单核细胞增多,多为疾病进展;b 为印片细胞丰富象,但其骨髓涂片细胞明显减少,印片常可协助涂片明确评判;c 为 b 患者切片示有核细胞增加;d 为图 19-8a 患者骨髓切片象

阴性,后者都阳性。CMML 相关的成熟浆细胞样树突状细胞表达有特征的 CD123、CD2AP、CD4、CD43、CD68/CD68R、CD45RA、CD303、BCL11A 和粒酶 B,少数表达 CD2、CD5、CD7、CD10、CD13、CD14、CD15 和 CD33,极少表达 CD56,常不表达 TIA1 和穿孔素,Ki-67(MIBI)增殖指数常低。

约 20%~40%CMML 有克隆性细胞遗传学异常,最常见为+8、−7/7q−和−Y,11q23 异常少见,如有需要排除急性白血病。孤立的等臂 17q 异常髓系肿瘤,一些有 CMML 特征,另一些宜归类为 MDS-MPN 不能分类型。在诊断时或者在疾病过程中可以检出高达 40% 的 RAS 点突变。在隐蔽的体细胞突变中,常见(约40%以上病例)ASXL1、TET2、SRSF2 和 SETBP1 突变,以及约 10% 病例的 RUNX1、NRAS、CBL 等突变。检出少见(<5%)的 NMP1 突变者应排除伴单核细胞分化的 AML,也可是 CMML 的转化。我们的病例中还偶见 EVI1 阳性和 JAK2 阳性。

四、诊断与鉴别诊断

当不明原因或不能解释临床的单核细胞持续性增多(尤其是中老年人),又有白细胞增高和脾大者,需要考虑 CMML。CMML 诊断标准见表 25-6。对所谓 CMML 的"增殖型"(白细胞计数>13×10⁹/L)和"增生异常型"(WBC <13×10⁹/L)之间的分子和临床,存在差异,特别是与 RAS/MAPK 信号传导途径异常有关的差异,故有必要加以区分。原始细胞比例高低有明确的预后价值,在诊断 CMML 后,还应做出亚型分类(表 25-6)。

表 25-6　CMML 诊断标准（WHO,2017）

①外周血单核细胞持续增多（≥1×10⁹/L），白细胞分类中单核细胞比例≥10%

②不符合 WHO 关于 BCR-ABL1 阳性 CML、PMF、PV 或 ET 的诊断标准*

③无 PDGFRA，PDGFRB 或 FGFR1 基因重排，或 PCM1-JAK2 融合证据（在嗜酸性粒细胞增多病例中应予以排除）

④外周血和骨髓中原始细胞比例<20%（包括原始细胞等同意义的幼单核细胞**）

⑤髓系细胞≥1 系病态造血。如果无或极少病态造血，则需符合以上 1~4 项标准另加：造血细胞存在获得性克隆性细胞遗传或分子异常***或单核细胞增多持续≥3 个月并排除导致单核细胞增多的其他原因（如恶性肿瘤、感染和炎症）

*极少 MPN 有单核细胞增多或在疾病中出现增多而与 CMML 相似。根据 MPN 病史可排除 CMML,骨髓有 MPN 特征、有 MPN 相关突变（JAK2、CALR 或 MPL）也倾向伴单核细胞增多的 MPN;** 形态特征见第六章,外周血和骨髓可出现的异常单核细胞不能计数为等同意义细胞;*** 在疑难病例中,检出常与 CMML 相关的基因突变（如 TET2,SRSF2,ASXL1,SETBP1）,可支持 CMML 诊断,需要注意的是这些突变也可与高龄有关或见于其他肿瘤,解释需慎重

在作出 CMML 诊断之前,必须排除其他疾病。所有病例应排除 BCR-ABL1,有嗜酸性粒细胞增多需要排除 PDGFRA，PDGFRB，FGFR1 重排或 PCM1-JAK2 融合基因,通常还需要排除 MPN 中的一些类型。有治疗相关的 CMML 特征者则归类为治疗相关髓系肿瘤。

五、慢性单核细胞白血病

慢性单核细胞白血病（chronic monocytic leukema,CMonL）是以肝脾大、外周血和骨髓成熟单核细胞慢性增殖为特征的罕见慢性髓系肿瘤。WHO 的造血和淋巴肿瘤分类中没有对它的描述,文献上有零星报告和记载。浙江大学医学院附属第二医院从 1979 年至今遇见三例。

CMonL 好发于中老年人,男性患者多于女性。起病缓慢,以乏力、脸色苍白、发热和上腹不适为常见主诉。大多脾大,也常见口腔黏膜溃疡和关节肿痛。疾病晚期可见皮肤浸润,形成红斑性丘疹或皮下小结等;浸润胃肠道可引起胃肠功能紊乱和腹痛。

血象,正细胞性贫血,白细胞计数增高（文献报告可以正常或轻度减低）,单核细胞持续性显著增高。白细胞分类,单核细胞常占 60% 以上,可见幼单核细胞和偶见原始细胞,但原幼单核细胞通常<5%~10%。骨髓象,有核细胞增多,单核细胞明显增多,常在 40% 以上,原幼单核细胞少见（一般<10%）。成熟阶段中性粒细胞百分比可以增高,红系和巨核细胞造血大多受抑。无明显病态造血,无明显的中性粒细胞增殖,与 CMML 和 MDS 的形态学特征不同。

诊断要点,当遇见起病隐匿的中老年患者（尤其有贫血和白细胞增高）,无明显原因的或不能临床解释的外周血单核细胞持续明显增高（>60%）,原幼单核细胞<10%,需要怀疑 CMonL;骨髓检查有核细胞增多,单核细胞为主,占 40% 以上,原幼单核细胞<10%;细胞化学染色或流式免疫表型检查符合,诊断基本成立。

第四节　幼年型粒单细胞白血病

幼年型粒单细胞白血病（JMML）由于历史原因,过去曾被作为 CML 的一个变异类型,常与 CML 一起描述。实际上,JMML 不同于 CML 表现和病程,因有外周血和骨髓中单核细胞增多而与成人亚急性粒细胞白血病和 CMML 相似。一般认为 JMML 属于 CMML 的儿童变异类型。幼年型慢性粒单细胞白血病、幼年型慢性粒细胞白血病、幼年型粒单细胞白血病的儿童白血病和婴儿型 7 单体综合征（国际儿童粒单胞白血病工作组建议,1996）为 JMML 的同义名。

一、定义、分子病理和临床所见

JMML 是一种以粒单 2 系细胞增殖为特征的婴幼儿侵袭性造血肿瘤。外周血和骨髓中原始细胞（包括幼单核细胞）<20%。大约 90% 患者携带 PTPN11，KRAS，NRAS，CBL 或 NF1 基因的体细胞或胚系突变。这些遗传学异常在很大程度上是相互排斥的,并激活 RAS/MAPK 途径,相关基因突变具有特征性,无 Ph

染色体和 *BCR-ABL1*。

JMML 病因不明。一些病例有遗传易感性,罕见双胞胎患儿。Ⅰ型神经纤维瘤(type Ⅰ neurofibromatosis,NF1)和 JMML 之间的关联早已公认。与成年人 NF1 相比,幼年儿童患者发展为髓系肿瘤(主要为 JMML)的危险性增加 200~500 倍。偶有努南(Noonan)综合征的婴幼儿发展为 JMML 样疾病,在一些病例中可不经治疗而消退,而另一些病例具有侵袭性,有编码蛋白酪氨酸磷酸酶 SHP2 的 *PTPN11* 或 *KEAS* 基因胚系突变。

JMML 患者髓系祖细胞对粒细胞单核细胞集落刺激因子(granulocyte-monocyte-colony stimulating factor,GM-CSF)有特异高敏性,认为 GM-CSF 与细胞受体结合后引起的信号转导途径——RAS 途径(发生细胞增殖和转化)、JAK-STAT 途径(调控基因转录和细胞增殖分化)和 RHO-RAC 途径(调控细胞骨架重组)增强是 JMML 发病最重要的分子病理,尤其是 RAS 通路(图 25-7)。

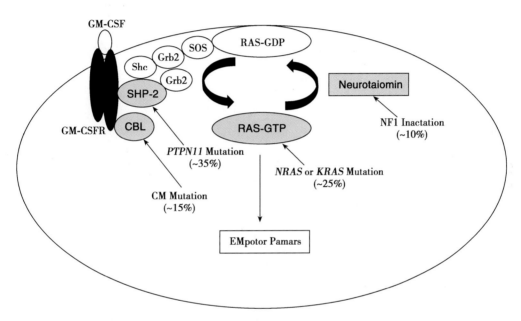

图 25-7　JMML 发病主要分子异常途径(RAS 信号转导途径)

JMML 的年发病率,在<14 岁年龄中约为 1.3/百万,占全部儿童白血病的<2%~3%,占<14 岁的骨髓增生异常和骨髓增殖性肿瘤的 20%~30%。诊断时的年龄为一个月至青春期早期,约 2/3 以上病例发生在<3 岁的儿童中,小至新生儿;少数在少年期发生。男孩发病率近于女孩的两倍。约 10% 病例发生于临床诊断的 NF1 患儿,约 15% 发生在努南综合征样疾病(*CBL* 突变所致)的婴幼儿。

大多数患者表现全身症状或感染迹象。一般都有肝脾大,有时为巨脾。偶见诊断时脾脏大小正常,但部分患者在诊断后迅速肿大。大约一半患者淋巴结肿大。此外,白血病浸润可引起扁桃体明显增大。出血症状常见,约四分之一患者有皮疹。在 NF1 患者中可见咖啡牛乳色斑(café-au-lait 斑)。

许多病例的另一个特征是血红蛋白 F 合成增加,尤其是核型正常的病例。其他有多克隆性高 γ 球蛋白血症和自身抗体。临床和实验室特征有时酷似 EB 病毒、巨细胞病毒、人类疱疹病毒 6 型等引起的传染性疾病。

JMML 很少转化为急性白血病,但不及时治疗大多数儿童会迅速死于白血病浸润引起的器官衰竭。不采取异基因造血干细胞移植的中位生存时间约为一年。血小板计数低、在 2 岁以上确诊及诊断时血红蛋白 F 增高,为生存期短的主要影响因素。相关或无关的人类白细胞抗原相合供者造血干细胞移植大约可治愈一半患者。治疗失败的主要原因是复发。

二、血细胞和形态学

外周血所见可以提供诊断依据(为验证诊断最重要的标本)。白细胞增多,血小板减少和常见贫血。

白细胞中位数在(25~35)×10⁹/L。主要为中性粒细胞增多,包括幼粒细胞和单核细胞,原始细胞(包括幼单核细胞)常<5%。少数患儿嗜酸和嗜碱性粒细胞增多。常见有核红细胞,红细胞变化大,如大红细胞增多(特别是 7 单体患儿),但更多的为正红细胞性。血小板计数不定,多为减少且常严重。有时血中原始细胞多于骨髓涂片,形态学特征也比骨髓明显。

骨髓涂片和切片中,粒细胞为主增殖,一部分病人以幼红细胞增生为主。单核细胞常占 5%~10%。与外周血相比,骨髓中单核细胞往往不易辨认。原始细胞(包括幼单核细胞)<20%,不见 Auer 小体。一般,病态造血不明显(轻度),一些病例中可见假性 Pelger-Huet 或颗粒过少等病态粒细胞和类巨变有核红细胞(图 25-8)。巨核细胞通常减少,明显的病态形态亦少见。

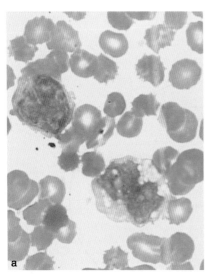 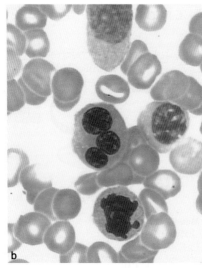 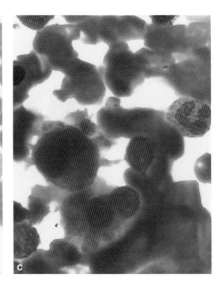

图 25-8　JMML 血象和骨髓象

患者,男,12 岁,无明显诱因下反复鼻衄 3 年余,加重半个月,血常规白细胞 10.5×10⁹/L,血红蛋白 118g/L,血小板 17×10⁹/L,核型为 45,XY,−7 [9]/46,XY[11],EB 病毒 DNA 阳性,*JAK2* V617F 和 *BCR-ABL1* 阴性。a 为血片,单核细胞占 53%,骨髓涂片单核细胞增加;b、c 为病态幼红细胞和巨核细胞

白血病细胞常浸润皮肤(浅层和深层真皮)。浸润肺者沿支气管周围淋巴管扩散到肺泡、粘连中膈。脾受累时浸润红髓,并以浸润脾小索和中央动脉,肝受累时白血病细胞浸润血管窦和门脉区为特点。

细胞化学或免疫表型,无特征所见。结外组织单核细胞浸润,最佳方法用溶菌酶和 CD68R 免疫组化鉴定。骨髓涂片可用非特异性酯酶、丁酸萘酯酶和 CE,单独或联合检测有助于鉴定单核细胞组分。

三、细胞遗传学和分子学

细胞遗传学检查,约 25% 患者为单体 7,10% 为其他异常,正常核型者占 65%。Ph 染色体和 *BCR-ABL1* 阴性。约 85% 有下列 5 个基因(*PTPN11*、*NEAS*、*KRAS*、*CBL* 和 *NF1*)中的 1 个突变,突变频率及其导致的分子损害机制见图 25-7。此外,可见 *SETBP1*、*JAK3*、*SH2B3*、*ASXL1* 的继发性突变,常示亚克隆形成或疾病进展。

四、诊断和鉴别诊断

与 WHO 第 4 版(2008 年)相比,JMML 的临床和病理所见基本上无变化。不过,分子诊断参数更加细化。2017 年更新后的诊断参数见表 25-7。鉴别诊断中,由于 JMML 可见多克隆免疫球蛋白血症和血清溶菌酶水平增加,一些患者临床和实验室表现类似感染,需要通过实验室检查排除相似的临床所见和血液学异常。

表 25-7 JMML 诊断标准(WHO,2017)

临床和血液学标准(满足全部 4 项)	• 外周血单核细胞计数≥1×10⁹/L
	• 外周血和骨髓原始细胞比例<20%
	• 脾大
	• Ph 染色体或 BCR-ABL1 融合基因阴性
遗传学标准(满足其中 1 项)	• PTPN11、KRAS 或 NRAS 基因体细胞突变*
	• 临床诊断为Ⅰ型神经纤维瘤或 NF1 基因突变
	• CBL 基因胚系突变且 CBL 基因杂合性丢失**
其他标准	不符合以上遗传学标准的患者,除了满足临床和血液学标准外,还需满足以下标准
	• 染色体 7 或任何其他染色体异常
	或者
	• 至少符合以下 2 条标准:
	• 血红蛋白 F 高于同年龄正常值
	• 外周血涂片发现髓系或红系前体细胞
	• 克隆分析发现 GM-CSF 超敏性
	• STAT5 高度磷酸化

*若发现 PTPN11、KRAS 或 NRAS 的一个基因突变需要考虑可能为胚系突变,并诊断为努南综合征的暂时性髓系造血异常;**偶有杂合子剪接位点突变病例

第五节 MDS-MPN 伴环形铁粒幼细胞和血小板增多

在 2001 年第三版的 WHO 分类中,伴血小板明显增多和环形铁粒幼细胞的难治性贫血(refractory anaemia with ring sideroblasts associated with marked thrombocytosis,RARS-T),以前称为伴环形铁粒幼细胞的特发性血小板增多症,并作为一个暂定病种包括了既具有 MDS 中 RARS 的临床和形态学特征,又有类似于如特发性血小板增多症或早期原发性骨髓纤维化等特点,还同时具有 BCR-ABL1 阴性 MPN 中所见巨核细胞异常增生和血小板显著增多。现在认为它是一个独立病种,并把它更名为 MDS-MPN 伴环形铁粒幼细胞和血小板增多(MDS-MPN-RS-T)。在 MDS-MPN-RS-T 中,SF3B1 常与 JAK2 V617F 共突变,较少与 CALR 或 MPL 基因共突变(<10%)。现在对这种罕见髓系肿瘤的真正混合性质提供了一种生物学解释。不像 MDS 伴环形铁粒幼细胞,诊断标准包括:血小板增多(≥450×10⁹/L)伴难治性贫血,骨髓红系病态造血伴环形铁粒幼细胞占红系前体(幼红细胞)的 15%以上,骨髓活检有类似于 PMF 或 ET 的巨核细胞特征。

MDS-MPN-RS-T 诊断要点:①有 MDS-RS 特征(贫血、骨髓幼红细胞增多伴病态形态和环形铁粒幼细胞≥15%、原始细胞<5%);②外周血血小板数增加(≥450×10⁹/L);③骨髓切片巨核细胞不典型改变,类似于特发性血小板增多症和原发性骨髓纤维化中所见的异常巨核细胞;④细胞遗传学和分子检查 JAK2 V617F 部分阳性,BCR-ABL1 阴性,且无孤立的 5q-异常等。WHO 认为,MDS-MPN-RS-T 诊断时 SF3B1 突变存在与否不改变环形铁粒幼细胞数量的标准(SF3B1 突变存在时仍需≥15%)。诊断标准见表 25-8。若有治疗相关病史的 MDS-MPN-RS-T 特征者,则应诊断为治疗相关髓系肿瘤。

表 25-8 MDS-MPN-RS-T 诊断标准(WHO,2017)

1. 贫血,有红系病态造血,伴或不伴多系病态造血;环形铁粒幼细胞≥15%*,外周血原始细胞<1%,骨髓中<5%
2. 持续性血小板增多伴血小板≥450×10⁹/L
3. SF3B1 突变;或无 SF3B1 突变情况下,没有近期使用细胞毒或生长因子治疗病史可以解释骨髓增生异常-骨髓增殖的特征**
4. 无 BCR-ABL1,无 PDGFRA、PDGFRB、FGFR1 重排;无 PCM1-JAK2,且无 t(3;3)(q21.3;q26.2)、inv(3)(q21.3q26.2)或 del(5q)***
5. 无 MPN、MDS(除外 MDS-RS)的病史,或无 MDS-MPN 的其他类型

*有 SF3B1 突变者环形铁粒幼细胞数量仍需≥15%。** SF3B1 与 JAK2 V617F、CALR、MPL 基因共突变强烈支持 MDS-MPN-RS-T 诊断。*** 符合 MDS 伴孤立 del(5q)标准者

第六节　MDS-MPN 不能分类型

骨髓增生异常-骨髓增殖性肿瘤不能分类型(myelodysplastic/myeloproliferative neoplasm,unclassifiable,MDS-MPN,U)是 WHO(1999)提出的一个新病种,由于历史尚短,在许多方面还需要认识和充分的理解。同义名有混合性骨髓增殖性-骨髓增生异常综合征不能分类,重叠综合征(overlap syndrome)。

MDS-MPN,U 为初诊时,临床、实验室和形态学上既有 MDS 又有 MPN 特征,符合 MDS-MPN 诊断标准,但又不符合 CMML、JMML 或 aCML 诊断条件者。无 *BCR-ABL1*,也无 *PDGFRA*、*PDGFRB* 或 *FGFR1* 基因重排,无 t(3;3)(q21;q25)或 inv(3)(q21q25)。诊断标准见表25-9。

表25-9　MDS-MPN,U 诊断标准(WHO,2017)

既有骨髓增殖又有增生异常特征的髓系肿瘤,不符合 WHO 中 MDS-MPN 其他类型和 MDS 与 MPN 的标准

1. 外周血和骨髓原始细胞<20%

2. 有 MDS 类型之一的临床和形态学特征 *

3. 有临床和形态学的骨髓增殖特征,血小板≥450×10⁹/L 与骨髓巨核细胞增殖和/或白细胞≥13×10⁹/L *

4. 近期没有使用细胞毒药物或生长因子治疗可以解释相关骨髓增生异常-骨髓增殖特征的病史

5. 无 *PDGFRA*、*PDGFRB* 或 *FGFR1* 重排,无 *PCM1-JAK2*

* 符合 MDS 伴孤立 del(5q)标准的病例不管有无血小板增多或白细胞增多都应排除

MDS-MPN,U 不能用来诊断之前符合定义和诊断的 MPN 转化为更具侵袭性阶段后出现的相关病态造血特征患者。不过,可能包括一些之前没有发现 MPN 慢性期,初诊时已经转化为骨髓增生异常特征的患者。如果不能确定 MPN 病史,归类为 MDS-MPN,U 是适当的。我们的实践认为,这部分患者可能占了 MDS-MPN,U 的多数。如果近期有细胞毒性药物或生长因子治疗,就需要经过临床和实验室观察或随访,以确定外周血和骨髓象变化不是由治疗所致。

本病常见不同程度的贫血,有或无大红细胞。MDS-MPN,U 特征为一系或一系以上血细胞增多,不是血小板增多(≥450×10⁹/L)就是白细胞增高(≥13×10⁹/L,近年文献报告中位数为 19×10⁹/L,低于 aCML)。一半病例有中性粒细胞病态特征,可见巨大的和颗粒缺乏的血小板。高于一半病例可见类似 MDS 的骨髓病态巨核细胞,也可见 MDS 样和/或 MPN 样特征的混合形态巨核细胞。外周血和骨髓原始细胞<20%。当原始细胞>10%时示疾病向侵袭性阶段转化(进展加速期)。少见 MDS-MPN 伴环形铁粒幼细胞≥15%的病例,外周血原始细胞≥1%,骨髓≥5%应归类为 MDS-MPN,U。

MDS-MPN,U 的形态学特征有 3 个:一是在病态造血(MDS)特征中骨髓 1 系或 2 系细胞异常增生,表现在外周血中为 1 系或 2 系血细胞减低;二是在骨髓增殖(MPN)特征中有一系或多系病态造血,在外周血中为 1 系或多系血细胞增高;三是都不符合 MDS-MPN 的其他类型。

第二十六章

髓系或淋系肿瘤伴嗜酸性粒细胞增多和 *PDGFRA/B*、*FGFR1* 重排或 *PCM1- JAK2* 形成

确定外周血持续性嗜酸性粒细胞增多($>1.5×10^9/L$)的原因具有挑战性,有时为临床迫切性。因为嗜酸性粒细胞浸润并释放细胞因子、酶和其他蛋白对心、肺、中枢神经和其他器官系统有潜在损害。嗜酸性粒细胞增多可源自髓系肿瘤,如慢性嗜酸性粒细胞白血病(chronic eosinophilic leukaemia,CEL)、慢性髓细胞白血病(chronic myeloid leukemia,CML)或急性髓细胞白血病(acute myeloid leukemias,AML)的肿瘤性克隆,或者可能是反应性的。

随着分子技术的成熟和应用,近年从伴嗜酸性粒细胞增加的血液肿瘤中发现了特定的基因异常,即血小板源生生长因子受体 A(platele-derived growth factor receptor A,*PDGFRA*)、血小板源生生长因子受体 B(platele-derived growth factor receptor B,*PDGFRB*)和纤维母细胞生长因子受体 1(fibroblast growth factor receptor 1,*FGFR1*)重排。由于识别这些基因重排的特殊性(酪氨酸激酶基因)以及基于酪氨酸激酶抑制治疗(不包括 *FGFR1*)的重要性,2008 年 WHO 将原来骨髓增殖性肿瘤(myeloproliferative neoplasms,MPN)中的 CEL 按其有无这类基因异常,分类为特定类型(伴这类基因重排)和非特定类型(无这类基因异常)。除了 CEL 外,还将原来的伴嗜酸性粒细胞增多的慢性粒单细胞白血病(chronic myelomonocytic leukemia,CMML)和其他血液肿瘤(急性白血病和淋巴瘤),少数为不伴嗜酸性粒细胞增多的血液肿瘤,有 *PDGFRA/B* 或 *FGFR1* 基因重排者,一起归类为一组罕见的特殊疾病——髓系或淋系肿瘤伴嗜酸性粒细胞增多和 *PDGFRA* 或 *PDGFRB*、*FGFR1* 重排。在 2017 版的 WHO 更新分类中,还新增加一个暂定病种——髓系或淋系肿瘤伴 *PCM1-JAK2*。

第一节 概 述

我们在 2005 年《检验医学》杂志上一篇"骨髓增生异常-骨髓增殖性疾病形态学和分子病理"中介绍了 *BCR-ABL1*(或 *BCR* 基因重排)阴性疾病中的一些特殊分子病理,其中包括了 5q31-33 和 8p11 染色体上的酪氨酸激酶基因重排与多个伙伴基因组成的网络。*BCR-ABL1* 阴性疾病常有共同的临床和细胞学特征,细胞遗传学检查少数病例有染色体平衡易位。然而,正是这些少数易位,用 FISH 等分子方法发现了 3 个酪氨酸激酶基因——*PDGFRA/B* 和 *FGFR1* 基因与伙伴基因的融合,以 *BCR-ABL1* 相似方式使正常造血的调节功能失控。

这些分子异常,最常涉及三个断裂丛区,4q12、5q32 和 8p11,分别是 *PDGFRA*、*PDGFRB* 和 *FGFR1* 的位点。基因重排通过 RAS-MAP 信号转导途径导致细胞增殖和转化的分子机制,最终可以产生三种特殊的临床病种(图 26-1)。

这 3 种特殊肿瘤都可以表现为 MPN,也罕见于淋系肿瘤,临床和血液学特征还受伙伴基因的影响。归纳起来,具有六大共性特点:嗜酸性粒细胞增多,但不是所有病例;急性和慢性血液肿瘤都有,但以慢性为主;慢性型髓系肿瘤中大多表现为骨髓增生异常-骨髓增殖性肿瘤(myelodysplastic/myeloproliferative neoplasms,MDS-MPN)或 MPN 样特征;淋系肿瘤中,均以淋巴瘤为主;均为酪氨酸蛋白激酶活性增强为肿瘤发生的基础;用分子靶向治疗(酪氨酸激酶抑制剂)有效(表 26-1)。

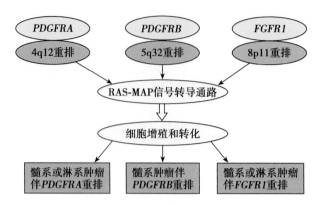

图 26-1　髓系或淋系肿瘤伴嗜酸性粒细胞增多和 *PDG-FRA/B* 及 *FGFR1* 重排三个类别基本病理

表 26-1　髓系或淋系肿瘤伴嗜酸性粒细胞增多分子类型、实验室特征和靶向治疗

分子异常类型	实验室所见	（分子）遗传学异常*	靶向治疗
PDGFRA	嗜酸性粒细胞增多,血清类胰蛋白酶增高,骨髓肥大细胞增多	4q12 隐蔽性缺失,*FIP1L1-PDGFRA*,其他伙伴基因至少 66 个	TKI 有效
PDGFRB	嗜酸性粒细胞增多,单核细胞增多似 CMML	t(5;12)(q32;p13.2),*ETV6-PDGFRB*,其他伙伴基因至少 25 个	TKI 有效
FGFR1	嗜酸性粒细胞增多,常表现为 T-ALL 或 AML	8p11 易位,*FGFR1*-伙伴基因（多个）	预后不良,TKI 无效
PCM1-JAK2	嗜酸性粒细胞增多,常表现为 T-LBL 或 B-ALL,骨髓红系增生为主伴成熟欠佳和淋巴细胞聚集	t(8;9)(p22;p24.1),*PCM1-JAK2*	JAK2 抑制剂可能有效

*这些（分子）遗传学异常有特定的诊断意义,是诊断的主要条件。TKI 为酪氨酸激酶抑制剂;CMML 为慢性粒单细胞白血病;T-ALL 为急性原始 T 淋巴细胞白血病;AML 为急性髓细胞白血病;B-ALL 为急性原始 B 淋巴细胞白血病;T-LBL 为原始 T 淋巴细胞淋巴瘤

　　WHO 认为,尽管一部分病例嗜酸性粒细胞不增多,但是诊断伴特定分子遗传学异常的嗜酸性粒细胞增多相关增殖的标准仍被保留在该分类中。在诊断上,对所有疑为伴嗜酸性粒细胞增多的 MPN、急性白血病和原始淋巴细胞淋巴瘤患者,尤其是除 AML 伴嗜酸性粒细胞增多和 inv(16)(p13.1q22) 或 t(16;16)(p13.1;q22);*CBFB-MYH11* 外的髓系肿瘤者（图 26-2）,都应进行相关的细胞遗传学和/或分子学分析。这组疾病中,识别 *PDGFRA* 相关肿瘤通常需要分子学检查,因大多数病例为隐蔽性缺失。

　　而且规定,不管形态学分类如何,*PDGFRA* 或 *PDGFRB* 或 *FGFR1* 重排或 *PCM1-JAK2* 的检出,都有优先归类的诊断权。

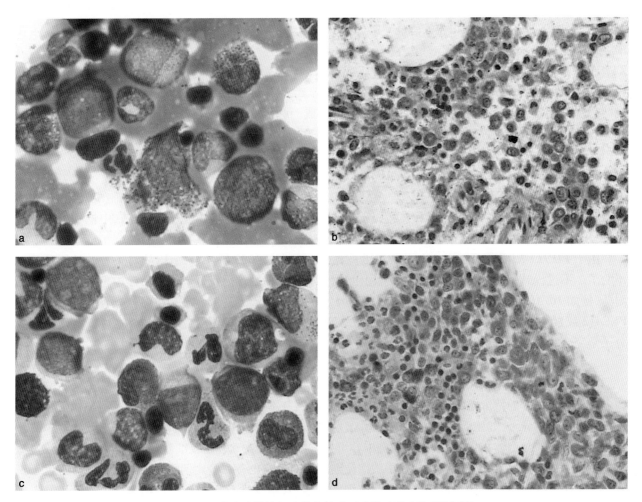

图 26-2　伴嗜酸性粒细胞增多的髓系或淋系肿瘤（可疑病例）

a、b 为患者，女，53 岁，不明原因嗜酸性粒细胞增多 8 个月，白细胞 21.2×10⁹/L，幼粒细胞 2%，嗜酸性粒细胞 42%（偶见幼稚阶段）；骨髓涂片（a）多系细胞和嗜酸性粒细胞增多，原始细胞易见，骨髓切片（b）中晚幼嗜酸性粒细胞明显增加，成熟不佳。c、d 为另一患者的骨髓涂片和切片，除了嗜酸性粒细胞增多外，原始细胞增多（8%）。遇这些所见及类似表现的其他髓系或淋系肿瘤都需要建议相关基因重排检查

第二节　髓系或淋系肿瘤伴 *PDGFRA* 重排

本病起源细胞可能为多能造血干细胞，可生成过多的嗜酸性粒细胞，一些患者为中性粒细胞、单核细胞、肥大细胞、T 细胞和 B 细胞增多。某一系列的融合基因检测结果不一定与该系列受累的形态学证据相一致。例如，即使明显累及 B 或 T 系列者，淋巴细胞通常不增多。在慢性期，主要累及嗜酸性粒细胞，而肥大细胞和中性粒细胞受累程度较轻。急性期可累及髓系细胞或原始 T 淋巴细胞。

一、概述和临床所见

PDGFRA 相关疾病最先在 CEL 以及先前认为的高嗜酸性粒细胞综合征病例中发现。最常见的伴 *PDGFRA* 重排 MPN 是 4q12 隐蔽性缺失形成 *FIP1L1-PDGFRA* 融合基因。一般表现为 CEL，也可以为 AML 或者原始 T 淋巴细胞淋巴瘤（T-lymphoblastic lymphoma，T-LBL）/白血病，偶有 AML 并发 T-LBL 或伴嗜酸性粒细胞增多 MPN 并发 T-LBL。CEL 可以急变。白血病浸润，或者嗜酸性粒细胞，可能还有肥大细胞释放的细胞因子、酶或其他蛋白造成器官损害。外周血嗜酸性粒细胞计数明显增高（几乎都≥1.5×10⁹/L）。Ph 染色体或 *BCR-ABL1* 阴性。除了转化为急性白血病外，外周血和骨髓原始细胞<20%。

FIP1L1-PDGFRA 综合征罕见。男性明显多于女性，男∶女比17∶1。发病高峰在 25~55 岁之间（中位发病年龄在 45~49 岁），文献报告的患病年龄为 7 岁至 77 岁。本病病因不明，文献报告的部分病例发生在细胞毒性化疗之后。

通常表现为乏力或瘙痒，或伴有呼吸、心脏或胃肠道症状。多数患者有脾大，少数肝大。最严重的临床表现与心肌心内膜纤维化有关，以及随后的心肌病。二尖瓣/三尖瓣瘢痕导致瓣膜性回流，心内血栓形成（可发生栓塞），也可见静脉血栓栓塞和动脉血栓形成。肺部是与纤维化有关的疾病，症状包括呼吸困难和咳嗽，有时表现为阻塞性疾病症状。血清类胰蛋白酶升高（>12ng/ml），升高程度通常不如肥大细胞病（部分重叠）。血清维生素 B$_{12}$ 水平显著升高。*FIP1L1-PDGFRA* 相关 CEL 对伊马替尼非常敏感，比 *BCR-ABL1* 敏感 100 倍。

伴 *FIP1L1-PDGFRA* 重排 CEL 是一种多系统疾病，累及外周血和骨髓。嗜酸性粒细胞浸润组织，并由嗜酸性粒细胞颗粒中释放细胞因子和体液因子导致多个器官组织损伤，如上述的心、肺、中枢和周围神经系统、皮肤和胃肠道症状与体征，还有脾大。

由于 *FIP1L1-PDGFRA* 相关 CEL 及它对伊马替尼敏感性在 2003 年才被确认，故对患者的长期预后尚不明了。不过，如果心脏未发生损害而且可用伊马替尼治疗，似乎预后良好。但在治疗中可发生伊马替尼耐药，例如 *T674I* 突变者（相当于 *BCR-ABL1* 基因发生的 *T315I* 突变）。另一种酪氨酸激酶抑制剂，如 PKC412 或索拉非尼对这些耐药患者可能有效。表现为 AML 或 T-LBL 患者，用伊马替尼可以实现持续的分子学完全缓解。

二、形态学、免疫表型、细胞遗传学和分子学

外周血最显著的特征是嗜酸性粒细胞增多，细胞成熟基本良好，可见少数嗜酸性中幼或早幼粒细胞。可见一定程度的异常，如胞质颗粒稀疏和透明区、空泡形成，颗粒小和未成熟的紫色颗粒，核分叶过多或过少以及嗜酸性粒细胞体积增大（反应性病例中亦可见这些变化）。嗜酸性粒细胞颗粒减少，可以导致过氧化物酶含量减少以及自动分析仪器计数嗜酸性粒细胞不准确。也有一些病例嗜酸性粒细胞的形态近于正常。仅少数患者外周血原始细胞增多。中性粒细胞可增多，嗜碱性粒细胞和单核细胞计数通常正常。部分患者贫血和血小板减少。

任何组织都可出现嗜酸性粒细胞浸润，并可观察到夏科-雷登结晶。骨髓细胞增多、嗜酸性粒细胞及其前体细胞明显增加。少数病例原始细胞比例增高。骨髓活检肥大细胞常增多，认为是 *FIP1L1-PDGFRA* 相关 MPN 的一个特征。肥大细胞可能是零星分布或松散的非紧密排列的细胞簇或黏合性细胞簇。许多病例 CD25 阳性纺锤形非典型肥大细胞显著增加，偶有形态特征上无法与系统性肥大细胞增多症区分。网硬蛋白纤维增加。表现为 AML 或 T-LBL 患者同时有嗜酸性粒细胞增多［外周血计数在（1.4~17.2）×10⁹/L］，且大多数有嗜酸性粒细胞增多病史。

嗜酸性粒细胞可显示活化的免疫表型证据，如表达 CD23、CD25 和 CD69 等。肥大细胞通常为 CD2 阴性、CD25 阳性，但有时都阴性，偶尔双阳性。相反，系统性肥大细胞增多症的肥大细胞 CD25 几乎都呈阳性反应，CD2 阳性病例约占 2/3。

染色体核型分析常为正常，但存在隐蔽 del(4)(q12)造成的 *FIP1L1-PDGFRA* 融合基因。偶有 4q12 断点染色体重排，如 t(1;4)(q44;q12) 或 t(4;10)(q12;p11)。可见无关的细胞遗传学异常，如 8 三体，可能代表疾病的演变。可以应用 RT-PCR 检测融合基因，常采用巢式 RT-PCR 方法。也可用荧光原位杂交（FISH）检测致病性缺失，通常使用针对缺失的 *CHIC2* 基因的探针，或使用包含 *FIP1L1* 和 *PDGFRA* 基因的断裂分离探针。因多数患者无原始细胞增多或常规细胞遗传学无异常，故常需 *FIP1L1-PDGFRA* 融合基因检测，发现阳性可以确诊这一髓系肿瘤。当演化为 AML 时，常见细胞遗传学异常。

三、诊断与鉴别诊断

由于嗜酸性粒细胞增多形态学常缺乏特征，一般的细胞遗传学方法又缺乏灵敏性，故诊断和鉴别诊断的主要手段需要分子学检测。最重要的诊断条件是两条：一是髓系或淋系肿瘤（主要是 MPN）伴嗜酸性粒

细胞增多;二是检出 *FIP1L1-PDGFRA* 或其变异型(见下述)。表现有伴嗜酸性粒细胞增多和 *FIP1L1-PDG-FRA* 或者 *PDGFRA* 基因激活突变的 AML 或 ALL/LBL 患者,都应归入此类肿瘤;对不能做适宜的分子学检测时,如果为 Ph 阴性 MPN 并有 CEL 血液学特征,以及有脾大、血清维生素 B_{12} 显著升高、血清类胰蛋白酶升高和骨髓肥大细胞增多者,也应疑似本病(WHO,2017)。

四、变异型

有许多报告 *FIP1L1-PDGFRA* 相关 CEL,存在分子变异。主要由其他伙伴基因与 *PDGFRA* 融合而产生的变异。如 *KIF5B-PDGFRA* 伴染色体 3、4 和 10 复杂异常,ins(9;4)(q33;q12q25) 和 *CDK5RAP2-PDG-FRA*,t(2;4)(p24;q12) 和 *STRN-PDGFRA*,t(4;12)(q12;p13) 和 *ETV6-PDGFRA*,t(4;22)(q12;q11) 和 *BCR-PDGFRA*。这些病例都对伊马替尼治疗敏感。

第三节　髓系肿瘤伴 *PDGFRB* 重排

PDGFRB 重排首先在嗜酸性粒细胞增多的 CMML 或 CEL 的病例中被发现,可能起源于多能造血干细胞,累及中性粒细胞、单核细胞、嗜酸性粒细胞,可能还累及肥大细胞。最常见的血液学特征是嗜酸性粒细胞增多的髓系肿瘤,如常伴嗜酸性粒细胞增多的 CMML 样慢性髓系肿瘤,有些为不典型慢性粒细胞白血病(常伴嗜酸性粒细胞增多)、CEL 和伴嗜酸性粒细胞增多的 MPN。报告的单一病例有 AML,可能重叠的原发性骨髓纤维化以及幼年型粒单细胞白血病(有变异融合基因),这些病例都常见嗜酸性粒细胞增多,但也不绝对。发生急性转化患者,常发生在相对短时间内。

一、定义和临床所见

伴 5q32 区带 *PDGFRB* 重排而发生的髓系肿瘤是一个独特的类型,具有 MPN 伴嗜酸性粒细胞增多、部分病例伴中性粒细胞或单核细胞增多。常见表型为 t(5;12)(q32;p13.2)易位和 *ETV6-PDGFRB* 融合基因。少见变异型,如 5q32 断点的其他易位导致其他融合基因的形成,也被纳入 *PDGFRB* 重排(表 26-2)。在 t(5;12)及其变异型易位中,也合成异常的、持续性激活的酪氨酸激酶。本病多发于男性(男∶女为 2∶1),有宽泛的年龄范围(8~72 岁),发病高峰为中年,中位年龄为 45~49 岁。

表 26-2　相关髓系肿瘤伴 *PDGFRB* 重排分子变异型*

易位	融合基因	血液学诊断
t(5;12)(q22;p13.2)	*ETV6-PDGFRB*	CEL、前体 MPN、MDS-MPN
t(1;3;5)(p36;p22.2;q32)	*WDR48-PDGFRB*	CEL
der(1)t(1;5)(p34;q32) der(5)t(1;5)(p34;q15) der(11)ins(11;5)(p13;q15q32)	*CAPRIN1-PDGRFB*	CEL
t(1;5)(q21.3;q32)	*TPM3-PDGFRB*	CEL、JMML 伴嗜酸性粒细胞增多
t(1;5)(q23.2;q32)	*PDE4DIP-PDGFRB*	MDS MPN 伴嗜酸性粒细胞增多
t(2;5)(p216.2;q32)	*SPTBN1-PDGFRB*	
t(4;5;5)(q21.2;q31;q32)	*PRKG2-PDGFRB*	慢性嗜碱性粒细胞白血病
t(3;5)(p22.2;q32)	*GOLGA4-PDGFRB*	CEL 或 aCML 伴嗜酸性粒细胞增多
5q 隐蔽的中间缺失	*TNIP1-PDGFRB*	CEL 伴血小板增多
t(5;7)(q32;q11.2)	*HIP1-PDGFRB*	CMML 伴嗜酸性粒细胞增多

续表

易位	融合基因	血液学诊断
t(5;7)(q32;p14.1)	HECW1-PDGFRB	JMML
t(5;9)(q32;p24.3)	KANK1-PDGFRB	ET 伴嗜酸性粒细胞增多
t(5;10)(q32;q21.2)	CCDC6-PDGFRB	aCML 伴嗜酸性粒细胞增多,MPN 伴嗜酸性粒细胞增多
t(5;12)(q32;q23)	SART3-PDGFRB	MPN 伴嗜酸性粒细胞增多和骨髓纤维化
t(5;12)(q32;q24.1)	GIT2-PDGFRB	CEL
t(5;12)(q32;p13.3)	ERC1-PDGFRB	AML 伴嗜酸性粒细胞增多
t(5;12)(q32;q13.1)	BIN2-PDGFRB	aCML 伴嗜酸性粒细胞增多
t(5;14)(q32;q22.1)	NIN-PDGFRB	aCML(13%嗜酸性粒细胞增多)
t(5;14)(q32;q32.1)	CCDC88C-PDGFRB	CMML 伴嗜酸性粒细胞增多
t(5;15)(q32;q15.3)	TP53BP1-PDGFRB	Ph 阴性 CML 伴嗜酸性粒细胞显著增多
t(5;16)(q32;p13.1)	NDE1-PDGFRB	CMML 伴嗜酸性粒细胞增多
t(5;17)(q32;p13.2)	RABEP1-PDGFRB	CMML、其他 MDS-MPN、T-LBL
t(5;17)(q32;p11.2)	SPECC1-PDGFRB	JMML 伴嗜酸性粒细胞增多
t(5;17)(q32;q11.2)	MYO18A-PDGFRB	MPN 伴嗜酸性粒细胞增多
t(5;17)(q32;q11.2)	MPRIP-PDGFRB	CEL
t(5;17)(q32;q21.3)	COLIA1-PDGFRB	MDS 或 MPN 伴嗜酸性粒细胞增多
t(5;20)(q32;p11.2)	DTD1-PDGFRB	CEL

*应排除仅与 BCR-ABL1 样 B 原始淋巴细胞白血病相关的融合基因病例。aCML 为不典型慢性粒细胞白血病;ET 为特发性血小板增多症;CEL 为慢性嗜酸性粒细胞白血病;CMML 为慢性粒单细胞白血病;JMML 为幼年型粒单细胞白血病;MDS-MPN 为骨髓增生异常-骨髓增殖性在肿瘤;MPN 为骨髓增殖性肿瘤

t(5;12)(q31-q33;p12)相关 MPN 是一种多系统疾病。外周血(图 26-3)和骨髓均累及。嗜酸性粒细胞浸润组织,释放的细胞因子、体液因子或颗粒内容物可造成许多器官组织损伤。因此,大多数患者脾脏肿大,少数有肝大,还有皮肤浸润和心脏损害导致心脏衰竭。血清类胰蛋白酶可以轻中度升高。绝大多数患者对伊马替尼治疗敏感。在伊马替尼出现之前,本病中位生存期不超过 2 年。使用伊马替尼治疗后可以期待的生存期明显延长。初诊后即予以适当治疗者的中位生存期比已经发生心肌损伤或转化者为长。

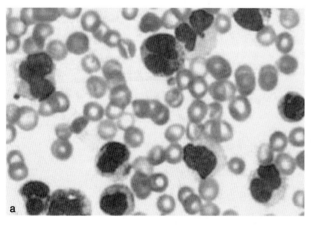
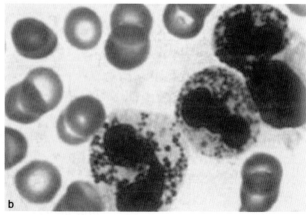

图 26-3   髓系肿瘤伴 PDGFRB 重排和嗜酸性粒细胞增多

a、b 为 t(5;12)易位患者血片,异常嗜酸性粒细胞增多,嗜酸性粒细胞占 40%

二、形态学、免疫表型、细胞遗传学和分子学

白细胞计数增高，可以贫血和血小板减少。中性粒细胞、嗜酸性粒细胞、单核细胞以及幼稚嗜酸性粒细胞和其他幼粒细胞均有不同程度增多。偶见嗜碱性粒细胞明显增多。骨髓因粒系(中性粒细胞和嗜酸性粒细胞)生成活跃而细胞过多。骨髓活检还可示肥大细胞(可呈纺锤形)增多和网硬蛋白增多。慢性期外周血和骨髓原始细胞计数<20%。细胞化学无特征性。免疫表型，可示大部分肥大细胞表达 CD2 和 CD25，与肥大细胞增生症相同。

细胞遗传学检查常示 t(5;12)(q32;p13.2)易位，以致形成 *ETV6-PDGFRB* 融合基因(以前称为 *TEL-PDGFRB*)。有报道四元易位 t(1;12;5;12)(p36;p13;q33;q24)或 ins(2;12)(p21;q13q22)亦可导致 *ETV6-PDGFRB*。虽在基因图谱中 *PDGFRB* 基因位于 5q31-32，5q 断裂点，但有时在 5q31，有时则位于 5q33。但并非所有 t(5;12)(q32;p13.2)均导致 *ETV6-PDGFRB* 形成，因此需要用 FISH 和 RT-PCR 证实此基因重排。无融合基因病例不能归入这一类别，且用伊马替尼治疗也不见得有效；解释这些病例的机制是白细胞介素 3 上调。因此，建议检查中使用针对所有已知断裂点引物的 RT-PCR 来确认 *ETV6-PDGFRB*，如果不能进行分子学分析，对于伴 t(5;12)的 MPN 患者，可以尝试用伊马替尼试验性治疗。

三、诊断与鉴别诊断

髓系肿瘤伴 *PDGFRB* 重排的诊断标准(WHO,2017)：①髓系肿瘤，常有嗜酸性粒细胞明显增多，有时中性粒细胞或单核细胞增多；②t(5;12)(q32;p13.2)易位或变异易位(应排除仅与 *BCR-ABL1* 样 B 原始淋巴细胞白血病相关的融合基因病例)，或者有 *ETV6-PDGFRB* 融合基因或 *PDGFRB* 与其他基因重排。由于 t(5;12)(q32;p13.2)易位并不都形成 *ETV6-PDGFRB* 融合基因，故用分子学方法更为可取；若无分子学检测的结果为伴嗜酸性粒细胞增多 Ph 阴性 MPN 并有 5q32 断裂点易位者，应怀疑本病。本病需要与其他 MPN 伴嗜酸性粒细胞增多相鉴别，鉴别诊断的最重要指标是细胞遗传学和分子学检查。*EBF1-PDGFRB*、*SSBP2-PDGFRB TNIP1-PDGFRB*、*ZEB2-PDGFRB* 和 *ATF7IP-PDGFRB* 通常仅与 *BCR-ABL1* 样 B 原始淋巴细胞白血病相关，有这几种融合基因病例归入 *BCR-ABL1* 样 B 原始淋巴细胞白血病。*ETV6-PDGFRB* 出现在 B 原始淋巴细胞白血病也归入 *BCR-ABL1* 样 B 原始淋巴细胞白血病较合适。

四、变异型

伴 *ETV6-PDGFRB* 融合基因 MPN 的分子变异型见表 26-2。还有报道 AML 复发的嗜酸性粒细胞增多患者，有获得性 t(5;14)(q33;q22)和 *TRIP11-PDGFRB* 融合基因形成，以及另一些有 *PDGFRB* 重排的伙伴基因。复杂性重排似乎也比较常见(如小的倒位和易位)。由于治疗的需要，所有发现 5q31-33 断点而初步诊断 MPN 的患者，均是 FISH 检查(有时需要 RT-PCR 检测)的指征，不限于嗜酸性粒细胞增多。

第四节 髓系或淋系肿瘤伴 *FGFR1* 重排

FGFR1 也涉及嗜酸性粒细胞明显增多的骨髓增殖。髓系或淋系肿瘤伴 *FGFR1* 重排，顾名思义是个广谱疾病。过去曾被称为 8p11 骨髓增殖综合征、8p11 干细胞综合征、8p11 干细胞白血病/淋巴瘤综合征。

一、定义和临床所见

伴 *FGFR1* 重排血液肿瘤具有异质性。虽然不同患者或疾病不同阶段的肿瘤细胞既可为前体细胞(幼稚细胞)，也可为成熟细胞，但它们都起源于一个多能造血干细胞。可表现为一种 MPN，MPN 转化者可为 AML、T/B-LBL/AML 或混合表型急性白血病。

本病发病年龄范围很宽，见于 3~84 岁之间，一般以年轻患者居多。中位发病年龄约为 32 岁，男性略多于女性(1.5:1)。主要累及骨髓、外周血、淋巴结、肝以及脾。淋巴结肿大是由于原始淋巴细胞或髓细胞浸润所致。由于疾病明显异质性，有些患者表现为淋巴瘤，主要累及淋巴结或纵隔肿块；另一些表现为

骨髓增殖特征,如脾大和代谢亢进;还有一些为 AML 或髓系肉瘤。常见全身症状有发热、消瘦、盗汗等。

二、形态学、免疫表型和遗传学

可表现为 CEL、AML、CMML、T-LBL 或罕见的原始 B(前 B)淋巴细胞白血病(B acute lymphoblstic leukaemia,B-ALL)/原始 B 淋巴细胞淋巴瘤(B lymphoblastic lymphoma,B-LBL)。表现 CEL 的患者,可随后转化为 AML(包括髓细胞肉瘤)、T/B-ALL、T/B-LBL 或混合表型急性白血病(mixed phenotype acute leukaemia,MPAL)。在 t(8;13)易位患者中,比变异型易位更常见的是 LBL。

慢性期的初诊患者常有嗜酸性粒细胞和中性粒细胞增多,偶有单核细胞增多。转化的初诊者,也常见嗜酸性粒细胞增多。总体而言,约90%患者外周血或骨髓嗜酸性粒细胞增多。与转化病例的原始淋巴细胞和原始粒细胞一样,嗜酸性粒细胞也属于肿瘤克隆。嗜碱性粒细胞增多者少见,但伴 BCR-FGFR1 融合基因患者可见嗜碱性粒细胞增多。在 t(6;8)或 FGFR1OP1-FGFR1 患者中,可为真性红细胞增多症表型。在 T-LBL 中,特征性所见为淋巴瘤伴嗜酸性粒细胞浸润。中性粒细胞碱性磷酸酶积分常低,但细胞化学对诊断不重要。

分类诊断为伴 FGFR1 重排白血病/淋巴瘤后,需要有更详细的具体描述。如"伴 FGFR1 重排白血病/淋巴瘤/慢性嗜酸性粒细胞白血病,T-LBL"或"伴 FGFR1 重排白血病/淋巴瘤/髓细胞肉瘤"。

在疾病慢性期,免疫表型检查无诊断价值,但对 B/T-ALL、B/T-LBL 的系列确定有参考意义。多种与 8p11 断点易位可引起本病综合征。根据伙伴基因不同,与 FGFR1 形成多种融合基因。所有这些融合基因都编码异常酪氨酸激酶(表 26-3)。FGFR1 重排也见于 t(8;17)(p11.2;q25)。此外,可检出继发性细胞遗传学异常,最常见 21 三体。

表 26-3　MPN 伴 FGFR1 重排中的染色体易位和融合基因

细胞遗传学	融合基因	血液学诊断
t(1;8)(q31.1;p11.2)	TPR-FGFR1	aCML+T-LBL,CMML+T-LBL
t(2;8)(q13;p11.2)	RANBP2-FGFR1	aCML
t(2;8)(q37.3;p11.2)	LRRFIP1-FGFR1	RAEB 转化为 AML
t(6;8)(q27;p11.2)	FGFR1OP1-FGFR1	CEL,MPN-U,T-ALL,AML,B-ALL
t(7;8)(q22.1;p11.2)	CUX1-FGFR1	T-ALL/LBL
t(7;8)(q33;p11.2)	TRIM24-FGFR1	AML,MPN
t(8;9)(p11.2;q33.2)	CEP110-FGFR1	CEL,CMML,AMML,T-ALL/LBL
t(8;11)(p11.2;p15)	NUP98-FGFR1	MPN
t(8;12)(p11.2;q15)	CPSF6-FGFR1	T 细胞非霍奇金淋巴瘤
t(8;13)(p11.2;q12.1)	ZMYM2-FGFR1	CEL,T-ALL/LBL,AML,B-ALL
t(8;17)(p11.2;q11.2)	MYO18A-FGFR1	aCML
t(8;19)(p11;q13.3)	HERVK-FGFR1	AML,AMML
t(8;22)(p11.2;q11.2)	BCR-FGFR1	像 Ph 阳性 CML,AML,B-ALL,aCML
ins(12;8)(p11.2;p11;p22)	FGFR1OP2-FGFR1	T-LBL

三、诊断与鉴别诊断

通常,对嗜酸性粒细胞增多的髓系肿瘤肿瘤或淋系肿瘤,都需要细胞遗传学和相关基因检查,以证实或排除本病。伴 FGFR1 异常髓系或淋系肿瘤的诊断标准主要是两条(WHO,2017):一是 MPN 或 MDS-MPN 伴明显的嗜酸性粒细胞增多(有时伴中性粒细胞或单核细胞增多)或 AML、T/B-ALL/LBL 或 MPAL

（常有外周血或骨髓嗜酸性粒细胞增多）；二是髓细胞、原始淋巴细胞或两者都检出有 t(8;13)(p11.2; q12)易位或 *FGFR1* 重排的变异型易位。

第五节　髓系或淋系肿瘤伴嗜酸性粒细胞增多和 *PCM1-JAK2*

在 2017 年修订分类中，WHO 将髓系或淋系肿瘤伴 *PCM1-JAK2* 作为一个新的暂定病种，添加到髓系或淋系肿瘤伴嗜酸性粒细胞增多和特定重排的类别中（表 26-1）。

一、定义和临床所见

髓系或淋系肿瘤伴 t(8;9)(p22;q24.1)；*PCM1-JAK2* 这一罕见病种的特征是嗜酸性粒细胞增多的 MPN（如 CEL 或 PMF）或 MDS-MPN（如常伴嗜酸性粒细胞增多的 aCML），也见于 AML、B-LBL、T-LBL、T-ALL 和 B-ALL。骨髓红系明显增生和成熟欠佳，淋巴细胞聚集（lymphoid aggregates）。给予 ruxolitinib 这种 JAK 抑制剂治疗可获得完全细胞遗传学反应。

t(9;12)(p24.1;p13.2)；*ETV6-JAK2* 和 t(9;22)(p24.1;q11.2)；*BCR-JAK2*，这 2 种另外的 *JAK2* 重排肿瘤，目前仍不如 *PCM1-JAK2* 定义明确，在 2017 版 WHO 分类中一同列入髓系或淋系肿瘤伴 *PCM1-JAK2* 这一独立病种中。发病年龄范围宽，从儿童到老年均可，男：女为 5:1。临床特征通常包括肝脾大。

二、形态学、免疫表型和遗传学

伴 *PCM1-JAK2* 的病例可表现为 CEL 或其他 MPN，aCML 或其他 MDS-MPN，AML 或者 B-LBL、T-LBL。因此，嗜酸性粒细胞增多可见于 CEL 以外病例。血液学特点是嗜酸性粒细胞和幼粒细胞同时存在，单核细胞增加不常见，偶见嗜碱性粒细胞增多，骨髓常见红系和粒系病态造血，有核红细胞生成增加，活检可见早幼红细胞片状生长（似急性白血病），常见骨髓纤维化，有时伴骨髓肥大细胞增多。本病常发生急变，多转化为 AML，也可为 B-ALL。

伴 *ETV6-JAK2* 者可表现为 aCML、MDS、B-ALL 或 T-ALL。伴 *BCR-JAK2* 者的特征也类似，主要是 aCML 或 B-ALL，有时为 AML。骨髓嗜酸性粒细胞增多的患者相对较少。

第二十七章

肥大细胞增多症

肥大细胞起源于骨髓造血干细胞,但很独特,骨髓中很少,而大多数逗留于结缔组织,尤其是上皮表面下组织和血管周围组织,并在组织中完成成熟过程。影响肥大细胞发育(迁移、存活、增殖和成熟)并直接促进肥大细胞介质释放的重要因子是干细胞因子(stem cell factor,SCF)。SCF 是酪氨酸激酶 KIT 受体的配体,因其通过酪氨酸激酶信号转导异常引发多种骨髓肥大细胞增殖性疾病,并在尝试针对性分子靶向治疗而备受瞩目,这也是 2008 年 WHO 将肥大细胞增多症归属于 MPN 大类中的两个因素。WHO 在 2017 版更新分类中,认为其独特的临床和病理特点,可呈惰性皮肤病也可呈侵袭性全身性疾病,又从 MPN 大类中分离而再次成为一种独立的疾病类别。

第一节 概 述

肥大细胞增多症有着宽广的疾病谱,包括良性的儿童皮肤肥大细胞增多症(cutaneous mastocytosis,CM)到高度恶性的肥大细胞白血病(mast cell leukemia,MCL),但与血液和/或骨髓形态学相关的是系统肥大细胞增多症(systemic mastocytosis,SM)的几个变异型而不是 CM。肥大细胞增多症应通过形态学和分子学严格区分肥大细胞高增生和缺乏肿瘤性增殖的肥大细胞活化状态。

一、定义与分类

肥大细胞增多症是肥大细胞克隆性增殖,在一个或多个器官中肥大细胞聚集(增多)性浸润所致的异质性疾病,轻者自发消退(如皮肤病损),重者为高度恶性的侵袭性肿瘤伴有多器官衰竭并可在短时间内死亡。

肥大细胞增多症的分类,主要根据病变部位和临床表现来区分肥大细胞增多症的类型。CM 为肥大细胞增生局限于皮肤;SM 则以一个或一个以上皮肤外器官累及为特征,有或无皮肤浸润。WHO(2017)肥大细胞增多症的分类见表 27-1。与 2001 版和 2008 版相比,主要变化有四点:一是不再把肥大细胞增多症归类于 MPN 大类。二是将惰性系统性肥大细胞增多症(indolent systemic mastocytosis,ISM)变异亚型中的冒烟性肥大细胞增多症(smoldering systemic mastocytosis,SSM)视为 SM 的新变异型。三是把先前描述的系统性肥大细胞增多症伴相关克隆性非肥大细胞性血液疾病(systemic mastocytosis with associated clonal hematological non-mast-cell lineage disease,SM-AHNMD),改称为系统性肥大细胞增多症伴相关血液肿瘤(systemic mastocytosis with an associated hematological neoplasms,SM-AHN)。四是把极罕见的皮肤外肥大细胞瘤(由成熟肥大细胞聚集的局限性肿瘤,但浸润的肥大细胞缺乏不典型或异形性改变而不同于肥大细胞肉瘤形态学)删除,不列入肥大细胞增多症分类中。肥大细胞增多症诊断标准,未见新的修订。但在许多病例中,相关血液肿瘤(AHN)是一个必须治疗的侵袭性肿瘤,在诊断上应明确并按这种疾病的不同表现需要不同的诊断流程。

表 27-1　肥大细胞增多症分类(WHO,2017)

1. 皮肤肥大细胞增多症(CM)

(1)色素性荨麻疹(UP)/斑丘疹皮肤肥大细胞增多症(MPCM)

(2)弥散性皮肤肥大细胞增多症(DCM)

(3)皮肤肥大细胞瘤

2. 系统性肥大细胞增多症(SM)

(1)惰性系统性肥大细胞增多症(ISM)△,包括骨髓肥大细胞增多亚型

(2)冒烟性系统性肥大细胞增多症(SSM)*△

(3)系统性肥大细胞增多症伴相关血液肿瘤(SM-AHN)**

(4)侵袭性系统性肥大细胞增多症(ASM)△

(5)肥大细胞白血病(MCL)

3. 肥大细胞肉瘤(MCS)

△ 这些变异类型完整诊断需要表 27-3 的 B 和 C 项所见;* 为 2017 版新列的 SM 变异型(先期为 ISM 变异亚型);** 此类型相当于 2008 版的"系统性肥大细胞增多症伴相关克隆性非肥大细胞性血液疾病(SM-AHNMD)",SM-AHNMD 和 SM-AHN 可以互为同义名使用

二、分子病理

SM 常见编码 SCF 受体(酪氨酸激酶受体)的 *KIT* 原癌基因功能获得性突变。在>80%的 SM 患者和>90%的典型 ISM 患者中存在,而无明显的 SM 很少出现。最常见的 Asp816→Val,Asp820→Gly 突变被认为与肥大细胞增多症的浸润性病变有关,具有诊断性参考意义。*KIT* 编码产物为 KIT(CD117),正常情况下受 SCF 调节,而 KIT 的生物功能受信号调节蛋白-α(CD172a)和 SHP1 的负性调节,共同维持 KIT 信号转导途径(SIRP-SHP-KIT)对肥大细胞的正常激活和增殖效应。肥大细胞肿瘤患者,由于 *KIT* 突变、KIT 表达增强,导致非配体依赖性 KIT 激活,或者与负性调节物(SHP-1 或 SIRP)表达降低一起,经由失控的 SIRP-SHP-KIT 信号转导途径激活累及 LYN 和 SYK 激酶、磷脂酰肌醇 3 激酶(phosphatidylinositol 3 kinase,PI3K)途径,RAS-丝裂原激活蛋白(mitogen-activated protein,MAP)激酶瀑布反应,以及磷脂酶 C 蛋白激酶 C 途径,共同促使肥大细胞增殖或恶性转化。因此,在确诊的 SM 患者中,*KIT* D816V 可作为侵袭性系统性肥大细胞增生症(aggressive systemic mastocytosis,ASM)和 MCL 中肿瘤肥大细胞及其祖细胞存活和增殖的"共同驱动力",并被认为是 SM 晚期治疗的主要靶点。

KIT D816V 本身可能无法将干细胞克隆转化为完全的恶性肿瘤。在晚期 SM 中,特别是在 SM-AHN 患者中,识别出几个额外的驱动因素、突变和信号通路。尽管有时为部分表达,其他信号级联与 *KIT* D816V 和/或 KIT 下游分子共同引发肥大细胞癌性生长。在晚期 SM 和 SM-AHN 中频繁检测到的体细胞基因缺陷包括 *TET2*、*SRSF2*、*ASXL1*、*CBL*、*RUNX1*、*NRAS* 和 *KRAS* 突变,还有 *JAK2* V617F 突变的描述。

三、临床所见

肥大细胞增多症发生于任何年龄。CM 最常见于儿童,也可发生在出生时。约 50%的患儿 6 个月大之前,可以表现为典型的皮肤病损。成人 CM 常发生于 20~30 岁以上,无性别差异,但比儿童少见。SM 一般在 20~30 岁之后被诊断,男性患者比女性稍多。

大约 80%的肥大细胞增多症有皮肤受累的证据。SM 中,骨髓几乎总是累及,因此需要骨髓活检标本形态学和分子学检查,以证实或排除诊断。在极少数情况下,外周血出现大量肥大细胞而呈白血病性表现(MCL)。SM 可累及的其他器官有脾、淋巴结、肝和胃肠道黏膜等。SM 的一半以上有皮肤病损,且更多地见于惰性病程者。相反,侵袭性变异型 SM 往往不出现皮肤病损。另有部分无皮肤病损的 SM 患者偶尔表现为惰性病情,其中最常见的是孤立的骨髓肥大细胞增多症,一个少见的 ISM 亚型。

CM,包括几个不同的临床病理学实体。发作时,CM 病损为荨麻疹("Darier 征"),而且大多数显示表皮内黑色素沉积。"色素性荨麻疹"这一术语描述了两个临床特征:荨麻疹和过度色素沉着。在单一皮肤肥大细胞增多症病例中,无任何器官累及的证据,如无血清类胰蛋白酶水平升高或器官肿瘤。CM 的主要变异型有色素性荨麻疹(urticaria pigmentosa,UP)或斑丘疹皮肤肥大细胞增生症(maculopapular cutaneous mastocytosis,MPCM)、弥散性皮肤肥大细胞增生症(diffuse cutaneous mastocytosis)和皮肤孤立性肥大细胞瘤(solitary mastocytoma of skin)。

SM,就诊症状可分为4类:①全身症状(乏力、体重减轻、发热、出汗);②皮肤症状(瘙痒、荨麻疹、皮肤划痕);③介质相关症状(腹痛、胃肠道不适、面红、晕厥、头痛、低血压、心动过速、呼吸症状);④骨骼相关症状(骨痛、骨质减少或骨质疏松、骨折、关节痛和肌痛),ISM 最常见的影像学所见为骨硬化和溶骨性病变(45%)同时存在(X 片常见股骨斑片状骨硬化、骨质疏松和多发性溶骨病变)。在这些症状中,许多患者表现为轻度,一部分可有严重、危及生命的介质相关症状。在 SM 诊断时还可见脾大(常为轻度),但淋巴结肿大和肝大较少见。SM 的器官功能异常是由于肥大细胞浸润或是不同生化介质的释放所致。

SM 中最常见的普通变异型——ISM,常无器官显著肿大,病程进展缓慢,但可向急性侵袭性发展。临床表现如前,外周血象正常,少数患者有中性粒细胞或嗜碱性粒细胞等血细胞增多,很少见肥大细胞。由于肥大细胞释放大量组胺、类花生酸类物质、蛋白酶和肝素等生化介质后,可出现严重的全身性症状(如消化性溃疡或腹泻等胃肠道症状)。

SSM 是 WHO(2017 版)分类 SM 中的新变异型,而在 2001 版和 2008 版中,SSM 均为 ISM 的变异亚型。SSM 由 2007 年欧盟-美国共识组最先作为单独的 SM 变异型(类别)。与 ISM 相比,SSM 患者的预后较差;与 ASM 或 MCL 相比,则较好。而 ISM 另一个变异亚型:骨髓肥大细胞增多症,其特征为无皮肤病损,低肥大细胞负荷,预后良好,在更新版分类中仍然是 ISM 的变异亚型。

ASM 或白血病变异型,病程进展快,常无皮损,可有腹水和大溶骨性病变,贫血、血小板减少,多有中性粒细胞、嗜碱性粒细胞、嗜酸性粒细胞和单核细胞增多,有类似慢性粒细胞白血病的表现,但粒系细胞可出现病态形态,可见肥大细胞。随器官功能受损,脾脏和肝脏等器官明显肿大常见。

儿童 CM 通常有良好的临床结果,在青春期前可自愈。成人 CM 很少自发性恢复,且常伴有 SM。一项研究发现不良的预后因素包括:症状出现较晚、无 CM、血小板减少、乳酸脱氢酶升高、贫血、骨髓细胞过多、外周血涂片定性异常、碱性磷酸酶升高和肝脾肿大。骨髓涂片中肥大细胞比例及形态被认定为肥大细胞增多症另外重要而独立的生存预后因素。

SM 尚难治愈,预后各异,主要取决于疾病的类别。伴有侵袭性疾患的,如 MCL 可能仅存活数周至几个月,而 ISM 通常有正常的预期寿命。SM 主要预后特征是有无皮肤累及。有皮肤受累者通常也有惰性病程,而侵袭性者常无皮损。孤立性骨髓肥大细胞增多症作为 ISM 的变异亚型预后极好,也无皮肤病损表现。如果有一个相关的造血系统肿瘤,其临床病情和预后通常取决于这一相关的肿瘤。ASM 通常表现为迅速的临床病程,生存期仅数年。肥大细胞肉瘤(mast cell sarcoma,MCS)也表现侵袭性,可在数月内死亡。

第二节　系统性肥大细胞增多症及其变异型

SM 表现为不同形式的起病,包括惰性变异型和晚期疾病。根据 WHO 分类,SM 表现为可变的临床病程,从正常预期寿命的无症状状态到致命的快速进展型。在过去几年,肿瘤性肥大细胞中发现的几个新靶标,并建立起几种正在使用的特异性靶向药物,如克拉屈滨、多激酶阻断剂米哚妥林和 CD30 靶向抗体-共轭的治疗新理念。

SM 包括 ISM、SSM、SM-AHN、ASM 和 MCL。MCS 为皮肤外的肥大细胞增多症,是一种非常少见的实体瘤,特征为高度不典型幼稚肥大细胞呈局限性破坏性生长,可发生远处扩散和白血病象。MCS 也可视为 SM 的类似变异型,但少有造血或血液学异常,除非白血病性侵犯。

血液学实验室最关注的是 SM 变异型 MCL。MCL 虽为罕见,但在血液肿瘤的肥大细胞疾病中为常见者,约占肥大细胞肿瘤的 15%。MCL 的多数病例是先有 SM,少数病例一开始便以白血病形式发病。其次是 SM-AHN、ASM、ISM 和 SSM(这 4 个加上 MCL 是 SM 最重要的五种变异类型)。

一、一般血液学异常和骨髓所见

SM 患者常见血液学异常,包括贫血、白细胞增多、嗜酸性粒细胞增多、中性粒细胞减少和血小板减少或增多。在侵袭性或白血病变异型中可出现骨髓衰竭性血细胞减少,有明显脾肿大者可以全血细胞减少。外周血肥大细胞很少明显增多,若存在则提示 MCL。"白血病性"MCL 外周血肥大细胞在 10% 以上,"非白血病性"MCL 则少于 10%。其他类型为少见或不见。

血清类胰蛋白酶水平被用于肥大细胞增多症患者的评估和监测,可以反映体内肥大细胞的总负荷,并与骨髓肥大细胞浸润有关。无其他髓系肿瘤证据时,血清总类胰蛋白酶持续升高>20ng/ml 可以提示 SM;若有相关的克隆性髓系非肥大细胞肿瘤,则该项参数无意义。相反,在大多数 CM 患者中,血清类胰蛋白酶水平正常(<1~15ng/ml)或略微升高。

骨髓检查可以证明 SM 骨髓累及,还可提供 MCL 和一些 SM-AHN 变异型浸润的重要证据。骨髓因纤维化而不易被抽吸,明显浸润时可见骨髓造血受抑。有时嗜酸性粒细胞可以增多而类似高嗜酸性粒细胞综合征。SM 也可伴有病态造血。

ISM(皮肤和骨髓累及)或骨髓孤立性肥大细胞增多症,骨髓肥大细胞增生,形态不典型或与正常相似,对骨髓造血的影响也不显著。ASM 骨髓有核细胞增生,粒系增生,肥大细胞较多,形态不典型(类似嗜碱性粒细胞),可见巨核细胞病态造血、骨髓纤维化,也可见急性白血病转化的肥大细胞显著增多。有些肥大细胞因颗粒少以致在 Romanowsky 染色中而不被轻易识别,需要甲苯胺蓝等染色鉴定。一般,观察 ISM 肥大细胞应在骨髓涂片薄的区域,且与骨髓小粒有相当的距离(因小粒中常有肥大细胞聚集)。

MCL 骨髓涂片,除了肥大细胞增生外,血细胞生成受抑。一般,肥大细胞在 20%~50% 以上,异形性明显。不典型的,包括单核样、缺乏颗粒和泡沫状肥大细胞,可借助甲苯胺蓝等染色鉴定(图 17-2)。一般认为紧密聚集的纺锤形等异形性和幼稚性肥大细胞具有肿瘤性特点,而主要由圆形、无明显异形性和几乎都松散分散在整个组织中的肥大细胞增生,常有反应性特点。如幼稚肥大细胞("非异染性"和"异染性"原始细胞)为 MCL 的常见特征,多见双核或多核叶的幼稚肥大细胞(promastocytes)常示侵袭性肥大细胞增殖(ASM)。

在高达 30% 的 SM 病例中,AHN 可同时或在肥大细胞增多症诊断前后被发现。原则上,任何已定义的髓系或淋系肿瘤都可以成为 AHN,但以髓系肿瘤为主。在 SM-AHN 患者中,兼有相关的造血肿瘤与 SM 的临床症状和病程。这些造血肿瘤有急性髓细胞白血病、MPN、骨髓增生异常综合征、骨髓增生异常-骨髓增殖性肿瘤、慢性粒单细胞白血病和慢性嗜酸性粒细胞白血病等。SM-AHN 病例增生的肥大细胞形态可无明显异常。有先前 SM 情况下发生的任何 AHN 都视为继发性。

在大多数 SM 病例中,骨髓切片最常见多灶性、边界清晰而紧凑的肥大细胞浸润,也是在骨髓活检中最易检测的特征。浸润部位主要位于小梁旁和血管周围。局灶性病变由数量不等的肥大细胞,间杂数量不等的淋巴细胞、嗜酸性粒细胞、组织细胞和成纤维细胞。这些有诊断意义的混合浸润物常见于 ISM,一般为肥大细胞围绕中央淋巴细胞组成核心或者中央为紧凑的肥大细胞聚集体边缘为较宽的淋巴细胞带。在其他病例中,病变更具单一形态性,主要由紧靠或沿骨小梁"流"的纺锤形或棱形肥大细胞组成,并常见纤维组织明显增生和邻近骨小梁增厚。有时骨髓空间被密集浸润的肥大细胞取代,但棱形肥大细胞有类似增生的成纤维细胞形态,需要注意区分。通常,纺锤形和圆形的肥大细胞混合存在;罕见由颗粒过少的圆形肥大细胞构成,而符合所谓骨髓类胰蛋白酶阳性圆形细胞浸润的标准。但是,这一圆形类胰蛋白酶阳性细胞可以是肥大细胞(CD117 和糜蛋白酶共表达),也可以是肿瘤性嗜碱性粒细胞(原发性或继发性嗜碱性粒细胞白血病)或类胰蛋白酶阳性急性髓细胞白血病的原始粒细胞。

除肥大细胞增殖外,骨髓可由中性粒细胞、嗜酸性粒细胞或两者同时增生的高细胞量。另有一些病例,有造血肿瘤共存的证据,如急性髓细胞白血病、其他 MPN 或骨髓增生异常综合征或淋系肿瘤。检查中,除了注意相关肿瘤的形态学特点与标准外,还需要重视有无骨髓细胞量增加或者造血细胞成熟障碍,因为即使还不符合共存的髓系肿瘤标准，但高细胞量或异常的髓系细胞成熟象已可反映一个不良的预后，而增生的肥大细胞形态特征是间质性增生（增多）和缺乏细胞学的异形性（图27-1），与肥大细胞增多症肿瘤性肥大细胞的聚集性分布和形态异形性不同。SM，尤其是高级类型均可累及淋巴结、脾肝等器官。超微结构上，肥大细胞颗粒可呈卷纸样特征。

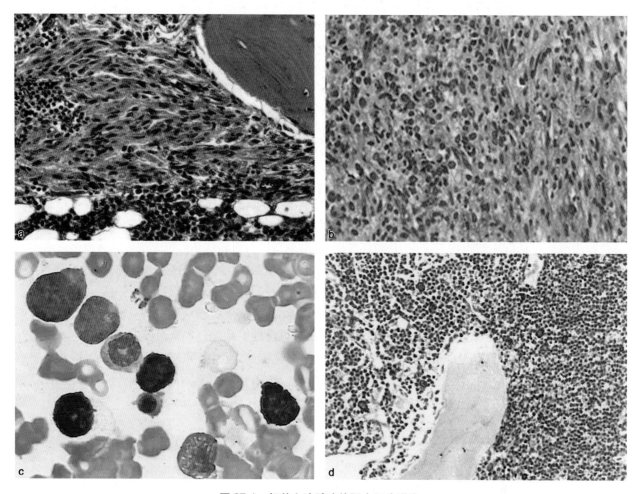

图 27-1　　相关血液肿瘤伴肥大细胞增生
a 为 AML，骨小梁一侧见大簇纺锤形肥大细胞"流"（浸润）；b 为肥大细胞纺锤形细胞紧靠原始细胞大簇（AML 标本）；c 为图 20-23b 标本骨髓涂片，3 个深紫色肥大细胞，但缺乏异形性；d 为淋巴浆细胞淋巴瘤骨髓切片，瘤细胞弥散性浸润像中见圆形、松散和类似成熟的肥大细胞增生

　　组织象中，苏木精和伊红染色的组织切片中，正常的肥大细胞通常显示一个圆形到椭圆形、致密染色质的胞核，低 N/C 比例，无或不明显的核仁，中等量卵圆形或多边形胞质被细小轻度嗜酸颗粒覆盖。这些细胞通常在组织中少量散在而不形成簇。在涂片标本中，Romanowsky 染色容易识别肥大细胞。肥大细胞圆形、椭圆形或多边形，可见圆形或卵圆形核仁，胞质常布满小而深染的嗜碱性颗粒。

　　在肥大细胞增多症中，除部分病例与正常肥大细胞相似外，较多病例肿瘤性肥大细胞变异明显，如梭形胞体和肾形或切口的核，胞质缺少颗粒。后一特征在组织切片中可称为苍白，意为干净的胞质。

二、细胞化学、免疫组化和遗传学

　　肥大细胞的细胞或组织化学反应为非特异性酯酶阴性，苏丹黑 B、糖原、氯乙酸酯酶（缺乏颗粒肥大细胞可阴性）、阿利新蓝（组胺为底物）染色、氨基己酸酯酶和甲苯胺蓝染色阳性，酸性磷酸酶染色阳性并不被酒石酸所抑制。其中较为特异的为氨基己酸酯酶、甲苯胺蓝、酸性磷酸酶抗酒石酸染色等。正常肥大细胞缺乏髓过氧化物酶活性，但氯乙酸酯酶阳性。

肥大细胞共表达 CD9、CD33、CD45、CD68 和 CD117,但缺乏 CD14、CD15 和 CD16 等一些粒单细胞抗原,以及大多数 T 细胞和 B 细胞相关抗原。肿瘤性肥大细胞不表达 HLA-DR、CD19、TdT、CD10、CD7,表达 CD33、CD4、CD2 和 MCG35,甚至表达 CD25 和 CD41 等,而这些阳性表达恰好为正常肥大细胞所不表达的。相对于正常肥大细胞,CD117、CD2 和 CD25 是肿瘤性肥大细胞有一定特点而非特异的标记物,鉴定组织切片中不成熟或不典型的肥大细胞最特异的是类胰蛋白酶或糜蛋白酶染色。共表达 CD2 或 CD2 和 CD25 在诊断肥大细胞增生症及相关肿瘤的鉴别诊断中有较大的参考意义。不表达类胰蛋白酶细胞,免疫组化不能被确认为肥大细胞。糜蛋白酶在肥大细胞的一个亚群中表达,且有特异性,但在识别不典型和未成熟肥大细胞上的灵敏度比 CD117 低。嗜碱性粒细胞免疫表型与肥大细胞不同,但嗜碱性粒细胞白血病和 MCL 都不表达 HLA-DR。肥大细胞祖细胞表达 CD34,CD38 阳性而 HLA-DR 阴性。总之,在常规诊断评价中可以假定表达类胰蛋白酶或糜蛋白酶和 CD117 的细胞为肥大细胞,而共表达类胰蛋白酶或糜蛋白酶、CD117 和 CD2/CD25 者为肿瘤性肥大细胞。在分化良好的 SM 或某些 MCL 等一些罕见变异型中,肥大细胞 CD25 表达可能检测不出。

肿瘤性肥大细胞的一些表型标记物还作为治疗的分子靶点(图 27-2),为当前研究的热点。如已开发的布伦塔克(brentuximab)的靶点 CD30,吉妥珠单抗奥佐米星(gemtuzumab-ozogamicin)的靶点 CD33,阿仑单抗(alemtuzumab)的靶点 CD52 和白细胞介素 3 受体 a 链 CD123。针对这些靶标抗体的药物可诱导细胞裂解或肿瘤细胞凋亡。

KIT 原癌基因编码 SCF 的酪氨酸激酶受体,其体细胞点突变为肥大细胞增生症的重现性遗传学异常。最常见的突变是密码子 816 的 Asp 被 Val 取代(D816V)。突变导致非配体依赖性激活 KIT 酪氨酸激酶,并对酪氨酸激酶抑制剂伊马替尼相对耐药。使用显微切割单个肥大细胞的巢式 PNA-PCR 或 PCR 等敏感方法,≥95% 成人 SM 的肥大细胞中检出 D816V 突变,而外显子 17 的其他功能性点突变,如 D816Y、D816H 和 D816F 等罕见。约 1/3 儿童 CM 患者存在 D816V 点突变,且 D816V 以外的点突变率显著高于成人 SM。SM-AHN 患者。AHN 类型可检测到其他的遗传学异常。例如,SM 伴 AML 患者可发现 *RUNX1-RUNX1T* 融合基因,而 SM 伴 MPN 可见 *JAK2*

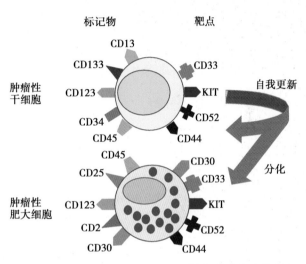

图 27-2　**SM 患者肿瘤性干细胞和肥大细胞表达的标记物和靶点**

肿瘤干细胞自我更新和不对称分裂使肿瘤扩增,分化成肿瘤性肥大细胞(箭头)的子细胞不表达 CD34 和 KIT 及 CD133,常表达细胞表面靶点 CD33、CD44 和 CD52。用于定义干细胞或肥大细胞(如 KIT)一些标记也可用作治疗的分子靶。肿瘤肥大细胞常以 KIT 与异常表达 CD2、CD25 和 CD30 的方式,但缺乏 CD34;还表达许多潜在的治疗性细胞表面靶点,如 CD30、CD33、CD52 或 CD123

V617F。此外,可见 SM 患者 5q-、7q-、+8、+9、9q+、+11、+13 和-20 等异常。

一部分肥大细胞增殖与嗜酸性粒细胞增多患者中检出 *FIP1L1-PDGFRA* 融合基因,尽管血清类胰蛋白酶水平升高,应归类为髓系肿瘤伴嗜酸性粒细胞增多和 *PDGFRA* 重排。一般,这类患者大多不符合 SM 标准,尤其缺少紧密聚集的浸润性肥大细胞。

三、SM 及其变异型诊断标准

SM 及其变异型的诊断标准见表 27-2 和表 27-3。肥大细胞增多症的诊断需要在一个足够的活检标本中肥大细胞呈多病灶丛簇浸润或聚集。组织切片 Giemsa 染色或类胰蛋白酶试验被推荐为确诊的常规方法。增殖肥大细胞还可以通过特殊染色确认。异染性染色(如甲苯胺蓝染色)推荐为常规项目。确定组织中肥大细胞最特异的方法是肥大细胞类胰蛋白酶染色。氯乙酸酯酶染色也是一项有参考意义的指标。

表 27-2 SM 变异型诊断标准(WHO,2017)

系统性肥大细胞增多症(SM)

　　符合主要标准和至少一项次要标准,或符合次要标准中≥3 项者确诊 SM

1. 主要标准

　　骨髓和/或其他皮外器官切片有多灶性致密性肥大细胞簇状浸润(≥15 个肥大细胞聚集)

2. 次要标准

　　(1)骨髓和/或其他皮外器官活检切片浸润的肥大细胞中,>25%呈梭形或不典型形态,或骨髓涂片浸润的肥大细胞中,
　　　　>25%为幼稚型或不典型肥大细胞

　　(2)骨髓、血液或其他皮外组织检出 KIT^{816} 密码子活化的点突变

　　(3)骨髓、血液或其他皮外组织肥大细胞,除正常肥大细胞标记之外,表达 CD25,表达或不表达 CD2

　　(4)血清总类胰蛋白酶水平持续>20ng/ml,若有相关的髓系肿瘤则该指标无意义

惰性系统性肥大细胞增多症(ISM)

　　符合 SM 的一般标准

　　无 C 类所见[*]

　　无相关血液肿瘤证据

　　肥大细胞负荷低

　　几乎都存在皮肤病损

骨髓肥大细胞增多症

　　同上(ISM)条件,但有骨髓受累而无皮肤损害

冒烟性系统性肥大细胞增多症(SSM)

　　符合 SM 的一般标准

　　≥2 项 B 类所见,无 C 类所见[*]

　　无相关血液肿瘤证据

　　肥大细胞高负荷

　　不符合 MCL 标准

SM 伴相关血液肿瘤(SM-AHN)

　　符合 SM 的一般标准

　　符合相关血液肿瘤 WHO 标准(如 MDS、MPN、AML、淋巴瘤或其他造血肿瘤)

侵袭性系统性肥大细胞增多症(ASM)

　　符合 SM 的一般标准

　　≥1 项 C 类所见[*]

　　不符合 MCL 标准

　　常无皮肤病损

肥大细胞白血病(MCL)

　　符合 SM 的一般标准

　　活组织检查示不典型、幼稚的肥大细胞弥散性(常见紧密)浸润

　　骨髓涂片肥大细胞≥20%

　　经典型病例外周血涂片肥大细胞≥10%,非白血病性变异型(肥大细胞<10%,较常见)

　　常无皮肤病损

[*] B 类、C 类所见分别有器官受累伴或不伴器官功能衰竭(表 27-3)

表 27-3 SM 中 B 类和 C 类所见(WHO,2017)

B 类所见

1. 高肥大细胞负荷(骨髓活检显示):肥大细胞(局灶性、密集性簇状)浸润,占造血容积的>30%,血清总类胰蛋白酶
　　>200ng/ml

2. 非肥大细胞系有增生异常或骨髓增殖迹象,但还不符合相关血液肿瘤的确诊标准,血细胞计数正常或仅轻度异常

3. 肝大无肝功能损害,可扪及的脾肿大无脾功能亢进,和/或触诊或影像学有淋巴结肿大

C 类所见

1. 肿瘤性肥大细胞浸润导致骨髓造血功能障碍,表现为≥1 系血细胞减少:中性粒细胞绝对值(ANC)<1.0×10^9/L,血红
　　蛋白<100g/L,或血小板<100×10^9/L

2. 可扪及的肝大伴肝功能受损、腹水和/或门静脉高压

3. 骨骼累及,伴大的溶骨性病变有或无病理性骨折(由骨质疏松引起的病理性骨折不符合 C 类发现)

4. 可扪及的脾大伴脾功能亢进

5. 由肥大细胞浸润胃肠道引起的吸收不良伴消瘦

　　B 类指疾病负荷(burden of disease),C 类指需要降细胞治疗,指器官受累而分别无和有器官功能衰竭

不同的组织标本,肥大细胞浸润的组织学模式可以不同。弥散间质性浸润定义为无紧密聚集而松散分布的肥大细胞,由于这一模式也见于反应性肥大细胞增生,因此还需要免疫表型和/或检测 *KIT* 基因功能性点突变等辅助检查。相反,初诊检查见多灶性紧密的肥大细胞浸润或弥散密集的肥大细胞浸润模式,高度符合肥大细胞增多症的诊断。不过,这些病例也需要免疫组化和分子学检查。

SM 骨髓累及的诊断通常是依据骨髓切片(表 27-2),骨髓涂片也可提供有用信息(但影响因素多)。SM 很少在外周血和骨髓呈肥大细胞白血病样改变,但骨髓空间可以被不典型肥大细胞呈间质象方式(松散的弥散性浸润),且肥大细胞通常少颗粒、不规则核叶或双核,有时见明显核仁。MCL 骨髓涂片最常见特征是异常肥大细胞丛簇,当肥大细胞达到 20% 或更多时,疑似 MCL,最后诊断应建立在 SM 标准的基础上,结合骨髓切片和涂片(弥散而紧密的肥大细胞浸润伴明显异形,如胞质颗粒过少、不规则形单核样或双叶的胞核甚至为异染性原始细胞,脂肪细胞和正常造血前体细胞显著减少)所见。典型 MCL,外周血细胞中肥大细胞计数≥10%。如果血片肥大细胞<10%,而骨髓切片和涂片形态学符合是 MCL 的条件,则诊断为"非白血病"变异型。变异型比典型型常见。

2014 年欧盟-美国共识组织将 ASM 中骨髓涂片肥大细胞占 5%～19% 者称为向 MCL 转化中的 ASM(ASM in transformation to MCL,ASM-t),即 MCL 前期。当骨髓涂片肥大细胞≥20% 时,即为转化的 MCL。在更新 WHO 分类中,MCL 主要标准仍是骨髓中肥大细胞≥20%。传统上,MCL 被分成经典型及非白血病性变异型。最近,MCL 有被分成无明显器官损害(无 C 项所见)的慢性型和更侵袭性的(急性)变异型(称为急性 MCL,有 C 项所见的器官损害)。

MCL 还需要与粒细胞肥大细胞白血病相鉴别。后者不满足 SM 标准,可能有晚期 MDS、AML、伴或不伴嗜酸性粒细胞增多的 MPN 加速期,或 MDS-MPN 重叠综合征。在粒细胞肥大细胞白血病中,肥大细胞占外周血和/或骨髓涂片有核细胞的≥10%,肥大细胞常是不成熟的,或被认为是极低表达类胰蛋白酶和无或低表达 FcεRI 的异染性原始细胞;外周血和骨髓细胞有病态造血特征;组织切片肥大细胞虽弥漫性间质性增生,但不符合>15 个肥大细胞聚集的标准;绝大多数有复杂核型,还可检到 *KIT* 突变,常无 816 密码子突变。血清类胰蛋白酶水平升高,但常<100ng/ml(多<50ng/ml)。

第二十八章

伴胚系突变遗传易感性髓系肿瘤

伴胚系突变(遗传)易感性髓系肿瘤(myeloid neoplasms with germline predisposition)是指有髓系肿瘤易感性胚系突变个体中发生的骨髓增生异常综合征(myelodysplastic syndromes,MDS)、骨髓增生异常-骨髓增殖性肿瘤(myelodysplastic/myeloproliferative neoplasm,MDS-MPN)和急性髓系白血病(acute myeloid leukemia,AML)病例。这些病例伴有遗传的或新生的胚系突变,可见特定的遗传和临床表型。在2017更新版WHO分类中列为造血和淋巴组织肿瘤分类中的一个类别,即从之前的MDS或AML非特定类型等髓系肿瘤中,区分出有胚系突变遗传易感性的个体,不但使这一渐显重要的病种受到更多的重视,并能得到更好的治疗以及其他方面的临床管理。

传统的诊断和风险评估工具,如修订的国际预后评分系统制订前,事先排除了已知有潜在遗传易感的MDS病例,所以不能反映胚系易感性突变的MDS(预后较差)。还有,经典的遗传性骨髓衰竭症(bone marrow failure disorder,BMFD)发生MDS者常在年轻时表现为低增生性骨髓,免疫抑制治疗无效,且增加感染风险;而一般的MDS患者,免疫抑制疗法反应较好。如果存在一种胚系易感性突变,临床医生可能会考虑异基因移植,以清除造血区突变细胞的优势。但需避免再引入有害突变。另外,具有胚系 *RUNX1*,*ANKRD26* 或 *ETV6* 突变的患者可出现与其血小板计数不相符的出血,并可能需要在侵入性操作或分娩之前预先输注正常血小板。这些都可受益于胚系易感性突变的检测以及遗传咨询。因此,将胚系突变易感性髓系肿瘤与自发产生或继发于环境或化学暴露的髓系肿瘤区分开来至关重要。随着基因测序的广泛开展,这类疾病的发现将日益增加。因此,WHO提出这一新诊断类别——伴胚系突变(遗传)易感性髓系肿瘤(表28-1)。

表28-1 伴胚系突变遗传易感性髓系肿瘤分类(WHO,2017)

先前无疾病或器官功能障碍伴胚系突变易感性髓系肿瘤	伴胚系 *CEBPA* 突变 AML 伴胚系 *DDX41* 突变髓系肿瘤[a]
先前有血小板疾病伴胚系突变易感性髓系肿瘤	伴胚系 *RUNX1* 突变髓系肿瘤[a] 伴胚系 *ANKRD26* 突变髓系肿瘤[a] 伴胚系 *ETV6* 突变髓系肿瘤[a]
其他器官功能障碍伴胚系突变易感性髓系肿瘤	伴胚系 *GATA2* 突变髓系肿瘤 骨髓衰竭综合征相关髓系肿瘤[b] 端粒生物学紊乱相关髓系肿瘤[b] 神经纤维瘤病、努南综合征或努南综合征样疾病相关的幼年型粒单细胞白血病[c] 唐氏综合征相关髓系肿瘤[a,d]

[a] 淋系肿瘤也有报告;[b] 特定基因见表28-2;[c] 见于部分幼年型粒单细胞白血病;[d] 见于唐氏综合征相关髓系增殖

第一节 先前无疾病或器官功能障碍伴胚系突变髓系肿瘤

WHO分类承认2种临床表现以髓系肿瘤为主且无其他显著表型异常的胚系突变遗传易感 MDS/AML,包括 *CEBPA* 和 *DDX41* 的胚系突变。前者发病较早,预后较好;后者发病较迟,预后差。

一、伴胚系 *CEBPA* 突变 AML

CCAAT/增强子结合蛋白α(CCAAT/enhancer binding protein α,*CEBPA*)基因位于染色体 19q13.1。该基因仅含 1 个外显子,编码蛋白为粒细胞生成所必需的一种髓系转录因子。5%~14% 的原发 AML 病例可检测到 *CEBPA* 突变,其中 20% 为双等位基因突变,约在 7%~11% 的 *CEPBA* 双突变病例中有一个突变发生于胚系,正常核型 AML 的 *CEBPA* 胚系突变大致发生率为 0.4%~1.5%。家族性伴 *CEPBA* 突变 AML 这一常染色体显性遗传疾病的外显率几乎 100%,未有胚系 *CEBPA* 突变而无血液学临床表现的报告。平均发病年龄在 25 岁(2~46 岁),发病前无血液学异常。其表型通常为 FAB 分类的 M1、M2,易见 Auer 小体,异常表达 CD7,与散发的 *CEBPA* 突变 AML 相似;大部分为正常核型;其中一个等位基因的 5′端突变多为胚系突变,在进展为 AML 时获得另一个等位基因的 3′端体细胞突变(图 28-1)。伴突变 *CEBPA* 的家族性 AML 患者化疗敏感,10 年总生存率>67%,虽然容易复发但预后仍好。复发时,克隆显示与原始克隆无关的新的二次打击 *CEBPA* 突变。

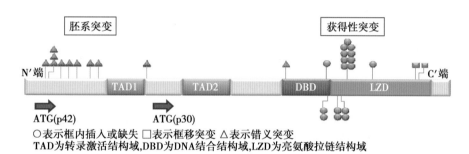

○表示框内插入或缺失 □表示框移突变 △表示错义突变
TAD 为转录激活结构域,DBD 为 DNA 结合结构域,LZD 为亮氨酸拉链结构域

图 28-1　*CEBPA* 基因胚系突变和获得性突变

家族性和散发性 *CEPBA* 突变病例形态和免疫表型特征相同,从临床上和根据原始细胞的初始分子学分析的结果可能无法区分家族性与散发性 AML 伴 *CEPBA* 突变。所有 *CEBPA* 双等位基因突变病例均应考虑胚系突变易感性的可能。家族性 AML 伴 *CEBPA* 突变为常染色体显性遗传,几乎完全外显,仔细调查家族史可揭示亲属有髓系肿瘤,并有遗传性突变的可能。胚系标本(首选皮肤活检)突变分析可明确区分 *CEBPA* 的体细胞突变与胚系细胞突变。

二、伴胚系 *DDX41* 突变髓系肿瘤

DEAD(天冬氨酸-谷氨酸-丙氨酸-天冬氨酸)盒多肽 41 基因(DEAD-box polypeptide 41,*DDX41*)位于染色体 5q35.3,编码蛋白作为一种 RNA 解旋酶在剪接体中发挥作用。*DDX41* 突变导致 mRNA 剪接和 RNA 加工的异常,与其他剪接体成分一起促发髓系肿瘤。在一项研究中,1 000 例髓系肿瘤患者中有 1.5% 为 *DDX41* 突变,其中胚系突变者约占一半。*DDX41* 双等位基因突变病例,其中一个等位基因可能发生于胚系。因此,有 *DDX41* 突变的髓系肿瘤患者建议胚系突变分析。正如一些胚系 *DDX41* 突变恶性肿瘤的强家族史所示,这些胚系突变易发展为高度恶性髓系肿瘤。这些家族性病例与迟发性(发病年龄 44~70 岁)、晚期疾病、正常核型(约占 80%)和预后差相关。疾病外显率有待确定,但在几个家族中仔细调查示不明原因的单核细胞增多和形态异常。伴胚系 *DDX41* 突变 MDS/AML 通常白细胞减少,骨髓低增生伴显著的红系病态造血。多数胚系 *DDX41* 突变(移码突变 c.419insGATG,p.D140fs)引起截断的酶蛋白,错义突变和剪接突变变异型也可见(图 28-2)。一半 *DDX41* 胚系突变携带者获得性 *DDX41* 二次突变(p.R525H)发展为 MDS 或 AML,提示 *DDX41* 是一种肿瘤抑制基因。*DDX41* 可能在 del(5q)髓系肿瘤的发病机制中起作用,因为这些缺失中一些包括 *DDX41* 基因座,导致单倍体不足。del(5q)病例中的 *DDX41* 缺陷者与晚期疾病和来那度胺反应相关。已知 *DDX41* 突变或缺失和其他易感综合征的家族,建议定期骨髓活检、细胞遗传学分析和血细胞计数。

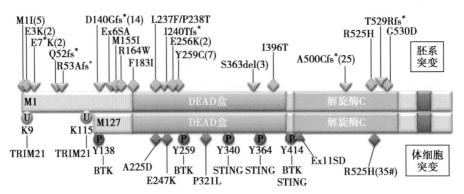

◇表示错义突变　　△表示框移突变或提前终止

Ⓤ表示泛素化位点　　Ⓟ表示磷酸化位点

图 28-2　*DDX41* 基因胚系突变和体细胞突变

有 2 种 DDX41 同工蛋白,常为含 622 个氨基酸的 70kDa 蛋白;较短者从第 127 个蛋氨酸开始,为含 496 个氨基酸的 55kDa 蛋白。SA 为剪接受体,SD 为剪接供体,BTK 为 Bruton 酪氨酸激酶,STING 为类干扰素基因刺激蛋白,TRIM21 为三基序蛋白 21。#表示双等位基因病例

第二节　先前有血小板疾病伴胚系突变髓系肿瘤

先前有血小板疾病的伴胚系突变髓系肿瘤是出现在家族性血小板疾病的胚系突变的情况下的恶性血液病,暂时定义 3 个病种。在患有出血家族史和/或 MDS/AML 之前有长期血小板减少史患者中应怀疑 *RUNX1*、*ANKRD26* 和 *ETV6* 突变。如果确定了这些突变的存在,则应将患者和家庭成员纳入遗传咨询并评估髓系肿瘤发生风险。

一、伴胚系 *RUNX1* 突变髓系肿瘤

runt 相关转录因子 1 基因(Runt-related transcription factor 1,*RUNX1*)位于染色体 21q22,包含 9 个外显子。胚系 *RUNX1* 突变引起"家族性血小板疾病伴相关髓系肿瘤"。在散发的髓系肿瘤中经常存在该基因的体细胞突变,伴 *RUNX1* 突变 AML 为 2016 版 WHO 分类新增的临时病种。单等位基因胚系 *RUNX1* 突变,包括错义突变、无义突变、框移突变、插入、缺失以及使剩下的 *RUNX1* 等位基因显性失活。单等位基因 *RUNX1* 突变携带者有不同程度的临床表现:从血小板中度减少、出血(有频繁强烈预期的髓系肿瘤),到无症状的家族成员。伴胚系 *RUNX1* 突变患者血小板大小正常,血小板生成素受体又称骨髓增殖性白血病蛋白(myeloproliferative leukemia,MPL)或 CD110 的表达下降。大多数患者显示胶原蛋白和肾上腺素的血小板聚集作用下降和致密颗粒存储池缺陷。胚系突变携带的家族成员发生髓系肿瘤风险在 11%～100% 之间(中位数 44%),MDS/AML 中位发病年龄为 33 岁(6～76 岁),较散发性患者年轻。在一些病例中,MDS 或 AML 的发生伴随第二个 *RUNX1* 等位基因体细胞突变和/或 21 号染色体三体(*RUNX1* 所在染色体)。染色体 21q22 上 *RUNX1* 区域体质性微缺失也与血小板异常和 MDS/AML 易感性以及先天异常相关。对于疑似病例测序分析不能鉴定 *RUNX1* 突变者,应考虑拷贝数变化或重排。有胚系 *RUNX1* 突变与其他 2 种血小板减少的胚系突变,而无血液肿瘤的个体推荐做基线的骨髓活检和细胞遗传学检查,之后定期随访全血细胞计数和临床检查。

二、伴胚系 *ANKRD26* 突变髓系肿瘤

2 型血小板减少症是由位于染色体 10p12 的锚蛋白重复结构域蛋白 26(Ankyrin repeat domain 26,*ANKRD26*)基因突变引起的常染色体显性血小板减少症。该基因含有 34 个外显子,突变干扰 *ANKRD26* 表

达的控制机制,影响巨核细胞和血小板生成。2 型血小板减少症患者表现为血小板中度减少及其功能紊乱与出血倾向,平均血小板体积正常。大多数患者有糖蛋白 Ia 和 α 颗粒缺乏,但体外血小板聚集检查通常正常。患者血小板生成素增高。骨髓巨核细胞病态造血。ANKRD26 突变特征为基因 5′非翻译区一小段内单个核苷酸的替换,似乎通过阻止转录抑制子的结合导致基因表达增强。ANKRD26 表达增强导致通过 MPL 途径的信号增强。在胚系突变携带者中 AML 的发病率增加(较一般人群约高 30 倍),4.9%患者发生急性白血病,2.2%发生 MDS。也可见无明显 MDS 的 ANKRD26 突变携带者有巨核细胞病态造血,包括小的伴分叶过少的巨核细胞和微小巨核细胞增多。

三、伴胚系 *ETV6* 突变髓系肿瘤

位于染色体 12p13.2 的 ETS 家族转录抑制子变异体 6(ETS family transcriptional repressor variant 6, *ETV6*)基因含有 8 个外显子,翻译产物在胚胎发育和造血调控中必不可少。该基因胚系突变导致 DNA 结合改变和 ETV6 蛋白亚细胞定位异常,导致血小板相关基因表达下降,引起常染色体显性遗传家族性血小板减少症(5 型血小板减少症)和血液肿瘤。患者表现为出血和血小板减少,易误诊为免疫性血小板减少症。受累个体发生某些类型的血液肿瘤的可能性增加,髓系、淋系均可累及。患者血小板大小正常但数量有不同程度减少和轻中度出血倾向。无白血病受累患者骨髓活检有小的核叶过少巨核细胞和轻度的红系病态造血。*ETV6* 中确定了三个热点位置:ETS 高度保守区的 p. A369G 和 p. A399C,以及影响 DNA 结合的 p. Pro214L。这些突变阻止 DNA 结合,改变亚细胞定位,并在显性负作用中减少转录抑制,从而损害造血作用。

第三节 其他器官功能障碍伴胚系突变易感性髓系肿瘤

另有一些特征明确的遗传性综合征患者患髓系肿瘤的风险增加。在 2017 版 WHO 分类中包括了 5 种其他器官功能障碍伴遗传易感性髓系肿瘤:伴胚系 *GATA2* 突变髓系肿瘤,骨髓衰竭综合征相关髓系肿瘤,端粒生物学紊乱相关髓系肿瘤,神经纤维瘤病、努南综合征或努南综合征样疾病相关的幼年型粒单细胞白血病,唐氏综合征相关的髓系肿瘤。

一、伴胚系 *GATA2* 突变髓系肿瘤

GATA 结合蛋白 2(GATA-binding protein 2, *GATA2*)基因位于染色体 3q21,含有 7 个外显子,编码在正常造血中必需的 GATA 转录因子家族锌指。这种蛋白质能通过与 DNA 特定序列 G-A-T-A 结合而辅助调节基因表达。

胚系 *GATA2* 突变最初在常染色体显性遗传 MDS/AML 家族中被鉴定的。这一胚系突变还可引起其它遗传综合征,包括 MonoMAC 综合征、Emberger 综合征、先天性中性粒细胞减少症以及树突细胞、单核细胞和淋巴细胞缺乏症(dendritic cell, monocyte, and lymphocyte deficiency, DCML)。Emberger 综合征与 MDS/急性白血病(acute leukemia, AL)易感性相关,且存在系统性表现,如局限于下肢和生殖器的淋巴水肿,淋巴细胞减少伴 CD4/CD8 比低,皮肤疣以及感觉神经性耳聋。Emberger 综合征似乎与 8 种独立的 *GATA2* 变异型突变有关。MonoMAC 综合征的特征是单核细胞减少,B 细胞、自然杀伤细胞和巨噬细胞的功能性缺陷,易患非典型感染,以及肺泡蛋白沉积症和 MDS/AL 易感性。广泛的疣和自身免疫性异常也是这一综合征临床表现的一部分。

流式细胞术示以下特征性所见可能有助于疑似"特发性"再生障碍性贫血患者中确定 *GATA2* 突变:粒细胞成熟异常,单核细胞减少(疾病进展单核细胞可增多),NK 细胞和 B 细胞数量减少,几乎无原始血细胞,浆细胞常异常(例如 CD56+,CD19-),T 细胞大颗粒淋巴细胞扩增。

家系分析显示四种不同的 *GATA2* 突变:两种在家族性 AML 中(p. T354M 和 p. T355del,均在第二锌指结构域),另外两种为新发(原发)AML(p. R308P 和 p. A350N351ins8)。

在患者病史中,这些异常所见都可是 *GATA2* 突变的线索,但一些表现为 MDS/AML 的 *GATA2* 突变者

无这些临床所见。高达 2/3 的胚系 GATA2 突变是新发而非遗传的,原发患者可能无家族史。这些患者终生患 MDS 的风险约为 70%;MDS 诊断的中位年龄在 21 ~ 33 岁之间,特征通常包括骨髓低增生,多系病态造血(巨核细胞最突出),纤维增生增加,以及单体 7 或三体 8 等异常。MDS/AL 转化发生迅速,导致不良预后,宜进行同种异体造血干细胞移植治疗。

二、遗传性骨髓衰竭综合征相关髓系肿瘤

遗传性骨髓衰竭综合征(inherited bone marrow failure syndromes,IBMFS)是有特征性造血功能障碍和随之发生血细胞减少的罕见遗传性疾病,有转化为克隆性髓系肿瘤(clonal myeloid malignancies,CMMT)的高风险,包括 MDS、AML 或孤立的克隆性细胞遗传学异常。血液肿瘤可作为 IBMFS 最初的表现。大约 25% 的范可尼贫血患者无身材矮小和上肢异常等典型的疾病表型。成人和儿童新发 CMMT 没有精确定义,诊断根据外周血细胞计数和分类,骨髓的原始细胞、病态造血、细胞增生性和细胞遗传学分析。儿童 MDS 的诊断是根据外周血细胞计数,骨髓病态造血形态和原始细胞。这些是定义 MDS 有价值的指标。在 IBMFS 患者中发生 CMMT 的风险估计比一般人群高出 2 000 多倍。

由于缺乏基于人群的数据,在各种不同类型的 IBMFS 患者中发生 CMMT 的风险尚未准确估计。尽管不同的 IBMFS 类型有共同的一些临床和形态表型,但 IBMFS 基因可能参与不同的途径,这是不同 IBMFS 基因突变可能有不同恶性作用的原因(表 28-2),也为范科尼贫血症和 Shwachman-Diamond 综合征患儿的常规白血病监测提供了依据。

表 28-2　重要的骨髓衰竭综合征和端粒生物学紊乱伴胚系突变易感性髓系肿瘤*(WHO,2017)

综合征	遗传模式和基因	典型血液肿瘤	髓系肿瘤风险	其他表型所见	诊断试验
范可尼贫血	AR:FANCA XLR:FANCB,FANCC,BRCA2(FANCD1),FANCD2,FANCE,FANCF,FANCG,FANCI,BRIP1(FANCJ),FANCL,FANCM,PALB2(FANCN),RAD51C,SLX4(BTBD12)	MDS,AML	MDS:7% AML:9%	骨髓衰竭,低出生体重,身材矮小,桡骨异常,先天性心脏病,小眼畸形,耳畸形,耳聋,肾脏畸形,性腺功能低下,咖啡牛奶斑,实体瘤	筛查试验:染色体断裂分析 相关突变基因测序
严重的先天性中性粒细胞减少症	AD:ELANE,CSF3R,GFI1 AR:HAX1,G6PC3 XLR:WAS	MDS,AML	21% ~ 40%	HAX1:神经发育异常 G6PC3:心脏和其他异常	相关突变基因测序
Shwachman-Diamond 综合征	AR:SBDS	MDS,AML,ALL	5% ~ 24%	先有孤立的中性粒细胞减少,胰腺功能不全,身材矮小,骨骼异常包括干骺端发育障碍	SBDS 突变测序
Diamond-Blackfan 贫血	AD:RPS19,RPS17,RPS24,RPL35A,RPL5,RPL11,RPS7,RPS26,RPS10 XLR:GATA1	MDS,AML,ALL	5%	身材矮小,先天性异常(包括颅面,心脏,骨骼,泌尿生殖道)	筛查:红细胞腺苷脱氨酶和血红蛋白 F 升高;对相关基因测序
端粒生物学紊乱包括先天性角化不良和 TERC 或 TERT 突变引起的综合征	XLR:DKC1 AD:TERT,TERC,TINF2,RTEL1 AR:NOP10,NHP2,WRAP53,RTEL1,TERT,CTC1	MDS,AML	2% ~ 30%	指甲营养不良,皮肤异常和色素沉着,口腔粘膜白斑,肺纤维化,肝纤维化,鳞状细胞癌	流式-FISH 检测端粒长度 如有异常,进行相关突变基因测序

AD,常染色体显性遗传;AR,常染色体隐性遗传;XLR,X 连锁隐性遗传。

三、端粒生物学紊乱相关胚系突变易感性髓系肿瘤

9 种不同的基因突变可引起端粒维持异常,导致染色体不稳定和细胞凋亡,最终导致发生端粒生物学

紊乱相关的髓系肿瘤。先天性角化不良(dyskeratosis congenital,DC),是一种以皮肤黏膜异常三联征(指/趾甲营养不良、口腔黏膜白斑病、皮肤网状色素沉着),进行性骨髓衰竭及肿瘤易感性表现为特征的 X 连锁隐性遗传病。典型的临床表现是儿童期先出现皮肤黏膜症状,在青春期出现骨髓衰竭,并死于青壮年。在引起 DC 的 9 种端粒维护基因中,端粒酶逆转录酶(telomerase reverse transcriptase,TERT)和端粒酶 RNA 成分(telomerase RNA component,TERC)基因编码的产物形成端粒酶的核心。TERT 和 TERC 基因突变患者,常无任何 DC 的身体表现,一些表现为无征兆或症状性孤立的 MDS/AML。因此,只有 MDS 家族史的,或者有先行的血细胞减少、头颈部鳞状细胞癌、肺或肝脏疾病的个人或家族史的 MDS/AML 患者,可能患有 DC。DC 患者发生 MDS 的中位年龄为 35 岁(19~61 岁)。

Xq28 端粒过度缩短,导致位于该处的角化不良蛋白(DKC1)基因不稳定和高癌症风险。在 DC 患者血液肿瘤发病高:相对于正常人群 AML 约为 200 倍,MDS 约 2 500 倍。因此受累患者必须适当筛选。影响 TERT 基因(位于 5p15.33)或 TERC(位于染色体 3q26.2)的致病突变,为不完全外显率的常染色体显性遗传特征,有异质性表型。表型范围从正常到严重的血液肿瘤,发病年龄和预后也不相同。遗传有 TERT/TERC 突变儿童可有早期的临床表现,尽管他们的父母携带相同的突变可能不会有相同表现。临床表现可能包括孤立性特发性肺纤维化、肝硬化、早发型肛门生殖器或头颈部癌症,以及这些特征的组合。研究结果指出,在一个家族中有一个以上的 MDS/AL 和/或有轻微血液异常患者、干细胞动员失败者、或有其他器官或系统的临床表现者,需要筛查 TERC 和 TERT。

四、神经纤维瘤病、努南综合征(样疾病)相关 JMML

幼年型粒单细胞白血病(juvenile myelomonocytic leukemia,JMML)是一种侵袭性骨髓增生异常-骨髓增殖性肿瘤。大多数病例与 RAS/MAPK 信号转导途径成分的功能获得性体细胞突变相关。少数病例发生在神经纤维瘤病、努南综合征或努南综合征样疾病中,有不同的预后意义和疾病分类。

约 10%~15% 的儿科 JMML 与 I 型神经纤维瘤病相关,疾病由编码神经纤维瘤蛋白的 I 型神经纤维瘤病(neurofibromatosis type I,NF1)基因突变导致。NF1 基因是位于染色体 17q11.2 的抑癌基因,长为 350kb,其突变率为 1×10^{-4},是人类基因突变率最高的基因位点之一,并表现为完全的外显率。NF1 基因编码的神经纤维瘤蛋白参与调节如 RAS-MAPK 通路等几种细胞内过程。该蛋白缺乏时,细胞过度生长与增殖,导致 I 型神经纤维瘤病多系统病变的发生。NF1 是一种常染色体显性遗传病,多达 50% 的 NF1 患者为家族中首发,其发病与基因的突变密切相关。这些个体的良性和恶性肿瘤的发生率很高。

努南综合征是一种 RAS/MAPK 信号转导增强的遗传性疾病。50% 的努南综合征患者和 35% 的 JMML 病例携带非受体型蛋白酪氨酸磷酸酶 11(protein tyrosine phosphatase,non-receptor-type 11,PTPN11)基因功能获得性突变,涉及调节 RAS/MAPK 通路的酪氨酸磷酸酶 SHP-2 的改变。在努南综合征中,可由于 PTPN11 胚系突变而发生 JMML,与 PTPN11 体细胞突变出现的 JMML 临床特征相似,不过预后一般更好。PTPN11、RAS、NF1 和 CBL 突变在 JMML 中具有排他性,表明 RAS/MAPK 途径中的一次打击足以发生白血病。

影响 casitas-B 系淋巴瘤原癌基因(casitas-B-lineage lymphoma protooncogene,CBL,位于染色体 11q23.3)胚系突变可导致努南综合征样表型。这些患者神经表现相对多见,有 JMML 易感性,而心脏异常、生长迟缓和隐睾发生率均低。影响位于染色体 10q25.2 的 SHOC2 胚系突变,通常导致努南综合征样表型和 JMML,少数可有经典的努南综合征。已经鉴定出 SHOC2 基因的重现性错义突变(4A>G)。

五、唐氏综合征相关髓系肿瘤

唐氏综合征患者因额外的 21 号染色体导致精神发育迟滞和特征性面部外观。约 2%~3% 唐氏综合征患儿可患白血病,包括 AML 和 ALL。唐氏综合征相关的髓系肿瘤与唐氏综合征相关髓系增殖这一类型有重叠,但不包括其中的唐氏综合征暂时异常的髓系造血(transient abnormal myelopoiesis of Down Syndrome,DS-TAM),主要指唐氏综合征相关髓系白血病(myeloid leukemia associated with Down syndrome,ML-DS)。位于染色体 Xp11.23 的 GATA 结合蛋白 1(GATA binding protein 1,GATA1)基因编码一种锌指 DNA 结合转录因子,对于造血细胞的正常发育至关重要。*GATA1* 突变是 DS-TAM 和 ML-DS 的标记。*GATA1* 突变绝大多数发生在外显子 2(罕见在外显子 3)。突变导致过早出现终止密码子,伴转录起始于密码子 84 中框内 ATG 三联体,导致缩短的 *GATA1* 同种型(<40kDa),称为"GATA1",缺少 N 端转录激活结构域。DS-TAM/ML 与一般典型的 21 三体相关联,尽管一些患者被证明是 21 三体嵌合体或涉及 21 号染色体易位的携带者。因此,缺乏典型的 DS 表型不能排除 DS-TAM。DS-TAM 在临床和形态学上与 AML 无法区分,原始细胞具有巨核细胞形态学和免疫学特征,是唐氏综合征新生儿的独特表现,约占 DS 的 10%,但在表型正常的 21 三体嵌合体中不常见。ML-DS 之前常有 MDS 样过程,可持续数月,特征为渐进性血小板减少,无效红细胞生成和贫血以及骨髓增生异常改变。

虽然 *GATA1* 突变和 21 三体共存可能引起 DS-TAM,但在先前 DS-TAM-*GATA1* 中存在的其他改变,似乎是促成 ML-DS 所必需的。这些改变包括 8 和 21 三体,5 和 7 号染色体的部分或完全缺失,dup(1q),del(16q)和小部分病例中的 *JAK1*、*JAK2*、*JAK3*、*TP53*、*FLT3* 和 *MPL* 体细胞突变。

DS 患者头 5 年中 AL 的发病率增加 50 倍。绝大多数 ML-DS 在 5 岁前发病。ML-DS 发生在 20% ~ 30% 先前有 TAM 史的儿童,而且白血病通常发生在 TAM 后 1 ~ 3 年内。在 50% 的病例中,ML 为急性原始巨核细胞白血病(acute megakaryoblastic leukemia,A MKL)。骨髓中原始细胞<20%的儿童临床过程似乎较为惰性,最初有一段时间血小板减少。有 DS 的婴儿 AML 预后比非 DS 的 AMKL 患者预后更好。目前化疗方案治疗有 80% 的无事件生存率。尽管对治疗有很好的反应,毒性导致的死亡仍然是一个问题,约占 7% 的病例。ML-DS 和非 DS 的 AMKL 之间基因表达特征不同。这些差异不能简单归因于另外一套 21 号染色体上的基因存在。与非 DS 的 AMKL 病例相反,ML-DS 中 *KIT*,*MYC* 和 *GATA2* 过度表达,表明两者是不同的实体。

第四节　髓系肿瘤胚系突变易感性检测

具有遗传易感性胚系突变的髓系肿瘤,没有特异性临床特征。但许多胚系突变与非肿瘤性血液学疾病、器官功能障碍或遗传性综合征等相关,这些疾病与所涉及的特定基因相关并且通常在髓系肿瘤发展之前表现出来。故通过这些线索可引起这类疾病可能性的怀疑,进而做相应检测。

一、遗传学咨询

WHO 指南,建议有表 28-3 中所列个体应进行遗传学咨询。家族性倾向的髓系肿瘤患者,已知会导致髓系肿瘤风险增加的突变的检测常呈阴性,表明存在其他易感性等位基因,并有待发现。因此,胚系突变易感综合征的数量可能会增加。例如,最近描述的 *SRP72* 的胚系突变和 *ATG2B* 和 *GSKIP* 的胚系重复,可能随着更多信息的出现而认识这些髓系肿瘤易感综合征。

表 28-3　应考虑伴胚系突变易感性髓系肿瘤可能的个体

具有以下任何一种情况的 MDS 或急性白血病(AML 或 ALL)患者:
- 多种癌症个人史
- MDS/AML 诊断的几年前有血小板减少、出血倾向或大红细胞增多
- 一级或二级亲属有血液肿瘤
- 一级或二级亲属有与胚系突变易感性一致的实体瘤;即肉瘤,早发型乳腺癌(<50 岁),脑瘤
- (患者或一级或二级亲属)有异常指甲或皮肤色素沉着,口腔黏膜白斑,特发性肺纤维化,不能解释的肝病,淋巴水肿,非典型感染,免疫缺陷,先天性肢体异常或身材矮小

符合以下健康的潜在造血干细胞供者也需排除是否有胚系基因突变:准备为上列血液肿瘤的家庭成员捐赠干细胞的亲缘供者,或者标准方案不能很好地动员出造血干细胞健康的候选造血干细胞供者也需要排除是否有胚系基因突变

二、进一步检查

在一些病例中,可通过进一步的临床和实验室线索决定特定的检测。重要的表型线索见表 28-2 和

表28-4。虽然病史和体格检查是这一组成的重要部分,但检查正常和无特别病史者不能排除胚系突变易感性髓系肿瘤。

表 28-4　表型相关与怀疑的家族性 MDS/AML

表型相关	怀　疑
先前有骨髓衰竭证据	范可尼贫血,先天性角化不良
先前有持续性中性粒细胞减少	严重先天性中性粒细胞减少症,Shwachman-Diamond 综合征
先前有持续性血小板疾病	*RUNX1* 突变,*ANKRD26* 突变,*ETV6* 突变
淋巴水肿,先前有单核细胞减少,免疫缺陷伴非典型性感染,肺泡蛋白沉积症	*GATA2* 突变
无特异表型特征,但根据一般的发病年龄或家族史怀疑胚系突变	范可尼贫血,先天性角化不良,*CEBPA* 突变,*DDX41* 突变

另一个可能线索是先前有血细胞减少或出血素质的诊断。因此,如已知长期血小板减少史提示 *RUNX1*、*ANKRD26* 和 *ETV6* 突变可能。诊断时骨髓细胞增生减低或化疗后骨髓恢复明显延迟疑似遗传性 BMFD 的存在。

如果有特定胚系易感性突变或综合征的线索,首先检测该病种的突变。在无特定突变表型线索的可疑病例中,一般初筛试验可包括染色体断裂分析,流式 FISH 端粒长度测量,以及选择适当的基因突变分析。

最后,由于 AML 患者正规使用基于 NGS 的多基因髓系套组鉴定体细胞突变,某些病例可能通过这一路径找到胚系突变易感性证据。这种套组通常包括 *CEBPA*,*RUNX1*,*ETV6* 和 *GATA2*。涉及到任何这些基因突变的适当模式应提示额外的胚系细胞检测,如 *CEBPA* 双等位基因突变。最后,初步诊断后如鉴定到胚系突变,有必要将原先诊断的修正为胚系突变(遗传)易感性髓系肿瘤。

若发现相关突变而临床表现相符,下一步需要确定是胚系突变还是体细胞突变。确定的首选方法是从患者获得小块皮肤活检,培养成纤维细胞。然后,对体外培养的成纤维细胞进行测序分析。这一过程获得的纯非造血细胞群,可靠地反映胚系组成,是确定髓系肿瘤情况下等位基因是否为胚系状态的金标准。指甲和毛发 DNA 也可使用。

第二十九章

原始淋巴细胞白血病/淋巴瘤

原始淋巴细胞白血病/淋巴瘤,又称原始淋巴细胞肿瘤或前体细胞淋系肿瘤(precursor lymphoid neoplasms),是前体(淋巴)细胞在某个发育阶段发生多步骤体细胞突变所致的血液肿瘤。包括原始 B、T 和 NK 淋巴细胞白血病/淋巴瘤。除了原始淋巴细胞淋巴瘤(lymphoblalstic lymphomas,LBL)外,因习惯称原始淋巴细胞白血病为急性原始淋巴细胞白血病(acute lymphoblastic leukemias,ALL),故仍沿用 ALL 这一简称。但 WHO 的 ALL 中不包括原来 FAB 分类中的 ALL-L3。前体(淋巴)细胞、淋巴母细胞都是骨髓或胸腺来源的原始淋巴细胞或原幼淋巴细胞。急性淋巴细胞白血病(acute lymphocytic leukemias,ALL)为急性原始淋巴细胞白血病的同义名,在我国习惯使用较普遍。

第一节　分类和临床特征

1. 分类　2017 年修订的 WHO 分类将前体细胞淋系肿瘤类型分为原始 B 淋巴细胞白血病/淋巴瘤(B-lymphoblstic leukaemia/lymphoma,B-ALL/LBL)、原始 T 淋巴细胞白血病/淋巴瘤(T-lymphoblstic leukaemia/lymphoma,T-ALL/LBL)和原始 NK 淋巴细胞白血病/淋巴瘤 3 个大类;在 B 系中再分为特定类型和非特定类型(not otherwise specified,NOS),在 T 系中分出一种特定的暂定类型(表 29-1)。

表 29-1　原始淋巴细胞白血病/淋巴瘤分类(WHO,2017)

原始 B 淋巴细胞白血病/淋巴瘤(B-ALL/LBL)	B-ALL/LBL 伴 t(1;19)(q23;p13.3);*TCF3-PBX1*
B-ALL/LBL 伴重现性遗传学异常(特定类型)	暂定类型:B-ALL/LBL 伴 *BCR-ABL1* 样
B-ALL/LBL 伴 t(9;22)(q34.1;q11.2);*BCR-ABL1*	暂定类型:B-ALL/LBL 伴 iAMP21
B-ALL/LBL 伴 t(v;11q23.3);*KMT2A* 重排	B-ALL,非特定类型(NOS)
B-ALL/LBL 伴 t(12;21)(p13.2;q22.1);*ETV6-RUNX1*	原始 T 淋巴细胞白血病/淋巴瘤(T-ALL/LBL)
B-ALL/LBL 伴超二倍体	暂定类型:早 T 前体原始淋巴细胞白血病
B-ALL/LBL 伴低二倍体	暂定类型:原始 NK 淋巴细胞白血病/淋巴瘤
B-ALL/LBL 伴 t(5;14)(q31.1;q32.1);*IGH-IL3* *	

* 原始淋巴细胞可<20%

(1) B-ALL/LBL:在更新分类中,新增 2 个重现性遗传学异常的暂定病种:B-ALL 伴 *BCR-ABL1* 样和 B-ALL 伴 21 号染色体内扩增(iAMP21)。其他类型与 2008 年相同。

(2) T-ALL/LBL:在 2008 年的 WHO 分类中,尚无特定类型。在 2017 年的更新分类中,增加了一种暂定的特定类型——早 T 前体原始淋巴细胞白血病(early T-cell precursor lymphoblastic leukemia,ETP-ALL)。

(3) 原始 NK 淋巴细胞白血病/淋巴瘤:在 2008 年的 WHO 分类中,ALL 大类中没有原始 NK 淋巴细胞白血病类型。该类疾病归类于急性未明系列白血病类别下的其余未明系列急性白血病中。在 2017 年,在前体细胞淋系肿瘤中增加了新的特定的暂定类型——原始 NK 淋巴细胞白血病/淋巴瘤,免疫表型特征特点为 CD3-、CD4-、CD13-、CD33-、CD56+、CD941A+,无 *TCR* 位点重排。

2. ALL 临床特征　症状和体征几乎都是由原始淋巴细胞浸润骨髓引起血细胞数异常造成的,一般反映了骨髓衰竭的程度和髓外浸润的范围。原始淋巴细胞也可以累及其他器官,出现如脾和淋巴结肿大等。见于 ALL 一半及一半以上的前四大症状是:肝脾大、发热、乏力和淋巴结肿大。T-ALL 比 B-ALL 更多见髓外浸润症状。累及胃肠集合淋巴小结的通常发生回肠盲部肠套叠,常见于 FAB 分类的 ALL-L3(Burkitt 细胞白血病)。也有部分患者起病隐匿,甚至无血细胞计数异常。

我国 ALL 年发病率约为 0.67/10 万,多发于青少年和儿童,占儿童白血病的 70% 以上。在美国,ALL 的年发病率为 1.6/10 万人口,一半以上是儿童,约占儿童癌症的 25%。随着诊治的进步,现在儿童 ALL 中 90% 可以达到长期生存甚至治愈。成人 ALL 随着年龄增加而治愈率减低,总的长期生存率为 40%。ALL 的发生与多因素有关。在儿童 ALL 中,最显著的 21 三体,其患 ALL 的相对危险增加 15 倍。其他遗传学异常也是易患 ALL 的一个重要因素。环境因素,如电离辐射和接触化学诱变剂相关性因素也在引起重视。

与急性髓细胞白血病(acute myeloid leukemias,AML)相比,ALL 有以下特点:骨髓增生异常综合征(myelodysplastic syndromes,MDS)样病史少见;治疗相关少见;发病年龄低;原始淋巴细胞比例高;脾和淋巴结肿大易见;治愈率高。

第二节 急性原始淋巴细胞白血病的诊断

ALL 与 LBL 具有相同的细胞形态学、免疫表型和遗传学。不过,LBL 的病变部位不同,诊断是由组织学作出。因此,本章第二节和第三节介绍的重点是 ALL。初诊 ALL 病例,由形态学的基本诊断,免疫表型确定系列,到 WHO 分类的特定类型和非特定类型的诊断见图 29-1。诊断 ALL 的外周血和/或骨髓原始淋巴细胞比例没有明确切点,许多治疗指南定为 >25%,也有不少使用 ≥20%。

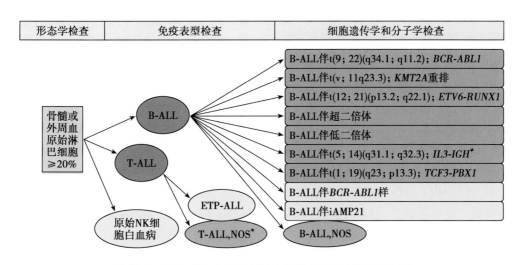

形态学检查　免疫表型检查　细胞遗传学和分子学检查

骨髓或外周血原始淋巴细胞 ≥20%

B-ALL
- B-ALL伴t(9; 22)(q34.1; q11.2); *BCR-ABL1*
- B-ALL伴t(v; 11q23.3); *KMT2A*重排
- B-ALL伴t(12; 21)(p13.2; q22.1); *ETV6-RUNX1*
- B-ALL伴超二倍体
- B-ALL伴低二倍体
- B-ALL伴t(5; 14)(q31.1; q32.3); *IL3-IGH**
- B-ALL伴t(1; 19)(q23; p13.3); *TCF3-PBX1*
- B-ALL伴*BCR-ABL1*样
- B-ALL伴iAMP21

T-ALL
ETP-ALL
T-ALL,NOS*

原始NK细胞白血病
B-ALL,NOS

图 29-1　初诊 ALL 由形态学基本诊断到 WHO 的类型诊断

黄色框为新增的 4 种临时病种;紫色框内及其下面 2 种黄色的临时病种示 B-ALL 重现性遗传学异常病种;B-ALL,NOS 为分出特定类型后而剩下的类型;T-ALL 分出暂定的特定类型(ETP-ALL)后为非特定类型(T-ALL,NOS;2016 发表 *Blood* 中有这一明确类型);原始 NK 细胞白血病为暂定的新类型;若少见 ALL 伴嗜酸性粒细胞增多并有罕见的 *PDGFRA/B* 或 *FGFR1* 重排者则归类为伴嗜酸性粒细胞增多和 *PDGFRA/B* 或 *FGFR1* 重排淋系肿瘤(见第二十六章),而不是 ALL;* 可以原始细胞 <20%

一、形态学诊断

形态学诊断是 ALL 的基础性诊断。一般来说,相对于 AML,ALL 的形态学诊断比较容易。原始淋巴细胞百分比高,形态特征明显。外周血细胞减少的严重性可以基本上反映骨髓原始淋巴细胞扩增的程度,而白细胞计数常因白血病细胞而增高。由于一部分 ALL 在外周血中无原始细胞,骨髓穿刺是必需的,又有一部分患者伴发骨髓纤维化等因素,也需要骨髓活检。

1. 原始淋巴细胞形态　当外周血和骨髓涂片上形态相对单一和规则,胞体小或大小不一,核质比例(N/C)高或较高,胞核着色相对深而显眼,其他细胞少见,涂抹细胞多见时,应提示 ALL(L1 和 L2)。外周血细胞减少,骨髓较为单一的中大型原始淋巴细胞、胞质嗜碱性、无颗粒和明显的珍珠样或蜂窝状空泡者,可以提示 ALL 的 L3(Burkitt 细胞白血病或 Burkitt 型白血病),形态学典型病例具有临床、免疫表型、遗传学和预后意义上的相关性。原始淋巴细胞形态学详见第十一章。

2. 细胞化学染色 过氧化物酶(peroxidase,POX)、苏丹黑 B(Sudan black B,SBB)、氯乙酸酯酶(chloroacetate esterase,CE)、丁酸酯酶(naphthyl butyrate esterase,NBE)阴性,这些项目既是确认(淋系白血病细胞),也是排他性的指标。ALL 原始淋巴细胞这四种细胞化学染色均为阴性或 POX 与 SBB 阳性<3%。

3. 形态学分类 对于初诊先行检查的病例,形态学可以按 FAB 分类进行。因 FAB 分类的 ALL-L1～L3 也可以提示某些参考信息,如原始淋巴细胞不规则和异形性的 ALL-L2 多有 Ph 染色体及其 BCR-ABL1 等重现性遗传学异常,相对而言原始淋巴细胞小而规则的 ALL-L1 病例 Ph 染色体及其 BCR-ABL1 等遗传学异常少见;对以白血病为起病的 ALL-L3(Burkitt 细胞白血病),虽被归入成熟 B 细胞肿瘤(免疫表型为成熟 B 细胞,并与 MYC 和 Ig 基因重排相关),但在通常所见的病例中,因白血病的特征明显,作为形态学中相似的一个基本类型也有可取之处。尤其在基层医疗单位的形态学基本诊断中。这与在完成白血病实验室全套检查而进行整合诊断中的分类理念与要求有所不同。

在形态学分类中,还可以依据原始淋巴细胞的一些特殊形态,有手镜形(细胞)ALL(hand mirror cell acute lymphoblastic leukemia,H-ALL)和颗粒型急性淋巴细胞白血病(granular acute lymphbolastic leukumia,G-ALL)的描述。H-ALL 被认为是原始淋巴细胞受抗原抗体复合物免疫反应后出现的具有耐药性变异类型,约占 ALL 的 8%。与其他 ALL 相比,H-ALL 具有以下一些临床特点:①病程长;②症状轻,出血不明显;③外周血白细胞和血小板减少不明显;④化疗效果差,但预后又较好(也有认为预后差)。形态学上,>40% 的原始淋巴细胞胞质呈阿米巴状、蝌蚪样、降落伞状等向外突起,犹如手镜的手柄形状;胞核偏位,胞核小的一头位于胞质多的一侧;胞质中等量居多,蓝色或灰蓝色,可见少许颗粒。细胞化学染色,POX、SBB 阴性,糖原(periodic acid Schiff method,PAS)阳性。H-ALL 细胞的超微结构特征为细胞器丰富,尤其是线粒体,可能与代谢旺盛及运动活泼需要较多能量有关。免疫表型为 TdT 和 HLA-DR 常为阳性的 B-ALL,很少为 T-ALL。

G-ALL 占 ALL 的 5%,有一定的形态学特点,为部分原始淋巴细胞含有少数紫红色颗粒,颗粒特点常为量少而较粗大、清晰而有聚集现象,且常位于胞质一则,尤其是胞体钝状外伸处,或位于细胞中央区域接近胞核的微凹处(见图 11-11)。POX、SBB、CE 和 NBE 阴性,PAS 和酸性磷酸酶阳性。大多为 ALL-L2 和 Ph 染色体及其 BCR-ABL1 阳性等遗传学异常的 B-ALL(普通型为主),患者对常规化疗反应差。

4. 鉴别诊断 在形态学上,ALL 与少数 AML 的 M5a、M1 和一部分 M7 容易混淆。ALL 与 M1 和 M5a 多可通过详细的形态学观察和细胞化学分析加以鉴别。M1 骨髓中或多或少有一些粒细胞成熟现象的系列特点,如原始细胞颗粒和早幼粒细胞,而 ALL 原始淋巴细胞一般不含颗粒,早幼粒细胞及其后期粒细胞和嗜酸性粒细胞为少见或不见。细胞化学染色 POX、SBB 和 CE,ALL 全为阴性,而 M1 者至少有一项以上阳性。细胞免疫化学染色抗 MPO 更能区分是 M1(阳性)还是 ALL。ALL 与 M5a 的鉴别思路与 M1 相同。M5a 外周血和骨髓涂片中或多或少有异形的原幼单核细胞,尤其在涂片的尾部区域。此外,骨髓涂片中易见浆细胞者倾向 M5a。细胞化学染色 NBE 和 SBB,细胞免疫化学染色抗 MPO 或抗溶菌酶和 CD14 等,可以进一步提供鉴别信息。ALL 与 M7,有时在形态学和细胞化学反应上相同,但细胞免疫化学标记,如 CD41 和 CD61 可以做出鉴别诊断。WHO 认为,B-ALL 需要与 T-ALL、AML 伴微分化型和反应性骨髓原始血细胞(haematogones)增多症相鉴别。B-ALL 与 T-ALL 和 AML 微分化型,可以通过免疫表型作出鉴别诊断。反应性骨髓原始血细胞增多症见于低龄儿童和患不同疾病的少年患者,包括缺铁性贫血、神经母细胞瘤和原发性血小板减少性紫癜以及给予细胞毒药物者。骨髓原始血细胞胞质极少,核质比例高,染色质均匀细疏,可见胞核缺凹或裂隙,核仁不常见,如存在也不明显。原始血细胞一般不见于外周血。骨髓切片中,原始血细胞均匀分布于造血间质,染色质凝聚成块状,核仁和有丝分裂象很少见。免疫表型不易明确区分原始血细胞与白血病性 B 原始淋巴细胞。有时,ALL-L1 在涂片厚区域观察与 CLL 相似,可造成混淆。

二、免疫表型、细胞遗传学和分子诊断

免疫表型检查是继形态学后进行另一层面分类与诊断的项目。占 ALL-L1 和 L2 的多数为 B-ALL,少数为 T-ALL。按 WHO(2008)分类诊断的要求,在分出 B-ALL 和 T-ALL 后,没有强调再细分的要求。在 2017 年 WHO 分类中,要求通过免疫表型检查对两个新加入的暂定病种:ETP-ALL 和原始 NK 淋巴细胞白血病(图 29-1),进行分类。ALL 免疫表型的一般特征及其他相关特点见表 29-2。

表 29-2　ALL 免疫表型及其他相关特征

ALL 类型	免疫表型一般特征	相关的其他特征
B 系 ALL	共性表达 CD19 和/或 CD79a 和/或 CD22	
早前 B-ALL	CD34+、TdT+,无其他 B 细胞分化抗原表达	高白细胞计数,形态学为 L2 和 L1,常见 KMT2A(MLL)和 BCR 重排,预后差
普通型 ALL	CD10+,TdT+,CD34+(常见)	形态学为 L2 和 L1,常见低二倍体和 BCR 重排,预后较差
前 B-ALL	CD10-/+,cIg+,TdT+,CD34+(常见)	高白细胞计数,形态学为 L1 和 L2,常见 t(1;19),可见 t(9;22),低二倍体(预后较差)和高二倍体(预后较好)
成熟 B-ALL*(ALL-L3)	cIg-/+,sIg+(κ/λ+),CD10+/-,TdT-,CD34-	男性患者多见,髓外浸润明显,形态学为 L3,遗传学为 MYC 和 Ig 基因重排,预后差
T 系 ALL	共性表达 cCD3 和/或 mCD3,TdT+	
早 T-前体-ALL	CD7+、CD1a-、CD8-、CD2+、CD4+、CD117 和/或 HAL-DR+/-,CD34+(常见)	男性患者多见,具有 AML 相似的基因突变(DNMT3A,JAK3,RUNX1 和 FLT3),预后差
前 T-ALL	CD2+和/或 CD5+和/或 CD8+,CD34+/-	男性患者多见,白细胞计数较高,髓外浸润明显,TLX1(HOX11)或 LYL1 致癌转录因子过度表达
T-ALL**	CD2+,CD4/CD8+,CD34-/+,TCR-/+	男性患者多见,白细胞计数较高,髓外浸润明显,LYL1 致癌转录因子过度表达

* 现在被归类为成熟 B 细胞肿瘤,Burkitt 细胞白血病;** 为晚кач质和髓质 T-ALL

细胞遗传学和分子学检查是定义和分类诊断 ALL 重现性遗传学异常类型的项目,检测方法详见叶向军、卢兴国主编,人民卫生出版社 2015 年出版的《血液病分子诊断学》。表 29-1 和图 29-1 中各个细胞遗传学和/或分子学异常的类型,即是对它们进行定义的依据。至今,被定义的特定类型在 B-ALL 中有 9 个。T-ALL 中,90%以上患者有 TCR 基因受累,分子学检查可以确认十余种相关基因的重排或融合。

第三节　特定类型 ALL 与非特定类型 ALL

按 WHO 分类,将形态学和免疫表型诊断的 B-ALL 进一步分为两类:伴有重现性遗传学异常类型(特定类型)和非特定类型(NOS)。T-ALL 暂定的特定类型是根据免疫表型分出早 T-前体 T-ALL。

一、B-ALL

WHO 认可的伴有重现性遗传学异常的特定类型 ALL 有九个,包括平衡染色体易位和累及染色体数量的异常。B-ALL,NOS 为形态学和免疫表型诊断的 B-ALL 基本类型中,分出重现性遗传学异常后而剩下的 ALL。

1. 特定类型

(1) B-ALL 伴 t(9;22)(q34.1;q11.2);BCR-ABL1:占成人 ALL 的 25%,儿童 ALL 的 2%~4%,淋巴结

肿大少见。形态学和细胞化学无典型特征。重要的免疫表型为 CD10+、CD19+、TdT+ 和 CD9+,常表达髓系相关抗原(CD13、CD33,典型病例不表达 CD117),且常与 CD25 高相关(尤其是成人病例),偶见 T 细胞表型。在成人病例中,P210 和 P190-BCR-ABL1 各占一半左右。成人与儿童患者预后均较差。我们所见的病例则有以下一些形态学特点:①原始淋巴细胞常表现为明显大小不一,大型居多并伴有明显的胞体或胞核的异形性;②部分病例的原始淋巴细胞含有颗粒,甚至粗大颗粒;③部分病例巨核细胞增加,簇状血小板多见。相比较,不伴此细胞遗传学异常的早前 B 和普通型 B 细胞 ALL,以 FAB 分类的 ALL-L1 形态学特点者居多(图 2-2 和图 6-16)。浙江大学医学院儿童医院还遇见一例特殊的病例。该病例染色体核型 G 带和 R 带分析均发现 t(9;22)(q34.1;q11.2),融合基因检出 BCR-ABL1;免疫表型(流式检测)为 HLA-DR+/CD3+CD4+ 细胞占 29.41%,CD25+/CD4+CD3+ 细胞占 8.82%,HLA-DR+/CD3+CD8+ 细胞占 36.51%;骨髓形态学,细胞胞体大,空泡明显增多且大小不一,胞质灰蓝色,胞核大,染色质较为细致,不同于一般 ALL 和 FAB 分类的 L3,骨髓活检符合 ALL;可能为罕见的特殊的 T-ALL 伴 t(9;22)(q34.1;q11.2);BCR-ABL1。

(2) B-ALL 伴 t(v;11q23);KMT2A 重排:遗传学特征是原始细胞隐蔽易位,11q23.3 带上的 KMT2A 与任何伙伴基因形成的融合。11q23.3 缺失者,KMT2A 没有发生重排而不包括在这一类型中。此型白血病在小于 1 岁的婴儿中发病率最高,儿童发病率较低,之后随着年龄增长逐渐增高。白细胞常>100×10⁹。常累及中枢神经系统。WHO 认为形态学和细胞化学无典型特征,我们所见病例易见胞体规则、高核质比例和核膜明显不完整的大原始淋巴细胞。免疫表型特点,尤其是 t(4;11) 易位,CD19+、CD10+/−、CD24−,符合前 B 细胞表型。由 CSPG4 编码的 NG2 也是较特异表达的标记。预后较差。其他伴 KMT2A 重排的 ALL 预后不定。与 KMT2A 形成融合的伙伴基因多达 100 个以上,除了 4q21 上的 AFF1(AF4),常见的还有 19p13 的 MLLT1(ENL)、9p21.3 的 MLLT3(AF9)。KMT2A-MLLT1 还常见于 T-ALL,KMT2A-MLLT3 则更常见于 AML。伴有重排的白血病还常高表达 FLT3。但婴儿 B-ALL 伴 KMT2A 重排少见额外的基因突变。

(3) B-ALL 伴 t(12;21)(q13.2;q22.1);ETV6-RUNX1:婴儿与成人少见,儿童常见(约占 B-ALL 的 25%)。我们所见病例中,原始淋巴细胞大小不一和异形性常不如 t(9;22)(q34.1;q11.2);BCR-ABL1 类型,并可见红系和巨核细胞造血受抑不明显的特点。免疫表型为 CD20、CD19 阳性、CD34 常见阳性,CD9 和 CD29−;常伴 CD13 阳性。>90% 的儿童患者预后良好,但年龄>10 岁或白细胞增高者预后差。

(4) B-ALL 伴超二倍体:为白血病细胞染色体>50 条,且常<66 条的 B-ALL,典型者无其他易位与非随机性结构异常。儿童常见,约占 B-ALL 的 25%,婴儿与成人少见。我们所见病例中,易见大或巨大的原始淋巴细胞,但胞体较为规则而核质比例高、核膜明显不完整。免疫表型为 CD10 和 CD19 阳性,常为 CD34 阳性、CD45 阴性。>90% 的儿童患者预后良好,但年龄>10 岁或白细胞增高者影响预后。

(5) B-ALL 伴低二倍体:为白血病细胞染色体<46 条染色体的 B-ALL,分为 3 组或 4 组:近单倍体(23~29 条染色体)、低亚二单倍体(33~39 条)、高亚二单倍体(40~43 条);或第 4 组的近二倍体(44~45 条)。预后取决于染色体条数,条数愈少预后愈差。第 1~3 组预后差,第 4 组因预后最好而未被定义在本组 B-ALL 中。B-ALL 伴低二倍体约占 ALL 的 5%,儿童与成人均可见。白血病细胞中含 23~9 条染色体仅见于儿童。形态学为无典型特征。免疫表型为 CD10 和 CD19 阳性。B-ALL 伴低二倍体还伴有独特的基因损伤(高亚二倍体者例外):近单倍体者常见 RAS 和受体酪氨酸激酶基因突变;低亚二倍体者易见 TP53 和/或 RB1 突变,部分 TP53 突变为胚系突变,认为与 Li-Fraumeni 综合征有关。

(6) B-ALL 伴 t(5;14)(q31.1;q32.1);IGH-IL3:本型罕见,约占 ALL 的 1% 以下。表现为无症状的嗜酸性粒细胞增多,原始淋巴细胞在外周血中可不出现。形态学为伴嗜酸性粒细胞增多(继发性);我们所见病例中有不见嗜酸性粒细胞者。原始细胞免疫表型为 CD19+、CD10+。本型白血病诊断基于免疫表型、遗传学,和嗜酸性粒细胞增多的特征,即使骨髓原始细胞比例低,也可以作出诊断。

(7) B-ALL 伴 t(1;19)(q23;p13.3);TCF3-PBX1:儿童常见,约占 B-ALL 的 6%,成人较少见。形态学为无典型特征。典型免疫表型常见为前 B 细胞表型,CD19+、CD10+ 和 Cμ+,CD9+、CD34−。预后较差。

(8) B-ALL 伴 BCR-ABL1 样:本型也称为 B-ALL 伴酪氨酸激酶基因或细胞因子受体基因易位。B-ALL 伴 BCR-ABL1 样基因表达谱与 B-ALL 伴 t(9;22)(q34.1;q11.2);BCR-ABL1 相似。有些患者,尤其是 EBF1-PDGFRB 易位者,甚至在常规治疗失败后,采用 TKI 治疗有效。本型白血病较常见,约占 ALL 的

10%~25%。

（9）B-ALL 伴 *iAMP21*：本型常见于儿童，特征是 21 号染色体的一部分扩增。可以通过特征性 *RUNX1* 基因 FISH 探针检测到 5 个或更多拷贝，或者中期 FISH 显示 1 条异常 21 号染色体上有 3 个或更多 *RUNX1* 基因的额外拷贝。免疫表型多为前 B 细胞、低白细胞计数，预后不良，需要用更积极的治疗方案。

2. 非特定类型　已如前述，B-ALL，NOS 是从免疫表型和形态学鉴定的 B-ALL 基本类型中分出特定类型之后的其他 B-ALL，为尚未发现临床、形态学、免疫表型、细胞遗传学和分子学相互之间有明显关联。但随着分子学技术的进步和识别，这部分 B-ALL，NOS 将会逐渐减少。除了流式免疫表型（表 29-2）外，骨髓切片免疫组化中，通常认为敏感和特异的标记是 PAX5。几乎所有 B-ALL 都有 *IgH* 克隆性重排，还有 *TCR* 基因重排。细胞遗传学常见异常，如 6q-、9p-、12p-，还有很少见的 t(17;19)(q22;13.3)；*TCF3-HLF* 有差的预后。B-ALL 有许多重现性遗传学异常，不是拷贝数异常就是特定的基因突变。*PAX5* 突变是最常见的，似乎是白血病发病的基础。

二、T-ALL

T-ALL 主要为形态学和免疫表型诊断，在分出暂定的特定类型——ETP-ALL 后而剩下的多数 T-ALL 为 NOS（表 29-1 和图 29-1）。T-ALL，NOS 占 T-ALL 的 85%~90%。

1. ETP-ALL　在 T-ALL 中，被列为特定类型的只有 ETP-ALL 一个暂定病种，约占儿童 T-ALL 的 10%~13%，成人的 5%~10%。它具有独特的免疫表型，遗传学表明仅限于早期 T 细胞分化，在免疫表型和基因水平都保留了一些髓系和干细胞的特征。根据定义，ETP-ALL 原始细胞表达 CD7，但缺乏 CD1a 和 CD8，并表达 1 个或 1 个以上的髓系/干细胞标记物（CD34、CD117、HLA-DR、CD13、CD33、CD11b 或 CD65）。通常还表达与定义无关的 CD2 和 cCD3（mCD3 偶见阳性）和/或 CD4。CD5 常阴性，若阳性则<75%。与 AML 相似的突变谱包括：*DNMT3A*，*JAK3*，*RUNX1* 和 *FLT3*；而 T 细胞相关的 NOTCH 途径突变罕见。在 T-ALL（NOS）中，随着免疫学和分子学技术的进步和识别，可以期待新的特定类型。

2. T-ALL　约占儿童 ALL 的 15%，成人 ALL 的 25%。可累及骨髓、血液、胸腺或其他结外部位，中枢神经系统累及较 B-ALL 更常见。可能累及的其他结外部位包括肝、脾、皮肤、扁桃体和睾丸。T-ALL 和 T-LBL 病例之间的临床和生物学均有些不同。T-ALL 往往有较多的肝脾肿大，较少的纵隔受累，免疫表型通常更不成熟，基因表达谱也不同。WBC 通常增高。

形态学方面，与 B-ALL 相比，骨髓功能往往保存较好。涂片原始淋巴细胞为高核质比例，可见胞质空泡，胞核可深染且不规则或扭曲（见图 11-13）。小原始淋巴细胞有致密的核染色质和不明显的核仁，大原始细胞有稀疏的染色质和明显的核仁。骨髓切片原始淋巴细胞显示高核质比例，细点状染色质和不明显核仁，有丝分裂相比前 B-ALL 多见。细胞化学染色，原始 T 淋巴细胞显示局灶性酸性磷酸酶阳性，髓过氧化物酶、特异性和非特异性酯酶阴性。

T-ALL 免疫表型常为 TdT+，而 CD1a、CD2、CD3、CD4、CD5、CD7 和 CD8 表达不定。其中 CD7 和 cCD3 通常阳性，但只有 CD3 为系列特异性。T-ALL 还可根据免疫表型区别不同成熟阶段的原始淋巴细胞（表 29-2）。通常，越是不成熟阶段，其表达的特定免疫表型预后越差。

T-ALL 常见细胞遗传学异常，最重要的分子学异常是 *NOTCH1* 基因的激活突变，见于 50% 以上 T-ALL。在淋系祖细胞内 NOTCH 信号促使 T 细胞发育，B 细胞发育受限，NOTCH 抑制剂可能是一种有效的靶向治疗药物。

三、原始 NK 淋巴细胞白血病

NK 细胞肿瘤按其分化成熟的程度不同分为早期阶段细胞肿瘤和成熟细胞肿瘤（图 29-2）。原始 NK 淋巴细胞白血病可能发生于定向 NK 祖细胞，为少见类型，儿童和成人均可患病，常伴淋巴结和肝脾肿大，预后差。诊断要点包括骨髓或外周血原始淋巴细胞≥20%；胞质含有嗜天青颗粒；免疫表型为 CD56 阳性，cCD3 弱阳性，mCD3 阴性，B 系抗原（CD20、CD19）阴性，髓系抗原（CD13、CD33）阴性；无 *TCRβ* 和 *IgH* 基因克隆性重排。

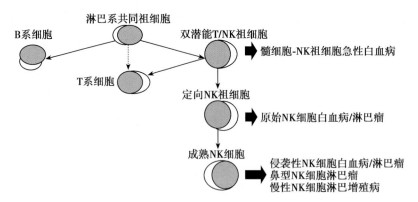

图 29-2　NK 细胞分化成熟与 NK 细胞肿瘤及其分型

第四节　原始淋巴细胞淋巴瘤

原始淋巴细胞淋巴瘤（LBL）与 ALL 是同一疾病的不同表现形式,它们的细胞来源（见第二章、第五章和第六章）、形态学,免疫表型、细胞遗传学和分子学异常的特征一样,故被归类于同一分类中（表 29-1）。起病形式不同在于：ALL 以白血病形式起病,而 LBL 是以局部瘤块为表现,无血液和/或骨髓侵犯或有侵犯但原始淋巴细胞比例<20%（也有以<25%为标准）。

LBL 诊断由组织学检查作出,但临床评估病情时需要检查骨髓评判有无骨髓侵犯,或已发生侵犯时检查骨髓需要评判骨髓受累的程度。在这两种场合下,骨髓检查需要把握三个方面：其一是确认有无原始淋巴细胞（淋巴瘤细胞）；其二是评估增加的原始淋巴细胞比例（>5%,包括 2%~5%同时有典型的形态学特征者为骨髓累及,通常>20%可以评判为原始淋巴细胞淋巴瘤白血病）；其三是观察原始淋巴细胞形态,常见有异形性（比 ALL 明显）,原始 T 淋巴细胞核扭曲和折叠或畸形性比原始 B 细胞淋巴瘤细胞常更为显著（见第十一章和第二十章）。

此外,尚无组织学诊断的初诊患者,而骨髓中检出异形性原始淋巴细胞增加者,可以疑似淋巴瘤细胞（尤其是患者有发热、血细胞减少和肝脾肿大）,建议进一步检查；或检出无异形性的原始淋巴细胞增加（5%~10%）,除了排除继发性原因外,可以疑似 ALL 的白血病前期（尤其是患者无明显的临床表现和体征）,建议进一步检查或密切观察复查。骨髓切片对这部分患者的诊断有帮助,除了观察组织受累的结构外,免疫组化可以鉴定原始淋巴细胞的系列及其肿瘤特性。

LBL 累及骨髓,需要与 MDS 相鉴别。病史分析和病态造血细胞形态学是两者鉴别的主要方面,一般,LBL 都有病理学诊断史,MDS 则为原发的慢性髓系肿瘤,常不伴有（明显）淋巴结肿大；LBL 浸润骨髓时,不见或少见病态造血细胞,而 MDS 常显著存在。

原幼细胞淋巴瘤骨髓和/或血液浸润的白血病性病变,还需要与成熟细胞淋巴瘤骨髓和（或血液）浸润的白血病性病变相鉴别,尤其是滤泡淋巴瘤和套细胞淋巴瘤细胞常为成熟细胞与幼稚细胞混合出现,易于混淆。鉴别的重要一条是淋巴瘤的组织学类型,其次是仔细的形态学观察。滤泡淋巴瘤和套细胞淋巴瘤浸润的瘤细胞,在多数病例中细胞形态偏向成熟。

第三十章

成熟 B 细胞肿瘤

　　由源自骨髓成熟的初始 B 细胞在外周淋巴组织迁移和发育过程中发生的肿瘤者称为成熟 B 细胞肿瘤。成熟 B 细胞肿瘤比源自干细胞的原始 B 淋巴细胞淋巴瘤更有复杂性，除了既有白血病又有淋巴瘤外，类型众多，且形态学上既有成熟的又有原始的。肿瘤细胞形态学的原始和成熟与预后和年龄有关。成熟细胞组成的常为低增殖、低凋亡、恶性程度低的肿瘤，且常是中老年病种。现在，按生物学特性将成熟 B 细胞白血病和淋巴瘤归于一类，增加了细胞形态学的理解与诊断上的难度。

第一节　概　　述

　　成熟 B 细胞肿瘤因肿瘤细胞常发生在外周淋巴组织也曾被称外周淋巴细胞（或淋巴组织）肿瘤。肿瘤细胞在形态学上既可以成熟的也可是原始的，但它们的免疫表型都具有成熟 B 细胞的特性（见第二章）。

一、定义和分类基本原则

　　成熟 B 细胞肿瘤是初始 B 细胞进入外周淋巴组织在不同分化阶段中的 B 细胞因各种原因而发生的克隆性增殖（见第二章和第五章）。许多 B 细胞肿瘤具有正常 B 细胞（由未接触过抗原的初始 B 细胞至成熟的浆细胞）分化特性，并据此作出相应分化阶段的较为宽广的肿瘤分类。形态学和免疫表型可以对多数病例作出基本诊断，一些遗传学新发现的分子指标（如 *BRAF* V600E 突变、*MYD88* L265P 突变）可以更精细地进行类型诊断；另有一些，可以更好地评估预后（如 *TP53*，*NOTCH1*）。

　　成熟 B 细胞肿瘤分类基于所有实用的应用信息定义疾病实体，通常包括临床特征、形态学、免疫学和遗传学技术定义。WHO 分类中列出的成熟 B 细胞肿瘤主要是根据临床特征，分为播散性为主，常是白血病型；原发结外淋巴瘤和结内为主淋巴瘤（也可累及结外部位）作为框架，再结合新近发现的信息，尤其是分子学方面的认知进行的分类（表 30-1）。

　　1. 播散为主，白血病/淋巴瘤　这类肿瘤通常累及骨髓，有或没有外周血或实体组织（如淋巴结和脾脏）的病变，包括慢性淋巴细胞白血病（chronic lymphocytic leukemia，CLL）、淋巴浆细胞淋巴瘤（lymphoplasmacytic lymphoma，LPL）或 Waldenstrom 巨球蛋白血症（Waldenstrom macroglobulinemia，WM）、多毛细胞白血病（hairy cell leukemia，HCL）、脾边缘区淋巴瘤（splenic marginal zone lymphoma，SMZL）和浆细胞骨髓瘤（plasma cell myeloma，PCM）。一般，播散性 B 细胞肿瘤除 PCM 外，在临床上以惰性表现居多，B 幼淋巴细胞白血病（B-cell prolymphocytic leukaemia，B-PLL）和 HCL 则常见巨脾症甚至有孤立性脾大的特点。以白血病为首发的淋系白血病常是首发于骨髓和/或外周血的弥漫性肿瘤。淋系白血病与淋巴瘤，两者可以重叠。

　　2. 原发结外淋巴瘤　这组淋巴瘤存在结外部位的病变，表达与结外的正常淋巴细胞相符的特异免疫表型。在 B 细胞肿瘤中，这一类由黏膜相关淋巴组织（mucosa-associated lymphoid tissue，MALT）结外边缘带 B 细胞淋巴瘤为代表，它的临床表现和治疗选择与更常见结内的或白血病性淋巴细胞肿瘤显著不同，认为是不同的临床类型。MALT 结外边缘带 B 细胞淋巴瘤少有弥散性病变，如存在也是更多的见于其他结外组织而不是淋巴结和骨髓。

表 30-1 成熟 B 细胞肿瘤分类类型(WHO,2017)

慢性淋巴细胞白血病/小淋巴细胞淋巴瘤	睾丸滤泡淋巴瘤
单克隆 B 细胞淋巴细胞增多症	原位滤泡肿瘤
B 细胞幼淋巴细胞白血病	十二指肠型滤泡淋巴瘤
脾边缘区淋巴瘤	儿童型滤泡淋巴瘤
多毛细胞白血病	大 B 细胞淋巴瘤伴 IRF4 重排(暂定病种)
脾 B 细胞淋巴瘤/白血病,不能分类型(暂定病种)	原发性皮肤滤泡中心淋巴瘤
脾弥漫性红髓小 B 细胞淋巴瘤(暂定病种)	套细胞淋巴瘤
多毛细胞白血病变异型(暂定病种)	白血病性非淋巴结套细胞淋巴瘤
淋巴浆细胞淋巴瘤	原位套细胞肿瘤
IgM 型意义未明单克隆丙种球蛋白病	弥漫大 B 细胞淋巴瘤(DLBCL),NOS
重链病	富 T 细胞/组织细胞大 B 细胞淋巴瘤
μ 重链病	原发性中枢神经系统 DLBCL
γ 重链病	原发性皮肤 DLBCL,腿型
α 重链病	EBV 阳性 DLBCL,NOS
浆细胞肿瘤	EBV 阳性黏膜皮肤溃疡(暂定病种)
非 IgM 型意义未明单克隆丙种球蛋白病	慢性炎症相关 DLBCL
浆细胞骨髓瘤	纤维蛋白相关 DLBCL
浆细胞骨髓瘤变异型	淋巴瘤样肉芽肿
冒烟(无症状)性浆细胞骨髓瘤	原发性纵隔(胸腺)大 B 细胞淋巴瘤
不分泌型骨髓瘤	血管内大 B 细胞淋巴瘤
浆细胞白血病	ALK 阳性大 B 细胞淋巴瘤
浆细胞瘤	原始浆细胞淋巴瘤
骨孤立性浆细胞瘤	原发性渗出性淋巴瘤
骨外浆细胞瘤	HHV8 相关淋巴增殖性疾病
单克隆免疫球蛋白沉积病	多中心性 Castleman 病
原发性淀粉样变性	HHV8 阳性 DLBCL,NOS
轻链和重链沉积病	HHV8 阳性亲生发中心淋巴增殖性疾病
浆细胞肿瘤伴副肿瘤综合征	Burkitt 淋巴瘤
POEMS 综合征	伴 11q 异常 Burkitt 样淋巴瘤(暂定病种)
TEMPI 综合征	高级别 B 细胞淋巴瘤(HGBL)
黏膜相关淋巴组织(MALT)结外边缘带淋巴瘤	HGBL,伴 MYC 和 BCL2 和/或 BCL6 重排
结内边缘区淋巴瘤	HGBL,NOS
儿童结内边缘区淋巴瘤(暂定病种)	B 细胞淋巴瘤,不能分类,特征介于 DLBCL 和经典霍奇
滤泡淋巴瘤	金淋巴瘤之间

　　3. 结内为主淋巴瘤　有三个成熟 B 细胞肿瘤主要由结内小 B 细胞组成:常见的滤泡淋巴瘤(follicular lymphoma,FL)和套细胞淋巴瘤(mantle cell lymphoma,MCL),以及少见的结内边缘区 B 细胞淋巴瘤。它们有其他惰性结内淋巴瘤相类似的行为。这些肿瘤的典型表现是累及淋巴结为主并呈播散性,也常浸润骨髓、脾和肝,累及其他的结外部位为播散性病变的一部分,但很少存在局部的结外疾病(肿块)。FL 多为低度恶性淋巴瘤,MCL 被认为是相关性的,因患者生存期可达数年,可归类于惰性淋巴瘤,但其中位生存期明显比 FL 短,有必要加以区分。

　　有两个侵袭性淋巴瘤是结内或结外病变,它们可以是局部或播散:大 B 细胞淋巴瘤(large B-cell lymphoma,LBCL)和 Burkitt 淋巴瘤(形态学上也属于广义的 LBCL)。LBCL 是常见淋巴瘤,约占 30%,累及淋巴结或结外组织,患者代表性表现为结内或结外部位局限的快速进行性肿块。一个重要的临床亚型——原发纵隔(胸腺)大 B 细胞淋巴瘤,为好发于年轻女性的侵袭性淋巴瘤;其他不同的临床亚型包括原发性浆膜渗出性淋巴瘤和血管性淋巴瘤等。大 B 细胞淋巴瘤的形态学变异有中心原始细胞性、免疫母细胞性、

富 T 细胞性和间变性等（表 30-1）。弥漫性大 B 细胞淋巴瘤（diffuse large B-cell lymphoma，DLBCL）则是 LBCL 的代表，非特定类型（NOS）分为生发中心细胞型（germinal centre B cell，GCB）和活化 B 细胞型（active B cell，ABC）。Burkitt 淋巴瘤是中等偏大、快速增殖性高侵袭性肿瘤，特别是染色体易位所致的 *MYC* 癌基因异常调节（癌性蛋白高表达），主要临床亚型包括地方型、散发型和免疫缺陷相关型，一些病例形态学特征介于典型 Burkitt 淋巴瘤与大 B 细胞淋巴瘤之间，被称为 Burkitt 样淋巴瘤。最近，识别出一淋巴瘤亚型，形态类似于 BL，缺乏 *MYC* 基因重排，具有以近端扩增和端粒丢失为特征的 11q 改变。与 BL 相比，这一类型核型更复杂，MYC 表达水平较低，一定程度的细胞多形性，偶有滤泡结构，并常呈结节表现；临床过程似乎与 BL 相似，作为一个新的暂定病种（表 30-1）。

二、2017 年修订版 WHO 分类

自 2008 年第 4 版 WHO 造血和淋巴组织肿瘤分类出版以来，淋巴组织肿瘤的基础和临床研究取得了不少进展，尤其是遗传学方面，为更好地定义某些特定肿瘤类型和诊断提供了重要依据。如发现 *BRAF* V600E 突变几乎见于所有 HCL 病例，而不见于 HCL 变异型或其他小 B 细胞淋巴肿瘤；约 90% LPL 或 WM 有 *MYD88* L265P 突变等。修订后的成熟 B 细胞肿瘤分类采用了一些重要的信息。更新的成熟 B 细胞肿瘤类型诊断变化见表 30-2。淋巴瘤可能也存在胚系基因突变相关者。

表 30-2　2017 年 WHO 分类成熟 B 淋巴肿瘤变化要点

病种/类别	变　　化
慢性淋巴细胞白血病/小淋巴细胞淋巴瘤（CLL/SLL）	• 外周血 CLL 细胞（CD5+小 B 细胞）<5×10⁹/L 者，有血细胞减少或疾病相关症状，不足以诊断 CLL • 大的/融合的和/或高度增生的增殖中心为预后不良指标 • 有潜在临床意义的突变，如 *TP53*、*NOTCH1*、*SF3B1*、*ATM* 和 *BIRC3*
单克隆 B 细胞增多症（MBL）	• 必须区别高 MBL 计数和低计数（两者进展 CLL 风险不同） • 存在淋巴结型（组织型）MBL
多毛细胞白血病（HCL）	• 大多数病例有 *BRAF* V600E 突变，表达 IGHV4-34 片段的多数病例伴 *MAP2K1* 突变，且无 *BRAF* 突变
淋巴浆细胞淋巴瘤（LPL）	• 绝大多数病例有 *MYD88* L265P 突变，虽非特异性，但已影响其诊断标准
IgM 型意义未明单克隆丙种球蛋白病	• 将近一半病例有 *MYD88* L265P 突变，基因表达谱与 LPL 相似 • IgM 型 MGUS 与 LPL 和其他 B 细胞淋巴瘤之间的关系更为紧密，与骨髓瘤关系则相对远
滤泡淋巴瘤（FL）	• 基因突变有新认识，但临床影响仍有待确定
睾丸滤泡淋巴瘤	• FL 的独特变异型，多数组织细胞学为 3a 级，但预后非常好
原位滤泡肿瘤（ISFN）	• 原位滤泡淋巴瘤的新病名，反映了进展为淋巴瘤的风险低
小儿型 FL	• 预后良好的局部克隆增殖；可能保守治疗即可 • 发生于儿童和青年，老年人很少
伴 *IRF4* 重排大 B 细胞淋巴瘤	• 新的临时病种，以区别于小儿型 FL 和其他 DLBCL。 • 局部疾病，常累及颈部淋巴结或咽淋巴环
十二指肠型 FL	• 局限性过程，播散风险低
显著弥漫性 FL 伴 1p36 缺失	• 某些弥漫性 FL 病例，缺乏 *BCL2* 重排；表现为局部肿块，常累及腹股沟淋巴
套细胞淋巴瘤（MCL）	• 有两种不同的临床病理和分子机制亚型：一种主要为未突变/微突变的 IGHV，大多为 *SOX11* 阳性；另一种主要为突变的 IGHV，大多 *SOX11* 阴性（惰性白血性非结内 MCL 伴外周血，骨髓或脾累及，可进展为更具侵袭性） • 在小部分病例中发现潜在临床意义的突变，如 *TP53*、*NOTCH 1/2* • 一半左右的周期蛋白 D1 阴性患者有 *CCND2* 重排

病种/类别	变　　化
原位套细胞肿瘤（ISMCN）	• 原位 MCL 的新病名，反映其临床风险低
纤维蛋白相关 DLBCL	• 属于慢性炎症相关弥漫性大 B 细胞淋巴瘤，不形成肿块，多为其他病变镜检偶然发现在纤维蛋白和无定形物质的小病灶中有大淋巴瘤细胞呈单个和小的聚集，预后好
HHV8 相关淋巴增殖性疾病	• 新增病种，原来起源于 HHV8 相关多中心性 Castleman 病大 B 细胞淋巴瘤现归入该类疾病，改称多中心性 Castleman 病，且该病 HHV8 可阴性；另外，还包括 HHV8 阳性 DLBCL，NOS 和 HHV8 阳性亲生发中心淋巴增殖病
弥漫性大 B 细胞淋巴瘤，非特定类型（DLBCL，NOS）	• 需要区分 GCB 与 ABC/非 GCB 型，可以使用免疫组化法鉴定，因加以区分将影响临床治疗 • *MYC* 和 *BCL2* 共表达成为新的预后标记（双表达淋巴瘤） • 可以更好地解释突变，但临床影响仍有待确定
EBV+DLBCL，NOS	• 代替原来的老年人 EBV+DLBCL，因为它可以发生于年轻患者 • 不包括可以做出更具体诊断的 EBV+ B 细胞淋巴瘤
EBV+黏膜皮肤溃疡（EBV+MCU）	• 与医源性免疫抑制或年龄相关免疫衰老相关的一种新病种
Burkitt 淋巴瘤（BL）	• 在高达 70% 病例中有 *TCF3* 或 *ID3* 突变
伴 11q 异常 Burkitt 淋巴瘤	• 这一新的临时病种类似于 Burkitt 淋巴瘤，但缺乏 *MYC* 重排和一些其他的特征
伴 *MYC* 和 *BCL2* 和/或 *BCL6* 易位高度恶性 B 细胞淋巴瘤（HGBL）	• FL 或原始淋巴细胞淋巴瘤以外所有"二次或三次打击"淋巴瘤的新类别
高度恶性 B 细胞淋巴瘤，非特定类型（HGBL，NOS）	• 与"二次或三次打击"淋巴瘤的新类别一起，取代了 2008 年的介于 DLBCL 和 BL 之间的 B 细胞淋巴瘤，不能分类型（BCLU） • 包括以前被称为 BCLU 的原始细胞（样）大 B 细胞淋巴瘤和缺乏 *MYC* 和 *BCL2* 或 *BCL6* 易位的病例

三、病因和病理生理

一些病毒抗原与成熟 B 细胞淋巴瘤的发生有关。几乎所有地方型 Burkitt 淋巴瘤和 40% 散发型 Burkitt 淋巴瘤有 EBV 感染证据，且多与医源性免疫抑制的 B 细胞淋巴瘤有关。移植后淋巴瘤和 HIV 相关淋巴瘤（免疫缺陷相关 Burkitt 淋巴瘤、原发中枢神经系统淋巴瘤、原发性渗出性淋巴瘤、免疫母细胞-浆细胞样 DLBCL 等）都被认为与 EB 病毒感染有关。EBV 是疱疹病毒家族中的 DNA 病毒，可以与 B 细胞 CD21 抗原结合，在细胞培养中能将淋巴细胞转化为不断增殖的原始样淋巴细胞。其他相关病毒，如人类疱疹病毒 8 型（human herpesvirus-8，HHV8；又称 Kaposi 肉瘤相关疱疹病毒）与 HHV8 相关淋巴增殖性疾病和原发性浆膜腔渗出性淋巴瘤相关。HHV8 是一种广泛存在的病毒，主要流行于地中海地区、东非和西非，欧美同性恋人群中主要通过反复的性接触传播。唾液也是传播的途径之一。丙型肝炎病毒与 II 型冷球蛋白血症伴随的 LPL，以及一些肝和唾液腺淋巴瘤的发生有关。一些细菌抗原的免疫反应与结外边缘区或 MALT 的 B 细胞肿瘤病理有关。胃肠道 MALT 淋巴瘤病人因感染幽门螺杆菌激活 T 细胞而增殖，给予抗幽门螺杆菌治疗可使淋巴瘤缩小。丙型肝炎病毒还可与 DLBCL 有关。另提示感染伯氏螺旋体与皮肤 MALT 淋巴瘤，混合细菌感染与免疫增殖性小肠病或 α 重链病相关的小肠 MALT 淋巴瘤的发生有关。一些自身免疫性疾病可使淋巴瘤发生风险明显提高，特别是淋巴上皮涎腺炎桥本甲状腺病患者易发生结外边缘区 MALT 淋巴瘤。

成熟 B 细胞肿瘤与正常 B 细胞分化的阶段相类同。前 B 原始淋巴细胞（全 B 系的前 B 原始细胞），经免疫球蛋白 *VDJ* 基因重排，分化为表达成熟的表面免疫球蛋白（surface immunoglobulin，sIg）阳性（sIgM+、sIgD+）并常表达 CD5 的初始 B 细胞及其相关肿瘤，以及初始 B 细胞进入生发中心后转化、增殖与相关肿瘤的病理生理见第四章和第五章。

在 B 细胞肿瘤中，染色体易位发生的基因改变有两种异常类型：转录抑制异常型和融合基因型。转录抑制异常型基因产物不起变化，为正常情况下表达的蛋白质大量表达或在异位表达。这类代表性基因异常，如 MCL 的 t(11;14)(q13;q32)易位与 BCL-1(CCND1)基因过度表达、FL 的 t(14;18)(q32;q21)易位与 BCL2 过度表达、DLBCL 的 t(3;14)(q27;q32)易位与 BCL6 基因过度表达。融合基因型的基因产物性质发生改变，为产生正常不表达的异常蛋白质(融合蛋白)。这类基因异常的代表，有 MALT 结外边缘带 B 细胞淋巴瘤的 t(11;18)(q21;q21)易位与 API2-MALT 癌性蛋白，间变大细胞淋巴瘤 t(2;5)(p23;q35)易位所产生的 NPM-ALK 癌性蛋白。这些基因异常通过失控的增殖信号转导途径，细胞分化障碍和细胞凋亡抑制促使淋巴瘤的发生。

一些成熟 B 细胞肿瘤的特征性遗传学异常可以反映重要的生物学特征，并有助于鉴别诊断。如 MCL 的 t(11;14)，FL 的 t(14;18)，Burkitt 淋巴瘤的 t(8;14)，MALT 淋巴瘤的 t(11;18)。在 14q Ig 启动子的调控下，原癌基因在前三个位点上被持续激活，而 t(11;18)易位产生一个融合蛋白。FL 和 MALT 淋巴瘤染色体易位导致抗凋亡基因(BCL2 或 AP12)过度表达 BCL2 或 AP12，而 MCL 和 Burkitt 淋巴瘤则导致增殖相关基因(CCND1 或 MYC)过度表达 CCND1 或 MYC。

第二节　CLL/SLL 与 MBL

CLL/SLL 与单克隆 B 细胞增多症(monoclonal B-cell lymphocytosis, MBL)是关联性疾病。CLL 与小淋巴细胞淋巴瘤(small lymphocytic lymphoma, SLL)是同一成熟小 B 细胞肿瘤的不同表现形式，它们都有 MBL 的过程，且与年龄有关。尤其是 CLL 与年龄有着显著关系，几乎都见于 35~40 岁以上患病。CLL 是欧美国家很常见的成熟 B 细胞肿瘤，随着社会人口老龄化，我国的 CLL 也成为一种常见的 B 细胞肿瘤。长期接触电磁波的人群 CLL 发病风险增高。

一、定义

CLL/SLL 为累及血液、骨髓和淋巴结，形态学上为单一的小圆形成熟 B 细胞，或与幼淋巴细胞和类免疫母细胞(paraimmunoblast)混合(FAB 分类的 CLL 混合型，即伴幼淋巴细胞的 CLL 和伴少量幼淋巴细胞并有大小淋巴细胞混合的 CLL)的、免疫表型为共表达 CD5 和 CD23 的成熟小 B 细胞肿瘤。

CLL 为累及血液(CLL 细胞≥5×10⁹/L)和/或骨髓为主要病变者，曾被描述为原发于骨髓的典型的成熟小 B 细胞肿瘤。2008 年国际 CLL 工作组诊断标准为外周血 B 细胞≥5×10⁹/L，至少持续 3 个月；但如具有骨髓浸润引起的血细胞减少及典型的形态学、免疫表型特征，无论外周血 B 淋巴细胞数或淋巴结是否受累，也诊断 CLL。2016 年修订版诊断标准：在无髓外组织累及者中，需有外周血持续性 CLL 免疫表型单克隆细胞≥5×10⁹/L(<5×10⁹/L 时，即使血细胞减少或疾病相关症状，也不能诊断为 CLL)。虽然骨髓淋巴细胞增多，但仅从诊断看，骨髓检查可以不作要求(表 30-3)。我国的诊断标准见表 30-3，CLL 免疫表型积分见表 30-4。

表 30-3　CLL 和 SLL 主要诊断标准(WHO,2016;中国,2018)

1. WHO,2016 标准

CLL

　持续性外周血成熟的单克隆 B 细胞增多，绝对数≥5×10⁹/L；单克隆 B 细胞伴成熟表型，共表达 CD5 和 CD23，弱表达 CD20 和 sIg(IgM/IgD)

SLL

　主要髓外疾病为主，尤其是淋巴结小淋巴细胞弥漫性浸润，增生灶；外周血单克隆 B 细胞<5×10⁹/L；单克隆 B 细胞伴成熟表型，共表达 CD5 和 CD23，弱表达 CD20 和 sIg(IgM/IgD)

2. 中国 CLL 诊断标准(2018)

　达到以下 3 项标准可以诊断：①外周血 B 淋巴细胞(CD19+细胞)计数≥5×10⁹/L；B 淋巴细胞<5×10⁹/L 时，如存在 CLL 细胞骨髓浸润所致的血细胞减少，也可诊断 CLL。②外周血涂片中特征性表现为小的、形态成熟的淋巴细胞显著增多，其细胞质少、核致密、核仁不明显、染色质部分聚集，并易见涂抹细胞。外周血淋巴细胞中不典型淋巴细胞及幼稚淋巴细胞≤55%。③典型的免疫表型，CD19+、CD5+、CD23+、CD10-、FMC7-、CD43+/-、CCND1-；表面免疫球蛋白(sIg)、CD20 及 CD79b 弱表达(dim)。流式细胞学确认 B 细胞克隆性，即 B 细胞表面限制性表达 κ 或 λ 轻链(κ:λ>3:1或<0.3:1)或>25%的 B 细胞 sIg 不表达

表 30-4 CLL 诊断免疫表型积分系统*

标记	CLL	积分	其他 B 细胞白血病	积分
sIg	弱阳性	1	强阳性	0
CD5	阳性	1	阴性**	0
CD23	阳性	1	阴性	0
CD79b/CD22	弱阳性	1	阳性	0
FMC7	阴性	1	阳性	0

* 积分 4~5 分为 CLL,0~2 分为其他 B 细胞白血病;** 不包括 MCL

　　SLL,与 CLL 是同一种疾病的不同表现。淋巴组织具有 CLL 的细胞形态与免疫表型特征。确诊主要依赖病理组织学及免疫组化检查。临床特征:①淋巴结和/或脾、肝肿大;②无血细胞减少;③外周血 B 淋巴细胞<5×10^9/L。CLL 与 SLL 的主要区别在于前者主要累及外周血和骨髓,而后者则主要累及淋巴结。AnnArbor Ⅰ 期 SLL 可局部放疗,其他 SLL 的治疗指征和治疗选择同 CLL。SLL 病人会由于它们的表现就诊于不同临床科室,如累及组织(淋巴瘤)会就诊于肿瘤科。在淋巴结内,较大的细胞(即幼淋巴细胞/类免疫母细胞)通常在单一的小淋巴细胞背景中形成称为增殖中心的苍白灶。尽管 CLL 和 SLL 曾被认为是具有不同表现的相同疾病,但最近的数据显示,它们可能在趋化因子受体(SLL 细胞中 CCR1 和 CCR3 表达下降)、整合素(CLL 细胞中整合素 αLβ2 表达较低)表达和遗传学异常(SLL 中 12 三体发生率高而 del13(q)发生率较低)方面有所不同。这些表达差异可能是不同临床表现的基础。

　　MBL 是指外周血中存在<5×10^9/L 单克隆性 B 细胞群的无症状(无淋巴结肿大、肝脾肿大及髓外组织受累,或无任何特征)者,形态学和免疫表型可以是 CLL/SLL 细胞,也可以是不典型 CLL/SLL 细胞或非 CLL/SLL(CD5-)细胞。MBL 依据表型分为 3 个类型:CLL 型、不典型 CLL 型和非 CLL 型。CLL 型最常见,约占 75%,以表达 CD19、CD5、CD23 和 CD20(弱阳性)为特征,B 细胞轻链限制性阳性或 25% 丢失 sIg。几乎所有的 CLL/SLL 都有 MBL 这一先行过程。低计数 MBL(外周血中<0.5×10^9/L 的 CLL 细胞)与 CLL 关系甚远,进展机会极小,不需常规随访。高计数 MBL 则需要常规检查或每年随访,有更高频率的 IGHV 突变外,与 Rai 分期 0 期 CLL 有非常相似的表型和遗传学特征。不典型 CLL 型以表达 CD19、CD5、CD20(强阳性)和中等至强阳性的 sIg 以及 CD23 可以阴性为特征,此型需要与 MCL 和其他成熟 B 细胞肿瘤鉴别。非 CLL 表型以 CD5 阴性或弱阳性、CD19 和 CD20 阳性伴有中等至强阳性的 sIg 为特征,可能与 SMZL 等成熟 B 细胞肿瘤近缘。

　　SLL 也有组织型 MBL。组织型 MBL 是指无显著进展率的“SLL”淋巴结受累,淋巴结中无增殖中心(proliferative centre,PC),CT 扫描肿大淋巴结直径<1.5cm。在高达 30% 的 CLL/SLL 病例中,PC 可以表达 CCD1 和 MYC 蛋白,且大的或融合的和/或具有高增殖分数的 PC 被认为是一种独立的预后不良指标。

二、CLL 临床特点

　　CLL 在中国较欧美明显少见,约为 0.05/10 万。CLL 患者发病年龄多在 50 岁以上,男女比例为 2:1。部分病例无症状,为无触痛性淋巴结轻度肿大(甚至可无任何症状或体征)或无法解释的绝对淋巴细胞增高而被发现。体重下降、乏力、盗汗、反复感染和脾大是 CLL 的一般性症状。约半数患者的首发症状是无痛性淋巴结肿大和/或脾大。淋巴结肿大常见为全身性或浅表性,质地较硬、界限清楚、与皮肤不粘连。随着病情进展,淋巴结可逐渐增大。肺门或腹部淋巴结肿大一般只见于周围淋巴结明显肿大者,这也是本病与 NHL 有所不同之处。部分病人可见少量 M 蛋白。1/4 病人 Coombs 试验阳性,部分合并自身免疫溶血性贫血。

　　根据疾病进展,临床上将 CLL 也分为两个类型:其一是惰性型,进展缓慢,生存期常达 10 年以上;另一为进展型,病情呈进展性,生存期为数月至数年不等。CLL 大多为惰性经过,但是不可以治愈的疾病。SLL 的总体 5 年生存期为 51%,无病生存率占 25%。CLL 的总体中位生存期为 7 年。临床期系统评估 Rai(0~Ⅳ)

和 Binet(A~C)都是好的预后因子。CLL/PL 和骨髓弥漫性浸润者预后均差。遗传学检查也可提供一些预后信息,如 12 三体伴不典型形态学和进行性临床过程;13q14 可有长的生存期,*IGVH* 突变者预后比未突变好;肿瘤细胞表达 CD38 预后差,11q22~23 缺失并有广泛淋巴结肿大者生存期短。抑癌基因(如 *TP53*)异常预后差。约 2%~10%CLL 病例可转变为 DLBCL 或霍奇金淋巴瘤等高级别淋巴瘤(Richter 综合征),尤其是用嘌呤核苷类似药物治疗者。一部分患者病情呈进展性,生存期为数月至数年不等。发生 Richter 综合征转化时,*TP53* 突变率高,多伴血清乳酸脱氢酶增高和淋巴结迅速肿大,一半左右病人有发热和/或体重减轻、单克隆 γ 球蛋白增高和淋巴系统外累及。

CLL 也可发生急变,但发生率低。急变时间长短不一,长者达 20 余年,急变类型主要为原始淋巴细胞,也可是原始粒细胞、原始单核细胞和浆细胞等。急变与 MYC 和 sIg 高表达有关。当出现符合下列一项或一项以上时,可以视为 CLL 进展:①血中淋巴细胞计数增加 50%以上。②CLL 细胞形态向更具有侵袭性类型转化。③肝脾增大 50%以上或出现新近肝脾明显肿大。④2 个以上淋巴结体积总和在间隔 2 周后增大 50%以上,其中至少 1 个淋巴结直径>2cm。⑤出现新的可触及的淋巴结肿大。CLL 是惰性肿瘤,病情进展缓慢,具备以下至少 1 项时开始治疗:①进行性骨髓衰竭,表现为血红蛋白和/或血小板进行性减少。②巨脾(如左肋缘下>6cm)或进行性或有症状的脾肿大。③巨块型淋巴结肿大(如最长直径>10cm)或进行性或有症状的淋巴结肿大。④进行性淋巴细胞增多,如 2 个月内淋巴细胞增多>50%,或淋巴细胞倍增时间(LDT)<6 个月。当初始淋巴细胞<30×10⁹/L,不能单凭 LDT 作为治疗指征。⑤外周血淋巴细胞计数>200×10⁹/L,或存在白细胞淤滞症状。⑥自身免疫性溶血性贫血和/或免疫性血小板减少症对皮质类固醇或其他标准治疗反应不佳。⑦至少存在下列一种疾病相关症状:在前 6 个月内无明显原因的体重下降≥10%;严重疲乏(如 ECOG 体能状态≥2 分;不能进行常规活动);无感染证据,体温>38.0℃,≥2 周;无感染证据,夜间盗汗>1 个月。⑧临床试验,符合所参加临床试验的入组条件。不符合上述治疗指征的患者,每 2~6 个月随访 1 次,随访内容包括临床症状及体征,肝、脾、淋巴结肿大情况和血常规等。

三、CLL 形态学

在 CLL 诊断中外周血检查是主要的一个指标,外周血伴成熟表型单克隆 B 淋巴细胞需持续≥5×10⁹/L。CLL 的多个细胞形态学由血片形态定义的,故多数病例可以通过外周血细胞学检查作出评估(见第十一章)。根据形态学 CLL 分为两型:典型型和不典型型。典型型约占 CLL 的 85%。白细胞增高,多在(10~50)×10⁹/L 之间,>200×10⁹/L 者少见,但当病情恶化时可极度升高。淋巴细胞占有核细胞的一半以上,可高达90%。血红蛋白多轻度减低,一部分正常,血小板亦以轻度减少居多。

淋巴细胞形态特点为胞体小,胞质少(N/C 比例高),核成熟无核仁,故称之小淋巴细胞,幼淋细胞少见,一般不>5%。伴有幼淋巴细胞增多时要考虑为伴幼淋巴细胞增多的 CLL(CLL/PL),幼淋巴细胞增加与疾病进展有一定关系。当外周血幼淋巴细胞占淋巴细胞的>55%则归类为 PLL。

不典型 CLL 又称混合细胞型 CLL,约占 CLL 的 15%。形态学特点为外周血中有 10%以上的幼淋巴细胞或 15%以上的浆细胞样淋巴细胞和裂样细胞或其他多形态性淋巴细胞(伴多形性改变)。CLL 及其混合型,在外周血中有三种白血病细胞:小淋巴细胞、大淋巴细胞和多形性(或不典型)幼淋巴细胞,它们的形态特点见第十一章。CLL/PL 多数病例病情保持稳定,少数患者呈进展性。

骨髓有核细胞增加,除非病危期,极度增加少见。占有核细胞一半以上为小淋巴细胞,原始淋巴细胞和幼淋巴细胞少见(常在 5%以下)。其他系列细胞多为减少,尤其是疾病晚期。疾病早期,小淋巴细胞轻中度增多。混合细胞型 CLL,骨髓中有三种细胞:小淋巴细胞、大淋巴细胞和多形性(或不典型)幼淋巴细胞。外周血和骨髓幼淋巴细胞和多形性幼淋巴细胞增加时,可指示疾病进展,并提示与 *TP53* 异常和 12 三体有关。

少数病例伴有幼淋巴细胞增多,当幼淋巴细胞 10%~55%时为 CLL/PL。CLL 中也可见少量大淋巴细胞和多形性(或不典型)幼淋巴细胞。病情中,逐渐出现大原幼淋巴细胞时(见第十一章),需要提示淋巴瘤转化(Richer 综合征,约见于 3%患者)。最近,迪安诊断流式细胞室姚林娟主管检测到一例 CLL 与 AML

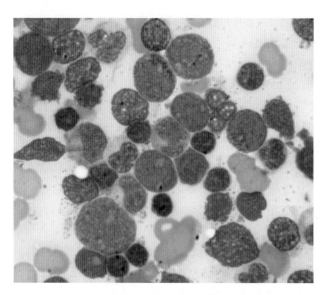

图 30-1　CLL 与 AML 并存一例

a 为罕见 CLL 与 AML 伴成熟型并存骨髓象,小淋巴细胞和原始粒细胞分别占 39% 和 30.5%,患者因头晕、乏力起病,当地医院抗感染治疗好转,但血白细胞和淋巴细胞仍增加,转上级医院检查 WBC $91.6×10^9/L$、Hb 63g/L、PLT $39×10^9/L$

伴成熟型并存的罕见病例(图 30-1),重复检测样本中发现两群异常细胞:一群原始细胞群占 27.6%,CD34、HLA-DR、CD33、CD7、MPO 阳性,CD2 和 CD13 弱阳性,CD3、CD19、CD10 等抗原不表达;另一群为异常成熟 B 细胞占 49.3%,表达 CD19、CD5、CD20、CD22,部分表达 CD23,Lambda 阳性,不表达 CCND1、CD10、CD38、CD103、CD25、CD3 等抗原。查询骨髓涂片有核细胞增生明显活跃,原始粒细胞占 30.5%,小淋巴细胞占 41%。

骨髓切片细胞量丰富,小淋巴细胞呈松散的弥漫性(约占 1/4),结节性(约占 1/10),或间质性(约占 1/3),或片状浸润,也可在同一标本中同时存在以上特征。小淋巴细胞形态规则、核圆形、染色质斑点状明显、核膜厚和胞质极少。骨髓切片象与预后有关,结节象和间质象见于许多早期 CLL,疾病进展或骨髓造血衰竭时与弥漫性浸润有关。CLL 转化为 DLBCL(Richter 综合征)是以大细胞簇为特征,形态学可类似免疫母细胞,但更多的象中心原始细胞。有时 CLL 形态学有类似 HL 表现,在 CLL 的细胞学背景中可见散在的 RS 细胞和变异细胞。

四、免疫表型、细胞遗传学和分子学

CLL 细胞为 CD5+B 细胞。许多 CLL 细胞与正常循环的 CD5+、CD23+、IgM+ 和 IgD+ 的 B 细胞相对应。酪氨酸激酶 ZAP70 阳性常指示疾病进展。典型 CLL 细胞免疫表型见第二十章,但一部分 CLL 与免疫表型背离,如 CD5 或 CD23 阴性、FMC7 或 CD11c 阳性或 CD79b 阳性。因此,诊断需要临床特征、形态学特征、免疫表型和遗传学特征整合评判。CLL 免疫表型积分系统见表 30-4。

抗原受体基因,Ig 重链和轻链基因克隆性重排。根据 IGVH 基因突变情况可以界定 CLL 的两个不同类型:30%~50% 显示 IGVH 基因无突变,与幼稚 B 细胞一致;而另占 50%~70% 突变,与源自生发中心后 B 细胞一致。IGVH 基因突变是非随机的,并与 CLL 中常见的自身抗体相关。用 FISH 等方法,80%CLL 存在非特异性核型异常。最常见的是 13q14.3 缺失(占 80%),其次为 +12 或 +12q13,较少见的有 11q22~23(ATM 和 BIRC3)和 17p13(TP53)或 6q21 缺失,复杂核型占 40%。且这些异常与 IGVH 突变有无有关,如 13q- 者突变率明显增高而 11q-、17p- 异常的突变率明显低于无突变率。采用高分辨率基因组阵列可以发现少见的一些异常,如 2p、8q24(MYC)和 14q 异常。CLL 平衡性染色体易位少见。

五、CLL 诊断要点和鉴别诊断

当患者在年龄 35 岁以上,隐袭性(原因不明)脾大、白细胞升高和小淋巴细胞增多时,应疑似 CLL。白细胞和淋巴细胞升高愈显著,CLL 的可能性愈大。通常,临床体征符合,白细胞 $>(10~30)×10^9/L$,小淋巴细胞在外周血中 >60%~80%,骨髓涂片 >50%,可以高度疑似 CLL。部分患者有幼淋巴细胞和不典型或多形态性淋巴细胞增多(图 30-2),当外周血(或)骨髓涂片中幼淋巴细胞在 10% 以上或浆细胞样淋巴细胞和裂隙样细胞或其他多形态性淋巴细胞占 10%~15% 以上时,可提示为混合型(不典型)CLL(约见于 15% 患者)。幼淋巴细胞 10%~55% 又无其他多形性淋巴细胞时,提示为小淋巴细胞与幼淋巴细胞的混合——伴幼淋巴细胞(增多)的 CLL(CLL/PL)。这些类型与疾病进展有一定关系。

一般,形态学的基本诊断需要骨髓切片免疫组化或流式免疫表型检查的支持。CLL 免疫表型的特点见前述。然后,根据实验室条件和病例的实际情况考虑细胞遗传学和分子学检查。

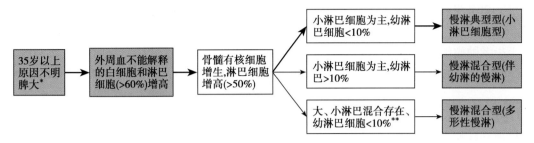

图 30-2　CLL 及其变异型的形态学诊断

* 绝大多数 CLL 年龄在 35 岁以上,初诊时可不见脾肿大;** 大淋巴细胞等多形性细胞>10%～15%

在鉴别诊断方面,CLL 需要与 SLL 和 MBL 以及其他成熟小 B 细胞肿瘤鉴别。CLL 与 SLL 和 MBL 的关系已在前述。CLL 与 SLL 起病方式不同,但当血液和/或骨髓为首发的白血病扩散至外周淋巴组织,与浸润血液和/或骨髓时的 SLL,依据在细胞学和组织病理学检查常不容易作出区别,但可以通过病史、病程、体征以及对血象和骨髓象变化的分析,一般都可以作出病期判断。MBL 的当初定义为血液中存在克隆性 B 细胞<5×10⁹/L 且无症状和组织学(明显)病变者,现在定义为血液中存在克隆性 B 细胞<5×10⁹/L 且无其他淋巴瘤特征者。但实践中存在血液中克隆性 B 细胞<5×10⁹/L 而骨髓组织中有片状明显浸润且血细胞减少者,对于这部分病例的归入有争论,我们认为应视为 CLL。

MCL、MALT 淋巴瘤和 FL 侵犯血液和/或骨髓的其他小 B 细胞肿瘤,与 CLL 的细胞学和骨髓组织病理学常有相似之处,尤其是 MCL 与 CLL 近缘并可表达 CD5。这些肿瘤,除了详细了解病史,包括淋巴组织病理学诊断外,更多的需要免疫表型和细胞遗传学与分子学方法进行多参数的整合鉴别诊断。一般 CLL 为典型或较为典型的小淋巴细胞呈片状至弥漫性浸润,胞核斑点状结构明显,细胞较为规则;而 MCL 和 MALT 虽为小 B 细胞,但比 CLL 细胞有轻度异形性,尤其是 MCL。免疫表型 CCND1 意义较大,MCL 阳性而 CLL 和 MALT 阴性,但由于肿瘤细胞可以丢失抗原,可以造成一部分病例失去鉴别意义。检出细胞遗传学和分子学异常,比较可靠,但仅在部分患者中存在。因此,结合临床特征的整合诊断极其重要。

第三节　B 幼淋巴细胞白血病

B 幼淋巴细胞白血病(B-PLL)在慢性白血病中和成熟 B 细胞肿瘤中都是少见类型,一般由形态学做出基本诊断。

一、定义与临床特点

B-PLL 是 B 幼淋巴细胞累及血液、骨髓和脾的白血病。在外周血中幼淋巴细胞占淋系细胞的 55% 以上,B 幼淋巴细胞为中等大小、有明显核仁的圆形淋巴细胞。CLL 转化的病例也有相似的细胞形态,但无 t(11;14)(q13;q32)。本病病因不明,临床上少见,约占淋巴细胞白血病的 1%,常见于 60 岁以上老年,中位年龄近 70 岁,男性多于女性。常以脾大(部分病人巨脾)而外周淋巴结不肿大(孤立性脾大)为特点,快速的淋巴细胞计数增高,常高达 100×10⁹/L 以上,一半患者有贫血和血小板减少,部分病例存在血清 M 蛋白。B-PLL 治疗反应比 CLL 差,生存期短。

二、形态学、免疫表型和遗传学

外周血中主要为幼淋巴细胞(图 11-15),占 55% 以上,常>90%。骨髓细胞增多,一半以上为幼淋巴细胞,其他系列造血受抑常严重。骨髓切片为类似的幼淋巴细胞骨小梁内弥散性浸润。脾脏白髓和红髓显著受累。淋巴结被弥漫性浸润,假滤泡不见。

B-PLL 强表达 sIgM/sIgD,B 细胞抗原(CD19、CD20、CD22、CD79a、CD79b 和 FMC7)。CD5(约 20%～30% 病例)和 CD23(约 10%～20%)阳性。CD200 弱阳性或阴性,ZAP70(与 IGHV 突变无关)和 CD38 约 50% 病例阳性,B-PLL 没有特异性异常核型。细胞遗传学或 FISH 检查可以发现涉及染色体 7、11q23 和

13q14,曾报道 20%患者有 t(11;14)(q13;q32),但现在认为这是白血病性原始细胞样变异的 MCL。复杂核型常见。

约一半患者肿瘤细胞表现为免疫球蛋白基因未突变的重链克隆性重排。使用 VH3 和 VH4 基因家族分别为 68%和 32%(重排)。常见与 TP53 突变相关的 17P 缺失(约 50%),以及 8q24 的 MYC 重排。

三、诊断要点与鉴别诊断

当遇见孤立性脾大和贫血的中老年患者,白细胞计数明显增高,幼淋巴细胞增高(>55%)时,可提示 B-PLL。细胞免疫化学或经流式免疫表型证明为 B 细胞,免疫表型或遗传学检查提供克隆性证据,可以确诊。

B-PLL 与原始细胞样变异的 MCL 与 SMZL 的白血病性血液或骨髓侵犯,以及 CLL 伴幼淋巴细胞明显增多病例之间的鉴别诊断尚有一定难度,文献上报告的病例可能有这些淋巴瘤而呈异质性。有类似形态学而 t(11;14)(q13;q32)(IGH-CCND1)易位或 SOX11 表达时,需要考虑 MCL 的白血病性侵犯。

第四节　淋巴浆细胞淋巴瘤/Waldenström 巨球蛋白血症

淋巴浆细胞淋巴瘤(LPL)/Waldenström 巨球蛋白血症(WM),在(细胞)形态学上常用 WM 或原发性巨球蛋白血症术语,且因 WM 几乎都有骨髓病变,备受形态学关注。WM 是 1944 年一位瑞典内科学家 Jan Waldenström 报道的,他详细描述了本病与骨髓瘤相关而无骨损害,有血黏度增高、出血明显,骨髓中在小淋巴细胞增多背景下只有少量浆细胞,并在血中发现巨球蛋白,并因此得名。

一、定义、病因与临床特点

LPL/WM 是由小 B 细胞、浆细胞样淋巴细胞和浆细胞组成的,约 90%伴巨球蛋白血症患者存在髓样分化基因(MYD88 L265P)突变,并常累及骨髓,有时累及淋巴结和脾脏的肿瘤。肿瘤细胞常缺失 CD5 抗原。多数病例存在高黏稠性或冷球蛋白血症的单克隆球蛋白。本病不包括有浆细胞分化的其他淋巴瘤(浆细胞样或浆细胞性变异,如假性滤泡、肿瘤性滤泡边缘区或单核样 B 细胞)。WM(原发性巨球蛋白血症)是 LPL 的常见类型,为有骨髓侵犯和任何浓度的单克隆性 IgM 血症者,20%患者有家族倾向。LPL 的少数病人(约<5%)可为其他 M 蛋白或 IgM 与其他 Ig 的混合,亦可无 M 蛋白,M 蛋白已不作为 LPL 诊断指标中主要项目。γ 重链病并不再认为是 LPL 的变异型。

Ⅱ型混合冷球蛋白血症的多数病例与丙型肝炎病毒感染有关,在骨髓可证明淋巴浆细胞样淋巴瘤治疗后也可随淋巴瘤的好转而病毒负荷减低。丙型肝炎病毒感染也可患 B 细胞淋巴瘤而无冷球蛋白血症,其中常见的是 MALT 淋巴瘤以及唾液腺和肝淋巴瘤(2 个病毒感染的组织器官)。丙型肝炎病毒是 RNA 病毒,不能整合宿主基因组,但能感染淋巴细胞,在病人的淋系细胞中可检测到病毒蛋白。肿瘤形成是病毒的潜在转化作用或与 MALT 淋巴瘤相似由抗原发动。

本病少见,约占结性淋巴瘤的 1.5%,好发于中老年人,中位患病年龄为 63 岁,男性稍多,有一定的遗传因素。临床症状主要有三个方面:瘤细胞浸润性症状、循环 IgM 增多症状和组织 IgM 沉积症状。不明原因的血沉明显增高、贫血和中老年患者是最早被怀疑本病(也可是 PCM)的重要线索。

骨髓、淋巴结和脾脏是常见的受累器官,外周血液也可受累。结外浸润可见于肺、胃肠道和皮肤。过去诊断的免疫母细胞瘤,大多数结外病变部位是 MALT 型淋巴瘤。

一般认为 LPL 不能治愈,但临床经过为惰性,中位生存期 5 年。预后不良因素有老年患者、血细胞减少者、神经系统病变和体重减轻者。少数患者转化为 LBCL,预后差。血红蛋白<90g/L,年龄>70 岁,体重减轻和冷球蛋白血症者预后差,同时有血小板减少或 2~3 系血细胞减少、脾大、淋巴结肿大和显著高水平 IgM 者,预后更差。

大多数患者有单克隆 IgM 血清蛋白(WM >30g/L),伴随高黏度血症。无血清 M 蛋白病例的肿瘤细胞常产生 Ig 而不分泌。M 蛋白可为自身抗体,也可为冷球蛋白性质,结果产生自身免疫现象或冷球蛋白血症。高血黏度发生率为 10%~30%,红细胞淤积或钱串状形成,增加脑血管意外的危险性。神经病变约见于 10% 患者,可能为 M 蛋白与髓鞘抗原(myelin sheath antigens),也称髓磷脂相关糖蛋白或神经节苷脂反应,以及冷球蛋白血症或副蛋白沉积的结果。IgM 沉积可发生在皮肤或胃肠道,可是腹泻的原因。血液凝固异常是 IgM 结合凝血因子、血小板和纤维蛋白原所致。IgM 副蛋白也可见于其他疾病,如边缘区细胞淋巴瘤(marginal cell lymphoma,MZL)、CLL 等。这些淋巴细胞增殖性疾病的特征见表 30-5。

表 30-5　可见 M 蛋白血症几种淋巴瘤病理特征

	MCL	CLL	FL	MZL	WM	PCM
M 蛋白	无	少量 IgG 或 IgM	常无	少量 IgM	多量 IgM	常见 IgA、IgG
形态学	中心细胞样小至中等大淋巴细胞	小淋巴细胞	滤泡中心细胞	单核样 B 细胞,异质性	(浆细胞样)淋巴细胞和浆细胞	浆细胞
表面 Ig	+	+	+	+	+	+
胞质 Ig	-	-	-	-	++	+++
CD19	+	+	+	+	+	-
CD20	++	+	++	+		15%+
CD23	-	+	±			
CD22	+	-	-	+	+	
CD38	-	±			+	++
CD138	-	-			+	++
CD5	+	+	-	-	常-	-
CD10	±	-	+	-	-	-
细胞遗传学	t(11;14)(q13;q32)Cyclin D1+	13q-,6q-,+12,11q23-	t(14;18)(q32;q21),BCL2+	t(11;18)(q21;q21),+3	6q-	t(4;14)(p16;q32),t(11;14)(q13;q32),t(14;16)(q32;q23),+14q32,13q-,非整倍体
基因重排	BCL1、IgH	BCL1、BCL2、IGHV	BCL2、IgH	MYD88	IgH	
体细胞高突变	-	50%+	++	++	+++	+++
骨髓浸润	25%	~100%	85%	50%	>90%	100%
溶骨性破坏	无	无	无	无	5%	70%

　　MCL 为套细胞淋巴瘤;CLL 为慢性淋巴细胞性白血病;FL 为滤泡淋巴瘤;MZL 为边缘区细胞淋巴瘤,分结性 MZL 和脾性 MZL 等;WM 为 Waldenström 巨球蛋白血症;PCM 为浆细胞骨髓瘤

二、形态学、免疫表型和遗传学

　　贫血是 WM 最常见的症状。血小板正常或减少,白细胞计数常在正常范围或轻度升高。淋巴细胞增多,但较 CLL 要低。多可检出混合存在的淋巴样浆细胞,小淋巴细胞、大淋巴细胞、浆细胞样淋巴细胞。这些细胞可以视为肿瘤细胞,细胞核和胞质着色性往往相似。但是,典型的浆细胞样淋巴细胞或淋巴样浆细胞仅占细胞组成的一部分,形态特征为胞质轻度嗜碱性、明显偏于一侧形似鞋状或船状。

　　骨髓有核细胞往往偏少,淋巴细胞增多,粒红巨三系造血细胞减少。骨髓中最有特征的是浆细胞样淋巴细胞,形态学见图 11-17,但较多病例为(一定异形的)淋巴细胞和一部分小型浆细胞混合。若骨髓穿刺不佳,加之外周血细胞减少,骨髓涂片检查易误诊为再障。骨髓切片,有核细胞量多为正常,肿瘤细胞多呈

结节状或片状浸润,间质性和弥散状浸润较少,骨小梁旁浸润少见。瘤细胞胞体偏小或稍大,细胞变异性较常见,典型者胞质常一位于细胞一则,似鞋形,肥大细胞可增加(见第二十七章)。

淋巴细胞表达中等水平的泛 B 细胞抗原以及单克隆表面轻链(第二十章)。肿瘤性浆细胞表达 cIg(通常 IgM,有时 IgG),以及 CD138、MUM1 等其他浆细胞标记物。与浆细胞骨髓瘤通常不表达 CD19 和 CD56 不同。而 CD5 缺失和 cIg 强表达有助于鉴别 CLL/SLL。

常见体细胞高频突变的 *IGV* 重排。与其他伴浆细胞样成熟的淋巴瘤一样,一半以上病例可检出 t(9;14)(p13;q32)易位和 *PAX5* 基因重排,90%以上 LPL 伴 IgM(WM)者存在 *MYD88* L265P 突变,约 30%存在如同 WHIM(疣、低丙种球蛋白血症、免疫缺陷和髓外囊虫)综合征所见的裁断 *CXCR4* 突变(常见 *CXCR4* S338X 或移码突变),以及其他突变如 *ARID1A*、*TP53*、*CD79B* 和 *KMT2D*(*MLL2*)。

三、诊断要点和鉴别诊断

中老年患者,淋巴细胞增多并易见淋巴样浆细胞时应疑及本病,检查蛋白电泳存在 M 蛋白和 IgM 增高(>30g/L,WHO 标准;>20g/L,FAB 标准),可明确诊断。需要注意的是,2017 年 WHO 认为在 LPL 中,副蛋白(多数病例存在)不作为诊断要求。IgM 增高,15～30g/L(<20g/L,FAB)者可诊断为冒烟型 LPL(冒烟型 WM),无症状的 IgM 增高而<15g/L 者可诊断为 IgM 型意义未明单克隆丙种球蛋白血症(IgM-monoclonal gammopathy of undetermined significance,MGUS)。

淋巴样浆细胞增多包括了 WM 和 SMZL 等,需要作出鉴别(表 30-5)。SMZL 又名 SLVL,为低度恶性淋巴瘤;外周血 WBC 常>10×10⁹/L,约一半患者有骨髓侵犯,其中多为淋巴细胞,并有短而局限于一侧胞质的短小绒毛(极性状突起,见第十一章),核质比例高,有一明显的小核仁;还可见与淋巴瘤细胞源于同一克隆的浆细胞;免疫表型与 LPL 有许多共同之处。细胞化学染色 ACP 阳性并被酒石酸所抑制;血清 IgG 或 IgM 浓度<20g/L。而 WM 血清 M 蛋白浓度常>20g/L,外周血 WBC 常<10×10⁹/L。浆细胞样淋巴细胞除 LPL 外,也见于继发性体液免疫反应增高时,但比例低或仅为偶见。

MYD88 L265P 突变,虽非特异性,但检出这一突变为克隆性,因此在鉴别诊断中是重要的新的分子指标,被列入 WHO(2017)修订的 LPL 诊断标准中的一个主要指标。*MYD88* 也见于大部分 IgM 型 MGUS(不见于 IgG 或 IgA 型),其他小 B 细胞淋巴瘤的一部分;约 30%非生发中心型 DLBCL,一半以上的原发性皮肤 DLBCL(腿型);还有许多在大脑、眼球内、精子等免疫赦免部位(immune privileged site)发生的 DLBCL,有此突变。但在 PCM 中即使是 IgM 型亦无此突变。

第五节　多毛细胞白血病

多毛细胞白血病(HCL)是成熟 B 细胞肿瘤中的罕见类型,因肿瘤性 B 细胞胞质常丰富并有细长突起,故名多毛细胞和 HCL。

一、定义和临床特征

HCL 是源自生发中心后记忆 B 细胞发生了趋化因子和黏附受体改变而活化的成熟 B 细胞肿瘤,主要累及血液、骨髓和脾红髓,在骨髓和外周血中肿瘤性 B 细胞以卵圆形胞核、丰富胞质"毛发样"突起,强表达 CD103、CD22、CD25 和 CD11c,几乎都存在 *BRAF* V600E 突变或无此突变者而有 *MAP2K1* 突变,常伴有继发性骨髓纤维化和造血衰竭性血细胞减少。

HCL 也是一种好发于中老年人的少见白血病,约占淋系白血病的 2%。诊断时平均年龄 52 岁,男性患者明显多(男:女比例约4:1～5:1)。患者常见的主诉症状有乏力、虚弱和腹部饱胀。最常见的体征是孤立性脾大和全血细胞或 2 系血细胞减少。复发性机会性感染、血管炎或免疫功能异常也较为多见。

多毛细胞也可浸润肝、淋巴结和皮肤。少数病人还与多毛细胞相关的腹部淋巴结显著肿大,可能是 HCL 的转化型。HCL 对传统的淋巴瘤化疗无反应,干扰素 α2b 等治疗可获长期缓解。

二、血细胞和骨髓形态学

血象特点为全血细胞减少。少数患者白细胞正常或增高,绝大多数有中性粒细胞和单核细胞减少(也被认为是一个临床特征),淋巴细胞增高。淋巴细胞的部分细胞胞质呈细长的毛发样突起(见第十一章),是诊断的重要依据。多毛细胞比例高低与形态典型性有关,有的病例血片中多毛细胞多见,有的很少见。外周血多毛细胞可比骨髓涂片典型。

骨髓易干抽,如获取良好的骨髓涂片标本可见多少不等的多毛细胞。多毛细胞比例可高至90%,低至5%~10%。正常造血受抑的程度不一,取决于肿瘤浸润的程度。其实多毛细胞可以分为有绒毛和无明显绒毛突起的多毛细胞,前者为典型型,后者为不典型形态,但它们的细胞本质或免疫学性质则是一样的。重要的是结合临床、血象和其他检查。多毛细胞的细胞化学特征是抵抗酒石酸酸性磷酸酶(tartrate-resistant acid phosatase,TRAP)阳性。

骨髓切片示造血组织不同程度被白血病细胞替代,原发象为多毛细胞与部分脂肪和造血细胞残留呈间质性(见图11-16)或松散的弥漫性浸润。瘤细胞之间以核间距宽(细胞以疏松海绵样相互连接)为特点。肿瘤细胞呈(卵)圆形或豆形,与常见于其他低度成熟 B 细胞肿瘤浸润骨髓时包裹性胞核(密集排列)不同。多毛细胞胞质丰富、周边可呈油煎荷包蛋白样外观,有丝分裂象缺乏。微小浸润时可见多毛细胞呈微小簇状,易于漏检。网硬蛋白纤维增加(常致骨髓干抽)与多毛细胞分泌纤维母细胞生长因子等因素有关。骨髓浸润间区可见不协调的造血成分和脂肪组织;部分患者,骨髓因失去造血成份而呈低增生性,特别是粒系细胞,与多毛细胞浸润和转化生长因子 β 的产生有关。组织切片免疫化学染色 DBA44 多毛细胞强阳性,但也见于其他淋巴瘤细胞。透射电镜检查可证实一半患者的多毛细胞有特征的核糖体板层状复合物,扫描电镜示多毛细胞表面有很多毛发样突起。

三、免疫表型、细胞遗传学和分子学

肿瘤细胞 sIg 阳性和 B 细胞相关抗原阳性(见表30-6),但 CD79b 不表达。CD123 在 HCL-v、SMZL 和其他 B 细胞淋巴瘤中不表达,可区别 HCL 与其他细胞形态上长毛或绒毛的疾病。膜联蛋白 A 1(ANXA1)在 B 细胞肿瘤中,仅为 HCL 表达(被认为是最特异的标记)。

表 30-6 HCL 与相关疾病的鉴别诊断

	HCL	CLL	B-PLL	SMZL	HCL-Ⅱ
男:女	4:1	2:1	2:1	2:1	4:1
明显脾大	75%~95%	>50%	>90%	>90%	>90%
明显淋巴结肿大	5%	70%	30%	<5%	5%
脾浸润象	红髓	红髓,白髓±	红髓,白髓±	红髓,白髓±	红髓
WBC(×10⁹/L)均数	5	100	175	20	90
抗酒石酸 ACP	+	–	±	–	±
免疫表型					
smIg	+++	+	+++	+++	+++
CD5	–	+++	±	±	–
CD11c	++++	+	±	±	±
CD19	+++	++	+++	+++	+++
CD20	++++	++	+++	+++	+++
CD22	+++++	±	+++	+++	+++
CD25	+++	+	±	±	–
CD103	++	–	–	–	–
BRAF 突变	几乎都有	无	无	无	无
无 *BRAF* 而有 *MAP2K1* 突变	有	无	无	无	有(50%)

注:+~+++++显示不同程度的阳性反应,-为阴性反应,±为一部分病人阳性反应

IGVH 基因座体细胞高频突变(somatic hypermutation,SHM)和免疫球蛋白轻链(*VH*)基因可变区突变。细胞遗传学异常和癌基因无特征性所见,CCND1 过度表达,约见于 50%～75%病人,但与 t(11;14) 或 *BCL1* 重排无相关性。部分病例可见 14q+ 和 1/5 患者 6q-。14q 易位染色体有 t(9;14)(q34;q32),t(14;18)(q32;q21) 和 t(14;22)(q32;q11) 等。近年发现,HCL 几乎每例有 *BRAF* V600E 突变或无此突变者而有 *MAP2K1* 突变。*BRAF* V600E 突变不仅可以用于 HCL 的分子诊断,还可以监测疾病,或者可以成为治疗 HCL 的一个靶向分子。

四、诊断要点与鉴别诊断

遇起病隐袭,原因不明的孤立性脾大(尤其是巨脾),全血细胞减少的中老年男性患者,应怀疑 HCL。仔细的形态学检查,血片和骨髓涂片有多少不一的典型多毛细胞时,高度疑诊本病;增多的淋巴细胞酸性磷酸酶染色阳性,并不被酒石酸所抑制,可以提示 HCL;免疫表型分析 CD103、CD25 和 CD11c 表达强阳性,可提供进一步的诊断依据。分子检查是诊断 HCL 的新指标,*BRAF* V600E 突变,或无此突变者而检出 *MAP2K1* 突变,可以明确诊断。HCL 需要与相关疾病,如 CLL、B-PLL 和 SMZL 相鉴别,鉴别要点见表 30-6。

五、变异型

HCL 有两型:HCL-Ⅰ 和 HCL-Ⅱ。HCL-Ⅰ 为一般所述的普通型,常见;HCL-Ⅱ 为变异型(HCL variant,HCL-V),临床上少见。新发现 *BRAF* V600E 突变几乎见于所有 HCL 病例,但不见于 HCL 变异型(HCL-V)或其他小 B 细胞淋巴肿瘤。在近一半 HCL-V 者,和大多数表达 IGHV4-34 片段以及和与 HCL-V 一样无 *BRAF* V600E 突变的 HCL 患者中,有编码 MEK1(在信号通路中位于 BRAF 下游)的 *MAP2K1* 基因突变。从而影响了 HCL 及其变异型的诊断,并在 2017 年 WHO 修订分类中把 HCL-V 作为脾 B 细胞淋巴瘤/白血病,不能分类型中的一种亚型(表 30-1)。

HCL 变异型是骨髓和脾脏组织象类似典型的 HCL,但循环中的细胞是圆形或卵圆形胞核和有明显核仁(类似幼淋巴细胞)和中等量嗜碱性有突起的胞质。细胞表面绒毛短小、胞质宽大皱褶,核质比例(N/C)较高。白细胞增高(50×10⁹/L),单核细胞不减少。这一多毛细胞常表达 sIgG,而典型多毛细胞抗原,如 CD25、CD10、ANXA1 和 TRAP 阴性,分子指标 *BRAF* V600E 无突变,近一半 HCL-V 者有 *MAP2K1* 基因突变,但大多数不表达 IGHV4-34 片段。本型治疗反应差,中位生存期短;需与 SMZBL 和 B-PLL 相鉴别。

第六节　成熟 B 细胞淋巴瘤常见类型

淋巴瘤(lymphoma)是起源于单个淋巴细胞的一组恶性异质性实体肿瘤,故曾称之恶性淋巴瘤。淋巴细胞发生恶性转化时获得比正常淋巴细胞更强的生存优势。

一、概述

在成熟 B 细胞肿瘤(表 30-1)中,SLL、MCL、FL、SMZL、结内(外)边缘区淋巴瘤等小 B 细胞淋巴瘤和各种类型的 LBCL,都是属于并易于侵犯血液和/或骨髓的非霍奇金淋巴瘤(non-Hodgkin lymphoma,NHL)。

1. 淋巴瘤分类　根据肿瘤细胞的行为特性、起病方式、淋巴结外组织的累及率、病情进展和对治疗反应的不同,淋巴瘤分为霍奇金淋巴瘤(Hodgkin lymphoma,HL)和 NHL 两大类。HL 是一特殊的淋巴瘤,在本节末简要介绍。NHL 具有异质性,比 HL 有更多的结外侵犯和远处扩散。WHO 的淋巴组织肿瘤或淋系肿瘤分类采纳了国际淋巴瘤研究组提出的 REAL 方案,分为 B、T 和 NK 细胞肿瘤以及 HL 等几个大类。WHO 认为 NHL 的异质性,常有不同的病因和治疗反应,故以生物学等特性来界定 B、T 细胞肿瘤。B、T 细胞肿瘤再分为前体 B、T 细胞(原始淋巴细胞)肿瘤(ALL 和原始淋巴细胞淋巴瘤)和成熟 B、T 细胞肿瘤。后者又按其主要临床表现非正式地进行分组:主要呈播散性/白血病性、原发结外性和主要呈结性病变者。现在,淋巴瘤由形态学、免疫学和遗传学技术定义。成熟 B 细胞淋巴瘤占据了 NHL 的多数。成熟 B 细胞淋巴瘤,按细胞形态学上的成熟性和大小,可以分为小 B 细胞淋巴瘤和 LBCL(见第二章和第十一章)。

SLL、MCL、FL、SMZL 和结内与结外边缘区淋巴瘤和 HCL 属于小 B 细胞淋巴瘤，大多是中老年人易患的惰性淋巴瘤，尤其是 SLL、LPL、MCL、HCL 和 MBL；LBCL 是侵袭性淋巴瘤，临床上常见而重要的两个类型是 DLBCL 和 Burkitt 淋巴瘤，且多见于年轻人和儿童。FL（3 级）和 MCL 中的一部分也为侵袭性。

2. 淋巴瘤与临床特点　淋巴瘤的诊断主要依据病理组织学、免疫组织化学，有时需要反复多次活检才能肯定诊断，但临床征象常有重要的提示作用。完整的病史采集和仔细的体检对于有无可疑淋巴瘤的存在很重要。淋巴瘤起病多累及一个淋巴结区，随着疾病进展逐渐扩散，累及骨髓都为疾病晚期（淋巴瘤分期Ⅳ期）。有 B 症状（不能解释的发热，>38℃连续 3 天以上，盗汗，半年内体重减轻 10% 以上）者预后不良。A 症状为无发热、盗汗和体重减轻。临床分期根据病史、体格检查、实验室和影像学检查确定，病理分期仅根据组织活检中所累及的病变范围。

成熟 B 细胞肿瘤占成熟淋巴细胞肿瘤的 90% 以上，最常见类型为 FL 和 DLBCL，两者约占 NHL 的 50% 以上，其次是浆细胞肿瘤。成熟 B 细胞肿瘤类型与年龄明显有关，儿童和年轻人患的多为形态学上原始或幼稚型细胞肿瘤（如 Burkitt 淋巴瘤，包括源于干细胞的原始淋巴细胞淋巴瘤）；中老年人患的多为形态学上成熟细胞肿瘤（如 CLL/SLL、LPL、MCL）。患者中位年龄，成熟 B 细胞肿瘤为 51~70 岁，纵隔大 B 细胞淋巴瘤为 37 岁，成人 Burkitt 淋巴瘤为 30 岁。儿童患 Burkitt 淋巴瘤和 LBCL 显著高于其他类型。MCL 为男性患者明显多于女性患者。

从形态学上看大小 B 细胞淋巴瘤粗分，也有重要的基本评判上的意义：小 B 细胞都是形态学上成熟的（中）小型细胞、低度恶性的、惰性的好发于中老年人的 B 细胞肿瘤（包括前述的 CLL、LPL、B-PLL、HCL，都可以归属于中老年病范畴）；大 B 细胞都是幼稚的（中）大型细胞、高度恶性的、侵袭性淋巴瘤，为儿童年轻人易患的肿瘤。

淋巴瘤起病时常表现无痛性进行性淋巴结肿大，发热、脾脏肿大和肝脏肿大也较常见，初诊时可为局限性或播散性。由于受累的部位不同，症状和体征各异，全身症状多见于晚期病人和弥散病变者，可出现贫血、体重减轻、局部压迫症状、衰弱和恶病质。如侵犯骨髓可因造血抑制发生贫血，白细胞减少并发感染，血小板减少引起出血；浸润中枢神经系统可产生脑压迫症，或运动麻痹、知觉障碍等；浸润胸膜可产生大量积液影响呼吸；浸润胆管可引起阻塞性黄疸；浸润纵隔可发生上腔静脉综合征。M 蛋白也能与细胞表面的反应引起血细胞损伤。自身性或与 B 细胞肿瘤相关的自身反应抗体产物可以导致自身免疫性溶血性贫血、粒细胞减少和血小板减少。此外，淋巴瘤细胞产生的许多细胞因子可引发许多症状，如白介素 6（interleukin-6，IL-6）可诱致发热，并可出现炎症反应指标阳性；甲状旁腺激素相关蛋白可引发高钙血症；肿瘤坏死因子（tumor necrosis factor-α，TNF-α）可活化巨噬细胞引起噬血细胞综合征。一般说，LBCL 和分化差的淋巴瘤，伴有的发热、盗汗、体重减轻和厌食比小细胞性和分化程度高的淋巴瘤明显而多见。

淋巴瘤常累及骨髓，主要见于 NHL，浸润率约为 25%~50%。HL 累及骨髓很少，约只 NHL 的 1/5~1/10。通常，原发于或广泛侵犯骨髓为主的多为低级恶性淋巴瘤（如 SLL、FL、SMZL、MALT 淋巴瘤），且具有典型的惰性病程，若干年后可转变为预后更差的中高级恶性淋巴瘤。

成熟 B 细胞肿瘤的临床表现和治疗的反应高度不一。惰性淋巴瘤，如 CLL/SLL、FL、冒烟性浆细胞骨髓瘤等虽是不能治愈的疾病，但未经治疗，直至症状出现后的中位生存期仍可长达 5 年或 5 年以上。另一些惰性淋巴瘤，如 MALT 淋巴瘤经局部放疗可以治愈。近来定义的另一些小 B 细胞淋巴瘤，如 MCL 介于惰性和侵袭性之间，尚不能通过化疗治愈，临床侵袭性者中位生存期为 3 年。DLBCL 有异质性，约 40% 可以治愈，用 DNA 微阵列检测基因表达可以评估出不同预后的亚型（如 GBC 型和 ABC 型），并可提供治疗依据。Burkitt 淋巴瘤为高度侵袭性需要用更强烈的化疗方案。单克隆抗体如抗 CD20 和设计分子靶治疗成熟 B 细胞肿瘤将可期待精致的疾病分类（特别是 LBCL）和治疗效果。

3. 淋巴瘤与组织器官　淋巴组织分布于全身器官，因此淋巴瘤可发生于机体的任何部位，最常见部位为淋巴结；脾脏、胸腺、扁桃体等淋巴组织，沿肠或支气管等黏膜分布的 MALT 也是淋巴瘤的好发部位。初诊时常为累及一组淋巴结群。但不同部位发生的淋巴瘤又与其细胞学特征、病变程度和预后有关。如脑原发的多为 DLBCL，很少向中枢神经系统外扩散，治疗反应较好但易复发，预后差。眼窝或唾液腺、甲状腺发生的多为 MALT 淋巴瘤，病变虽为局限但抗肿瘤药物难于奏效，用放疗则有良好效果，预后良好。大肠或乳腺、骨、睾丸部位发生的多为 DLBCL,而乳腺和睾丸原发者预后差,原因不明。回肠末端部位原发的多为 DLBCL 或 Burkitt 淋巴瘤,而 Burkitt 淋巴瘤为高增殖肿瘤,延缓治疗预后不良。胃原发的 MALT 淋巴瘤,用抗幽门螺旋菌疗法可以显效。原发结外淋巴瘤常为 MALT 淋巴瘤和 DLBCL,且存在不容易解释的易见双侧器官同时发生,如卵巢、睾丸、乳腺、眼、肾上腺和输尿管。原发中枢神经系的淋巴瘤几乎都是侵袭性,且多为 DLBCL。原发眼部(局限于眼睑、结膜、泪囊、眼眶和眼内)的淋巴瘤,结膜和泪腺淋巴瘤最常见的是 MALT 淋巴瘤,而眼内和泪囊淋巴瘤常是 LBCL。胃肠道也是结外淋巴瘤的好发部位,约占结外边缘区淋巴瘤的 1/3,除了胃,肠道淋巴瘤依次为小肠、直肠和结肠,且最易累及的是回盲部、其次是小肠。原发睾丸的淋巴瘤见于中老年人无痛性睾丸肿大或鞘膜积液,组织学类型为 DLBCL。睾丸滤泡淋巴瘤好发于儿童,成人罕见。由于肾不被认为有淋巴组织,原发肾淋巴瘤令人费解,常见特征是双侧肾肿大、无梗阻、无其他器官或淋巴组织受累。巨大的前纵隔肿瘤,年青女性患者多为纵隔(胸腺)大 B 细胞淋巴瘤,男性患者多为淋巴母细胞(原始淋巴细胞)淋巴瘤(T 细胞型)。原发性(浆膜腔)渗出性淋巴瘤多见于男性患者,且常无明显的淋巴瘤肿大,而纵隔大 B 细胞淋巴瘤好发于年轻女性,临床表现常是前纵隔肿块所致的症状,淋巴结常不受累。

4. 免疫表型和遗传学表型　成熟 B 细胞淋巴瘤,可以分析确认的主要免疫表型标记见第二十章表 20-1。遗传学表型见表 30-7。

表 30-7　成熟 B 细胞淋巴瘤常见染色体和基因重排

淋巴瘤类型	细胞遗传学异常	受累基因	频率(%)	机制	预后
小淋巴细胞淋巴瘤	t(14;19)(q32;q13)	IgH-BCL3	1	表达失控-转录因子	不良
套细胞淋巴瘤	t(11;14)(q13;q32)	CCD1-IgH	>95	表达失控-抗凋亡蛋白	
滤泡淋巴瘤	t(14;18)(q32;q21)	IgH-BCL2	75~90	表达失控-抗凋亡蛋白	尚佳
	t(2;18)(p12;q21)	BCL2-IgLκ		表达失控-抗凋亡蛋白	
边缘区淋巴瘤	t(11;18)(q21;q21)	API2-MALT1	40~50	融合蛋白-NFκB 活性增加	
	t(1;14)(p22;q32)	BCL10-IgH	10	表达失控-NFκB 活性增加	
	t(14;18)(q32;q21)	IgH-MALT1;		表达失控-转录因子	
	t(3;14)(p14;q32)	IgH-FOXP1		表达失控-转录因子	
Burkitt 淋巴瘤	t(8;14)(q24;q32)	MYC-IgH	80	表达失控-转录因子	不良
	t(2;8)(q12;q24)	Igκ-MYC	15	表达失控-转录因子	不良
	t(8;22)(q24;q11)	MYC-Igλ	5	表达失控-转录因子	不良
弥漫性大 B 细胞淋巴瘤	t(14;18)(q32;q21)	IgH-BCL2	25	表达失控-抗凋亡蛋白	良好
	t(3;14)(q27;q32)	BCL6-IgH	20~35	表达失控-转录因子	良好
	t(3;4)(q27;p11)	BCL6-TTF		表达失控-转录因子	
	t(3;22)(q27;q11)	IgL-BCL6		表达失控-转录因子	
	t(2;3)(p12;q27)	IgK-BCL-6		表达失控-转录因子	
	t(8;14)(q24;q32)	IgH-MYC		表达失控-转录因子	
间变性大 B 细胞淋巴瘤	t(2;5)(p23;q35)	NPM-ALK	80	信号转导异常	

二、Burkitt 淋巴瘤/白血病

Burkitt 淋巴瘤(Burkitt lymphoma,BL)细胞,在形态学上为原始而免疫表型上为成熟的中大型成熟 B 细胞高增殖高凋亡性肿瘤,在其 3 个类型中,散发型病例骨髓累及比地方型多见,累及骨髓中的 1/4 以上病例为 Burkitt 淋巴瘤细胞白血病。

1. 定义　Burkitt 淋巴瘤（BL）是高侵袭性淋巴瘤,常原发结外或以急性白血病（FAB 分类中 ALL-L3 形式）发病,由单一的中大型、胞质嗜碱性和较多有丝分裂相 B 细胞（源自生发中心）组成,与 EBV 感染相关,并有恒定的第 8 号染色体易位累及 *MYC* 重排导致 MYC 高表达所致的病理机制。

2. 临床特点　BL 有三个临床变异型:地方型、散发型和免疫缺陷相关型。每型有不同的临床、形态学和生物学所见。我国所见为散发型 BL。

（1）地方型 BL:地方型 BL（endemic BL）发生于赤道非洲、巴布亚岛和新几内亚,是该地区儿童（发病高峰 4~7 岁）最常见的恶性肿瘤,是与地理学事件和一些气候因素有关。几乎都有 EBV 感染。最常（约 50%病例）累及颌部和脸部（眼眶）,也可累及肠系膜和性腺。

（2）散发型 BL:散发型 BL（sporadic BL）散见于世界各地,多见于儿童和青（壮）年（后者中位年龄 30 岁）,发病率低,约占淋巴瘤的 1%~2%。本型累及颌部不常见,主要是腹部肿块（见于 90%患者）,卵巢、肾脏和乳腺也是较常见的受累组织。累及乳腺常为双侧和巨大肿块,后腹膜肿块可压迫脊椎束导致全瘫。Waldeyer 扁桃体环和纵隔受累少见。少数的白血病象,主要见于男性病人,纯粹以 ALL-L3 形式累及骨髓,由类似 Burkitt 细胞的循环 B 原始淋巴细胞组成,预后差。

（3）免疫缺陷相关 BL:免疫缺陷相关 BL 与原发的 HIV 感染有关,常累及结内和骨髓。

地方型和散发型 BL 结内累及均少见,肿瘤周围淋巴结可不被侵犯。表现为巨大肿瘤和急性白血病的患者,可见高尿酸和乳酸脱氢酶水平。骨髓受累常示高瘤负荷,是预后不良的指征。按疾病系统分期（表 30-8）,Ⅰ期和Ⅱ期约占 30%,Ⅲ期和Ⅳ期占 70%。肿瘤溶解综合征是 BL 的特征之一,可发生于治疗后瘤细胞快速死亡时,细胞内嘌呤、黄嘌呤、次黄嘌呤、尿酸、磷酸和钾进入血流,可导致严重的高钾血症影响心功能,继发性低血钙和高磷酸血症,尿酸、黄嘌呤和磷酸沉积肾小管可导致肾衰竭。地方型 BL 和散发型 BL 可潜在性治愈,进展期（包括骨髓或中枢神经浸润）病例也可能治愈。骨髓和中枢神经浸润、不能切除的肿瘤 10cm 以上、血清 LDH 增高,被认为是不良的预后因子,尤其散发型病例。地方型病例对联合化疗敏感,临床系统分期低期者 90%,疾病进展者 60%~80%可以治愈。复发几乎都在 1 年内发生,2 年内未复发可考虑治愈。

表 30-8　Burkitt 淋巴瘤分期系统

Ⅰ期:孤立性结外肿瘤或一个淋巴结区病变（纵隔和腹部病变除外）
Ⅱ期:伴所属淋巴结侵犯的孤立性结外肿瘤
　　　肿瘤侵犯横膈膜同侧,有≥2 个淋巴结区病变
　　　肿瘤侵犯横膈膜同侧,有 2 个孤立性结外肿瘤（不管所属淋巴结有无浸润）
　　　原发性消化道肿瘤（通常在回盲部,不管有无所属肠系膜淋巴结浸润）
Ⅱ期 R:腹腔病变完全切除
Ⅲ期:累及两侧横膈膜,有 2 个孤立性结外肿瘤
　　　累及两侧横膈膜,有≥2 个淋巴结区病变
　　　纵隔、胸膜和胸腺全是原发性胸腔内肿瘤
　　　脊髓和硬膜外全是肿瘤浸润
　　　全是广范围的原发性腹腔内病变
Ⅲ期 A:局限性但不能切除腹腔病变
Ⅲ期 B:广范围多发腹腔病变
Ⅳ期:初诊时有中枢神经系和骨髓浸润（<25%）

3. 病因学　EBV 在地方型 BL 发病中起重要作用（也有认为起辅因子作用）,几乎每例可检出 EBV,大多数病例的肿瘤细胞可检出 EBV 基因组。事实上,淋巴瘤在发病前可由多种细菌、病毒（EBV、HIV）和寄生虫（特别是疟原虫）感染,长时期激活多克隆 B 细胞,向淋巴瘤方向发展。由缺陷的 T 细胞调节受感染的 B 细胞所致,而周围环境因素如免疫抑制、抗原刺激,以及异常 B 细胞 MYC 蛋白高表达在发病中起着更为重要的作用。散发型 BL 与 EBV 相关发生率低。低社会经济学状态和早期 EBV 感染（患病年龄低）可伴随一个 EBV 阳性 BL 的高流行。免疫缺陷相关病例 25%~40%可检出 EBV 基因组。

4. 形态学 BL 分典型和变异型。典型者,见于地方型和大多数散发型 BL。在造血组织,肿瘤细胞或白血病细胞主要侵犯骨髓。骨髓涂片、印片和切片中均可见大量浸润的原始细胞,而外周血中通常为少量出现(形态的典型性也不及骨髓),故白细胞计数为正常或降低。侵犯骨髓可先于淋巴组织,以白血病为首发,骨髓涂片和印片的细胞形态学特征为细胞较大、胞质嗜碱性和珍珠样空泡(见图 2-1)。SBB 染色阴性,一部分可呈弱阳性反应。肿瘤呈高增殖率和高凋亡率,故有丝分裂象和凋亡细胞多见,也是形态学特征之一。骨髓切片标本可见星空象,是众多良性巨噬细胞吞噬凋亡瘤细胞的结果。

形态学变异,分为浆细胞样分化和不典型 Burkitt/Burkitt 样两型,适用于已经证明或强烈疑似 MYC 易位的病例。肿瘤细胞呈浆细胞样分化为嗜碱性胞质、偏位,胞核常单个位于中央,胞质内含有单型 Ig,见于儿童 BL,但更多见于免疫缺陷者;不典型 Burkitt/Burkitt 样变异为胞核大小和形状呈明显的多形性,核仁少而大,并显示高凋亡和高分裂象的特点,多见于免疫缺陷相关 BL。

5. 免疫表型 肿瘤细胞表达轻链限定性细胞膜 IgM 和 B 细胞相关抗原、CD10 和 BCL-6,CD5、CD23 和 TdT 阴性,BCL-2 和 MUM1 阴性。浆细胞样分化型可证明胞质内免疫球蛋白。Ki-67 几乎 100% 细胞阳性,为浆细胞样分化和不典型 Burkitt/Burkitt 样类型诊断的重要指标。以白血病方式出现的原始细胞,有一个表型成熟的 B 细胞特征,与 B-ALL 比较,表达较强的 CD45,而 CD34 和 TdT 阴性。

6. 细胞遗传学和分子学 肿瘤细胞 Ig 重链和轻链基因克隆性重排。可见 Ig 体细胞突变,与生发中心的原始细胞分化状态相一致。全部病例存在 8q24 区带(MYC)易位,多数病例易位至 14q32 区带的 Ig 重链区 t(8;14),少见易位至 2q11[t(2;8)]或 22q11[t(8;22)]。地方型患者第 14 号染色体断裂点累及重链连接区,而散发型病例易位累及 Ig 类别转换区(后期 B 细胞)。MYC 易位非 BL 特异,也见于 B 原始淋巴细胞白血病或淋巴瘤。TP53 突变为继发性,见于高达 30% 的散发型和地方型 BL 病例。除了累及 MYC 外,30% 的患者有 TP53 基因断裂,还有 30% 有 6q 缺失,6q 缺失与临床亚型无关。

在约 70% 的散发性和免疫缺陷相关 BL 和 40% 地方性病例中,发现转录因子 TCF3 或其负调节子 ID3 突变(见于 30%BL)。TCF3 通过激活 BCR/PI3K 信号途径并调节细胞周期蛋白 D3 表达促进淋巴细胞存活和增殖。最近一些研究识别出一个亚型,其形态类似于 BL,表型和基因表达分析(gene expression profiling,GEP)研究相似,但缺乏 MYC 重排,具有以近端扩增和端粒丢失为特征的 11q 改变。与 BL 相比,核型更复杂,MYC 表达水平较低,一定程度的细胞多形性,偶有滤泡结构,并常呈结节表现。临床过程似乎与 BL 相似,但报告病例数有限,在新的 WHO 更新分类中,Burkitt 样淋巴瘤伴 11q 异常作为新的暂定病种。

7. 诊断要点 诊断依据组织学和免疫表型特点以及定义的异常表达 MYC(表 30-9)。但异常表达 MYC 也见于少数原始淋巴细胞淋巴瘤、FL 和 B-DLBCL,需要密切结合组织象特征进行鉴别诊断。Burkitt 淋巴瘤组织学特征的星空象,为整片增殖的淋巴瘤细胞之间出现相对透亮的吞噬 BL 细胞胞核残留的巨噬细胞,犹如夜空中的星星。Burkitt 淋巴瘤细胞显示增殖细胞抗体 MIB1 阳性,也有助于鉴别诊断。

表 30-9 Burkitt 淋巴瘤的定义、组织学和免疫学的特点

1. 定义	(4) 胞核类圆形,核膜稍厚,染色质粗网状
(1) 病情快速进展性	(5) 核仁小型而明显,2~数个,部分核仁附着于核膜
(2) 常见结外病变和白血病象	(6) 胞质较少,嗜碱性
(3) 有特征的组织学所见	3. 免疫学特征
(4) 包括 MYC 基因在内的细胞遗传学异常	(1) IgM,Igκ 或 Igλ 阳性
2. 组织学特征	(2) B 细胞相关抗原阳性(CD19、CD20、CD22、CD79a)
(1) 弥漫性增殖,细胞相互密接	(3) CD10 和 BCL-6 阳性
(2) 变性破坏,胞核溶解,星空象(starry sky pattern)	(4) CD5、CD23、TdT 和 BCL-2 阴性
(3) 肿瘤细胞与组织细胞核相同大小或稍小的中型胞核,呈均一性	

三、弥漫性大 B 细胞淋巴瘤及相关大 B 细胞淋巴瘤

弥漫性大 B 细胞淋巴瘤(DLBCL)为 NHL 中的常见类型,包括一组大 B 细胞或转化 B 细胞的异质性

弥漫性浸润为特征的侵袭性成熟 B 细胞淋巴瘤。瘤细胞较大,胞核常≥淋巴细胞的两倍,形态学呈多样性。不能明确归入某种亚型或疾病实体的病例统称为 DBBCL,NOS(非特定类型)。DLBCL 也是笼统的 LBCL 的主要类型。

DLBCL 骨髓浸润时,形态学特点相似,为淋巴瘤细胞大、胞质嗜碱性、无颗粒,有时有瘤状等突起而类似原始(早幼)红细胞样。切片上瘤细胞常片状或弥漫性浸润,骨髓正常结构破坏,局限性纤维组织增生,典型瘤细胞形态为无裂核细胞,胞质丰富,多可见 1~2 个核仁。DLBCL 侵犯骨髓时的评判,需要形态学密切结合组织病理学、临床特征和遗传学方面的信息。

瘤细胞免疫表型为 CD10+、CD19+、CD20+、CD22+、CD79a+,但向免疫母细胞型等浆细胞分化进展时 CD20 和 CD79a 为阴性。sIg 或 CyIg 约 50%~70%阳性(纵隔大 B 细胞淋巴瘤 sIg 常为阴性)。表达 CD5+者预后差。CD44 和 BCL2 也可见阳性,均为预后不良指标。分子遗传学检查,多数病例表现为复杂核型,20%~30%患者有 t(14;18)易位及其 BCL2 基因重排。30%有 3q27 区带染色体易位以及 BCL6 基因重排。部分患者 P53 基因突变,预后差。纵隔大 B 细胞淋巴瘤还可见 9 号染色体异常,以及 JAK2 基因产物的高表达。

WHO 分类根据 GEP 识别出 GCB 型和 ABC 型的 DLBCL 分子亚型(表 30-1),以及一组不能分类型。GCB 型为 CD10 和 BCL6 阳性,而 ABC 型为 IRF4/MUM1 阳性。GCB 型瘤细胞来源于生发中心免疫球蛋白基因体细胞突变的 B 细胞,BCL6 和 BCL2 基因重排在发病中的作用可能是主要的。

在 2017 版 WHO 分类中,WHO 对以下几种 LBCL 作了若干修订:慢性炎症相关 DLBCL、起源于 HHV8 相关多中心性 Castleman 病的大 B 细胞淋巴瘤、伴 MYC、BCL2 和/或 BCL6 易位的高度恶性 B 细胞淋巴瘤(high grade B-cell lymphoma,HGBL)及 HGBL,NOS。在慢性炎症相关 DLBCL 中新增纤维蛋白相关 DLBCL。起源于 HHV8 相关多中心性 Castleman 病大 B 细胞淋巴瘤归入新增的 HHV8 相关淋巴增殖病。该病还包括了新增的 HHV8 阳性 DLBCL,NOS 和 HHV8 阳性亲生发中心淋巴增殖病。原来 DLBCL,NOS 中 5%~15%有 MYC 基因重排并常与 BCL2,或在较小程度上与 BCL6 基因易位相关联,故在更新分类中增加了所谓"二次打击"或者"三次打击"淋巴瘤的伴 MYC 和 BCL2 和/或 BCL6 基因重排的 HGBL 的新类别(图 30-3)。缺乏 MYC 和 BCL2 和/或 BCL6 基因重排的原始细胞样病例或介于 DLBCL 和 BL 之间的病例,则归类于 HGBL,NOS。

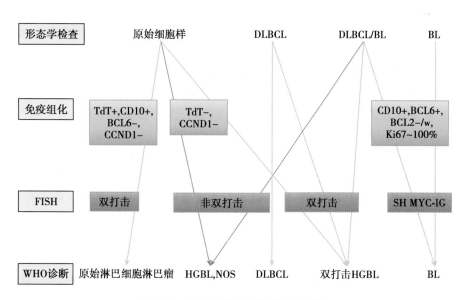

图 30-3 HGBL 的诊断(WHO,2017)

WHO(2017)方案旨在帮助病理学家以 HE 染色的形态作为起点对许多侵袭性 B 细胞淋巴瘤进行分类。图 30-3 第 1 行代表各种形态学特征。原始样细胞形态学指有原始淋巴细胞淋巴瘤样形态,也用于一些侵袭性的套细胞淋巴瘤变异型;DLBCL 形态学是指具有 DLBCL,NOS 形态学特征的 B 细胞淋巴瘤;DLBCL/BL 形态学是指同时具有 DLBCL 和 Burkitt 淋巴瘤的形态学特征,有相对单调的外观,有或无星空样模式。即 2008 版分类中的 B 细胞淋巴瘤,不能分类型,特征介于 DLBCL 和 Burkitt 淋巴瘤之间。一些 BL 病例可有 DLBCL/BL 的不典型形态学外观;但有 DLBCL/BL 形态学外观的病例,若形态学或其他特征都太不典型,即使有典型的 Burkitt 淋巴瘤表型(CD10+,BCL2-)和孤立的 IGH-MYC 易位,也不能确诊为 BL。双打击即 MYC 和 BCL2 和/或 BCL6 重排。SH MYC-IG 为不涉及 BCL2、BCL6 或 CCND1 易位的只有 IG-MYC 融合的"单打击"。分子异常 BL 的一些病例,特别是移植后 BL,缺乏 MYC 重排而有特异性 11q 异常。这些病例宜诊断为伴 11q 异常的 Burkitt 样淋巴瘤。

　　2008 年分类中"老年人 EBV 阳性 DLBCL"临时病种指表面上免疫功能正常的,通常在>50 岁患者中发生的 EBV 阳性 DLBCL,较 EBV 阴性者预后差。不过,EBV 阳性 DLBCL 年轻患者在增多,有宽泛的形态谱和更好的生存期。故 2017 更新分类中以"不另作分类型(EBV 阳性 DLBCL,NOS)"取代"老年人 EBV 阳性 DLBCL",并承认为正式病种。EB 病毒阳性皮肤黏膜溃疡(EBV-positive mucocutaneous ulcer, EBV MCU),因其自限性生长潜能和保守治疗有效,更新分类中作为临时病种从 EBV 阳性 DLBCL 分出来,这一类型多见于老年人或医源性免疫抑制者。伴 IRF4 基因重排的大 B 细胞淋巴瘤,为新增的临时病种,常见于儿童和年轻人,好发于韦氏环和/或颈部淋巴结的低度恶性淋巴瘤。组织学上可呈弥漫性或滤泡性,由大细胞构成,类似于 3B 级 FL 或 DLBCL。免疫表型为 BCL6+/MUM1+伴 CD10、BCL2 不定表达。这些病例常示 IG/MUM1 基因重排,有时 BCL6 基因重排,但均缺乏 BCL2 基因重排。需要与 CD10-/BCL6+/MUM1+ FL 区分开来,后者常与 DLBCL 相关,并见于老年人,预后差。

　　LBCL 包括形态学和免疫表型上相似的一大组大或中大型成熟 B 细胞淋巴瘤。在表 30-1 所列的 DLBCL 后的淋巴瘤侵犯骨髓和/或血液时都有类似的形态学(见第十一章)。这些淋巴瘤以成年人居多,除淋巴结外,也可原发于全身的一些脏器组织。原发纵隔大 B 细胞(来自胸腺 B 细胞)淋巴瘤好发于青年女性,平均年龄为 35 岁,临床表现前纵隔增大的肿块而引起的症状,淋巴结一般不受累。原发性渗出性大 B 细胞淋巴瘤几乎都是中青年男性患者,可有人免疫缺陷病毒(HIV)或 HHV-8 阳性,为体腔渗出液的 LBCL 而无明显肿块。与结性相比,结外性瘤细胞胞质相对丰富和嗜碱性,具有免疫母细胞型的形态特点,可伴有玻璃样纤维组织增生所致的硬化象。血管内大 B 细胞淋巴瘤为罕见的发生于淋巴结外的 LBCL,典型表现为淋巴瘤细胞生长于小血管(尤其是毛细血管,也可见于大的动脉和静脉)内,好发于 60~70 岁老年人,常见多脏器衰竭、肝脾大、全血细胞减少和噬血细胞综合征。间变性淋巴瘤激酶(anaplastic lymphoma kinase, ALK)阳性大 B 细胞淋巴瘤是罕见的免疫母样 B 细胞(可见原始浆细胞分化)淋巴瘤,多见于 40 岁以上男性,疾病多为进展性。淋巴瘤细胞有核大、居中、染色质颗粒状、常见核仁,ALK 蛋白阳性,CD138 多为强阳性,不表达 CD3、CD20、CD30 和 CD79a,细胞遗传学多有 t(2;17)(p23;q23)易位的 CLTC-ALK 融合基因。原始浆细胞(浆母细胞)淋巴瘤为类似于 B 免疫母细胞但有浆细胞免疫表型的大淋巴瘤细胞,最常侵犯于口腔,肿瘤细胞表达 CD138 而常不表达 CD20。淋巴瘤样肉芽肿病是一种发生于结外的少见的淋巴细胞增殖病,典型表现为 EBV 阳性 B 细胞增殖伴相关病变或血管破坏以及反应性 T 细胞、浆细胞等细胞的混合性增生,多见于男性、中位患病年龄 50~59 岁,最常受累器官是肺(常为双侧、结节性),其次是皮肤和肾脏,有咳嗽、呼吸困难、胸痛、溃疡、红斑伴皮下结节,发热和体重减轻等症状,组织病理学按 EBV 阳性细胞与反应性淋巴细胞多少分为 3 级,临床上为侵袭性,与淋巴瘤的大 B 细胞组分相关。

四、套细胞淋巴瘤

　　套细胞淋巴瘤(MCL)常由单核细胞样、小至中等大小、不规则核形的成熟 B 细胞组成。一部分为转化细胞(中心母细胞)和免疫母细胞样细胞变异。淋巴瘤细胞常有 t(11;14)(q13;q32)易位,导致 IgH 和 CCND1(又称 BCL1、PRAD1)基因融合,使细胞高表达 CCND1 与发病有关。CCND1 是 MCL 的重要诊断指标,其他 B 淋巴瘤无 CCND1 异常表达。多见于成年人,男女比为 2∶1,起病时多为全身淋巴结肿大、巨脾症和肝大,有高血液和/或骨髓浸润率(见于一半以上的初诊患者),常发展成白血病性。因此,起病时多数患者便为进行性病期Ⅲ或Ⅳ。另一特征为在初发或经过中,约 70%患者浸润消化道、肺和 Waldayer 轮,浸润眼窝等结外器官则较少。治疗为抵抗性,预后差,病情经过通常为 5~7 年。部分病例病变累及整个消化道,在肠腔上形成许多息肉状病变。这一病变称为多发性淋巴瘤病性息肉,在早期可发生白血病性病变,预后差,需与 MALT 边缘区 B 细胞淋巴瘤相鉴别。多数病例淋巴组织中的瘤细胞为中间型细胞,胞核呈裂状或峰腰状,呈单一性增生。增殖象呈多样性,有弥漫性、结节样,残留有萎缩的生发中心,且在其外侧显示弥漫性或结节性增殖特征的套区象。瘤细胞胞质一般缺少,胞核有时可呈多形性。可伴有血管硬化,坏死象少见。瘤细胞间可见巨噬细胞。

MCL 骨髓浸润率高,浸润的骨髓切片可检出造血主质或小梁旁区的小型和中型细胞增生为特点的瘤细胞,轻度异形性,呈结节(斑片)或片状浸润,也可见间质型或弥漫性浸润。MCL 侵犯骨髓时的评判,需要形态学密切结合组织病理学、临床特征和遗传学方面的信息。

免疫表型特点为 sIgM+,sIgD 多为阳性,限制性轻链 λ 比 κ 更多见。CD5+、CD10-、CD23-。CD5+和 CD10-有助于鉴别其他低度恶性 B 细胞淋巴瘤,尤其是 FL(CD5-、CD10+/-、CD20+)和 MZL(CD5-、CD10-、CD20+)。CD23-有助于鉴别 CLL。CCND1 阳性 85%以上,而 CCND1 阴性则显示相对良好的预后(由于影响单项检查的因素多,诊断评判需要多参数整合)。抗凋亡分子 BCL2 强阳性,不表达 BCL6。SOX11、FMC7 和 CD43 常见阳性,有时可见 IRF4/NUN1 阳性。遗传学,>95%病例存在 t(11;14)(q13;q32)及其 CCND1 与 IgH 基因重排,还多见非随机的继发性染色体异常,如 3q26、7p21、8q24(MYC)、1p13-31、6q23-27(TNFAIP3)、9p21(CDKN2A)、11q22-23(ATM)、13q11-13、13q14-34、17p13(TP53)。检出附加染色体和 13q14-、+12 和 17p-等,示预后更差。

MCL 被认为是一种由初始 B 细胞而来的侵袭性不能治愈的小 B 细胞淋巴瘤。有几种变异型,如类似 CLL 的小细胞变异型,中等大小原始样细胞的原始细胞变异型和中至大细胞的多形性变异型(见图 11-19)。现在认为有两种临床惰性变异型,分别朝着两个不同的途径发展(图 30-4)。

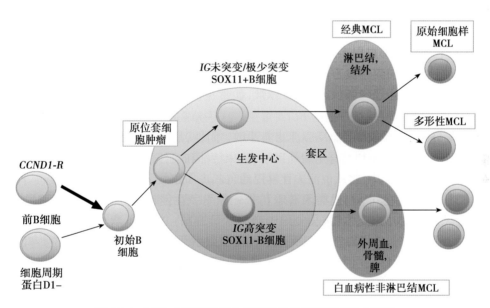

图 30-4 MCL 主要亚型发生发展的分子机制(WHO,2017)

通常由 CCND1 重排原幼 B 细胞成熟为异常初始 B 细胞,后者可首先植入,常位于套区异常增生,代表 ISMCN。ISMCN 可进展为经典 MCL,SOX11 常阳性,但遗传学不稳定可以进展成原始细胞样或多形性 MCL。一部分肿瘤性套细胞推测在生发中心经体细胞高频突变,导致 SOX11 阴性。SOX11 阴性 MCL 具有长期遗传学稳定性,可累及血液和骨髓,有时累及脾脏,与 TP53 突变等异常有关

经典 MCL 常由一般表达 SOX11 的 IGHV 未突变或极少突变的 B 细胞组成,且通常经典地累及淋巴结和其他结外部位。额外的遗传学异常可以进展为更具侵袭性原始样细胞或多形性 MCL。由 IGHV 突变 SOX11 阴性 B 细胞发展的 MCL,导致白血性非结内 MCL,常累及外周血、骨髓和脾脏。这些病例临床多为惰性经过,可以出现继发异常,常累及 TP53,此时具有侵袭性。

在 WHO(2017)分类中,WHO 将原位 MCL 改称为原位套细胞肿瘤(in situ mantle cell neoplasia, ISMCN),再次强调了用于低进展率淋巴肿瘤的更保守的术语。ISMCN 特征是存在 CCND1 阳性细胞,常见

于滤泡内层套区,并未达到 MCL 的诊断标准。ISMCN 经常是意外发现的,有时与其他淋巴瘤相关。ISMCN 比原位滤泡肿瘤(in situ follicular neoplasia,ISFN)少见,可以播散,但进展率低。

五、滤泡淋巴瘤

滤泡淋巴瘤(FL)是源自滤泡中心(生发中心)B 细胞(典型者由中心细胞与中心母细胞或大转化细胞组成)和多为低度恶性的淋巴瘤,多见于成年人,无性别差异,20 岁以下少见。起病时多有全身淋巴结肿大,颈部和腹股沟淋巴结受累最常见,脾大也常见,且骨髓浸润率(初诊病人的 40%～70%)高(弥漫性无痛性淋巴结肿大和骨髓侵犯是 FL 的典型表现)。部分病例以消化道或皮肤等结外器官起病,常伴有骨髓浸润。原发皮肤者,被 WHO 独立分类为原发皮肤滤泡中心淋巴瘤(表 30-1)。肿大淋巴结在拇指大小以上,可见直径 5cm 以上的巨型肿块。在剖面上可见 1～2mm 大小的众多结节,习惯上用肉眼观察可识别滤泡性淋巴瘤。淋巴结结构破坏,代之以密集的境界不甚清楚、缺乏套区和星空现象的滤泡。依据滤泡多少可分为滤泡为主型(滤泡>75%)、局灶或弥散为主型(滤泡<25%)和中间型。肿瘤性滤泡结节是本型淋巴瘤的病理学特征,可伴有玻璃样纤维增生所致的硬化组织学。与反应性滤泡比较,肿瘤性滤泡比较整齐、大小不一,并保留有套区。瘤细胞可由中心细胞和中心原始细胞或转化的大细胞组成,形态学特点为胞核中间变细或向内凹入(核裂或核裂隙),可由中大型胞核向内凹入的蜂腰状细胞,或生发中心细胞以及有水泡状胞核的原始化的非蜂腰状细胞组成。由于瘤细胞(尤其是生发中心细胞)胞核常呈切迹或裂隙状,故又有称切迹淋巴细胞型淋巴瘤。骨髓浸润者,最常见浸润模式为局灶型、结节(斑片)型和小梁旁型,瘤细胞(轻度)大小不一,可见成熟与幼稚细胞的混合。

免疫表型,与反应性生发中心细胞一样,肿瘤细胞表达 sIg(IgM+、IgD 与 IgA 不定)、BCL2 和 BCL6,CD10 多表达,不表达 CD5、CD23、CD43、CD11c 和 cIg。也有认为偶见 CD5+ 和部分细胞 CD23+。3A 和 3B 级 FL 可表达 IRF4+,3B 级 FL 可以丢失 CD10 而保留 BCL6。85% 患者有 t(14;18)(q32;q21)易位;少数病例为 t(2;18) 和 t(18;22) 易位。易位导致 *Igκ* 和 *Igλ* 与 *BCL2* 易位发生重排,肿瘤细胞高表达 BCL2 蛋白致使 B 细胞凋亡障碍。此外,可见额外染色体异常,如常见的 1p、6q、10q、17p 缺失和 1、6p、7、8、12q、x、18q 增加;约 15% 患者可见 3q27 区带上的 *BCL6* 重排。这些异常可提示 FL 高度恶性转化,即向 DLBCL 转化。组织免疫化学染色,BCL2 阳性,而反应性滤泡性增生阴性,是鉴别诊断的常用指标。FL 侵犯骨髓(见图 11-20)时评判,需要形态学密切结合组织病理学、临床特征和遗传学方面的信息。

在 WHO(2017)更新分类中,将原位滤泡性淋巴瘤(in situ follicular lymphoma,ISFL)更名为 ISFN,而强调其很低的进展率,但它常在其他淋巴瘤的基础上出现或同时合并有其他淋巴瘤,故需要临床进行系统检查和评估。目前认为,ISFN 的 FL 样细胞来源于后生发中心中的 B 细胞,含 t(14;18)(q32;q21)易位和 *IGH-BCL2* 融合基因。这一异常 B 细胞,与部分正常记忆 B 细胞一样,可在血液中循环并再次进入生发中心、停留并增殖形成组织学上可见的 ISFN。随着时间的推移(数年至数十年),ISFN 在持续表达的活化诱导胞苷脱氨酶的诱导下可以出现额外的基因组异常,进一步发展为 FL。

在 WHO 修订分类中,儿童型滤泡淋巴瘤(pediatric-type follicular lymphoma,PTFL)成为一个明确病种。这是一种发生于儿童和年轻患者(<40 岁)中的,以大的可扩张的高度增生滤泡为特征的淋巴结病,常有突出的原始细胞样形态,染色质细致分散,明显区别于典型 FL 的中心细胞与中心母细胞的混合形态。细胞遗传学或分子学检查无 *BCL2*,*BCL6*,*IRF4* 或异常的 IG 重排。临床上呈惰性,保守治疗即可(几乎所有病例都为局灶性病变,除切除除外,不需其他处理)。儿童型 FL 标准的应用需要严格,以避免漏诊真正的 3 级 FL。

六、边缘区淋巴瘤与黏膜相关淋巴组织淋巴瘤

边缘区淋巴瘤,简称 MZL 或 MZBL,为来源于正常淋巴滤泡套层更外侧位置的边缘区的生发中心后 B 细胞肿瘤(惰性淋巴瘤),分为 SMZL(脾白髓小淋巴细胞增殖替代生发中心,并常在外周血出现短绒毛样淋巴瘤细胞)、结内边缘区淋巴瘤(形态学类似结外边缘区淋巴瘤细胞,但无结外或脾性病变)和 MALT 结外边缘区细胞淋巴瘤(由异质性小 B 细胞组成,包括类似单核细胞样的中心细胞样细胞、免疫母细胞和中心母细胞样细胞,曾被称为单核细胞样细胞淋巴瘤,)3 个类型。MALT 淋巴瘤是常见的类型,但最易于

扩散血液和/或骨髓的是 SMZL,>50%病例淋巴瘤细胞伴有短绒毛细胞(常在 20%以上),是形态学比较有明显特点的瘤细胞(见图 11-21)。由于也有一部分为不伴短绒毛,故确认血液或骨髓侵犯需要形态学密切结合组织病理学、临床特征和遗传学方面的信息。文献报道易于侵犯骨髓的是肺和眼附件 MALT 淋巴瘤,而胃MALT 淋巴瘤少见。免疫表型见表 20-1。SMZL,CD43−,其他 2 型可见<50%细胞阳性(CD5 偶见阳性)。

　　MALT 淋巴瘤约占 B 细胞淋巴瘤的 8%,主要见于成年人,女性患者稍多。发生于消化道、唾液腺、甲状腺、胸腺等结外脏器,最常见为原发胃部的淋巴瘤。常以炎症为先行而发病。胃原发患者伴有幽门螺旋菌感染的特异性免疫反应。原发于唾液腺和胸腺的与 Sjogren 综合征(干燥综合征,为累及外分泌腺体的慢性自身免疫性疾病),原发于甲状腺的与桥本病(多见于中年女性、甲状腺功能减退的慢性淋巴细胞性甲状腺炎)等自身免疫性疾病有关。MALT 淋巴瘤比较局限,确诊时多为 Ⅰ 期和 Ⅱ 期,一般预后良好,10 年生存率约 80%。约 30%会再发。复发时多有系统性浸润,化疗反应差。

　　与其他 B 细胞淋巴瘤相比,+3 和+18 在 3 个类型中均较常见。MALT 淋巴瘤有三种染色体易位:t(11;18)(q21;q21)、t(1;14)(q22;q32)和 t(14;18)(q32;q21)。t(11;18)(q21;q21)为 11q22 凋亡抑制基因之一的 AP12 与 18q21 的 MALT1 融合,形成致癌的 AP12-MALT1,有激活转录抑制因子 NFκB 的作用;其他 2 两种染色体易位也有类似的机制。原发胃的 MALT 淋巴瘤有两个变异型:其一为 AP12-MALT1 融合基因型,约占 10%~30%,伴有额外染色体异常,免疫组化见瘤细胞高 BCL10 阳性率,对临床采取抗幽门螺旋菌治疗无反应;其二为不伴 AP12-MALT1 融合基因型,约占 70%~90%,较少有染色体异常,此型与幽门螺旋菌有关,用抗幽门螺旋菌治疗可以显效。

七、其他 B 细胞淋巴瘤

　　1. 霍奇金淋巴瘤(HL)　瘤细胞大多数是源自生发中心 B 细胞(成熟 B 细胞)恶性转化。由于这一转化的恶性细胞丢失了大部分 B 细胞标记,加之临床和组织病理学上的特点,而被独立分类。HL 多见于中青年,多表现为单一、无痛、不对称和质硬的,且与周围组织不粘连的浅表淋巴结肿大。因此,许多患者最初为源于单一的浅表淋巴结区病变,随着疾病进展而原发病灶沿着淋巴通路逐级播散。晚期病例,肿瘤可以累及结外部位,但侵犯骨髓较少。

　　HL 分类的基本类型一直没有变化。经典 HL 和结节性淋巴细胞为主 HL 两个大类(表 30-10)。经典型 HL 由四种类型组成:结节硬化型、富淋巴细胞型、混合细胞型和淋巴细胞消减型(根据组织学 Reed-Sternberg 细胞、淋巴细胞与纤维化成分进行分类),约占 HL 的 95%,经典 HL 淋巴组织中的特征性所见为独特细胞学背景下的 Reed-Sternberg(R-S)细胞及其 CD30(几乎都表达)、CD15 和 CD20(大多数表达)阳性的免疫表型,也是定义 HL 的主要依据。经典 HL 细胞主要见于淋巴组织,形态学变化也很大,典型 R-S 细胞为细胞大或巨大,双核、大小基本对称、核仁大而明显(图 30-5)和嗜碱性,胞质嗜碱性。因常为细胞大、核大、核仁大而蓝染和胞质蓝染,被简称为“三大两蓝”。除了典型的镜形核外,也常见单个核 R-S 细胞,基本形态亦为“三大两蓝”。由于 HL 的生物学特性,侵犯骨髓的淋巴瘤主要是 NHL,HL 极少,故在细胞形态学(淋巴结穿刺细胞形态学例外)和骨髓形态学上的重要性不及 NHL,尤其是成熟 B 细胞淋巴瘤。除了经典的 HL 外,结节性淋巴细胞为主型 HL 的主要特征是霍奇金细胞和 RS 变异细胞,淋巴瘤细胞免疫表型为典型的 B 细胞标记。

表 30-10　霍奇金淋巴瘤和移植后淋巴增殖病分类类型(WHO,2017)

霍奇金淋巴瘤	移植后淋巴增殖病(PTLD)
结节性淋巴细胞为主型霍奇金淋巴瘤	非破坏性 PTLD
经典霍奇金淋巴瘤	多形性 PTLD
结节硬化型经典霍奇金淋巴瘤	单形性 PTLD(B 和 T/NK 细胞类型)
富淋巴细胞型经典霍奇金淋巴瘤	
混合细胞型经典霍奇金淋巴瘤	经典霍奇金淋巴瘤 PTLD
淋巴细胞消减型经典霍奇金淋巴瘤	

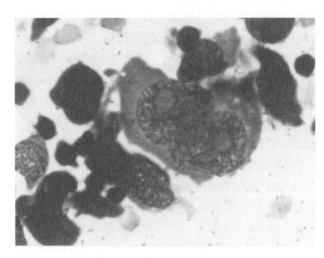

图 30-5　淋巴结穿刺涂片 Hodgkin 淋巴瘤细胞

2. 移植后淋巴细胞增殖病　移植后淋巴增殖病(posttransplant lymphoproliferative disorders, PTLD)主要是成熟 B 细胞异常增殖,少数为 T/NK 细胞。在 WHO 分类中,PTLD 属于免疫缺陷淋巴增殖病(表 30-10),是发生于实体器官或骨髓移植后的一种少见并发症,发生率约为 1%,是正常人群淋巴增殖病发生率的 30 倍。发病的主要危险因素是移植前血清 EBV 阳性、移植物类型和给予免疫抑制剂的强度。多数患者移植后发生的淋巴增殖病是由于长期处于免疫抑制状态下 EBV 感染所致的 B 细胞增殖。外周血和骨髓中增殖的 B 细胞为不典型淋巴细胞(免疫母细胞)。

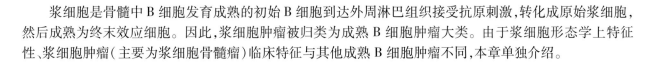

第三十一章

浆细胞肿瘤

　　浆细胞是骨髓中B细胞发育成熟的初始B细胞到达外周淋巴组织接受抗原刺激,转化成原始浆细胞,然后成熟为终末效应细胞。因此,浆细胞肿瘤被归类为成熟B细胞肿瘤大类。由于浆细胞形态学上特征性、浆细胞肿瘤(主要为浆细胞骨髓瘤)临床特征与其他成熟B细胞肿瘤不同,本章单独介绍。

第一节　定义和分类

　　浆细胞肿瘤是由于终末期B细胞(浆细胞或浆细胞样淋巴细胞)单克隆增殖,是生发中心后B细胞的恶性转化,归巢于骨髓或骨髓外组织的异常增殖,并分泌同质性免疫球蛋白及其片段(习惯称为单克隆蛋白 monoclonal protein,简称M蛋白)的结果。分泌单克隆丙种球蛋白可为浆细胞肿瘤,如最常见的浆细胞骨髓瘤(plasma cell myeloma,PCM),也可以是累及淋巴细胞与浆细胞的重链病和 Waldenstrom 巨球蛋白血症(Waldenstrom macroglobulinemia,WM)以及其他成熟B细胞肿瘤。

　　WHO(2008,2017)浆细胞肿瘤分类的变化见表31-1。与2008版相比,明确意义未明单克隆免疫球蛋白病(monoclonal gammopathy of undetermined significance,MGUS)分为两型,IgM型与WM有关,IgG/A型与PCM相关。MGUS一直来被分为浆细胞肿瘤,但其一部分却是病情长期稳定的。术语上,将免疫球蛋白沉积病改称为单克隆免疫球蛋白沉积病。

表31-1　浆细胞肿瘤分类和变异型

WHO,2008	WHO,2017
1. 意义未明单克隆丙种球蛋白增多症(MGUS)	1. 非IgM型意义未明单克隆丙种球蛋白症(MGUS)
2. 浆细胞骨髓瘤	2. 浆细胞骨髓瘤
变异型:	临床变异型:
无症状(冒烟)性骨髓瘤	冒烟(无症状)性浆细胞骨髓瘤
不分泌骨髓瘤	不分泌骨髓瘤
浆细胞白血病	浆细胞白血病
3. 浆细胞瘤	3. 浆细胞瘤
骨性孤立性浆细胞瘤	骨性孤立性浆细胞瘤
骨外(髓外)浆细胞瘤	骨外(髓外)浆细胞瘤
4. 免疫球蛋白沉积病	4. 单克隆免疫球蛋白沉积病
原发性淀粉样变性	原发性淀粉样变性
系统性轻链和重链沉积病	系统性轻链和重链沉积病
5. 骨硬化性骨髓瘤(POEMS综合征)	5. 浆细胞肿瘤伴副肿瘤综合征
	POEMS综合征
	TEMPI综合征(暂定病种)

第二节   浆细胞骨髓瘤及其临床变异型

浆细胞骨髓瘤（PCM）是基于骨髓浆细胞的肿瘤性多发性增殖，常伴有血清和/或尿 M 蛋白和器官末端损害症状者，是浆细胞肿瘤的最常见类型，也是骨髓形态学最重视者。其他浆细胞肿瘤的少数或一部分有骨髓和/或血液方面的轻度至明显的病变。

一、定义和同义名

PCM 是克隆性增殖的浆细胞以骨髓为浸润（其他器官可以继发性受累）的多灶性浆细胞肿瘤，产生完整和/或不完整（轻链）的单克隆免疫球蛋白分子（血清中或尿液中的 M 蛋白）、溶骨性骨质破坏（病理性骨折、骨痛、高血钙）和贫血为特征，表现为一个宽大的疾病谱：从无症状、局灶性、冒烟性到高度侵袭性。多发性骨髓瘤、骨髓性浆细胞瘤、髓性浆细胞瘤等为 PCM 同义名。

症状性 PCM，即一般表所述的 PCM，定义为骨髓浆细胞克隆性增生并分泌 M 蛋白，同时有末端器官损害——高钙血症、肾功能不全、贫血和骨损害，即简称的 CRAB（hypercalcemia, renal insufficiency, anemia, bone lesions）者。这些症状与特征通常是由骨髓瘤细胞生物行为（包括分泌产物）对组织器官造成的影响。冒烟性（包括无症状）PCM 为 PCM 的变异型，定义为无 CRAB 而其他与 PCM 基本相同者。不分泌型 PCM 为血清或尿液无 M 蛋白而克隆性浆细胞胞质大多有 M 蛋白者，约见于 PCM 的 3%；浆细胞白血病（plasma cell leukaemia, PCL）为 PCM 在外周血中出现克隆性浆细胞 $>2×10^9/L$ 或 >20% 者。

二、临床特点

PCM 的临床表现与多种因素有关，如 M 蛋白血症与血液黏度增高和凝血异常，骨膜浸润引起骨痛、瘤体压迫症状，骨髓造血受抑（骨髓衰竭）和红细胞生成素不足引起贫血，蛋白沉积引起组织器官功能障碍等。一般而言，PCM 具有以下一些特点。

1. 发病率与早期病变   PCM 年发病率欧美国家约为 2~5/10 万人口，占恶性肿瘤的 1%~2%，约占血液肿瘤的 10%。我国发病率约为 1/10 万。随着医疗诊断水平和人们生活质量的提高，健康意识的加强，PCM 的早期病人增多。

2. 患病年龄   PCM 属于中老年病，与一生无数次的抗原刺激而易发有关。PCM 好发于 50~60 岁，<40 岁少见，<30 岁极其少见，WHO 认为几乎找不到发生于儿童的患者。作者分析 364 例 PCM，最小年龄为 36 岁，≥40 岁占 97.8%，高发年龄为 50~70 岁，年龄与 PCM 的发病有密切的关系，在评估诊断中有重要的参考意义。我们曾收治 1 例肺吸虫病，1 例 SLE 伴高免疫球蛋白血症被误诊 PCM 并予以化疗的年轻患者。

3. 免疫球蛋白   与骨髓瘤蛋白增加形成鲜明对照的是正常免疫球蛋白（immunoglobulin, Ig）的显著减少（50% 以上）。98% 病人血清或尿中存在 M 蛋白。根据单克隆免疫球蛋白的类型，PCM 分为 IgG 型，最常见，约占 50%。IgA 型，约占 20%，瘤细胞可呈火焰状胞质的形态。IgD 型，占 5%~10%，Bence-Jones 蛋白（B-J 蛋白）多为阳性（80% 为 λ 轻链），常合并肾功能不全。IgM 型、IgE 型和双克隆型罕见。轻链型，约占 20%，尿中出现大量 B-J 蛋白（单克隆 κ 或 λ 轻链），常有高钙血症和肾功能损害，形态学上多见胞质嗜碱性的成熟型浆细胞和胞体偏小浆细胞，高水平的游离轻链可以反映肿瘤负荷或 IgH 重排。尽管总的球蛋白水平增加，但多克隆免疫球蛋白减少（常低于正常的 50%），是 PCM 患者感染概率增加的原因。M 蛋白与临床表现有关，而与浆细胞肿瘤或 B 细胞肿瘤无关者称为特发性或继发性单克隆免疫球蛋白（丙种球蛋白）血症。不分泌型，约占 2%，该类型在血清和尿中均检测不出 M 蛋白，但高达 2/3 患者可以检出血清游离轻链升高或血清游离轻链比例异常；85% 患者的浆细胞胞质中存在免疫球蛋白。

IgM 型 PCM 少见或很少见，诊断时需要与原发性巨球蛋白血症相鉴别。PCM 形态学为浆细胞而非浆细胞样淋巴细胞或淋巴样浆细胞；有溶骨性病变和 DNA 非整倍体支持 PCM；嘌呤类似物对 IgM 型 PCM 无效而原发性巨球蛋白血症有效。

在蛋白电泳中出现窄底的异常尖峰图形称为 M 峰(M 蛋白)。M 蛋白有三种类型:完整的 Ig 分子,其轻链有一定的抗原性,不是 κ 链即为 λ 链;不完整的重链片段组成的 Ig,而无相应的轻链;轻链(κ 链或 λ 链)过剩从尿中排出,即为 1847 年 Bence-Jones 描述的 B-J 蛋白。

4. 症状与体征　初诊诊断中,较有参考价值的体征是:年龄 35~40 岁以上而不易解释的血沉显著加快,外周血细胞减少(尤其是贫血),骨质破坏,肾功能受损等。溶骨性损害与骨髓瘤细胞和基质细胞等分泌 MIP-1α、白介素-6(interleukin-6,IL-6)和诸如 TNF 与 IL-1β 等破骨细胞活化因子(osteoclast-activating factor,OAF)的作用有关,使骨质变得薄软而脆。最常侵犯最活跃造血的骨,如椎骨、肋骨、头颅骨、骨盆、股骨、锁骨和肩胛骨,也可形成浆细胞瘤块。骨质破坏的结果是骨痛、病理性骨折、高钙血症和贫血。而 PCM 肾功能损害(骨髓瘤肾)的原因是多方面的,主要是单克隆性轻链蛋白尿对肾小管的损害,发生肾衰竭示预后不良。肾功能损害导致红细胞生成素产生减少,也是患者贫血的原因之一。一部分 PCM 患者缺乏其他症状,以蛋白尿或以胸腔积液(胸水中先发现多量骨髓瘤细胞)为首发而被发现,且这部分患者大多是小浆细胞的轻链型。

年龄 40 岁以上不易解释的血沉显著加快(可作为基层医疗单位最常见和有意义的异常),骨质破坏和骨痛或诉说不清的全身酸痛、游走性痛,也可是癌症转移的征兆。因此,PCM 和侵犯骨骼的转移性肿瘤,在初诊时表现有相似之处。由于 PCM 患者多有骨的病变,在初诊时有就诊于骨科的。但是,PCM 骨骼叩击痛和自发性骨痛以脊椎为多见,不负重的骨骼内病变常无疼痛,有别于癌症所致的浸润性骨病变。有些病例在骨骼病变部位还可扪及坚韧的皮下浸润块。血沉加快系 Ig 增高(转移性癌症则多是血浆纤维蛋白原增高)所致,是疾病发展到一定阶段的结果。血清乳酸脱氢酶水平(明显)升高可预示有髓外器官病变。PCM 的临床病理见图 31-1。

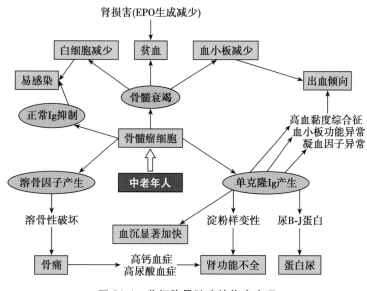

图 31-1　浆细胞骨髓瘤的临床病理

5. 病期和预后　骨髓瘤 Durie-Salmon 分期和我国的疗效标准见卢兴国主编,科学出版社 2005 年出版的《造血和淋巴组织肿瘤现代诊断学》。预后取决于宿主、肿瘤细胞生物学与负荷和治疗方法三大因素。肿瘤负荷增加和脏器功能减低与较短生存期相关。I 期病例中位生存期>60 个月,II 期 41 个月,III 期 23 个月。肾功能正常者中位生存期为 37 个月,异常者仅为 8 个月。其他预后因子包括血红蛋白、血钙、溶骨性损害、M 蛋白、β2 微球蛋白和乳酸脱氢酶的浓度。现在应用较多的是国际分期系统,由 β2 微球蛋白和血清白蛋白为主要评判指标,I 期为 β2 微球蛋白<3.5mg/L 和血清白蛋白>35g/L,III 期为 β2 微球蛋白>5.5mg/L,II 期为不符合 I 期或 III 期者。患者中位生存期的范围从 I 期的 62 个月到 III 期的 29 个月。细胞遗传学异常也与生存期相关,出现 t(4;14) 和 t(14;16),13q 和 17p13 缺失、低二倍体和非整倍体示预后不良。

骨髓活检评估浆细胞替代造血组织的程度有预后意义。定义的病期：Ⅰ期浆细胞占造血容积<20%，Ⅱ期为20%~50%，Ⅲ期为>50%。病期愈高预后愈差。原始细胞样浆细胞形态和增殖抗原Ki-67也被认为是预后差的指标。浸润类型也与生存期有关：间质型中位生存期约为46个月；间质-簇状型中位生存期为30个月；结节型平均生存期为20个月；弥散型中位生存期为16个月。

PCM通常是不能治愈的疾病，中位生存期3年，10%患者生存期10年。患者常死于肿瘤进展、骨髓衰竭、感染或疾病进展为骨髓增生异常综合征。近几年硼替佐米（万珂）和美法仑以及基于美法仑的自体移植等治疗方法或新药的应用，患者生存期显著延长。基因表达谱定义的低危患者，疗效良好，并可能获得治愈。

三、血细胞和骨髓形态学

贫血常严重，可为首见征象，多为正细胞性正色素性，随着病情进展而加重，并可见低百分比幼红细胞甚至幼粒细胞，血片中可见红细胞钱串状排列，但缺乏特异性。白细胞计数大多数减少或正常。血小板早期可正常。疾病进展期可以出现骨髓衰竭，可有明显的血细胞减少。血片多不见浆细胞，少数病例（约<10%，多为偶见）可检出低百分比异质性浆细胞，结合临床患者年龄大、不能一般解释的血沉明显增高，有提示性诊断意义。

骨髓涂片检查是诊断PCM的主要方法，浆细胞增多是最明显和最具有诊断意义的指标。绝大多数PCM可通过骨髓检查确诊，但其骨髓象变异大，个别病例或疾病早期需要多部位穿刺检查。有核细胞增生活跃，少数为低增生性。不管有核细胞多少，骨髓涂片染色后常显示免疫球蛋白所致的弥漫性蓝紫色背景。浆细胞比例高低不一，常在20%以上，可高至95%，也可低至2%。不过浆细胞数量低者，在诊断上唯有浆细胞的原始性和畸形性（见第十一章）。浆细胞不管是原幼还是成熟，符合PCM诊断者均可称为骨髓瘤细胞。不过依形态分型，前者属原幼浆细胞型（预后较差），后者为成熟细胞型（较多为轻链型，预后较差）。在涂片标本上，浆细胞比例高可预示骨髓组织浆细胞弥散性浸润；造血细胞少，浆细胞不明显增高，而骨髓小粒中浆细胞呈簇状出现者可提示骨髓组织瘤细胞簇状或结节状生长。少数患者骨髓瘤细胞形态正常，但在诊断上唯有数量上的优势（>25%~30%）也需要提示。一般感染或炎症性疾病，也可出现一些正常幼浆细胞或轻度异常的浆细胞，注意鉴别。检查骨髓印片，对骨髓抽吸不良的涂片标本诊断有辅助意义（见第十一章和第十九章）。

病变骨的骨小梁破坏，骨髓腔内为灰白色瘤组织所充填，骨皮质被腐蚀破坏，瘤细胞可穿透骨皮质，浸润骨膜及周围组织，故在做骨髓穿刺或获取骨髓组织时，有些病人的骨皮质为豆渣样松软。骨髓活检可以进一步明确PCM诊断，尤其对于伴骨髓纤维化者更有价值。骨髓瘤细胞浸润骨髓腔常形成针尖至绿豆大小结节。由于灶性生长较多，骨髓切片组织材料多，易于观察，如浆细胞聚集成结节常有较为可靠的诊断意义。眼观PCM病变骨呈柔软胶冻样、鱼肉样和出血性组织。通常，切片标本以浆细胞过多为特征。相反，正常和反应性浆细胞常以五或六个浆细胞围绕骨髓动脉呈小丛状。浆细胞聚集成小结节有很强的亲肿瘤行为。当肿瘤性浆细胞聚集并替代正常骨髓成分时可以作出骨髓瘤的诊断。骨髓切片中计数浆细胞不现实，但可评估浆细胞占骨髓的造血容积，当浆细胞组成>30%时结合临床等特征可以诊断为PCM。

PCM早期，骨髓切片可以缺乏特征性，但检出脂肪组织间散在性分布的浆细胞簇或小圆核浆细胞聚集（见图20-21），有一定参考意义。因此，PCM在骨髓内浸润可以是间质型（常见于早期）、结节型和弥散型的浸润图像。部分病例伴有骨髓纤维化，Gomori染色网状纤维增加。

四、免疫表型和免疫固定电泳谱

PCM代表性表达单型胞质Ig（cIg），而sIg缺失，最常见为IgG。85%产生Ig重链和轻链，15%为轻链（B-J骨髓瘤），大多数骨髓瘤细胞不表达泛B细胞抗原（CD19、CD20）和CD45（与骨髓瘤细胞增殖相关，成熟者不表达或低表达），而强表达CD38和CD138，Ig相关抗原CD79a大多数表达（图31-2），CD27和CD81常不表达或表达下降。PCL如同骨髓瘤表达CD38和单克隆胞质Ig。原发型还常表达Ig轻链，IgE或

IgD。骨髓切片免疫组化检测浆细胞数量和克隆性常比流式免疫表型检测重要,免疫组化 CD38 和 CD138 可以大体评估数量,常用 Ig 轻链限定性表达证明克隆性,克隆性浆细胞还常表达 CD56 和 CD117(KIT)。

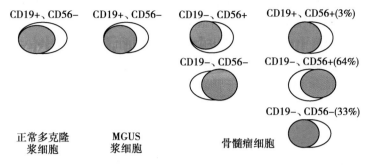

图 31-2 正常浆细胞与骨髓瘤细胞免疫表型
MGUS 为意义未明单克隆丙种球蛋白血症

在 PCM 诊断上,Ig 指标仍有重要价值。评判浆细胞克隆性除了浆细胞数量和形态学外,免疫表型是常采用的方法,浆细胞 CD38 和 CD138 阳性,CD19 阴性和/或 κ/λ 的轻链限定性阳性。cIg 阳性,sIg 常为缺失。CD45、CD27 和 CD81 阴性或低表达。反常表达 CD56(见于 75%~80%病例)、CD200(见于 60%~75%)、CD28(见于 40%以下)、CD 117(KIT)和 CD20(见于约 20%)。免疫组化可检测到 MYC 表达增加、伴 t(11;14)(q13;q32);*IGH-CCND*1 和超亚倍体的部分病例可见 CCND1 高表达。一般情况下,多克隆浆细胞合成的 κ:λ 之比大约为2:1,当这一比值显著变化时就需要高度怀疑浆细胞肿瘤。轻链型 PCM 以成熟单一小浆细胞为特点,λ 型比 κ 型更容易肾功能损害和肾淀粉样变性。血清游离轻链基线水平可反映肿瘤性浆细胞的负荷高低,也可评判预后和病情监测,如 κ 与 λ 比率可以评判严格意义上的完全缓解。2009 年国际骨髓瘤工作组报告的临床指南中,指出血清游离轻链、血清蛋白电泳和血清免疫球蛋白固定电泳三个检测整合,是评判浆细胞肿瘤的敏感性指标,免疫固定电泳显示的克隆性免疫球蛋白类型见图 31-3。

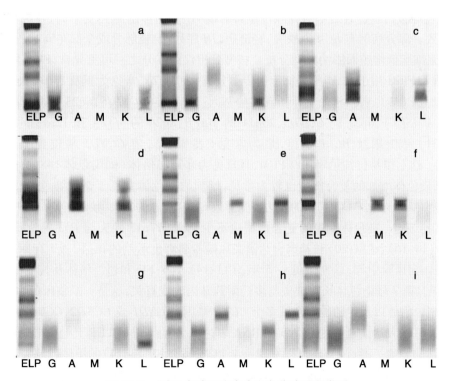

图 31-3 PCM 免疫固定电泳和免疫球蛋白类型
a、b 为 IgG λ 和 κ(型);c、d 为 IgA λ 和 κ(型);e、f 为 IgM λ 和 κ(型);g 为 λ 轻链(型);
h 为 IgG κ 和 IgA λ(双克隆型);i 为基本正常标本免疫球蛋白电泳谱

五、细胞遗传学与分子病理

PCM 遗传基因异常呈多样性,发病更示基因异常的多步蓄积性癌变(图 31-4),这与临床观察到 PCM 有长的骨髓瘤前期经过相吻合。肿瘤增殖受骨髓基质等微环境的影响,主要由骨髓基质细胞分泌的增殖因子 IL-6,而基质细胞异常与人类疱疹病毒 8 型感染可能有关。IL-6 与细胞膜上受体结合,通过信号转导磷酸化的级联反应而引发,当信号转导进入核内分别与相关的增强子区 IL-6 响应元件结合,激活基因表达和转录以及 PI3K-AKT 和 B 细胞核因子 κ 链(nuclear factor κB cells, NF-κB)途径,共同促使浆细胞获得生长优势,促发 PCM 病变,而采用阻抑这些途径的措施(分子靶治疗)可以调节骨髓瘤细胞的增殖和凋亡。

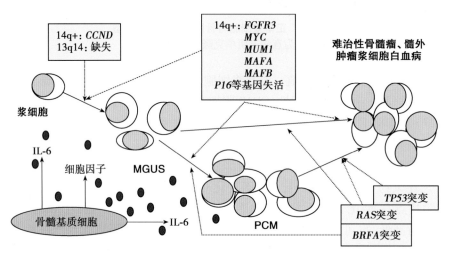

图 31-4　PCM 多步发生的分子病理

MGUS 为意义未明单克隆免疫球蛋白血症,PCM 为浆细胞骨髓瘤

PCM 存在免疫球蛋白重链轻链基因克隆性重排。Ig VH 基因体细胞突变率高,与源自生发中后抗原驱动的 B 细胞一致。部分病例有 Ig 基因缺失,轻链病,JH 序列和/或部分或全部在第 14 号染色体上丢失。

多数病例因浆细胞低增殖而影响核型分析。核型分析仅约三分之一可见异常,FISH 检查则 90% 病例阳性,故 IMWG 推荐 FISH 用于 PCM 分子细胞遗传学分类(表 31-2),常见为累及 14q32 染色体上的 IgH 基因(约见于一半以上 PCM 患者),涉及七个重现性癌基因:11q13 的 CCND1、16q23 的 MAF、4p16.3 的 NSD2(也称为 FGFR3、MMSET)、6p21 的 CCND3、20q11 的 MAFB、8q24 的 MAFA 和 12p13 的 CCND2。其中,t(11;14)(q13;q31)易位累及 BCL1 重排,最为常见(表 31-2),使 CCND1 易位到 IgH 关键区,导致 CCND1 过度表达。这七组易位约见于 40%PCM,且常见为非超二倍体(如染色体<48 或>75)。其他主要是超二倍体,多条染色体增加的复合核型也较为常见,增加的染色体常见于奇数染色体,3、5、7、9、11、15、19 和 21 号。第 9 号染色体上 PAX5 基因的表达改变导致 CD19 抗原的缺失,预示正常 CD19 阳性浆细胞转变为 CD19 阴性骨髓瘤细胞。染色体缺失的复合核型也不少见,如 17p13 缺失与 P53 等位基因缺失有关,并预示差的预后。t(14;16)、t(14;20)和基因表达谱高风险签名者也示差的预后,总生存期为 3 年;t(4;14)del(13)和低二倍体为风险中等,总生存期 4~5 年;t(11;14)、t(6;14)和超二倍体及其他核型示预后良好,总生存期 8~10 年。第 7 号染色体长臂缺失与多药耐药基因改变有关,这是一个临床药物抵抗表型。

IGH 易位和超二倍体以及伴随的一个或多个 CCND 基因(CCND1 或 CCND2、CCND3)负调控,是 PCM 发生的早期事件。基因表达谱可检测 CCND 的 RNA 表达水平,并可鉴定以上上七个重现性 IGH 基因易位所致癌基因高表达的肿瘤。通过 FISH 可以发现一半 PCM 病例 13(13q14)的单体或缺失,但也见于非 IgM 型 MGUS 35% 病例的早期事件。互相排斥的 KRAS、NRAS 或 BRAF 突变约见于 40% 的 PCM,指示部分非 IgM 型 MGUS 向 PCM 转化。促进疾病进展的其他遗传学事件包括:IgH 或 LgL 的继发性易位,TP53(17p13)的缺失或突变,+1q、1p 缺失,伴 t(4;14)的 FGFR3 突变,CDKN2C、RB1、FAM46C 和 DIS3 基因失活。

表 31-2 IMWG 推荐的 PCM 分子细胞遗传学分类和遗传学检测(FISH)

PCM 分子细胞遗传学分类		推荐的遗传学试验	
遗传学类型	构成比	FISH(细胞分选标本或胞质免疫球蛋白)	
超二倍体	45%	最小套组	t(4;14)(p16;q32)
非超二倍体	40%		t(14;16)(q32;23)
细胞周期蛋白 D 易位	18%		del(17p13)
t(11;14)(q13;q32)	16%	较综合的套组	t(11;14)(q13;q32)
t(6;14)(p25;q32)	2%		del 13
t(12;14)(p13;q32)	<1%		倍体类别
NSD2(又称 MMSET)易位	15%		1 号染色体异常
t(4;14)(p16;q32)	15%	临床检查应将基因表达谱包括在内	
MAF 易位	8%		
t(14;16)(q32q23)	5%		
t(14;20)(q32;q11)	2%		
t(8;14)(q24;q32)	1%		
不能分类	15%		

六、诊断标准和鉴别诊断

诊断应整合临床特征、形态学、免疫表型和放射线检查所见。临床变异型浆细胞骨髓瘤为 PCM 的变异型(无症状并可有较长的稳定期),WHO 诊断标准(2017)参照国际骨髓瘤工作组(IMWG)浆细胞骨髓瘤及相关浆细胞疾病的诊断标准(表 31-3)。

表 31-3 IMWG 浆细胞骨髓瘤及浆细胞瘤诊断标准(2014)

疾 病	定 义
浆细胞骨髓瘤	骨髓克隆性浆细胞≥10% 或活检证实浆细胞瘤并符合下列≥1 项骨髓瘤定义事件:浆细胞增殖病所致的终末器官损害(高钙血症:血清钙高于正常上限>0.25mmol/L(>1mg/dL)或>2.75mmol/L(>11mg/dL);肾功能不全:肌酐清除率<40ml/min 或血清肌酐>177μmol/L(>2mg/dL);贫血:Hb 低于正常值下限>20g/L 或 Hb<100g/L;骨病变:骨骼拍片、CT 或 PET-CT 示一处或多处溶骨性病变。或者符合下列≥1 项恶性肿瘤生物学标记:骨髓克隆性浆细胞≥60%;血清累及:未累及游离轻链比≥100;核磁共振成像检查>1 个病灶,至少 5mm 大小
冒烟性(无症状性)浆细胞骨髓瘤	符合以下 2 项标准:血清单克隆蛋白(IgG 或 IgA)≥3g/dl,或尿单克隆蛋白≥500mg/24h 和/或骨髓克隆性浆细胞 10%~60%;无骨髓瘤定义事件或淀粉样变性
孤立性浆细胞瘤	符合以下 4 项标准: 活检证实骨或软组织有孤立的病损伴克隆性浆细胞证据 正常骨髓,无克隆性浆细胞证据 骨骼检查和 MRI(或 CT)示脊柱和骨盆正常(原发性孤立病变除外) 无淋巴浆细胞增殖病所致的终末器官损害,如 CRAB
孤立性浆细胞瘤伴骨髓极小累及*	符合以下 4 项标准: 活检证实骨或软组织孤立病损伴克隆性浆细胞证据 克隆性骨髓浆细胞<10% 骨骼检查和 MRI(或 CT)示脊柱和骨盆正常(主要原发性病变除外) 无淋巴浆细胞增殖病所致的终末器官损害,如 CRAB

* 有 10% 或更多克隆浆细胞的孤立性浆细胞瘤被认为是多发性骨髓瘤

　　PCM 有多种诊断标准版本,各有所不足。如骨髓细胞学标准中,骨髓瘤细胞有<10%~15%,甚至低至 2%者,仍有单克隆免疫球蛋白血症和末端器官损害症状,这在 WHO 的标准解释中已有说明。我们认为只要形态学符合(浆细胞有原始性和畸形性)结合患者年龄等特征符合者也可考虑为 PCM。临床三联征,在有些患者中缺如。Ig 检查重在 PCM 分型分期,而对于判断 PCM 性质常不如浆细胞比例和/或质量异常。髓外骨髓瘤或孤立性骨髓瘤不是细胞形态学诊断的范围,个别患者在首诊时伴有多量单克隆免疫球蛋白或尿中免疫球蛋白轻链,骨髓浆细胞明显异常,实际上这已是 PCM 的髓外浸润,除此以外常不伴有 Ig 和骨髓浆细胞的明显异常,不符合 MM 中“多发性(multiple)”的诊断含义。冒烟性(无症状)PCM 为 PCM 的早期或临床前期病例。因此,在定性诊断中,骨髓切片检查是重要的,而临床特征中,年龄因素和血沉变化(普遍存在)常有更简明的参考意义。

　　鉴别诊断方面,PCM 需要与其他低比例浆细胞疾病相鉴别,如反应性浆细胞增多症、MGUS,低度恶性的 WM、重链病和孤立性骨髓瘤等。反应性浆细胞增多症,如结缔组织病、再生障碍性贫血和肝硬化常有浆细胞轻中度增多,鉴别的主要项目为骨髓涂片细胞学检查,其次是临床和其他检查的分析。反应性浆细胞增多症,骨髓浆细胞一般在 10%以下,个别病人可高达 20%左右,多为成熟的小或偏小型浆细胞,可见幼浆细胞,但缺少异形性或畸形性。参考患者年龄、血沉、原发病及其他检查,一般可以作出鉴别诊断。继发性单克隆免疫球蛋白血症见于自身免疫性疾病、皮肤病(银屑病、风疹)、内分泌疾病、肝病、感染性疾病、非 B 细胞和非浆细胞性肿瘤。这些疾病骨髓浆细胞多有轻度增加。MGUS 和 PCM 变异型的鉴别见后述。

七、PCM 变异型

　　1. 不分泌型骨髓瘤　　不分泌型骨髓瘤(non-secretory myeloma)少见,约占 PCM 的 2%,是浆细胞合成而不分泌 Ig 分子,致使 M 蛋白成分缺失。用免疫组化或免疫荧光、免疫过氧化物酶方法多可证明肿瘤性浆细胞存在分泌障碍的单克隆胞质 Ig。罕见无胞质 Ig 合成。临床特征与一般 PCM 一样,但肾损率低,浆细胞增多和正常免疫球蛋白减低程度均可不显著。由于血清或尿中缺乏单克隆免疫球蛋白,未作骨髓活检和胞质 Ig 染色或其他标记检查易于漏诊。

　　2. 冒烟性(无症状性)浆细胞骨髓瘤　　冒烟性多发性骨髓瘤(smoldering multiple myeloma,SMM),即冒烟性浆细胞骨髓瘤(smoldering plasma cell myeloma,SPCM),定义为骨髓有克隆性浆细胞 10%~60%,和/或达到骨髓瘤的 M 蛋白水平,但无骨髓瘤的定义事件(如 CRAB)和淀粉样变性。约占 PCM 的 8%~14%。与 MGUS 患者比较,有高的血清 M 蛋白和明显增多的骨髓浆细胞,符合 PCM 的最低诊断标准(见表 31-3)。尿中可出现少量 M 蛋白,血清正常免疫球蛋白常减低。一些病例数年内病情稳定,不用治疗。

　　3. PCL　　为骨髓瘤细胞累及血液者(继发性 PCL)。发生 PCL 者,常是 PCM 进展至疾病末期并发,病情常呈进行性侵袭性、生存期短。除了累及血液和骨髓外,肿瘤性浆细胞也可见于其他组织,如肝、脾、体腔积液,甚至形成浆细胞瘤。PCL 定义见前述。继发型多见于小浆细胞的轻链型 PCM,少数为原始样浆细胞。原发型以年轻人为多见,可有 PCM 的常见症状(如贫血和肾损害),溶骨性损害和骨痛少见,而淋巴结肿大、器官浸润症状(如肝脾肿大)和肾衰竭常见。根据患者有无先前疾病、临床特征和外周血浆细胞的数量,可以作出诊断。PCL 的形态学特征见第十一章,年轻患者以原始细胞型为主。

　　有些单克隆浆细胞增殖病完全丢失免疫球蛋白重链,仅表达轻链。轻链型 PCM 是其严重程度的类型,还另有 2 型,即轻链型 MGUS 和轻链型冒烟性 PCM,相互之间的诊断及其鉴别诊断见表 31-4。

表 31-4　仅表达轻链的单克隆浆细胞增殖病诊断标准（WHO,2017）

特征	LC-PCM	LC-SPCM	LC-MGUS
M 蛋白含量	仅有轻链的 M 蛋白（通常在尿中出现,有时也见于血清中）	尿轻链 M 蛋白≥0.5g/24h	重链表达完全丢失,血清中累及的轻链浓度增高、游离轻链比率异常;尿轻链 M 蛋白<0.5g/24h
骨髓克隆性浆细胞比例*	≥10%或活检证明有浆细胞瘤	≥10%	<10%
浆细胞病终末器官损害	有	无	无
年进展率	不适用	头 5 年为 5%;次 5 年为 3%;再之后的 5 年为 2%	0.3%

* 诊断 LC-MGUS 必须符合 M 蛋白含量和骨髓浆细胞比例 2 项标准;而 LC-SPCM 要求符合至少 1 项。LC-MGUS 为轻链型意义未明单克隆丙种球蛋白病,LC-SPCM 为轻链型冒烟性 PCM,LC-PCM 为轻链型 PCM

第三节　其他浆细胞肿瘤

一、意义未明单克隆丙种球蛋白病

意义未明单克隆丙种球蛋白病（MGUS）被定义为血清中 M 蛋白低于 PCM 水平（<30g/L）、骨髓克隆性浆细胞<10%、无终端器官损害（CRAB）。在既往定义中还包括无 B 细胞或其他疾病所致的 M 蛋白者。因此,也被称为原发性（或特发性）单克隆丙种球蛋白病或克隆免疫球蛋白血症。

按 M 蛋白成分,早就认识到 MGUS 可以分为 IgM 型和 IgG/A 型。直到近几年在淋巴浆细胞淋巴瘤（lymphoplasmacytic lymphoma,LPL）伴巨球蛋白血症患者中发现的 MYD88 L265P 突变,同样也见于较多 IgM 型 MGUS 而不见于 IgG 或 IgA 型 MGUS 患者,亦不见于即使是 IgM 型的 PCM,才明了 IgM 型 MGUS 与 LPL 或其他成熟 B 细胞淋巴瘤的关系亲近,而野生型 MYD88 IgG/A 型 MGUS 则与 PCM 关系密切,有必要加以区分。故在 2017 年 WHO 更新的分类中,明确将 MGUS 分为 IgM 型与非 IgM 型（IgG、IgA 及罕见的 IgD）,并在浆细胞肿瘤类型中列出密切相关的非 IgM 型 MGUS（表 31-1）。

MGUS 是无症状的,且往往是在血清蛋白电泳时意外发现 M 蛋白。MGUS 在 50 岁以上人群中占 3%~4%,70 岁以上占 5% 以上,<40 岁少见。80%~85% 患者为非 IgM 型,其中 IgG 最常见（>70%）,15% 为 IgM,10% 为 IgA,偶见双克隆型。在长达 20 余年（中位间隔时间约是 10 年）的观察中,25%~30% 患者可进展为 PCM、原发性巨球蛋白血症或其他成熟 B 细胞淋巴瘤。M 蛋白>25g/L 者的预后风险是 M 蛋白<5g/L 者的 4 倍。非 IgM 型 MGUS 有浆细胞特征,可进展为浆细胞肿瘤;而 IgM 型 MGUS 有淋巴浆细胞特征,可进展为淋巴瘤、WM 等。非 IgM 型,如 IgG 型,M 蛋白<15g/L,游离轻链比例正常,无骨髓瘤临床特征,属于低危,骨髓检查可延迟。

骨髓浆细胞轻度增多（<10%）,细胞基本成熟和小型。一般,淋巴细胞浆细胞分泌 IgM,克隆性浆细胞产生其他类型（IgG/A）。骨髓涂片浆细胞中位数为 3%,类似成熟正常浆细胞,无核仁。骨髓切片浆细胞不增生或轻度增生、可见小簇。见明显核仁和异形浆细胞或分散在脂肪细胞之间者需提示骨髓瘤细胞。

浆细胞表达单一胞质 Ig,与血清和尿中 M 蛋白同类,而在反应性浆细胞增多中常存在一个小克隆,用常规免疫组织化学染色不能检出单型的 Ig,免疫表型鉴定同正常浆细胞（多克隆性）或异常表达（单克隆性）。细胞遗传学检查少见异常。用 FISH 检测常见非 IgM 型患者存在类似 PCM 的遗传学异常。

确诊 MGUS 通常需要一定时间的随访和检查,以确定病情的稳定性。非 IgM 型 MGUS 标准:血清 M 蛋白（IgG 或 IgA 及罕见的 IgD）<30g/L,骨髓克隆性浆细胞<10%,无浆细胞增殖病所致的终末器官损害（CRAB）。IgM 型诊断标准为血清 IgM 单克隆蛋白<30g/L,骨髓淋巴浆细胞<10%,无潜在淋巴细胞增殖病

所致的贫血、全身症状、高血粘度、淋巴结肿大或肝脾肿大。LC-MGUS 诊断标准,以及需要与无症状性(冒烟性)骨髓瘤相鉴别(表 31-4)。诊断的病例一般无需治疗。

二、浆细胞瘤

1. 定义　浆细胞瘤(plasmacytoma)是克隆性浆细胞发生于骨的或骨外的组织增殖,细胞学和免疫表型鉴定为克隆性浆细胞组成的骨髓瘤(肿块),且无 PCM 的临床特征和 X 线等检查无其他浆细胞肿瘤。骨性孤立性浆细胞瘤(solitary plasmacytoma of bone,SPB)是局限于骨的肿瘤,由浆细胞组成,放射学检查为孤立的溶骨性损害,骨髓检查无浆细胞增多证据。诊断标准见表 31-3。

2. 临床特点　骨性孤立性骨髓瘤约占浆细胞肿瘤的 5%,最常见受累部位为造血最活跃骨髓骨,如椎骨、肋骨、头颅骨、骨盆、股骨、锁骨和肩胛骨。一般,患者只有一处骨损害,不伴有全身症状(如骨髓浆细胞增多、贫血)。诊断由组织病理学检查作出。多部位骨髓抽吸物涂片和骨髓活检无 PCM 证据。发病年龄比 PCM 低,临床表现为骨痛或由单一克隆性浆细胞性骨损害。一般,血清或尿无 M 蛋白,部分病例可见球蛋白轻度增高。如血清或尿中存在 M 蛋白,并随局部治疗后消失。血清和尿免疫电泳检查对疾病经过的观察是必须的,MRI 有助于了解有无其他部位损害。骨性孤立性骨髓瘤主要用放疗,据报道在 10 年追踪中,约 35%治愈,55%进展为 PCM,10%复发或其他部位出现。

骨外浆细胞瘤是发生于骨外或髓外组织,由克隆性浆细胞组成的肿瘤,占浆细胞肿瘤的 3%~5%,多见于成年人,中位患病年龄 55 岁,男女比例为 2:1,最常见(80%)累及上呼吸道,包括口咽部、鼻咽部、窦道和喉,也可发生于胃肠道、膀胱、中枢神经系统、乳腺、甲状腺、腮腺、淋巴结和皮肤。骨髓检查或放射线检查均无 PCM 证据,15%~20%病例可见单克隆球蛋白,但无贫血、高血钙或肾损害的证据。骨外浆细胞瘤需要与浆细胞分化的 MALT 结外边缘区淋巴瘤相鉴别。治疗主要采用放疗,区域性复发约为 25%,进展为 PCM 约为 15%。

3. 形态学　孤立性骨髓瘤可缓慢地向 PCM 发展,若骨髓涂片检查证实有浆细胞增多和形态异常则可以考虑为 PCM。孤立性骨髓瘤的极个别中老年患者在首诊时有骨髓象异常。骨性孤立性骨髓瘤形态学、免疫表型和遗传学所见同 PCM。骨外浆细胞瘤形态学类似骨性浆细胞骨髓瘤,但也有例外,特别是发生于胃肠道者,可能为伴有显著浆细胞分化的 MALT 结外边缘区 B 细胞淋巴瘤。鉴别诊断中,骨外浆细胞瘤需与反应性浆细胞浸润作出鉴别,如标本上出现明显的浆细胞聚集应倾向于浆细胞瘤,免疫组化证明浆细胞表达胞质多克隆或单克隆 Ig 也有助于鉴别诊断,如表达多克隆的 κ、λ 轻链示反应性浆细胞增多。

三、单克隆免疫球蛋白沉积病

单克隆免疫球蛋白沉积病(monoclonal immunoglobulin deposition diseases,MIDD)是一组以免疫球蛋白在内脏和软组织沉积,导致器官功能受损紧密相关的疾病。累及的潜在疾病,通常为浆细胞肿瘤。在发展成大肿瘤负荷之前,免疫球蛋白分子已在组织中累积。患者在诊断时通常无明显的骨髓瘤或淋巴浆细胞淋巴瘤。有 2 种主要的 MIDD 类型:原发性淀粉样变性以及系统性轻链和重链沉积病(light and heavy chain deposition disease,LHCDD)。

1. 原发性淀粉样变性　原发性淀粉样变性(primary amyloidosis,PA)是由浆细胞或淋巴浆细胞肿瘤引起的,来源于单克隆免疫球蛋白轻链或其部分片段异常结构蛋白,简称为 AL 蛋白(amyloid-protein light chain derived,AL)沉积在各种组织中,与刚果红染料结合后呈现特征性双折射的 β 折叠结构。AL 蛋白所致淀粉样变是最常见的系统性淀粉样变性。最常见的轻链成分为轻链 λ 型,其中又以可变区 V λ 与淀粉样变关系最为密切,且有 V λ 单克隆免疫球蛋白患者更易有肾脏的受累,并与骨髓瘤关系少。90%患者沉积的轻链成分中包含有恒定区序列,因此临床可采用与恒定区特异性结合的抗轻链血清用于对本病进行检测。另 10%沉积物不含恒定区的患者,可用抗 λ 链或抗 κ 链抗血清进行检测。

与血液肿瘤相关的大多为单克隆免疫球蛋白轻链沉积(常见为 PCM,也见于 WM 和其他成熟 B 细胞肿瘤,见于约 10%~15%患者),除累及肾脏外,其他受累器官有舌、皮下脂肪、心脏、肝脏和骨髓等。常见乏力、消瘦、紫癜、心力衰竭、蛋白尿、肾功能不全、胃肠道功能紊乱和神经系统病变等。淀粉样变性是一个习惯病名，为非淀粉样物质，即蛋白纤维的肽亚单位沉积，能被刚果红染色或硫磺素 B 类染料着色，在光镜下呈均一嗜酸性，电镜下呈纤维样结构。不同类型的淀粉样变性临床表现相似，但单克隆免疫球蛋白轻链型淀粉样变性因其治疗特殊性需要与其他类型相鉴别。另一种淀粉样变 A(amyloid-protein A，AA)蛋白是从循环急性期反应物血清淀粉样变 A 蛋白衍变而来，与 Ig 无关的淀粉样变性(为慢性炎症或感染继发)。

2. 系统性轻链和重链沉积病　本病异常的轻链或重链沉积物不形成淀粉样 β 折叠结构或不与刚果红结合，且缺乏淀粉样蛋白 P-成分。这组病包括、轻链沉积病(light chain deposition disease，LCDD)、重链沉积病(heavy chain deposition disease，HCDD)和轻链重链沉积病(LHCDD)。其中 LCDD 最常见，是单链轻链在多个器官中沉积，且以免疫球蛋白轻链非淀粉样蛋白沉积为特征，刚果红不染色，且超微结构检查时不显示纤维结构。这组疾病非常罕见。诊断中位数年龄 56 岁(33~79 岁)，男性占 60%~65%。约 40%~65% 的 LCDD 患有 PCM，或有 M 蛋白和骨髓中有 MGUS 水平的克隆性浆细胞。

突变和缺失事件引起 LCDD 和 HCDD 中 M 蛋白的结构变化。LCDD 主要缺陷涉及免疫球蛋白轻链可变区的多个突变，4 型 kappa 链可变区(V kappa IV subgroup，VκIV)的 κ 轻链过表达。HCDD 中 CH1 恒定区缺失是关键事件，缺失导致与重链结合蛋白联结失败，并导致过早分泌。HCDD 中的可变区也有氨基酸取代，增加组织沉积倾向。

表现为系统性免疫球蛋白沉积引起的器官功能障碍。异常免疫球蛋白的沉积在基底膜和弹性和胶原纤维上最突出。肾脏最容易受累。LCDD 中，沉积在其他器官的症状较少见。HCDD 中 γ 重链沉积最常见，但是 αHCDD 也可发生。IgG3 或 IgG1 同种型的 HCDD 与低补体血症相关。85% 病例有 M 蛋白。

大多数 LCDD 和 HCDD 与 PCM 相关，一些患者的克隆性浆细胞负荷在 MGUS 范围内。很少为 LPL、边缘区淋巴瘤或 CLL。

轻链或重链沉积主要为肾，也可见于骨髓和其他组织。68%~80% 的 LCDD 为 κ 轻链，伴高比例的 VκIV 可变区，与原发性淀粉样变性(为高比例 VλVI 可变区 λ 轻链)不同。浆细胞可在骨髓切片轻链免疫组织化学染色上显示异常的 κ/λ 比例。LCDD 和 HCDD 的诊断：组织活检特征而无淀粉样变性；存在低克隆性浆细胞(血清中单克隆蛋白<30g/L、骨髓涂片克隆性浆细胞<10%、骨髓活检为低水平浆细胞，符合 PCM 水平诊断为 PCM 伴随者)；有单克隆蛋白沉积导致的终末器官损伤，但无溶骨性病变。

四、浆细胞肿瘤伴副肿瘤综合征

浆细胞肿瘤伴副肿瘤综合征较罕见，且在疾病早期不易发现。2017 版 WHO 分类在原来的 POEMS 综合征基础上又增加了一种临时的浆细胞肿瘤伴副肿瘤综合征病种——TEMPI 综合征，并将 2 者合称为浆细胞肿瘤伴副肿瘤综合征。

1. POEMS 综合征　POEMS 综合征又称骨硬化性骨髓瘤(osteosclerotic myeloma)和 Crow-Fukase 综合征，是一种克隆性浆细胞增殖病，常由四肢感觉和运动障碍的多发性周围神经病(polyneuropathy，P)，肝脾器官肿大(organomegaly，O)，糖尿病、男性乳房女性化、睾丸萎缩、阳痿表现的内分泌病(endocrinopathy，E)，单克隆球蛋白病(M)，色素过度沉着和多毛症的皮肤病变(skin change，S)组成的一个少见综合征。病理学以骨髓浆细胞浸润伴骨小梁增厚，常有淋巴结浆细胞不同程度增生而类似 Castleman 病(血管滤泡高增生)为特征。

本病约占浆细胞肿瘤的 1%~2%，患病中位年龄 50 岁，比典型 PCM 患病年龄低。本病发生与 HHV-8 感染有关。临床表现多神经病和与内分泌功能异常有关的症状、骨损害和淋巴结肿大。骨硬化性骨髓瘤或 M 蛋白和神经病变是 POEMS 综合征五联征中最重要和最常见的，另三联征往往只有其中的一项或一项符合。POEMS 综合征中，常见血小板增多，可见高血钙和肾损害，血清和尿中 M 蛋白常见低水平(部分病例为 IgG 或 IgAλ 型)。放射线检查示多发性硬化性骨损害。60% 病例生存期在 5 年以上。

特征性病变是骨硬化性浆细胞瘤，可以单一或多发于骨髓造血组织。这一病损由局部增厚的骨小梁、骨小梁周围纤维化和浆细胞(陷入其中)组成。远离骨硬化性病损骨髓的浆细胞通常成熟，<5%。骨髓涂片常见浆细胞(可见幼浆细胞)轻度增多和粒细胞增多。淋巴结活检显示含透明血管的滤泡增殖和反应

性滤泡与滤泡间浆细胞聚集,与 Castleman 病浆细胞变异一致。免疫表型检查浆细胞含有单克隆胞质 Ig (IgG 或 IgA 重链),90%病例有轻链 λ。2017 版 WHO 引用的 POEMS 综合征诊断标准见表 31-5(Dispenzieri A,2014)。

表 31-5　POEMS 综合征的诊断标准

必须的主要标准(2 项同时满足)	多发性神经病(典型的脱髓鞘) 单克隆性浆细胞增殖病(几乎都是 λ 型)
其他主要标准(满足 1 项即可)	Castleman 病[*]（Castleman 病＊） 硬化性骨病变 血管内皮生长因子升高
次要标准(满足 1 项即可)	器官肿大(脾、肝或淋巴结肿大) 血管外容量超负荷(水肿、胸腔积液或腹水) 内分泌病(肾上腺、甲状腺＊＊、垂体、性腺、甲状旁腺或胰腺) 皮肤变化(色素过度沉着、多毛症、肾小球血管瘤、多血症、手足发绀、面色潮红、甲床发白) 视乳头水肿 血小板增多/红细胞增多＊＊＊
其他症状和体征(不作要求,但可能存在)	杵状指,体重减轻,多汗症,肺高血压/限制性肺病,血栓性体质,腹泻,低维生素 B_{12}

＊ 无克隆性浆细胞病证据 POEMS 综合征的 Castleman 病变异型,不能用此标准;＊＊ 仅糖尿病或甲状腺异常不作为这一次要标准;＊＊＊ 除非有 Castleman 病,否则这种综合征中贫血和/或血小板减少症明显少见

2. TEMPI 综合征　TEMPI 综合征是最近描述的一种浆细胞肿瘤伴随的副肿瘤综合征。TEMPI 是毛细血管扩张、高 EPO/红细胞增多症、单克隆丙种球蛋白血症、肾周液体聚集和肺内分流五联征(telangiectasias,elevated erythropoietin level and erythrocytosis, monoclonal gammopathy, perinephric fluid collections, and intrapulmonary shunting)的缩略词。2017 年修订的 WHO 分类中 TEMPI 综合征被列为临时病种。

TEMPI 综合征患者年龄范围为 35~58 岁,男女均有。发病隐袭,有缓慢进展性症状。红细胞增多是一致的特征,EPO 逐渐增加至明显升高。常有毛细血管扩张,尤其是脸部、躯干、手臂和手上部位。红细胞增多和毛细血管扩张通常先于肺内分流和缺氧。肾与肾被膜之间发生肾周液体。液体清澈,蛋白含量低。部分患者有静脉血栓形成或颅内出血。在所有受试患者中检出 M 蛋白。IgGκ 为主,IgGλ 和 IgAλ 也有报告。

常因不明原因的红细胞增多或异常蛋白电泳而进行骨髓检查。TEMPI 综合征无任何特征性血液或骨髓形态学所见。红细胞增多和红系增生所致骨髓增生活跃。大多数患者有 MGUS 水平的骨髓克隆性浆细胞(<10%),轻度不典型,浆细胞多为 IgGκ 限制性。

鉴别诊断方面,包括其他原因的红细胞增多症、POEMS 综合征。EPO 显著升高和无 *JAK2* V617F 突变倾向于排除真性红细胞增多症。继发性红细胞增多症很少有高 EPO 水平。具有红细胞增多症和皮肤改变的 POEMS 综合征可能与 TEMPI 综合征部分相似。血管内皮生长因子,POEMS 综合征升高,TEMPI 综合征不升高。

五、相关疾病——重链病

重链病(heavy chan diseases,HCD)在 2001 版的 WHO 分类中列为浆细胞肿瘤范畴,2008 版和 2017 版被归类为成熟 B 细胞肿瘤的非浆细胞肿瘤中。HCD 属于少见的 B 细胞肿瘤,肿瘤细胞产生单克隆 Ig 重链片段(α、γ、μ、σ)而无轻链(不完的的免疫球蛋白重链),形态学和临床上表现为异质性,不被视为真性浆细胞肿瘤。病理性单克隆免疫球蛋白组分由 IgG(γ 重链病)、IgA(α 重链病)或 IgM(μ 重链病)组成。这一重链 Ig 通常是不完整、截短和无功能的重链聚合体,为不同质量的免疫球蛋白分子。每个重链病都是淋巴瘤(不常见)/白血病的变异,γ 重链病(γCHD)是淋巴浆细胞淋巴瘤,α 重链病(αCHD)是 MALT 结外

边缘带淋巴瘤,μ重链病(μCHD)是CLL的变异。本病好发于40岁以上;淋巴结、肝、脾肿大;常无溶骨性损害(σ重链病有溶骨性损害)和肾功能不全;血清总蛋白正常,尿B-J蛋白阴性,但有重链成分;骨髓淋巴细胞增多,可见淋巴样浆细胞,浆细胞增多,一般<10%,胞质内可见空泡。这些特征多与PCM不同。

1. γ重链病(γCHD) γCHD于1964年Franklin首先报告,我国于1981年报告本病。本病是带有缺陷的γ重链基因淋巴浆细胞肿瘤产生截短的重链,缺失轻链结合基和无轻链结合的免疫球蛋白分子。见于成年人,患病中位年龄60岁。多数病例有系统性症状(食欲减退、虚弱、发热、体重减退和反复细菌感染)和自身免疫性表现(溶血性贫血、血小板减少),以及淋巴结肿大、脾肝大(约一半病人)并累及Waldeyer扁桃体环(约见于1/5病人)和外周嗜酸性粒细胞增多,但通常无溶骨性损害。在发病前或发病同时与自身免疫性疾病高度相关(约25%合并有自身免疫性疾病)。循环中浆细胞或淋巴细胞可类似PCL或CLL表现。临床经过可为惰性,也可为快速进展性,中位生存期12个月。根据临床表现和实验室所见(如宽带或近于正常的血清免疫电泳)鉴别于感染或炎症常不容易。诊断需要免疫固定证明无轻链的IgG。尿蛋白通常<1g/24h。

形态学上,典型淋巴结象显示多形性和混合性细胞(淋巴细胞、浆细胞淋巴细胞、浆细胞、免疫母细胞和嗜酸粒细胞)增生。部分病例以浆细胞增生为主而类似PCM象,累及外周血时类似CLL血象,骨髓切片约1/4病人可正常,少见病例为结内大细胞淋巴瘤。免疫表型表达单克隆胞质重链而无轻链,泛B细胞抗原阳性,CD5和CD10阴性。

2. μ重链病(μCHD) μCHD于1969年Forte首先报告,我国于1983年开始报告。本病是类似CLL的B细胞肿瘤,是产生缺失一个可变区的异常μ重链,骨髓象以空泡浆细胞以及与小圆形淋巴细胞(类似CLL细胞)混合细胞象为特征,见于成年人,常为缓慢进展性,常规血清蛋白电泳多为正常,用抗μ抗体免疫电泳可区分聚合体的不同大小。本病需与多数CLL相鉴别。尽管μ重链不在尿中出现,但50%病例在尿中仍可见B-J蛋白,特别是κ链,这是因为重链基因反常产生截短的分子形式,κ链不同化,仍在μCHD中产生。免疫表型显示单克隆胞质μ重链而无轻链,泛B细胞抗原阳性,CD5和CD10阴性。

3. α重链病(αCHD) αCHD于1968年Seligmann首先报告,我国于1985年开始报告,本病是MALT结外边缘带淋巴瘤变异肿瘤细胞,浆细胞、小淋巴细胞混合和/或边缘区B细胞,分泌缺陷的α重链。感染和/或慢性炎症可能是患本病的一个因素,常在10余岁或20岁的年轻成年人发病,因累及胃肠道(多累及小肠和肠系膜淋巴结)而表现腹泻和消化不良症状,骨髓和其他器官受累不常见。除了腹泻和消化不良外,可见低血钙、消瘦、发热和脂肪痢(steatorrhoea),杵状指也较常见。

由于缺陷的重链聚合并形成多样性IgA分子,用血清电泳方法常见正常或低γ球蛋白血症。用特异的抗IgA抗体免疫固定方法可检测到异常IgA。免疫表型为浆细胞和边缘区B细胞表达单克隆胞质α重链而无轻链,泛B细胞抗原、CD5和CD10均为阴性。早期患者经抗生素治疗可以完全缓解,但许多病例在经过中转化为大B细胞淋巴瘤。

第三十二章

成熟 T 和 NK 细胞肿瘤

成熟 T 和 NK 细胞肿瘤是一组有独特组织病理和临床特征的异质性血液肿瘤。与成熟 B 细胞肿瘤相比,病因多不明确、病情差异大,且更具有侵袭性。成熟 T 和 NK 细胞肿瘤可以分为宽泛的四个类型:白血病性或播散性、结性、结外性和皮肤性。与血液和/或骨髓形态学较为密切的是白血病性或播散性肿瘤,以及易于侵犯骨髓的中晚期其他 T 和 NK 细胞淋巴瘤。

第一节 概 述

许多 T 细胞和 NK 细胞肿瘤的细胞组成有较明显的变异,从小细胞到大细胞至间变细胞,疾病间也存在着免疫表型的变异,大多数疾病又无细胞遗传学特征性异常。因此,T 细胞和 NK 细胞肿瘤的分类与诊断,较大程度上还是取决于临床和病理特征,尤其是肿瘤的解剖部位。

一、病因与临床特征

成熟 T 和 NK 细胞肿瘤约占淋巴肿瘤的 10%~15%。EB 病毒(Epstein-Barr virus,EBV)被认为与结外 NK 细胞/T 细胞淋巴瘤和 NK 细胞白血病病因有关,人类 T 细胞白血病病毒-1(human T-cell leukemia virus 1,HTLV-1)与成人 T 细胞白血病/淋巴瘤(adult T cell leukemia/lymphoma,ATLL)密切相关,但多数 T 细胞和 NK 细胞肿瘤病因不明。许多淋巴瘤的临床表现与肿瘤细胞表达细胞因子有关,如 ATLL 的高钙血症与破骨细胞激活活性有关,许多 T 细胞和 NK 细胞肿瘤伴随噬血细胞综合征与肿瘤细胞分泌细胞因子和化学趋化因子有关。NK 细胞带有细胞毒 T 细胞的一些功能和标记,表达 CD2、CD7、CD8、CD56 和 CD57,CD3 的 ε 链和 CD16 常为阳性,而 CD3ε 链和 CD16 在 T 细胞中均少表达。NK 细胞和细胞毒 T 细胞表达细胞毒蛋白,包括穿孔素、粒酶 B 和 T 细胞内抗原-1(T-cell intracellular antigen-1,TIA-1)。

成熟 T 和 NK 细胞肿瘤变异型存在地区差别,如亚洲常见 T 细胞淋巴瘤,北美多见滤泡辅助 T 细胞淋巴瘤,日本多见 ATLL。成熟 T 和 NK 细胞肿瘤的临床特征见表 32-1。T 细胞淋巴瘤比 B 细胞淋巴瘤和霍奇金淋巴瘤(Hodgkin lymphoma,HL)有更明显的临床进展性、治疗反应差、生存期短。

表 32-1 成熟 T 和 NK 细胞淋巴瘤的常见特征

宽泛的细胞学图像	细胞毒性 T 细胞或 NK 细胞表型
疾病定义侧重于临床特征	常见凋亡和/或坏死,伴或不伴血管内浸润
易复发,少见淋巴结累及	噬血细胞综合征发生率高
常发生结外器官播散	解剖学部位和地理学因素可证明 EBV 存在的相关性

二、分类基本依据与分类

T 和 NK 细胞肿瘤分类,WHO 强调多参数方法,整合形态学、免疫表型、遗传学和临床特征。临床特征在肿瘤亚型分类中有重要意义(表 32-1)。T 细胞淋巴瘤有形态学和/或组织学上的多样性,细胞组成由微小异型的小细胞到间变的大细胞,如间变性大细胞淋巴瘤、ATLL、鼻型 NK/T 细胞淋巴瘤在标本上有相似性,而且在疾病实体之间存在形态学重叠。许多结外细胞毒 T 细胞和 NK 细胞淋巴瘤有类似的细胞象,如明显的细胞凋亡、坏死和血管浸润。相对于 B 细胞淋巴瘤,多数 T 细胞淋巴瘤亚型无特异的免疫表型,少数抗原有较高的特异性,例如,CD30 为间变性大细胞淋巴瘤普遍表达的抗原,但也见于少数其他 T 和 B 细胞淋巴瘤,霍奇金淋巴瘤也常表达 CD30。类似情况见于 CD56。CD56 是鼻型 NK/T 细胞淋巴瘤的主要所见,但也见于其他 T 细胞淋巴瘤甚至浆细胞肿瘤。

2017 年更新的 WHO 成熟 NK 细胞肿瘤分类与 2008 年相同(表 32-2)。在诊断上,除了参考免疫表型外,用 PCR 检测 *TCR* 基因重排以评价 T 细胞增殖克隆性则是必须的。除了少数病例,如间变性大细胞淋巴瘤伴 t(2;5)和其他变异易位外,T 细胞和 NK 细胞肿瘤尚无特异的遗传学异常,故也少用分子病理定义。近几年来,发现了影响 JAK/STAT 通路中的重现性突变,进一步强调这些恶性肿瘤中重叠的生物学行为,如 *STAT3* 突变在 T 细胞和 NK 细胞型的 2 种大颗粒淋巴细胞白血病中都是常见的。*STAT5B* 突变较少见,与临床上更具侵袭性相关(表 32-3)。

NK 细胞是淋系的一个独特细胞群,因与 T 细胞关系密切,故常合称为 T/NK 细胞。NK 细胞肿瘤按其分化的程度分为早期阶段(原始细胞)肿瘤和成熟细胞肿瘤等多种类型(见图 29-2)。

表 32-2 成熟 T 和 NK 细胞肿瘤分类(WHO,2017)

T 幼淋巴细胞白血病	原发性皮肤 CD30 阳性 T 细胞淋巴增殖性疾病
T 大颗粒淋巴细胞白血病	淋巴瘤样丘疹病
NK 细胞慢性淋巴增殖性疾病(暂定病种)	原发性皮肤间变性大细胞淋巴瘤
侵袭性 NK 细胞白血病	原发性皮肤外周 T 细胞淋巴瘤,罕见亚型
儿童 EBV 阳性 T 细胞和 NK 细胞淋巴增殖性疾病	原发性皮肤 γδT 细胞淋巴瘤
儿童系统性 EBV 阳性 T 细胞淋巴瘤*	原发性皮肤 CD8 阳性侵袭性亲表皮细胞毒性 T 细胞淋巴瘤(暂定病种)
T 细胞和 NK 细胞型慢性活动性 EBV 感染,系统型*	原发性皮肤肢端 CD8 阳性 T 细胞淋巴瘤(暂定病种)*
种痘水疱病样淋巴增殖性疾病*	原发性皮肤 CD4+小/中等大小 T 细胞淋巴增殖性疾病(暂定病种)*
严重蚊子叮咬过敏症*	外周 T 细胞淋巴瘤,NOS
成人 T 细胞白血病/淋巴瘤	血管免疫母细胞 T 细胞淋巴瘤和其他 T 滤泡辅助(TFH)细胞来源的淋巴结肿瘤
结外 NK/T 细胞淋巴瘤,鼻型	
肠道 T 细胞淋巴瘤	血管免疫母细胞 T 细胞淋巴瘤
肠病相关 T 细胞淋巴瘤	滤泡 T 细胞淋巴瘤*
单形性亲上皮性肠道 T 细胞淋巴瘤*	结内外周 T 细胞淋巴瘤伴 TFH 表型*
肠道 T 细胞淋巴瘤,NOS	间变性大细胞淋巴瘤,ALK 阳性
胃肠道惰性 T 细胞淋巴增殖性疾病(暂定病种)*	间变性大细胞淋巴瘤,ALK 阴性*
肝脾 T 细胞淋巴瘤	乳房植入物相关间变性大细胞淋巴瘤(暂定病种)*
皮下脂膜炎样 T 细胞淋巴瘤	
蕈样肉芽肿	
塞扎里综合征	

* 与 2008 年分类不同的类型

表 32-3 成熟 T 和 NK 细胞肿瘤更新分类中的变化要点(WHO,2017)

病种/类别	变 化
T 细胞大颗粒淋巴细胞白血病	• 临床病理协会认可的新亚型 • 在一个亚型中有 *STAT3* 和 *STAT5B* 突变,后者与临床上更具侵袭性相关
儿童全身性 EBV+T 细胞淋巴瘤	• 由淋巴增殖性疾病改名为淋巴瘤,因其为暴发性临床过程,需要明确鉴别于慢性活动性 EBV 感染
种痘水疱病样淋巴增殖性疾病	• 由淋巴瘤改名为淋巴增殖性疾病,因其与慢性活动性 EBV 感染相关且临床过程多样
肠病相关 T 细胞淋巴瘤(EATL)	• 诊断只能用于之前所谓的 I 型 EATL 病例,通常与乳糜泻相关
单形性嗜上皮性肠道 T 细胞淋巴瘤	• 之前所谓的 II 型 EATL;从 I 型 EATL 中分出,因其独特的性质并与乳糜泻无关故重新命名

病种/类别	变 化
胃肠道惰性 T 细胞淋巴增殖性疾病淋巴瘤样丘疹病	• 伴浅表性单克隆肠道 T 细胞浸润的新的惰性暂定病种,某些病例表现出进展性 • 有类似临床行为的新亚型,但组织学或免疫表型特征不典型
原发性皮肤 γδ T 细胞淋巴瘤	• 重要的是排除可能来源于 γδT 细胞的其他皮肤 T 细胞淋巴瘤/淋巴增殖病,如蕈样肉芽肿或淋巴瘤样丘疹病
原发性皮肤肢端 CD8 + T 细胞淋巴瘤	• 新的惰性暂定病种,最初描述起源于耳内
原发性皮肤 CD4+小/中等大小 T 细胞淋巴增殖病	• 因临床风险有限,局部的疾病和对克隆药物反应的相似性,不再诊断为一种明显的淋巴瘤 • 保留为一种临时病种。
外周 T 细胞淋巴瘤(PTCL),NOS	• 根据表型和分子异常发现可能具有临床意义的亚型,但大多仍不能作为常规应用
结内 T 细胞淋巴瘤伴 T 滤泡辅助细胞(TFH)表型	• 建立了伞形结构分类以突出伴 TFH 表型的结内淋巴瘤,包括血管免疫母细胞 T 细胞淋巴瘤、滤泡 T 细胞淋巴瘤及其他伴 TFH 表型结内 PTCL(因临床病理差异,需使用具体的诊断) • 发现有重叠的重现性分子/细胞遗传学异常,可能影响治疗
ALK-间变性大细胞淋巴瘤	• 现为明确的包括似有预后意义细胞遗传学亚型的病种(如 *IRF4* 或 *DUSP22* 位点的 6p25 重排)
乳房植入物相关的间变性大细胞淋巴瘤	• 不同于其他 ALK 阴性 ALCL 的新暂定病种,为预后良好相关的非侵袭性疾病

三、免疫表型和遗传学

常见成熟 T 和 NK 细胞肿瘤免疫表型和遗传学见表 32-4。

表 32-4　成熟 T 和 NK 细胞肿瘤免疫表型和遗传学一般特征

肿瘤	免疫表型	遗传学
T-PLL	CD3+、CD4+、CD8+/-、CD7+、CD5+、CD2+	$TCR\alpha/\beta$ 重排,累及 14(q11;q32)(75%~80%)
T-LGLL	CD3+、CD4-、CD8+、CD7-/+、CD5-/+、CD2+、TIA+、GrB+、Per+、CD56-、CD16+、CD57+	$TCR\alpha/\beta$ 重排,也可见 $TCR\gamma/\delta$ 重排
ATLL	CD3+、CD4+、CD8-、CD7-、CD5+、CD2+、CD25+	$TCR\alpha/\beta$ 重排,t(14;14)(q11.2'q32),inv(14)(q11.2q32)
CLPD-NK	CD3-、cCD3ε+、CD4-、CD8+、CD7-、CD5+/-、CD2-、TIA+、GrB+、Per+、CD56+、CD16+、CD57-、KIR+、EBV-	无 *TCR* 重排
Agg NK	cCD3+、CD4-、CD8-/+、CD7-、CD5-、CD2+、TIA+、GrB+、Per+、CD56+、CD16+、CD57-、EBV+	无 $TCR\alpha/\beta$ 重排,存在 EBV
ENK/T 鼻型	cCD3+、CD4-、CD8-/+、CD7-、CD5-、CD2+、TIA+、GrB+、Per+、CD56+、CD16-、CD57-、EBV+	无 $TCR\alpha/\beta$ 重排,存在 EBV
EATL	CD3+、CD4-、CD8-/+、CD7+、CD5-、CD2+、TIA+、GrB+、Per+、CD30-/+、CD25-/+、CD56-/+ *、EMA-/+	$TCR\beta$ 重排
HSTCL	CD3+ **、CD4-、CD8+/-、CD7+、CD5-、CD2+、TIA+、GrB-、Per-、CD30-、CD25-、CD56+/-	$TCR\gamma/\delta$ 重排,存在整合的 HTLV-1
SPTCL	CD3+、CD4-、CD8+、CD7+、CD5-/+、CD2+、TIA+、GrB+、Per+、CD30-、CD25-、CD56+	$TCR\alpha/\beta$ 重排

续表

肿瘤	免疫表型	遗 传 学
MF/SS	CD3+、CD4+、CD8-/+、CD7-/+、CD5+/-、CD2+、TIA-、GrB-、Per-、CD30-、CD25-、CD56-	TCRα/β 重排
原发皮肤 γδ-TCL	CD3+*、CD4-、CD8-/+、CD7-/+、CD5-、CD2+、TIA+、GrB+、Per+、CD30-、CD25-、CD56+	TCRγ/δ 重排
原发皮肤 CD30+LPD	CD3+、CD4+、CD8-、CD7-、CD5+/-、CD2+、TIA+、GrB-/+、Per-/+、CD30+、CD25+、CD56-、EMA+/-	TCRα/β 重排
AITL	CD3+、CD4+/-、CD8-/+、CD7-/+、CD5+/-、CD2+、TIA-、GrB-、Per-、CD30-、BCL6+/-、CD10+/-	TCRα/β 重排(75%~90%)、Ig 基因重排(25%~30%)及相关 B 细胞 EBV+、+3、+5
PTCL, NOS	CD3+、CD4+/-、CD8-/+、CD7-/+、CD5+/-、CD2+、TIA-、GrB-、Per-、CD30-/+、CD25-、CD56-	TCRα/β 重排
ALCL, ALK+	CD3-/+、CD4+/-、CD8-/+、CD7-/+、CD5+/-、CD2+/-、TIA+、GrB+、Per+、CD30+、CD25+、CD56+/-、EMA+、BCL6+、ALK+	TCR 重排,t(2;5)(p23;q35)和 NPM-ALK,也见 2p23 的其他易位
ALCL, ALK-	CD3+/-、CD4+/-、CD8-/+、CD7-/+、CD5+/-、CD2+/-、TIA+/-、GrB+/-、Per+/-、CD30+、CD25+、CD56+/-、EMA+、BCL6-、ALK-	TCR 重排,无 t(2;5)(p23;q35),也无 NPM-ALK

* 为 TCR 又简称 TR,TCRγδ,少数表达 TCRαβ；** 表达于单形性型或Ⅱ型；T-PLL 为 T 幼淋巴细胞白血病；T-LGLL 为 T 大颗粒淋巴细胞白血病；ATLL 为成人 T 细胞白血病/淋巴瘤；CLPD-NK 为慢性 NK 细胞增殖病；Agg NK 为侵袭性 NK 细胞白血病；ENK/T 鼻型为结外 NK/T 细胞淋巴瘤,鼻型；EATL 为肠病相关 T 细胞淋巴瘤；HSTCL 为肝脾 T 细胞淋巴瘤；SPTCL 为皮下脂膜炎样 T 细胞淋巴瘤；MF/SS 为蕈样霉菌病/红皮病；TCL 为 T 细胞淋巴瘤；LPD 为淋巴增殖病；AITL 为血管免疫母 T 细胞淋巴瘤；PTCL,NOS 为外周 T 细胞淋巴瘤非特定类型；ALCL 为间变性大细胞淋巴瘤；ALK 为间变性淋巴瘤激酶；GrB 为粒酶；Per 为穿孔素；EMA 为上皮细胞膜抗原

第二节　T 幼淋巴细胞白血病

T 幼淋巴细胞白血病(T-cell prolymphocytic leukemia,T-PLL)过去认为是慢性淋巴细胞白血病中的一种少见的 T 细胞型。2001 年 WHO 根据形态学、临床特征和生物学等把它独立分类。

一、定义与临床特征

T-PLL 是以成熟的胸腺后 T 细胞表型,小至中等大小的幼淋巴细胞增殖并累及血液、骨髓、淋巴结、肝、脾和皮肤为特征的侵袭性 T 细胞肿瘤。

T-PLL 约占 PLL 的 20%,约占慢性 T 系细胞白血病的 40%,约占成人(>30 岁)小淋巴细胞白血病的 2%。肝、脾和淋巴结常见肿大,1/5 病例有皮肤浸润但无红皮病,部分病人有浆膜腔积液(主要是胸腔积液)。脾大伴淋巴结肿大和皮肤损害及严重的浆膜腔积液,与 B-PLL 的症状明显不同。常见贫血和血小板减少,淋巴细胞增高,血清免疫球蛋白正常,无 M 蛋白,HTLV-1 血清学阴性,但部分患者有感染史或用 PCR 检测到 HTLV-1 前病毒基因。患者中位生存期<1 年,也可呈惰性经过。

二、形态学、免疫表型和遗传学

外周血白细胞增高,可以高达>100×10⁹/L,幼淋巴细胞为小至中等大小,有异形性,嗜碱性胞质无颗粒,圆形、卵圆形和明显不规则核形,核质比例常较高,可见较明显的核仁、胞核可呈扭曲状(见第十一章)。20% 病例为小型白血病细胞,核仁不明显(小细胞变异),少数病例白血病细胞的核形极不规则,甚至似脑回样(脑回细胞或 Sezary 细胞样变异,约占 5%)。另一特点是常见胞质突起或泡样突起。T 幼淋巴细胞,NAE 染色高尔基体呈点状阳性,ANAE 和 CD7 阳性也有重要的参考意义。骨髓中,幼淋巴细胞呈弥散性浸润,造血受抑明显。皮肤浸润常围绕皮肤附件,无嗜表皮性。脾浸润组织学为红髓和白髓受累。淋巴结浸润呈弥散性,并面向副皮质区,可见被挤压的滤泡。

T幼淋巴细胞为外周T细胞,表型特点见表32-4。TdT和CD1a阴性,CD71阳性,mCD3弱阳性。60%病例CD4阳性和CD8阴性(为辅助T细胞表型)。25%病例有特征性的CD4阳性和CD8阳性(较不成熟的T细胞表型)。15%患者CD4阴性和CD8阳性(为抑制/细胞毒T细胞表型)。CD52常强阳性,可用于治疗靶向的分子。

抗原受体基因,T细胞受体(T-cell recetor,TCR/TR)基因。TCRB和TCRG克隆性重排。多可见重现性细胞遗传学异常。90%病例见染色体Xq28(MTCP1)或14q32.1(TCL1A和TCL1B)区域涉及14q11处TCRA/D基因的易位或倒位,结果导致MTCP1、TCL1A、TCL1B与TCRα或β位点并置,使3个癌基因激活并高表达。第14号染色体,inv(14)(q11q32.1)、t(14;14)(q11;q32.1)常见,t(X;14)(28;q11)少见。8号染色体也常见异常,如idic(8p11)、t(8;8)(p11-12;q12)和8q三体。用FISH分析还可见12p13和11q23缺失。基因突变有ATM、IL2RG、JAK1/3、STAT5B、EZH2、FBXW10、BCOR和CHEK2等。

三、诊断要点

T-PLL的诊断要点:白细胞常显著升高($>100×10^9$/L);幼淋巴细胞增多(高达55%~95%)并有一定的形态特征;骨髓切片显示淋巴细胞弥散性浸润,细胞比CLL细胞为大而不规则。结合临床可以作出提示性诊断,免疫表型和遗传学检查可以进一步提供确诊信息。

第三节 成人T细胞白血病/淋巴瘤

成人T细胞白血病/淋巴瘤(ATLL)最初由1977年日本学者描述的地方病,随后在其他地区都有发现,但多为散发性病例。

一、定义与分子病理

ATLL是HTLV-1感染相关的外周T细胞(主要为CD4阳性T细胞)肿瘤,由高度多形性的T细胞组成,临床上常表现为广泛的播散性。由于它在病情中可以淋巴瘤发病,也可以进展为白血病性,淋巴瘤和白血病表型在许多患者中有明显的重叠,故常以ATLL、T免疫母细胞性淋巴瘤等作为同义名描述本病。

ATLL患者都有HTLV-1感染,但HTLV-1感染者仅少数发生ATLL(患病概率为2.5%~4%),且要经过很长的潜伏期才致病。因此,单纯的病毒感染不足以引起细胞恶变。HTLV-1是人类最早发现的反转录病毒,与人免疫缺陷病毒(HIV)同样感染CD4阳性T细胞。但HIV破坏其感染的靶细胞,而HTLV-1是使细胞转化恶变。研究表明,HTLV-1不通过特异的受体而感染多种细胞,而是通过TAX编码的TAX蛋白(P40)增加而增强病毒基因转录、抑制细胞凋亡、扰乱细胞周期和抑制DNA修复等,引起CD4细胞增殖。然后在肿瘤抑制基因P53和P16的改变(突变和功能抑制)下导致异常T细胞的蓄积性增加,同时HTLV-1感染CD8细胞导致CD8细胞功能障碍(既损害感染细胞也损伤自身细胞),免疫不全也有利于感染细胞逃避宿主免疫监视而进一步增殖。当疾病发展到一定阶段,肿瘤抑制基因的失活则是疾病侵袭性进展的重要因素,核形花样结构则是细胞受持续存在的病毒感染而异质变的结果(图32-1)。

二、临床特征

ATLL是地方病,见于成年人,中位患病年龄为55岁。在世界上有几个高发地区,如日本、加勒比海海岸地区和中非的部分地区,与HTLV-1流行人群密切相关。散发病例见于世界较多地方,我国东南沿海地区也有散发病例。HTLV-1感染有三条主要途径:垂直感染、水平感染和输血感染。垂直感染主要为哺乳

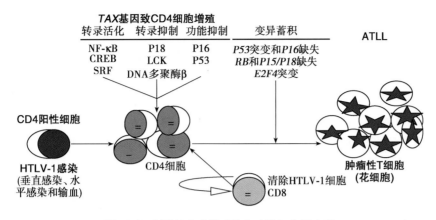

图 32-1　HTLV-1 病毒感染与 ATLL 分子病理

感染,感染病毒的母亲经一年哺乳期,其子女感染率约 20%,断乳后约可降低至 5%;水平感染以男性感染给女性居多,感染者在精液中可检出感染淋巴细胞;输血感染,对献血者作严格的过筛试验可以预防。从感染至发病平均约为 50 年。在日本,HTLV-1 携带者的累积发病率为 2.5%。

临床表现为多样性,可以仅有皮肤或呼吸道症状缓慢经过的冒烟型,以慢性淋巴细胞白血病为表现的外周血白细胞增高,或以淋巴结肿大、肝脾大和高钙血症为特征的急性型。

本病多表现广泛的淋巴结和血液浸润。外周血肿瘤细胞量与骨髓浸润的程度无关,认为肿瘤细胞来源于其他器官,如皮肤。皮肤是最常见受累的结外部位,约见于 50% 以上病例。脾、肺、肝、胃肠道和中枢神经系统等也可受累。患者的高钙血症被认为是由于肿瘤性 T 细胞介导破骨细胞生成,后者分泌甲状旁腺相关蛋白之故。高钙血症患者常有虚弱、乏力、意识模糊、多饮多尿。根据临床表现可分为几个临床变异型:急性型、淋巴瘤型、慢性型和冒烟型。WHO 将其分为急性型、淋巴瘤型、慢性型、隐袭型和 Hodgkin-like 型。

1. 急性型　为常见变异,以白血病象为特征,外周血白细胞计数明显增高,皮疹、淋巴结肿大,高钙血症(常见)伴或不伴溶骨性损害。急性 ATLL 是全身性疾病,肝脾肿大,全身症状和血清乳酸脱氢酶(lactate dehydrogenase,LDH)水平增高,常见白细胞增高和嗜酸性粒细胞增多。许多病人存在 T 细胞免疫缺陷相关症状,常见机会性感染,如卡氏肺囊虫(pneumocystis carinii)和类圆线虫病。预后差。

2. 淋巴瘤型　淋巴瘤型变异,有显著的淋巴结肿大,无外周血肿瘤细胞浸润,疾病多呈进行性,类似急性型,高钙血症少见。预后比急性型好。

3. 慢性型　慢性型变异,与皮肤损害有关,最常见为剥脱性皮疹,外周血淋巴细胞绝对值可增加,不典型淋巴细胞增多,无高钙血症(表 32-5)。

表 32-5　冒烟型和慢性型 ATLL 的临床特征

项目	冒烟型 ATLL	慢性型 ATLL
白细胞计数	正常	增加
血液肿瘤细胞	<3%	>10%
淋巴结肿大	无	轻度肿大
肝脾大	无	轻度肿大
皮肤损害	皮疹(红皮病、丘疹)	皮疹不定
血清 LDH 和血钙	正常	LDH 轻度增高,血钙正常
生存期	>2 年	通常>2 年

4. 冒烟型　冒烟型变异,外周血白细胞计数正常,白细胞分类中肿瘤细胞<5%,常有皮肤或肺部损害,但无高血钙。25%病人慢性型或冒烟型经较长病期可进展为急性型。

患者预后与临床亚型、年龄、病情、血清钙和 LDH 水平有关。急性型和淋巴瘤型生存期数周至数月,慢性型和冒烟型有很长的临床期和长的生存期,但一旦转化为急性型,病情呈快速的侵袭性经过。

三、形态学、免疫表型和遗传学

ATLL 早期,血象无血红蛋白减低和血小板减少,或仅轻度减少。随着疾病进展白细胞升高,淋巴细胞增多,并出现大小不一(大者>14μm)的异常淋巴细胞(多形性多核叶细胞),胞质量较少,嗜碱性无颗粒(见第十一章)。因此,形态典型时结合临床(皮疹、淋巴结肿大、肝脾大、发热、高钙血症、肾功能障碍)需要怀疑本病,并进一步检查。

急性型和淋巴瘤亚型肿瘤细胞为中等至大的细胞,常有显著的胞核多形性,染色质明显粗糙块状,有时可见明显核仁,胞质嗜碱性,但总是可见少量原始样细胞(转化样胞核和疏松的核染色质)。可见盘、绕、曲或脑回形胞核的巨大细胞。少数病人瘤细胞可由小而多形性胞核的不典型淋巴细胞组成。细胞大小与临床经过无关。外周血中肿瘤细胞常为多核叶,故被称为花细胞。

骨髓常呈间质性或片状浸润,浸润区散在性分布或中等密度分布,也可无肿瘤细胞浸润。皮肤浸润的特点为表皮至真皮都有异常 T 细胞,还常见 Pautrier 微小脓肿。淋巴结浸润部分呈白血病象,淋巴结窦保留或膨大,其内可见肿瘤细胞。一些病例可见零星的炎症背景,也可见嗜酸性粒细胞增多。

慢性和冒烟型,肿瘤细胞常是低异形性小细胞。累及皮肤示角化过度的散在性真皮浸润。部分早期病人淋巴结可表现 HL 样组织学所见,受累的淋巴结副皮质区弥散性扩张,肿瘤细胞为小至中等大小,胞核居中不规则、核仁不明显,胞质很少。浸润区点缀 RS 样细胞和胞核分叶或脑回样核巨大细胞。这些细胞表达 CD30 和 CD15 的 EBV 阳性 B 细胞,被认为是 ATLL 免疫缺陷所致的继发性细胞学异常。这一早期变异常快速(数月内)进展为明显的 ATLL。

肿瘤细胞表达 T 细胞相关抗原(CD2、CD3、CD5),常缺失 CD7。多数病人 CD4+、CD8-,少数 CD4-、CD8+或 CD4+、CD8+。CD25 几乎全呈强表达。大的转化细胞可表达 CD30,但 ALK 阴性。TIA-1 和粒酶 B 阴性。还常表达调节 T 细胞的趋化因子受体 CCR4 和 FOXP3。ATLL 患者 TCR(TR)克隆性重排,所有病例见克隆性整合的(clonally integrated)HTLV-1。突变的基因有 PLCG1、PRKCB、VAV1、IRF4、FYN、CARD11、STAT3、CCR4 和 CCR7 等。

四、诊断要点

有临床特点,白细胞不定,淋巴细胞增多,有一般 T 肿瘤细胞形态特点,部分为典型的花细胞或多核叶淋巴细胞,HTLV-1 抗体阳性(必须条件)。急性型,HTLV-1 抗体阳性结合外周血有特征的异常 T 细胞(胞核多形性或呈花瓣样和三叶草状)可以确诊;淋巴瘤型因外周血异常 T 细胞少,必要结合组织学和免疫学检查,异常 T

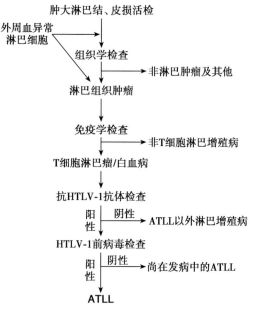

图 32-2　ATLL 的诊断程序

细胞免疫属性为辅助性 T 细胞,免疫表型多为 CD2、CD3、CD4 和 CD25 阳性,而 CD8 阴性。HTLV-1 感染后病毒被整合到宿主 DNA,由细胞分裂传给子代细胞。因此,用基因检查证实病毒粒子,显示 T 细胞克隆性增殖,有特异意义。ATLL 诊断程序见图 32-2。WHO(,2017 修订版)中引用的临床亚型诊断(Shimoyama,1991)见表 32-6。

表 32-6　ATLL 临床亚型的诊断标准

临床特征	冒烟型	慢性型	急性型
淋巴细胞增多	不增多	增多	增多
血中异常淋巴细胞	>5%	增多	增多
乳酸脱氢酶	正常	轻度增高	增高
钙	正常	正常	不定
皮肤红疹	红皮病,丘疹	不定	不定
淋巴结肿大	无	轻度肿大	不定
肝脾大	无	轻度肿大	不定
骨髓浸润	无	无	不定

第四节　蕈样霉菌病和 Sezary 综合征

蕈样霉菌病(mycosis fungoides,MF)是最常见的原发皮肤 T 细胞淋巴瘤,约占皮肤 T 细胞淋巴瘤的一半。Sezary 综合征(Sezary syndrome,SS)与 MF 是相关的肿瘤,有人认为是 MF 的白血病型或侵袭性的变异类型,约占 MF 的 5%。也有认为根据细胞起源和临床行为是不同疾病。肿瘤细胞主要源自成熟 T(CD4+)记忆细胞的恶性增殖,认为初发事件是异常抗原的持续刺激,但病因一直未明。

一、定义与临床特征

MF 是脑回样核、小至中等大小的 T 细胞浸润皮肤表皮和真皮为特征,表现斑点状或片状皮损的成熟 T 细胞淋巴瘤。SS 是全身性成熟 T 细胞(外周嗜表皮性 T 细胞)淋巴瘤,是以红皮病、广泛性淋巴结肿大和外周血、皮肤与淋巴结中脑回样核肿瘤性 T 细胞(Sezary 细胞)浸润为特征。2005 年发表的 WHO-EORCT 原发皮肤淋巴瘤新分类中,MF 被定义为嗜表皮性皮肤 T 细胞淋巴瘤,以脑回状小至中等大小的 T 淋巴细胞增殖为特征。MF 术语仅适用于经典的"Alibert-Bazin"型,即以斑点状、片状和肿瘤演进性为特征,或者表现为相似临床经过的变异型。SS 以既往的三联症为定义:红皮病、广泛的淋巴结肿大和皮肤、淋巴结和血液出现肿瘤性 T 细胞(脑回样核的 SS 细胞)。

MF 每十万人口的年发病率为 0.29,患者多为成人尤其是中老年人,中位诊断年龄为 55 岁。男女比例为 2∶1。临床表现多样性,症状的轻重取决于皮肤受累的程度。起病时,肿瘤细胞限于皮肤浸润,延续一个很长的临床惰性经过(自然病史数年)。此时期易于误诊,起始可能表现为对治疗不敏感的"慢性皮炎",或其他有瘙痒的慢性非特异性皮肤病或类似湿疹或银屑病。皮肤外弥散浸润可发生于进展期,主要累及淋巴结、肝、脾、肺和血液,骨髓受累少见。许多病人在诊断性病史出现之前,在数年间表现为非特异性皮疹,初次诊断性皮损限于斑点和/或片状(斑块期),常发于躯干(见图 3-6),也可持续数年。多数患者随病情扩展,最终发展成肿瘤(结节期或肿瘤期)。少数病人进展为伴红皮病的全身性疾病(SS),也可与 SS 重叠。所谓 D'emblee 损害是先前无皮肤斑点或片状的皮肤肿瘤,是少见的还未被定义的病变。MF 皮肤外弥散性浸润常见于疾病晚期并出现皮肤病变的显著扩大或进展。

MF 的临床分期系统见表 32-7,病期与患者预后有关。尤其皮肤肿瘤形成和/或皮外弥散性浸润者预后差,年龄>60 岁,血清 LDH 水平增高者也可作为疾病进展的评估因子。

SS 少见,好发于成人。表现为红皮病和全身淋巴结肿大,可见明显瘙痒、秃发、手掌和脚底过度角化等症状,特征性肿瘤 T 细胞在血液、皮肤和淋巴结浸润。由于本病是以多脏器浸润的全身性疾病定义的,疾病晚期可累及所有器官,可转化为大 T 细胞淋巴瘤。SS 预后常不良,中位生存期 2~4 年,五年生存率在 10%~20%之间。多数患者死于免疫抑制引起的机会性感染。肿瘤性 T 细胞为脑回样核(传统认为是 MF 的变异型),具有更明显的侵袭性行为,病因不明,是否与 HTLV-1 有关尚无定论。

表 32-7　蕈样霉菌病临床分期系统

Ⅰ期	疾病限于皮肤损害,斑点状或片状为期Ⅰa期;播散性斑点状或片状为期Ⅰb期;皮肤肿瘤为期Ⅰc期
Ⅱ期	淋巴结肿大,但无组织学浸润
Ⅲ期	淋巴结肿大,有组织学上浸润
Ⅳ期	病变播散至内脏器官

二、形态学、免疫表型和遗传学

MF 皮损嗜表皮浸润为不规则胞核(脑回核)、小至中等大小的成熟 T 细胞,可有少量大细胞。所谓 Pautrier 微小脓肿是由脑回核细胞聚集组成,有高特征性,但仅见于部分病例。伴有单一细胞胞外分泌的表皮浸润较为多见。真皮浸润,按病期不同可表现为斑点状、带状或弥散状,可伴小淋巴细胞和嗜酸性粒细胞的炎性细胞浸润,特别在早期皮肤损害中。血液浸润时,肿瘤细胞形态学与 Sezary 细胞类似。MF 也可浸润骨髓,但程度常轻,病变区可检出扭曲胞核的异常 T 细胞簇状浸润,间质内纤维增多。

SS 皮肤损害为脑回样核 T 细胞真皮浸润。淋巴结的浸润最初在副皮质区域,随浸润的进展,出现小簇或大簇的非典型细胞,但仍保持结节状结构。进一步发展,淋巴结结构被瘤细胞部分破坏或完全破坏(弥散性浸润),伴或不伴皮肤病性淋巴结病。外周血白细胞轻度增高,淋巴细胞增高。异常淋巴细胞(肿瘤细胞)多少不一,以显著旋绕的胞核(脑回核)为特征,可分为小细胞为主(Lutzner 细胞)或大细胞为主(典型 Sezary 细胞,胞体比单核细胞大)或大小细胞混合的形态类型(见第十一章)。骨髓受累时,肿瘤细胞浸润主要为间质型,因此,肿瘤细胞与 ATLL 的花细胞一样,为外周血多于骨髓,且形态典型。Sezary 细胞 PAS 阳性。

MF 典型表型为 CD2+、CD3+、TCRβ+、CD5+、CD4+、CD8-。少数病例表达 CD8 和 TCRδ。所有病期肿瘤细胞均缺乏 CD7 表达。T 细胞的活化标记 CD25、HLA-DR 阳性,而不表达 CD26。CD4+CD26-被认为是 T 细胞肿瘤的重要标记。其他 T 细胞抗原常见异常表达(主要见于疾病进展期)。遗传学常见 TCR 克隆性重排,疾病进展时可见 CDKN2A/P16 和 PTEN 基因失活和非特异性复合核型。Sezary 综合征肿瘤细胞 CD3+、CD4+、CD8-、TCRβ+、CD5+、CD279(PD1)+、CD7 和 CD26 常为阴性。SS 细胞表达皮肤淋巴细胞抗原(CLA)和归巢受体(CCR4)。流式分析外周血淋巴细胞,30% 以上为 CD4+/CD 7-T 细胞群,40% 以上为 CD4+/CD 26-T 细胞群。TCR 克隆性重排,复合核型可见,类似 MF。

三、诊断要点

SS 诊断要点:有临床特点,白细胞多为轻度增高或正常,淋巴细胞增多,多有一般 T 肿瘤细胞形态特点,部分为脑回样胞核或有反复迂回的胞核细胞。细胞学标准和进一步检查,多认为最低限度的 Sezary 细胞应达到 1×10^9/L(也有定义 MF/SS 为外周血中 Sezary 样淋巴细胞>5%);CD4+T 淋巴细胞组分增加,故 CD4/CD8 比率升高(≥10)和/或有 1 个或 1 个以上的 T 细胞抗原丢失;TCR 克隆性重排是有益于诊断的其他指标。2017 年 WHO 定义的 SS 诊断标准应符合下列一项或一项以上:①Sezary 细胞绝对值至少 ≥1×10^9/L;② CD4+T 细胞扩增使 CD4/CD8 比值≥10;③丢失一种或更多 T 细胞抗原。

MF 浸润血液的诊断要点:有临床特点,白细胞正常或轻度增高,淋巴细胞增多,有一般 T 肿瘤细胞形态,进一步的免疫表型和细胞分子学检查证实为 T 细胞。

第五节　T 大颗粒淋巴细胞白血病

形态学上大颗粒淋巴细胞(large granular lymphocyte,LGL)主要为 mCD3 阴性的 NK 细胞(NK-LGL),但并不是所有 NK 细胞都具有 LGL 形态;一部分为细胞毒 T 细胞(T-LGL)。因此,大颗粒淋巴细胞白血病(large granular lymphocytic leukemia,LGLL)有两个类型:其一为 T 大颗粒淋巴细胞白血病(T-cell large granular lymphocytic leukemia，T-LGLL），mCD3 阳性（起病慢性，可能与巨细胞病毒有关）；另一为 NK 细胞大颗粒淋巴细胞白血病（NK cell large granular lymphocytic leukemia，NK-LGLL），mCD3 阴性（起病急性，可能与 EB 病毒有关）。它们为形态相似而免疫表型和临床表现不同的疾病。

一、定义与临床特征

T-LGLL 为外周血中 T 系标记（CD3）阳性和 *TCR*（*TR*）克隆性重排的 LGL 克隆性扩增（常>2×10⁹/L，持续 6 个月以上）的隐匿性淋巴肿瘤，可能为 CD8 阳性 T 细胞慢性激活启动 LGL 增殖的结果。T-LGLL 约占成熟 T 和 NK 细胞肿瘤的 2%~5%。病情多呈惰性经过。中位发病年龄为 60 岁。73% 发生于 45~75 岁年龄，发生于<25 岁的少见（<3% 病例）。4/5 病人中性粒细胞明显减少（常<0.5×10⁹/L），易致反复感染（约占 30%）。约一半患者有贫血（常符合纯性红细胞再生障碍或自身溶血性贫血）和脾肿大（为肿瘤细胞侵犯所致，约占 1/3）。近 1/3 病人有类风湿性关节炎、自身抗体阳性和高球蛋白血症。也可见血小板减少。B 症状（发热、盗汗和体重减轻）约见于 1/4 患者。进展缓慢的惰性患者预后相对良好（必要时需要免疫抑制剂治疗）；进展型患者有明显的症状和体征（肝脾淋巴结肿大和 B 症状）预后差（需要按急性原始淋巴细胞白血病治疗）。

二、形态学、免疫表型和遗传学

正常人 LGL 在外周血中约占 3%，占淋巴细胞或单个核细胞的 15%±10%，绝对值为（0.3±0.2）×10⁹/L 或（0.22±0.10）×10⁹/L（个体间差异大），由两个不同细胞亚群组成：mCD3 阳性 LGL（细胞毒 T 细胞）和 mCD3 阴性 LGL（NK 细胞，介导非 MHC 限定性细胞毒作用）。血片和骨髓涂片 LGL 为丰富胞质有明显粗大的嗜天青颗粒，常为丰富胞质内有 3 颗以上（见第十一章）。超微结构可见特征性平行管状排列和含有溶解细胞的蛋白（如穿孔素，粒酶 B）。外周血白细胞增高，中性粒细胞减少；LGL 增加（一部分患者淋巴细胞总数不增加），中位数为 4.2×10⁹/L。骨髓浸润呈多样性，常见 LGL（淋巴细胞常占骨髓细胞的 50% 以上）呈间质性浸润。细胞化学染色特点为酸性磷酸酶（acid phosphatase，ACP）和 β 葡萄糖醛酸苷酶强阳性，而酸性非特异性酯酶（acid α-naphthyl acetate esterase，ANAE）阴性或弱阳性。

T-LGLL 是一种典型的成熟细胞毒 T 细胞，表达：CD2、CD3、CD8、CD57 和 TCRαβ+。根据免疫表型的不同可分为常见变异和少见变异型。常见变异型见于 80% 患者，CD3+、TCRαβ+、CD4-、CD8+。少见变异又分为三个型：CD3+、TCRαβ+、CD4+、CD8-；CD3+、TCRαβ+、CD4+、CD8+；CD3+、TCRγδ+（CD4 和 CD8 不作要求）。NK-LGLL 通常表达为 CD3-、CD4-、CD8-、CD16+、CD56+、CD57-。

CD57+，CD56 阴性，CD11b 不定表达。CD57 和 CD16 常为阳性，而 CD5 和 CD7 表达常为缺失。TIA-1、GrB、GrM 常为阳性。协同表达 CD3 和 CD56 者罕见。白血病性 LGL 还表达 Fas（CD95）和 Fas 配体，后者在病人血清中高浓度存在。由于 LGL 缺乏 CD95 凋亡途径而抵抗 Fas 介导的细胞凋亡。血清中高浓度 Fas 配体是引起中性粒细胞减少的一个因素。*TR*（*TCR*）基因重排检查可证实 T-LGLL 的克隆性。不管 TCR 表达的类型，LGLL 病例均有 *TRG* 克隆性阳性。在表达 TCRαβ 的病例中有 TRB 重排，但在 *TCRγδ* 的病例中 TRB 基因可呈胚系构型。约 1/3 患者有 *STAT3* 突变，未见重现性核型，少数患者有染色体数和结构上的异常。

三、诊断要点

当（慢性）中性粒细胞减少、反复感染、类风湿性关节、贫血和原因不明的以 LGL 为主淋巴细胞克隆性增高 6 个月以上者，应怀疑本病。WHO（2008）的诊断基本条件为 LGL 持续性（>6 个月）增加，绝对值常在（2~20）×10⁹/L 之间，无明显原因，免疫表型证明为 T 细胞（CD3+）带有 NK 细胞标记，原则上，诊断 LGLL 应有 *TCR* 克隆性重排。LGL 计数>2×10⁹/L 通常与克隆性增生有关，但 T-LGL 白血病诊断所需的淋巴细胞增多程度无一致规定，若<2×10⁹/L 而符合其他标准者也可诊断。美国国立综合癌症网 2019 版 T-LGLL 的基本实验室检查包括：①血片中检出以肾形或圆形胞核、含嗜苯胺蓝颗粒丰富胞质为特征的 LGL，②流式免疫表型检测（外周血标本），并有③足够的免疫表型证据可以确诊。免疫表型：CD3、CD4、CD5、CD7、

CD8、CD16、CD56、CD57、CD28、TCRαβ、TCRγδ、CD45RA、CD62L;有或无免疫组化特点:CD3、CD4、CD5、CD7、CD8、CD56、CD57、TCRβ、TCRγ、TIA1、穿孔素和粒酶 B。

非克隆性 CD3+LGL 慢性增殖或不能证明克隆性增殖者宜诊断为慢性大颗粒淋巴细胞(CD3+LGL)增多症。此外,还需要排除反应性淋巴细胞增多症。如 EBV、肝炎病毒、巨细胞病毒感染,结缔组织病,皮肤病,癌症,特发性免疫性血小板减少性紫癜,噬血细胞综合征均有淋巴细胞增多,但常在 $5×10^9/L$ 以下,而 T-LGLL 外周血淋巴细胞常在 $5×10^9/L$ 以上。

第六节　慢性 NK 细胞淋巴增殖病

LGLL 分为 T-LGLL 和 NK-LGLL。NK-LGLL 为 NK 细胞克隆性增生的真性 NK 细胞(true NK cell)白血病,CD3、TCRαβ 和 γδ 以及 TCR 克隆性重排均为阴性,CD56 阳性。NK-LGLL 通常为惰性临床经过,且与反应性增多鉴别有一定困难。故称为慢性 NK 细胞淋巴增殖病(chronic lymphoproliferative disorders of NK cells,CLPD-NK)为适当术语。

一、定义与临床特征

CLPD-NK 是外周血 NK 细胞增加(常 $≥2×10^9/L$)、持续 6 个月以上,无明显原因,代表了与慢性临床过程相关的 NK 增殖的异质性和少见的暂定病种。主要见于成人,男性明显多于女性患者。较多患者无症状(无发热、肝脾和淋巴结肿大),少数病人有肾病综合征或血管炎表现,循环中 LGL 持续性增多。也无 T 大颗粒淋巴细胞白血病的红系再生障碍、中性粒细胞减少和类风湿性关节炎的相关性表现。患者预后相对良好,需要密切随访,必要时需要治疗(免疫抑制剂)。

二、形态学、免疫表型和遗传学

外周血淋巴细胞增多,细胞分类常占 50%以上,LGL 绝对值增高,可高达 $50×10^9/L$ 以上。中性粒细胞减少(显著少见)。典型的成熟 NK 细胞为中等大小,N/C 比例低,在丰富、蓝染胞质中含数颗清晰或较粗大的嗜天青颗粒,有时 NK 细胞中的颗粒酷似胞质污点状(见第十一章)。胞核圆形或卵圆形,核染色质致密,罕见核仁。骨髓象有不同程度的 LGL 浸润,早期病变轻微,晚期淋巴细胞在 50%以上。

免疫表型为 CD2-/+、mCD3-、CD4-、CD8+/-、CD56+、CD16+、CD57-/+。细胞毒标记(TIA、GrB、GrM)阳性。KIE 家族 NK 细胞受体(NKR)和 CD94 或 NKG2A 异二聚体异常表达,EBV 阴性。无 TCR 和 Ig 克隆性重排。STAT3 SH2 结构域突变见于 30%病例。

三、诊断要点

CLPD-NK 是罕见的异质性疾病,在无明显诱因下,外周血 NK 细胞持续(>6 个月)增多(常>2 ×10⁹/L),NK 细胞 mCD3 阴性而 cCD3ε 常为阳性,CD16 阳性,CD56(弱)阳性,细胞毒性(TIA1、粒酶 B 和粒酶)标记物阳性,而 EB 病毒阴性又与 NK 细胞白血病不同。TCR 和 Ig 克隆性重排阴性。检测女性病例 X 染色体失活是克隆性增殖的间接标记。若不用高特异技术不易与反应性增殖区分。

第七节　侵袭性 NK 细胞白血病

一、定义与临床特征

侵袭性 NK 细胞白血病(aggressive NK-cell leukemia)是 EBV 相关的激活的 NK 细胞全身性肿瘤性增殖,呈侵袭性和常为暴发性(血细胞减少、肝脾大和弥散性血管内凝血)临床经过的淋巴组织肿瘤。

本病为少见的白血病,多见于青少年和年青人,40 岁以上少见,亚洲黄种人比白种人更易患病,强烈提示与 EB 病毒感染有关,少数病人对蚊子叮咬有高过敏的特征。疾病呈进展性、暴发性,在 1~2 年内呈致命性结局,许多病人可在起病数天至数周死亡。肿瘤可发生于任何组织或器官,但最常见累及的是外周血、骨髓、肝脏和脾脏。由于一些病例肿瘤细胞在外周血和骨髓中数量有限,不同于通常的白血病,故也曾被称作为侵袭性 NK 细胞白血病/淋巴瘤。侵袭性 NK 细胞白血病与鼻型 NK 细胞淋巴瘤多脏器浸润者可以重叠存在。事实上,NK 细胞白血病可能包含了结外鼻型 NK/T 细胞淋巴瘤的部分白血病性病例。病人通常有发热和白血病性血象,外周血白血病细胞或低或高(很少>80%),常有贫血、中性粒细胞减少和血小板减少。常见肝、脾大,可伴有淋巴结肿大,但无皮肤损害。可合并凝血异常和噬血细胞综合征或多器官衰竭。血清可溶性 Fas 配体水平常明显增高,与多脏器衰竭的发展有关。少数病人是由结外 NK/T 细胞淋巴瘤或惰性 NK 细胞淋巴增殖性疾病发展而来,预后极差,需按原始淋巴细胞白血病治疗。

二、形态学、免疫表型和遗传学

侵袭性 NK 细胞白血病的 NK 细胞有一个稍不成熟的形态学特征,在外周血、骨髓、肝脏和脾脏均可见异常细胞。外周血白血病细胞比正常 LGL 稍大。特点为胞核增大和不规则形状,染色质疏松和可见明显核仁;有丰富的浅嗜碱性胞质,以及粗细不一的嗜天青颗粒。

骨髓由肿瘤细胞和反应性组织细胞(噬血细胞)混合组成局灶性或明显的浸润。组织切片白血病细胞呈弥散性或呈斑块样破坏性浸润,肿瘤细胞常呈单形性,胞核圆形或不规则形,染色质致密,可见小核仁,常见凋亡小体,组织坏死,血管内浸润存在或不见。

肿瘤细胞 CD2+、mCD3-、cCD3ε+、CD5-、CD56+、CD94+、细胞毒分子阳性。因此,免疫表型除了 CD16 常阳性外,与结外鼻型 NK/T 细胞大致相同。此外,肿瘤细胞还可表达 CD11b 和 CD16 以及 FasL(血清中也可增高),CD57 常阴性。反常的免疫表型,如 CD2、CD7 或 CD45 表达缺失。

本病 TR 基因(*TCR*)为胚系构型,大多数病例存在克隆性游离基因(clonal episomal)形式的隐蔽(harbour)EBV,可见染色体异常,如 del(6)(q21q25)。

三、诊断要点

侵袭性 NK 细胞白血病是 NK 细胞的全身性增殖性肿瘤,总是伴有 EB 病毒阳性和侵袭性或进行性的临床表现。符合的白血病细胞形态学(比例>20%~30%)、免疫表型特点以及无 *TCRβ* 和 *IgH* 克隆性重排,是诊断的主要条件。

第八节 其他成熟 T 和 NK 细胞淋巴瘤

成熟 T 和 NK 细胞淋巴瘤的形态和免疫表型复杂多样,还常缺乏特征性,WHO 分类还是较多依靠临床表现的不同进行的。如临床上常见的鼻型 NK/T 细胞淋巴瘤、肠病相关 T 细胞淋巴瘤、单形性嗜上皮性肠道 T 细胞淋巴瘤、胃肠道惰性 T 细胞淋巴增殖性疾病、肝脾 T 细胞淋巴瘤、皮下脂膜炎样 T 细胞淋巴瘤。这些列举的肿瘤为结外性。ATLL、间变性大细胞淋巴瘤和外周 T 细胞淋巴瘤等则属于结性 T 和 NK 细胞肿瘤。

一、鼻型 NK/T 细胞淋巴瘤

鼻型 NK/T 细胞淋巴瘤在我国是最常见的,也是易于侵犯骨髓的成熟 NK 细胞淋巴瘤。好发于鼻腔或鼻腔外组织,如皮肤、肠腔发生的结外部位。临床经过呈侵袭性。本病在亚洲和拉丁美洲常见,而在北美洲和欧洲则很少。常见于中年男性,典型表现为鼻部肿块所致的鼻窦及鼻出血。肿瘤细胞为小至中等大小,不典型淋巴样细胞,EBV 阳性,表达 CD2,不定表达 CD7,不表达 mCD3。由于肿瘤细胞生物学特性偏爱浸润腔道器官,常可见以某一个器官组织的大块性坏死为特点。几乎都伴有 EBV 感染,原位杂交技术可检出肿瘤细胞 EB 病毒编码的小 RNA(EBVR),DNA 印迹法等方法可发现 EB 病毒的单克隆增殖,以及 NK 细胞表面的 EB 病毒受体或 CD21 抗原,提示 EB 病毒感染与本病的关系。染色体检查常见 6q 和 13q 缺失等异常。分子学检查可见抑癌基因 *P53*、*P73*、*P16*、*P15* 和 *P14ARF* 失活,*RAS* 和 *MYC* 原癌基因表达正常,但

MDM2 原癌基因表达显著增加。诊断标准见表 32-8。鼻腔淋巴瘤除了 NK 细胞外,还有 T(细胞毒 T 细胞表型)、B 细胞型,NK 细胞与 T 细胞的鉴别见表 32-9。

表 32-8　鼻腔 NK 细胞淋巴瘤的诊断

1. 组织学和形态学	肿瘤细胞弥散、非粘连性增殖,常伴有组织坏死和凝固,常为血管中心和血管破坏性生长模式。肿瘤由大淋巴细胞组成多形性,部分为单一形态,胞质有嗜天青颗粒留下的污点
2. 免疫表型	CD45 阳性,mCD3 阴性,CD56 阳性,髓系抗原阴性,B 细胞抗原阴性
3. 基因表型	无 *TCRβ* 和 *IgH* 重排
4. EB 病毒检测	肿瘤细胞常检出 EB 病毒感染的证据

表 32-9　鼻型淋巴瘤 T 细胞与 NK 细胞的鉴别

检测指标	T 细胞	NK 细胞	检测指标	T 细胞	NK 细胞
CD2	+	+	TCR	+	−
mCD3	+	−	*TCR* 重排	+	−
cCD3ε	+	+	LGL 形态学	−/+	+
CD5	+		非组织相容性复合物	?	?
CD7	+	−	抵抗的细胞毒性	−/+	+
CD16	+/−	−/+	NK 细胞受体	−/+	+
CD56	−	+	鼻型淋巴瘤中所占比例	低	高

二、其他结外 T 和 NK 细胞淋巴瘤

WHO 在 2017 版的更新分类中,将儿童 EBV 阳性 T 细胞和 NK 细胞淋巴增殖病包括 4 类:儿童系统性 EB 病毒阳性 T 细胞淋巴瘤、T 细胞和 NK 细胞型慢性活动性 EB 病毒感染(chronic active Epstein-Barr virus infection,CAEBV),系统型、种痘水疱病样淋巴增殖性疾病和严重蚊子叮咬过敏症(表 32-2)。亚洲人、中美、南美和墨西哥的土著居民,近年这两类疾病的发病率都在增加。T 和 NK 型 CAEBV 临床表现多样化,从惰性的局部种痘水疱病样淋巴增殖病及严重的蚊子叮咬过敏反应,以致以发热、肝脾肿大及淋巴结肿大为特征(有或无皮肤表现)的全身性表现。种痘水疱病样淋巴瘤因较宽泛的临床行为而改称为种痘水疱病样淋巴增殖病(见于儿童,以发生暴露于日光下的皮肤病变为多见,表现为水肿、发泡、溃疡,常有发热、消瘦、淋巴结肿大、贫血和白细胞减少,皮肤活检为细胞毒 T 细胞浸润,肿瘤细胞 CD3、CD4、CD8、细胞毒颗粒和 EBV 阳性,*TCR* 克隆性重排)。儿童系统性 EB 病毒阳性 T 细胞淋巴瘤,不再称为“淋巴增殖病”(2008 版),因它具有暴发性、致命性侵袭性 EBV 感染相关的临床过程且常与噬血细胞综合征相关联。本型需要与急性 EB 病毒相关噬血细胞淋巴组织细胞增多症(hemophagocytic lymphohistiocytosis,HLH)等病相鉴别。HLH 临床表现可以严重,但某些患者对 HLH-94 方案反应良好,而不被认为是肿瘤性疾病。基于结内的 EBV 阳性 PTCL,定义为大多数肿瘤细胞 EBV 阳性,本病罕见,被包括在 PTCL,NOS 大类中。它们一般呈单形性,缺乏结外 NK 和 T 细胞淋巴瘤的侵犯血管壁和坏死这些特征,最常发生于老年人,也见于移植后和其他免疫缺陷状态。

表达细胞毒性分子的成熟 T/NK 细胞淋巴瘤和白血病,构成临床行为和预后上具有异质性的一组疾病,也以结外病变为主的淋巴瘤,或全身性疾病伴肝、脾和骨髓累及。2017 版 WHO 修订分类中,除了乳房植入物相关 ALCL,增加了作为暂定病种的胃肠道惰性 T 细胞淋巴增殖病(lymphoproliferative disease,LPD)和原发性皮肤肢端 CD8 阳性 T 细胞淋巴瘤。这两个类型都是克隆性疾病,通常由 CD8 阳性 T 细胞组成,具有惰性临床过程。原发性皮肤肢端 CD8 阳性 T 细胞淋巴瘤的皮肤肢端病损,常先累及耳朵,几乎总是局限于一个单一部位(图 32-3),可以保守治疗。胃肠道惰性 T 细胞 LPD 可源自 CD8 或不常见的 CD4 阳

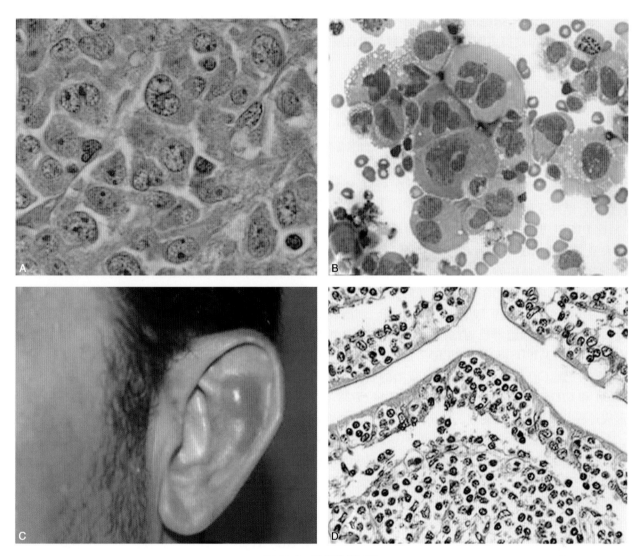

图 32-3 T 细胞淋巴瘤

A 为伴 *DUSP22* 重排的 ALK 阴性 ALCL,相对单调的大转化细胞和经典的"标记性"细胞增殖;B 为乳房植入物相关 ALCL,植入物假体与纤维性包膜之间浆液性渗出液内出现许多大间变性淋巴细胞;C 为原发性皮肤肢端 CD8+TCL 耳朵小结节;D 为 MEITL,单纯的肠浸润,明显亲上皮性

性 T 细胞,影响胃肠道多个部位,具有惰性临床过程。

　　近来,发现影响 JAK/STAT 通路基因重现性突变中,还发现 *STAT5B* 重现性突变和较少见的 *STAT3* 突变以及类似突变,见于 γδ 来源的肝脾 T 细胞淋巴瘤(单纯肝脾大而无淋巴结肿大,常见于年轻患者和 B 症状,易累及骨髓,淋巴瘤细胞常由中小型细胞毒 T 细胞组成,CD3 阳性、CD4 和 CD8+/-,大多数 CD56 和 TCRδ 阳性,常见 *TCRγ* 克隆性重排,等臂染色体 7q 见于几乎所有病例)、原发性皮肤 T 细胞淋巴瘤(见后述)。肠病相关性 T 细胞淋巴瘤(enteropathy-associated T-cell lymphoma,EATL)Ⅱ型中,36% 病例可见 *STAT5B* 突变,这些病例淋巴瘤均为 γδ T 细胞起源。2008 版的 EATL 有两种亚型,新修订的 WHO 分类(表 32-2),需要明确区别这二种亚型。现在认为 EATL 仅指原来的 Ⅰ 型,与乳糜泻(常有谷蛋白敏感性肠病)密切相关。Ⅱ型现命名为单形性嗜上皮性肠道 T 细胞淋巴瘤(monomorphic epitheliotropic intestinal T-cell lymphoma,MEITL),与乳糜泻无关。MEITL 近年在亚洲人和西班牙裔人群中发病率呈现上升趋势。病理学上 EATL 一般为多形性细胞组成,细胞学变化大;MEITL 为单一性,通常 CD8、CD56 和 MAPK 为阳性,许多病例还有涉及 *MYC* 基因的染色体 8q24 的扩增。多数 MEITL 病例为 γδT 细胞来源,有些病例不表达 TCR,有些表达 TCRαβ。同样,大多数 EATL 病例表达 TCRαβ,但存在 γδ 变异型。*STAT5B* 突变仅与 γδ MEITL 相关。

皮下脂膜炎样 T 细胞淋巴瘤绝大多数由 CD8 阳性细胞(表达颗粒酶、穿孔素和 TIA)构成,以皮下痛性结节为特征,典型皮损由四肢开始,可在数年内自发缓解,但最终仍会进展,疾病初期和晚期常见噬血细胞综合征。

三、PTCL(NOS)、AITL 和 FTCL

外周 T 细胞淋巴瘤(peripheral T-cell lymphoma,PTCL)非特定类型(NOS)、血管免疫母 T 细胞淋巴瘤(angioimmunoblastic T cell lymphoma,AITL)、滤泡 T 细胞淋巴瘤(follicular T cell lymphoma,FTCL)等是结内 T 细胞淋巴瘤的主要类型。

PTCL,NOS 是最常见的类型,约占除 ATLL 外 T 细胞淋巴瘤的一半,典型表现为淋巴结显著肿大,多有 B 症状。结外受累和 LDH 升高多见于 IV 期病变。组织象为炎症背景下有大小的不典型淋巴样细胞混合,比 DLBCL 更具侵袭性,免疫表型为 CD4 或 CD8 阳性。常累及血液和骨髓,在外周血中淋巴瘤细胞为中大型,多形性形态。AITL 为少见类型,常有 B 症状,全身淋巴结肿大、红疹、嗜酸性粒细胞增多等表现。组织学上淋巴结结构破坏,多形性淋巴细胞浸润,表达 CD4 和 CD10,$TCR\alpha/\beta$ 克隆性重排。

当前对结内 PTCL 的复杂性有新的见解。遗传学研究示较多 AITL 病例有重现性突变。重要的是在表现为 T 滤泡辅助性(T follicular helper,Tfh)细胞表型的 PTCL,NOS 病例中,观察到许多相同的遗传学改变。对于结内 T 细胞淋巴瘤,肿瘤细胞应至少表达 2 个或 3 个 Tfh 相关抗原,包括 CD279/PD1、CD10、BCL6、CXCL13、ICOS、SAP 和 CCR5。这种共同表型使 FTCL、结内 PTCL 伴 TFH 表型和 AITL 同属于结内 T 细胞淋巴瘤(前 2 种为 2017 分类新增的暂定病种)。重现性遗传学异常包括 TET2、IDH2、DNMT3A、RHOA 和 CD28 突变,及如 ITK-SYK 或 CTLA4-CD28 等融合。所有这些重现性遗传学异常可以参与淋巴瘤形成过程并可以代表特制疗法的靶标(例如表观修饰)。这些病例的基因表达谱有许多共同特征。

除了肿瘤性 Tfh 细胞外,AITL 和 FTCL 都可见 B 系原始细胞,EBV 常为阳性。在一些病例中,不典型 B 系原始细胞酷似霍奇金-里德斯腾伯格(Hodgkin-Reed Sternberg,HRS)细胞,容易误诊为经典型霍奇金淋巴瘤。一部分结内 T 细胞淋巴瘤病例可以发展为 EB 病毒阳性 B 细胞肿瘤。AITL 常见于老年人,常有全身症状和多克隆丙种球蛋白血症,常见+3、+5 核型异常和额外的一个 X 染色体,常累及骨髓并可在外周血中出现核分叶状淋巴瘤细胞。

FTCL 往往为局限性疾病,全身症状少,被留在 PTCL,NOS 类别中的病例仍表现出极大的细胞学和表型异质性。GEP 示总体印记与一种活化 T 细胞相近似。一组 372 例冻存 PTCL 标本 GEP 分析,至少识别出以 GATA3、TBX21 和细胞毒性基因过度表达为特征的三个亚型,免疫组化亦显示对应分子。这些亚型具有不同的临床行为和治疗反应。GATA3 亚型预后较差,有高水平的 Th2 型细胞因子(可以通过免疫组化识别)。

四、间变性大细胞淋巴瘤

间变性大细胞淋巴瘤(anaplastic large cell lymphoma,ALCL)代表一组表达淋巴细胞活化标记 CD30 的成熟 T 细胞肿瘤,约占 T 细胞淋巴瘤的 2%~8%,多见于儿童和青年。大体上,ALCL 可根据 ALK 阳性(约占 60%~70%)或阴性(约占 30%~40%)和临床表现(全身或局部)进行分组。ALCL 的局部形式包括原发性皮肤 ALCL 和乳房植入物相关 ALCL。淋巴瘤细胞大而胞核多形性、核仁明显,胞质丰富。

ALK 阳性 ALCL 为 ALK 和 CD30 阳性的由胞质丰富和多形性胞核(常为马蹄状)的大淋巴细胞组成的肿瘤,常见于 30 岁前年龄患病。因 t(2;5)(p23;q35)易位和 NPM-ALK 形成,编码的 NPM-ALK(P80)是发病的基础,也为诊断中的特异指标。疾病具有侵袭性,常见系统性症状,伴骨髓侵犯(约 30%患者,骨髓和外周血中淋巴瘤细胞大而多形性,胞质浅嗜碱性而被称为"苍白胞质")和结外受累的皮肤淋巴瘤常表达 T 细胞免疫表型。还有一种缺乏 T 细胞表达的裸型免疫表型,常表达细胞毒分子(如粒酶和穿孔素)且有 TCR 克隆性重排而不同于 NK 细胞肿瘤。

ALK 阳性和 ALK 阴性 ALCL 都是在 2008 年分类中认定的病种,因当时区分 CD30 阳性 PTCL 与 ALK 阴性 ALCL 的标准不完善,ALK 阴性 ALCL 被列为一个暂定病种。当前已有识别 ALK 阴性 ALCL 的改良标准,在 2017 版 WHO 更新分类中成为正式病种。GEP 研究表明 ALK 阴性 ALCL 的印记相当接近于 ALK 阳性 ALCL,并可以区别于其他 NK/T 细胞淋巴瘤。最近研究还表明 ALK 阴性 ALCL 遗传景观(genetic landscape)并显示趋同突变和导致 JAK/STAT3 途径组成型活化的激酶基因融合。这些结果提供了 ALK 阳性和阴性 ALCL 之间形态学和表型相似性的遗传学原理。6p25 染色体含 DUSP22 和 IRF4 位点重排的亚型,形态往往相对单一,且常缺乏细胞毒性颗粒,预后较好;而伴 TP63 基因重排的较少见亚型极具侵袭性。

近来识别了一种源于乳房植入物相关的独特型 ALK 阴性 ALCL。这一类型于 1997 年首次描述,淋巴瘤发生时间为盐水或硅胶植入后 10 年左右。肿瘤细胞局限于植入物假体与纤维性包膜之间的浆液性渗出液内。大多数病例,未侵犯包膜,建议保守治疗,取出植入物并切除包膜及周围组织;如果有包膜侵犯,有全身播散风险,需予以全身化疗。

五、原发性皮肤 CD30 阳性 T 细胞淋巴增殖病

原发性皮肤 CD30 阳性 T 细胞淋巴瘤,约占皮肤淋巴瘤的 25%,仅次于 MF。原发性皮肤 CD30 阳性 T 细胞淋巴瘤和淋巴瘤样丘疹病都是原发性皮肤 CD30 阳性 T 细胞淋巴增殖病的亚型(表 32-2)。原发性皮肤 CD30 阳性 T 细胞淋巴瘤,又称原发性皮肤间变性大(T)细胞淋巴瘤,发生于任何年龄,但以中老年患者居多。皮肤损害见于身体的任何部位,呈褐色至紫蓝色小的瘤块,常见单个,也可多个甚至累及全身,也可以自然消退。组织病理学示大 T 细胞,大多表达 CD30、CD4 和细胞毒颗粒相关蛋白(穿孔素、粒酶和 TIA1),CD2、CD3、CD5 常不表达,CD15 和 ALK-1 不表达。

淋巴瘤样丘疹病是一种临床多变性疾病,与原发性皮肤间变性大(T)细胞淋巴瘤相对应的慢性、复发性、自愈性皮肤(良性)肿瘤。特征是分批出现皮肤红斑、圆顶形丘疹或小的瘤块,可以自发形成溃疡,皮损表现常在几个月内消退,CD30 可以阴性。少数患者可以演变为侵袭性原发性皮肤大细胞淋巴瘤。多于一半患者存在 TCR 克隆性重排。近来发现,淋巴瘤样丘疹病和原发性间变性皮肤淋巴瘤都可以出现 6p25 位点重排,并有一些新的病理和临床变异型描述。WHO 更新分类沿用原来的变异型:A 型、B 型和 C 型,新近增加了 D 型(酷似原发性皮肤侵袭性嗜表皮性 CD8 阳性细胞毒性 T 细胞淋巴瘤)、E 型(侵入血管壁)和伴染色体 6p25 重排,还有更罕见的一些变异型。鉴别这些变异型很重要,因为它们在组织学方面可以酷似侵袭性 T 细胞淋巴瘤。

在 2017 版 WHO 的修订分类中,将 2008 版的"原发性皮肤 CD4 阳性小/中等大小 T 细胞淋巴瘤"这一病名改称为"原发性皮肤 CD4 阳性小/中等大小 T 细胞淋巴增殖病",以反映这种不确定的恶性潜能。还新增一个暂定病种——原发性皮肤肢端 CD8 阳性 T 细胞淋巴瘤(图 32-3)。

第三十三章

组织细胞和树突细胞肿瘤

组织细胞(抗原吞噬和处理细胞)和树突细胞(抗原递呈细胞)是一类重要的非特异性免疫细胞。组织细胞和树突细胞肿瘤(histiocytic and dendritic cell neoplasms,HDCN)是以单核巨噬细胞或树突细胞来源的组织细胞克隆性增殖,并在各种组织和器官中累积为特征。可发生于任何年龄,也无明显的地理学上分布差异。近年来,分子学上的进展发现组织细胞和树突细胞肿瘤为 MAK 激酶信号转导通路驱动的罕见的克隆性造血肿瘤。

第一节 概 述

HDCN 的临床表现明显不同。组织细胞和指状树突细胞肉瘤倾向侵袭临床过程,伴潜在性系统播散。相反,滤泡树突细胞肿瘤一般是局限肿瘤,有潜在的局部浸润和复发,较少发生远处转移。Langerhans 细胞增多症具有多样性临床行为,累及器官程度和患者年龄有关。

一、定义和分类

组织细胞增殖性疾病(histiocytic proliferative diseases)是由于单核巨噬系统细胞增殖和成熟异常的一组疾病。1987 年国际组织细胞协会写作组建议将所有组织细胞增生综合征(histiocytic proliferative syndromes)分为三类:Ⅰ类为 Langerhans 细胞(Langerhans cell,LC)组织细胞增生症(Langerhans cell histiocytosis,LCH);Ⅱ类为噬血细胞淋巴组织细胞增生症,即一般所述的噬血细胞综合征;Ⅲ类为恶性组织细胞病、真性组织细胞淋巴瘤和急性单核细胞白血病,并将组织细胞增多症 X 命名为 LCH。恶性组织细胞病已成为特定的十分罕见病,诊断必须根据免疫表型排除间变性大细胞等淋巴瘤。

2017 年版 WHO 的 HDCN 分类与 2008 年相似,只是病种顺序有小的改变(表 33-1),另外因为 Erdheim-Chester 病(Erdheim-Chester disease,ECD)应与其他幼年黄色肉芽肿病(juvenile xanthogranuloma,JXG)相区别而增加这一新病种。HDCN 根据正常对应物的功能性质,即吞噬及处理作用和/或抗原呈递,而不是以细胞来源特征相互分组。虽然大多数起源于一个共同髓系前体细胞,也有少数是间充质干细胞起源(即滤泡树突状细胞肉瘤和成纤维细胞网状细胞肿瘤)。新发现,在 LCH、组织细胞肉瘤、播散性 JXG、ECD 患者中常有 MAK 激酶信号传导通路的体细胞激活突变,约半数 LCH 和 ECD 患者中有 *BRAF* V600E 突变。

表 33-1 组织细胞和树突细胞肿瘤(WHO,2017)

组织细胞肉瘤	指状树突细胞肉瘤
源于朗格汉斯细胞肿瘤	滤泡树突细胞肉瘤
朗格汉斯细胞组织细胞增生症	成纤维细胞网状细胞肿瘤
朗格汉斯细胞肉瘤	播散性幼年黄色肉芽肿
不确定的树突细胞肿瘤	Erdheim-Chester 病(新增病种)

二、细胞学类型

这组肿瘤与正常细胞对应的有两个主要亚型:抗原递呈细胞或树突细胞;抗原处理细胞或吞噬细胞。吞噬细胞和抗原递呈细胞被认为是两个平行和独立的分化体系。

1. 组织细胞和巨噬细胞　组织细胞和巨噬细胞是同义名。组织细胞多用于疾病分类,巨噬细胞在涉及单核吞噬细胞系统时使用。组织细胞或单核巨噬细胞起源于循环血单核细胞,在单核细胞起源的白血病和组织细胞肉瘤之间的区别有时会模棱两可。组织细胞或巨噬细胞不是再循环细胞,大多数组织细胞肉瘤表现为局限的肿瘤而没有白血病期。淋巴结中所有巨噬细胞有许多酶组织化学和免疫表型特征。CD68 在常规石蜡切片中是检测巨噬细胞最有用的抗原。组织细胞有丰富和弥散的溶菌酶活性,包括酸性磷酸酶和非特异性酯酶。这些细胞也可在适当条件下显示吞噬作用。可是,吞噬活性通常不是组织细胞恶性的显著特征,更常见于良性组织细胞增殖,比如噬血细胞综合征。溶菌酶和 α 抗胰蛋白酶活性是多数单核巨噬细胞的特征,这在上皮状组织细胞中更突出。

噬血细胞综合征(haemophagocytic syndrome,HPS 或 HS)又称噬血细胞淋巴组织细胞增生症(hemophagocytic lymphohistiocytosis,HLH),是重要的非肿瘤增殖病,需与组织细胞肿瘤相鉴别。HPS 是常见和有临床意义的巨噬细胞增殖病,比组织细胞肿瘤更常见。它作为一种临床综合征被 Sutt 和 Robb-Smith 首先识别,Rappaport 解释这种疾病为源自组织细胞的恶性疾病(恶性组织细胞病)。虽然 HPS 有暴发性和常致命的临床过程,但它并不是克隆性或肿瘤增殖。HPS 通常见于免疫缺陷相关或其他造血淋巴组织肿瘤。它与细胞因子和趋化性细胞因子过度生成,刺激单核巨噬细胞有关。感染 Epstein-Barr 病毒(EBV),或其他病毒是一频发事件。一个细胞因子大量产生,即可导致不能控制的伴显著吞噬作用的巨噬细胞增生。吞噬细胞活性增高又致使全血细胞减少。因此,吞噬作用在多数组织细胞肿瘤中是不明显的,显著吞噬作用的病理和临床依据大多可表明是 HPS 而不是巨噬细胞肿瘤。

与单核细胞和巨噬细胞反应的单抗,包括 IgG Fc 蛋白的细胞表面受体(CD64,CD32 和 CD16)和补体受体(CD21 和 CD35)。巨噬细胞中发现的其他抗原涉及黏附和细胞激活分子,比如 CD11a、CD11b、CD11c、CD14 和 CD18(表 33-2,WHO,2017)。不足是这些抗原大多缺乏特异性,多可与其他造血细胞起反应(如髓细胞,T 细胞或 B 细胞)。研究表明穿孔素和细胞溶解途径中的其他蛋白缺陷和 T 细胞功能缺陷与噬血细胞综合征有关,见于 40% 的原发性,继发性患者也有相似异常。

表 33-2　非肿瘤性巨噬细胞和树突细胞免疫表型

	LC	IDC	FDC	PDC	MP	DIDC
MHC Ⅱ	+c	++s	−	+	+	+/−
Fc 受体	−		+		+	−
CD1a	++	−	−	−	−	−
CD4	+	+	+	+	+	+/−
CD21	−	−	++	−	−	−
CD35	−	−	++	−	−	−
CD68	+/−	+/−	−	++	++	+
CD123	−	−	−	++	−	−
CD163	−	−	−	−	++	−
ⅩⅢa	−	−	+/−	−	−	++
Fascin	−	++	+/++	−	−/+	+
CD207	++	−	−	−	−	−
溶菌酶	+/−				+	
S-100 蛋白	++	++	+/−	−	+/−	+/−
TCL1	−	−	−	+	−	−

c 为胞质,s 为膜表面。"−"为阳性细胞 0%,"−/+或+/−"示阳性细胞低或很少,"++"示阳性细胞比例高。FCR 为 Fc IgG 受体(一些细胞包括 CD32、CD64 和 CD16),LC 为 Langerhans 细胞,IDC 为指状树突细胞,FDC 为滤泡树突细胞,PDC 为浆细胞样树突细胞,MP 为巨噬细胞,DIDC 为皮肤或间质树突细胞

2. 树突细胞分化成熟 树突细胞(dendritic cell,DC)广泛分布于机体各组织器官,起源于骨髓造血干细胞或间充质干细胞,大致分为对粒单系集落刺激因子(granulocyte macrophage-colony stimulating factor, GM-CSF)起作用的髓系 DC 和对 IL-3 起反应的淋系 DC 以及 FDC 三类。分别由髓系和淋系的共同祖细胞,以及由间充质干细胞发育而来(图 33-1)。

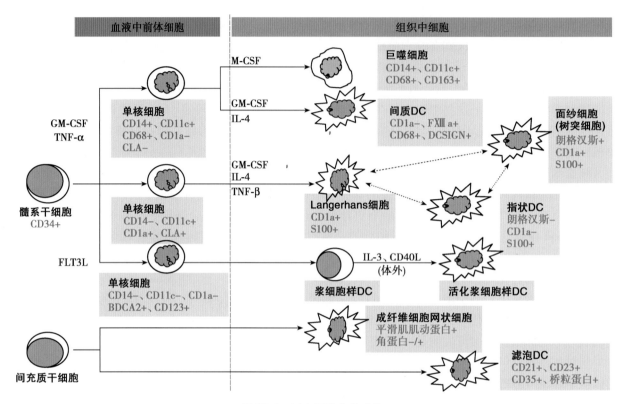

图 33-1 树突细胞分化成熟

皮肤 LC 是由髓系 DC(CD14 阴性)经组织间质 DC 直接分化成熟的,而由单核巨噬细胞(CD14 阳性)成熟的 DC,后者虽与单核巨噬细胞同属于一个系统,但其成熟细胞的酶化学和免疫表型等有明显差异。吞噬作用和抗原提呈是 DC 最重要的两大功能,通过依赖或非依赖 T 细胞两条途径产生 IL-12 和 INF-α/β,诱导多分子信号途径,在机体免疫监视或免疫应答反应中起着重要的调控作用。

血液和骨髓中的 DC 目前多基于细胞表型和功能评判,形态学仍限定于细胞表面有许多树枝样突起为特点的单个核的淋巴细胞和单核细胞或者单核样组织细胞。在正常情况下,绝大多数 DC 处于幼稚阶段,但在摄取抗原或在某些刺激因素作用后可成为成熟 DC,并出现 CD1a 和 CD83 抗原。髓系 DC 具有 G-CSF 受体,细胞生长受 G-CSF 调节,有强的吞噬功能和刺激 T 细胞的活性,HLA-DR+、CD11c+和 CD123-。起源于髓系的树突祖细胞先在血流中短程循环后埋入组织成熟,LCH 即是进入组织后的此类细胞异常增生的结果。

3. DC 种类 树突细胞或抗原递呈细胞见于各种部位,处在不同的激活状态,无特定标记可定义所有树突细胞。常见有以下几种。

(1) Langerhans 细胞及指突状树突细胞:LC 是专门在黏膜或皮肤部位的树突状细胞,其活化后成为将抗原递呈给 T 细胞的一种专门细胞,并通过淋巴管迁移到淋巴结。淋巴结还包含一种副皮质的树突细胞——指突状树突细胞(interdigitating dendritic cells,IDC),后者也可能来自 LC。这种经典的树突细胞系列引起 LCH/肉瘤和 IDC 肉瘤。在软组织、真皮和大多数器官中发现了定义不明确的第三种 DC 亚型——皮肤/间质树突细胞,并且在一些炎症状态中可以增加。LC 有特征性的 Birbeck 颗粒定义,有别于 IDC,并且 CD1a 和 CD4 阳性。LC 和 IDC 都是 S-100 蛋白强阳性并高表达 MHC II 类抗原。LC 可由皮肤进入外周血。

（2）浆细胞样树突细胞：浆细胞样树突细胞（plasmacytoid dendritic cells，PDC）亦称为浆细胞样单核细胞，是一种独特的树突细胞系列，引起原始浆细胞样树突细胞肿瘤。PDC 的组织发生起源有争议，但似乎为粒单核细胞系列。产生干扰素 α 的 PDC 前体在外观上没有明显的树突状，在外周血中循环，并具有通过高内皮细胞进入淋巴结和组织的能力。可大量产生Ⅰ型干扰素，在抗病毒免疫中发挥重要作用。

（3）滤泡树突细胞：滤泡树突细胞（follicular dendritic cells，FDC）位于滤泡并将抗原递呈给 B 细胞，但是它为非造血组织（间充质干细胞）起源，CD21+、CD23+、CD35+、CD45-。FDC 是非移动组分，由细胞和细胞附件或桥粒在淋巴滤泡中形成一个稳定的网络，捕获、贮存抗原-抗体复合物于细胞器（称为 iccosomes）中，并以这种方式，贮存可达许多年。没有 FDC 提供重要的抗原刺激 B 细胞，B 细胞在滤泡中的激活就不能发生。

（4）成纤维细胞网状细胞：成纤维网状细胞（fibroblastic reticular cells，FRC）在转运细胞因子和其他递质中起作用。在淋巴结内，FRC 嵌入后毛细血管小静脉鞘内。FRC 也是间充质干细胞起源而不是造血器官，表达平滑肌肌动蛋白。这些细胞虽不是造血或淋巴组织起源，FRC 肿瘤不在造血系统和淋巴组织肿瘤的 WHO 分类中，但是 FRC 肿瘤发生在淋巴结，故在 IDC 和 FDC 来源肿瘤的鉴别诊断中应被考虑到。FRC 肿瘤细胞波形蛋白阳性，平滑肌肌动蛋白阳性，肌间线蛋白通常阳性，因子ⅩⅢ阳性，CD21、CD35 和 S-100 蛋白阴性。

第二节　Langerhans 细胞组织细胞增生症

Langerhans 细胞组织细胞增生症（LCH）原名组织细胞增生症 X（histiocytosis X），是一组病因和良恶性性质尚未明了的疾病。根据病变和受累的部位不同，可有不同的临床表现。传统上分为三种临床类型，即 Letterer-Siwe disease（LSD），Hand-Schuller-Christian disease（HSCD）和嗜酸性肉芽肿（eosinophilic granuloma，EG）或骨嗜酸性肉芽肿（eosinophilic granuloma of bone，EGB）。在组织病理上有相似的病理特点——LC 异常增生，基于病理学上的新认识，前述传统的三类疾病被归属于 LCH。

1868 年 Paulo Langerhans 用氯化金染色皮肤切片中，发现一种特殊的"树突状细胞"而被后人命名为 LC。1961 年 Birbeck 用电镜观察发现了 LC 中特殊的细胞器——网球拍样包含体，称之 Langerhans 细胞颗粒（小体），又被称为 Birbeck 颗粒（小体），并认为组织细胞增生症 X 的过程为病理性组织细胞-LC 增生和播散的结果。进入 20 世纪 70 年代，Steinnman 描述脾脏 DC 以来，发现体内许多组织中都存在类似细胞。20 世纪 90 年代将这类功能相似细胞称为抗原提呈细胞（antigen-presenting cells，APC），LCH 是一种带有 LC 表型特征的幼稚树突细胞并失去抗原提呈功能的增生性疾病。

一、定义与临床特征

LCH 是有 CD1a 和 S-100 蛋白表达，超微结构可见 Birbeck 颗粒的 Langerhans 细胞（有深核沟等不规则核形的巨噬细胞）克隆性增殖并被视为肿瘤性疾病，但其病变部位伴有明显的非克隆性炎症细胞。LCH 由于病理性 LC 增生特征而替代了过去称谓的组织细胞病 X 和 Langerhans 细胞肉芽肿，以及临床变异型 LSD、HSCD 和骨嗜酸细胞肉芽肿等病名。

LCH 发生率约 5/100 万人口，大多数见于儿童，70% 以上首诊年龄<10 岁，成人少见。男女比例为 3.7∶1。LCH 是症状多变和轻重缓急显著不一的综合征。轻者为孤立的无痛性骨病变，重者为广泛的脏器浸润伴发热和体重减轻，甚至表现为白血病样。病变主要发生于骨和皮肤，也见于淋巴结和其他器官。常见发热、皮肤损害、骨痛和肝脾淋巴结肿大。皮肤损害和骨病变又是最重要的体征。骨痛由骨损害所致，局部压痛常见于头颅骨，其次为下肢骨、肋骨、骨盆和脊柱。颌骨病变亦相当多见，耳炎和乳突病变有时也为唯一症状。皮肤损害常为就诊的首要症状，出血性斑丘疹和棕红色丘疹最为常见，湿疹或脂溢性皮损以及黄色瘤其次。

三种主要重叠综合征（前述的临床变异型）早被认识。大多数病例为一个单一病灶病变（孤立嗜酸细胞肉芽肿），常累及骨（特别是颅骨、股骨、骨盆或肋骨），较少累及淋巴结、皮肤或肺；一部分患者为单系统多病灶病变(HSCD),在一个器官系统中多个部位受累,其中大多数是骨;多系统多病灶性病变(LSD),累及多器官系统。单病灶病变常见于年长儿童或成年人,常表现为溶骨性损害(包括骨干),伴有相邻皮质骨侵蚀或其他结外部位损害(如皮肤)。单一系统多病灶性病变常见于低龄儿童,表现为多个破坏性骨损害,且常伴有相邻软组织肿块。多系统多病灶常见于婴儿,表现发热、皮肤症状、脾大、淋巴腺病、骨骼损害和全血细胞减少。成人肺LCH,表现为不可计数的肺双侧性小结,小结直径常小于2.0cm。少数病人有典型的三联症状:颅骨等损害(不规则地图样缺损)、突眼和尿崩症,见于传统分型的HSCD。

预后影响因素方面,临床进展大体上与累及器官多少有关。累及多器官损伤而缺乏骨损害是一个不良预后的标记,而同样情况下多部位骨损害则被认为是预后良好的因子。约10%患者可由单病灶损害发展为多系统病变,极少的多系统病变可发生自发缓解。总存活率,单病灶患者高达95%,累及两个器官存活率为75%,并随着受累器官数目的增加而下降。年龄不是一个重要的预后因素。多病灶多系统病变患者,对化疗有快速反应者常预示存活率的增加。成人肺孤立LCH,通常可自发缓解或在停止吸烟后病情稳定,仅少数进展为不可逆的间质和蜂窝(interstitial and honeycomb)纤维化。

二、形态学、免疫表型和细胞化学

全身弥散型LCH常有中重度贫血和血小板减少,白细胞可轻度升高,也可出现白细胞和中性粒细胞减少。正常情况下骨髓内一般不见LC,但可见其他DC。LCH的约1/3病例(尤其是年龄偏小的儿童)侵犯骨髓,有发热、皮疹、脾肿大和血小板减少者易见LC浸润骨髓。骨髓受累时,有核细胞增生不一,但多为增生象,可见LC(见第十章),形态上多有以下特点:胞质丰富,可见细小颗粒或空泡,胞核圆形或卵圆形或不规则状,易见胞核折叠或凹形、切迹。某些组织细胞胞质呈树枝状突起,偶见吞噬血细胞现象。非特异性酯酶和酸性磷酸酶阴性或弱阳性而不同于正常组织细胞。未浸润骨髓的患者,骨髓涂片多无明显变化。

侵犯骨髓时的骨髓切片可见LC呈局限性和弥散性增生,细胞有丰富胞质,胞核常呈扭折形状或凹陷,染色质粗糙粒状或颗粒状,核仁不明显,形态较易识别。同时可检出不同程度的胶状变性区、坏死区及泡沫细胞和纤维组织增生(每个病灶区)。此外,切片LC常与不同数量的炎性细胞并存。浸润皮损的活检标本,可见局灶性或弥漫性分化良好的组织细胞或大组织细胞(LC)增生,Wright-Giemsa染色胞质浅嗜碱性,胞核不规则或锯齿状,似单核形态有扭折或纵沟的特点,核仁不明显(见第十章),常伴有不同数量的炎性细胞。主要病理改变是病变组织出现数量不等的LC伴少量炎性细胞。用苏木精-伊红染色,LC在光镜下为单个核细胞,平均胞核直径为12μm,胞核的核沟、扭叠、凹陷或分叶核形态具有特征性,染色质细致,核仁不明显(可见1~3个嗜碱性核仁),偶见组织细胞融合的多核巨细胞;胞质中等,轻度嗜酸性。超微结构常见组织细胞内有特殊的细胞器——Birbeck颗粒(多少不一),为外观呈板状、长度190~360nm不等,但宽度较恒定(33nm),中央有纹状体,有时末端囊状扩张呈网球拍样伸展突起。一般认为,这一结构为LC所特有,而非LCH的DC则无此结构特征。特征性背景常包括不同数目的嗜酸性粒细胞、组织细胞(包括多核形态,与破骨细胞相似)、中性粒细胞和小淋巴细胞。有时可见嗜酸性脓肿伴有中央坏死。在早期病损中,常见大量LC、嗜酸性粒细胞和中性粒细胞;后期病损显示一个更广泛的纤维化,常含有多泡沫巨噬细胞。累及的淋巴结,副皮质区伴有继发性浸润的淋巴窦先受累,而脾为红髓先受累。

肿瘤性LC与正常LC类似,表达mCD1a、S-100蛋白(核和胞质)和cCD207。波形蛋白、HLA-DR、花生凝集素和胎盘碱性磷酸酶通常阳性。CD45、CD68和溶菌酶弱阳性。大多数B细胞和T细胞标记物阴性(除了CD4)。CD30、MPO、CD34和上皮细胞膜抗原阴性。滤泡树突细胞CD21、CD35和CD15通常阴性,唾液酸可阳性。2%~25%LC Ki-67阳性。

肿瘤性LC三磷酸腺苷酸、α-D甘露糖酶、α-萘酚醋酸酯酶(被氟化钠抑制)阳性。丁酸萘酯酶和酸性磷酸酶阳性。抗酒石酸酸性磷酸酶、5'-核苷酸酶、氯乙酸酯酶和β-尿苷酸酶阴性。女性患者可采用聚合酶链反应(PCR)对组织标本进行X染色体失活分析,可以提供肿瘤是否为克隆性增生。

三、诊断要点与鉴别诊断

LCH的传统诊断方法是以临床、X线和病理检查为主要依据,即普通病理检查发现病灶内有组织细胞浸润可以确诊。鉴于 LC 有比较特殊的形态和免疫表型,当光镜下发现 LC 结合临床可以作出疑似性或提示性诊断,然后进一步作免疫化学染色,或透射电镜发现 Birbeck 颗粒最后确诊。

　　LCH 需要与其他组织细胞增多症相鉴别。WHO 和组织细胞协会再分类工作组认为树突细胞相关疾病主要为 LCH,但必须与继发的树突细胞疾病相鉴别,这些疾病如 JXG、类似的皮肤树突细胞病变(如脂溢性皮炎、脓皮病、紫癜)、生物行为多端的 HPS 以及恶性组织细胞病。HPS 是国际组织细胞协会分类的Ⅱ类组织细胞增生症,见于良性疾病,也见于恶性疾病。在细胞病理上,LCH 与 HPS 均属成熟良好的组织细胞增生。但是,HPS 以伴有活跃吞噬血细胞的巨噬细胞增生为病理学特征,临床常有发热、肝脾和淋巴结肿大、全血细胞减少、肝功能异常及凝血障碍等表现的综合征,骨髓象常有显著性改变,也是诊断的主要方法。这些与 LCH 多有不同。HPS 骨髓中巨噬细胞可以分为两类型若干种形态(见第十章)。由于儿童患 HPS 不少,尤其是家族性噬血细胞淋巴组织细胞增生症,更需注意鉴别。

　　LCH 的皮肤表现类似真菌性皮疹、头皮脂溢性皮疹、先天性病毒感染或神经母细胞瘤、接触性皮炎、银屑病,也需要进行鉴别诊断。

第三节　其他组织细胞和树突细胞肿瘤

　　1. 组织细胞肉瘤　HDCN 中,除了与血液和骨髓形态学最有关系的 LCH 外,其他的都是更少见的肿瘤。组织细胞肉瘤,是成熟组织细胞($>20\mu m$ 的大细胞)增殖并具有侵袭性的肿瘤,具有形态学和免疫表型特征,但不包括与急性单核细胞白血病相关的肿瘤性增殖。常累及淋巴结,也多见结外组织,如肠、皮肤和软组织受累,疾病播散时有发热、消瘦、全血细胞减少和肝脾大。肿瘤性组织细胞大而多形性,有圆形或椭圆形细胞核和丰富的嗜碱性或泡沫状胞质,表达一个或一个以上的组织细胞标记,如 CD163、CD68、CD14、CD4、CD11c、溶菌酶、CD110、CD45、HLADR 和 α 抗胰蛋白酶;一般不表达 LC(CD1a、CD207)、滤泡树突细胞(CD21、CD23、CD35)和髓细胞(CD33、CD13、MPO)标记物,常缺乏 IgH 或 TCR 克隆性重排。

　　2. LC 肉瘤　LC 肉瘤是以 LC 表型、明显恶性细胞学和生存期短为特征的高级别肿瘤。常有红斑性结节或皮疹,也可以累及骨、淋巴结、肺、肝和脑等器官,可表现发热、疼痛和消瘦等全身症状。与源于 LC 的另一肿瘤 LCH 不同,LC 肉瘤,细胞增多,胞核有明显多形性。可见 LC 特征的复杂折叠和核沟,胞质中等量。可以散在混杂一些嗜酸性粒细胞。有丝分裂多见,每 10 个视野超过 50 个,CD207+细胞中 Ki67 >30%。

　　根据定义,LC 表型是表达 mCD1a、S-100 蛋白(核和胞质)和 cCD207(有时 CD68、CD45 和溶菌酶)。表现出完整表型的细胞数量较 LCH 多变,并且标记物可以在复发中逐渐丧失。可以在急性淋巴细胞白血病或滤泡淋巴瘤之后发生具有 LC 肉瘤特征的肿瘤。在单核细胞白血病或骨髓增殖综合征患者的外周肿瘤中也可出现 LC 特征,并且似乎是异常分化。

　　3. 不确定的树突细胞肿瘤　不确定的树突状细胞肿瘤(indeterminate dendritic cell tumor, IDCT)是由所谓不确定的树突细胞组成的非常罕见的肿瘤,侵犯皮肤和皮下组织,呈弥散性分布。虽然它在 20 世纪 80 年代初被描述,但其发病机制和细胞起源尚未得到完全的定义。这些不确定的树突细胞形态学和免疫表型类似于 LC,表达 mCD1a 和 S-100 蛋白(核和胞质),但通常缺乏 Birbeck 颗粒和 Langerin(CD207)的表达。可见多核巨细胞,但无嗜酸性粒细胞浸润。部分患者有独特的 ETV-NCOA2 融合基因。

　　4. 指突状树突细胞肉瘤　指突状树突细胞肉瘤为具有指状树突细胞免疫表型特征和形态学具有纺锤形至卵圆形细胞的肿瘤性增殖,在儿童表现为结外肿瘤,成人主要累及淋巴结(可为无痛性肿块),也可累及骨髓等组织,肿瘤细胞呈束状和漩涡状,表达 S100,不表达 CD21 和 CD35。

　　5. 滤泡树突细胞肉瘤　滤泡树突细胞肉瘤是具有与正常滤泡树突细胞相似的形态和免疫表型特征细胞的肿瘤性增生。过去,也称为树突状网状细胞肉瘤/肿瘤。形态学具有纺锤形至卵圆形细胞的肿瘤性增殖,结性和结外均可受累,最常累及颈部、腋窝、锁骨、纵隔和肠系膜等处淋巴结。肿瘤常为无痛性缓慢生长,局部侵犯为主,除了肺,很少发生其他部位扩散,肿瘤细胞表达一个或多个滤泡树突细胞标记,如 CD21、CD35 和 CD23。

6. 成纤维细胞网状细胞肉瘤　成纤维细胞网状细胞肉瘤为起源于淋巴结、脾和扁桃体的成纤维网状（树突）基质支持细胞的肿瘤,受累组织的胶原背景中椭圆形和梭形肿瘤细胞呈旋涡状排列,不同程度表达 CD21、CD35、波形蛋白、结蛋白、平滑肌肌动蛋白、CD68 和角蛋白。

7. 播散性幼年黄色肉芽肿　播散性幼年黄色肉芽肿(JXG)是少见的组织细胞肿瘤,常见累及皮肤和软组织,表现为头颈等部位多个孤立性皮肤结节,且常与周围的皮肤颜色一样,也可见红色或黄色,主要见于婴儿和儿童,也可见于成人。病变细胞来源皮肤树突细胞或类似皮肤树突细胞的组织细胞,表达 CD68、Ki-MIP、ⅩⅢa、CD41 和波形蛋白,S100 和 CD1a 常为阴性。

8. Erdheim-Chester 病　Erdheim-Chester 病最初由 1930 年 Chester 和 Erdheim 两位医师以"脂质肉芽肿"报道,由 Jaffe(1972)取名。ECD 与 JXG 有相似之处,被认为是 JXG 的成人类型,临床特征为长骨对称性骨硬化伴不同程度器官浸润和包裹性肿块,组织细胞脂质沉积,胞质呈泡沫状或嗜酸性,表达 CD68 和因子ⅩⅢa,不表达 CD1a 和 S100,缺乏 Birbeck 颗粒。

第三十四章

遗传性脂质贮积病和白细胞疾病

遗传性血液病包括遗传性红细胞疾病、遗传性白细胞疾病和遗传性出血性疾病,在叶向军、卢兴国主编,人民卫生出版社 2015 年出版的《血液病分子诊断学》一书中做了详细介绍。本章介绍形态学异常为主的遗传性脂质贮积病和白细胞疾病。

第一节　脂质贮积病

脂质贮积病是溶酶体中参与脂类代谢酶不同程度的缺乏,导致某些脂类不能分解而以神经酰胺衍生物形式沉积于巨噬细胞的一类少见的遗传性血液病,故又称遗传性代谢性组织细胞病或遗传性溶酶体贮积病。本病好发于儿童,少数在青春期或青春期以后才出现明显的症状和体征。患者大多有肝脾大,中枢神经系统症状及视网膜黄斑部樱桃红色斑。至今发现的脂质沉积病有许多种,最常见的是葡糖脑苷脂(glucocerebroside)沉积所致的 Gaucher 病(Gaucher disease,GD),其次为神经鞘磷脂(sphingomyelin)沉积所致的 Niemann-Pick 病(Niemann-Pick disease,NPD)等。

一、Gaucher 病

Gaucher 病(GD)为常染色体隐性遗传性疾病,首次由 1882 年法国 Philippe Gaucher 描述的一种脾脏有奇特大细胞的原发肿瘤。1934 年被证明这一疾病是由于葡糖脑苷脂(glucocerebroside)在肝、脾、骨髓和中枢神经系统的单核-巨噬细胞内蓄积所致。1964 年 Brady 等发现葡糖脑苷脂的贮积是由 β-葡糖苷酶(β-glucosidase)-葡糖脑苷脂酶(glucerebrosidase,GBA)缺乏所致。巨噬细胞不能及时消化清除葡糖脑苷脂而变性,形成粗暗条纹样胞质,而胞核较小偏于一侧的特征性细胞——Gaucher 细胞(Gaucher cell,GC)。GC蓄积于肝、脾、骨髓、肺、淋巴结等处,导致肝脾肿大、贫血、血小板减少、肺病和淋巴结病。GD 是溶酶体贮积病中最常见的一种,发病率为 1/10 万~1/40 万。有些群体发病率很高,如在 Ashkenazic 犹太人群中发病率为 1/450,大约 1/10 为基因携带者。非犹太人群发病率 1/40 万,携带者约 1/100。

1. 临床特点和分型　根据临床表现,GD 分为急性和慢性两型。急性型起病急重,见于婴儿;慢性型多见于青壮年。共性特点:脾常显著肿大;皮肤色素沉着(暗红色或茶黄色),以暴露部位为明显,尤其是病程长久者,可误诊为黄疸;眼结膜上常有楔形睑裂斑,底在角膜边缘,尖指向内、外眦,初呈黄白色,后渐变为棕黄色;骨髓及脾脏可以找到含脑苷脂的巨噬细胞;多数患者有轻度小细胞正色素性贫血,血小板轻至中度减少;白细胞亦可减少(严重的脾功能亢进或骨髓纤维化所致)。虽然本病主要见于儿童,但任何年龄均可发病。按年龄和临床特点分为三型:Ⅰ型为成年型,较多见,无神经病变。发病可始于任何年龄,病程缓慢发展。开始感觉无力,有轻微的出血倾向,或有骨骼钝痛。面部出现黄褐斑样色素,其他部位色素呈弥漫或斑片状,好发于暴露部位。胫前色素有时呈条纹状。晚期皮肤增厚,色素加深。腿部皮肤光亮或伴小的溃疡,角膜旁的球结膜可见楔形色素斑,稍凸起,自角膜缘伸向内眦或外眦。多数患者有贫血和肝脾大,GC 浸润骨质可使骨质疏松或灶性骨质破坏导致骨骼畸形或脊柱萎陷。血象,血小板减少或多系细胞减少。Ⅱ型为婴儿型,急性神经病变型,较少见,约占全部病例的 10%。常于 6 个月内发病,死于 2 岁内,发病越早预后越差。神经系统症状常是突出的表现如颈强直、角弓反张、四肢强直等。进行性知觉丧失,淡漠。肺部严重受累时有咳嗽、呼吸困难等。此外有肝脾大,发热和恶病质,常死于继发感染和衰竭。

无特殊皮损表现。Ⅲ型为幼儿型,慢性神经病变型。神经系统症状突出,较Ⅱ型迟发,寿命常只有 40 岁左右。

2. 血象、骨髓象等　血象改变主要取决于骨髓病变及脾功能亢进,血片中偶见 Gaucher 细胞。骨髓有核细胞增生及细胞成分一般无明显改变,但多可找到特殊的 GC。GC 细胞形态见第十一章。脑苷脂包涵体糖原和酸性磷酸酶染色呈强阳性。

检测患者白细胞或皮肤成纤维细胞中葡糖脑苷酯酶活性可对 GD 做确诊。此法也用于产前诊断。通过测绒毛和羊水细胞中的酶活性,判断胎儿是否正常。患儿父母为杂合子,其酶活性介于正常人与患儿之间,与正常低限有重叠,不能用酶法检测。少数 GD 患者酶活性正常,则应考虑为激活蛋白 Saposin C 的缺陷。GD 患者血浆中多种酶活性升高,包括酸性磷酸酶及其他溶酶体酶,如氨基己糖苷酶。这些将支持 GD 的诊断。X 线检查可见广泛性骨质疏松,股骨、肱骨、胫骨和腓骨等部位海绵样多孔透明区改变、虫蚀样骨质破坏、骨干扩宽或在股骨下端可见扩宽的三角烧瓶样畸形,骨皮质变薄并有骨核愈合较晚等发育异常。

分子学方面,编码葡糖脑苷酯酶的 GBA1 定位于染色体 1q21。在此基因下游 16kb 处有一高度同源的假基因,在 GD 患者中可见到各种突变,包括错义突变、剪接突变、移码突变、缺失、基因与假基因融合及基因转化等。其中最常见的为错义突变导致合成的葡糖脑苷酯酶催化功能及稳定性降低。不同的基因型临床表型不同。可为患儿的预后提供指导,如Ⅱ型患者未出现神经系统症状前很难与Ⅰ型鉴别,根据基因型可以提示将来是否可能出现神经系统症状。基因的变异影响了酶活性和稳定性,其程度与临床表型的轻重有关。如 F213I,D409H 及 L444P 等基因型酶活性明显降低并且不稳定,临床表型重;而 N188S 不影响酶稳定性,临床表型则轻。相同的基因型,病情轻重可以不同,在同一家系内的患者表型也可以不一样。据推测影响表型表达的因素有,启动子的强度、激活蛋白(saposin)的表达,其他水解酶的活性以及环境因素(如感染)等。中国汉族 GD 患者最常见的基因型为 L444P,其等位基因突变率为 40%,在第一型 GD 患者中均存在。此突变严重影响了酶的活性及稳定性。

3. 诊断　有临床特征和长期脾大的患者,儿童急性或慢性骨痛、脾大、血小板减少和频繁发生鼻出血、生长停滞或任何年龄大关节非外伤性缺血性坏死,都需要怀疑本病。根据临床表现和血清酸性磷酸酶增高可协助诊断,骨髓和脾穿刺涂片找到 GC 可以考虑 GD 诊断。白细胞、培养的成纤维细胞、肝活检组织和产前诊断时的羊水细胞等有核细胞中,检测葡糖脑苷酯酶活性降低可确诊此病。基因诊断优于酶学诊断。通过突变型的分析可推测疾病的预后,如筛查 L444P 可确诊 GD,由 N370S 基因型患者,即使是纯合子,预后也好,一般无神经系统症状。

二、Niemann-Pick 病

尼曼-皮克病(Niemann-Pick's disease,NPD)是因鞘磷脂(sphingomyelin)及胆固醇沉积于身体各器官的遗传性代谢病,以年幼儿童多发,具有肝脾大,眼底黄斑部樱桃红色斑及骨髓涂片中大的泡沫样细胞等为主要特征。本病于 1914 年首先由 Niemann 报告第 1 例,1922 年 Pick 详细描述了病理检查所见,故而得名。我国首次于 1963 年报告 2 例,以后陆续有个例报道。

1. 临床特点和分型　NPD 具有以下特点:几乎都见于婴幼儿;肝脾大;有神经系统症状,如失眠、耳聋和肌张力减退;眼底黄斑部樱红色斑;骨髓及脾脏等部位可找到特征的 NPC;贫血为正细胞正色素性,白细胞和血小板多减少,淋巴细胞可出现空泡。本病按酶缺乏类型和程度主要分为 A、B 型和 C 型。

(1) A 型和 B 型:A 型和 B 型均为因鞘磷脂磷酸二酯酶-1 基因(sphingomyelin phosphodiesterase-1 gene,SMPD1)突变引起的等位基因病,特征为原发性酸性鞘磷脂酶活性缺乏,细胞内大量积聚鞘磷脂,可伴有胆固醇及双磷酸盐沉积。A 型可在出生后起病,喂食困难,营养不良,肝脾大,且常为肝大先于脾大,淋巴结肿大,神经发育迟缓,皮肤可有棕色色素沉着,严重时听力及视力均受影响,30%~50%患儿眼底黄斑部有樱红色斑点。因病程进展较缓慢,病后数月常不易被发现。患儿常因继发感染于 3~4 岁前死亡。B 型进展慢,除肝脾大外,无或仅有轻微的神经系统表现,可带病长期生存。

(2) C 型:C 型 NPD 由 C1 型尼曼-皮克病(Niemann-pick disease,type C1,NPC1)和 C2 型尼曼-皮克病(Niemann-pick disease,type C2,NPC2)基因突变引起。NPC1 和 NPC2 基因产物是溶酶体蛋白,其参与的

胆固醇排出溶酶体对于通过固醇调节元件结合蛋白系统调节细胞脂质代谢至关重要。这2个基因的突变导致细胞处理和转运低密度脂蛋白胆固醇受损。患者细胞中，主要沉积物为胆固醇，虽然此型患者细胞中鞘磷脂酶也低，但不是主要原因。自婴幼儿至成人均可发病，儿童期多见。因发病年龄不同，首发的神经系统症状不一致，临床表现不一。一般发病年龄越早，病情越重。严重的在新生儿期发病，短期内即可引起死亡，成人发病可以表现为慢性神经系统变性病。典型病例常首先表现为全身脏器受累，如新生儿期出现的胆汁淤积性黄疸，婴儿期或儿童期出现的肝脾大或单纯的脾脏肿大，然后影响到神经系统，出现小脑、脑干、基底节和大脑皮质等受累的症状，神经系统表现主要包括：快速眼动异常、共济失调、辨距不良、构音障碍、吞咽困难和进行性痴呆，痴笑猝倒发作、癫痫发作、听力损害和肌张力障碍也比较常见，最具特征性表现是垂直性核上性眼肌麻痹，痴笑猝倒发作是因突然的肌张力丧失，不能维持立位姿势而跌倒，不伴意识障碍，也是NPC特异性症状之一。

2. 血象、骨髓象和其他　可有中度贫血，血小板和白细胞减少，其减少程度取决于骨髓受累程度。白细胞也可增高，淋巴细胞和单核细胞均可出现空泡。骨髓增生活跃，各系细胞成熟和形态基本正常，但涂片中可找到NPC（见第十章）。

X线检查，A型患者肺部可有粟粒样浸润，骨骼可有轻度髓腔扩大及骨皮质变薄表现，脑CT及MRI检查可有灰质变性，脱髓鞘病变和小脑萎缩。白细胞和皮肤活体组织检查成纤维细胞培养，测定鞘磷脂酶活性降低。但疾病类型和严重程度与体外残余酶活性相关性差。

分子学方面，A、B型患者可检到第17号染色体上的SMPD1突变。NPC1和NPC2基因分析发现致病性突变是NPD诊断的金标准。基因检查也可用于产前诊断。95%C型患者是18q11.2上的NPC1突变所致，NPC1编码蛋白是一种跨膜脂蛋白，主要功能为胆固醇的转运和吸收，已经发现50多种NPC1突变与NPC形成有关；另外5%C型患者由染色体14q24.3上基因NPC2突变所致。

3. 诊断与鉴别诊断　婴幼儿期有肝脾大，且肝大大于脾大，并逐渐出现神经系统症状表现者，应疑及本病。眼黄斑区如有樱桃红色斑点，肺部X线检查有粟粒样改变者，可支持本病诊断。骨髓和脾组织中找到典型NPC对诊断具有重要价值。鞘磷脂酶活性降低可确诊本病，并可以发现杂合子患者。白细胞或培养的成纤维细胞活性检测，A型低于正常的5%，B型是正常的2%~10%；另用鞘磷脂酶单抗可用于A型与B型的鉴别。本病与GD有相似之处，两者间鉴别见表34-1。检测基因致病突变有助于确定临床表型，了解预后。

表34-1　GD和NPD的病因和主要临床表现

疾病	酶缺乏	沉积脂质	脾大	肝大	CNS损伤[*]	其他特点
GD					−	
成人型	β-葡糖脑苷脂酶	葡糖脑苷脂	++++	++++		骨质疏松，血小板减少，血清酸性磷酸酶增高，骨髓有GC
婴儿型	β-葡糖脑苷脂酶	葡糖脑苷脂	++++	++++	++++	骨髓有GC，血清酸性磷酸酶增高，颈强直，头后仰
幼年型	β-葡糖脑苷脂酶	葡糖脑苷脂	++	+	+++	骨髓有GC，肌阵挛性抽搐，动作不协调，智力落后
NPD						
A型	鞘磷脂酶	鞘磷脂	+++	+++	++++	骨髓有NPC，黄斑部樱桃红斑，肺浸润，皮肤棕褐色
B型	鞘磷脂酶	鞘磷脂	+++	++++	−	骨髓有NPC，肺浸润
C型，D型	NPC1、NPC2	游离胆固醇，鞘磷脂少	++	++++	++++	共济失调，抽搐，骨髓有NPC，黄斑可有樱桃红斑

[*] CNS为中枢神经系统

三、海蓝组织细胞增多症

本病由 1954 年 Sawitsky 等首先描述,特点为肝脾大,血小板减少伴轻度紫癜,骨髓涂片出现较多海蓝组织细胞(sea-blue histiocyte,SBH)。1970 年 Silverstein 称本病为海蓝组织细胞综合征(sea-blue histiocyte syndrome,SBHS)。

1. 类型 本病按原因分为遗传性,特发性及继发性三种类型。①遗传性 SBHS,有家族史,系糖磷脂代谢紊乱引起巨噬细胞内神经鞘糖磷脂过度沉积所致,多见于儿童,有肝脾大,全血细胞减少,血清酸性磷酸酶增高和尿排出黏多糖增加。临床呈慢性经过,类似 GD。有人认为本病可能是 NPD 的一种变异。骨髓涂片见多量典型的 SBH。②特发性 SBHS 为非遗传性,原因不明,临床表现与遗传性者基本相同。③继发性 SBHS 见于原发性免疫性血小板减少症,慢性粒细胞白血病,高脂蛋白血症,NPD,儿童慢性肉芽肿,镰状细胞贫血,肝硬化,地中海贫血,真性红细胞增多症,浆细胞骨髓瘤,结缔组织病等。这些疾病中所见 SBH 大多缺乏典型形态,即使为典型形态者也为数量不显著,与原发性不完全一致,尤其在慢性粒细胞白血病的骨髓涂片尾部常可见这种形态的 SBH(见第十章)。

2. 诊断(特发性 SBHS) ①脾体征,脾大,脾内有大量海蓝组织细胞。②骨髓涂片,有核细胞增生,造血细胞基本无殊,在涂片末梢可见较多 SBH 和泡沫细胞。在骨髓切片中,SBH 呈空泡或泡沫样,胞质内含黄棕色蜡样带蓝染的色素成分。③肝及其他活组织检查,肝脏组织易检出 SBH。其他受累组织,如中枢神经系统、肺和胃肠道组织活检也可找到 SBH。④肝组织的脂质分析,磷酸神经鞘脂类和神经鞘糖脂含量增多,茚三酮阳性的氨基糖脂增加,以及非药物引起的磷酸甘油酯增加。⑤眼底检查 可见斑点小白环。部分患者可检出染色体 19q13.32 上载脂蛋白 E(apolipoprotein E,APOE)基因 delta149leu 突变。

3. SBH 形态特点 SBH 形态学见第十章。SBH 需与吞噬含铁血黄素的巨噬细胞相鉴别。后者巨噬细胞胞质中可见大小不一的黄棕色颗粒,铁染色阳性。

4. 预后 多数预后良好,可长期生存,也可无合并症。遗传性病情重的小儿患者预后差,少数病情累及骨骼、脾、肝等器官。

四、Fabry 病

Fabry 病是 1898 年 Fabry 和 Anderson 报道的一种伴性隐性遗传性脂质贮积症(神经鞘糖脂病)。由 Xq22.1 染色体上 α-半乳糖苷酶 A(alpha-galactosidase A,GLA)缺陷引起酶缺乏的 X 连锁遗传性脂质贮积症。与 GD 和 NPD 不同,Fabry 病不主要影响单核巨噬系统。患者有相对非特异的多系统症状,且经常在症状发作后数年后才诊断。最显著的发现是进行性肾衰竭、心功能障碍、神经性疼痛和血管受累伴脑卒中的风险增加。与许多溶酶体贮积症不同,突出的单核巨噬细胞受累伴脾大或骨髓组织细胞明显增加并不常见。如果进行骨髓穿刺检查,通常可见泡沫细胞。

1. 特点 ①临床特点,本病多为幼儿期开始起病,表现无汗症,四肢疼痛性发作,腰部皮肤血管瘤;20 岁左右起出现蛋白尿,血尿等肾炎症状,肾功能逐渐减退,至 30~40 岁多发展成尿毒症而死亡;淋巴结,肝脾大。②病理检查,在全身血管、骨髓、淋巴结、肝、脾、肺、肾和心肌等受累处,可见苏丹Ⅲ及糖原染色的阳性物质(贮积的中性糖脂质)的巨噬细胞,骨髓中可出现泡沫细胞。这种泡沫细胞形态类似 NPC,大小 40μm 左右,含有多数空泡。

2. 诊断 ①骨髓、淋巴结、脾等涂片中找到泡沫细胞。②尿中 N(脂)酰基神经氨醇三己糖增加。测定方法:滤纸过滤新鲜尿,收集滤纸上细胞成分,待滤纸干燥后用氯仿:乙醇(2:1)提取总脂质,测定 TLC。③白细胞 α-半乳糖苷酶活性减低。几种表现泡沫样细胞疾病以及细胞形态特点和细胞学反应差别见表 34-2。④对临床诊断的 Fabry 病患者及其亲属进行 GLA 突变检测可以进行基因诊断,并有助于早期筛选出家系中的其他患者。

表 34-2　泡沫细胞的类脂成分、形态特征与细胞化学反应

疾病	细胞			MPO −	SBB −/±	PAS +	ACP +	铁染色 +	油红 −O	NAP −
	特指细胞	类脂成分	形态特征							
GD	GC	葡萄糖脑苷脂	胞质呈洋葱皮波纹状	−	+	−	−	−	+	−
NPD	NPC	神经鞘磷脂	胞质充满透明蜂窝状泡沫	−	+	+	−	−	+	−
SBHS	SBH	神经鞘糖磷脂	胞质含有海蓝色颗粒伴有空泡	+	+					
Fabry 病	泡沫细胞	神经鞘糖脂	胞质含有空泡和泡沫							
LCH*	LC	胆固醇	胞质含有透明的结晶状空泡							

* Langerhans 细胞组织细胞增生症

第二节　形态改变为主遗传性白细胞疾病

白细胞疾病多指中性粒细胞异常,包括粒细胞数量和质量的异常。形态改变为主的遗传性白细胞异常,可伴有细胞功能缺陷,较为少见,小儿时期发病。

一、Chediak-Higashi 综合征

Chediak-Higashi 综合征(Chediak-Higashi syndrome,CHS)是一种常染色体隐性遗传性疾病,在不同白细胞胞质内可见到多少不一的巨大颗粒和包涵体,亦称先天性白细胞颗粒异常综合征。以毛发色素减退、眼与皮肤局部白化、畏光羞明、反复感染、轻度凝血障碍以及进行性神经病变为特征。

1. 机制　本病可能与细胞膜的病理性活跃有关,膜表面分子自动聚集成"帽状",较正常血细胞的膜更具流动性,膜结构改变导致膜活动调节失常,膜表面受体表达异常,氧代谢活跃。因此粒细胞既有变形能力和任意定向运动的功能异常,又有形态异常。形态学异常指的是粒细胞发育早期,由初级颗粒、二级颗粒及细胞膜成分相互融合形成相对巨大的颗粒。功能方面指的是中性粒细胞吞噬功能正常、氧代谢活跃,但杀死细菌作用相对缓慢,这是由于病态颗粒向吞噬体释放水解酶较慢的原因。

2. 临床特征　患者在婴儿期即出现毛发、肤色呈白化病的改变,有畏光、眼球震颤、神经病变。易反复出现呼吸道、皮肤、黏膜感染,以革兰阳性菌为常见。多数患者在婴儿期与儿童早期死亡。该病早期稳定,加速期多发展为噬血细胞淋巴组织细胞增多症,如发热、淋巴结病、贫血、黄疸、中性粒细胞减少症、血小板减少症、广泛淋巴组织器官浸润。该病尚无有效治疗方法,因此早诊断、早治疗、防止误诊和漏诊极为关键。

3. 形态学特征　外周血及骨髓中成熟中性粒细胞胞质中有多个圆形、椭圆形、方形、梭形或不规则形的(巨)大颗粒,Wright-Giemsa 染色特点各家描述不一。如粒细胞巨大紫红色初级颗粒,粒细胞灰紫色包涵体,粒细胞蓝色巨大颗粒,粒细胞灰蓝色包涵体(图 34-1)。过氧化物酶染色阳性。这种巨大颗粒在幼稚粒细胞、淋巴细胞、单核细胞及嗜酸性、嗜碱性粒细胞中也可以出现。有学者报道不同阶段粒细胞的异常颗粒着色不同,早幼粒细胞巨大颗粒为紫红色,中幼粒细胞为灰紫色混有巨大紫红色嗜天青颗粒,晚幼粒细胞至分叶核粒细胞为灰紫色颗粒。

4. 遗传学　本病是一种罕见的常染色体隐性遗传病,致病基因被称为溶酶体运输调节因子基因(lysosomal trafficking regulator gene,LYST)或 CHS1,定位于常染色体 lq42.1-42.2,含有 55 个外显子,cDNA 全长 13.5kb,编码 3801 个氨基酸的胞质蛋白质。由于 LYST 无义突变或移码突变导致翻译提前终止,产生截短的 LYST 蛋白质产物,细胞内生成粗大溶酶体,不能被转运至正常作用位点,从而引发各系统症状。关于基因型和表型的关联,目前比较统一的观点为幼年型大多由纯合的无义突变或者杂合的无义突变引起,成年型为各种错义突变所致,青少年型则介于两者之间。

5. 诊断要点　临床出现毛发色素减退、眼与皮肤局部白化、怕光、眼球震颤,呼吸道、皮肤、黏膜反复

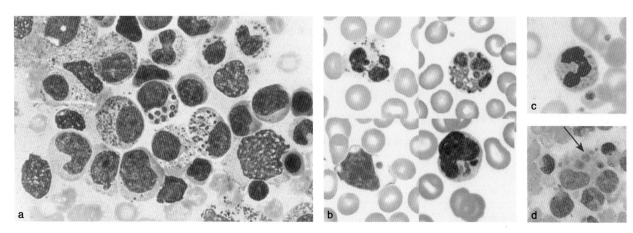

图 34-1　Chediak-Higashi 综合征形态特点

a 为骨髓幼粒细胞巨大的颗粒；b 为血片中性粒细胞、嗜酸性粒细胞、淋巴细胞和单核细胞异常颗粒；c、d 为粒细胞蓝色巨大颗粒和粒细胞灰蓝色包涵体（箭头指处）

感染、出血以及进行性神经病变。实验室表现为贫血及白细胞减少，也有血小板减少，在成熟中性粒细胞胞质内可见到多个巨大颗粒，是诊断本综合征的重要依据。

二、May-Hegglin 异常

May-Hegglin 异常（May-Hegglin abnormity，MHA）是一种罕见的常染色体显性遗传的血小板减少性疾病，以血小板减少、巨大血小板和粒细胞 Döhle 样包含体三联症为特点。1909 年 May 和 1945 年 Hegglin 先后报告。

1. 机制　MHA 大部分为 *MYH9* 突变所致。*MYH9* 基因位于染色体的 22q12.3-q13.2 位置，共有 40 个外显子，编码非肌性肌球蛋白重链 Ⅱ A（NMMHC-Ⅱ A），该蛋白由 N 端头部、颈部和 C 端棒状尾部三部分构成，是非肌细胞骨架的重要组成部分。*MYH9* 基因的第 1～19 号外显子位于头颈部，第 20～40 号外显子位于尾部。有研究表明，NMMHC-Ⅱ A 尾部由 28 个氨基酸残基的 40 个重复序列构成螺旋结构，再进一步形成卷曲螺旋并实现二聚体化。本病的具体机制不明，异常 NMMHC-Ⅱ A 致病的分子机制究竟是异常、正常肌球蛋白重链二聚体导致的显性负性效应，还是单体性功能不全，仍有待确定。

2. 临床特征　MHA 患者临床表现为不同程度的出血和感染，常伴有血小板减少、巨大血小板和粒细胞包含体三联症，或伴有耳聋、肾炎和白内障，根据临床表现的不同主要分为 MHA、Sebastian、Fechtner 和 Epstein 综合征。4 种 MYH9 相关疾病在发病过程中具有一定的相关性，近来发现，起初诊断为 MHA、Sebastian 综合征为仅有血液系统表现的患者，可逐步表现出 Fechtner 综合征、Epstein 综合征的肾炎及耳聋，同一家系的患者可以表现为 Epstein 综合征，也可表现为 Fechtner 综合征，而且通过对大量已报道的病例评估发现，仅有 MHA 患者表现血栓形成症状。四种 MYH9 相关疾病的鉴别见表 34-3。该病在临床上易被误诊为原发性血小板减少性紫癜或巨大血小板病。

表 34-3　四种 MYH9 相关疾病的异同

	血栓形成	血小板减少	巨大血小板	粒细胞包涵体	耳聋	肾炎	白内障
May-Hegglin 异常	+	+	+	+	−	−	−
Fechtner 综合征	−	+	+	+	+	+	+
Sebastian 综合征	−	+	+	+	−	−	−
Epstein 综合征	−	+	+	−	+	+	−

3. 形态学特征　在中性粒细胞、嗜酸性粒细胞、嗜碱性粒细胞及单核细胞胞质中出现 1 至多个直径 2～5μm 的不规则斑块状淡蓝色的包含体（图 34-2），是核糖核酸凝集所致，尤其在中性粒细胞及嗜酸性粒

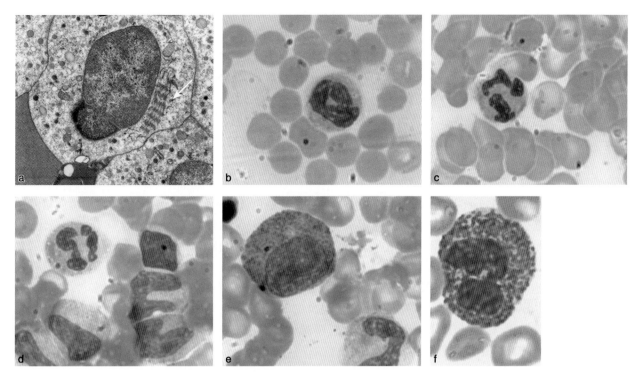

图 34-2 May-Hegglin 异常和 Alder-Reilly 异常

a 为 May-Hegglin 异常粒细胞包含体,透射电镜可见横行分布的核蛋白体,并有纵向微丝相连;b~e 为一例 45 岁女性患者 May-Hegglin 异常粒细胞,分别为血片中性粒细胞、骨髓涂片中性粒细胞和嗜酸性粒细胞胞质中的蓝色包含体;f 为中性粒细胞 Alder-Reilly 异常

细胞中更为显著。透射电镜下可见此种蓝斑为无细胞器的无定形物质,可呈横行分布的核蛋白体,并有纵向微丝相连(图 34-2a),此包含体糖原染色阳性。形态上与 Dohle 小体相同,Dohle 小体为获得性,仅见于中性粒细胞胞质中的蓝斑,体积较小,染色较浅,外形不清,多位于细胞边缘部。最近迪安诊断杨嫆嫆发现一例 54 岁女性患者,自小有血小板和白细胞减低,近次血小板 $12×10^9/L$、白细胞 2. $1×10^9/L$,外周血和骨髓涂片大多数中性粒细胞和一部分嗜酸性粒细胞、单核细胞胞质见不规则斑块状淡蓝色包含体(May-Hegglin 异常白细胞);其 2 个女儿中一个女儿的血小板计数,自幼年发现至今一直减低。

4. 遗传学 迄今为止,报道的 200 多个家系鉴定出 43 种不同的基因突变类型,大部分突变为错义突变,且主要集中在 1、6、16、26、30、38 和 40 号外显子,覆盖了接近临床 85% 的病例。国外研究发现 *E1841K*、*D1424N* 或 *D1424H* 和 *R1933X* 为常见突变类型,而国内目前共发现 5 种突变类型:*Q3H*、*E1841K*、*V1516L*、*R1933X* 和 *D1424H*,其中 *E1841K* 为我国一突变热点。除错义突变外,个别报道有无义突变、移码突变和缺失突变,但都集中在 40 号外显子。

5. 诊断要点 临床表现为不同程度的出血和感染,伴有血小板减少、巨大血小板和粒细胞 Döhle 样包含体三联症,有遗传学异常及家族史为本病诊断依据。

三、黏多糖性血细胞异常(Alder-Reilly 异常)

黏多糖性血细胞异常是分解黏多糖酶有遗传性缺陷的一组常染色体隐性遗传性疾病。由于黏多糖不能分解,而贮积于细胞溶酶体内形成包涵体或异常颗粒,可见于全身脏器细胞和白细胞中,1934 年 Alder 和 1941 年 Reilly 先后发现中性粒细胞、嗜酸性粒细胞、淋巴细胞和单核细胞的胞质内有很多粗大的红紫色颗粒(包涵体),因而称之为 Alder-Reilly 异常。黏多糖病中 Hurler 综合征和 Hunter 综合征有此形态学特点。Alder-Reilly 异常也称多发性骨发育障碍,患儿常伴有脂肪、软骨发育不良而致骨骼畸形,头颅大而不对称(面容丑陋、智力障碍),手指短而弯,呈爪状手。Bhuyan 等人报道了一例 22 天的 Hurler 综合征新生儿,具有面容粗糙、头颅突出,黄疸、肝脾大、双侧腹股沟疝、桨形肋骨的临床特点。尿中黏多糖增多对此病的诊断十分重要。中性粒细胞胞质内含粗大紫红色颗粒,颗粒较多,且比中毒性颗粒粗大(图 34-2f),常掩盖细胞核。嗜酸性粒细胞为暗紫色大颗粒(也可用亚甲蓝-伊红染色,也呈暗紫色)。淋巴细胞可见深紫色颗粒(称 Gasser 细胞)。单核巨噬细胞也可见异常颗粒(称 Buhot 细胞),颗粒含多糖及糖原,甲苯胺蓝染色呈易染性,糖原染色阴性。部分黏多糖代谢异常者有一系或多系细胞异常。Alder-Reilly 小体须与中毒性颗粒相鉴别。

结合黏多糖病典型的临床症状及血液学的形态学特点不难诊断,临床症状如面貌粗糙、关节强直、脊柱后凸等,形态学表现为中性粒细胞及淋巴细胞胞质内有致密的紫红色嗜苯胺蓝颗粒。

四、中性粒细胞分叶不能(Pelger-Huët 异常)

Pelger-Huët 异常(Pelger-Huët abnormity,PHA)为一种常染色体显性遗传性疾病,中性粒细胞或嗜酸性粒细胞的核不能分叶,极少>2 叶,由 1928 年 Pelger 首先发现,1932 年 Huët 证明这种疾病有家族遗传性。这种患者仅显示中性粒细胞的移动功能轻度受损,其他功能正常,,一般不易感染,仅做血常规检查时偶尔发现此畸形,无任何临床症状,无需治疗。

中性粒细胞的核分叶减少,胞质已成熟而胞核仍不分叶,单个核呈棒状、哑铃状、落花生状、夹鼻眼镜形(杂合子)、圆形或椭圆形(纯合子)等(图 34-3),很少见 3 叶,核染色质明显聚集而粗糙,副染色质明显,这是由于核成熟障碍、核分叶能力减退所致。嗜酸、嗜碱性粒细胞亦表现为核不分叶而粗糙。淋巴细胞、单核细胞的染色质亦较正常粗糙。电镜显示成熟粒细胞可见单叶核,有核仁,表示核成熟迟缓。急性肠炎、伤寒、疟疾、流感等感染使骨髓受刺激时,可出现类似变化的称假 Pelger-Huët 核异常,一般在发病前及治愈后白细胞形态正常。骨髓增生异常综合征、骨髓增生异常-骨髓增殖性肿瘤等也可见假 Pelger-Huët 核异常(见第七章)。

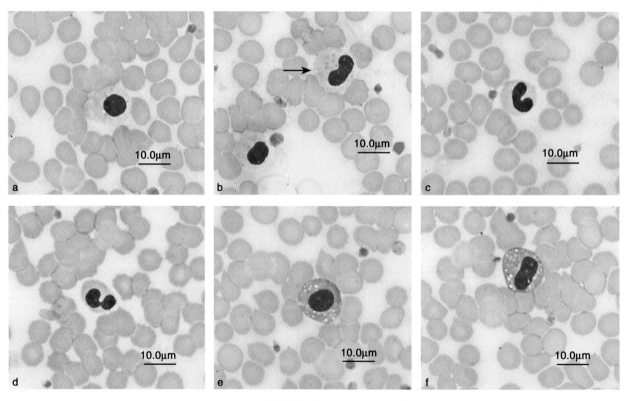

图 34-3　中性粒细胞 Pelger-Huet 异常

LaminB 受体基因突变是引起人 PHA 的主要原因,基因谱位点在 1 号染色体 1q41-q43。LaminB 受体是核膜与 LaminB 和异染色质相互作用的整合膜蛋白。血片见中性粒细胞核染色质聚集而粗糙、核分叶减少(核左移)的特点,且具有家族遗传性是诊断的主要依据。

五、其他遗传性白细胞疾病

1. 家族性白细胞空泡形成（Jordan 异常）　为常染色体隐性遗传,一般无症状,部分有进行性肌营养不良或有鱼鳞癣。形态学为中性粒细胞、嗜酸嗜碱性粒细胞和单核细胞胞质中有较大和较多的空泡,淋巴细胞和浆细胞胞质中可见较小和较少的空泡。中性粒细胞空泡形成率可高达 86%~99%。白细胞空泡不伴有中毒性颗粒。1953 年 Jordan 首先在同一家族两兄弟中发现白细胞有空泡现象。

2. 遗传性中性粒细胞分叶过多　属常染色体显性遗传良性病,外周血中性粒细胞大小正常,核分叶多,杂合子患者核分 5 叶以上,超过 10%,纯合子患者超过 14%;嗜酸性粒细胞分叶过多时,核分叶平均在 3 叶以上(正常平均为 2 叶);粒细胞功能正常,患儿无症状。另外,疣,低 IgG 血症,感染,骨髓粒细胞无效增生(warts, neutropenia, hypogammaglobulinemia, infections, and myelokathexis, WHIM)综合征中的骨髓粒细胞无效增生是以骨髓正常粒细胞生成,但释放到循环中受损,导致循环中性粒细胞减少为特征的罕见遗传性疾病。*CXCR4* 功能获得性突变导致 CXCR4 和配体结合功能过强,从而损害细胞稳态和运输,因不能输出骨髓在骨髓内成熟过度、分叶过多、染色质高度浓缩和固缩。

3. 遗传性巨大中性粒细胞症　为常染色体显性遗传良性病,外周血中性粒细胞体积巨大,较正常成熟粒细胞大,同时伴有核分叶过多,常为 6~10 个核叶;正常人血片中性粒细胞直径约为 13μm,直径>17μm 者仅占总数的 0.005% 以下,本症可高达 1.6%。注意与叶酸或维生素 B_{12} 缺乏导致的巨幼细胞贫血及应用抗代谢药物、MDS 导致的细胞类巨幼变相鉴别。

4. 遗传性核附属小体异常　本症见于先天性睾丸发育不全患者中,带有双数鼓槌突核的中性粒细胞增多。也见于先天性卵巢发育不全症患者,中性粒细胞鼓槌突变小。在 D 组三体综合征中,可见中性粒细胞核带有纤维状的附属结构的细胞增多。

5. 遗传性白细胞减少症　属于非性联遗传,非常罕见,患者白细胞总数正常或偏低,中性粒细胞减少,单核细胞、淋巴细胞相对增多。骨髓穿刺显示中幼粒以下各阶段细胞减少,红细胞及血小板正常。临床主要表现为牙周病,易发生疖疮。

6. 周期性中性粒细胞减少症　周期性中性粒细胞减少是一种以血液中性粒细胞以及单核细胞、嗜酸性粒细胞、淋巴细胞、血小板和网织红细胞数量以 21 天左右为周期的波动性减少为特征的罕见疾病。在最低点中性粒细胞严重减少($\leqslant 0.2 \times 10^9/L$),可持续 3~5 天,G-CSF 有效。患者定期出现发热、不适和黏膜溃疡症状,少数情况下可发生危及生命的感染。本病可以是先天性也可后天发生。周期性中性粒细胞减少为 *ELANE* 突变导致,最常见于外显子 4/5。突变通过诱导未折叠蛋白反应来破坏粒细胞生成导致的中性粒前体细胞凋亡增加。*ELANE* 位于 19p13.3。编码的中性粒细胞弹性蛋白酶与丝氨酸蛋白酶抑制剂或其他物质之间相互作用可似时钟样调节造血作用。即在最低点刺激内源性 G-CSF 产生,骨髓细胞生成部分恢复,但反馈回路的异常动力学导致不能保持稳态而出现波动。

第三十五章

贫　血

贫血(anemia)为循环血中红细胞的总量减少至正常值以下,是骨髓疾病、红细胞疾病、免疫性疾病、造血性营养物质缺乏以及许多广义的全身性疾病继发的共同表现。由于贫血的普遍性及其类型的复杂性,病因或原因的复杂性,涉及学科的复杂性,诊断和治疗上的复杂性以及对组织器官影响的重要性,以致在历史上的不同时期人们对贫血的研究、诊断和治疗上都普遍重视,在教科书和血液学专著中对贫血的介绍都占据了很大的篇幅。

第一节　概　述

贫血的发生是由各种各样的原因致使红细胞生成减少、丢失或破坏过多,并超过骨髓代偿或再生功能的结果。贫血是十分常见的临床症候,许多学科的疾病都可以发生贫血,常有相同的临床和实验室所见故被认为是一个临床综合征。可是,部分贫血患者有独立的或原发的原因(病因)或特发性因素并需要相应的治疗,又被认为是一种(异质性)疾病;还有,在贫血的病因中,有的包含了多重因素,而这些用于解释贫血的类同词,也是增加贫血复杂性的因素。例如缺铁导致的缺铁性贫血(iron deficiency anemia,IDA)、叶酸或维生素 B_{12} 缺乏所致的巨幼细胞贫血(megaloblastic anemia,MA)的因素,只是这两个贫血的基本原因(贫血的第一原因)。在治疗前还需要查明引起这些造血物质缺乏的原因,即所谓贫血的病因或根本原因(贫血的第二原因),有无发生贫血的深层因素或基础疾病。然而,在血液和骨髓细胞学的常规性检查中,由于 IDA 和 MA 具有特征则可以作出明确的诊断。这类原因的查明,从临床诊断学看,常称为贫血的性质或类型诊断;需要进一步查明贫血性质的根本原因,常把它界定为贫血的(真正)病因诊断。这是在做出贫血针对性治疗决策前需要解决的二项基本原则。不过,也有一部分患者(如再生障碍性贫血、IDA 和MA)只有引起贫血性质或类型变化的原因而没有或不能确定导致这一贫血性质改变的病因或根本原因。

贫血的基本含义虽是血液中血红蛋白量(haemoglobin,Hb)的减低,但又可以伴有白细胞和/或血小板的减少,这又是增加贫血分类分型和分析诊断复杂性的因素。如同为三系血细胞减少,在再生障碍性贫血(aplastic anemia,AA)中是贫血;而在其他疾病中的贫血(如骨髓病性贫血和非血液病继发的轻度贫血)中,既不是诊断和上也不是治疗上的主要问题。

判断贫血的有无、贫血的程度和贫血的性质,是临床血液学和实验诊断学最重要和最主要的任务。从血液病学的角度看,在解决这一任务中,更为重视的不是骨髓疾病(如造血肿瘤,还有其他白细胞和血小板疾病)所致的贫血。而是诸如再生障碍性贫血(aplastic anemia,AA)、IDA、MA、溶血性贫血(hemolytic anemia,HA)和慢性病贫血(anemia of chronic disease,ACD)的诊断与治疗。这些贫血常有较为明显的血红蛋白的降低及其原因,以形态学、细胞化学(如铁染色、中性粒细胞碱性磷酸酶)和溶血性项目检查为主,进行评判和诊断。可是,除了这些临床上常见贫血类型的检查与诊断外,还有许多少见、罕见的贫血(类型),却常有着复杂多样的病因,这是许多医疗单位不易诊断以及漏诊误诊的原因。

第二节 贫血的确定和贫血程度的评判

贫血主要是以头昏、乏力、肤色苍白或萎黄,以及活动时气促(尤其是使体力时,血液携氧功能的减低为主要病理)为表现的临床术语,后来被引申为实验室诊断术语,即单位容积的血液中,Hb 低于同海拔、同地区和同性别年龄人群参考区间下限或低于下限的 10% 以上或正常参考值 95% 的下限者为贫血。这也是笼统诊断贫血中最简单的定义或最基本的含义。

严格地讲,贫血是指全身循环血液中红细胞总量减少至正常值以下。但是,由于全身循环血液中红细胞总量的测定技术复杂,而且因贫血的主要影响是降低血液携带氧气的能力。所以从实用和适用看,检测Hb 水平是反映贫血程度的最佳指标,成为世界上的普遍共识。我国的成年人群 Hb 及其他血细胞参考区间见表 35-1,但一般认为在沿海和平原地区,成年男性的 Hb <125g/L 或<120g/L,成年女性的 Hb <110g/L或 105g/L,可以诊断为贫血;12 岁以下儿童比成年男性的 Hb 参考值约低 15% 左右,男孩和女孩无明显差别;但海拔高的地区一般要高一些(表 35-1)。

表 35-1 中国成人人群血细胞分析参考区间*

项目	参考区间	项目	参考区间
血红蛋白(Hb)	男:130~175 g/L	中性粒细胞绝对值(Neut#)	$(1.8~6.3)×10^9/L$
	女:115~150 g/L	淋巴细胞绝对值(Lymph#)	$(1.1~3.2)×10^9/L$
红细胞计数(RBC)	男:$(4.3~5.8)×10^{12}/L$	嗜酸性粒细胞绝对值(Eos#)	$(0.02~0.52)×10^9/L$
	女:$(3.8~5.1)×10^{12}/L$	嗜碱性粒细胞绝对值(Baso#)	$(0~0.06)×10^9/L$
红细胞比容(Hct)	男:0.40~0.50	单核细胞绝对值(Mono#)	$(0.1~0.6)×10^9/L$
	女:0.35~0.45	中性粒细胞百分数(Neut%)	40%~75%
平均红细胞容积**(MCV)	82~100fL	淋巴细胞百分数(Lymph%)	20%~50%
平均红细胞血红蛋白量(MCH)	27~35pg	嗜酸性粒细胞百分数(Eos%)	0.4%~8.0%
平均红细胞血红蛋白浓度(MCHC)	316~354g/L	嗜碱性粒细胞百分数(Baso%)	0~1%
血小板计数(PLT)	$(125~350)×10^9/L$	单核细胞百分数(Mono%)	3%~10%
白细胞计数(WBC)	$(3.5~9.5)×10^9/L$		

* 静脉血仪器检测法; ** 容积也称体积

在国外,确诊贫血一般也以 Hb 测定值为准,当 Hb 低于不同年龄人群参考值者为贫血。世界卫生组织(World Health Organization,WHO)提出的贫血标准为海平面地区,Hb 低于以下水平者可以诊断为贫血:6 个月到 6 岁儿童 110g/L,6~14 岁儿童 120g/L,14 岁以上同成年人标准;成年男性 130g/L,成年女性(非妊娠)120g/L,妊娠成年女性 110g/L。

确诊贫血,也可以以红细胞比容(haematocrit,Hct)和红细胞数(red blood cell,RBC)为指标。Hct 成年男性<40%,女性<35%,或者 RBC 成年男性<$4×10^{12}/L$,女性<$3.5×10^{12}/L$,均可诊断为贫血。但是,由于不同原因所致的贫血机制不同,Hct、RBC、Hb 三者之间减少的程度可以不·致。最典型的例子是 MA 和IDA。MA 由于红细胞体积明显增大而 IDA 明显变小,使 RBC:Hb 比值变小和增大。也可用 RBC/MCV 或MCV/RBC 等比值用于 IDA 与地中海贫血的鉴别(见第三章第七节)。

事实上,评判患者贫血的程度比确定贫血的标准更为重要。如检测 Hb 值受年龄、性别和海拔的影响外,还受诸如血液稀释和浓缩的影响。诸如妊娠中后期孕妇,因单一的血液血浆容量增加而出现血液中Hb 的轻微或轻度降低,被称为妊娠期生理性贫血,无需特殊处理。一般认为孕妇 Hb 低于 100g/L 时才可以被认为是贫血,在评估这种情况下所致的贫血程度时需要考虑这一因素。还有一些低于正常以下的轻微贫血往往无症状,甚至缺乏引起贫血的病因,而 Hb 越低越会引起临床上的更多重视和检查,也更容易给出诊断并采取相应的积极措施。贫血的程度分级见表 35-2。

表 35-2　贫血程度分级

分级	Hb(g/L)	临床表现*
轻度	>90,低于正常	症状轻微或无明显症状
中度	61~90	(体力)活动后气促、乏力
重度	31~60	头昏、乏力、气促、
极重度	<30	贫血症状严重,可合并贫血性心脏病

* 症状轻重表现还与贫血发生的快慢有关

第三节　诊断与鉴别诊断

诊断贫血和评判贫血的程度是比较简单的。重要而且困难的是判定贫血的性质,即贫血类型诊断与类型之间的鉴别诊断,以及贫血性质的原因(病因)诊断及其鉴别诊断。与贫血的性质及其原因的检查相对应,贫血诊断也有两个层次,这是贫血检查与诊断的基本原则。如果单一的原因不能解释整个临床表现时,必须寻找促发贫血的其他原因。

一、检查与诊断的基本原则

解决贫血两个层次的诊断与鉴别诊断,一开始就需要深入了解病史、详细的体格检查和现有症状分析,这是正确方向诊断的第一步。然后,有目的、有针对性地进行血液(血常规、网织红细胞)、骨髓形态学的基本项目检查,以及其他的一些相关实验室检查。随后,对各种检查信息进行汇总与整合,梳理出贫血的速度与程度,贫血的形态学特征和/或其他针对性检验的特点与类型,贫血的原发病(一部分无原发病)和贫血的机制。这是对贫血所需相关信息的整合(评价与判断)——贫血诊断的第二步。

二、检查与诊断的基本路径

1. 症状、体征与病史　分析、评估症状、体征与病史非常重要,详见第三章。

2. 全血细胞计数　按血细胞自动分析仪检查数据(各项参数),确定患者有无贫血的指标。有贫血则需要确定患者的贫血程度、形态学类型,即红细胞指数分类(图 35-1、表 35-3)。

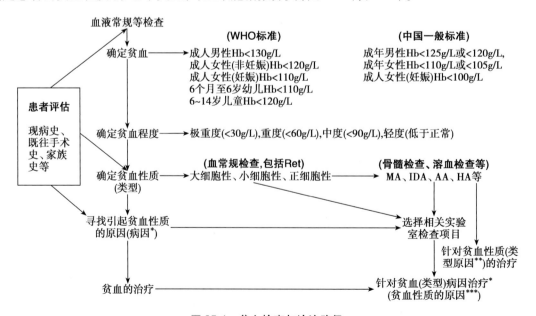

图 35-1　贫血检查与诊治路径

* 一部分患者无病因; ** 贫血的直接原因; *** 贫血的根本原因。MA 为巨幼细胞贫血,IDA 为缺铁性贫血,HA 为溶血性贫血,AA 为再生障碍性贫血

表 35-3 贫血红细胞指数分类标准

类型	MCV (fl)	MCH (pg)	MCHC(g/L)	常见原因或病因	常见贫血类型
大细胞性贫血	>100	>35	>360	DNA 合成障碍导致红细胞生成减少	MA,部分 HA、肝病、慢性酒精中毒、甲状腺功能减退、AA、MDS
正细胞性贫血	80~100	27~35	320~360	部分溶血和干细胞障碍与骨髓衰竭所致红细胞生成减少	AA、HA、急性失血性贫血、部分 ACD
小细胞低色素性贫血	<80	<27	<320	铁缺乏或铁利用障碍致红细胞生成减少和慢性感染所致	IDA、SA、地中海贫血和慢性炎症性贫血
单纯小细胞性贫血	<80	<27	320~360	珠蛋白合成障碍和其他造血物质缺乏致红细胞生成减少	慢性炎症性贫血、地中海贫血、铜缺乏性贫血

3. 血液和骨髓形态学及其后续检查 一般都需要对贫血患者进行骨髓形态学等常规检查,以明确或进一步提供贫血的性质,即对贫血进行一层的类型评判,如 IDA、MA、HA、ACD 等。同时,通常根据贫血患者外周血常规检查(包括网织红细胞检查)而得出初步的形态学(红细胞指数)类型;贫血患者网织红细胞(reticulocyte,Ret)绝对值增高说明骨髓有反应产生新生红细胞以取代被提前破坏或丢失的红细胞,Ret 低于正常表示骨髓缺乏足够的代偿功能维持丢失或破坏的红细胞抑或是无效造血等的结果;或根据随后骨髓检查的结果,对贫血患者进行血清铁、血清铁蛋白、血清叶酸、血清维生素 B_{12} 等相关项目测定,进一步确定或证实引起贫血的原因(图 35-2~图 35-4)。

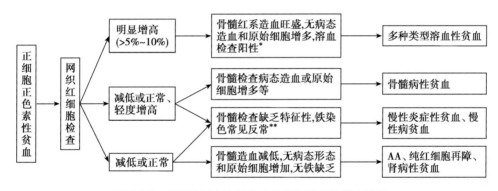

图 35-2 正细胞正色素性贫血诊断与鉴别的基本路径

* 根据溶血的可能原因以及血管内还是血管外溶血,有针对性地进行;** 指细胞外铁增加或正常而细胞内铁减少

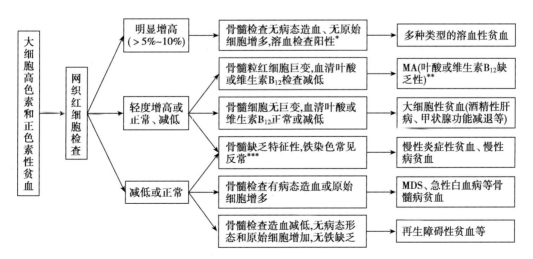

图 35-3 大细胞高色素性和正色素性贫血诊断与鉴别的基本路径

* 根据溶血的可能原因以及血管内还是血管外溶血,有针对性地进行;** MA 的大细胞性形态在大细胞性贫血中最为显著,MCH 和 MCHC 增高也最为明显;*** 指细胞外铁增加或正常而细胞内铁减少

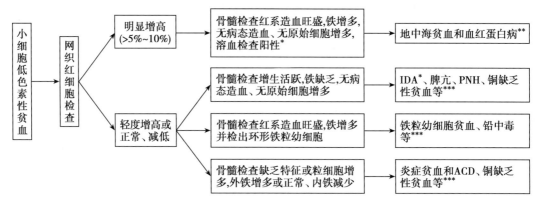

图 35-4　小细胞低色素和正色素性贫血诊断与鉴别的基本路径

* 根据溶血可能原因及血管内还是血管外溶血,有针对性地进行;** 重症的地中海贫血和 IDA 常有红细胞异形改变;*** 还需要后续检查,如 PNH 血细胞 CD55 和 CD59 检测,铅中毒患者需要测定尿铅血铅,铜缺乏需要测定血铜,慢性炎症性贫血和 ACD 需要检查血清铁蛋白和血清铁等

　　4. 病因诊断　查明贫血的病因。如 IDA 需要检查引起缺铁的原因,检查或评估患者的营养状态(如有无生理需要量增加而铁摄入长期不足)、有无慢性失血情况(如妇科病所致的月经过多、消化道失血性疾病);MA 需要检查或评估患者的营养状态(如有无生理需要量增加而叶酸和维生素 B_{12} 摄入长期不足、素食主义者)、有无消化系统疾病(如胃肠道疾病或手术切除胃肠道);慢性病贫血、慢性炎症性贫血需要检查或评估原发疾病的严重性或对贫血产生的影响度等。

　　还有一些贫血的诊断需要继续检查以明确进一步的类型。如 HA 需要相关的溶血性检查,怀疑自身免疫溶血性贫血的 Coombs 试验,怀疑球形红细胞增多症的红细胞脆性试验,怀疑 PNH 的 Ham 试验和流式细胞 CD55 与 CD59 检查;怀疑地中海贫血的血红蛋白电泳;骨髓增生异常综合征和白血病所致贫血需要检查流式细胞免疫表型、细胞遗传学和分子学。

　　5. 骨髓检查　骨髓检查是明确贫血的性质和原因(查找病因)的常规方法。从贫血类型看,骨髓检查对 IDA、MA、AA、PRCAA、骨髓病贫血、先天性异常红细胞生成性贫血、部分 HA 和慢性炎症性贫血、慢性病贫血的诊断具有重要意义。细胞学变化详见第十五章和第十八章。其中,骨髓可染铁检查对评判贫血的性质和原因极其重要(图 35-5)。通过铁染色可以发现早期 IDA(如细胞外铁消失、细胞内铁正常或减少)

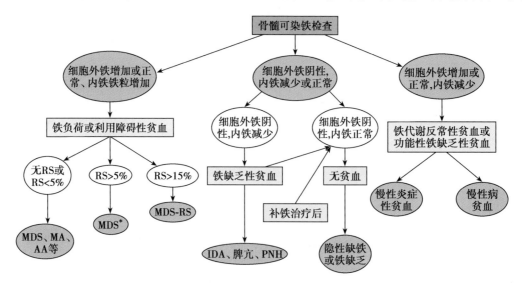

图 35-5　骨髓可染铁异常与常见贫血

RS 为环形铁粒幼细胞;MA 为巨幼细胞贫血;AA 为再生障碍性贫血;MDS 为骨髓增生异常综合征;IDA 为缺铁性贫血;PNH 为阵发性睡眠性血红蛋白尿;* 若检测到 $SF3B1$ 突变,5% 环形铁粒幼细胞也可诊断 MDS-RS

和无贫血的隐性缺铁,明确是 IDA(细胞外铁消失、细胞内铁减少)、非缺铁性贫血还是铁利用障碍性贫血(细胞外铁增加或正常,细胞内铁增加,铁粒增多增粗甚至出现 RS),还有铁代谢反常性贫血(细胞外铁增加或正常,细胞内铁减少)。铁缺乏的贫血,除了 IDA 外,还有脾功能亢进、PNH 等;铁利用障碍性贫血有 MDS、AA、MA、地中海贫血、铅中毒性贫血和红血病等;铁代谢反常性贫血主要为慢性炎症性贫血和慢性病贫血。铁代谢反常性贫血也称为功能性铁缺乏性贫血。

骨髓组织切片(简称骨髓切片)病理学检查,即骨髓活组织检查(简称骨髓活检),是许多造血和淋巴组织疾病诊断的金标准,详见第二十章。贫血的分类、不同类型的检查与诊断,详见卢兴国主编,人民卫生出版社 2015 年出版的《贫血诊断学》。

第四节 功能性铁缺乏症

功能性铁缺乏(症)又称功能性缺铁,是与缺铁性贫血有所不同的一种铁缺乏(症)。从细胞形态学角度看,它是一种骨髓细胞外铁(贮存铁)增加或者正常,而细胞内铁减少为模式的铁缺乏。常见于慢性病贫血,尤其是(慢性)炎症性、感染性和肿瘤性所致的贫血。

功能性铁缺乏的特征是低铁血症,尽管储存铁看似充足或增加。这是慢性感染、炎症或肿瘤性患者发展为贫血的几个基本病理生理过程之一。功能性铁缺乏也可以发生在绝对性铁缺乏的恢复过程中,储存铁供应限制了红细胞造血速度。如患者开始血液透析并接受 EPO 治疗时可出现这种情况。虽然患者当时可能有储存铁,但在得到补充铁以提高红细胞造血所需的铁之前,它们对 EPO 的反应迟钝。

功能性铁缺乏相关的典型贫血患者,症状轻或无。红细胞通常为正细胞性,MCV 常在正常的低值,也可能在小细胞范围。血清铁浓度和运铁蛋白饱和度常提示绝对性铁缺乏,但运铁蛋白含量却未升高还可能降低。此外,还有血清铁蛋白形式储存铁升高的证据。

慢性病患者也可以绝对性铁缺乏,但不容易诊断。因为炎症会干扰实验对铁的检测结果。例如,慢性炎症在无储存铁的情况下仍可出现运铁蛋白被抑制和血清铁蛋白升高的情况。

鉴定慢性炎性疾病患者绝对铁缺乏最可靠的诊断参数是血清运铁蛋白受体浓度(mg/L)与血清铁蛋白浓度对数的比值(sTfR/logSF)。因铁绝对缺乏时,可溶性运铁蛋白受体浓度与铁蛋白浓度变化的方向相反,故两者比例对铁的状态特别敏感,可用于慢性炎症贫血与有或无慢性疾病的绝对性铁缺乏的鉴别诊断(图 35-6)。

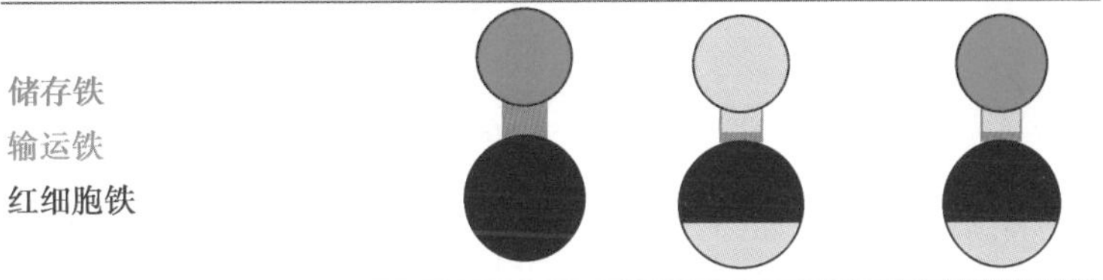

	正常	绝对性铁缺乏	功能性铁缺乏
储存铁 输运铁 红细胞铁			
血清铁(mg/L)	正常	下降	下降
转铁蛋白饱和度(%)	35 ± 15	<10	<20
转铁蛋白浓度(mg/L)	正常	升高	正常或下降
铁蛋白(μg/l)	100 ± 60	<10	>100

图 35-6 绝对铁缺乏与功能性铁缺乏的鉴别

解决功能性缺铁的唯一满意方法是对其潜在原因的适当处理。功能性缺铁的贫血程度常较轻,如果需要输血以缓解症状,则补铁治疗应慎重。纠正血红蛋白在 100~120g/L 的水平,如超过这一水平可增加血栓事件与死亡风险,并与肿瘤患者增加及肿瘤进展相关。功能性缺铁通常与其他的病理生理机制一起发生,如 EPO 缺乏或红系造血被炎性细胞因子抑制。因此,单独用铁不能纠正贫血,但在 EPO 刺激红系造血同时补充铁剂,则可使红细胞生成增加,血红蛋白每月可增加约 5~10g/L。一般当运铁蛋白饱和度>20%、血清铁蛋白>100μg/L 时,铁供给可满足红细胞的加速生成。与口服铁剂补充相比,功能性缺铁对肠外铁剂补充更敏感。

第三十六章

免疫性血小板减少症及其相关病症

骨髓中的血小板产生与髓外血小板破坏、消耗与阻留保持动态平衡,使外周血小板数保持在一定的生理数值。人体血液中血小板总量尚无精确的数值,通常以外周血中血小板计数为标准。通常当外周血血小板计数持续$<100\times10^9$/L 时,为血小板减少症。血小板减少症是常见的血液病症,原因很多,可以是血小板生成减少、血小板破坏与消耗过多、血小板滞留增加,或任何这些机制的混合。临床上最常见的是血小板清除过多的、获得性、原发性和继发性免疫性血小板减少症,以及需要鉴别的一些相关疾病。由于不明原因血小板减少症数量较多,这些患者在骨髓检查实践中占有较大比例。

血小板减少可以发生出血症状,即出现"血小板型"出血,表现为皮肤黏膜的瘀点、瘀斑、鼻出血和牙龈黏膜出血;较少情况下,严重的血小板减少可导致胃肠道、泌尿生殖道或中枢神经系统出血。但是,其他止血功能良好和慢性病程患者,血小板计数不低于20×10^9/L 通常不会出现明显的自发性出血。血小板下降的速度也可影响出血,大概是持续(缓慢)血小板减少状态下可出现代偿过程。血小板功能障碍患者血小板数较高也可出血。血小板计数在$(80\sim100)\times10^9$/L 时,一般认为在大多数侵入性操作(包括手术)中都能及时止血(表 36-1)。

表 36-1　常见临床情况目标血小板计数值*

目的或干预	理想血小板数
防止自发性颅内出血	$>(5\sim10)\times10^9$/L
防止皮肤黏膜自发性出血	$>(10\sim30)\times10^9$/L
放置中心静脉导管	$>(20\sim30)\times10^9$/L(可压紧的部位)
	$>(40\sim50)\times10^9$/L(不能压紧的部位或隧道式导管)
在治疗剂量内使用抗凝药物	$>(40\sim50)\times10^9$/L
侵入性操作	
内镜检查活检	$>60\times10^9$/L
肝活检	$>80\times10^9$/L
大手术	$>(80\sim100)\times10^9$/L

* 为大概数值,反映其他止血方面未受损患者的目标范围

第一节　原发性免疫性血小板减少症

免疫性血小板减少症(immune thrombocytopenia,ITP)分为无明显原因的原发性和见于自身免疫性等疾病的继发性血小板减少症。原发性(免疫性)血小板减少症,即为过去的特发性血小板减少症或特发性血小板减少性紫癜(idiopathic thrombocytopenic purpura,ITP)。现在,这一术语"ITP"多被用于免疫性血小板减少症的简称。

一、定义和病理机制

原发性 ITP 是由于血小板自身抗体的存在使血小板破坏过多和/或生成障碍(巨核细胞成熟障碍),导

致外周血血小板减少、皮肤（尤其肢体内侧面的瘀点）和/或黏膜与内脏出血,骨髓巨核细胞常为增加和成熟障碍为特征的一种获得性自身免疫性疾病。传统定义的慢性型 ITP 为血小板计数低于正常,持续 6 个月以上,并排除继发性血小板减少。由于自身免疫机制的存在,故又称原发性 ITP 为原发性或特发性自身免疫性血小板减少症（idiopathic autoimmune thrombocytopenia,IAITP）。

将正常血小板输入 ITP 患者体内,生存期明显缩短,而 ITP 患者血小板在正常血清或血浆中,存活时间正常,提示血浆中存在破坏血小板的抗体（IgG 或 IgA 型）。在多数 ITP 患者血小板表面可检测到这种抗体,称为血小板相关抗体（platelet associated antibodies,PAA）或血小板相关免疫球蛋白（platelet associated immunoglobulin,PAIg）。急性 ITP 血小板表面 IgG 含量明显增高。据血小板表面补体成分测定,发现血小板表面相关 C3（platelet associated complement-C3,PA-C3）的结合量和 IgG 结合量大体呈平行关系,表明与血小板表面相关抗体 IgG（platelet relative antibody-IgG,PAIgG）的结合,在体内是通过补体结合的。但 PAIgG 的增高多为一过性,当其血小板数开始回升时,PAIgG 迅速下降。自身抗体也可以通过与血小板膜糖蛋白（GP Ⅱb-Ⅲa,GP Ⅰb-Ⅸ）结合,然后与巨噬细胞的 FC 受体结合并遭受破坏。自身抗体还可以与巨核细胞膜表达的 GP Ⅱb-Ⅲa 和 GP Ⅰb-Ⅸ 结合,影响巨核细胞的成熟使血小板生成减少（图 36-1）。因此,阻止血小板过度破坏和促进血小板生成是 ITP 现代治疗的重要原则。糖皮质激素及血浆置换和静注丙种球蛋白等治疗有效,也提示免疫因素作用。体外培养表明,脾既是 ITP 患者 PAIg 的产生部位,也是扣留与破坏 PAIg 结合血小板的部位。还有一部分患者血小板减少为细胞毒介导的巨核细胞损伤或释放血小板被抑制等机制参与。

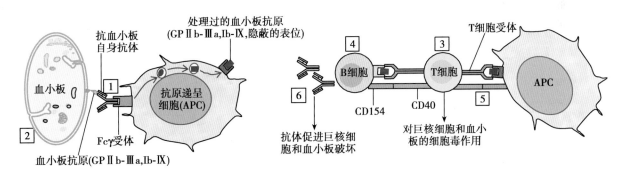

图 36-1　ITP 病理生理及相应的药物作用靶点

方框内序列号分别代表 ITP 治疗的各种作用靶点:1 为减少抗体包被血小板的清除,包括类固醇、静注免疫球蛋白、抗 D、达那唑、长春花生物碱、脾切除;2 为血小板输注（危及生命出血时紧急使用）;3 为作用于 T 细胞的类固醇、达那唑、硫唑嘌呤、环孢霉素、环磷酰胺;4 为作用于 B 细胞的抗 CD20、静注免疫球蛋白、环磷酰胺;5 为作用于共刺激的抗 CD154（抗菌肽 CD40 配体）;6 为血浆置换以去除循环抗体

近年表明,从 ITP 患者分离的 CD3⁺ T 细胞细胞毒性基因表达增加,包括 Apo-1/Fas、粒酶 A、粒酶 B 和穿孔素,涉及 T 细胞反应的基因表达也增加,如 γ 干扰素和白介素 2 受体。无论患者是否是在缓解期这些基因都上调,但 KIR 基因仅在缓解期患者中上调。这些现象表明 T 细胞介导的细胞毒性是 ITP 血小板破坏机制之一。由于现有的治疗方法大多有相当大的毒性,因此治疗只针对有症状的患者或那些认为有严重出血倾向的高危患者。

二、临床所见

原发性 ITP 是临床上常见的血小板减少症或出血性疾病。成人发病率为 5~10/10 万。特征为病人血小板减少而临床上无明显血小板减少的相关原因。通常根据临床分为急性型和慢性型（表 36-2）,儿童型与成人型。

急性型以儿童为多见,约 2/3 患儿在发病前 1~6 周内有急性上呼吸道或其他部位的病毒感染,或有近期预防接种。病毒感染致血小板减少可能与病毒抗原吸附于血小板膜糖蛋白使之抗原性发生改变从而产生相应的自身抗体破坏血小板。急性型起病急骤、发热、畏寒,突然有广泛严重的皮肤出血,甚至大片瘀斑或血肿。皮肤瘀点一般先出现于四肢,尤以下肢为多,分布不匀。黏膜出血多见于鼻、齿龈、口腔及舌,胃肠道及泌尿道出血可见。口腔黏膜血泡多反映急性重度血小板减少。患者如有头痛或呕吐,要警惕颅内出血。急性型往往呈自限性(表36-2),或经积极治疗,常在数周内逐渐恢复或痊愈。一部分患者(约20%)可迁延半年左右,亦有演变为慢性者。儿童ITP是一种基于无其他原因的独立的血小板减少,如果患儿有明显的贫血和白细胞减少,或有肝脾淋巴结肿大、骨痛、发热等表现时需要高度怀疑其他血液病。

表36-2 急性型与慢性型ITP的特征

	急性型	慢性型
年龄	儿童,多见于2~6岁	成人,20~40岁多见
性别	男女相等	男:女约为1:2
诱因	1~3周前有感染史	不明显
起病	急(多为<1周)	缓(隐匿)
出血症状	重	轻(典型者出血不严重)
血小板计数	多<$30.0×10^9$/L	<$60.0×10^9$/L
血小板寿命	约1~6小时	约1~2日
血小板形态	正常	异形,巨大型易见
嗜酸性粒细胞增加	常见	少见
淋巴细胞增加	常见	少见
骨髓巨核细胞	幼稚型常增加	颗粒型常增加
骨髓原始淋巴细胞	常增加(一般<10%)	不增加(部分易见,一般<3%)
病程	一般2~6周	数月或数年
自发缓解	80%以上	不常见

慢性型常见于50岁以下成人,尤其是青年女性。起病隐袭,一般无前驱症状,相当部分患者在检查血常规时被发现。症状和体征与血小板减少的程度及其功能状态有关。一般当血小板减少<$30×10^9$/L时,可有出血症状,常见皮肤、黏膜出血,如瘀点(不高于皮肤、按之不退色)、瘀斑及外伤后出血不止等,鼻出血、牙龈出血亦常见;月经过多者也常见,在部分女性患者中可为唯一的临床症状,且长期月经过多可伴有缺铁性贫血。血尿、咯血和胃肠道出血相对少见,颅内出血(多发生于血小板计数<$10×10^9$/L者)罕见。部分患者病情因感染等而突然加重,会出现广泛、严重的内脏出血。出血通常还与创伤和血管损伤有关。该型患者自发缓解少。也有一部分患者仅有血小板减少而无出血症状,也有部分患者有明显的乏力症状。原发性ITP患者一般无脾大,反复发作者可有轻度脾大,有明显的脾大、发热、体重减轻、肝肿大和淋巴结肿大者,不支持原发性ITP诊断。

成人原发免疫性血小板减少症诊断与治疗中国专家共识(2016年版)将成人ITP分为:①新诊断的ITP,为确诊后3个月以内的ITP患者。②持续性ITP,为确诊后3~12个月血小板持续减少的ITP患者,包括没有自发缓解和停止治疗后不能维持完全缓解的患者。③慢性ITP,为血小板持续减少超过12个月的ITP患者。④重症ITP,为血小板计数<$10×10^9$/L,且就诊时存在需要治疗的出血症状或常规治疗中发生新的出血而需要加用其他升血小板药物治疗或增加现有治疗药物剂量。⑤难治性ITP,符合以下条件者:进行诊断再评估仍确诊为ITP;脾切除无效或术后复发。

三、形态学与其他检查

红细胞和血红蛋白大多正常,出血较重者可伴有缺铁性贫血和白细胞增多。有幼稚细胞的白细胞增高或减少不支持原发性ITP。贫血与失血不成比例者,需要检查Coombs试验,是否存在Evans综合征。急性型者可见嗜酸性粒细胞和淋巴细胞稍高。血小板计数,慢性型多<$60×10^9$/L,急性型多<$30×10^9$/L。平

均血小板体积和血小板体积分布宽度增大。急性型血小板可大小不均、形态特殊、颗粒减少、染色过深、巨大血小板等形态。(巨)大血小板多为幼稚血小板,反映了血小板生长加快。这些血小板对二磷酸腺苷、胶原、凝血酶原或肾上腺素的凝集反应增强,能释放腺嘌呤核苷酸和血小板第4因子,故止血作用强,这可以解释部分慢性患者血小板减少,甚至<20×10^9/L,仍无明显出血的原因;变小的或微粒异常血小板可以反映血小板的破坏。

骨髓细胞增生活跃或明显活跃,如无急性或慢性反复出血,粒红两系大致正常。巨核细胞增生活跃,巨核细胞数量可正常或增多,50%以上病例巨核细胞数增多,并与血小板平均体积增高相关。急性型患者巨核细胞成熟明显欠佳,原幼巨核细胞增多,胞质量少,染色偏蓝,颗粒减少,产板型巨核细胞减少或缺如;慢性型巨核细胞常为代偿性增多,主要以颗粒型巨核细胞为主,产板型严重减少,可见幼巨核细胞产生血小板现象,易见巨核细胞颗粒增多、空泡形成、胞质和核退行性改变,血小板数量减少并伴有形态异常(详见第九章)。骨髓其他细胞可有变化,但无特异性。少数病程较长的难治性 ITP 中,骨髓巨核细胞可以不增多甚至减少,其原因可能与抗血小板抗体、血小板第4因子和β血小板球蛋白等因子对巨核细胞的抑制有关。部分患者骨髓可染铁减少,NAP 活性部分增高。

一部分 ITP 骨髓涂片有核细胞量减少,而印片细胞量常为增加或正常。后者可以评估 ITP 细胞量假性减少,但不易观察巨核细胞形态。骨髓切片可以很好反映有核细胞量,尤其 ITP 中巨核细胞量的改变。粒红造血细胞分布和形态无殊。巨核细胞无明显多形性和异形性。巨核细胞在造血主质中分布亦无异常(见第二十章)。

其他,ITP 患者 PAIg 增高,主要是 PAIgG,慢性型尤为明显。PAIg 包括 PAIgG、PAIgA、PAIgM、血小板相关补体(platelet relative complement,PAc),四项指标联合检查,可提高 ITP 的诊断。部分血小板相关抗体属于抗血小板膜 GP Ⅱb-Ⅲa 或 GP b-Ⅸ 自身抗体。血块退缩不良,束臂实验阳性。

四、诊断与鉴别诊断

原发性 ITP 的诊断需要依据病史、体格检查、全血细胞计数、血片形态学和骨髓细胞学、血小板自身抗体等检查。在无其他方面症状的成人中,新发的单一血小板减低而无其他明显原因(包括药物相关)者,一般都需要考虑 ITP。由于与其他血液病鉴别诊断或习惯上的需要,一般对血小板减少症都会做骨髓细胞学检查。由于原发性 ITP 特征与 SLE、SS 和肝硬化等原因引起的血小板减少症骨髓变化相似,故 ITP 形态学诊断是需要结合临床的一种符合性意见。此外,如在缺乏既往血细胞计数信息时,曾有手术、牙科和创伤后出血不止的病史,有助于确定慢性 ITP 的时间,并可排除继发性血小板减少症;如有近期输血需要提示输血后紫癜,有血小板减少家族史需要提示遗传性非免疫性血小板减少症,有相关用药(肝素、奎宁)史需要疑似药物相关血小板减少症。

成人原发免疫性血小板减少症诊断与治疗中国专家共识(2016 年版)的诊断要点:①至少 2 次血常规检查示血小板计数减少,血细胞形态无异常。②脾脏一般不增大。③骨髓检查:巨核细胞数增多或正常、有成熟障碍。④须排除其他继发性血小板减少症:如自身免疫性疾病、甲状腺疾病、淋巴细胞增殖性疾病、再生障碍性贫血和骨髓增生异常综合征等血液肿瘤、慢性肝病、脾功能亢进、常见变异性免疫缺陷病以及感染等所致的继发性血小板减少,血小板消耗性减少,药物诱导的血小板减少,同种免疫性血小板减少,妊娠血小板减少,假性血小板减少以及先天性血小板减少等。⑤诊断 ITP 的特殊实验室检查。特殊检查包括:①血小板抗体的检测,单克隆抗体特异性俘获血小板抗原(monoclonal antibody-specific immobilization of platelet antigens,MAIPA)法和流式微球法检测抗原特异性自身抗体的特异性较高,可以鉴别免疫性与非免疫性血小板减少,有助于 ITP 的诊断。主要应用于下述情况:骨髓衰竭合并免疫性血小板减少;一线及二线治疗无效的 ITP 患者;药物性血小板减少;单克隆丙种球蛋白血症和获得性自身抗体介导的血小板无力症等罕见的复杂疾病。但该试验不能鉴别原发性与继发性 ITP。②血小板生成素(thrombopoietin,TPO)检测:可以鉴别血小板生成减少(TPO 水平升高)和血小板破坏增加(TPO 水平正常),有助于鉴别 ITP 与不典型再生障碍性贫血或低增生性骨髓增生异常综合征。但这些项目不作为 ITP 的常规检测。

鉴别诊断方面,急性 ITP 需要与急性白血病、溶血性尿毒症综合征、慢性 ITP 鉴别。慢性 ITP 需要与以下病症相鉴别。

1. 假性血小板减少 当全血细胞计数发现血小板减少时,尤其是无明显出血的血小板减少者,首先检查血片以排除由于抗凝剂诱导的血小板聚集而发生的假性血小板减少(pseudothrombocytopenia,PTCT)。原因有采集时血液与抗凝剂未充分混匀、抗凝剂不足、巨大血小板综合征和血小板凝聚等。由抗凝剂乙二胺四乙酸盐(EDTA)引起的血小板凝聚是最常见的原因。凝聚的血小板不被血细胞自动分析仪识别造成假性血小板减少,同时因凝聚的血小板大小体积可以使相似大小的淋巴细胞比例假性增高。血片形态学可以鉴定是血小板假性减少还是真性减少。假性者镜下见凝聚的血小板,改用枸橼酸抗凝剂后不见血小板凝聚,再作血小板计数大多可以得到真实的血小板水平,由于枸橼酸抗凝剂仍可以发生少数患者血小板聚集,因此不用抗凝剂的血小板直接计数是最佳方法。

仔细的血片检查,还可发现其他的相关疾病,如巨大血小板见于遗传性血小板减少症;巨大血小板伴白细胞 Dohle 小体见于 May-Hegglin 畸形及其他 MYH9 血小板综合征;中等程度的血小板体积增大见于 ITP 或其他引起血小板寿命缩短的疾病;血小板体积变小见于 Wiskott-Aldrich 综合征;破碎红细胞和棘形红细胞见于溶血性尿毒症和血栓性血小板减少症以及弥散性血管内凝血等。

2. Evan 综合征 伊文综合征(Evan's syndrome)是自身免疫性溶血性贫血伴有血小板减少并能引起紫癜等出血性倾向的一种病症,可以是特发性或继发性,本病的特点是自身抗体的存在,导致红细胞以及血小板破坏过多,而造成溶血性贫血以及血小板减少性紫癜。临床上除了有血小板减少所引起的出血症状外,尚有黄疸、贫血等征象,抗人球蛋白试验常阳性,抗核抗体阳性率也很高,还可以出现免疫性白细胞减少。这些与 ITP 不同。

3. 遗传性或先天性血小板减少症 在儿童 ITP 的鉴别诊断中,需要考虑到并予以排除的遗传性或先天性血小板减少症。遗传性或先天性血小板减少症常有以下特点:患儿 1 岁之前发病;表现为亚急性血小板减少;血小板体积异常增大或缩小,颗粒过少等;患儿其他家族成员存在血小板减少或其他相关的先天性异常;对 ITP 的常规治疗反应差。遗传性或先天性血小板减少症的类型和表现可以参考叶向军、卢兴国主编人民卫生出版社 2015 年出版的《血液病分子诊断学》。

4. 其他血小板减少症和相关疾病 见本章第二节。

第二节 其他血小板减少症和相关紫癜病

血小板减少,临床上最常见的是继发性免疫性血小板减少症和其他原因所致的血小板减少症。也有一些紫癜病,虽与血小板减少无关,是临床上需要鉴别的相似疾病,也是形态学所要了解的内容。

一、获得性低巨核细胞性血小板减少症

获得性低巨核细胞性血小板减少症(acpuired amegakaryocytic thrombocytopenia,AATP)最早由 Korn 首先报道,是临床上少见的一种出血性疾病,系由于骨髓巨核细胞显著减少或缺如所致的血小板减少,而骨髓红系及粒系均为大致正常。故也称之获得性单纯无巨核细胞性血小板减少症(acquired pure amegakaryocytic thrombocytopenia,APATP)。

本病成人多于儿童,女性多于男性,可以是特发性的(约占慢性 ITP 的 5%)或巨核细胞发育中的自身免疫抑制引起,也可是继发性免疫机制(如药物、酒精中毒、红斑狼疮)所致。归纳起来,认知的致病机制:①巨核细胞及其前体细胞的内在缺陷;②巨核细胞集落形成单位(CFU-MK)生成显著减少,表明体液免疫在发病中起重要作用;③针对 TPO 的自身抗体;④活化的抑制性 T 淋巴细胞(CD8+/DR-)亚群可抑制巨核细胞的分化,CFU-MK 对粒细胞巨噬细胞集落刺激因子(GM-CSF)作用敏感性的缺失也可导致巨核细胞的分化成熟障碍。

AATP 的临床表现为病程较长,常达数年,甚至 5~6 年以上。患者有不同部位的出血症状,发作严重时可因颅内出血而致死。国内报道病例的出血部位依次为皮肤瘀斑、牙龈出血、鼻出血、消化道出血、尿血;女性患者经血过多;近半数患者可因出血而发生贫血,若长期慢性失血,也可有缺铁表现。可伴随原发

病的症状,如糖尿病、甲状腺功能亢进及肝硬化。一般无脾大。

AATP 患者外周血血小板计数波动在$(4.0 \sim 75) \times 10^9/L$,近半数$<30 \times 10^9/L$,红细胞、白细胞正常,贫血者网织红细胞可轻度增高。骨髓增生活跃或明显活跃;粒、红、淋三系细胞百分比在大致正常范围;部分红系增生;巨核细胞计数对本病的诊断极为重要,骨髓巨核细胞减少或缺如,且颗粒型巨核细胞的平均直径较小,但血小板的直径和面积大于正常,略小于 ITP。骨髓中性粒细胞碱性磷酸酶活性多增高。检测 PAIg 近半数以上阳性。部分病例 IgG 升高。

本病主要依据骨髓形态学结合临床特征和其他实验室信息进行诊断。骨髓穿刺涂片标本,往往需要多次检查确认巨核细胞减少或缺如,骨髓活检比骨髓涂片更能反映巨核细胞生成的真实性。

二、SLE、SS 和 APS 伴血小板减少

系统性红斑狼疮(systemic lupus erythematosus,SLE)的 20%~40%患者伴有血小板减少。血小板减少的主要原因是血液中存在抗血小板抗体和抗磷脂抗体所致。SLE 患者抗血小板抗体的存在与血小板减少相关,并增加疾病的严重程度。SLE 的约 40%患者抗磷脂抗体阳性,常有血小板减少;而抗磷脂抗体阴性的 SLE,仅 10% 患者有血小板减少。反之,70%~80%血小板减少的 SLE 患者为抗磷脂抗体阳性。SLE 血小板计数若$<20 \times 10^9/L$易引起皮肤、黏膜和内脏器官出血,甚至头颅出血。

干燥综合征(Sjagren syndrome,SS)是一种累及全身外分泌腺的慢性炎症性的自身免疫病,主要侵犯泪腺和唾液腺,其特征为口、眼和其他部位的黏膜干燥,并常伴有某些自身免疫特征的风湿病(如类风湿性关节炎、硬皮病和 SLE),可见受累组织内淋巴细胞浸润。本病发病率高,在自然人群中的患病率不详,以中老年女性为多见。SS 患者常可发生血小板减少,发生率约为 20%,并被认为是内脏损害的一个危险因素。SLE 和 SS 血小板减少者的骨髓象与 ITP 相似,常表现为巨核细胞增加或正常、颗粒型为主,生成血小板功能欠佳。

抗磷脂抗体综合征(antiphospholipid syndrome,APS)是由抗磷脂抗体引起的一组临床征象的总称。APS 抗体是一组能与多种含有磷脂结构的抗原物质发生免疫反应的抗体,主要有狼疮抗凝物、抗心磷脂抗体、抗磷脂酸抗体和抗磷脂酰丝氨酸抗体等。与抗磷脂抗体有关的临床表现,主要为反复的动静脉血栓形成、习惯性流产、血小板减少和神经精神症状等。APS 是 SLE 病人中常见的临床表现。血小板减少约见于20%~40%的 APS 患者,常为轻中度减少($>50 \times 10^9/L$),重度减少约占血小板减少者的 5%~10%。血小板减少的 APS 少有出血症状,但仍易发生血栓形成。血小板减少的可能机制有血小板的直接破坏、聚集与消耗、血小板糖蛋白介导的免疫性血小板破坏。

三、妊娠期血小板减少症

对妊娠妇女需要全血细胞计数进行评估。血小板减少是妊娠过程中常见的临床问题,发生率可能仅次于贫血。无症状性血小板减少发生于约 5%正常妊娠的中晚期或产后期,血小板计数$>70 \times 10^9/L$(轻度减少),分娩后自愈。这一血小板减少常被称为妊娠性血小板减少,引起血小板减少的原因不确切。

妊娠期血小板减少,首先排除假性减少。ITP 约占妊娠期相关血小板减少的 4%~5%,常引起妊娠早期中重度血小板减少,妊娠 ITP 与妊娠性血小板减少不容易鉴别,因 PAIgG 在两者中都可以升高,而且ITP 常发生于年轻妇女也常因妊娠而加重。若患者有与妊娠无关的 ITP 病史,或在妊娠早期有重度血小板减少伴出血,可以支持 ITP 诊断。健康妊娠妇女妊娠晚期,血小板减少一般不$<70 \times 10^9/L$,孕妇和新生儿的出血危险性很小。这部分妊娠妇女中,血小板减少可能有因血容量增加所致的血液稀释性因素。妊娠妇女血小板减少诊断为 ITP,需要排除其他的可能原因,当临床症状和实验室检查足以诊断时,骨髓检查不是唯一的。诊断 ITP 对胎儿很重要,因抗血小板抗体可以引起胎儿血小板减少和出血。在美国血液病学会的 ITP 指南中,血小板计数$>50 \times 10^9/L$者可以妊娠,妊娠期 ITP 可以加重,但分娩后常会恢复至妊娠前水平。当第二或第三孕期血小板计数$<30 \times 10^9/L$,或任一孕期血小板计数$<10 \times 10^9/L$或出血时,均应予以静脉输注免疫球蛋白或皮质类固醇激素治疗。

子痫前期(先兆子痫)是妊娠期出现高血压和蛋白尿,子痫为围产期孕妇在子痫前期基础上发生的急

性中枢神经系统病变。约一半子痫前期孕妇有血小板减少,且血小板减少的发生率和严重性与子痫前期的严重程度相一致。妊娠期发生的溶血(微血管溶血贫血)、肝酶升高和血小板减少综合征,被简称为 HELLP 综合征,是与子痫前期或子痫有关的疾病,常见于围产期。血小板减少是由于血管内皮损伤、血小板黏附与聚集所致。

四、新生儿同种免疫性血小板减少症

新生儿同种免疫性血小板减少症(neonatal alloimmune thrombocytopenia,NAT)是由于母体与胎儿血小板型别不同所引起。在 NAT 中,母体产生了针对胎儿不同表型的血小板抗原(来自父亲的同种抗原)的抗体穿过胎盘,导致胎儿血小板破坏。在亚洲人中抗体通常针对人类血小板抗原(human platelet antigens,HPA)-4a 和 HPA-3a。NAT 在很多方面与新生儿同种免疫性溶血性贫血相似(类似于血型不合所引起的新生儿溶血性黄疸),但新生儿同种免疫性溶血性贫血很少发生于第一胎(详见卢兴国主编,人民卫生出版社 2015 年出版的《贫血诊断学》),而 NAT 有 40%~60%发生于第一胎。母亲患有 ITP 时,抗血小板抗体经胎盘传至新生儿,但一般不引起胎儿严重的血小板减少与出血,而 NAT 患儿则有严重的血小板减少和颅内出血的高发生率(分娩期间或之后),可以导致 5%NAIT 患儿死亡。通常经过 2~3 周血小板减少缓解。实验室检查一般仅为血小板减低,个别病例伴高胆红素血症。骨髓检查正常或伴有巨核细胞增多,少数减少,是由于巨核细胞受到同族免疫反应的损伤,此类患儿母体中同种抗体浓度较高,补体结合反应出现阳性。NAT 母亲血小板计数正常,是鉴别于 ITP 的主要依据。

五、输血后紫癜

输血后紫癜(post transfusion purpura,PTP)见于多次输血后的患者,属于同种免疫性的一种血小板减少症。特点是在最近一周内接受输血(红细胞、血小板或血浆)的病人突然出现不明原因的血小板减少而无其他症状。系由于输入异型血小板刺激免疫记忆细胞,再次产生以前出现过的同种血小板抗体所致。通常输注 1U 以上的血液制品尤其是浓缩红细胞后数天发生的严重血小板减少($<10\times10^9$/L)伴有明显的出血,骨髓中巨核细胞正常或增多。一般发生于输血后 5~7 天内,1~2 个月后自愈。输血后紫癜的骨髓巨核细胞正常或增加,产生血小板功能欠佳。PTP 常见于有过多产史或输血史的绝经后女性,她们原本就有血小板减少和出血,如果不经治疗,血小板减少通常持续达 2~3 周,并发出血的死亡率为 10%。因此,对于疑似病例应尽快静脉滴注免疫球蛋白。

六、周期性和间歇性血小板减少症

周期性血小板减少症是 ITP 病程中不常见表现的少见综合征,主要发生于青年女性,同月经周期有关,但也可发生于男性和绝经后妇女。由于存在抗血小板膜糖蛋白抗体,血小板遭受自身免疫性破坏,周期性 M-CSF 增加,血小板被吞噬作用增强或血小板周期性生成减少。本病虽可自发缓解,但大部分病人的周期性血小板减少是慢性过程,也可能是骨髓衰竭的前驱症状。间歇性血小板减少症发作期,血小板生存时间缩短,病程 2 个月至 3 年,间歇期 2 个月至 6 年。

七、药物性血小板减少症

根据定义,药物引起的血小板减少症是在开始用药后发生的,当不良用药停止时缓解,而且如果重新用药又可发生。药物所致的血小板减少症为药物治疗过程中的一种常见副作用,任何接受西药、中草药或碘化造影剂的患者,出现血小板减少都需要考虑到这一因素。遗传和环境因素均影响患者对药物的易感性。发生机制主要分为两类:一为骨髓被药物毒性作用抑制,二为药物通过免疫介导机制破坏血小板。药物通过免疫机制引起的血小板减少症称为药物性免疫性血小板减少性紫癜(drug-induced autoimmune thrombocytopenic purpura,DITP)。有许多药物可能引起免疫性血小板减少,如解热止痛药、抗生素、植物碱类、镇静药、解痉药、磺胺衍化物等,其中最常见的药物是奎宁、奎宁丁、肝素、司眠脲、氯喹、氢氯噻嗪、吲哚美辛、氨基比林。

DITP 可发生于不同年龄,不同药物、不同患者之间临床症状极不一致,主要表现为出血,最常见为皮肤瘀点或瘀斑,鼻出血或牙龈出血,严重者有消化道和泌尿道出血。血小板减少,轻者无症状,重者可因颅内出血或因肝素导致内皮细胞的免疫损害引起血小板活化和清除(肝素诱导的血小板减少症),常合并危及生命的肺栓塞与动脉血栓形成致死。

肝素诱导的血小板减少症(heparin-induced thrombocytopenia, HIT)是一种常见的医源性血小板疾病,由抗体介导,引起血小板活化并被清除。虽然这种疾病发生血小板减少,矛盾的是 HIT 患者血栓形成的危险性高,在标准肝素治疗 5 天以上,发生率约 1%~5%;使用低分子量肝素者<1%。由肝素及其他阴离子糖胺聚糖诱导产生针对血小板第 4 因子(platelet factor 4, PF4)新表位的自身抗体。PF4 是以硫酸软骨素(chondroitin sulfate, CS)复合物形式储存在血小板 α 颗粒内。血小板活化后,PF4-CS 复合物释放并结合到血小板表面。肝素可置换 CS,形成 PF4-肝素复合物。IgG 型抗 PF4-肝素结合于血小板导致 Fcγ 受体介导的血小板清除,还导致血小板通过 FcγRIIA 而被活化并产生促凝微粒。在单核细胞和内皮细胞上也有 PF4-肝素复合物形成,抗体与之结合后引起组织因子驱动的凝血酶生成,因而形成血栓。PF4-肝素复合物在 PF4 与肝素以等摩尔浓度存在时抗原性最强,可形成超大的分子复合物。低分子量肝素构成这些超大复合物的效率较低,故用 LMWH 治疗患者 HIT 发生率较低。

实验室检查,DITP 患者血小板计数减少程度不一,严重者可以<$(10 \sim 20) \times 10^9/L$。严重失血过多或同时伴发溶血性贫血病例,血红蛋白和红细胞计数降低,网织红细胞可正常或增高。骨髓巨核细胞正常或增多,常有巨核细胞成熟障碍,产血小板巨核细胞减少或缺乏,形态一般正常。束臂试验阳性,出血时间延长,血小板功能试验如血小板聚集下降,血块收缩不佳。

患者停药后,血小板计数恢复,再次接触该药物后血小板减少又会出现,可以确定药物诱导的血小板减少症。从开始服药到出现血小板减少的中位时间为 14 天,当再次接触敏感药物后,体内已经存在的特异性抗体即可与血小板产生反应,可以发生快速的急性血小板减少。相关药物在引起血小板减少的同时,可能还会影响其他血细胞(减少)。

八、感染性血小板减少症

本病是因病毒、细菌或其他原因感染所致的血小板减少症。目前发现可致血小板减少的病毒感染包括登革热、麻疹、风疹、单纯疱疹、水痘、巨细胞病毒感染、病毒性肝炎、流感、腮腺炎、传染性单核细胞增多症、流行性出血热、猫爪热、登革热等。导致血小板减少的细菌感染包括革兰阳性及阴性细菌败血症、脑膜炎双球菌、菌血症、伤寒、结核病、细菌性心内膜炎、猩红热、布氏杆菌病等。病毒或细菌引起的血小板减少,与骨髓巨核细胞受损和血小板消耗性减少或伴随的噬血细胞综合征破坏血小板过多有关。

噬血细胞作用是一种骨髓巨噬细胞吞噬骨髓细胞的过程。在骨髓涂片中如果这种现象只有零星地发现则认为是非特异的,但在血细胞减少情况下观察到骨髓较多巨噬细胞吞噬白细胞、红细胞或血小板,则表明是一种病理过程。在成人中,败血症或 EB 病毒相关的感染或恶性肿瘤可以促使 T 细胞产生细胞因子,介导噬血细胞作用,导致血小板减少。处理这些疾患,主要是用免疫抑制治疗。

大多数细菌和病毒感染引起血小板减少的发生率为 30%~90%。除先天性感染外,只有在感染 1 周后或感染治愈后出现的血小板减少才考虑免疫机制所致。作出诊断通常需要有明确的病史和直接的微生物学检验。如果抗菌药物治疗或感染解决后血小板数不能有效恢复到基线,应寻找其他病因。

血小板减少多为轻至中度,一般不<$50 \times 10^9/L$,减少的程度也是感染严重的一种反应。因此,临床上出血症状多不明显,重者有皮肤黏膜出血,如瘀斑、瘀点、鼻出血、牙龈出血和月经过多。实验室检查,血小板一般中度或轻度减少,不同种类病原体血小板减少程度不相同,严重者可降至$(10 \sim 20) \times 10^9/L$,伴出血时间延长,束臂试验阳性。骨髓检查结果视不同病因而异。许多病毒感染时可引起暂时性血小板减少,并可见骨髓巨核细胞形态异常等受损表现。人类免疫缺陷病毒(humma immunodificidncy virus, HIV)感染常见血小板减少,有时成为发病前的主要现象,可能是免疫复合物引起血小板破坏增加或巨核细胞功能受损(包括无效生成)。新生儿因风疹巨细胞病毒感染时,约有 1/3 的患儿同时伴发血小板减少性紫癜。由于病毒影响巨核细胞生成,巨核细胞数常减少。感染后,患者血小板在数周内可逐渐回升。

九、血栓性血小板减少性紫癜与溶血性尿毒症综合征

血栓性血小板减少性紫癜(thrombotic thrombocytopenic purpura,TTP)为罕见的微血管血栓出血综合征,主要特征有发热、血小板减少性紫癜、微血管病性溶血性贫血(microangiopathic hemolytic anemia,MAHA)、中枢神经系统和肾脏受累。TTP 与溶血性尿毒症综合征(hemolytic-uremic syndrome,HUS)在临床上是一组类似的疾病,也有合称为 TTP-HUS。两者的典型特征都是血小板消耗性减少和 MAHA,神经系统和肾脏损害也具有特征性,TTP 以神经系统损伤为主要,而 HUS 主要临床特征是急性肾衰。

TTP 可见于任何年龄,但多在 10~40 岁发病。成年及妊娠妇女多见,约占 60%~70%。以急性暴发型多见,如不治疗可于数周内死亡。少数起病较缓慢,可有肌肉及关节痛等前驱症状。亦有患者以胸膜炎、Raynaud 现象或阴道流血为最初主诉。临床上 TTP 患者具有血小板减少引起出血、MAHA、神经精神症状、肾脏损害和发热者,被称为经典的五联征。

实验室检查,TTP 为正细胞正色素性贫血,红细胞和血红蛋白都有不同程度的下降,1/3 病人血红蛋白<60g/L,外周血网织红细胞增高并出现有核红细胞。绝大多数病人血液中出现破碎和畸形红细胞,是 MAHA 的特征之一。此类红细胞可达 4.6%~52.5%,(正常 0~0.76%),如盔形红细胞、半月形、三角形等红细胞碎片。白细胞数常增高,可呈中度核左移。血小板减少,一般在(10~50)×10^9/L,血小板生存时间可缩短至 4 小时,消耗过多是引起血小板减少的主要原因。出血时间延长,血块收缩不佳,束臂试验阳性。骨髓象呈溶血性贫血改变,红系增生明显活跃,巨核细胞正常或增多,可呈成熟障碍象。

HUS 与 TTP 是类似的疾病,两者的病理、临床和实验室检查结果极为相似。HUS 有许多象 TTP 一样的临床表现,具有溶血性贫血、血小板减少与肾功能异常 3 个基本特点,但其肾脏损害更为严重而神经精神症状较轻。HUS 病例农村较城市多见,以晚春及初夏季为高发季节。HUS 可发生于成人,多为散发病例,又称散发性 HUS,多见于 5 岁以下儿童,又称腹泻相关性 HUS,与 VERO 毒素和大肠埃希菌 O157:H7 相关,是婴儿期急性肾衰的主要病因之一。

十、其他紫癜病

1. 过敏性紫癜　过敏性紫癜(anaphylactoid purpura,allergic purpura)又称出血性毛细血管中毒症,是由于机体发生变态(过敏)反应而引起的一种常见疾病,导致毛细血管脆性和通透性增加,血液外渗,出现高出皮肤的皮肤紫癜(见图3-4)、黏膜及某些器官出血,并可同时出现皮肤水肿、荨麻疹等其他过敏表现,一般以儿童和青少年较多见,男性多于女性。春、秋季节发病较多。实验室检查中外周血白细胞可轻度增高,合并寄生虫者嗜酸性粒细胞增多;血小板计数、出凝血时间、血块退缩试验均正常;骨髓象检查无特殊,束臂试验阳性。

2. 单纯性紫癜　单纯性紫癜(purpura simplex)是一种很常见的良性出血性疾病,又称易发瘀斑综合症。无其他病症,自发地在皮肤、尤其在两下肢反复出现紫癜,不经治疗可以自行消退的一种出血性疾病。本病常在一个家庭内出现,主要见于女性,男性少见。本病对健康无明显危害,预后良好。实验室检查束臂试验阳性或阴性,但止血功能常规检查正常。少数患者血小板对 ADP、肾上腺素诱导的聚集反应异常,对玻珠柱的黏附率减低。

3. 老年性紫癜　老年性紫癜(senile purpura)又名日光性紫癜(solar purpura)或皮质类固醇激素类紫癜(corticosteroid purpura)是一种慢性血管性出血性疾病,多见于 60 岁以上男性及女性。主要与皮肤、皮下组织及血管壁本身因素有关。患者皮肤发生老年性退行性变,胶原、弹性蛋白逐渐消失,皮下脂肪组织萎缩、松弛,使小血管周围缺少支撑,血管脆性增加,导致局部出血倾向(见第三章图3-4)。实验室检查出凝血时间正常、束臂试验轻度阳性。

4. 高 γ 球蛋白血症　见于 γ 球蛋白增高伴紫癜的综合征,系抗原抗体反应性血管炎症所致,见于青年及中年女性,与巨球蛋白血症(紫癜以散在和密集融合成片为特点)不同,易并发 Sjogren 综合征和结缔组织病,紫癜发生于下肢好时坏时呈慢性经过,血小板正常而功能受损,抗 γ 球蛋白抗体阳性。

第三十七章

其 他 疾 病

血液病的范围很广,尤其是非肿瘤性血液病和继发性血液病。本章介绍与血液和(骨髓)形态学相对密切的一些血液病症。

第一节　白细胞减少症与粒细胞缺乏症

白细胞减少症,习惯上常指中性粒细胞减少症;粒细胞缺乏症,实际上就是中性粒细胞缺乏症。两者在病因上有相似性,由于表现在外周血中中性粒细胞的多少不同而反映在临床上的症状与体征轻重和危及生命的风险不一。

一、定义和类型

白细胞减少症(leukopenia)是指外周血白细胞计数多次检查<$4×10^9$/L,又不符合其他血液疾病诊断的综合病症,包括意义未明白细胞减少症(无明显原因的白细胞减少症)以及有明确病因或原发病相关的白细胞减少症。最受血液形态学和临床血液学关注的是意义未明白细胞减少症。所谓"意义未明"或"无明显原因",是经回顾性分析,患者曾有过某些相关药物治疗或化学物质接触或病毒感染等的可能性病因;也有部分患者找不到任何可能的病因,故又称为特发性白细胞减少症。意义未明白细胞减少症不包括急性白细胞减少症,而慢性白细胞减少症是它的范畴。这类白细胞减少症,部分经临床治疗后康复,部分患者白细胞计数处于波动状态,少数病例经多年后可转化为造血和淋巴组织肿瘤,如骨髓增生异常综合征(myelodysplastic syndromes,MDS)或急性白血病。

意义未明(慢性)白细胞减少症有两个临床型:一是白细胞减少,构成白细胞的各类细胞百分比基本不变;二是白细胞减少,主要为某一细胞成分的减少。形态学和临床血液学普遍重视的是中性粒细胞减少。一般所述的白细胞减少症指中性(分叶核)粒细胞减少症(neutropenia),通常又习惯称粒细胞减少症(granulocytopenia)。粒细胞减少症和粒细胞缺乏症的定义见第十八章第三节。根据临床资料和实验室所见,白细胞减少症又分为两型:即伴有和不伴有血红蛋白和/或血小板减少。因此,白细胞减少症、血小板减少症和血红蛋白减少的贫血,它们互为重叠,不过侧重面不同,临床和实验室表现也常有明显不同。淋巴细胞减少症标准为淋巴细胞绝对值<$1.0×10^9$/L,继发性淋巴细胞减少多为病毒感染 CD4$^+$ T 细胞减少所致,因 CD4$^+$ T 细胞占血中淋巴细胞的比例最高(50%左右)。

在意义未明(慢性)白细胞减少症中,有一种特发性中性粒细胞减少症(idiopathic neutropenia of undetermined significance,ICUS-N),2007 年 MDS 国际形态学协作组(International working group on morphology of myelodysplastic syndrome,IWGM-MDS)的定义为中性粒细胞<$1×10^9$/L,Hb≥110g/L,血小板≥$100×10^9$/L。相应的,意义未明特发性贫血和血小板减少症的标准,分别为 Hb≤110g/L、血小板≥$100×10^9$/L、中性粒细胞≥$1×10^9$/L 和血小板≤$100×10^9$/L、中性粒细胞≥$1×10^9$/L 和 Hb≥110g/L。

粒细胞缺乏症几乎都是在原发病的基础上,因某种诱因而急性发生的。起病急,易合并重症感染,病情危重,是内科急症之一。很少是慢性中性粒细胞减少症发展到严重阶段的表现。因此,粒细胞减少症和粒细胞缺乏症可以看为程度上的差异(表 37-1)。粒细胞缺乏症中,有一部分患者骨髓仅表现为单一粒系的造血障碍而无其他造血系列的明显异常者,特称为纯粒细胞再生障碍(pure granulocytic aplasia,PGA),

它又属于再障的特殊类型。

表 37-1　粒细胞减少症和粒细胞缺乏症的差异

	粒细胞减少症	粒细胞缺乏症
白细胞	减少,多在$(2\sim4)\times10^9$/L 之间	常$<2\times10^9$/L
中性粒细胞	轻度减少	重度减少,$<0.5\times10^9$/L
骨髓粒系	基本正常或增生轻度减低或成熟轻度障碍	不见基本正常,常见成熟障碍和再生障碍
发病方式	缓和,症状多不明显	起病急,易合并重症感染
治疗	一般不需特殊治疗,或给予升白细胞药物	需积极治疗
预后	预后大多良好	若不及时采取有效措施,预后较差

二、常见的继发性粒细胞减少症

遗传性白细胞减少症和周期性中性粒细胞减少症很少见,详见第三十四章。继发性中性粒细胞减少症,临床上最常见于以下三种原因所致的减少。

1. 药物诱导中性粒细胞减少　药物的毒性作用致中性粒细胞减少可能是最常见的原因。药物可以通过下列一个或多个机制引起中性粒细胞减少:对快速分裂的骨髓细胞产生直接的细胞毒效应,免疫或非免疫介导中性粒细胞破坏,并引发临床症状。回顾性资料表明,从接触药物到发生中性粒细胞减少的持续时间可以从一周以内至 60 天不等。中性粒细胞可以严重减少(如$<0.1\times10^9$/L),但通常只需在停止药物 5~10 天后开始恢复。重新给予致敏药物可使中性粒细胞数突然减少。

2. 感染相关中性粒细胞减少　感染后发生中性粒细胞减少比较常见,可由以下一个或多个原因引起:破坏、着边(炎症初期白细胞附集于血管壁)、滞留或骨髓抑制。病毒感染引起的中性粒细胞减少可以在几天之内出现,而且可以在病毒血症期间持续减少。病毒引起中性粒细胞减少的程度和持续时间通常轻微且短暂,但 EB 病毒、肝炎病毒和人类免疫缺陷病毒(human immunodeficiency virus,HIV)引起的可以较为严重而持久。革兰阴性杆菌感染时骨髓中性粒细胞储备受损,如新生儿和老年患者以及长期免疫抑制者,可以引起中性粒细胞减少。原虫(利什曼原虫)和立克次体(落矶山斑疹热和埃立克体)感染也可以引起白细胞减少,且常伴贫血和/或血小板减少。

3. 免疫相关中性粒细胞减少　中性粒细胞减少通常与针对中性粒细胞抗原的特异性抗体相关。抗体可以与自身免疫性疾病一起出现。临床上,许多综合症状相似。新生儿同种免疫性中性白细胞减少症,母体 IgG 抗体直接针对胎儿中性粒细胞上的父系抗原造成中性粒细胞中度减少,呈自限性,仅持续几周至几个月。这些新生儿感染的危险性增加,而且肺、皮肤或泌尿道可以发生革兰阳性或阴性细菌感染。可用抗生素和静脉注射免疫球蛋白(IVIg)治疗,也可用粒细胞集落刺激因子(granulocyte-colony stimulating factor,G-CSF)作为支持治疗。婴儿或儿童期自身免疫性中性粒细胞减少症,常见于 2 岁以下患者。中性粒细胞减少程度不定,感染可以发生在口咽、耳、鼻窦和上呼吸道。中性粒细胞减少可以在数月或数年后自发好转,通常不需治疗。在急性感染期间给予抗生素和 G-CSF 治疗,而磺胺甲噁唑和甲氧苄啶常作为预防用药。成人自身免疫性中性粒细胞减少典型的代表有系统性红斑狼疮、类风湿关节炎或胶原血管病。费尔蒂综合征(Felty syndrome)表现为中性粒细胞减少、类风湿性关节炎和脾大三联征。这些中性粒细胞减少的程度是可变的,而潜在自身免疫性疾病的治疗一般能改善中性粒细胞减少。在发生自身免疫性中性粒细胞减少时可能并无共存的自身免疫性疾病,临床综合症状未能很好显露。

三、临床特征

粒细胞减少症和粒细胞缺乏症的症状视白细胞减少的程度和速度。慢性白细胞减少症,白细胞减少程度轻,一般表现为乏力、腿酸和失眠等症状,也可无症状。粒细胞缺乏症多由药物(最常见为抗精神病、解热镇痛、抗甲状腺和抗肿瘤的四类药物)、重症感染和自身免疫三大原因所致,在急速的白细胞下降中,伴随急骤的寒战、高热、乏力、咽痛和全身酸痛等症状;在使用解热镇痛药和抗甲状腺药物中而突发的粒细胞缺乏症,迅速出现恶寒、盗汗、肌痛和体温升高;在咽峡部、口腔、阴道、直肠、肛周部位等处,常因细菌侵入可迅速发生溃疡和坏死(溃烂),常易发生败血症,而在炎症区缺乏粒细胞反应是粒细胞缺乏症的病理特征。

中性粒细胞减少引起感染的危险取决于三个因素:骨髓有核细胞绝对计数值,中性粒细胞在骨髓中的储备量,以及中性粒细胞减少的持续时间。中性粒细胞在$(0.5 \sim 1.0) \times 10^9/L$时危险性增加,而$<0.5 \times 10^9/L$时危险性最大。中性粒细胞计数下降或稳定在较低水平,并在感染状态或其他骨髓应激状态下中性粒细胞计数仍不能增加者,其并发症的危险显著增高。

自1989年开始应用EPO以来,重组类集落刺激因子在临床上应用日益普遍。现在,临床上应用最多的是重组人红细胞生成素(recombinant human erythropoietin,rhEPO)、重组人粒细胞集落刺激因子(recombinant human granulocyte-colony stimulating factor,rhG-CSF)、重组人巨噬细胞集落刺激因子(recombinant human macrophage-colony stimulating factor,rhM-CSF)和重组粒细胞单核细胞集落刺激因子(recombinant human granulocyte-monocyte-colony stimulating factor,rhGM-CSF)。rhG-CSF对粒细胞缺乏症、恶性肿瘤化疗引起的中性粒细胞减少,有良好疗效,用药敏感者,骨髓早中幼阶段粒细胞明显增多,胞质嗜苯胺蓝颗粒增多,成熟阶段粒细胞非特异性颗粒增多而类似中毒性颗粒(嗜苯胺蓝颗粒),可见空泡形成,外周血中偶见幼粒细胞,这些是粒细胞功能增强的体现,包括髓过氧化物酶(myeloperoxidase,MPO)活性增强、吞噬功能增强。在骨髓移植中,应用rhG-CSF或rhGM-CSF,或与IL-3联合应用,有利于骨髓移植的加快恢复或骨髓重建造血。化疗期间应用rhG-CSF或rhGM-CSF可以降低中性粒细胞减少的发生率。正常情况下,给予rhG-CSF增加外周中性粒细胞并提高呼吸爆发代谢和超过氧化物的释放,也增加循环中CD34+细胞、粒单系祖细胞和早期红系祖细胞,对供者事先动员祖细胞还可以增加骨髓重建能力。给予或刺激GM-CSF、M-CSF、干细胞因子、FMS酪氨酸样激酶3(FMS-like tyrosine kinase 3,FLT3)配体(FLT3 ligand,FL)、IL-11、EPO等造血生长因子均有动员造血干细胞和祖细胞进入血液的作用。

四、减少症与缺乏症形态学及其类型

1. 血象　白细胞减少症的白细胞计数降低,$<4.0 \times 10^9/L$,细胞分类为粒细胞减少,常无明显的形态学改变,淋巴细胞比例相对增高。血红蛋白和血小板正常或轻度降低。粒细胞缺乏症白细胞明显减低,常$<2.0 \times 10^9/L$,中性粒细胞$<0.5 \times 10^9/L$,甚至完全缺如,但个别病例白细胞可在$3.0 \times 10^9/L$左右。淋巴细胞百分比明显增高,单核细胞也可见增多,中性粒细胞胞质内有明显毒性颗粒或嗜苯胺蓝颗粒、空泡及核染色不佳等变性,NAP积分增高。恢复期外周血可见幼稚粒细胞,呈一过性类白血病反应。

血红蛋白和血小板早期正常或轻度减少,重症感染时可不同程度降低。若在粒细胞缺乏症早期即出现血红蛋白和血小板明显降低或伴随病程进展出现进行性下降时,可预示病情危重,预后差。

2. 骨髓象与形态学类型　白细胞减少症和粒细胞缺乏症的骨髓象变异较大,尤其是粒细胞缺乏症。骨髓病变主要有两大类:其一是骨髓增生降低;另一是骨髓增生,也可类似急性白血病的骨髓反应。骨髓增生降低主要由粒细胞减少所致,也有部分为多系造血细胞减少,甚至造血停滞。骨髓增生的急性类白血病样反应,是早幼粒细胞和/或中幼粒细胞明显增多而后期细胞较少所致。增生的各阶段粒细胞形态往往规则,胞质嗜苯胺蓝颗粒增多,易见空泡和双核幼粒细胞。幼红细胞和巨核细胞常无明显改变。可见浆细胞反应性增多。根据浙江医科大学附属第二医院血研室(陈朝仕、王振生,卢兴国,1985年)对白细胞减少症和粒细胞缺乏症骨髓象的分析,按细胞学变化分为五个类型。

(1) Ⅰ型——未见明显变化型:骨髓有核细胞增生大致正常,各系细胞数量、百分比和形态未见明显改变。外周血白细胞绝大多数为轻度至中度减少,血红蛋白和血小板正常或仅为轻度减少。临床无特殊症状和体征。此型是大多数(中性)粒细胞减少症的形态学类型。

(2) Ⅱ型——造血轻度减低型:骨髓有核细胞增生轻度减低,大多为粒细胞减少所致,粒红比例降低,而有核红细胞和巨核细胞造血未见明显改变。也一部分有核细胞减少,除了粒细胞减少外,幼红细胞和/或巨核细胞也有减少。多系骨髓细胞减少者,外周血白细胞多轻度或中度减少,多见于粒细胞减少症,少数为粒细胞缺乏症。

（3）Ⅲ型——粒细胞再生障碍型：此型属于纯粒细胞再障范围。骨髓有核细胞多增生减低，由粒系细胞明显减少甚至消失所致。骨髓粒系细胞总数低于 10%～15%（易见空泡），幼红细胞和巨核细胞未见明显变化。外周血白细胞显著减低（<2.0×10^9/L），粒细胞缺乏，血红蛋白和血小板正常或轻度减低。此型见于粒细胞缺乏症。

（4）Ⅳ型——粒细胞成熟障碍型：骨髓有核细胞增生正常或轻度减低，根据有增殖功能粒细胞成熟障碍停滞的阶段，又分为两个亚型。①Ⅳa 型——早幼粒细胞成熟障碍型，粒细胞主要成熟于早幼粒细胞阶段。早幼粒细胞明显增高，可高达 40%，细胞成熟障碍（早幼粒细胞以下粒细胞明显减少，甚至缺乏），原始粒细胞可轻度增高，但低于 5%，呈类早幼粒细胞白血病反应，此型是粒细胞缺乏症较常见的细胞形态类型（见图 7-16）。此型易被误诊为急性早幼粒细胞白血病（acute promyelocytic leukemia, APL）或, MDS，需要高度重视。粒细胞缺乏症时增多之早幼粒细胞胞体增大，可达 40μm，外形、胞核较规则，颗粒多而粗大，弥散分布，不见细颗粒，缺乏瘤状突起和异质性改变，胞质边界清楚，一般无内外胞质之分，无 Auer 小体，与 APL 异常早幼粒细胞明显不同（详见第七章）。骨髓幼红细胞和巨核细胞大致正常或未见明显变化，也与 APL 不同。血象中，粒细胞显著减少，而血红蛋白和血小板大致正常或轻度减低，罕见幼稚细胞，而 APL 外周血中易见白血病细胞，几乎都伴有血红蛋白和/或血小板的明显下降。②Ⅳb 型——中幼粒细胞成熟障碍型，粒细胞主要成熟于中幼粒细胞阶段，骨髓中幼粒细胞明显增多，可高达 30%，伴有成熟障碍（见图 7-28），晚幼粒细胞及其后期阶段细胞明显减少或缺如，原始粒细胞和/或早幼粒细胞正常或轻度增高。Ⅳb 型易误诊为亚急性粒细胞白血病（我国的 M2b）。以下几项有助于两者的鉴别诊断：①粒细胞缺乏症时骨髓增生正常或减低，外周血一般无幼稚粒细胞；而 M2b 骨髓明显增生，外周血易见幼稚粒细胞。②粒细胞缺乏症的中幼粒细胞胞质特异性颗粒多，核仁少见；而 M2b 为异形中幼粒细胞，核质发育不同步，胞核可见明显核仁。③粒细胞缺乏症骨髓红、巨两系造血大致正常，而 M2b 红、巨两系增生受抑。

（5）Ⅴ型——造血停滞型：骨髓有核细胞增生减低或重度减低，粒系及红、巨两系其中之一或粒、红、巨三系细胞均显著减少甚至消失，淋巴细胞、浆细胞、网状细胞比例增高，最具特征的是骨髓象中可见散在的（偶尔聚集性）大或巨大的原始、早幼阶段细胞，如巨大原始红细胞、早幼红细胞和巨大早幼粒细胞，呈再生障碍和成熟障碍表现。外周血白细胞显著减少，粒细胞缺乏，伴或不伴血红蛋白降低和血小板减少。此型病情凶险，预后较差，经积极抢救治疗后恢复亦慢。根据骨髓造血细胞增生受抑的细胞系列，又可分为以下两个亚型：三系停滞型（Ⅴa，常见，全血细胞显著减低）和二系停滞型（Ⅴb，白细胞显著减少、血红蛋白或血小板正常或减少，骨髓增生减低或重度减低，粒系与红系或巨核系造血停滞）。

造血停滞型血象、骨髓象改变常酷似急性再生障碍性贫血（acute aplastic anemia, AAA），需注意鉴别。以下特点可供参考：①粒细胞缺乏症造血停滞型外周血粒细胞重度减低，血小板和红细胞可以正常或减少，恢复期可出现一过性类白血病反应；而 AAA 外周血三系细胞均显著减低，治疗好转时无一过性类白血病反应。②粒细胞缺乏症造血停滞型骨髓涂片油滴少见，三系造血显著减少，粒、红二系可见胞体巨大的原始细胞，中晚期细胞明显减少或消失，单核细胞可见增多；AAA 骨髓涂片油滴较多，三系造血细胞显著减少，早期阶段细胞减少或消失，成熟阶段细胞相对增多，非造血细胞增多，淋巴细胞相对增多，巨核细胞多消失。

其他检查，血清溶菌酶水平增高可以指示中性粒细胞破坏过多所致的减少或缺乏。肾上腺素试验可用以鉴别中性粒细胞着边所致的假性减少。抗中性粒细胞抗体测定可以识别免疫性粒细胞减少或缺乏。中性粒细胞弹性蛋白酶基因（ELA-2）突变检查有助于诊断周期性和先天性粒细胞减少症。

五、诊断要点与鉴别诊断

粒细胞缺乏症大多有用药史或重症感染史，可见骤然发病的特点，中性粒细胞在较短时间内急剧下降，绝对值低于 0.5×10^9/L，除外其他血液疾病，骨髓检查结合临床和血象即可作出粒细胞缺乏症的诊断，但细胞形态学检查中需要与有相似病变的 APL、M2b 和 AA 等疾病作出鉴别诊断。白细胞减少症的诊断见前述定义和类型，并能除外 MDS 等疾病，作（分子）遗传学检查无明显异常。

六、纯粒细胞再生障碍

PGA 多由药物和免疫因素引起,少数原因不明。PGA 又称纯白再障,就其减少的细胞系列来说"纯粒再障"这一病名较"纯白再障"更为确切。多数患者原因不明,免疫异常可能是重要因素,常由慢性白细胞减少症发展而来,症状相对缓和。也可以继发于药物、重症感染、化学毒物和电离辐射等。乏力、腰痛、腿酸、纳差、突发高热、畏寒、咽痛、易感染是本症的常见症状,一般无肝脾、淋巴结肿大。

外周血白细胞减少,常低于 $2.0×10^9/L$,中性粒细胞明显减少,常低于$(0.5～1.0)×10^9/L$,淋巴细胞比例增高,中性粒细胞内有毒性颗粒及空泡等变性,血红蛋白和血小板正常或轻度减低。

骨髓有核细胞增生正常或轻度减低,单纯粒系细胞显著减低,粒系各阶段细胞总和常低于 10%～15%,甚至完全缺如,称之为真性粒细胞缺乏(图 18-9f)。幼红细胞、浆细胞相对增多,巨核细胞未见明显变化。NAP 积分增高。

诊断上,凡外周血白细胞及粒细胞减少,骨髓粒系细胞单系再生障碍,粒系各阶段细胞总和低于10%～15%甚至为 0,有核红细胞和巨核细胞基本正常,结合临床(排除其他血液疾病)可提示本症。

第二节 白细胞增多症和类白血病反应

白细胞增多症(leukocytosis)是外周血白细胞计数高于或显著高于正常的临床综合征,可伴有或不伴有幼稚细胞。伴有幼稚细胞者可以是血液肿瘤(如白血病、淋巴瘤、骨髓增殖性肿瘤、MDS)所致,也可非血液肿瘤所致。狭义的白细胞增多症指非血液肿瘤所致者,即继发性或反应性白细胞增多症。类白血病反应(leukemoid reaction,LR)为外周血白细胞计数高低不一(多为增高),而外周血中除白细胞>$50×10^9/L$ 外必有幼稚细胞,本质为非血液肿瘤的继发性异常。

一、白细胞增多症

白细胞增多症见于许多疾病,如急性化脓性感染、某些病毒感染、白血病、恶性肿瘤、组织损伤、骨髓纤维化等。白细胞增多症的类型中,最常见的是继发性或反应性中性(分叶核)粒细胞增多症,其产生机制如图 37-1 所示。运动等因素所致中性粒细胞增多症(neutrophilia)又称为假性中性粒细胞增多症(pseudo-

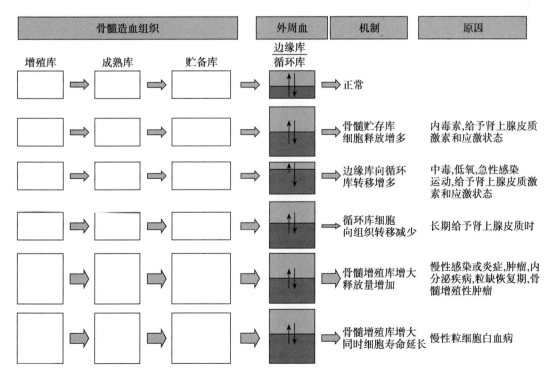

图 37-1 中性粒细胞增多症的病理机制

neutrophilia）。其次为淋巴细胞增多症,除了淋系肿瘤外,淋巴细胞增多是继发于感染、中毒、细胞因子或其他未明因素的生理性或病理性反应。白细胞增多症的基本标准见表37-2。继发性或反应性粒细胞增多症可是感染和非感染疾病。后者见于许多临床现象,包括非血液肿瘤（如癌症）所致者。细胞学的改变是评判的主要依据,参考临床信息也是评估感染性还是非感染性的重要条件。嗜酸性粒细胞增多症（eosino-philia）按程度分为轻度（高于正常而<$1.5×10^9$/L或<15%）、中度[（$1.5～5.0$）×10^9/L或15%～49%]和重度（>$5.0×10^9$/L或>50%）,但分级的数值各家可有所不同。

表 37-2 白细胞增多症的基本标准

增多症类型	百分比	绝对值
中性粒细胞增多症	>70%	>$8.0×10^9$/L
嗜酸性粒细胞增多症	>6%	>$0.5×10^9$/L*
嗜碱性粒细胞增多症	>2%	>$0.1×10^9$/L
单核细胞增多症	>10%	>$1.0×10^9$/L
淋巴细胞增多症	幼儿>60%	>$7.0×10^9$/L
	成人>45%	>$4.5×10^9$/L

* 血液肿瘤中界定嗜酸性粒细胞增多为>$1.5×10^9$/L

临床上最常见的是中性粒细胞反应性增多,在非病理性刺激下,中性粒细胞可出现暂时升高,持续时间约20～30分钟。主要是从边缘库动员到循环库的简单再分配,似乎与骨髓输出和进入组织无关。细胞的这种再分配常见于剧烈运动、使用肾上腺素、麻醉、抽搐和焦虑。急性中性粒细胞增多发生于病理刺激后4～5小时（如细菌感染、毒素）。这种类型的中性粒细胞增多涉及骨髓贮存库释放增加,增加的数量更加明显,不成熟中性粒细胞比例也可以增加。大量需求可能导致晚幼和中幼粒细胞加快生成和释放,严重时供不应求,中性粒细胞数量可以不增多。如果刺激持续多天,贮存库耗尽,有丝分裂库将增加生成,以满足对中性粒细胞的需求。在这种状态下,骨髓中的幼稚中性粒细胞可以出现在外周血中。血液中杆状核中性粒细胞数量增加,甚至出现幼粒细胞（左移）。感染时中性粒细胞生成增多主要通过G-CSF增多来实现,受组织中性粒细胞凋亡的速率来调节。当巨噬细胞和树突细胞吞噬组织凋亡中性粒细胞增多时,产生更多白介素-23。后者可以刺激称为中性粒细胞调节T细胞的专门T细胞生成白介素-17A。白介素-17A是一种强大的前炎症细胞因子,是G-CSF生成重要的刺激物,还具有强大的中性粒细胞募集作用。感染是最常见引起中性粒细胞反应性增多的原因。

二、类白血病反应

类白血病反应按其白细胞计数的高低,分为白细胞增高型和不增高型两大类若干细胞型。细胞学类型中常见的是（中性）粒细胞型、淋巴细胞型、单核细胞型、幼红细胞型和幼粒幼红细胞型。类白血病反应可由下列原因所致:骨髓-血液屏障损伤（如肿瘤浸润、骨髓坏死）、骨髓异常刺激（如严重缺氧、中毒和大出血后）、体内粒细胞集落刺激因子过多时（如少数肿瘤伴有粒系集落刺激因子释放以及给予粒系集落刺激因子）和造血恢复时（如粒细胞缺乏症恢复期）。类白血病反应的诊断要点是有原发病可查,外周血有幼稚细胞（白细胞计数不定）或白细胞计数>$50×10^9$/L（幼稚细胞不定）,骨髓检查为非血液肿瘤,检查NAP活性常增高。

1. 中性粒细胞类白血病反应 通常所指的粒细胞性类白血病反应指此型,见于许多疾病,最常见为恶性肿瘤和感染,其次是药物过敏（药疹）、严重烧伤和大手术后等。白细胞多增高,可高达$50×10^9$/L,但>$100×10^9$/L不见或罕见。重症感染白细胞计数减低或正常,但外周血出现幼粒细胞,一般在10%以下,原始细胞一般不见（与急性白血病和原发性骨髓纤维化不同）,常不伴有嗜酸性和嗜碱性粒细胞增多（与慢性粒细胞白血病不同）,甚至不见这些细胞。血小板正常或增高,伴随感染而减少时意味着病情的严重或较重,Hb降低也有类似意义。

骨髓检查,粒细胞生成增多,胞质嗜苯胺蓝颗粒明显常是细胞学的另一个特征,是粒细胞集落刺激因子增高的结果。粒细胞成熟和细胞形态变化视病因和病人反应而异,有的因感染或明显发热的影响而出现明显的空泡变性和/或毒性颗粒,或细胞异质性改变(如双核、多核和似肿瘤性改变的异质性细胞核);原始细胞可轻度增高;早幼粒细胞和/或中、晚幼粒细胞增高,而后期细胞较少,示细胞成熟欠佳现象;也可表现为各个阶段粒细胞增多或仅成熟阶段粒细胞增多。嗜酸性和嗜碱性粒细胞通常减少。单核巨噬细胞和浆细胞常轻度增加,前者易见空泡和/或吞噬血细胞现象。

2. 淋巴细胞类白血病反应　此型类白血病反应约占类白血病反应的5%,最常见于传染性单核细胞增多症和淋巴细胞增多症等急性病毒感染,白细胞计数通常增高,淋巴细胞增高,有幼稚淋巴细胞,易见不典型淋巴细胞和单核细胞。细胞学变化为外周血象比骨髓象明显,故血象检查结合临床评估很重要,并注意与慢性淋巴细胞白血病的鉴别。

3. 单核细胞类白血病反应　此型类白血病反应约占类白血病反应的4%。患者白细胞增高,常在$30×10^9$/L以上,可见多少不一的幼单核细胞,常见疾病为粟粒性结核、淋巴结和脾脏结核等。形态学诊断需与慢性和急性单核细胞白血病相鉴别。

4. 幼红细胞类红血病反应　为外周血出现幼红细胞而非血液肿瘤所致者。除了血液肿瘤外,一般贫血都可在外周血中出现幼红细胞。这些贫血包括溶血性贫血、巨幼细胞贫血、地中海贫血、骨髓病贫血等。它们的特点是幼红细胞常在5%以下,为晚幼红和中幼红细胞,不见早幼红细胞和原始红细胞。

5. 幼粒细胞和幼红细胞类红白血病反应　为外周血出现幼粒幼红细胞而非血液所致者,有以下一些特点:多见于癌症晚期和中期病人(结合患者40岁以上及原因不明的血沉增高等常可提示)和感染,白细胞计数常不高,幼粒和幼红细胞常<10%,检查骨髓无血液肿瘤性病变。除白血病外,需要鉴别的是原发性骨髓纤维化。原发性骨髓纤维化外周血中常有幼粒幼红细胞,百分数量类似,但易见原始细胞,骨髓细胞量和细胞组成常与外周血比较接近,可见数量不等的泪滴状红细胞,部分患者有脾大,明显有别于癌症所致的类红白血病反应。

三、传染性单核细胞增多症

传染性单核细胞增多症(infectious mononucleosis,IM)被定义为感染性抗原(EB病毒,也可为巨细胞病毒等)引起的外周血淋巴细胞增多反应(通常血中淋巴细胞>50%,不典型淋巴细胞>10%)而骨髓细胞变化不如外周血明显的伴有急性或亚急性经过的感染性疾病,大多数患者白细胞增高,部分病例外周血出现幼稚淋巴细胞又属于淋巴细胞类白血病反应。

患者受到EB病毒等首次感染时,B细胞是首先受到攻击的细胞。病毒侵入口咽部上皮细胞并增殖后,通过CD21受体侵入B细胞。B细胞受感染后发生增殖并产生新的抗原(抗原改变),介导多克隆细胞毒T细胞反应,故循环中大多数不典型淋巴细胞为反应性T细胞。反应的T细胞破坏病毒感染的B细胞,产生一系列症状;细胞反应可导致免疫失调(如特发性血小板减少性紫癜或自身免疫溶血性贫血)。巨细胞病毒感染所致的IM,T细胞针对巨细胞病毒感染的单核细胞和巨噬细胞,导致不典型淋巴细胞继发性增多。刚地弓形虫感染也可导致IM的发生,它是唯一不是病毒病原体性IM。

1. 临床特点　EB病毒所致IM多见于发展中国家,传播需要皮肤黏膜的密切接触,青少年和年轻人为好发年龄。潜伏期为4~15天,部分病人骤然起病。潜伏期症状轻重不一,可表现为全身不适、发热(可持续4~7天)和上呼吸道感染症状,发热,也可无任何症状;腺肿期,潜伏期体温下降2~3天后又上升,持续1~3周或更长,可伴有咽炎、淋巴结肿大、肝脾大、皮疹,以及胃肠道、呼吸道和神经系统症状,也可伴有免疫性血小板减少症、造血减低和类白血病反应;恢复期约为2~4周。

巨细胞病毒感染所致IM见于各年龄阶段,咽炎和淋巴结肿大比EB感染性IM少见,常见为乏力、发热、腹泻和无咽炎(伤寒型)。脾大较为常见,与EB感染性IM相同,吉兰-巴雷综合征并发巨细胞病毒感染性IM比EB病毒感染性IM为多见。刚地弓形虫感染时发热、咽炎和脾大均较少见。

2. 血象和骨髓象　白细胞轻度增高,$(10~20)×10^9$/L居多,部分病例正常或减少。淋巴细胞增多(常>50%),并出现不典型淋巴细胞,可高达90%。不典型淋巴细胞可为B、T细胞转化,在病情好转后也可持续一段时间,单核细胞同时增多,且常不易与不典型淋巴细胞区别,故也可将不典型的淋巴细胞和单核细胞称为不典型单个核细胞。骨髓涂片可见不典型淋巴细胞,数量明显不及外周血涂片;单核细胞和浆细胞增多,前者形态与不典型淋巴细胞类似;原始细胞不增加,粒系、红系和巨核细胞常缺乏明显的或特征性异常。

3. EB 病毒感染性 IM 诊断要点　临床表现:①发热,②咽炎,③淋巴结肿大,④肝功能异常,⑤其他如肝脾大、黄疸、皮疹、血沉增高。外周血异常:淋巴细胞>50%,不典型淋巴细胞>10%。符合临床表现 3 项以上和外周血异常所见,可以作出基本诊断。作嗜异性凝集试验增高。检查巨细胞病毒抗体滴度增加 4 倍,首次感染刚地弓形虫可检测到高滴度 IgM 型刚地弓形虫体抗体,均有助于诊断。

4. 鉴别诊断中需要注意的方面　IM 早期白细胞可正常或减低,发病 10~12 天后白细胞明显增高,可高达$(30\sim60)\times10^9$/L,外周血不典型淋巴细胞明显增多,可见少量幼稚细胞。该病临床症状、体征与急性白血病相类似,临床医师和检验人员往往缺乏对本病的认识,特别是基层医院,极易误诊为急性白血病、其他血液系统疾病或感染性疾病。

外周血象变化显著而骨髓象变化不明显或无变化是 IM 形态学变化的重要特征,也是与急性白血病的主要鉴别要点。另外是否有贫血、出血是 IM 和白血病鉴别的关键所在。IM 白细胞多明显增高,但血红蛋白和血小板多正常。外周血虽可见少量幼稚细胞,但常见明显增多并具有特征性的单核细胞型(不规则型)和浆细胞型(空泡型)不典型淋巴细胞(图 37-2),而骨髓象变化往往不明显或无变化。而急性白血病白细胞计数不定,且绝大多数血红蛋白和血小板减低,外周血可见多少不等的原始幼稚细胞或清一色的原始细胞,不见具有特征的单核细胞型(不规则型)和浆细胞型(空泡型)不典型淋巴细胞。

IM 不典型淋巴细胞常>20%,尽管某些病毒感染也能见到少量异型淋巴细胞,但比例常<10%,也是主要的鉴别点。以黄疸型肝炎或多形性皮疹为表现的 IM 文献上有报道,如淋巴细胞增多,出现黄疸、肝功能损害、皮疹为表现的患者应考虑 IM 的可能。

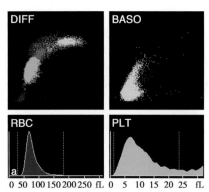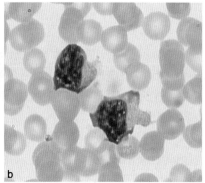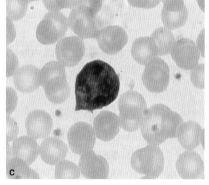

图 37-2　传染性单核细胞增多症血细胞散点图和血片形态

a 为血细胞散点图 DIFF 散点图上亮绿色的 Lym 范围扩大,与紫色 Mon 界限重叠,DIFF、BASO 散点图上不典型淋巴细胞特征区域出现大量散点;b 为单核细胞型(不规则型)不典型淋巴细胞,细胞核周胞质浅染,宛如薄纱,胞质边缘不规则深染,呈棱角样,瘤状突出,卷裙样;c 为幼稚型不典型淋巴细胞、核仁可见

第三节　继发性或反应性骨髓细胞增多

继发性或反应性骨髓细胞增多是指非血液疾病所致的骨髓细胞增多症,而"继发性"与"反应性"则是相似又不完全相同的术语。继发性或反应性骨髓细胞增多症的相当部分患者有白细胞计数增高,一部分属于类白血病反应(类白血病反应是由血象定义,范围较小)。

一、继发性粒细胞增多症和反应性浆细胞增多症

继发性或反应性粒细胞增多症见于许多疾病,包括众多感染性和非感染性疾病以及因白细胞减少或

骨髓抑制而给予粒细胞集落刺激因子时,也包括血液疾病伴随的粒细胞增多(在形态学诊断中为次要结论)。细胞学变化范围较广:外周血白细胞可增高;骨髓粒细胞胞质嗜苯胺蓝颗粒增多和正常,易见空泡,可有粒细胞成熟欠佳现象,可伴有浆细胞、单核巨噬细胞增多。形态学诊断中,需要密切结合临床进行评估(排除血液形态学可以作出诊断的血液疾病)。

反应性浆细胞增多症见于许多疾病,包括众多感染性和非感染性疾病,也包括血液疾病伴随的浆细胞增多(但在形态学诊断中为次要结论)。骨髓细胞学特点:浆细胞≥3%,罕见高于20%~30%者;大多为成熟浆细胞,可见幼浆细胞,但缺乏明显异形性(见第十一章);骨髓其他细胞变化视原发病而异。形态学诊断中,需要密切结合临床进行评估(排除血液形态学可以作出诊断的血液疾病,包括浆细胞肿瘤及其早期病变)。

分析浆细胞多少常有某些提示性意义:如再生障碍性贫血浆细胞比例增高,而阵发性睡眠性血红蛋白尿浆细胞相对较低;急性(原始)单核细胞白血病,浆细胞易见,急性淋巴细胞白血病(acute lymphoblastic leukemia,ALL)和急性髓细胞白血病(acute myeloid leukemias,AML)不伴成熟型与APL(少数例外)为少见或不见;病毒性感染时浆细胞较多,有时明显增多,甚至出现浆细胞岛(见第十一章),自身免疫性疾病浆细胞可见增多,而细菌性感染浆细胞增多相对少见。

二、Still 病和 Sweet 病

在继发性或反应性粒细胞增多症中,相当多的 Still 病和 Sweet 病形态学表现酷似骨髓增殖性肿瘤(如第三章图 3-15),没有临床提供的信息很容易混淆。

Still 病为长期不明原因发热伴有白细胞和中性粒细胞增高(可呈类白血病反应),血沉加快,关节肌肉酸痛和一过性或反复性皮疹以及咽痛,肝、脾和淋巴结肿大等非特异性表现者,本病又称变应性亚败血症。骨髓涂片和切片有核细胞增多,中性粒细胞为主或多系造血细胞呈明显的增生象,类似感染或骨髓增殖性肿瘤的表现。

Sweet 病即急性中性粒细胞性皮肤病,是一种急性发热性疾病,病人手臂、脸部和腿上出现红斑。随后发展成褐色斑,患者感觉疼痛,也可导致皮肤溃疡和坏死。多见于中年妇女,病程持续 6~10 周,与血液中性粒细胞的数量有关。组织病理学为皮肤真皮层大量中性粒细胞浸润,骨髓检查为中性粒细胞为主的骨髓细胞增多,中性粒细胞嗜苯胺蓝颗粒增多,一部分空泡形成,但整体形态学缺乏明显的感染性特点,与骨髓增殖性肿瘤的形态学有相似之处。约 10%病人可转变为髓系肿瘤。

三、感染性骨髓象

感染性骨髓象为临床有感染症状或体症而无明显血液病的细胞异常改变,又与其他疾病无明显相关所见时给出的细胞形态学结论或结合临床的符合性、支持性诊断或细胞形态特征的描述。至于一部分血液肿瘤细胞与病毒感染并整合到造血细胞(例外的感染细胞或慢性感染细胞)后转化有关的细胞(感染后的相关细胞),不属于严格的感染性形态学范畴。这类有相关感染因素的肿瘤,如成人 T 细胞白血病/淋巴瘤的花样细胞与人类 T 细胞白血病病毒 I 型,Burkitt 白血病/淋巴瘤的胞质嗜碱性和珍珠状空泡的大原始淋巴细胞与 EB 病毒,浆细胞骨髓瘤等淋巴组织肿瘤与 EB 病毒的关系。

由于感染病因多而复杂,又因不同的患者对病原体的易感性和反应性不一,在外周血和骨髓细胞的数量和形态表现出显著的异质性或多样性。如白细胞减低、中性粒细胞减少(淋巴细胞增高);外周血白细胞和骨髓细胞增多,中性粒细胞中毒性改变;单核细胞增多和/或淋巴细胞增多;不典型淋巴细胞易见;变异淋巴细胞易见和多形性胞质突起;浆细胞增多;巨噬细胞增多伴或不伴有吞噬血细胞现象等。检出伤寒细胞(伤寒沙门菌感染可能)、不典型淋巴细胞(病毒感染可能)以及一些常规工作中不容易见到的特有的感染细胞(见第七章、第十章、第十一章、第十八章和第二十三章),结合临床可以明确或提示相应的病原体感染,如传染性单核细胞增多症(前述)。当感染伴有血红蛋白和/或白细胞、血小板减少明显时,提示病情的严重性或危急重,常是机体消耗性减少的结果。部分患者则表现为白细胞的明显升高。

形态学诊断依据,有上述外周血和/或骨髓象所见特征,结合临床可以解释,并能排除血液病性形态学诊断的病症(若血液病合并感染时,感染细胞学异常为次要诊断)和其他相关疾病的类似形态表现者,都可以作为检查的结论或提示性诊断的依据。类似形态表现,见于许多疾病或病理情况,如药物过敏反应(可见不典型淋巴细胞)和非感染性粒细胞增多的癌症、尿毒症和结缔组织疾病等,它们属于继发性细胞学异常或继发性骨髓细胞增多症范畴(图37-3)。

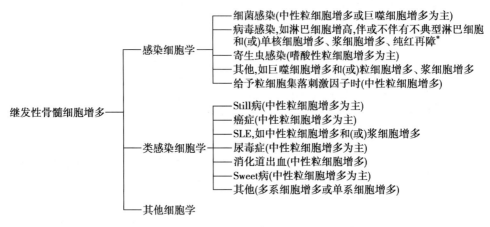

图 37-3　继发性或反应性骨髓细胞学增多的类型

* B19 小病毒感染

第四节　噬血细胞综合征

噬血细胞综合征(hemophagocytic syndrome,HS/HPS)又称噬血细胞性淋巴组织细胞增生症(hemophagocytic lymphohistiocytosis,HLH),由 Risdall 等(1979)首次报道,是由于细胞毒 T 淋巴细胞(cytotoxic T lymphocytes,CTL)和 NK 细胞的细胞毒效应显著降低,不能及时有效清除病毒等抗原,进而导致 CTL 和巨噬细胞异常持续活化和增生所致的一组临床症候群。HS 与恶性组织细胞病(malignant histiocytosis,MH)有许多类同表现和体征的综合征,约占骨髓检查病例的 0.8%(作者资料)。

一、分类、发病机制和临床特征

在免疫功能正常的机体,穿孔素/粒酶和 Fas 与 FasL 作用途径是 NK 细胞和 CTL 杀伤某些病毒感染细胞和突变肿瘤细胞的重要武器。Fas 与 FasL 作用途径主要是通过 NK 细胞和 CTL 表达膜 FasL,并分泌 TNF-α、TNF-β,这些效应因子分别与靶细胞表达的 Fas 和 TNF 受体结合,通过激活胞内半胱天冬酶信号转导途径,诱导靶细胞凋亡。NK 细胞和 CTL 发挥毒性作用的任一环节出现问题,将导致 NK 细胞或 CTL 细胞毒性功能受损,靶细胞不能正常凋亡,引起单核巨噬细胞系统反应性增生,释放大量细胞因子(如 TNF-α、IL-6),引起多脏器浸润及全血细胞减少等,并发生噬血现象(图37-4)。由于高细胞因子血症是 HS 发病的中间环节,故也有称 HS 为细胞因子疾病或巨噬细胞激活综合征。

从病理机制看,HLH 这一命名较之 HS 更为合理,它突出了本综合征淋巴组织细胞增生和噬血细胞现象这两个关键性组织病理学特点。根据 WHO 组织细胞/网状细胞增生症委员会组织细胞疾病现代分类标准,HLH 属于巨噬细胞相关性组织细胞疾病范畴,分为两种类型:原发性和继发性。原发性又包括:①家族性 HLH(familial hemophagocytic lymphohistiocytosis,FHL),多有阳性家族史,发病率约为 1/50 000,90% 以上在 2 岁以内发病,是一种常染色体隐性遗传病,对患者进行基因筛查可发现穿孔素基因(PRFl)、SH2D1A、UNCl3D、STXll 等基因突变;②先天免疫缺陷病相关 HLH,包括 X 连锁淋巴组织增殖综合征、Chediak-Higashi 综合征、格里塞利综合征 2 型和赖氨酸尿性蛋白质不耐受(lysinuric protein intolerance)等。继发性 HLH 是由感染、肿瘤等多种病因启动免疫系统的活化机制所引起的一种反应性疾病,儿童多由病毒

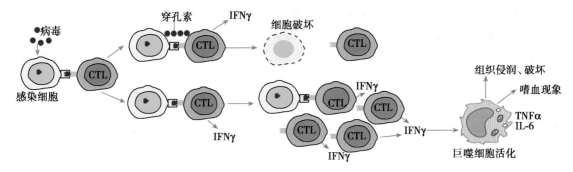

图 37-4 **HPS 发病机制**

正常情况下,病毒感染时,抗原特异性 CTL 扩增、分泌可溶性介质干扰病毒复制并介导被感染细胞裂解。在细胞毒性缺陷(穿孔素缺陷等)细胞中,抗原特异性效应子出现不受控制地增强,活化淋巴细胞分泌高水平 IFN-γ 并诱导巨噬细胞和 T 细胞反馈,彼此激活和扩增。活化巨噬细胞吞噬旁观者造血细胞,活化淋巴细胞和巨噬细胞浸润各个器官,导致大量组织坏死和器官功能衰竭

及细菌感染所致,成人常继发于感染、淋巴瘤及自身免疫性疾病等,主要包括感染相关噬血细胞综合征(infection-associated hemophagocytic syndrome,IAHS)以及恶性肿瘤相关噬血细胞综合征(malignancy-associated hemophagocytic syndrome,MAHS)等类型。

临床症状有发热、乏力、头痛、关节痛或肌痛、出血、体重减轻、上呼吸道症状及胃肠道症状等;主要体征有发热、肝脾淋巴结肿大、皮疹等。在病毒相关噬血细胞综合征(virus-associated hemophagocytic syndrome,VAHS)中,儿童病例肝、脾、淋巴结肿大明显,皮疹发生率高。在 FHL 中,儿童病例神经系统改变较常见,可出现谵妄、颅内压增高及脑膜刺激症状。

预后及转归方面,FHL 死亡率高,仅有 10% 左右病人存活期超过 1 年。继发性 HS 预后依原发因素不同而有很大差异,IAHS 患者死亡率为 20%~40%。HS 危险因素有胆红素升高、血小板进行性减少、贫血、弥散性血管内凝血。高细胞因子血症与 HS 的严重性相关,干扰素 γ 是反映病情的敏感指标,白介素 6、肿瘤坏死因子 α 值与预后相关。HS 死亡的主要原因为感染、出血、多脏器功能衰竭和弥散性血管内凝血,无基础疾病者预后较好,存在肿瘤等免疫低下者预后较差。

二、形态学和其他异常

1. 血象 贫血、白细胞减少、血小板减少、中性粒细胞减少。全血细胞减少程度与基础疾病有关,儿童表现较成人明显,血片有时见巨噬细胞和不典型单核细胞。

2. 骨髓象 巨噬细胞不同程度增多,因含有吞噬的细胞碎片有时呈空泡样,部分病例伴骨髓纤维化,有核细胞减低,粒系和红系前体细胞减少,红系生成异常等。骨髓切片示增生活跃或异常活跃,可见粒系和红系前体细胞数减少,巨核细胞正常或增多,少数患者出现多量噬血细胞(图 14-19 和图 20-22)。在 FHL 中,吞噬性组织细胞显著增多,这类组织细胞胞质丰富、有空泡,常含有被吞噬的血细胞,但这类细胞异形性较轻。在 IAHS 中 T 淋巴细胞常增多且异形性较明显,并伴纤维组织灶性增生。在 MAHS 中,增生异常活跃,髓系和红系细胞病态造血较明显,吞噬性组织细胞显著增多。骨髓巨噬细胞增多,比例常在 2%~5% 之间,且多为多形性,在不同的病理中可表现某种形态为主。可以分为两种类型若干种形态(见第十章第三节)。这两种类型为吞噬型和无吞噬型。无吞噬型巨噬细胞又分两种:①常不见巨大型;有的胞体仅比单核细胞稍大,胞核小而偏位形似单核细胞,胞质不规则,有较多大小不一的变性空泡为最突出的形态学特点,常见于感染。②常为胞体大或巨大者,胞质丰富,有许多甚至布满胞质的闪亮感的均匀性空泡,常见于疾病(尤其恶性肿瘤)相关噬血细胞综合征,因此当骨髓检查中发现这种形态的巨噬细胞增多时宜寻找肿瘤病因。

我们将吞噬血细胞的巨噬细胞按吞噬的主要血细胞种类和数量又分为以下 7 种:①吞噬红细胞型,被吞噬的红细胞数量不一,通常吞噬数量不多,当巨噬细胞胞质中挤满了全为被吞噬的红细胞且数量众多时应疑及恶性疾病。②吞噬血小板型,被吞噬的血小板多少亦不一,常为几个似点缀样散在于细胞中间,且

时常与胞质中紫红色颗粒和/或少量被吞噬的红细胞一起出现,多见于 IAHS。③吞噬有核细胞的巨噬细胞,常为少量,多见于 IAHS,但当多量有核细胞被吞噬且此类细胞数量众多时可能为恶性疾病所致。④吞噬淋巴细胞的巨噬细胞,被吞噬的细胞数不多,见于 VAHS 等。⑤吞噬中性粒细胞巨噬细胞,数量多少不一,多为几个,见于 VAHS 和 BAHS。⑥吞噬单核细胞的巨噬细胞,少见,见于 VAHS。⑦吞噬细胞碎片或碎屑的巨噬细胞,这种形态最缺乏诊断意义。

淋巴结活检可发现噬血组织细胞增多,脾红髓、肝窦状隙和门静脉区,以及肺、肾、中枢神经系统等均可累及。巨噬细胞非特异性酯酶、酸性磷酸酶、α_1 抗胰蛋白酶均呈强阳性,并表达 CD11c 和 CD68。在 IAHS 中,白细胞高表达巨噬细胞受体 CD37,部分患者外周血淋巴细胞表达 CD25、CD69 和 HLA-DR。在淋巴瘤相关噬血细胞综合征(lymphoma-associated hemophagocytic syndrome, LAHS)中,患者外周血或骨髓 T 细胞可表达 CD3 和 HLA-DR。

三、重要类型

1. IAHS　IAHS 是一种与病毒或细菌等感染刺激相关,伴吞噬血细胞作用的成熟单核巨噬细胞系统反应性增生。EB 病毒、巨细胞病毒、疱疹病毒、腺病毒、水痘病毒等感染是较常见的诱因。也可由细菌、真菌、寄生虫等感染引起,多数患者有免疫缺陷或使用过免疫抑制剂。临床上可表现为发热、肝脾淋巴结肿大、全血细胞减少、皮疹等,部分患者有转氨酶升高、高胆红素血症、部分凝血活酶时间延长、低纤维蛋白原血症。多数病例呈自限性,常在数周内恢复。

临床上,除了病毒感染外,重要的还有沙门菌属感染,其中又以伤寒杆菌感染及其引起的血细胞变化和骨髓等脏器巨噬细胞独特的形态学为最醒目。伤寒病理变化为全身单核巨噬细胞的增生和浸润,并吞噬有一至两个完整的有核细胞或数十个红细胞和血小板。骨髓涂片特征是巨噬细胞增多及其特殊形态,表现为胞体大小不一、单核样胞核小而偏位,常位于细胞一边甚至贴近细胞膜,靠近胞核中间区域常有数量不等的紫红小颗粒,间有被吞噬的数个血小板和/或红细胞,沿细胞膜边缘往往有较多空泡,典型者呈环状排列(见图 10-19),对伤寒有重要的提示性诊断意义。

2. MAHS　为伴吞噬血细胞作用的反应性组织细胞增生。常见于淋巴瘤、白血病、骨髓瘤、乳腺癌等,其中最常见于淋巴瘤,如血管中心性免疫增殖病变样淋巴瘤、间变性大细胞淋巴瘤及成人 T 细胞淋巴瘤等,故又称 LAHS。

3. FHL　FHL 是一种常染色体隐性遗传性疾病,它与免疫缺陷相关,伴显著吞噬血细胞作用的成熟单核巨噬细胞反应性增殖。常见于新生儿和婴幼儿,80% 以上病例在 2 岁以前发病,临床上以肝、脾、淋巴结、骨髓、中枢神经系统等组织器官的淋巴细胞和巨噬细胞浸润为主要特征,肺、胃肠道和泌尿生殖系统有时亦可受累。在病程早期即可发生高热、肝脾淋巴结肿大、皮疹及神经系统改变,小儿神经系统改变发生率高,可出现谵妄、颅内压增高及脑膜刺激症状。病变组织内的巨噬细胞胞质丰富、内含颗粒或空泡,胞核多呈卵圆形,伴切迹或折叠,吞噬红细胞现象十分明显。

四、诊断标准

1. 国际组织细胞学会标准(2004)　满足以下 8 条中的 5 条:①发热。②脾大。③≥2 系血细胞减少:血红蛋白<90g/L、血小板<100×10⁹/L、中性粒细胞<1.0×10⁹/L。④高甘油三酯血症和/或低纤维蛋白原血症:空腹甘油三酯>3.0mmol/L、纤维蛋白原<1.5g/L。⑤骨髓或脾或淋巴结有噬血现象。⑥NK 细胞活性减低或缺乏。⑦血清铁蛋白>500μg/L(>2 000μg/L 可能更有特异性)。⑧可溶性 CD25(可溶性 IL-2 受体)≥2 400U/ml。或者分子学检查有 HLH 相关基因突变可不必满足以上 5 条标准。

2. 其他诊断标准　①贫血,一周以上。②血细胞减少,无法解释的影响至少二系或二系以上的进行性全血细胞减少。③骨髓检查,巨噬细胞≥3%,和/或肝、脾、淋巴结有噬血细胞增多。符合以上三条,同时完善检查,确认有无家族史(有家族史者诊断为 FHL)、恶性肿瘤和免疫功能低下。

我们认为在临床和血象表现符合的前提下,骨髓噬血细胞或巨噬细胞不一定限于≥3%。HS 时骨髓常为多系细胞增多,巨噬细胞虽增生但其比例不一定明显增高。在形态学标准中,只要有典型而明显增多的巨噬细胞或噬血细胞，≥1%也可提示诊断。骨髓形态学诊断是本症的首要证据，而临床微生物学和血清学检查阳性则是明确病因的诊断指标。

第五节 骨髓转移性肿瘤和骨髓坏死

恶性肿瘤都可以发生骨髓转移。发生骨髓广泛转移时除了在骨髓标本中可以找到转移性肿瘤细胞外，还可表现为骨髓坏死、微血管性溶血和造血衰竭等。

一、骨髓转移性肿瘤

恶性肿瘤早期，骨髓象常无明显变化。中晚期患者，骨髓中性粒细胞常出现继发性增多，少数为巨噬细胞增生，呈类感染性细胞学改变。部分患者，肿瘤经血行扩散转移至骨髓，可在骨髓标本中检出转移性瘤细胞，但经反复检查可查不到原发病灶者。

1. 临床特征 多见于中老年患者，发生骨髓转移的症状常有发热、骨痛或游走性肢体疼痛，甚至剧烈疼痛，出现恶病质表现者是恶性肿瘤病情进展或恶化的征兆。也有个别患者骨髓转移时无明显体征和症状。血沉增高和血浆纤维蛋白原增高也是癌症等转移性肿瘤的特点。脾常不大。骨折和高钙血症可见。在成人中，最常见发生骨髓转移的是肺癌、乳腺癌、前列腺癌和卵巢癌，其次是甲状腺癌、肾癌和胃肠道癌；儿童组中，则是神经母细胞瘤，其次是横纹肌肉瘤、Ewing 瘤、视网膜母细胞瘤。

2. 形态学特征 多有贫血和血小板减少，也可见血小板和白细胞（中性粒细胞）增高，部分患者见低百分比幼粒细胞和幼红细胞，此即幼粒幼红细胞性贫血（类红白血病反应）。异形红细胞和破碎红细胞易见。外周血涂片偶见转移性肿瘤细胞者，称为癌性白血病。

转移骨髓者，穿刺干吸较多见，且抽吸的髓液性状可以发生改变，可呈棕褐色或棕黑色，甚至血水样并易与含有的少量小粒样成分分离。涂片有核细胞多少不一，以少（甚至几乎不见骨髓细胞）和一般细胞量居多，可在涂片尾部见团状或大小不一的簇状的肿瘤细胞，也可见少量散在性瘤细胞。瘤细胞的数量多少不一，有些病例瘤细胞极少，甚至在仔细检查近十张涂片后仅检出 1~2 簇肿瘤细胞。部分患者因骨髓造血微环境遭到破坏，常发生骨髓坏死，背景呈脏污状，在涂片尾部或边缘可见成堆或单个癌细胞，犹如在废墟中独存的一支艳丽的"花朵"。肿瘤细胞成簇可由于恶性肿瘤细胞代谢异常，细胞表面钙离子浓度降低，透明质酸解聚，细胞间桥消失，导致细胞排列紊乱而彼此黏合，也可是组织结构的特征所致，如腺癌细胞。

转移骨髓的癌细胞中，腺癌细胞最常见，胞核常偏位，胞质较为丰富，位于细胞一侧，可见黏液样成分，部分呈腺管样结构。由于组织来源和细胞分化不一，腺癌细胞胞体大小极不一致，小细胞性可酷似肿瘤性浆细胞和淋巴瘤细胞；鳞癌细胞较大，胞膜可呈多边形；肉瘤细胞（不指淋巴瘤细胞）胞体常大，核仁大而显著，瘤细胞散在性分布较明显。神经母细胞瘤和 Ewing 肉瘤浸润骨髓时以小细胞性居多，详见第十二和第二十章。

同步骨髓印片检查，在印片标本中检出转移性肿瘤细胞的阳性率比涂片高且易于观察（见第十五章和第二十章），有极其重要的临床诊断价值。骨髓切片检出转移性肿瘤细胞阳性率最高。转移瘤细胞通常以片状，小巢状或索状出现，细胞形态与原发部位的瘤细胞相似，通常较正常造血细胞为大，核大且深染，核仁明显。如果在骨髓切片中发现腺体形成样瘤细胞，可提示乳腺和胃肠道等腺癌转移，有角化样或癌珠形成可考虑鳞状细胞癌转移。由于骨髓受到转移性肿瘤细胞的侵犯，造血组织大多减少，纤维组织多有增生，几乎都围绕癌细胞呈包裹性，为组织的继发性反应（见图 20-25ef）。

3. 分析思路与鉴别诊断 当遇见不明原因的骨痛和游走性疼痛（静脉血栓形成），不能解释的血沉增高、血浆纤维蛋白原增高和幼粒幼红细胞性血象，生化检查血乳酸脱氢酶、血钙和碱性磷酸酶增高，尤其年龄 40 岁以上者，不论患者有无恶性肿瘤（史），均需要怀疑肿瘤骨髓转移的可能。骨髓检查最佳部位是骨痛区或疑有侵犯的骨部位。骨髓标本中找到转移性肿瘤细胞是诊断中最直观的证据。有上述所见而未检出肿瘤细胞者，应多部位获取骨髓标本进行仔细检查。找到肿瘤细胞者，骨髓检查的一般报告为骨髓转移性肿瘤或癌,具有典型形态学或单抗标记染色依据时,结合临床可以提示肿瘤细胞的大类诊断,如考虑或提示腺癌。腺癌标记单抗,除了 CEA(图 12-13 和图 20-31)外,常用于胃肠道来源的有 CK-20、villin 和 CK-P 等(图 37-5)。

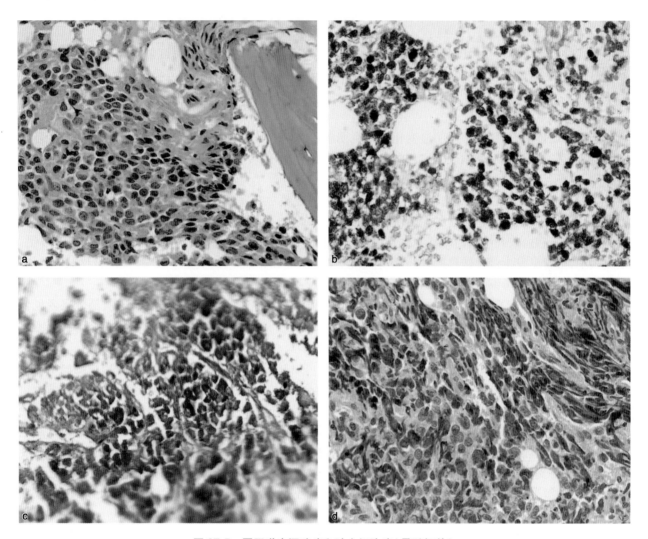

图 37-5　胃肠道来源腺癌和肺小细胞癌(骨髓切片)

　　a 为检出大小不一的转移性巢状肿瘤细胞;b、c 为 CK20 和 villin 标记阳性,提示转移性肿瘤来源于胃肠道;d 为肺小细胞癌转移,若无临床和病理学诊断信息或无免疫组化等信息,极易与血液肿瘤混淆

　　骨髓转移癌细胞应与异型组织细胞、淋巴瘤细胞、原始幼稚巨核细胞相鉴别。转移癌细胞常成堆或散在出现,具有脱落细胞的形态特征,如能发现原发肿瘤或其他部位转移癌对鉴别诊断更有帮助。

二、骨髓坏死

　　骨髓坏死(bone marrow necrosis,BMN)是继发于骨髓转移性肿瘤、急性白血病、感染和其他原因引起的弥散性血管内凝血,也有原因不明,导致骨髓细胞严重变性和坏死(溶解),临床上常以发热、骨痛、贫血和血小板减少为特征的综合征。

　　骨髓坏死最常见于转移性肿瘤浸润骨髓时,且较多为初诊病例,除了原发病症状外,明显的是发热和骨痛。继发于急性白血病者,以淋巴细胞性为多见,也见于白血病化疗中,但发热和骨痛可不明显。继发于感染者和恶性肿瘤者一般情况较差,病情常为急重。凝血象检查常呈消耗性异常。由于骨髓坏死常发生于疾病终末期,预后差,但儿童预后好于成人。

　　血象变化视原发病而异,多有中重度贫血、血小板减少,白细胞不定,可见幼粒细胞和幼红细胞。骨髓穿刺干吸较多见,髓液可呈黄色黏稠性,骨髓涂片有核细胞量一般或增多,但几乎所有有核细胞结构模糊不清。胞质变性显著,常见胞核结构尚可而胞质呈溶解状,胞膜崩解内容物外溢(外溢紫黑色颗粒状成分或细胞碎屑)。细胞系列中,粒细胞比有核红细胞易于坏死,这与细胞的特性或功能有关。有时可见模糊状小簇细胞,或在大片坏死的骨髓细胞中,可见生长活跃、结构清晰的成巢肿瘤细胞,犹如废墟中独存的"花朵"。骨髓切片,见造血主质坏死区域呈点、片状,骨髓结构破坏,脂肪组织减少或消失,细胞模糊(见图20-26),造血组织被无定形均质状嗜酸性物质所代替,且以缺乏胞核和胞质微细结构的嗜酸性细胞空影为特征。骨髓坏死对原发病(除非检出肿瘤细胞)的诊断无特殊价值,但它的出现表示疾病的严重程度。也有少数病例骨髓涂片上细胞坏死状而骨髓切片标本上无坏死,有待探究。

诊断要点,当有明显的骨痛或触痛伴有幼粒幼红细胞性贫血、血小板减少和易见破碎红细胞时,应疑似本病。诊断的证据是骨髓细胞坏死,并应仔细检查所有骨髓标本中有无转移性肿瘤细胞。

第六节 血液寄生虫病

血液寄生虫的种类也多,发病有3个特点:经济发展较差的热带和亚热带地区(如疟疾、锥虫病)仍是高发人群、输入性(如疟疾、黑热病)和获得性免疫功能低下或人兽共患(如巴贝虫病、附红体病)病例增加。

一、疟疾

疟疾是疟原虫经按蚊叮咬传播的血液寄生虫病。寄生于人体引起疟疾的病原体(疟原虫)有四种:间日疟原虫、恶性疟原虫、三日疟原虫和卵形疟原虫,分别引起间日疟、恶性疟、三日疟和卵形疟(形态学见第八章),统称疟疾。在我国疟疾病原体主要是间日疟原虫,其次是恶性疟原虫。三日疟原虫和卵形疟原虫很少见,但近年有国外输入病例。在我国云南曾发现过少数卵形疟原虫引起的卵形疟。

1. 血象 疟疾反复多次发作后,红细胞与血红蛋白降低。恶性疟因受染红细胞较多,贫血尤为明显。疟原虫侵入红细胞内繁殖,红细胞破坏加速,骨髓代偿性增生网织红细胞增多,成熟红细胞大小不均,出现异形红细胞、嗜多色性红细胞、嗜碱性红细胞甚至有核红细胞,呈现溶血性贫血的形态学表现。贫血与感染程度、病程长短及营养等状况有关,疟疾患者的贫血程度常超过疟原虫直接破坏红细胞的程度,疟性贫血的原因除了疟原虫破坏红细胞和脾脏功能亢进外,还可能与下列因素有关:骨髓造血功能受抑制,红细胞生成障碍;免疫病理的损害,疟疾循环抗原抗体复合物附着于正常红细胞上,激活补体,引起细胞溶解;疟原虫刺激机体产生自身抗体。

绝大多数疟疾患者血小板减少,也是最常见和最早的血象改变之一,可降至正常值的 $1/4 \sim 1/2$,一般无自发出血倾向。婴幼儿疟疾,发生血小板减少时,临床常易误诊为免疫性血小板减少,而给予激素治疗可掩盖疟疾的热型,给诊断带来困难,脾脏显著肿大,贫血明显,外周血涂片或骨髓涂片查见疟原虫可明确诊断。以血小板减少为首发的误诊原因:①患者长时间内不表现发热,以血小板减少性紫癜收住院。②未及时做外周血涂片疟原虫检查。③流行病学资料不支持疟疾,患者居住在非疟区,无既往疟区流动史。④出血也是疟疾的一种临床表现,常被忽视,血小板减少临床多考虑出血性疾病、免疫性疾病、血液病,但很少考虑感染性疾病,特别是疟疾。⑤患者误诊为血小板减少性紫癜,行激素(泼尼松龙)治疗,掩盖了热型可能是该患者长期不发热的原因之一。血小板减少可能与下列因素有关:脾脏巨噬细胞吞噬血小板功能亢进;巨核细胞生成(或)成熟障碍;产生抗血小板抗体。

白细胞总数一般正常或减少。在急性发作期,白细胞总数可轻度增高,甚至明显增高,呈典型的急性感染样血象,其后减少。单核细胞可增多。有发热史患者白细胞减少而单核细胞>15%时,应疑似疟疾可能性。疟疾患者有时可在毛细血管白细胞的胞质中查见被吞噬的疟色素颗粒,可对疟疾流行区慢性感染和复发患者有辅助诊断价值。

临床疑似疟疾患者要注意白细胞直方图或散点图的异常改变。在白细胞直方图 50fl 以下出现异常峰,仪器提示有红细胞、白细胞、血小板等参数异常时,提示可能有疟原虫,需要显微镜涂片检查。间日疟感染仪器可报警淋巴细胞异常,散点图表现为有两群淋巴细胞,其中一群散点图向右上移,右上移的细胞群散点图考虑为被疟原虫感染的红细胞群散点图。因被疟原虫大滋养体寄生的红细胞体积增大,与异常淋巴细胞的体积相仿,因此被仪器误认为异常淋巴细胞。恶性疟环状体仪器报警提示有核红细胞、红细胞直方图增大、白细胞分类散点图异常,EO 与 NEG 之间间距基本消失,含有环状体红细胞结构与有核红细胞相似,仪器在分析时误认为有核红细胞,引发有核红细胞的报警;血涂片镜检有核红细胞阴性,提示假阳性报警。对被疟原虫感染的红细胞,胞体会不同程度增大,使红细胞分布宽度异常。

2. 骨髓象　骨髓增生不定。粒系增生,中幼粒细胞可见增多,成熟阶段粒细胞比例相对减少,但形态无明显变化。红系增生不定,可出现抑制现象和生成障碍,也可有原位溶血。巨核细胞正常或减少,血小板生成型巨核细胞比例减低,成簇血小板少见。单核巨噬细胞增多、吞噬现象活跃,在巨噬细胞内可查见疟色素、疟原虫,含疟原虫的红细胞和正常红细胞、白细胞、血小板等。淋巴细胞和浆细胞可增多,仔细检查骨髓涂片可发现疟原虫,其阳性率较外周血涂片高。

3. 疟原虫检查

(1) 外周血涂片(薄片或厚片):取外周血制作厚、薄血涂片,血涂片经 Giemsa 或 Wright 染剂染色后镜检查找疟原虫可鉴定疟原虫的种类(图 37-6 和图 8-35)。薄片上疟原虫形态很典型,容易识别和鉴别虫种,但必须经过一段时间的严格训练,在充分掌握厚片中各种疟原虫的形态特征后,才能做出较正确判断。采血时间以疟原虫在细胞内有较充分的发育,但又不到破坏红细胞时为最佳,故在寒热发作数小时内为宜。间日疟和三日疟患者的采血时间以发作数小时至 10 余小时内为好。恶性疟则在发作开始采血较好,当疟原虫在体内增殖周期紊乱时则不受此限制。若出现 2 种或 3 种疟原虫混合感染(多为间日疟原虫与恶性疟原虫混合感染)时,应注意鉴别。

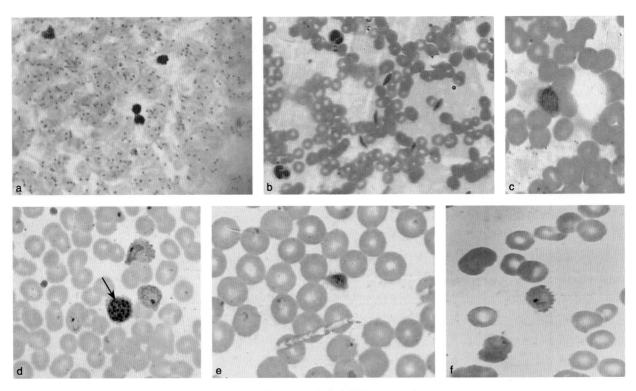

图 37-6　血片疟原虫

a 为厚血涂片检查大量环状体;b 为 5 个香蕉形或半月形配子体,虫体密度高;c 为间日疟原虫配子体;d 为间日疟裂殖体;e 为恶性疟原虫配子体(类三角形);f 为卵形疟原虫滋养体

(2) 骨髓涂片:检查疟原虫阳性率较外周血涂片高(如图 8-34a)。临床上对于不明原因的发热患者,高度疑似疟疾而多次血涂片检查阴性时,应做骨髓穿刺涂片检查。

(3) 其他方法:有毛细管法(采用含有抗凝剂的毛细玻管浓集,检测疟原虫);溶血离心沉淀法(将离心管内加入 2/10 000 的白皂素蒸馏水溶液 1ml,取受检者末梢血一大滴放入该试管内,混匀后离心 5 分钟,吸去上清液,底部沉渣摇匀。取一滴于干净载玻片上,用玻棒或铁丝棒依次蘸取 0.4% 的伊红液和 Giemsa 原液,先后于该载玻片上液体混匀,然后盖上盖片,油镜下检查,镜检 10 分钟查不见疟原虫为阴性);血沉棕黄层定量分析法(感染疟原虫红细胞比重较正常红细胞轻,而比白细胞略重,离心分层后,集中分布于正常红细胞层的上部,在加入橙试剂后,用荧光显微镜观察结果,其敏感性比普通镜检法高 7 倍,简便、快捷);免疫学检查(循环抗体检测、循环抗原检测;WHO 推荐使用的纸条法是检测恶性疟原虫抗原的诊断方法;世界热带病研究组织推出一种由单抗等制备的免疫浸条,用于检测疟原虫感染血浆中的特异抗原,更为简便易行)。分子技术有核酸探针和 PCR 等。

4. 诊断与鉴别诊断　在疟疾流行区居住或有旅游史,有疟疾发作史或近期接受过输血;有典型周期性寒战,高热发作伴头痛,全身酸痛、大汗淋漓等症状,血细胞减少,脾大;外周血涂片或骨髓涂片发现疟原虫即可确诊。长潜伏期型间日疟由于潜伏长,6~9 个月后才发病,有时还会在疟疾休止期发病,如果疟疾临床症状不典型,很容易引起误诊。因此,在进行流行病学调查时,要把时间考虑得长些。

疟疾应与败血症、伤寒、副伤寒、急性血吸虫病、胆道感染、急性肾盂肾炎及引起全血细胞减少的其他疾病相鉴别。疟疾所致的血小板减少应与特发性血小板减少及其他继发性血小板减少相鉴别。疟疾性肾病应与其他类型的肾病相鉴别。

二、疟疾特殊类型

1. 凶险型恶性疟疾(脑型疟疾)　脑型疟疾首先应与流行性乙型脑炎、中毒性菌痢、重症肝病、败血症、伤寒、钩端螺旋体病等相鉴别。黑尿热应与肾衰竭、免疫性溶血性贫血相鉴别。

脑型疟疾易发生多器官功能衰竭,易发生疟疾的再燃;是临床的危急重症,病情来势凶猛,若不尽早诊断及时治疗,死亡率极高,应引起高度重视。患者往往外周血红细胞疟原虫感染率和虫体密度较高,检验人员应加强疟原虫形态学习、培训,做到正确识别,不要把红细胞内密集感染的恶性疟原虫环状体主观的误认为是染液残渣的沉积。若检出香蕉型、半月型等形状的配子体对确诊恶性疟原虫感染及与其他类型疟原虫感染的鉴别具有重要价值。

凶险型疟疾绝大多数由恶性疟原虫感染所致,如患者出现疟疾的再燃是因为疟疾初发停止后,患者若无再感染,仅由于体内残存的少量红细胞内期疟原虫在一定条件下重新大量繁殖又引起的疟疾发作,再燃与宿主抵抗力和特异性免疫力的下降及疟原虫的抗原变异有关。

2. 厥冷型疟疾　厥冷型疟疾是凶险型疟疾的一种特殊临床类型,厥冷型疟疾病例没有发热,体温不仅不升高反而降低,患者出现寒冷异常。这在日常工作中极少见,加之多次血检均为阴性很容易造成误诊,特别是在无本地感染疟疾病例的地区及疟疾非流行季节更容易造成误诊。对出现不发热、寒冷异常、体温降低等症状的患者,若患者或患者家属有疟区流动史,要及时做疟原虫检测,无论疟原虫检测结果阳性或阴性,均应考虑疟疾的可能。应尽早进行诊断性抗疟治疗。厥冷型疟疾是极少见的 4 种凶险型疟疾中的 1 种,发生厥冷型疟疾后,病人会很快虚脱以至昏迷,多因循环衰竭而死亡。说明厥冷型疟疾及时进行扩容输液治疗对挽救病人生命至关重要。某些患者多次血检疟原虫阴性,可能是疟原虫各期虫体隐匿于微血管、血窦及其他血流缓慢处,外周血一般不易见到,需要检测疟原虫抗体。

三、黑热病

黑热病(kalaazar)又称内脏利什曼病(Leishmaniasis),是由杜氏利什曼原虫通过白蛉传播的慢性地方性传染病,本病分布广泛,是危害严重的人兽共患寄生虫病,曾是严重危害人民健康的五大寄生虫病之一。因印度患者皮肤上常有暗的色素沉着故名。杜氏利什曼原虫的无鞭毛体主要寄生在肝、脾、骨髓、淋巴结等造血器官的巨噬细胞内,常引起全身症状。临床特点是长期不规则发热、贫血、消瘦、鼻出血、肝脾进行性肿大、全血细胞减少和血清球蛋白增加。

1. 血象和骨髓象　全血细胞减少,尤以白细胞减少最显著,重者可低至 $1×10^9/L$,中性粒细胞减少甚至完全消失,急性粒细胞缺乏症是黑热病的严重并发症,中度至重度贫血,贫血多为正细胞正色素性。血小板减少;血沉多增快。淋巴结型血象多正常,嗜酸性粒细胞增高。皮肤型白细胞常增高至 $10×10^9/L$ 以上,嗜酸性粒细胞可高达15%。血细胞减少是脾功能亢进所致。脾越大,血细胞减少越显著,脾切除后血象可迅速好转。切除脾脏的人患黑热病时,病情虽重,但无血细胞减少。血片中性粒细胞或单核细胞内偶可发现利杜体,但不典型多,不易辨认,易与血小板混淆。

　　病原体检查以骨髓穿刺涂片法最为常用,骨髓涂片检查在单核巨噬细胞或中性粒细胞内查见利杜体可明确诊断。检出病原体即可确诊,骨髓涂片阳性率为80%~90%,高于淋巴结穿刺涂片阳性率46%~87%和外周厚血膜阳性率60%。骨髓细胞量变化较大,粒系可出现成熟障碍现象,巨核细胞产血小板功能多欠佳,浆细胞可反应性增生。利杜体虫体小,圆形或卵圆形,大小 $(2.9~5.7)\,\mu m×(1.8~4.0)\,\mu m$。经 Wright 染液染色后,细胞质呈淡蓝或淡红色,内有一个较大而明显的圆形核,呈红色或紫红色,动基体(kinetoplast)位于核旁,细小、杆状、着色较深,其前端有一颗粒状的基体发出一条根丝体(图37-7和图10-17)。

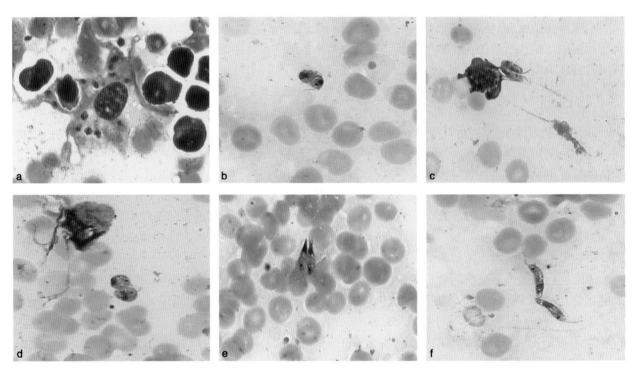

图 37-7　杜氏利什曼原虫

a 为巨噬细胞内见多个利杜体,胞质淡蓝色或淡红色,细胞核圆形呈红色或紫红色,核旁可见一细小杆状深染的动基体,与核呈"T"字型;b~d 为骨髓培养24小时后早期前鞭毛体:早期前鞭毛体多为粗短形,隐约可见粗短鞭毛,动基体深染,呈紫红色;e 为培养48小时的前鞭毛体(对称两个梭形);f 为培养72h后的成熟前鞭毛体,细长、清晰可见,发育长梭型,并以纵二分裂法繁殖,动基体深染,呈紫红色

　　2. 培养方法和其他检查　①三 N(Novy,Macneal 和 Nicolle)培养基:取患者骨髓或淋巴结以及其他疑有黑热病病变的活组织穿刺液或皮肤组织,与少量洛克液充分混匀后接种于培养基,置22~25℃温箱中培养。10~12天后,取少许培养物做涂片,行 Giemsa 染色镜检,看有无前鞭毛体生长。若为阴性,应继续培养至1个月,作进一步检查后报告结果。②离心管培养法:云南省大理白族自治州人民医院采用 EDTA-K₂ 离心管培养法,培养前鞭毛体获得成功,抽取骨髓液 0.5~1.0ml 放入 EDTA-K₂ 离心管(1ml 骨髓液含 EDTA-K₂ 的浓度为 2~4mg)混匀,置22~25℃温箱或室温培养1天后,取出按常规骨髓细胞学涂片、染色,隔日显微镜下观察1次。EDTA-K₂ 离心管培养法培养的前鞭毛体,细长的鞭毛清晰可见,动基体明显、着色较深,易于辨认。本法简便、快速(3天)、易于掌握,且经济而实用,易于推广。

　　其他检查有循环抗原免疫学检查,可用单克隆抗体抗原斑点试验(McAb-AST)诊断黑热病的阳性率可达97%;分子学方法,有 PCR 反应、kDNA 探针杂交法、Dip-stick 试纸法。

3. 诊断和鉴别诊断　本病近年来不典型病例增多,临床上常易误诊。有流行病学史(5~9月),在流行区居住过,有长期不规则发热、贫血,进行性脾脏肿大,全血细胞减少,球蛋白显著升高,骨髓涂片等病原学检出病原体,即可确诊。本病长期发热,脾大及白细胞显著减低,需与白血病、T细胞淋巴瘤骨髓浸润、再生障碍性贫血、疟疾、伤寒、结核病、肝硬化、血吸虫病、斑替综合征,药物或重症感染引起的急性粒细胞缺乏症等相鉴别,细胞形态学上要注意与组织胞浆菌感染后被巨噬细胞吞噬的组织胞浆菌孢子相鉴别。

四、弓形虫病

弓形虫病(toxoplasmosis)是刚地弓形虫引起的人兽共患病,分为先天性弓形虫病和后天性弓形虫病。传染方式可能通过先天性或获得性两种途径传播给人。人感染后多呈隐性感染。在免疫功能低下的宿主,弓形虫可引起中枢神经系统损害和全身性播散感染。先天性感染常致胎儿畸形,且死亡率高,为优生学所关注。

白细胞可正常或轻度增高,淋巴细胞和嗜酸性粒细胞可稍增高,可见不典型淋巴细胞,血红蛋白和血小板多正常,骨髓增生常减低。弓形虫检查有涂片染色法,可取急性期患者的各种体液如脑脊液、胸腹水、骨髓、血液、痰液、羊水等。体液标本离心后取沉淀物作涂片,以及淋巴结印片及组织切片经 Wright 或 Giemsa 染色法或免疫细胞化学染色,可以发现弓形虫滋养体或包囊。滋养体形态,游离的滋养体呈弓形或新月形(图 37-8),活虫体无色透明,一端较尖,一端圆钝,大小为(4~7)μm×(2~4)μm,经 Wright 或 Giemsa 染色后可见胞质呈淡蓝色或浊蓝色,胞核紫红色,核位于虫体中央,稍近钝圆端,核常呈红色颗粒状。有时可见 2 个核,与恶性疟原虫的配子母体相似,但较小,有的与利杜体相似,但又稍大。其他方法,有动物接种分离法或细胞培养法,免疫学方法和基因检查。

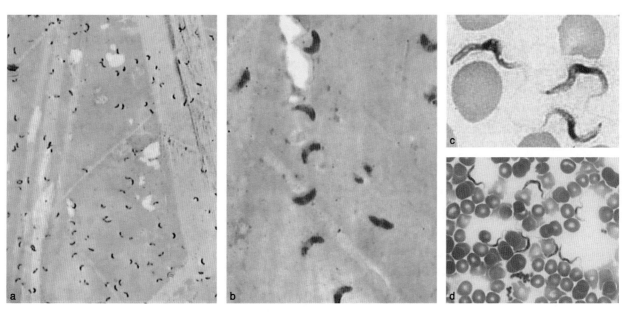

图 37-8　弓形虫和锥虫
a、b 为低倍和高倍镜下弓形虫滋养体;c、d 为锥虫鞭毛体

诊断与鉴别诊断方面,整合临床表现,经病原学和免疫学检查进行诊断。对先天性畸形或艾滋病患者发现脑炎者,均应考虑本病的可能性,病原学或血清学阳性即可确诊。本病应与传染性单核细胞增多症,淋巴瘤,风疹、疱疹、巨细胞病毒等病毒性脑膜脑炎,新型隐球菌和结核性脑膜炎等相鉴别。

五、锥虫病

锥虫是一种血鞭毛(原)虫,寄生人体的锥虫主要有 3 种,即冈比亚锥虫、罗得西亚锥虫和枯氏锥虫,寄生于血液、淋巴液、脑脊液、骨髓或组织细胞内,主要通过采采蝇(舌蝇属)刺螫传播,引起锥虫病(trypanosomiasis)。锥虫病是严重危害人类健康的全球六大热带病之一。锥虫初发反应期可形成锥虫下疳,血淋巴期,锥虫进入血液和组织间淋巴液后,出现广泛淋巴结肿大,淋巴结中淋巴细胞、浆细胞和巨噬细胞增生,感染后约5～12天出现锥虫血症,高峰持续2～3天,伴有发热、头痛、关节痛和肢体痛等症状。此期可出现全身淋巴结肿大,尤以颈后、颌下、腹股沟等处明显,颈后三角部淋巴结肿大是冈比亚锥虫病的特征。脑膜脑炎期为发病数月或数年后,锥虫侵入中枢神经系统。

锥虫检查,取患者血液做薄片或厚片,Wright或Giemsa染色镜检,一日内重复检查以及将血液浓缩后涂片,均可提高检出率。当血中虫体多时,锥鞭毛体以细长型为主;血中虫数在宿主免疫反应下降时,以粗短型居多。必要时也可取淋巴结、脑脊液、骨髓穿刺液、淋巴结穿刺液等做涂片染色镜检。

两种锥虫在人体内寄生,皆为锥鞭毛体,可分为细长型、中间型和粗短型,在Giemsa或Wright液染色血片中,虫体胞质呈淡蓝色,核居中,呈红色或红紫色。动基体为深红色、点状,波动膜为淡蓝色,胞质内有深蓝色的异染质颗粒。细长型20～40μm,宽1.5～3.5μm,前端尖细,胞核一个、位虫体中央(图37-8),游离鞭毛可长达6μm,动基体位于虫体近末端。粗短型长15～25μm,宽3.5μm,游离鞭毛短于1μm或不游离,基体位于虫体中央,形成的波动膜较短,动基体位于虫体近后端。

可用免疫学和分子学检查(如酶联免疫吸附试验、间接荧光抗体试验、间接血凝试验、PCR及DNA探针技术)进行确定。诊断和鉴别诊断方面,结合临床特点,在血液、淋巴液、骨髓液或脑脊液中找到锥虫,即可确诊。隐性期或慢性期血中锥虫少,可用免疫学和分子学方法检测,必要时培养和动物接种。锥虫病应与其他血液寄生虫病、脑膜脑炎、钩端螺旋体病、淋巴瘤、转移性肿瘤等相鉴别。

六、巴贝虫病

巴贝虫病(babesiosis)是巴贝虫经蜱类叮咬传播的人兽共患疾病。可经输血感染,人类仅偶尔被感染。该病起病大多缓慢,先有全身倦怠、乏力、厌食、恶心、呕吐,常见寒战、发热、体温一般在38～40℃之间,同时有多汗、头痛、肌肉和关节疼痛,不同程度的溶血性贫血、黄疸、肝脾大等。严重感染可出现低血压、肾衰竭、DIC甚至死亡。脾切除者及HIV感染者是巴贝虫感染的高危人群。

血象,血红蛋白降低,异形红细胞多,网织红细胞增多,甚至出现有核红细胞,呈溶血性贫血表现。血片(薄片)用Giemsa或Wright染色镜检,可见红细胞内寄生虫,虫体大小为1～5μm,多为2～3μm,其形态为圆形、椭圆形、梨形、环形等,胞核呈红色或紫红色,胞质呈蓝色,可多个虫体寄生于同一红细胞内(见第八章图8-34),其形态与恶性疟原虫相似,但其环状体小,并且在一个感染的红细胞中常多至4～5个虫体,无配子体,红细胞内不形成像原虫的特征性色素,受染红细胞不胀大,为阿米巴状无色素寄生虫。这种有寄生虫的红细胞在脾脏已切除或重症病人中较易见到,需与疟原虫仔细鉴别。对巴贝虫镜检阴性的可疑患者可用动物接种法、抗巴贝虫血清试验,或PCR法作为辅助诊断。

诊断和鉴别诊断方面,凡有脾切除史或HIV感染者,近期未到过疟疾流行区,无近期输血史而不明原因的发热和血涂片镜检发现有特征性的细胞学改变,应疑似巴贝虫病,血涂片检出巴贝虫可以确诊。巴贝虫病应与恶性疟、溶血性贫血、急性肾衰竭、钩端螺旋体病、黑热病等相鉴别。

七、附红体细胞病

附红细胞体简称附红体,是一种寄生于红细胞表面、血浆及骨髓中,既有原虫的某些特征,又有立克次体的一些特征的微生物。1991年在内蒙古发现首例人附红体病。人附红体病的严重患者会发生溶血性贫血。附红体病传播方式有多种途径,人与动物之间可以通过直接接触而发生传播,也可以通过蚊子、虱子、跳蚤、吸血蝇、蠓等吸血昆虫叮咬而感染。人与人间可以经输血、使用附红体感染的注射器、针头或劳动中使用了被污染的工具经破损伤口而传播。病原体进入人体后,专门寄生于红细胞、血浆和骨髓中。附红体的感染率虽较高,但它是一种条件致病微生物,感染后并不一定出现临床症状。如果免疫力较强,只能感染较少量的红细胞,但免疫力低下者或儿童体内,附红体有可能会感染较多的红细胞(30%～60%),这时会引起临床症状。如果体内60%以上的红细胞受到附红体感染,则会出现较严重的临床症状,甚至引起死亡。我国的附红体感染流行范围很广,在人群中,有些地区的附红体感染率高达40%,青少年中甚至可达70%以上,一些献血员中的感染率也相当高。人附红体病可有多种临床表现,主要有体温升高、乏力、嗜睡等症状,严重者可有溶血性贫血症状和不同部位的淋巴结肿大等。还可引起代谢紊乱。人附红体病是一种人兽共患的传染病,经常接触牲畜的人,尤其是儿童,出现发热、贫血等症状时,应注意到附红体感染的可能,在轻度感染时及时治疗,以免发展为重症。治疗人附红体病最有效的药物是一些传统抗生素,如四环素、庆大霉素、土霉素和多西环素。早期治疗,病人很快治愈。

全血细胞计数,红细胞、血红蛋白、血细胞比容、血小板计数等降低,网织红细胞轻度增高。附红体是一种多形态生物体,呈环形、球形、卵圆形、逗点形或杆状等形态,大小为(0.3~1.3)μm×(0.5~2.6)μm(见图8-36)。

第七节 真菌感染

真菌(Fungus)是一类真核生物。真菌感染性疾病根据真菌侵犯人体的部位分为浅部真菌病和系统性真菌性病(深部真菌病)。与骨髓和/或血液形态学检查相关的是系统性真菌病。系统性真菌病为累及组织和器官,甚至引起播散性感染,故又称为侵袭性真菌感染。随着高效广谱抗生素、免疫抑制剂、抗恶性肿瘤药物的广泛应用,器官移植、导管技术以及外科其他介入性治疗的深入开展,特别是AIDS的出现,条件致病性真菌引起的系统性真菌病日益增多,新的致病菌不断出现,病情也日趋严重。主要有组织胞浆菌病、马尔尼菲青霉菌病、念珠菌病、曲霉病、隐球菌病等。

一、荚膜组织胞浆菌病

荚膜组织胞浆菌病是一种传染性很强的真菌病。常由呼吸道传染,先侵犯肺,再波及其他单核巨噬系统如肝、脾,也可侵犯肾、中枢神经系统及其他脏器。患者常出现不规则高热,全血细胞减少,肝、脾大,脾功能亢进;大单核细胞和巨噬细胞胞质内吞噬有多量组织胞浆菌孢子。培养有组织胞浆菌生长,菌落呈白色到棕色羊毛状或丝状。

骨髓象,单核巨噬细胞比例增高,胞质内可见数个甚至10个以上被吞噬的芽生孢子,卵圆形,有荚膜,直径约2~4μm,一端较尖,一端较圆,菌体周边有透明圈,菌体内有一深染的核;芽生孢子有时充满整个大单核细胞或巨噬细胞的胞质(见图10-16)。

该菌生长缓慢,培养时间长,培养10~14天,长出白色到棕色羊毛状或丝状菌落,菌落镜检见分隔、分枝状菌丝,产生厚壁圆形的分生孢子(图37-9)。不难与球孢子菌、申克氏孢子丝菌、新型隐球菌相鉴别。

本病应与多种发热性疾病相鉴别,主要与黑热病、恶性组织细胞病、伤寒、白血病、再障等。本病极易误诊或漏诊,凡遇不规则高热,气急、咳嗽,肝、脾淋巴结肿大,经抗生素治疗无效时应疑及本病。形态上,组织胞浆菌需要与利杜体、球孢子菌、申克氏孢子丝菌、马尔尼菲青霉菌、新型隐球菌作出鉴别。临床对该病认识不足,近年来检验人员过度依赖自动化设备,也普遍缺乏形态学认识,加之该菌生长缓慢,培养时间较长,一般在两周以上是导致该病误诊或漏诊的主要原因。

抗真菌药物价格昂贵,临床对抗真菌药物使用剂量不足、疗程短是该病治疗失败的主要原因,该病抗真菌治疗可选用氟康唑、伊曲康唑足量足程,3~6个月治愈率在60%左右,故疗程至少为半年。

二、马尔尼菲青霉病

马尔尼菲青霉菌是AIDS最常见的机会性感染病原,尤其在AIDS终末期最为常见。临床实践中应注重该病与其他特殊感染性疾病和恶性疾病的鉴别。全血细胞减少,CD4+细胞计数明显降低,HIV确证试验阳性。骨髓涂片单核巨噬细胞增生,可见吞噬的大小不一、类圆形、长圆形或腊肠状,中间可见一浅染的横隔真菌孢子(见图10-16),也可见于外周血中(见图2-5)。骨髓培养2.5天常见阳性,并随即转种血琼脂平板、巧克力平板和沙保劳琼脂平板,可鉴定马尔尼菲青霉菌(图37-9)。

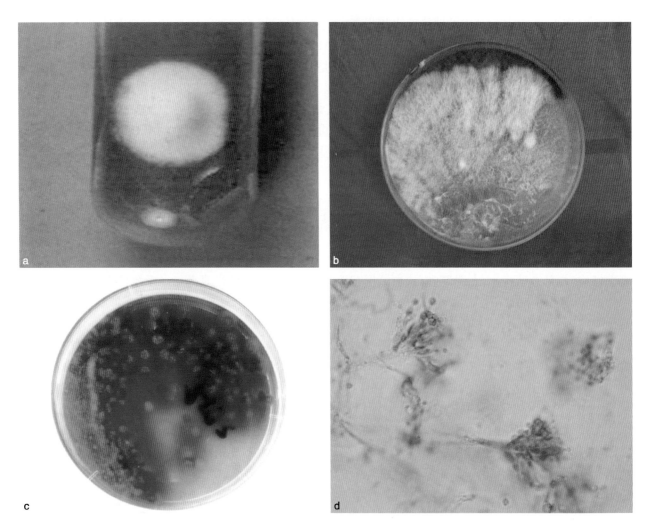

图 37-9　组织胞浆菌和马尔尼菲青霉菌培养外观

组织胞浆菌双相培养瓶 15 天生长状态(a),血平板培养第 14 天,白色至棕褐色羊毛状菌丝布满平板(b);马尔尼菲青霉菌骨髓培养转种沙保劳琼脂 27℃培养 72 小时后,呈葡萄酒红色,白色绒毛状菌丝生长(c),菌丝酚棉兰染色呈帚形分枝(d)

三、新生隐球酵母菌和卡氏肺孢虫(菌)混合感染

新生隐球酵母菌和卡氏肺孢子虫(菌)也是 AIDS 常见的机会性感染病原,新生隐球酵母菌通常在脑脊液中检出,而卡氏肺孢子虫常在肺泡灌洗液或肺组织活检中检出,两者混合感染在骨髓中同时检出罕见。机会性病原感染患者常出现头痛、发热、颅内高压、消瘦、干咳,贫血面容,可见肝、脾、淋巴结肿大,感染严重、免疫功能低下者可出现恶病质征象,常以不明原因发热收住入院。外周血多为两系或三系降低,血浆蛋白降低;AIDS 或免疫功能低下者 CD4 细胞计数减少;单纯新生隐球酵母菌感染多以中枢神经系统症状为主,而卡氏肺孢子虫感染则以呼吸系统症状为主,肺部 CT 具有一定的特征性表现:斑片结节影、磨玻璃影、肺实变、肺气囊、纵隔淋巴结肿大、胸腔积液。骨髓涂片检查可见单核巨噬细胞比例增多,单核巨噬细胞胞质内可见大小不一,周围明显荚膜的真菌孢子,同时可见大小约 5~10μm,卵圆形或球形包囊,囊壁透明不着色,囊内小体清晰可见,胞质浅蓝色、核紫红色;果氏六亚甲基四胺银染色包囊呈棕色或褐色,圆形、椭圆形或月牙形,部分包囊呈括弧样结构,为卡氏肺孢子虫的特征标记。骨髓及脑脊液培养可检出新生隐球酵母菌;脑脊液墨汁染色见周围宽厚荚膜真菌孢子。

在临床实践中检验人员应加强 AIDS 机会性感染病原的认识,整合细胞形态学专业和微生物学专业,从事形态学的应关注特殊感染病原形态学;从事微生物学的也要关注感染形态学改变以及与疾病诊断的相关关系。马顺高遇见一例混合性感染,在骨髓标本中同时检出这两种病原体,见图 10-17。

四、真菌性血流感染

随着医院感染率增加所致抗生素滥用而引起菌群失调,以及 AIDS 流行、肿瘤和慢性消耗性疾病等导致人群免疫力下降等因素,近年来真菌感染率有上升趋势。狭义的真菌病只包括真菌侵入人体引起的疾病。广义的真菌感染还包括对真菌孢子或产物的过敏、真菌毒素等引起的中毒等。深部真菌感染常由呼吸道吸入导致肺部感染而扩散至全身各器官系统。条件致病性真菌包括念珠菌、隐球菌、曲霉菌、接合菌等。真菌感染与患者基础条件如重症患者、免疫缺陷、长期使用糖皮质激素、长期使用广谱抗生素等有关。住院病人获得性真菌感染常与抗生素使用过度有关;ICU 患者还与口腔护理不到位以及长期使用静脉导管有关。临床实际工作中真菌检测阳性主要见于体液、血液、组织、分泌物等标本,血液标本真菌阳性率仅为总阳性率的 10% 左右。若外周血涂片和骨髓标本检出真菌(多为假丝酵母)(图 37-10);或者血培养阳性可确诊真菌性败血症,提示严重感染,病情危重,预后差,死亡率高,应及时予以抗真菌治疗。

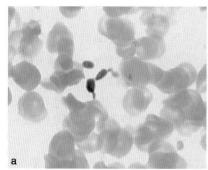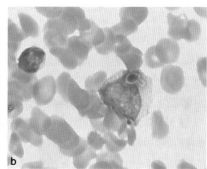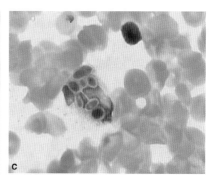

图 37-10 外周血游离及被粒单细胞吞噬的真菌孢子

第八节 慢性苯中毒性造血异常

苯是一种用途广泛的有机溶剂和工业原料,职业性苯接触的苯中毒患者较多。人体苯中毒(benzene poisoning)主要是吸入苯蒸气引起。空气中苯长期达 100mg/L 时可发生慢性苯中毒,3 000mg/L 时可出现急性中毒症状,2% 浓度吸入 5~10 分钟可致死,因苯蒸气能迅速进入血液,部分自呼吸道再排出,在骨髓及神经等含脂肪多的组织苯积蓄,其含量约是血液含量的 20 倍,主要引起神经系统及造血系统的损害。根据我国职业性苯中毒诊断标准及处理的国家标准,有苯接触史,有神经衰弱综合征表现,并有外周血细胞减少的情况,可诊断为苯中毒。苯中毒对骨髓有毒性作用,长期高浓度接触可导致造血异常。慢性苯中毒最常见,最早表现是血细胞减少,中性粒细胞毒性颗粒及空泡等变性。慢性苯中毒除可引起再生障碍性贫血(aplastic anemia,AA)和白血病外,还可引起造血系统的多种表现。

一、发病机制和临床特征

苯主要以蒸气状态经呼吸道吸入,皮肤仅少量吸收,消化道吸收完全。进入体内后,部分以原形出肺呼出;部分在肝脏代谢,通过微粒体混合功能氧化酶进行羟化,转化为酚类代谢产物。苯毒性与肝内形成的代谢产物有关,苯被氧化为氧化苯(苯酚和氢醌等)后具有高度活性,是引起中毒的中间体,不经酶作用可转化为酚,酚转化为苯二酚。另外氢醌也是酚的代谢产物,苯二酚与氢醌系有丝分裂毒物,为苯骨髓毒作用的主要来源,集中于骨髓抑制造血细胞 DNA 和 RNA 分子合成,促进凋亡。慢性苯中毒患者血细胞减少也有认为是骨髓造血和释放异常所致。近来发现苯还可代谢转化为环氧化苯,这些代谢产物分别与硫酸根,葡萄糖醛酸结合为苯基硫酸酯及苯基葡萄糖醛酸酯,自肾排出,中毒机制尚未完全阐明。另外,苯及其代谢产物能影响 DNA 合成,可引起染色体畸变,血细胞突变而导致白血病。

急性中毒为短时间内吸入大量苯蒸气或口服多量液态苯,主要为中枢神经系统抑制症状,轻者酒醉状,伴恶心,呕吐,步态不稳,幻觉,哭笑失常等表现。重症者可有昏迷、肌肉痉挛或抽搐,血压下降、呼吸及循环衰竭。尿酚和血苯可增高。约经 1~2 个月后可发生 AA。如及早发现 AA,经脱离接触,适当处理,一般预后较特发性 AA 为好。

常见的是长期吸入一定浓度的慢性苯中毒,影响最明显的是神经系统和造血系统。神经系统最常见的表现为神经衰弱和自主神经功能紊乱综合征(头晕、头痛、失眠、记忆力减退等神经衰弱表现)。造血系统损害是慢性苯中毒的主要特征,以白细胞减少(为起始表现)和血小板减少最常见;中性粒细胞内可出现中毒颗粒和空泡,粒细胞明显减少易致反复感染;血小板减少可有皮肤黏膜出血倾向,女性月经过多;严重患者发生全血细胞减少和 AA。大细胞性贫血者用叶酸或维生素 B$_{12}$ 治疗可以显效。个别患者嗜酸性粒细胞增多或有轻度溶血。苯还可引起骨髓增生异常综合征(myelodysplatic syndromes,MDS),苯接触所致白血病自 1928 年报道后渐有增多,且多在长期高浓度接触后发生。

二、血细胞和骨髓形态学

典型改变为全血细胞减少,其中白细胞减少最明显,通常不见血红蛋白和血小板重度减少。中性粒细胞胞质内出现中毒性颗粒及空泡等变性是慢性苯中毒外周血最常见和最早出现的变化,其后是血小板减少,红细胞受损较晚。尽管,苯中毒的致病部位不是外周血,但外周血白细胞的减少可提示骨髓苯中毒。淋巴细胞比例增高,可见不典型淋巴细胞。部分病例表现为轻度大细胞性贫血和白细胞减少。

骨髓有核细胞增生不定。增生轻度减低者,可见早中期粒细胞明显减低,粒红比值减低,成熟阶段细胞比例增高伴分叶核过多,可能存在骨髓释放障碍。部分患者骨髓增生中重度减低,粒、红、巨三系细胞均减少,特别是粒、红两系具有分化增殖功能的早期细胞,巨核细胞少见。骨髓造血细胞减少程度与苯中毒的程度有一定关系。也有一部分患者骨髓增生活跃或明显活跃,粒红巨三系或粒红两系细胞呈增生象,各阶段细胞比例则可基本正常。

粒细胞比例正常或减低,早期阶段细胞多为减少,病态粒细胞易见,可见核畸形、双核、核分叶过多或少分叶核,核固缩、核肿胀、核分裂、核染色质疏松、核质发育紊乱、少颗粒等,也可见早幼粒细胞核异常(分叶、肾型、马蹄型、元宝型等)及巨大中、晚幼粒细胞,中性粒细胞毒性颗粒及空泡等变性明显,提示苯对细胞质也有毒性作用。有核红细胞正常或明显增多,早期细胞常见减少。中晚幼红细胞可见核形不规则、边缘不整齐、核分叶、核脱出、碳核、核分裂、双核三核,幼红细胞中可见嗜碱性点彩,Howell-Jolly 小体,核内或胞质内可见空泡形成,但最常见是晚幼红细胞轻中度类巨变。红细胞体积增大或大小不等。巨核细胞正常或减少,分类多为生成血小板功能不佳,可见病态巨核细胞,也可见畸形血小板或巨大血小板。骨髓小粒内非造血细胞增多。淋巴细胞半数以上百分比增高,并可见不典型淋巴细胞。单核细胞正常或增多,胞质可见空泡变性。

苯中毒时骨髓造血可低下、亢进和病态造血等,还可直接发生白血病;既可出现细胞数量增加,又可发生细胞质的病变;造血活跃,多有无效生成,常见骨髓象与外周血细胞计数不符现象,也是慢性苯中毒的特点之一;骨髓红系细胞相对增生,但周围血则呈贫血,网织红细胞多不升高。无论轻度或中度苯中毒,也无论骨髓增生减低或活跃,骨髓细胞分类常见分叶核粒细胞增多。

慢性苯中毒时 NAP 积分增高,中毒早期患者 NAP 积分增高早于血象的改变。苯中毒患者墨汁吞饮试验阳性率明显低于正常人(参考值为 70%±4%),提示单核细胞衰老或功能受抑现象。苯接触单核细胞吞噬功能的减退早于血象。有苯接触史,尽管外周血三系正常,而 NAP 积分增高和单核细胞墨汁吞饮试验阳性率减低,可以提示苯中毒。

三、形态学类型

苯中毒可发生 AA,其病情轻重与苯中毒程度有一定关系。重度苯中毒病情危重,多表现为急性 AA,骨髓仍保留一定的造血潜力,苯中毒慢性 AA 和急性 AA 对雄激素为主的治疗方案有良好反应,大部分病人可以治愈,且不复发。

增生性难治性贫血,骨髓增生,粒、红两系细胞出现病态造血。除了空泡变性外,双核,多核及少分叶核粒细胞多见,幼红细胞有核碎裂、核形不规则、核分叶和脱核障碍等,幼红细胞可见嗜碱性点彩和 Howell-Jolly 小体,少数幼红细胞核或胞质内可见空泡。巨核细胞可见病态生成,苯接触所致 MDS 是一种继发性 MDS,与原发性 MDS 相比,外周血和骨髓细胞空泡变性较为明显。也可发生低增生性难治性贫血,骨髓增生低下,粒、红、巨三系细胞病态生成。

急性造血停滞,表现为骨髓增生重度减低,骨髓小粒丰富,小粒内非造血细胞占多数,油滴不见增多,粒红两系可见胞体巨大的原始和早幼阶段细胞,早幼粒细胞胞质内出现弥散分布、粗大的非特异性颗粒,粒系各阶段及单核细胞易见空泡变性。骨髓中出现体大或巨大的早期阶段粒红细胞和易于治愈易于短期内自愈的特点,而有别于急性再障和纯红再障。

骨髓无效生成性血细胞减少症,表现为骨髓增生旺盛,未见明显的形态异常,但可见空泡变性。患者血细胞计数长期减少,骨髓增生为无效造血,可能是苯中毒的早期表现。骨髓象与血液细胞计数不符合苯中毒的常见表现。骨髓增生(无效生成)性血细胞减少症和 MDS 可能是苯中毒常见的造血异常型。

苯中毒还可发生白血病。苯白血病有以下特点:①外周血白细胞较低,外周血中幼稚细胞不易见到,终末期可见增多,一般是在苯引起 AA、MDS,增生性血细胞减少症的情况下出现白血病性表现。②接触苯的时间,可在接触苯的不同时期内发生,也可在停止苯接触后发生。苯相关白血病潜伏期长短不一,最短为 6 个月,长者数年,发生急性白血病约 5 年,慢性白血病约 10 年,慢性淋巴细胞白血病约为 5~35 年。个别病例可达 40 余年。③骨髓原始细胞不显著增高。④可以发生多种类型的急慢性白血病(急性居多,又以粒细胞性和伴幼红细胞增多性为主)。诊断为苯相关白血病需要符合以下条件:①有明确的职业性苯接触史,特别是长期高浓度接触苯的工人,主要行业为有机合成喷油漆、橡胶、粘胶、皮鞋和制漆等。②发生白血病前常有职业性苯接触及慢性苯中毒史,全血细胞减少史,AA 史或 MDS 过程。③血象和骨髓象基本符合白血病变化。④排除其他致病因素所致的白血病。苯相关白血病与职业性肿瘤相比,诊断要复杂。接触苯工龄可很短,不一定能见到慢性苯中毒的血液学变化,且潜伏期长短不一。一定数量的接触苯工龄与浓度是最重要的,它表明剂量反应关系,是诊断各种职业病的必要基础,若接触苯浓度极低接触苯工龄又很短,诊断要慎重。总之,苯中毒引起的造血异常具有多样化,类型的可能演变见图 37-11。

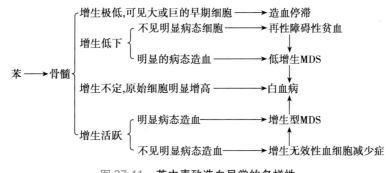

图 37-11　苯中毒致造血异常的多样性

第九节　铅中毒性血液学异常

铅是一种常见的给人体造成危害的重金属。日常生活和工农业生产中有许多含铅的物质或尘粒,食入用含铅器皿(如锡器和劣质陶器的釉质或珐琅)内煮或盛放酸性食物,食入被铅污染的水和食物,服用或误食过量含铅药物如羊痫风丸、铅丹、黑锡丹和密陀僧,吸入含铅的爽身粉、化妆品以及燃烧电池等所产生的含有铅化物的烟尘,均可以导致铅中毒。铅入人体后,被吸收到血液循环,主要以二盐基磷酸铅,铅的甘油磷酸盐,蛋白复合物和铅离子等形态而循环。随后约 95% 以三盐基磷酸铅的形式贮积在骨组织(骨髓组织的骨小梁)中,少量存留于肝、肾、脾、肺、心、脑、肌肉、骨髓及血液。血液中的铅约 95% 左右分布于红细胞内,血液和软组织中的铅浓度过高时,可发生铅中毒症状。铅储存于骨骼时不发生中毒症状。铅毒主要抑制细胞内含巯基的酶而使机体生化和生理功能发生障碍,引起小动脉痉挛,损伤毛细血管内皮细胞,影响能量代谢,导致卟啉代谢紊乱,阻碍高铁血红蛋白的合成,改变红细胞及其膜的正常性能等。引起神经系统、肾脏、造血系统和血管等方面的病变最为明显。

一、临床特征

长期接触低浓度铅,可有轻度神经系统症状,如头晕、头痛、乏力、肢体酸痛,也可有消化系统症状,如腹胀、腹部隐痛、便秘等。慢性铅中毒的消化道症状极易被误诊。2015年浙江三门县人民医院朱凤娇老师发现一例用铅锡壶(俗称蜡壶)盛酒,酒当佐料长期食用而在血片发现大量嗜碱性点彩红细胞的铅中毒患者,因接触史隐匿且常以急腹症发作而被延误诊断(见图3-1)。慢性的微量的铅中毒患儿,症状也常隐蔽,一般无发热、智力可有不同程度的延缓。病期较长患者有贫血,面容呈灰色(铅容),伴心悸、气促、乏力等。牙齿与指甲因铅质沉着而染黑色,牙龈的黑色"铅线"很少见于幼儿。四肢麻木和肢体远端出现腕垂、踝垂征等在婴儿时期较少见;指、趾麻木为较大患儿常诉症状。慢性铅中毒多见于2~3岁以后,一般从摄毒至出现症状约3~6个月。急性中毒患者口内有金属味,常为流涎、恶心、呕吐,呕吐物常呈白色奶块状(铅在胃内生成白色氯化铅),腹痛,出汗,烦躁,拒食等。重症铅中毒常有阵发性腹绞痛,并可发生肝大、黄疸、少尿或无尿、循环衰竭等。

铅中毒确诊后,避免铅吸入和食入,并用二巯基丙醇和/或依地酸二钠等钙螯合剂驱铅后,症状很快改善。改善工作和生活环境,减少环境污染,是预防的最佳措施。

二、血液学特征

铅主要影响红系细胞,通过对血红素代谢酶类作用的抑制。轻度铅中毒时,网织红细胞和点彩红细胞增多,并随铅中毒的加重出现正细胞低色素性或低色素小细胞性贫血。白细胞计数可增高,淋巴细胞和单核细胞增多,大淋巴细胞多见,也可见嗜酸性粒细胞和粒细胞毒性形态。急性铅中毒溶血明显,贫血出现迅速,网织红细胞和嗜碱性点彩红细胞增高,并可见幼稚红细胞。

骨髓红系代偿性增生,中幼红细胞增多,可见有丝分裂象异常和细胞退行性变化。嗜碱性点彩红细胞增多(比外周血涂片为多)、嗜多色性红细胞易见。少数病例浆细胞和巨噬细胞轻度增多。由于原卟啉合成不足,细胞内铁利用不佳而过剩,铁粒幼细胞百分比增高,并可检出环状铁粒幼细胞。细胞外铁也可增加。粒系细胞出现毒性改变,分叶核粒细胞核棘突现象增多。巨核细胞和血小板大致正常。

铅中毒时嗜碱性点彩红细胞增加和幼红细胞铁粒增加甚至出现环形铁粒幼细胞,它们是血液学检查的主要异常(详见第八章,以及卢兴国主编,人民卫生出版社2015年出版的《贫血诊断学》)。嗜碱性点彩红细胞增加系铅抑制红细胞嘧啶-5-核苷酸酶,使嘧啶核苷酸不能有效降解而积聚于细胞质。大量铅进入人体48小时即可检出点彩红细胞增加。但除铅中毒外,许多血液病,如溶血性贫血、巨幼细胞贫血、白血病,以及汞、苯胺、硝基苯接触后,也可见嗜碱性点彩红细胞增多,注意鉴别诊断。网织红细胞和嗜多色性红细胞可反映造血功能,铅吸收和铅中毒时增多,也有一定的参考意义。铁粒幼细胞增多和检出环形铁粒幼细胞也可作为评估铅中毒血液学异常的指标。

三、诊断与分级

铅吸收,尿铅增高,病人无症状和无明显白细胞形态学变化。尿铅量是反映机体铅吸收的指标,正常上限值为$0.39\mu mol/L(0.08mg/L)$。一般认为血铅测定值达$1.44\sim2.4\mu mol/L(30\sim50\mu g/dl)$时即有诊断意义。儿童血铅超过$2.88\mu mol/L(60\mu g/dl)$,可出现明显的神经系统损害症状和体征。美国疾病控制中心认为铅中毒的定义是全血铅含量$\geqslant1.2\mu mol/L(\geqslant25\mu g/dl)$时,儿童可出现无症状铅中毒。轻度铅中毒,尿铅增高,尿α-氨基-γ-酮戊酸浓度(正常值<6mg/L)增高(与铅中毒程度明显相关),嗜碱性点彩红细胞增多(正常<1%,超过2%~10%为轻度增加,超过10%为过高),有一般性中毒症状。中度铅中毒,同轻度铅中毒,但出现贫血、腹痛、肌无力和感觉型多发性神经炎。

对有铅接触史而无明显症状的患儿,尿铅测定正常,可作驱铅试验,一般用依地酸二钠钙$500mg/m^2$单次肌注,收集其后8小时的尿检测铅含量,若对于所注入的每mg依地酸二钠钙之尿铅排出量大于

4. 83μmol(1μg),则提示患者血铅浓度超过 2. 64μmol/L(55μg/dl)。

第十节 电离辐射性血液细胞学异常

1895 年 Rontgen 和 Becquerel 以及 Curie 夫妇相继发现 X 射线,推动了辐射生物学及其分支——辐射血液学的诞生。造血器官对电离辐射(能引起被作用物电离的辐射,由直接的,如 α 粒子、β 粒子和质子;或间接的,如 X 射线、γ 线和中子等,电离粒子或两者混合组成的任何射线所致的辐射)很敏感,在不大的放射线照射下即可发生造血障碍。血液学的改变(数量、结构、功能和形态)在结合临床信息前提下可反映机体的损伤程度。造血组织中,骨髓基质细胞对放射线不甚敏感;各系原始细胞有敏感性,可导致原始细胞死亡;早中幼阶段粒细胞对放射线敏感,但受辐射后仍可分化成熟。一般,造血细胞比外周血细胞为敏感,核酸代谢旺盛的细胞和有丝分裂细胞对电离辐射敏感。

一、长期小剂量电离辐射对血液骨髓的影响

电离辐射对机体的损伤可分为急性放射损伤和慢性放射损伤。短时间内接受一定剂量的照射,可引起机体的急性损伤,见于核事故和放射治疗病人。较长时间内分散接受一定剂量的照射,可引起慢性放射性损伤,如皮肤损伤、造血障碍、白细胞减少、生育力受损。另外,辐射还可以致癌和引起胎儿死亡和畸形。长期慢性小剂量电离辐射引起的典型血液改变是:持续性白细胞和中性粒细胞减少,核左移,中性粒细胞毒性改变;淋巴细胞相对增多,小淋巴细胞减少而大淋巴细胞增高,也可见双核或双叶以及核碎裂的淋巴细胞;可有嗜酸性粒细胞和单核细胞增多;血小板减少。早期改变有中性粒细胞分叶过多,核棘状物增多和病理性淋巴细胞,网织红细胞可增高。严重者有贫血,红细胞可呈轻度大细胞或球状改变,骨髓有核细胞增生减低,粒细胞可成熟欠佳,网状细胞和浆细胞增多,粒红比值降低。小剂量电离辐射造成的细胞伤害,还可导致癌症发病率增加。例如,因电离辐射引起的白血病,受辐射与发病的潜伏期为两年,实体肿瘤潜伏期为五年。

二、放射病的临床分类与特点

放射病可根据放射线来源分为外辐射放射病和内辐射放射病。还可根据辐射剂量分为急性和慢性放射病。急性者通常为外辐射所致。

1. 急性放射病 急性短期辐射发生于战时核爆炸和电离辐射中的意外事故。按病情变化又可分为轻度、中度、重度和极重度。急性放射病的临床分级与诊断见表 37-3。

表 37-3 急性放射病分级与诊断标准

临床分级	辐射量(伦琴/d)	临床表现	白细胞(×10⁹/L)		淋巴细胞(×10⁹/L)	
			辐射后 7d	10d	辐射后 2d	3d
极重度	>600	造血严重受抑,胃肠道和中枢神经系统症状严重	1.5	1.0	0.3	<0.05
重度	400~600	造血重度障碍、出血、感染、胃肠道功能紊乱	2.5	2.0	0.6	0.5
中度	200~400	造血中度障碍、出血感染	3.5	3.0	0.9	0.7
轻度	100~200	造血轻度障碍	4.5	4.0	1.2	1.0

2. 慢性放射病 分为慢性外辐射和慢性内辐射两种。慢性外辐射如 X 射线、γ 射线或中子流、β 射线长期反复多次体外辐射所致。见于长期操作 X 射线工作者以及接受射线治疗的病人。由长期放射线工作而发生的放射性异常通常称为放射病;由接受放射治疗而发生的一般称为放射治疗反应。慢性内辐射是放射物质,特别以射线在体内长期超量蓄积于骨骼和单核巨噬细胞系统等组织所致。慢性内辐射发生于从事铀、钍等放射性工矿的工人,以及从事放射性核素的工作人员,也可发生于吸入或进食污染放射性核素的物质后。慢性放射病主要以造血组织损伤为主,表现乏力、出血、内分泌紊乱、皮肤营养障碍、脱发、视

力减退和易感染等。

3. 血细胞变化的意义　血液变化可预示早期放射病,但必须排除其他原因所致的类似变化。当与临床可疑症状共存时,血象变化的诊断意义较大。一般当白细胞计数$>2.5×10^9/L$时,不会出现明显的症状,下降至$(2.5\sim1.0)×10^9/L$之间时可伴紫癜症状,$<1.0×10^9/L$时感染等症状常较严重。当白细胞计数很快转入第二个降低期时,可说明机体受损的严重性,其中淋巴细胞很快下降或淋巴细胞、粒细胞和血小板均减少甚至消失,凝血时间延长,伴有紫癜和发热,示病情重危、预后不良,贫血发生早也可示预后不佳或病情严重。在同一剂量辐射下,白细胞相对愈多示预后愈好;急性放射损伤早期网织红细胞增多、骨髓巨核细胞增生者,外周血中性粒细胞$>1.5×10^9/L$者或淋巴细胞回升者,均可提示预后良好。

附录 英文缩写词表

AA	aplastic anemia	再生障碍性贫血
AA	amyloid-protein A	淀粉样变 A 蛋白
AAA	acute aplastic anemia	急性再生障碍性贫血
AATP	acquired amegakaryocytic thrombocytopenia	获得性低巨核细胞性血小板减少症
ABC	avidin-biotin-peroxidase complex technique	亲和素-生物素-过氧化物酶复合物染色
ABC	active B cell	活化 B 细胞
ABL	acute basophilic leukemia	急性嗜碱性粒细胞白血病
ACD	anemia of chronic disease	慢性病贫血
aCML	atypical chronic myelogenous leukemia	不典型慢性粒细胞白血病
ACP	acid phosphatase	酸性磷酸酶
AIDS	acquire immune deficiency syndrome	获得性免疫缺陷综合征
AIHA	autoimmune hemolytic anemia	自身免疫溶血性贫血
AITL	angioimmunoblastic T cell lymphoma	血管免疫母 T 细胞淋巴瘤
AL	acute leukemia	急性白血病
ALCL	anaplastic large cell lymphoma	间变性大细胞淋巴瘤
ALIP	abnormal localisation of immature precursor	幼稚前体细胞异常定位
ALK	anaplastic lymphoma kinas	间变性淋巴瘤激酶
ALL	acute lymphocytic leukemias	急性淋巴细胞白血病
AMKL	acute megakaryoblastic leukemia	急性原始巨核细胞白血病
AML	acute myeloid leukemias	急性髓细胞白血病
AML-1	acute myelogenous leukemia gene-1	急性粒细胞白血病基因-1
AMLL	acute mixed lineage leukemia	急性混合系列白血病
AML-M0	acute myeloid leukemiawith minimal differentiation	AML 伴微分化型
AML-M1	acute myeloid leukemia without maturation	AML 不伴成熟型
AML-M2	acute myeloid leukemia with maturation	AML 伴成熟型
AML-M4	acute myelomonocytic leukemia	急性粒单细胞白血病
AML-M5a	acute monoblastic leukemia	急性原始单核细胞白血病
AML-M5b	acute monocytic leukemia	急性单核细胞白血病
AML-M6	acute erythroid leukemia	急性红系细胞白血病
AML-M6a	erythroleukaemia(erythriod/myeloid)	红白血病
AML-M6b	pure erythroid leukemia	纯红系细胞白血病
AML-MRC	AML with myelodysplastia related changes	AML 伴骨髓增生异常相关改变
AMML	acute myelomonocytic leukemia	急性粒单细胞白血病
AMML-Eo	acute myelomonocytic leukaemia with eosinophils	急性粒单细胞白血病伴嗜酸性粒细胞增多

ANAE	acidα-naphthyl acetate esterase	酸性 α-乙酸萘酯酶
ANC	all nucleated bone marrow cells	骨髓有核细胞(分类)
ANKRD26	ankyrin repeat domain 26	锚蛋白重复结构域蛋白 26 基因
APAAP	alkaline phosphatase-anti-alkaline phosphatase technique	碱性磷酸酶-抗碱性磷酸酶染色
APC	antigen-presenting cells	抗原递呈细胞
APL	acute promyelocytic leukemia	急性早幼粒细胞白血病
APMF	acute panmyelosis with myelofibrosis	急性全髓增殖症伴骨髓纤维化
APS	antiphospholipid syndrome	抗磷脂抗体综合征
ASM	aggressive systemic mastocytosis	侵袭性系统性肥大细胞增生症
ATLL	adult T cell leukemia/lymphoma	成人 T 细胞白血病/淋巴瘤
ATM	ataxia telangiectasia mutant	共济失调毛细血管突变
AUL	acute undifferentiated leukemia	急性未分化型白血病
BAL	biphenotypic acute leukemia	双表型急性白血病
B-ALL	B acute lymphoblastic leukemias	急性原始 B 淋巴细胞白血病
BCL-2	B cell lymphoma/leukemia-2	B 细胞淋巴瘤/白血病 2 基因
BCR	B cell receptor	B 细胞受体
BFU-E	erythroid burst forming unit	红系爆式集落形成单位
BL	Burkitt lymphoma	Burkitt 淋巴瘤
B-LBL	B lymphoblastic lymphoma	原始 B 淋巴细胞淋巴瘤
BMB	bone marrow biopsy	骨髓活组织检查
BMFD	bone marrow failure disorder	骨髓衰竭症
BMN	bone marrow necrosis	骨髓坏死
BP	blast phase	原始细胞期或急变期
BPDC	blastic plasmacytoid dendritic cell	原始浆细胞样树突细胞
B-PLL	B-cell prolymphocytic leukaemia	B 幼淋巴细胞白血病
CBC	complete blood count	全血细胞计数
CBF	core binding factor	核心结合因子(基因)
CBL	casitas-B-lineage lymphoma protooncogene	casitas-B 系淋巴瘤原癌基因
CD	cluster of differentiation	分化抗原簇(群)
CE	chloroacetate esterase	氯乙酸酯酶
CEBPA (C/EBPa)	CCAAT-enhancer binding protein-alpha	髓系转录因子 CCAAT 增强子结合蛋白-A 基因
CEL	chronic eosinophilic leukemia	慢性嗜酸性粒细胞白血病
CFU-E	erythroid colony-forming units	红系集落形成单位
CFU-G	granulocyte colony forming units	粒细胞集落形成单位
CFU-GM	colony forming unit granulocytic/macrophage	粒细胞巨噬细胞集落形成单位
CGL	chronic granulocytic leukemia	慢性粒细胞白血病
CHIP	clonal hematopoiesis of indeterminate potential	不确定的潜在克隆性造血
CHS	Chediak-Higashi syndrome	Chediak-Higashi 综合征
cIg	cytoplasmic immunoglobulin	胞质免疫球蛋白
CIMF	chronic idiopathic myelofibrosis	慢性特发性骨髓纤维化
CLB	cup-like blast	杯口状核原始细胞

CLL	chronic lymphocytic leukemia	慢性淋巴细胞白血病
CML	chronic myelogenous leukemia	慢性粒细胞白血病
CML	chronic myeloid leukemia	慢性髓细胞白血病
CML-AP	accelerated phase of chronic myelogenous leukemia	慢性粒细胞白血病加速期
CMML	chronic myelomonocytic leukemia	慢性粒单细胞白血病
CMonL	chronic monocytic leukemia	慢性单核细胞白血病
CMPN	chronic myeloproliferative neoplasms	慢性骨髓增殖性肿瘤
CNL	chronic neutrophilic leukemia	慢性中性粒细胞白血病
CRAB	hypercalcemia, renal insufficiency, anemia, bone lesions	高钙血症、肾功能不全、贫血和骨损害
CTL	cytotoxic T lymphocytes	细胞毒性 T 细胞
DC	dendritic cell	树突细胞
DC	dyskeratosis congenital	先天性角化不良
DCML	dendritic cell, monocyte, and lymphocyte deficiency	树突细胞、单核细胞和淋巴细胞缺乏症
DDX41	DEAD-box polypeptide 41	DEAD（天冬氨酸-谷氨酸-丙氨酸-天冬酸）盒多肽 41 基因
DITP	drug-induced autoimmune thrombocytopenic purpura	药物性免疫性血小板减少性紫癜
DLBCL	diffuse large B-cell lymphoma	弥散性大 B 细胞淋巴瘤
DMS	demarcation membrane system	分界膜系统
DS-TAM	transient abnormal myelopoiesis of Down Syndrome	唐氏综合征暂时异常髓系造血
EBV MCU	EBV-positive mucocutaneous ulcer	EB 病毒阳性皮肤黏膜溃疡
ECD	Erdheim-Chester disease	Erdheim-Chester 病
ECP	eosinophil cationic protein	嗜酸性粒细胞阳离子蛋白
EDN	eosinophil derived neurotoxin	嗜酸性粒细胞源性神经毒素
EG	eosinophilic granuloma	嗜酸性肉芽肿
EGB	eosinophilic granuloma of bone	骨嗜酸性肉芽肿
EGIL	European Group for the Immunologic Classification of Leukemia	欧洲白血病免疫分类协作组
ELN	European LeukemiaNet	欧洲白血病网
EMH	extramedullary haematopoiesis	髓外造血
EPO	erythropoietin	红细胞生成素
EPOR	erythropoietin receptor	红细胞生成素受体
EPX	eosinophil peroxidase	嗜酸性粒细胞过氧化物酶
ET	essential thrombocythaemia	特发性血小板增多症
ETP-ALL	early T-cell precursor lymphoblastic leukemia	早 T 前体原始淋巴细胞白血病
ETV6	ETS family transcriptional repressor variant 6	ETS 家族转录抑制子变异体 6 基因
FDC	follicular dendritic cells	滤泡树突细胞
FGFR1	fibroblast growth factor receptor 1	纤维母细胞生长因子受体 1 基因
FHL	familial hemophagocytic lymphohistiocytosis	家族性噬血细胞-淋巴组织细胞增生症
FISH	fluorescence in situ hybridization	荧光原位杂交
FL	follicular lymphoma	滤泡淋巴瘤

FLT3	FMS-like tyrosine kinase 3	FMS 样酪氨酸激酶 3
FRC	fibroblastic reticular cells	成纤维网状细胞
FTCL	follicular T cell lymphoma	滤泡 T 细胞淋巴瘤
G-ALL	granular acute lymphoblastic leukemia	颗粒型急性原始淋巴细胞白血病
G6PD	glucose 6-phosphate dehydrogenase	葡萄糖 6 磷酸脱氢酶
GATA1	GATA binding protein 1	GATA 结合蛋白 1 基因
GC	Gaucher cell	Gaucher 细胞
GCB	germinal center B cell	生发中心细胞(型)
G-CSF	granulocyte-colony stimulating factor	粒细胞集落刺激因子
G-CSFR	granulocyte-colony stimulating factor receptor	粒细胞集落刺激因子受体
GD	Gaucher disease	Gaucher 病
GEP	gene expression profiling	基因表达分析
GM-CSF	granulocyte-macrophage colony stimulating factor	粒细胞巨噬细胞集落刺激因子
GP Ⅱ b-Ⅲ a	glycoprotein Ⅱ b/Ⅲ a	糖蛋白Ⅱ b-Ⅲ a(CD41)
GPA	glycoprotein A	血型糖蛋白 A
H-ALL	hand mirror cell acute lymphoblastic leukemia	手镜形(细胞)ALL
HA	hemolytic anemia	溶血性贫血
HCD	heavy chain diseases	重链病
HCDD	heavy chain deposition disease	重链沉积病
HCL	hairy cell leukemia	多毛细胞白血病
HCL-V	HCL variant	HCL 变异型(HCL-Ⅱ)
HDCN	histiocytic and dendritic cell neoplasms	组织细胞和树突细胞肿瘤
HE	haematoxylin-eosin	苏木精-伊红染色
HES	hypereosinophilic syndrome	高嗜酸性粒细胞综合征
HGBL	high grade B-cell lymphoma	高度恶性 B 细胞淋巴瘤
HGF	haematoxylin-Giemsa-fuchsin	苏木精-Giemsa-酸性品红染色
HHV-8	human herpes virus-8	人类疱疹病毒 8 型
HIT	heparin-induced thrombocytopenia	肝素诱导的血小板减少症
HIV	human immunodeficiency virus	人免疫缺陷病毒
HL	Hodgkin lymphoma	霍奇金淋巴瘤
HLH	hemophagocytic lymphohistiocytosis	噬血细胞性淋巴组织细胞增生症
HPA	human platelet antigens	人类血小板抗原
HPC	hematopoietic progenitor cell	造血祖细胞
HS	hereditary spherocytosis	遗传性球形红细胞增多症
HS(HPS)	hemophagocytic syndrome	噬血细胞综合征
HSC	hematopoietic stem cell	造血干细胞
HTLV-1	human T-cell leukemia virus type 1	人类 T 细胞白血病病毒-1
HUS	hemolytic uremic syndrome	溶血性尿毒症综合征
HX	histiocytosis X	组织细胞增生症 X
IAHS	infection-associated hemophagocytic syndrome	感染相关噬血细胞综合征
IAITP	idiopathic autoimmune thrombocytopenia	原发性或特发性自身免疫性血小板减少症
IBMFS	inherited bone marrow failure syndromes	遗传性骨髓衰竭综合征

ICSH	International Council for Standardization in Haematology	国际血液学标准化委员会
ICUS	idiopathic cytopenia of undetermined significance	意义未明特发性血细胞减少症
ICUS-N	idiopathic neutropenia of undetermined significance	意义未明特发性中性粒细胞减少症
IDA	iron deficiency anemia	缺铁性贫血
IDC	interdigitating dendritic cells	指突状树突细胞
IDCT	indeterminate dendritic cell tumor	不确定的树突状细胞肿瘤
IFN	interferon	干扰素
Ig	immunoglobulin	免疫球蛋白
IGV	immunoglobulin variable	免疫球蛋白可变区
IHC	immunohistochemistry	免疫组化(染色)
IL	interleukin	白介素
IM	infectious mononucleosis	传染性单核细胞增多症
IMF	idiopathic myelofibrosis	特发性骨髓纤维化
INB	internuclear bridging	核桥联(核间桥)
inv	inversion	(染色体)倒位
IPSS	International prognostic scoring system	国际预后积分系统
ISFN	in situ follicular neoplasia	原位滤泡肿瘤
ISM	indolent systemic mastocytosis	惰性系统性肥大细胞增多症
ISMCN	in situ mantle cell neoplasia	原位套细胞肿瘤
ITP	idiopathic thrombocytopenic purpura	特发性血小板减少性紫癜、
ITP	immune thrombocytopenia	免疫性血小板减少症
IWGM-MDS	International working group on morphology of myelodysplastic syndrome	MDS 国际形态学工作组
JMML	juvenile myelomonocytic leukemia	幼年型粒单细胞白血病
JXG	juvenile xanthogranuloma	幼年黄色肉芽肿病
KMT$_2$A	lysine methyltransferase 2A	赖氨酸甲基转移酶2A 基因
KSHV	Kaposi sarcoma herpesvirus	Kaposi 肉瘤疱疹病毒
LAHS	lymphoma-associated hemophagocytic syndrome	淋巴瘤相关噬血细胞综合征
LAP	leukemia associated phenotype	白血病相关免疫表型
LBCL	large B-cell lymphoma	大 B 细胞淋巴瘤
LBL	lymphoblastic lymphoma	原始淋巴细胞淋巴瘤
LC	Langerhans cell	Langerhans 细胞
LCDD	light chain deposition disease	轻链沉积病
LCH	Langerhans cell histiocytosis	Langerhans 细胞组织细胞增生症
LCL	lymphoma cell leukemia	淋巴瘤细胞白血病
LGL	large granular lymphocytes	大颗粒淋巴细胞
LGLL	large granular lymphocytic leukemia	大颗粒淋巴细胞白血病
LHCDD	light and heavy chain deposition disease	轻链和重链沉积病
LPL	lymphoplasmacytic lymphoma	淋巴浆细胞淋巴瘤
LYST	lysosomal trafficking regulator gene	溶酶体运输调节因子基因
MA	megaloblastic anemia	巨幼细胞性贫血
MAHA	microangiopathic haemolytic anaemia	微血管病性溶血性贫血
MAHS	malignancy-associated hemophagocytic syndrome	恶性肿瘤相关噬血细胞综合征

MAIPA	monoclonal antibody-specific immobilization of platelet antigens	单克隆抗体特异性俘获血小板抗原
MALT	mucosa-associated lymphoid tissue	黏膜相关淋巴组织
MALTL	mucosa-associated lymphoid tissue lymphoma	黏膜相关淋巴组织淋巴瘤
MAP	mitogen-activated protein	丝裂原激活蛋白
MBL	monoclonal B cell lymphocytosis	单克隆 B 细胞增多症
MBP	major basic protein	主要碱性蛋白
MCH	mean corpuscular hemoglobin	平均红细胞血红蛋白量
MCHC	mean corpuscular hemoglobin concentration	平均红细胞血红蛋白浓度
MCL	mast cell leukemia	肥大细胞白血病
MCL	mantle cell lymphoma	套细胞淋巴瘤
MCS	mast cell sarcoma	肥大细胞肉瘤
M-CSFR	macrophage-colony stimulating factor receptor	巨噬细胞集落刺激因子受体
MCV	mean corpuscular volume	平均红细胞体积
MDS-MPN	myelodysplastic/myeloproliferative neoplasms	骨髓增生异常-骨髓增殖性肿瘤
MDS-MPN-RS-T	MDS-MPN with ring sideroblasts and thrombocytosis	MDS-MPN 伴环形铁粒幼细胞和血小板增多
MDS-MPN,U	myelodysplatic/myeloproliferative neoplasm, unclassifiable	骨髓增生异常-骨髓增殖性肿瘤不能分类型
MDR1	multidrug resistance glycoprotein 1	多药耐药糖蛋白 1
MDS	myelodysplastic syndromes	骨髓增生异常综合征
MDS-EB	MDS with excess blasts	MDS 伴原始细胞增多
MDS-MLD	MDS with multilineage dysplasia	MDS 伴多系病态造血
MDS-RS	MDS with ringed sideroblasts	MDS 伴环形铁粒幼细胞
MDS-RS-SLD	MDS with ringed sideroblasts and single lineage dysplasia	MDS 伴单系病态造血和环形铁粒幼细胞
MDS-RS-MLD	MDS with ringed sideroblasts and multilineage dysplasia	MDS 伴多系病态造血和环形铁粒幼细胞
MDS-U	myelodysplastic syndrome, unclassifiable	骨髓增生异常综合征不能分类型
MDS-SLD	MDS with single lineage dysplasia	MDS 伴单系病态造血
Meg-CSF	megakaryocyte colony stimulating factor	巨核细胞集落刺激因子
MF	myelofibrosis	骨髓纤维化
MF	mycosis fungoides	蕈样霉菌病
MGUS	monoclonal gammopathy of undetermined significance	意义未明单克隆免疫球蛋白病
MH	malignant histiocytosis	恶性组织细胞病
MHA	microangiopathic hemolytic anemia	微血管性溶血性贫血
MHA	May-Hegglin abnormity	May-Hegglin 异常
MHC	major histocompatibility complex	主要组织相容性复合物
MIC	morphologic, immunologic and cytogenetic	形态学、免疫学和细胞遗传学（分类）
MICM	morphologic, immunologic, cytogenetic and molecular	形态学、免疫学、细胞遗传学和分子学（分类）
mIg	membrance immunoglobulin	膜免疫球蛋白

MIDD	monoclonal immunoglobulin deposition diseases	单克隆免疫球蛋白沉积病
ML-DS	myeloid leukemia associated with Down syndrome	唐氏综合征相关髓系白血病
MLL	mixed lineage leukemia	混合系列白血病基因
MM	multiple myeloma	多发性骨髓瘤
MPCM	maculopapular cutaneous mastocytosis	斑丘疹皮肤肥大细胞增生症
MPAL	mixed phenotype acute leukaemia	混合表型急性白血病
MPD	myeloproliferative diseases	骨髓增殖性疾病
MPL	myeloproliferative leukemia	血小板生成素受体基因
MPN	myeloproliferative neoplasms	骨髓增殖性肿瘤
MPN,U	myeloproliferative neoplasm,unclassifiable	骨髓增殖性肿瘤不能分类型
MPO	myeloperoxidase	髓过氧化物酶
MPS	mononuclear phagocyte system	单核巨噬细胞系统
MRD	minimal residual disease	微小残留病
MYH11	myosin heavy chain11	平滑肌肌浆蛋白重链 11 基因
MZL	marginal cell lymphoma	边缘区细胞淋巴瘤
NAE(α-NAE)	α-naphthyl acetate esterase	(α-)乙酸萘酯酶
NAP	neutrophilic alkaline phosphatase	中性粒细胞碱性磷酸酶
NASDAE	naphthol ASD acetate esterase	氯乙酸 ASD 萘酚酯酶
NAT/NAIT	neonatal alloimmune thrombocytopenia	新生儿同种免疫性血小板减少症
NB	neuroblastoma	神经母细胞瘤
NBE(α-NBE)	α-naphthyl butyrate esterase	(α-)丁酸萘酯酶
5′-ND	5′-nucleotidase	5′-核苷酸酶
NEC	nonerythroid cells	非红系细胞
NF1	type Ⅰ neurofibromatosis	Ⅰ型神经纤维瘤
NF1	neurofibromatosis type Ⅰ	Ⅰ型神经纤维瘤基因
NF-κB	nuclear factor κB cells	B 细胞核因子 κ(链)
NHL	non-Hodgkin lymphoma	非霍奇金淋巴瘤
NK	natural killer	自然杀伤细胞
NMZL	nodal marginal zone lymphoma	结内边缘区淋巴瘤
NOS	not otherwise specified	非特定类型
NPC	Niemann-Pick cell	Niemann-Pick 细胞
NPC1	Niemann-pick disease,type C1	C1 型尼曼-皮克病基因
NPD	Niemann-Pick disease	Niemann-Pick 病
NSE	non specific esterase	非特异性酯酶
NR	none remission	无效
NRBC	nucleated red blood cells	有核红细胞
OAF	osteoclast-activating factor	破骨细胞活化因子
OS	overall survival	总生存率
PA	primary amyloidosis	原发性淀粉样变性
PAA	platelet associated antibodies	血小板相关抗体
PAc	platelet relative complement	血小板相关补体
PA-C3	platelet associated complement-C3	血小板表面相关补体 C3
PAIg	platelet associated immunoglobulin	血小板相关免疫球蛋白

PAIgG	platelet relative antibody-IgG	血小板表面相关抗体 IgG
PALS	periarterial lymphatic sheath	动脉周围淋巴鞘
PAP	peroxidase anti-peroxidase complex	过氧化物酶-抗过氧化物酶复合物
PAS	periodic acid Schiff method	过碘酸雪夫染色
PB	peripheral blood films	外周血涂片(血片)
PC	proliferative centre	增殖中心
PCH	paroxymal cold hemoglobinuria	阵发性冷性血红蛋白尿
PCL	plasma cell leukaemia	浆细胞白血病
PCM	plasma cell myeloma	浆细胞骨髓瘤
PCR	polymerase chain reaction	聚合酶链反应
PDC	plasmacytoid dendritic cells	浆细胞样树突细胞
PDGFR	platelet-derived growth factor receptor	血小板源性生长因子受体
PDGFRA	platele-derived growth factor receptor A	血小板源生生长因子受体 A 基因
PDGFRB	platele-derived growth factor receptor B	血小板源生生长因子受体 B 基因
PF4	platelet factor 4	血小板第 4 因子
PGA	pure granulocytic aplasia	纯粒细胞再生障碍
Ph	Philadelphia	费城(染色体)
PHA	Pelger-Huët abnormity	Pelger-Huët 异常
PI3K	phosphatidylinositol 3 kinase	磷酸酰肌醇 3 激酶
PL	preleukemia	白血病前期
PLL	prolymphocytic leukemia	幼淋巴细胞白血病
PMF	primary myelofibrosis	原发性骨髓纤维化
PML	promyelocytic leukemia	早幼粒细胞白血病基因
PNH	paroxysmal nocturnal hemoglobinuria	阵发性睡眠性血红蛋白尿
POEMS	polyneuropathy, organomegaly, endocrinopathy, monoclonal gammopathy, skin change	多发性周围神经病,肝脾器官肿大,内分泌病,单克隆球蛋白病,色素过度沉着和多毛症的皮肤病变综合征
POX	peroxidase	过氧化物酶
PPMM	post-polycythaemic myelofibrosis and myeloid metaplasia	真性多血后骨髓纤维化和髓外造血
PPO	platelet peroxidase	血小板过氧化物酶
PR	part remission	部分缓解
PRCA	pure red cell aplastia	纯红系细胞再生障碍
PRCAA	pure red cell aplastic anemia	纯红系细胞再生障碍性贫血
PrePMF	prefibroic/early primary myelofibrosis	PMF 前期或早期
PSA	primary sideroblastic anemia	原发性铁粒幼细胞贫血
PTCL	peripheral T-cell lymphoma	外周 T 细胞淋巴瘤
PTCT	pseudothrombocytopenia	假性血小板减少
PTFL	pediatric-type follicular lymphoma	儿童型滤泡淋巴瘤
PTLD	post-transplant lymphoproliferative disorder	移植后淋巴组织增殖性病变
PTP	post transfusion purpura	输血后紫癜
PTPN11	protein tyrosine phosphatase, non-receptor-type 11	非受体型蛋白酪氨酸磷酸酶 11 基因

PV	polycythemia vera	真性红细胞增多症
RA	refractory anemia	难治性贫血
RARα	retinoic acid receptor alpha	维 A 酸受体 α 基因
RARS	refractory anemia with ringed sideroblasts	伴环形铁粒幼细胞难治性贫血
RARS-T	refractory anemia with ring sideroblasts and thrombocytosis	难治性贫血伴环形铁粒幼细胞和血小板增多
RCMD	refractory cytopenia with multilineage dysplasia	伴多系病态造血难治性血细胞减少症
RCMD-RS	refractory cytopenia with multilineage dysplasia and ringed sideroblasts	伴多系病态造血和环形铁粒幼细胞难治性血细胞减少症
RCC	refractory cytopenia of childhood	儿童难治性血细胞减少症
RCUD	refractory cytopenias with muilineage dysplasia	伴单系病态造血难治性血细胞减少症
RDW	red blood cell distribution width	红细胞分布宽度
Ret	reticulocyte	网织红细胞
RES	reticuloen-dothelial system	网状内皮系统
rhEPO	recombinant human EPO	重组人 EPO
rhG-CSF	recombinant human G-CSF	重组人 G-CSF
rhGM-C SF	recombinant human GM-CSF	重组人 GM-CSF
RN	refractory neutropenia	难治性中性粒细胞减少症
RP	reticulated platelet	网织血小板
RS	ringed sideroblasts	环形铁粒幼细胞
RT	refractory thrombocytopenia	难治性血小板减少症
RT-PCR	reverse transcriptase-polymerase chain reaction	反转录聚合酶链反应
RUNX1	runt-related transcription factor 1	runt 相关转录因子 1 基因
SA	sideroblastic anemia	铁粒幼细胞贫血
SACCL	syndrome of abnormal chromatin clumping in leukocytes	白细胞染色质异常凝聚综合征
SAP	streptavidin-peroxidase	链霉菌抗生物素蛋白过氧化酶
SBB	Sudan black B	苏丹黑 B
SBH	sea-blue histiocyte	海蓝组织细胞
SBHS	sea-blue histiocyte syndrome	海蓝组织细胞综合征
SCCS	surface connected canalicular system	表面连接管道系统
SCF	stem cell factor	干细胞因子
SCFR	stem cell factor receptor	干细胞因子受体
SF	serum ferritin	血清铁蛋白
SHM	somatic hypermutation	体细胞高频突变
SI	serum iron	血清铁
sIg	surface immunoglobulin	膜表面免疫球蛋白
SL	secondary leukemia	继发性白血病
SLE	systemic lupus erythematosus	系统性红斑狼疮
SLL	small lymphocytic lymphoma	小淋巴细胞淋巴瘤
SLVL	splenic lymphoma with circulating villous lymphocytes	伴外周血短绒毛淋巴细胞脾性淋巴瘤

SM	systemic mastocytosis	系统性肥大细胞增生症
SM-AHN	systemic mastocytosis with an associated hematological neoplasms	系统性肥大细胞增多症伴相关血液肿瘤
SM-AHNMD	systemic mastocytosis with associated clonal hematological non-mast-cell lineage disease	系统性肥大细胞增多症伴相关克隆性非肥大细胞性血液疾病
SMPD1	sphingomyelin phosphodiesterase-1	鞘磷脂磷酸二酯酶-1 基因
SMZL	splenicmarginal zone cell lymphoma	脾边缘区细胞淋巴瘤
SMZBL	splenic marginal zone B cell lymphoma	脾边缘区 B 细胞淋巴瘤
SNP	single nucleotide polymorphism	单核苷酸多态性
SP	single positine	单阳性
SREBP	sterol-regulatory element binding proteins	固醇调节元件结合蛋白
SP	single positive	单阳性
SS	Sezary Syndrome	干燥综合征
SSM	smoldering systemic mastocytosis	冒烟性肥大细胞增多症
T-ALL	T-acute lymphoblastic leukemia	急性原始 T 淋巴细胞白血病
TAM	transient abnormal myelopoiesis	一过性髓系异常增殖症
t-AML	therapy-related acute myeloid leukemia	治疗相关 AML
TCL1	T cell leukemia1	T 细胞白血病-1 基因
TCR	T cell receptor	T 细胞受体基因
TCR	T cell receptor	T 细胞受体
TDCIF	T cell derived colony inhibitor factor	T 细胞源生集落抑制因子
TdT	terminal deoxynucleotidyl trans-ferase	末端脱氧核苷酰转移酶
TEM	transmission electron microscope	透射电子显微镜
TEMPI	telangiectasias, elevated erythropoietin level and eryth-rocytosis, monoclonal gammopathy, perinephric fluid collections, and intrapulmonary shunting	毛细血管扩张、高 EPO/红细胞增多症、单克隆丙种球蛋白血症、肾周液体聚集和肺内分流综合征
TERC	telomerase RNA component	端粒酶 RNA 成分基因
TERT	telomerase reverse transcriptase	端粒酶反转录酶基因
Tfh	T follicular helper	T 滤泡辅助性
Th	helper T lymphocyte	辅助性 T 细胞
TKI	tyrosine kinase inhibitors	酪氨酸激酶抑制剂
T-LBL	T-lymphoblastic lymphoma	原始 T 淋巴细胞淋巴瘤
T-LGLL	T-cell large granular lymphocytic leukemia	T 大颗粒淋巴细胞白血病
t-MDS	therapy-related myelodysplastic syndromes	治疗相关骨髓增生异常综合征
t-MDS-MPN	therapy related myelodysplastic/myeloproliferative neoplasms	治疗相关骨髓增生异常-骨髓增殖性肿瘤
t-MN	therapy related myeloid neoplasms	治疗相关髓系肿瘤
TNF	tumor necrosis factor	肿瘤坏死因子
T-PLL	T prolymphocitie leukemia	T 幼淋巴细胞白血病
TPO	thrombopoietin	血小板生成素
TPOR	thrombopoietin receptor	血小板生成素受体
TR	T cell receptor	T 细胞受体基因
TRL	therapy-related leukemia	治疗相关白血病

TTP	thrombotic thrombocytopenic purpura	血栓性血小板减少性紫癜
UP	urticaria pigmentosa	色素性荨麻疹
VAHS	virus associated hemophagocytic syndrome	病毒相关噬血细胞综合征
WHIM	warts, neutropenia, hypogammaglobulinemia, infections, and myelokathexis	疣,低 IgG 血症,感染,骨髓粒细胞无效增生(综合征)
WHO	World Health Organization	世界卫生组织
WM	Waldenstrom macroglobulinemia	原发性巨球蛋白血症

主要参考文献

1. 陈朝仕,王振生,沈良华,等.骨髓中特殊形态的巨噬细胞对伤寒诊断价值的探讨.浙江医科大学学报,1981,10(4):172-174.

2. 卢兴国,陈朝仕,王振生,等.195例急非淋白血病骨髓象分析与FAB分型某些问题探讨.浙江医科大学学报,1986,15(6):258-262.

3. 卢兴国,赵爱珍.病态巨核细胞形态学探讨及其临床意义.上海检验医学,1990,11(2):106-107.

4. 卢兴国,程巧群,杨仲国.以粒系细胞为特征的巨幼细胞性贫血——附6例报告.上海医学检验杂志,2001,16(2):70-72.

5. 卢兴国.完善血液形态学诊断的模式.实用医技杂志,2003,10(9):1079-1080.

6. 卢兴国.现代血液形态学理论与实践.上海:上海科学技术出版社,2003.

7. 阮幼冰.血液病超微病理诊断学.沈阳:辽宁科学技术出版社,2004.

8. 卢兴国.造血和淋巴组织肿瘤现代诊断学.北京:科学出版社,2005.

9. 李顺义,郝冀洪.纺织染料在血细胞形态学检验中的应用.中华检验医学杂志,2005,28(9):967-969.

10. 朱蕾,卢兴国,张晓红,等.巨核细胞脱核和胞核胞质连体分离形态学研究.中华检验医学杂志,2005,28(2):163-166.

11. 卢兴国.加强同分子遗传学的联系,进一步提升血液形态学的诊断水平.检验医学,2006,21(5):550-551.

12. 卢兴国,丛玉隆.应重视和提升传统血液形态学检验诊断水平.中华检验医学杂志,2006,29(6):481-482.

13. 卢兴国.检验与临床诊断——骨髓检验分册.北京:人民军医出版社,2007:1-331.

14. 龚旭波,卢兴国,严丽娟,等.Phi小体染色方法的改良及其临床应用价值.中国实验血液学杂志,2009,17(1):222-225.

15. 卢兴国.加强方法互补和相关学科的联系,提升细胞形态学检验诊断水平.中华医学杂志,2010,90(22):1516-1518.

16. 王鸿利.实验诊断学.2版,北京:人民卫生出版社,2010.

17. 卢兴国,马顺高,康可上.体液脱落细胞学图谱.北京:人民卫生出版社,2011.

18. 卢兴国.血液形态四片联检模式诊断学图谱.北京:科学出版社,2011.

19. 浦权.实用血液病理学.北京:科学出版社,2013.

20. 卢兴国.白血病诊断学.北京:人民卫生出版社,2013.

21. 卢兴国.慢性髓系肿瘤诊断学.北京:人民卫生出版社,2013.

22. 卢兴国,叶向军.血液形态学前进中的问题与对策,实践与再认识.临床检验杂志(电子版),2014,1:513-517.

23. 卢兴国.骨髓检查规程与管理.北京:人民卫生出版社,2014.

24. 李顺义,卢兴国,李伟皓.袖珍血液学图谱.北京:人民卫生出版社,2014.

25. 卢兴国. 贫血诊断学. 北京：人民卫生出版社, 2015.

26. 叶向军, 卢兴国. 血液病分子诊断学. 北京：人民卫生出版社, 2015.

27. 叶向军, 卢兴国. 重视 WHO 造血和淋巴组织肿瘤分类应用中的问题. 临床检验杂志, 2015, 12:881-885.

28. 叶向军, 卢兴国. 2015 年 ICSH 外周血细胞形态特征的命名和分级标准化建议的介绍. 临床检验杂志, 2016, 4:296-299.

29. 叶向军, 卢兴国. 2016 年更新版《WHO 造血和淋巴组织肿瘤分类》之髓系肿瘤和急性白血病修订解读. 临床检验杂志, 2016, 9:686-689.

30. 叶向军, 卢兴国. 2016 年更新版《WHO 造血和淋巴组织肿瘤分类》中伴胚系易感性髓系肿瘤临时类别的解读. 临床检验杂志, 2016, 11:854-857.

31. 卢兴国. 白血病的形态学诊断. 诊断学理论与实践, 2017, 16(1):12-16.

32. 李菁原, 卢兴国. 成熟 B 细胞淋巴瘤的复杂性与形态学. 诊断学理论与实践, 2017, 16(5):557-560.

33. 叶向军, 卢兴国. 大 B 细胞淋巴瘤细胞侵犯骨髓的形态学特征. 临床检验杂志, 2018, 36(3):229-232.

34. 李菁原, 叶向军, 颜艳, 等. AIDS 患者骨髓涂片检出大量非结核分枝杆菌 1 例. 检验医学, 2018, 33(9): 872-874.

35. 李菁原, 卢兴国, 杨熔熔, 等. 骨髓涂片细胞极少, 印片检出转移癌细胞一例. 检验医学, 2018, 33(10): 964-966.

36. 叶向军, 卢兴国. WHO 2016 年修订的淋系肿瘤分类及其诊断标准解读. 诊断学理论与实践, 2018, 17(5):512-520.

37. 李菁原, 叶向军, 卢兴国, 等. 原始细胞低于 20% 的 AML 伴 RUNX1-RUNX1T1 一例报告. 检验医学, 2020, 35(2):90-93.

38. Xubo G, Xingguo L, Xianguo W, et al. The role of peripheral blood, bone marrow aspirate and especially bone marrow trephine biopsy in distinguishing atypical chronic myeloid leukemia from chronic granulocytic leukemia and chronic myelomonocytic leukemia. Eur J Haematol, 2009, 83(4):292-301.

39. Gong X, Lu X, Fu Y, et al. Cytological features of chronic myelomonocytic leukaemia in pleural effusion and lymph node fine needle aspiration. Cytopathology, 2010, 21(6):411-413.

40. Xubo Gong, Xingguo Lu, Xianguo Wu, et al. Role of bone marrow imprints in hematological diagnosis：a detailed study of 3781 cases. Cytopathology, 2012, 23(2):86-95.

41. Arber DA, Orazi A, Hasserjian R, et al. The 2016 revision to the World Health Organization classification of myeloid neoplasms and acute leukemia. Blood, 2016, 127(20):2391-2405.

42. Swerdlow SH, Campo E, Pileri SA, et al. The 2016 revision of the World Health Organization classification of lymphoid neoplasms. Blood. 2016;127:2375-2390.

43. Swerdlow SH, Campo E, Harris NL, et al. WHO Classification of Tumours of Haematopoietic and Lymphoid Tissues. Revised 4th ed. Lyon, France：IARC Press, 2017.

44. Jaffe ES, Arber DA, Campo E, et al. Hematopathology. 2nd ed. Philadelphia. Elsevier Health Sciences, 2017.

45. Gorczyca W. Flow Cytometry in Neoplastic Hematology：Morphologic--Immunophenotypic Correlation. 3rd ed. Boca Raton：CRC Press, 2017.

46. Coleman WB, Tsongalis GJ. The Molecular Basis of Human Cancer. 2nd ed. New York：Springer. 2017.

47. Vasef MA, Auerbach A. Diagnostic Pathology：Molecular Oncology. Philadelphia：Elsevier Health Sciences, 2016.

48. Turgeon ML. Clinical hematology：theory & procedures. 6th ed. Philadelphia：Wolters Kluwer, 2018.

49. Hoffman R. Hematology：basic principles and practice. 7th ed. Philadelphia, PA：Elsevier, 2018.

50. Bain BJ. Leukaemia diagnosis. 5th ed. Hoboken：John Wiley & Sons，2017.

51. Kenneth K. Williams hematology. 9th ed. New York：McGraw-Hill Education，2016.

52. Gong Xb，Lv Mf，Yu T，et al. Chronic myelogenous leukemia following small lymphocytic lymphoma：a case report and review of literature. Int J Clin Exp Pathol，2018，11（10）：5133-5138.

53. Gong X，Yu T，Tang Q，et al. Unusual findings of acute myeloid leukemia with inv（3）（q21q；26.2）or t（3；3）（q21；q26.2）：A multicenter study. Int J Lab Hematol，2019，41（3）：380-386.